Angewandte Statistik

Entscheidungsorientierte Methoden mit PC Programm

Von

Dr. Gerhard Marinell
o. Universitätsprofessor

und

Univ.-Doz. Dr. Gilg Seeber
Assistenzprofessor

Institut für Statistik
an der Leopold-Franzens-Universität
in Innsbruck

Vierte, durchgesehene Auflage

R. Oldenbourg Verlag München Wien

Die Deutsche Bibliothek - CIP-Einheitsaufnahme

Marinell, Gerhard:
Angewandte Statistik : entscheidungsorientierte Methoden mit PC-Programm / von Gerhard Marinell und Gilg Seeber. - 4., durchges. Aufl. - München ; Wien : Oldenbourg, 1996
ISBN 3-486-23598-2
NE: Seeber, Gilg:

Gesamtherstellung: R. Oldenbourg Graphische Betriebe GmbH, München

ISBN 3-486-23598-2

Inhalt

Griechische Symbole

α	alpha
β	beta
γ	gamma
δ	delta
ε	epsilon
ζ	zeta
ϑ	theta
λ	lambda
μ	mü
ν	nü
π	pi
ϱ	rho
σ	sigma
B	Beta
Γ	Gamma
Θ	Theta

Vorwort zur vierten Auflage

Für die nunmehr fällige vierte Auflage haben wir einige Korrekturen auf der letzten Seite angefügt. Wir bedanken uns für enstprechende Hinweise.

Gerhard Marinell
Gilg Seeber

Vorwort zur dritten Auflage

Für die neue Auflage haben wir einige Änderungen und Ergänzungen vorgenommen: Der Abschnitt mit den Flußdiagrammen mußte aus Platzgründen einem neuen Kapitel über den Wert der Stichprobeninformation weichen. Die früher im Anhang angeführten Grundbegriffe aus der Wahrscheinlichkeitstheorie sind nunmehr in das erste Kapitel eingearbeitet.

Wir danken unseren Lesern und Leserinnen für ihre konstruktive Kritik und hoffen ein verbessertes und um ein für die Angewandte Statistik wichtiges Kapitel ergänztes Produkt vorzulegen.

Unser besonderer Dank gilt Dr. Gabriele Steckel-Berger, Dr. Christian Traweger und, nicht zuletzt, Mag. Petra Comploj für das aufmerksame Durchlesen und Nachrechnen. Die verbliebenen Unzulänglichgkeiten sind die unseren.

Gerhard Marinell
Gilg Seeber

Vorwort zur ersten Auflage

Vom Anwender statistischer Verfahren wird üblicherweise verlangt, daß er in der Lage ist, Schäden möglicher Fehlentscheidungen und Fehlschätzungen in Form von Signifikanz- und Konfidenzniveau auszudrücken. Falls er diese Fähigkeit nicht besitzt, wird er auf die konventionell üblichen Signifikanzniveaus von 5 und 1% zum Testen von Hypothesen und auf die Konfidenzniveaus von 95 und 99% für Intervallschätzungen verwiesen. Sucht er eine Punktschätzung, so hängt die Wahl von seiner Präferenz für eine oder mehrere der zahlreichen Güteeigenschaften ab, die die einzelnen Schätzfunktionen aufweisen.

In diesem Lehrbuch wird gezeigt, daß man Hypothesen ohne Vorgabe eines Signifikanzniveaus testen kann, daß man für Intervallschätzungen kein Konfidenzniveau annehmen muß und daß zum Lösen des Problems einer Punktschätzung nicht die Betrachtung von Güteeigenschaften erforderlich ist. Vom Anwender statistischer Verfahren wird nicht gefordert, daß er die unterschiedlichen Schäden möglicher Fehlentscheidungen und Fehlschätzungen in Form von Signifikanz- und Konfidenzniveaus ausdrückt, sondern es wird ihm demonstriert, wie er diese Schäden in explizieter Form berücksichtigen kann, um die optimale Entscheidung zu finden.

Außerdem wird dem Leser gezeigt, wie er neben der Stichprobeninformation zusätzlich eventuell vorhandene Vorinformationen berücksichtigen kann. Auch diese Möglichkeit wird in den meisten Statistiklehrbüchern wenn überhaupt, dann nur am Rande erwähnt. Wer also bei seinen Schlußfolgerungen über unbekannte Parameterwerte nicht nur die Information aus Zufallsstichproben in Rechnung stellen will sondern auch sogenannte Aprioriinformationen sowie Informationen über die Schäden möglicher falscher Entscheidungen, der findet in diesem Lehrbuch die entsprechenden Formeln. Durch diese Erweiterung der Informationsbasis für das jeweilige Entscheidungsproblem erreicht man mehr Realitätsnähe und folglich weniger Fehlentscheidungen. Das reine Stichprobenmodell der üblichen Lehrbuchliteratur ist in diesem Rahmen ein Spezialfall, bei dem die Schäden möglicher Fehlentscheidungen nur in rudimentärer Form durch konventionelle Niveaus in Rechnung gestellt werden.

Die behandelten Themen des Buches entsprechen im Großen und Ganzen jenen in Lehrbüchern, die eine Einführung in die statistischen Inferenzmethoden bieten. Test-, Punkt- und Intervallschätzverfahren werden für das Bernoulli-, Poisson- und Gaußmodell (mit bekannter und unbekannter Varianz) sowohl für den Ein- als auch für den Zweistichprobenfall behandelt. Die Erklärung des Maßkorrelationskoeffizenten und der linearen Einfachregression runden die Themensammlung des Einführungstextes ab. Die Anwendung der jeweiligen Formeln und nicht die mathematische Ableitung steht dabei im Vordergrund. Zum angesprochenden Leserkreis zählen daher nicht nur Studenten der verschiedenen Studienrichtungen, die eine Einführung in angewandte statistische Methoden benötigen, sondern auch Forscher und Praktiker, denen die konventionelle Annahme eines Signifikanz- oder Konfidenzniveaus bei der Analyse ihrer empirischen Befunde berechtigtes Unbehagen bereitet.

Durch zahlreiche Beispiele aus den unterschiedlichsten Sachbereichen werden die Anwendungsmöglichkeiten demonstriert, wobei eine ausführliche Tabellensammlung selten publizierter Verteilungen wie die Beta- und Gammaverteilung sowie deren lineare Schadensintegrale im Anhang des Buches, die Anwendung der statistischen Verfahren in der Praxis erst ermöglicht. Ein ausführliches Flußdiagramm bietet eine zusätzliche Hilfe beim Analysieren realer Probleme und bei der Suche nach den adequaten Formeln.

Wer einen PC zur Verfügung hat, kann konkrete Fragestellungen, die Themen dieses Buches betreffen, noch einfacher und bequemer lösen. Die separat im Buchhandel erhältliche Diskette enthält die notwendigen Programme dazu in benützerfreundlicher Form. Menügesteuert wird der Anwender durch einfache Fragen zur Eingabe der relevanten Stichproben-, Apriori- und Schadeninformationen aufgefordert und erhält als Ausgabe die numerisch exakten Lösungen des jeweiligen Entscheidungsproblems.

Dem Konzept eines Einführungstextes entsprechend sind bei der Berücksichtigung der verschiedenen Informationen nicht alle realen Möglichkeiten ausgeschöpft worden. Bei den Stichprobeninformationen wird z.B. vorausgesetzt, daß sie aus einer einfachen Zufallsstichprobe stammen und nicht aus geschichteten, geklumpten oder mehrstufigen Stichproben. Für die Quantifizierung von Aprioriinformationen wird nur das Konzept der konjugierten Verteilungen verwendet und bei den Schadeninformationen nur die konstante, lineare und quadratische Schadenfunktion berücksichtigt.

Das Buch kann eigenständig und ohne große mathematische Vorkenntnisse gelesen und verstanden werden. Die benötigten Grundlagen der Wahrscheinlichkeitsrechnung sind im Anhang des Buches kurz zusammengestellt.

Für die kritische Durchsicht des Manuskripts und für wertvolle Anregungen möchten wir Frau Dr. Gabriele Steckel-Berger herzlich danken. Darüber hinaus danken wir Frau Angelika Schimann die mit viel Geduld und Sorgfalt die druckfertige Vorlage des Buches angefertigt hat. Schließlich gilt unser Dank dem Lektoratsleiter Dipl.-Vw. Martin Weigert vom Oldenbourg Verlag für die gute Zusammenarbeit und die weitgehendste Freiheit bei der Gestaltung des Buches.

Gerhard Marinell
Gilg Seeber

Kapitel I

Statistische Entscheidungsanalyse

Entscheidungsprobleme sind dadurch gekennzeichnet, daß man an Hand verschiedener Informationen aus einer Menge möglicher Aktionen eine optimale auswählen muß. Die entscheidungsrelevanten Informationen sind die Priori- und die eventuelle Stichprobeninformation sowie der Schaden, der mit möglichen Fehlentscheidungen verknüpft ist. So hängt z.B. die Entscheidung, ein neues Produkt auf den Markt zu bringen u.a. davon ab, wieviele Personen dieses Produkt kaufen werden. Eine Stichprobenbefragung der potentiellen Käufer liefert einen ersten Anhaltspunkt für diese Zahl. Daneben gibt es Informationen von früheren Produkteinführungen oder Ergebnisse aus der schon durchgeführten Einführung in benachbarten Ländern oder Beurteilungen der Marktchancen durch Experten. Diese Informationen werden in Form einer sogenannten Prioriverteilung dargestellt und mit den Ergebnissen der Stichprobenbefragung zu einer Posterioriverteilung verknüpft, in der beide Informationen enthalten sind. Die Posterioriverteilung drückt aus, mit welcher Wahrscheinlichkeit eine bestimmte Kundenzahl zu erwarten ist.

Für die Entscheidung, das neue Produkt am Markt einzuführen, ist neben diesen Wahrscheinlichkeiten wesentlich, welche Schäden entstehen, wenn man das Produkt auf den Markt bringt und die Einführung ein Flop wird, bzw. wenn man das Produkt nicht einführt, obwohl die Zahl der Käufer einen ansehnlichen Gewinn garantiert hätte. Auch dieser entgangene Gewinn wird als Schaden betrachtet. Die Berücksichtigung dieser Informationsquelle erlaubt die Auswahl einer optimalen Aktion: Sowohl die mit der Einführung als auch mit der Nichteinführung des neuen Produktes verknüpften potentiellen Schäden werden mit den entsprechenden Posterioriwahrscheinlichkeiten gewichtet und jene Aktion gewählt, für die dieser Schadenerwartungswert minimal ist.

Im angeführten Beispiel gibt es zwei mögliche Aktionen: Produkteinführung und Nichteinführung. Das gleiche Schema gilt aber auch für Entscheidungsprobleme mit mehr als zwei Aktionen. Wenn ein Händler z.B. die Menge eines Gutes bestellen muß, dann hat er prinzipiell unendlich viele Aktionen zur Auswahl. Jede mögliche Bestellmenge bildet eine Aktion. Auch in diesem Fall wird er für die Ermittlung der künftigen Nachfrage Priori- und eventuelle Stichprobeninformationen verwenden. So kann der Absatz dieses Gutes in der Vergangenheit eine brauchbare Stichprobeninformation darstellen, und die Tatsache, daß eine Werbekampagne für dieses Produkt vom Hersteller für die kommende Zeit geplant ist, ist eine entsprechende Prioriinformation. Beide

Informationen werden wieder zu einer Posterioriverteilung verknüpft, die nun Auskunft gibt, mit welcher Wahrscheinlichkeit die einzelnen Nachfragemengen zu erwarten sind. Da jede Abweichung der bestellten Menge von der tatsächlich nachgefragten Menge einen Schaden verursacht, wird die Bestellmenge so bestimmt, daß der damit verknüpfte Schadenerwartungswert ein Minimum wird.

Entscheidungsprobleme, bei denen nur zwischen zwei Aktionen ausgewählt werden muß , bezeichnet man als Testprobleme. Die diskutierte Frage, ob ein neues Produkt am Markt eingeführt werden soll oder nicht, ist ein Beispiel für ein Testproblem. Ein Schätzproblem liegt vor, wenn aus prinzipiell unendlich vielen möglichen Aktionen eine optimale auszuwählen ist. Hierbei wird zwischen Intervall- und Punktschätzproblemen unterschieden. Das oben angeführte Beispiel der Bestimmung einer optimalen Bestellmenge ist ein Punktschätzproblem. Würde man nicht eine einzelne Zahl für die Bestellmenge suchen, sondern ein Intervall, dann wäre dies ein Intervallschätzproblem.

Die Verknüpfung der Priori- und Stichprobeninformation zur Posterioriverteilung kann für alle drei Kategorien von Entscheidungsproblemen erforderlich sein. Sie wird im Abschnitt über stochastische Prozesse erläutert. Da die Berücksichtigung der Schadeninformation vom jeweiligen Entscheidungsproblem abhängt, wird die exakte Verrechnung dieser Information in den drei Kapiteln über Test-, Punktschätz- und Intervallschätzprobleme gezeigt. An einem einfachen Beispiel wird jedoch im folgenden demonstriert, wie man generell zu einer Schadenfunktion kommt und nach welcher Regel die optimale Aktion ausgewählt wird.

1 Schadenfunktion

Auf Grund der vorhandenen Informationen wird man die bestmögliche Aktion auswählen. Da der Informationsstand über die Probleme, die hier behandelt werden, nie vollkommen sein wird, kann es vorkommen, daß sich im nachhinein herausstellt, daß die gewählte Aktion nicht die beste ist, sondern eine andere Aktion günstigere Konsequenzen zur Folge gehabt hätte. Man muß daher bei jeder Entscheidung den möglichen Schaden berücksichtigen, der durch eine Fehlentscheidung entstehen kann.

Frau Müller plant z.B. einen Spaziergang. Sie überlegt sich, ob sie einen Regenschirm mitnehmen soll oder nicht. In diesem einfachen Fall gibt es zwei Aktionen

a_0: Regenschirm mitnehmen,
a_1: Regenschirm nicht mitnehmen,

und zwei Umweltzustände

ϑ_0: Regen,
ϑ_1: kein Regen.

Angenommen Frau Müller ist der Ansicht, daß das Mittragen eines Regenschirmes wegen der Unbequemlichkeit und dem möglichen Liegenlassen dem Verlust von einer Geldeinheit entspricht. Außerdem weiß sie, daß die Reinigungskosten für ihr Kleid 100 GE betragen, wenn es plötzlich zu regnen anfängt und ihr Kleid naß wird. Das Nichttragen eines Regenschirmes bei schönem Wetter verursacht keinen Verlust. Auf Grund dieser Angaben erhält man folgende Verlusttabelle:

	ϑ_0	ϑ_1
a_0	1	1
a_1	100	0

Wenn man die Konsequenzen, die sich aus der Wahl einer bestimmten Aktion a und dem Zutreffen eines bestimmten Umweltzustandes ϑ ergeben, mit Hilfe einer (monetären) Verlustfunktion

$$v(a, \vartheta)$$

mißt, dann kann man für jeden gegebenen Umweltzustand ϑ jene Aktion a_ϑ^* bestimmen, für die der Verlust minimal ist:

$$\min_a v(a, \vartheta) = v(a_\vartheta^*, \vartheta).$$

Da die Differenz

$$s(a, \vartheta) = v(a, \vartheta) - v(a_\vartheta^*, \vartheta)$$

den Gewinnentgang angibt, den man in Kauf nimmt, wenn der unbekannte Umweltzustand ϑ zutrifft und man anstelle der besten Aktion a_ϑ^* dic Aktion a wählt, bezeichnet man die Funktion $s(a, \vartheta)$ als Opportunitätskostenfunktion oder kurz Schadenfunktion.

Da im Beispiel von Frau Müller $\min_a v(a, \vartheta_0) = 1 = v(a_{\vartheta_0}^*, \vartheta_0)$ ist, kann man die möglichen Schäden für die beiden Aktionen und ϑ_0 („Regen") wie folgt ausdrücken:

$$\begin{aligned} s(a_0, \vartheta_0) &= v(a_0, \vartheta_0) - v(a_{\vartheta_0}^*, \vartheta_0) = 1 - 1 = 0, \\ s(a_1, \vartheta_0) &= v(a_1, \vartheta_0) - v(a_{\vartheta_0}^*, \vartheta_0) = 100 - 1 = 99. \end{aligned}$$

Analog erhält man für den Umweltzustand ϑ_1 („kein Regen") die Opportunitätskosten

$$s(a_0, \vartheta_1) = v(a_0, \vartheta_1) - v(a_{\vartheta_1}^*, \vartheta_1) = 1 - 0 = 1,$$

$$s(a_1, \vartheta_1) \;=\; v(a_1, \vartheta_1) - v(a^*_{\vartheta_1}, \vartheta_1) \;=\; 0 - 0 = 0.$$

Das Ergebnis kann man wie folgt in Form einer Schadenfunktion zusammenfassen:

$$s(a_0, \vartheta) = \begin{cases} 0 & \text{für } \vartheta = \vartheta_0, \\ 1 & \text{für } \vartheta = \vartheta_1, \end{cases}$$

$$s(a_1, \vartheta) = \begin{cases} 99 & \text{für } \vartheta = \vartheta_0, \\ 0 & \text{für } \vartheta = \vartheta_1. \end{cases}$$

Werden die Konsequenzen nicht durch eine Verlust- sondern durch eine Gewinnfunktion

$$g(a, \vartheta)$$

ausgedrückt, dann kann man für jeden gegebenen Umweltzustand ϑ jene Aktion bestimmen, für die der Gewinn maximal ist:

$$\max_a g(a, \vartheta) = g(a^*_\vartheta, \vartheta).$$

Auch in diesem Fall repräsentiert die Differenz zwischen dem tatsächlichen Gewinn einer gewählten Aktion a und dem möglichen der besten Aktion a^*_ϑ Opportunitätskosten:

$$s(a, \vartheta) = g(a^*_\vartheta, \vartheta) - g(a_\vartheta, \vartheta).$$

2 Bayes'sche Entscheidungsregel

Kennt man eine Wahrscheinlichkeitsverteilung $F(\vartheta)$ für die Umweltzustände $\vartheta \in \Theta$, dann läßt sich für jede Aktion a der Schadenerwartungswert

$$\mathrm{SE}(a) = \int_\Theta s(a, \vartheta)\, dF(\vartheta)$$

berechnen. Dieser läßt sich interpretieren als der mittlere Schaden bei Wahl der Aktion a. Im Falle einer endlichen Parametermenge ist dies das gewichtete arithmetische Mittel aus den Schäden, die bei der Wahl von a auftreten können, wobei die Gewichte gerade die Eintrittswahrscheinlichkeiten sind.

Nimmt etwa Frau Müller aus dem Beispiel des vorigen Abschnittes an, daß es mit einer Wahrscheinlichkeit von $W(\vartheta_0) = 0.3$ regnen wird, dann ist der Schadenerwartungswert für die Aktion a_0:

$$\begin{aligned} \mathrm{SE}(a_0) &= W(\vartheta_0) \cdot s(a_0, \vartheta_0) + W(\vartheta_1) \cdot s(a_0, \vartheta_1) \\ &= 0.3 \cdot 0 + 0.7 \cdot 1 \\ &= 0.7. \end{aligned}$$

$W(\vartheta_1) = 1 - W(\vartheta_0)$ ist die Wahrscheinlichkeit für den Umweltzustand „kein Regen". Für die zweite mögliche Aktion von Frau Müller ist der Schadenerwartungswert

$$\begin{aligned} \mathrm{SE}(a_1) &= W(\vartheta_0) \cdot s(a_1, \vartheta_0) + W(\vartheta_1) \cdot s(a_1, \vartheta_1) \\ &= 0.3 \cdot 99 + 0.7 \cdot 0 \\ &= 29.7. \end{aligned}$$

Es erscheint nun vernünftig, jene Aktion a zu wählen, deren Schadenerwartungswert minimal ist. Dies ist der Inhalt der Bayes'schen Entscheidungsregel, die als rationales Entscheidungsprinzip bei Kenntnis von Wahrscheinlichkeiten für die Umweltzustände allgemein anerkannt ist.

Im obigen Beispiel wird Frau Müller die Aktion a_0 wählen, also einen Regenschirm mitnehmen. In folgender Tabelle ist das Ergebnis der Entscheidungsanalyse nochmals zusammengefaßt:

	ϑ_0	ϑ_1	$\mathrm{SE}(a_i)$
a_0	0	1	0.7
a_1	99	0	29.7
$W(\vartheta_i)$	0.3	0.7	

Dem Schadenerwartungswert der nach der Bayes'schen Entscheidungsregel optimalen Aktion a_{opt} kommt eine weitere wichtige Interpretation zu. Es gilt nämlich für eine Opportunitätskostenfunktion s

$$\min_a s(a, \vartheta) = 0$$

für alle ϑ. Läge vollständige Information über die Umweltzustände vor, könnte man jene Aktion wählen, bei der keine Opportunitätskosten auftreten. Damit ist aber $\mathrm{SE}(a_{opt})$ gleich der Differenz des zwischen dem erwarteten Schaden der optimalen Aktion und dem Erwartungswert der kleinsten erreichbaren Opportunitätskosten.

In diesem Zusammenhang heißt $\mathrm{SE}(a_{opt})$ „erwarteter Wert der perfekten Information" und wird mit EWPI bezeichnet. Der EWPI ist also der Erwartungswert für die durch Erlangen vollständiger Kenntnis über den tatsächlichen Umweltzustand erreichbare Schadensminderung. Er ist zugleich eine obere Grenze für den Betrag, den man vernünftigerweise zum Ankauf zusätzlicher Informationen aufwenden sollte.

Für Frau Müller etwa gilt

$$\begin{aligned} \min_a s(a, \vartheta_0) &= s(a_0, \vartheta_0) = 0, \\ \min_a s(a, \vartheta_1) &= s(a_1, \vartheta_1) = 0. \end{aligned}$$

Der Erwartungswert der kleinsten erreichbaren Opportunitätkosten ist

$$W(\vartheta_0) \cdot \min_a s(a, \vartheta_0) + W(\vartheta_1) \cdot \min_a s(a, \vartheta_1) = 0.3 \cdot 0 + 0.7 \cdot 0 = 0.$$

Sie wird damit höchstens

$$\mathrm{SE}(a_{opt}) = \mathrm{SE}(a_0) = 0.7$$

Geldeinheiten für weitere Informationen zur Wetterlage aufwenden.

3 Zufallsvariablen und deren Verteilungen

Im letzten Abschnitt sind wir bei der Diskussion der Bayes'schen Entscheidungsregel davon ausgegangen, daß es eine Wahrscheinlichkeitsverteilung auf der Menge Θ der Umweltzustände gäbe. In diesem Abschnitt wollen wir näher auf den Begriff der Wahrscheinlichkeit eingehen. Wir werden dazu einige elementare Begriffe aus der mathematischen Wahrscheinlichkeitstheorie einführen und uns im übrigen auf das für dieses Lehrbuch wesentliche beschränken.[1]

Frau Müller aus dem Beispiel der letzten Abschnitte nahm Wahrscheinlichkeiten $W(\vartheta_0)$ und $W(\vartheta_1)$ für die Umweltzustände ϑ_0 und ϑ_1 an und wollte damit ihrer subjektiven Einschätzung für die Behauptungen „Es wird regnen." bzw. „Es wird nicht regnen." Ausdruck verleihen. Wahrscheinlichkeit wird damit verwendet als Maß für die Unsicherheit, die den beiden Aussagen anhaftet.

Mit Wahrscheinlichkeiten lassen sich aber ebenso Zufallsgesetze beschreiben. So läßt sich zum Beispiel die Behauptung, ein Würfel wäre fair, dahingehend präzisieren, daß man sagt, die Wahrscheinlichkeit, eine gewisse Anzahl von Punkten zu werfen, wäre für alle möglichen sechs Punktezahlen gleich und mit 1/6 zu bemessen. Dies ist nicht Ausdruck einer subjektiven Einschätzung, sondern eine objektive, auch mit statistischen Methoden beurteilbare Aussage.

Hinter beiden Interpretationen von Wahrscheinlichkeit steht dieselbe mathematische Theorie. Im folgenden Abschnitt werden wir Zufallsvariablen als jene Größen kennenlernen, die Wahrscheinlichkeitsgesetzen unterliegen.

3.1 Zufallsvariablen und Verteilungsfunktionen

Gehen wir einmal davon aus, wir wollten das Zufallsexperiment "einmaliger Wurf eines fairen Würfels" mathematisch beschreiben. Wir können dazu etwa eine Größe, nennen wir sie X, definieren, die die Werte $1, 2, \ldots, 6$ mit auf der Hand liegender Interpretation annehmen kann. Welchen Wert X im konkreten

[1] Für ausführlichere Darstellungen siehe etwa O'Hagan (1988) oder Viertl (1990; Kapitel I-IV).

Fall „realisiert“, hängt vom Zufall ab, dessen Gesetzmäßigkeit wir mit der Funktion

$$f(x) = \frac{1}{6} \qquad \text{für } x = 1, 2, \ldots, 6,$$

d.h. $W(\{x\}) = f(x)$, beschreiben können.

Statt f hätten wir ebensogut die reelle Funktion F mit $F(x) = W(X \leq x)$ für alle $x \in \mathbb{R}$, also

$$F(x) = \begin{cases} 0 & \text{für } x < 1 \\ 1/6 & \text{für } 1 \leq x < 2 \\ 2/6 & \text{für } 2 \leq x < 3 \\ \vdots & \\ 5/6 & \text{für } 5 \leq x < 6 \\ 1 & \text{für } x \geq 6 \end{cases}.$$

verwenden können.

Ohne weiter auf mathematische Details einzugehen, nennen wir Größen, die Werte (Realisierungen) in den reellen Zahlen annehmen und einem Wahrscheinlichkeitsgesetz unterliegen, Zufallsvariablen. Letzteres läßt sich beschreiben durch Angabe der Wahrscheinlichkeiten für die Behauptungen, der Wert der Zufallsvariablen würde eine gewisse reelle Zahl nicht überschreiten. Etwas genauer: Ist X eine Zufallsvariable, dann wird das ihr zugrundeliegende Zufallsgesetz vollständig und eindeutig charakterisiert durch die über

$$F(x) = W(X \leq x) \qquad \text{für alle } x \in \mathbb{R}$$

definierte Verteilungsfunktion.

Wahrscheinlichkeiten sind Zahlen zwischen 0 und 1. Eine Behauptung, der die Wahrscheinlichkeit 0 zugeordnet ist, ist mit Sicherheit falsch. Umgekehrt bedeutet eine Wahrscheinlichkeit von 1, daß die Aussage sicher richtig ist. Je höher die Wahrscheinlichkeit einer Aussage ist, desto eher ist sie richtig. Damit sind Verteilungsfunktionen monoton nicht fallende Funktionen, deren Wertebereiche im geschlossenen Intervall $[0, 1] = \{p | 0 \leq p \leq 1\}$ liegen.

Zufallsvariablen, die nur endlich viele, oder höchstens abzählbar viele Werte annehmen können, heißen diskret. Für diese lassen sich, wie in obigem Beispiel, Wahrscheinlichkeitsfunktionen definieren. Setzt man $f(x) = W(X = x)$ für alle möglichen Werte von X (was wir symbolisch mit $x \in X$ ausdrücken), dann gilt

$$F(x) = \sum_{v \in X, v \leq x} f(v) \qquad \text{für } x \in \mathbb{R}.$$

Umgekehrt ist $f(x)$ gerade die Differenz $F(x) - F(w)$, $w = \max\{v \in X | v < w\}$ (d.h., w ist der größte Wert, den X annehmen kann und der kleiner als x ist).

Das bedeutet, daß das Wahrscheinlichkeitsgesetz von diskreten Zufallsvariablen auf äquivalente Art und Weise durch Verteilungsfunktion oder Wahrscheinlichkeitsfunktion beschrieben werden kann.

Eine ähnliche Eigenschaft gilt für stetige Zufallsvariablen: Deren Wertebereich ist ein (möglicherweise die gesamte reelle Zahlenachse umfassendes) Intervall mit Grenzen a und b, über dem eine nicht negative Funktion f mit der Eigenschaft

$$F(x) = \begin{cases} 0 & \text{für } x < a \\ \int_a^x f(u)\,du & \text{für } a \leq x \leq b \\ 1 & \text{für } x > b \end{cases}$$

definiert ist. f heißt hier Dichtefunktion.

3.2 Momente

Momente sind Maßzahlen, die Verteilungen von Zufallsvariablen charakterisieren.

Der Erwartungswert der Zufallsvariablen X mit Wahrscheinlichkeits- bzw. Dichtefunktion $f(x)$,

$$E(X) = \begin{cases} \sum_{x \in X} x \cdot f(x) & \text{falls } X \text{ diskret,} \\ \int_{-\infty}^{\infty} x \cdot f(x)\,dx & \text{falls } X \text{ stetig,} \end{cases}$$

ist ein Lagemaß, das einen typischen, mittleren oder durchschnittlichen Wert von X repräsentieren soll. Das Ausmaß der Streuung der Realisierungen der Zufallsvariablen um ihren Erwartungswert kann beschrieben werden mit der Varianz

$$V(X) = \begin{cases} \sum_{x \in X} [x - E(X)]^2 \cdot f(x) & \text{falls } X \text{ diskret,} \\ \int_{-\infty}^{\infty} [x - E(x)]^2 \cdot f(x)\,dx & \text{falls } X \text{ stetig,} \end{cases}$$

d.h., die Varianz ist die mittlere quadratische Abweichung vom Erwartungswert. Die Quadratwurzel aus der Varianz, $\sqrt{V(X)}$, heißt Standardabweichung.

Neben dem Erwartungswert einer Verteilung kann man auch partielle Erwartungswerte definieren

$$E_{-\infty}^{a}(X) = \begin{cases} \sum_{x=0}^{a} x \cdot f(x) & \text{für } X \text{ diskret,} \\ \int_{-\infty}^{a} x \cdot f(x)\,dx & \text{für } X \text{ stetig,} \end{cases}$$

$$E_a^\infty(X) = \begin{cases} \sum_{x=a}^{\infty} x \cdot f(x) & \text{für } X \text{ diskret,} \\ \int_a^\infty x \cdot f(x)\,dx & \text{für } X \text{ stetig.} \end{cases}$$

$E_{-\infty}^a(X)$ bezeichnet man als linken partiellen Erwartungswert und $E_a^\infty(X)$ als rechten. Für eine stetige Zufallsvariable gilt stets

$$E(X) = E_{-\infty}^a(X) + E_a^\infty(X)$$

und für eine diskrete

$$E(X) = E_0^a(X) + E_a^\infty(X) - a \cdot f(a).$$

Analog zu den partiellen Erwartungswerten kann man für eine Verteilung sogenannte linke und rechte lineare Momente definieren. Das linke Moment ist

$$L_{-\infty}^a(X) = \begin{cases} \sum_{x=0}^{a} (a - x) \cdot f(x) & \text{für } X \text{ diskret,} \\ \int_{-\infty}^a (a - x) \cdot f(x) dx & \text{für } X \text{ stetig,} \end{cases}$$

und das rechte

$$L_a^\infty(X) = \begin{cases} \sum_{x=a}^{\infty} (x - a) \cdot f(x) & \text{für } X \text{ diskret,} \\ \int_a^\infty (x - a) \cdot f(x)\,dx & \text{für } X \text{ stetig.} \end{cases}$$

Mit Hilfe der partiellen Erwartungswerte kann man die linearen Momente auch folgendermaßen ausdrücken:

$$\begin{aligned} L_{-\infty}^a(X) &= a \cdot F(a) - E_{-\infty}^a(X), \\ L_a^\infty(X) &= E_a^\infty(X) - a \cdot [1 - F(a)]. \end{aligned}$$

Für die linearen Momente gilt allgemein folgender Zusammenhang:

$$E(X) = L_a^\infty(X) - L_{-\infty}^a(X) + a$$

oder

$$\begin{aligned} L_{-\infty}^a(X) &= L_a^\infty(X) + a - E(X), \\ L_a^\infty(X) &= L_{-\infty}^a(X) - a + E(X). \end{aligned}$$

3.3 Zweidimensionale Verteilungen und die Bayes'sche Formel

Seien X und Y Zufallsvariablen, denen ein gemeinsames Wahrscheinlichkeitsgesetz zugrunde liegt, das durch die gemeinsame Verteilungsfunktion

$$F(x,y) = W(X \leq x, Y \leq y)$$

beschrieben werden kann. Sind beide Variablen diskret, dann läßt sich über

$$f(x,y) = W(X = x, Y = y)$$

die gemeinsame Wahrscheinlichkeitsfunktion definieren. Analog dazu sagt man, die beiden stetigen Zufallsvariablen X und Y hätten die gemeinsame Dichtefunktion $f(x,y)$, falls

$$F(x,y) = \int_{-\infty}^{x} \int_{-\infty}^{y} f(x,y)\, dx dy.$$

Gegeben die gemeinsame Verteilungsfunktion $F(x,y)$ bezeichnet man die Verteilungen von X bzw. Y mit

$$\begin{aligned} F_X(x) &= W(X \leq x) = F(x,\infty) = \lim_{y \to \infty} F(x,y) \\ F_Y(y) &= W(Y \leq y) = F(\infty,y) = \lim_{x \to \infty} F(x,y) \end{aligned}$$

als Randverteilungen. Sind X und Y beide diskret oder beide stetig, dann lassen sich Wahrscheinlichkeits- bzw. Dichtefunktionen der Randverteilungen wie folgt berechnen:

$$f_X(x) = \begin{cases} \sum_{y \in Y} f(x,y) & \text{falls } X \text{ und } Y \text{ diskret,} \\ \int_{-\infty}^{\infty} f(x,y)\, dy & \text{falls } X \text{ und } Y \text{ stetig,} \end{cases}$$

$$f_Y(y) = \begin{cases} \sum_{x \in X} f(x,y) & \text{falls } X \text{ und } Y \text{ diskret,} \\ \int_{-\infty}^{\infty} f(x,y)\, dx & \text{falls } X \text{ und } Y \text{ stetig.} \end{cases}$$

Ist $y \in Y$, dann heißt

$$F(x|y) = W(X \leq x | Y = y) = \frac{F(x,y)}{f_Y(y)}$$

die bedingte Verteilungsfunktion von X unter der Hypothese oder Bedingung $Y = y$. Die dazugehörige Wahrscheinlichkeits- bzw. Dichtefunktion wird durch die Formel

$$f(x|y) = \frac{f(x,y)}{f_Y(y)}$$

gegeben.

Die beiden Zufallsvariablen X und Y heißen (stochastisch) unabhängig, falls

$$F(x,y) = F_X(x) \cdot F_Y(y),$$

oder dazu äquivalent

$$f(x,y) = f_X(x) \cdot f_Y(y)$$

gilt.

Der Varianz im eindimensionalem Fall entspricht die Kovarianz im zweidimensionalen Fall. Sie ist wie folgt definiert:

$$\begin{aligned} C(X,Y) &= E(X,Y) - E(X) \cdot E(Y) \\ &= \begin{cases} \sum\limits_{x \in X} \sum\limits_{x \in Y} (x-\mu_x) \cdot (y-\mu_y) \cdot f(x,y) & \text{falls } X, Y \text{ diskret} \\ \int_{-\infty}^{\infty} \int_{-\infty}^{\infty} (x-\mu_x) \cdot (y-\mu_y) \cdot f(x,y)\, dy dx & \text{falls } X, Y \text{ stetig.} \end{cases} \end{aligned}$$

Die auf das Intervall $[-1,1]$ normierte Kovarianz von X und Y bezeichnet man als Korrelationskoeffizienten ϱ_{XY}. Die Normierung erreicht man, indem man die Kovarianz durch das Produkt aus den Standardabweichungen von X und Y dividiert:

$$\varrho_{XY} = \frac{C(X,Y)}{\sqrt{V(X) \cdot V(Y)}}$$

Wenn X und Y unabhängig sind, dann ist der Korrelationskoeffizient ϱ_{XY} gleich Null. Den Wert $+1$ oder -1 nimmt er an, wenn zwischen X und Y eine lineare Relation besteht. Ist $\varrho_{XY} > 0$, dann variieren X und Y gleichläufig, ist $\varrho_{XY} < 0$, dann gegenläufig.

Ähnlich dem Beispiel von Fau Müller werden wir in diesem Buch die Umweltzustände Θ als Zufallsvariablen ansehen und von den Elementen $\vartheta \in \Theta$ als Parametern sprechen, die ihrerseits die Elemente einer Familie von Verteilungen einer aus einer Zufallsstichprobe errechneten Größe, nennen wir sie X, indizieren. M.a.W. betrachten wir eine Familie von Verteilungen von X mit Wahrscheinlichkeits- oder Dichtefunktion

$$f(x|\vartheta), \qquad \vartheta \in \Theta,$$

die in der Regel den vom unbekannten Umweltzustand ϑ abhängigen Zufallsmechanismus beschreiben, der zur beobachteten Stichprobe führt.

Informationen über den Umweltzustand werden als Verteilungen von Θ formuliert, die in der Stichprobe enthaltene Information ist die Realisierung

x. Bezeichnet $f(\vartheta)$ für $\vartheta \in \Theta$ die Dichte der Prioriverteilung, dann läßt sich Stichproben- und Prioriinformation über die Bayes'sche Formel

$$f(\vartheta|x) = \frac{f(x|\vartheta) \cdot f(\vartheta)}{\int f(x|\theta) \cdot f(\theta)\, d\theta}$$

(die wir hier der Einfachheit halber nur für stetige Θ und X anführen) zur Dichte $f(\vartheta|x)$ der Posterioriverteilung verschmelzen. In diesem Zusammenhang heißt die durch

$$f_X(x) = \int f(x|\theta) \cdot f(\theta)\, d\theta$$

bestimmte Verteilung Prädiktivverteilung.

Im konkreten Fall kann sich die Berechnung der Posterioriverteilung über die Bayes'sche Formel schwierig gestalten. Wie wir jedoch in den den nächsten Abschnitten sehen werden, stehen für wichtige Stichprobenverteilungen und den „dazugehörigen" Prioriverteilungen einfache, explizite Formeln zur Verfügung.

3.4 Bernoulli Prozeß

In vielen Situationen werden Stichprobeninformationen dadurch gewonnen, daß man Personen fragt, ob sie eine bestimmte Zigarettenmarke rauchen, ob sie den Kandidaten XY wählen würden, ob sie ein neues Produkt kaufen werden usw. Diesen Beispielen ist gemeinsam, daß sie nur dichotome Antwortmöglichkeiten aufweisen: Entweder raucht die befragte Person die betreffende Zigarettenmarke oder nicht, entweder wählt sie den Kandidaten XY oder nicht, entweder wird sie das neue Produkt kaufen oder nicht kaufen. Die Antwort der i-ten Person kann man daher wie folgt kennzeichnen:

$$x_i = \begin{cases} 1 & \text{für ja, Zustimmung, Käufer etc.} \\ 0 & \text{für nein, Ablehnung, Nichtkäufer etc.} \end{cases}$$

Man kann sich diese Art der Stichprobengewinnung auch folgendermaßen vorstellen: Aus einer Urne mit einer unbekannten Anzahl weißer und nichtweißer Kugeln wird eine erste Kugel zufällig entnommen und festgestellt, ob sie weiß oder nichtweiß ist. Eine weiße Kugel wird durch 1 und eine nichtweiße durch 0 gekennzeichnet. Nachdem die Farbe der ersten Kugel festgestellt ist, wird sie wieder in die Urne zurückgelegt, der Inhalt gemischt und eine zweite Kugel wieder zufällig gezogen. Auch diese Kugel wird nach der Feststellung ihrer Farbe wieder in die Urne zurückgelegt, bevor eine weitere (eventuell die selbe) Kugel herausgegriffen wird. Eine Stichprobenziehung, die auf diese Art erfolgt, bezeichnet man als Bernoulli Prozeß. Für diesen Prozeß gilt, daß die Ergebnisse der einzelnen Ziehungen voneinander unabhängig sind und für jede Ziehung die gleiche Verteilung gegeben ist.

Mit den aus einem Bernoulli Prozeß gewonnenen Stichprobeninformationen und den Prioriinformationen ermittelt man eine Posterioriverteilung für den unbekannten Anteil z.B. an Personen, die eine bestimmte Zigarettenmarke rauchen, die den Kandidaten XY wählen, oder für den unbekannten Anteil an weißen Kugeln in der Urne. Diesen unbekannten Anteil kürzt man mit π ab.

Um Informationen über den unbekannten Anteil π zu erhalten, kann man die Anzahl der Ziehungen und damit den Stichprobenumfang n fix vorgeben und z.B. feststellen, wieviele weiße Kugeln bei den n Ziehungen vorkommen. Die Zahl der weißen Kugeln ist

$$x = \sum_{i=1}^{n} x_i, \qquad x_i = 0 \text{ oder } 1.$$

n und x sind Stichprobeninformationen über den unbekannten Anteil π.

Zur Formulierung von a priori Wissen bezüglich π erweisen sich die Betaverteilungen als umfassende und leicht handhabbare Familie von Verteilungen. Da jede Betaverteilung durch zwei Parameter bestimmt ist, muß man versuchen, die Prioriinformationen durch diese beiden Parameter auszudrücken. Ist man z.B. der Meinung, daß die Urne 40% weiße Kugeln enthält, so entspricht dieser Information jede Betaverteilung mit

$$\frac{x'}{n'} = 0.40.$$

x' und n' sind die beiden Parameter der Prioriverteilung. n' kann interpretiert werden als der Umfang einer hypothetischen Stichprobe[2] und x' als die Anzahl der entsprechenden weißen Kugeln. Wenn man der Ansicht ist, daß die Prioriinformation das halbe Gewicht der Stichprobeninformation besitzt und $n = 10$ Kugeln gezogen werden sollen, dann ist

$$n' = \frac{n}{2} = \frac{10}{2} = 5$$

und x' daher 2. Aus den Angaben $n' = 5$ und $x' = 2$ kann man umgekehrt aus der entsprechenden Betaverteilung (siehe Tabellen, $\alpha = 2$, $\beta = 5 - 2 = 3$) entnehmen, daß der unbekannte Anteil weißer Kugeln π mit gleicher Wahrscheinlichkeit innerhalb des Intervalls (0.2430, 0.5437) liegt wie außerhalb. Denn für dieses Intervall gilt

$$W'(0.2430 < \pi < 0.5437) = 0.50.$$

Mit großer Wahrscheinlichkeit liegt der Anteil im Intervall (0.0601, 0.8206):

$$W'(0.0601 < \pi < 0.8206) = 0.96.$$

[2]vgl. Barnett (1982, S 243)

Wenn dies nicht der Prioriinformation entspricht, dann ist der hypothetische Stichprobenumfang $n' = 5$ falsch gewählt und man sucht eine Betaverteilung, die die Prioriinformation z.B. für das Intervall

$$W'(0.\cdots < \pi \leq 0.\cdots) = 0.50$$

adäquat ausdrückt. Aus der entsprechenden Betaverteilung kann man leicht das passende n' ableiten.

Wenn man als Prioriinformation Erwartungswert und Varianz der Prioribetaverteilung von π kennt

$$\begin{aligned} E(\pi) &= \frac{x'}{n'}, \\ V(\pi) &= \frac{x' \cdot (n' - x')}{n'^2 \cdot (n' + 1)}, \end{aligned}$$

dann kann man daraus nach folgenden Formeln n' und x' errechnen:

$$\begin{aligned} n' &= \frac{E(\pi) \cdot (1 - E(\pi))}{V(\pi)} - 1, \\ x' &= E(\pi) \cdot n'. \end{aligned}$$

Die Verknüpfung einer Prioribetaverteilung mit den Stichprobeninformationen aus einem Bernoulli Prozeß führt zu einer Posterioriverteilung für den unbekannten Anteil π, die ebenfalls eine Betaverteilung[3] ist. Die beiden Parameter n'' und x'' dieser Verteilung erhält man durch folgende einfache Zusammenfassung der Priori- und Stichprobeninformation:

$$n'' = n' + n$$

und

$$x'' = x' + x.$$

Hat man 10 Kugeln aus einer Urne mit Zurücklegen gezogen und dabei z.B. 1 weiße erhalten, dann sind

$$n = 10, \quad x = 1$$

die Stichprobeninformationen und die Parameter der Posterioriverteilung

$$\begin{aligned} n'' &= 5 + 10 = 15, \\ x'' &= 2 + 1 = 3, \end{aligned}$$

wenn man die oben erwähnten Prioriinformationen berücksichtigt.

[3]vgl. Marinell (1987, S 79)

Um Priori-, Stichproben- und Posterioriinformationen zu unterscheiden, werden die Stichprobeninformation ohne, die Prioriinformation mit einem Strich und die durch die Verknüpfung erhaltene Information der Posterioriverteilung mit zwei hochgestellten Strichen versehen. So ist z.B. $W'(\pi \leq 0.15)$ die Priori- und $W''(\pi \leq 0.15)$ die Posterioriwahrscheinlichkeit dafür, daß der Anteil π höchstens 0.15 ist.

Mit Hilfe der beiden Parameter der Posterioriverteilung $n'' = 15$ und $x'' = 3$ kann man die Wahrscheinlichkeit berechnen, daß z.B. die Urne höchstens einen Anteil π von 0.15 weißen Kugeln enthält. Diese Wahrscheinlichkeit ist [4]

$$\begin{aligned} W''(\pi \leq 0.15) &= F_\beta(\pi = 0.15 \mid x'' = 3, n'' - x'' = 12) \\ &= 0.3521. \end{aligned}$$

Die Dichte- und Verteilungsfunktion der Betaverteilung f_β und F_β sind im Anhang zusammengestellt und für einige Verteilungen tabuliert. Dort findet man auch die Wahrscheinlichkeits- und Verteilungsfunktion der Binomial- und Betabinomialverteilung. Die erste ist die Stichprobenverteilung des Bernoulli Prozesses und die zweite die entsprechende prädiktive Verteilung.

Mit Hilfe der Stichprobenverteilung kann man die Wahrscheinlichkeit für das Ziehen einer bestimmten Stichprobe mit Zurücklegen berechnen, wenn man den Anteil π kennt. So ist z.B. die Wahrscheinlichkeit, eine Stichprobe im Umfang $n = 10$ mit genau 1 weißen Kugel zu erhalten, gleich 0.3474, wenn in der Urne 15% der Kugeln weiß sind:

$$\begin{aligned} W(X = 1) &= f_B(x = 1 \mid \pi = 0.15; n = 10) \\ &= \frac{n!}{x!(n-x)!} \cdot \pi^x \cdot (1-\pi)^{n-x} \\ &= \frac{10!}{1!(10-1)!} \cdot 0.15^1 \cdot (1-0.15)^{10-1} \\ &= 0.3474. \end{aligned}$$

Wenn π jedoch unbekannt ist, dann kann die Stichprobenverteilung nicht dazu verwendet werden, die Wahrscheinlichkeit für ein bestimmtes Stichprobenergebnis im voraus zu berechnen. Dazu verwendet man die prädiktive Verteilung[5]. Mit ihr kann die Wahrscheinlichkeit für das Auftreten eines bestimmten

[4]Mit Hilfe der Tabelle der Betaverteilung im Anhang ($\alpha = 3$, $\beta = 12$) kann man die gesuchte Wahrscheinlichkeit nur eingrenzen. Danach liegt sie zwischen 0.35 und 0.36, da

$$0.35 = F_\beta(0.1495|3.12) < F_\beta(0.15|3.15) < F_\beta(0.1519|3.12) = 0.36.$$

[5]Die Prädiktivverteilung ist die Randverteilung der gemeinsamen Verteilung von Priori- und Stichprobenverteilung.

Stichprobenergebnisses mit Hilfe der Prioriinformation ermittelt werden. Wird die Prioriinformation über π z.B. durch eine Betaverteilung mit den Parametern $n' = 5$ und $x' = 2$ ausgedrückt, dann berechnet man die Wahrscheinlichkeit für eine Stichprobe mit $n = 10$ und $x = 1$ mit Hilfe der Betabinomialverteilung:

$$\begin{aligned} W(X=1) &= f_{\beta B}(x=1|x'=2, n'=5, n=10) \\ &= \frac{n!}{x!(n-x)!} \cdot \frac{(n'-1)!}{(x'-1)!(n'-x'-1)!} \\ &\quad \cdot \frac{(x+x'-1)!(n'+n-x-x'-1)!}{(n'+n-1)!} \\ &= \frac{10!}{1!(10-1)!} \cdot \frac{(5-1)!}{(2-1)!(5-2-1)!} \\ &\quad \cdot \frac{(1+2-1)!(5+10-1-2-1)!}{(5+10-1)!} \\ &= 0.1099. \end{aligned}$$

Die Betabinomialverteilung ist auch die Prädiktivverteilung für den Erwartungswert der Posterioribetaverteilung[6] π'':

$$E(\pi \mid x) = \pi'' = \frac{x''}{n''} = \frac{x'+X}{n'+n}.$$

Dieser Erwartungswert ist vor dem Ziehen einer Stichprobe unbekannt und kann z.B. für den Stichprobenumfang von $n = 10$ elf verschiedene Werte annehmen, die für die Prioribetaverteilung mit $x' = 2$ und $n' = 5$ in folgender Tabelle zusammengestellt sind:

x_i	0	1	2	3	4	5	6	7	8	9	10
$x_i'' = 2 + x_i$	2	3	4	5	6	7	8	9	10	11	12
π_i''	$\frac{2}{15}$	$\frac{3}{15}$	$\frac{4}{15}$	$\frac{5}{15}$	$\frac{6}{15}$	$\frac{7}{15}$	$\frac{8}{15}$	$\frac{9}{15}$	$\frac{10}{15}$	$\frac{11}{15}$	$\frac{12}{15}$

Die Wahrscheinlichkeit für den Posteriorierwartungswert von z.B. 3/15 ist 0.1099, da die Wahrscheinlichkeit für das entsprechende $X = 1$ gleich 0.1099 ist:

$$\begin{aligned} W(X=1) &= f_{\beta B}(x=1|x'=2, n'=5, n=10) \\ &= 0.1099 \\ &= W\left(\pi'' = \frac{3}{15}\right). \end{aligned}$$

[6] vgl. Raiffa, Schlaifer (1972, S 265).

Allgemein berechnet man die Wahrscheinlichkeit für einen noch unbekannten Posteriorierwartungswert π'', indem man die Definitionsgleichung von π'' nach x auflöst,

$$x = (n' + n) \cdot \pi'' - x'$$

und dieses x in die Formel für die Betabinomialverteilung einsetzt.

Wenn man über π nur vage Prioriinformationen zur Verfügung hat, dann werden die Parameter der Posterioribetaverteilung durch die Stichprobeninformationen allein bestimmt. Vager Prioriinformation[7] entspricht ein hypothetischer Stichprobenumfang von $n' = 0$. Die Parameter der Posterioribetaverteilung sind in diesem Fall

$$n'' = n, \quad x'' = x.$$

3.5 Poisson Prozeß

Im Unterschied zum Bernoulli Prozeß gibt es beim Poisson Prozeß keine diskreten Versuche, wie das Ziehen einer Kugel aus einer Urne, bei der das Ereignis z.B „weiß“ auftritt oder nicht. Die Ereignisse sind beim Poisson Prozeß zufällig über ein Kontinuum verteilt. Dieses Kontinuum ist häufig die Zeitachse. So sind z.B. die Anrufe in einer Telefonzentrale oder die Ankünfte von Autos in einer Waschanlage oder die krankheitsbedingten Ausfälle von Arbeitern in einer Fabrik Ereignisse, die zufällig über die Zeit verteilt sind.

Mit dem Bernoulli Modell kann man diese Prozesse auch dann nicht erfassen, wenn man die Zeit z.B. in Minuten unterteilt und jede Minute als das Ziehen einer Kugel aus einer Urne betrachtet. Es ist nämlich leicht möglich, daß z.B. pro Minute mehr als ein Anruf einlangt oder mehr als ein Auto zur Waschanlage kommt. Andererseits wird im Poisson Prozeß so wie im Bernoulli Prozeß Stationarität und Unabhängigkeit vorausgesetzt. Stationarität bedeutet im Poisson Prozeß, daß λ, die durchschnittliche Zahl von Ereignissen pro Zeiteinheit, konstant bleibt. Zählt man z.B. die Anrufe oder Ankünfte pro Minute, so muß die durchschnittliche Anzahl von Anrufen oder Ankünften pro Minute für den gesamten untersuchten Zeitraum Gültigkeit besitzen. Unter Unabhängigkeit versteht man die Forderung, daß das Auftreten von Ereignissen in einem bestimmten Zeitintervall unabhängig ist vom Auftreten in anderen Zeitintervallen. Wenn z.B. 5 Anrufe in der 3. Minute einlangen, so wird dadurch die Anzahl der Anrufe in der folgenden Minute nicht beeinflußt.

Wenn ein realer Prozeß diesen Forderungen entspricht, dann bezeichnet man ihn als Poisson Prozeß. Für die in diesem Prozeß unbekannte Größe λ (= die durchschnittliche Anzahl von Ereignissen pro Zeiteinheit) wird mit Hilfe der Stichproben- und Prioriinformation die Posterioriverteilung bestimmt.

[7]Die Diskussion und Darstellung vager Prioriinformationen findet man bei Jeffreys (1961), Lindley (1965), Box, Tiao (1973), Villagas (1975) und Berger (1985).

Um Stichprobeninformationen aus einem Poisson Prozeß zu erhalten, beobachtet man in t fix vorgegebenen Zeitintervallen die Anzahl der auftretenden Ereignisse x:

$$x = \sum_{i=1}^{t} x_i, \quad x_i = 0, 1, 2, \ldots$$

Zählt man z.B. innerhalb von 4 Tagen bei 80 Arbeitern 6 Ausfälle wegen Krankheit, dann ist $t = 4$ und $x = 6$. t und x sind die Stichprobeninformationen aus einem Poisson Prozeß.

Die Prioriinformation über die unbekannte Größe λ wird mit Hilfe einer Gammaverteilung zum Ausdruck gebracht, die durch die beiden Parameter t' und x' bestimmt ist. So entsprechen z.B. der Prioriinformation, daß im Durchschnitt jeden 2. Tag ein Arbeiter erkrankt, alle Priorigammaverteilungen, für die gilt $x'/t' = 0.5$.

Um daraus x' und t' zu bestimmen, kann man z.B. t zu t' in Beziehung setzen und der Stichprobeninformation im Vergleich zur Prioriinformation doppeltes Gewicht zusprechen. Wenn der Stichprobeninformation 4 Tage Beobachtungszeit zu Grunde liegt, dann folgt daraus für die hypothetische Stichprobe, daß $t' = 2$ und $x' = 1$ ist. Mit Hilfe dieser beiden Parameter kann man z.B. die Prioriwahrscheinlichkeit berechnen, daß die durchschnittliche Zahl erkrankter Arbeiter höchstens 1 beträgt. Diese Wahrscheinlichkeit ist [8]

$$\begin{aligned} W'(\lambda \leq 1) &= F_{\gamma}(\lambda = 1 | x' = 1, t' = 2) = F_{\gamma s}(\lambda \cdot t' = 2 | x' = 1) \\ &= 0.8647. \end{aligned}$$

Auch hier kann man mit Hilfe der standardisierten Gammaverteilung überprüfen, welche Bedeutung einer hypothetischen Stichprobe von $t' = 2$ zukommt. $t' = 2$ bedeutet, daß mit einer Wahrscheinlichkeit von 50% der unbekannte Parameter zwischen 0.1439 und 0.6932 liegt:

$$\begin{aligned} W'(0.2877 \cdot 2 < \lambda \cdot 2 < 1.3863 \cdot 2) &= 0.5, \\ W'(0.1439 < \lambda < 0.6932) &= 0.5. \end{aligned}$$

Nur wenn die Prioriinformation diesem Ergebnis nicht widerspricht, ist ein hypothetischer Stichprobenumfang von $t' = 2$ gerechtfertigt.

Kennt man nur den Erwartungswert und die Varianz der Priorigammaverteilung von λ, dann kann man daraus die beiden Parameter der Priorigamma-

[8] Die Wahrscheinlichkeit liegt laut Tabelle der standardisierten Gammaverteilung zwischen 0.86 und 0.87, da

$$0.86 = F_{\gamma s}(1.9661|1) < F_{\gamma s}(2|1) < F_{\gamma s}(2.0402|1) = 0.87.$$

verteilung nach den Formeln

$$\begin{aligned} t' &= \frac{E(\lambda)}{V(\lambda)}, \\ x' &= E(\lambda) \cdot t' \end{aligned}$$

berechnen.

Priori- und Stichprobeninformation werden zur Posterioriverteilung für λ zusammengefaßt, indem man so wie beim Bernoulliprozeß die entsprechenden Werte addiert:

$$\begin{aligned} t'' &= t' + t, \\ x'' &= x' + x. \end{aligned}$$

Durch diese beiden Parameter ist die Posteriorigammaverteilung[9] für λ eindeutig bestimmt.

Aus den angeführten Priori- und Stichprobeninformationen für das Beispiel der Arbeitsausfälle wegen Krankheit erhält man für die beiden Parameter t'', x'' folgende Werte:

$$\begin{aligned} t'' &= 2 + 4 = 6, \\ x'' &= 1 + 6 = 7. \end{aligned}$$

Mit ihrer Hilfe kann man nun die Posterioriwahrscheinlichkeit berechnen, daß λ, die durchschnittliche Anzahl von erkrankten Arbeitern pro Tag, z.B. höchstens 1 beträgt:

$$\begin{aligned} W''(\lambda \leq 1) &= F_\gamma(\lambda = 1 | x'' = 7, t'' = 6) = F_{\gamma s}(\lambda \cdot t'' = 6 | x'' = 7) \\ &= 0.3937. \end{aligned}$$

Die Definition der Dichte- und Verteilungsfunktion der Gammaverteilung f_γ und F_γ, sowie einige Kennzahlen dieser Verteilung findet man auf S 331. Die Poissonverteilung ist die Stichprobenverteilung dieses Prozesses und die Negativbinomialverteilung die entsprechende prädiktive Verteilung mit der das Auftreten einer bestimmten Stichprobe mit Hilfe der Prioriinformationen vorhergesagt werden kann.

Weiß man z.B., daß $\lambda = 1$ ist, also im Durchschnitt 1 Arbeiter pro Tag erkrankt, dann kann man mit der Poissonverteilung die Wahrscheinlichkeit für eine bestimmte Stichprobe berechnen. Wenn man z.B. wissen will, wie groß die Wahrscheinlichkeit ist, daß innerhalb von $4\frac{1}{2}$ Tagen genau 3 Krankmeldungen eintreffen, dann berechnet man diese Wahrscheinlichkeit wie folgt:

$$W(X = 3) = f_P(x = 3 | \lambda t = 4.5)$$

[9]vgl. LaValle (1970, S 345)

$$\begin{aligned} &= e^{-\lambda t} \cdot \frac{\lambda t^x}{x!} \\ &= e^{-4.5} \cdot \frac{4.5^3}{3!} \\ &= 0.1687. \end{aligned}$$

Da λ jedoch nicht bekannt ist, muß die Wahrscheinlichkeit für das Auftreten dieser Stichprobe mit der Negativbinomialverteilung berechnet werden. Für die Prioriinformation $t' = 2$ und $x' = 1$ ergibt sich:

$$\begin{aligned} W(X=3) &= f_{nB}\left(x = 3 \middle| p = \frac{t}{t+t'} = \frac{4.5}{4.5+2} = 0.69, x' = 1\right) \\ &= \frac{(x+x'-1)!}{(x'-1)!x!} \cdot p^x \cdot (1-p)^{x'} \\ &= \frac{(3+1-1)!}{(1-1)!3!} \cdot 0.69^3 \cdot (1-0.69)^1 \\ &= 0.1018. \end{aligned}$$

Die Negativbinomialverteilung[10] ist auch Prädiktivverteilung für den Erwartungswert der Posteriorigammaverteilung:

$$E(\lambda|x) = \lambda'' = \frac{x''}{t''} = \frac{x'+X}{t'+t}.$$

Vor dem Ziehen einer Stichprobe des Umfanges t ist x unbekannt und daher auch der Posteriorierwartungswert λ''. So ist z.B. die Wahrscheinlichkeit für den Posteriorierwartungswert $\lambda'' = 0.62$ vor dem Ziehen einer Stichprobe mit dem Umfang $t = 4.5$ und der Prioriinformation $x' = 1$ und $t' = 2$ gleich 0.1018, da

$$x = \lambda'' \cdot (t'+t) - x' = 0.62 \cdot (2+4.5) - 1 = 3$$

ist und

$$\begin{aligned} W(X=3) &= f_{nB}(x = 3|p = 0.69, x' = 1) \\ &= 0.1018 \\ &= W(\lambda'' = 0.62). \end{aligned}$$

Zur Formel von $x = \lambda'' \cdot (t'+t) - x'$ kommt man durch das Auflösen der Definitionsgleichung von λ'' nach x.

Besitzt man nur vage Prioriinformationen, so setzt man $t' = 0$ und erhält für die Parameter der Posteriorigammaverteilung

$$t'' = t, \quad x'' = x.$$

In diesem Fall sind für die Posterioriverteilung der unbekannten Größe λ nur die Stichprobeninformation relevant.

[10]vgl. Raiffa, Schlaifer (1972, S 280).

3.6 Gauß Prozeß

Den Bernoulli Prozeß kann man sich durch eine Urne veranschaulichen, aus der Kugeln mit Zurücklegen entnommen werden. Bei jeder Kugel wird nur festgestellt, ob ein bestimmtes Merkmal, z.B. die Farbe weiß, vorhanden ist oder nicht. Das Vorhandensein des Merkmals wird mit 1, das Nichtvorhandensein mit 0 gekennzeichnet. In vielen realen Situationen ist die Beschränkung auf nur zwei Merkmalsausprägungen jedoch nicht ausreichend. Oft ist jede reelle Zahl innerhalb eines spezifischen Intervalls ein mögliches Ergebnis. Will man z.B. Informationen über den durchschnittlichen Lagerbestand eines bestimmten Produktes sammeln, dann sind die möglichen Merkmalsausprägungen nicht auf zwei beschränkt, sondern jede Zahl zwischen 0 und 300 ist z.B. eine mögliche Merkmalsausprägung des Lagerbestandes.

Man kann den Gauß Prozeß an Hand einer Urne wie folgt interpretieren: Jede Kugel, die mit Zurücklegen aus der Urne gezogen wird, ist mit einer Zahl beschriftet, die einer Merkmalsausprägung entspricht. Man kann sich z.B. vorstellen, daß die verschiedenen Lagerbestände jeweils auf einer Kugel vermerkt sind. Der Informationsgewinnungsprozeß besteht nun darin, daß man mit Zurücklegen eine bestimmte Anzahl von Kugeln aus der Urne zieht und die jeweilige Zahl notiert. Wenn man voraussetzen kann, daß der Lagerbestand normalverteilt ist, dann entspricht die beschriebene Stichprobenziehung einem Gauß Prozeß. Bei diesem Prozeß will man mit Hilfe von Stichproben- und Prioiinformationen Aussagen über die unbekannte Größe μ machen. μ ist im Beispiel der unbekannte Durchschnittsbestand des betreffenden Produktes. Ein Gauß Prozess liegt also vor, wenn man aus einer normalverteilten Grundgesamtheit eine Zufallsstichprobe mit Zurücklegen entnimmt, wobei die entsprechende Zufallsvariable jede reelle Zahl innerhalb eines bestimmten Intervalls annehmen kann.

(a) σ bekannt

σ gibt an, wie groß die Streuung der Merkmalsausprägungen in der Grundgesamtheit ist. In manchen Situationen ist diese Größe bekannt. Wenn man z.B. Informationen über den unbekannten Durchschnittslagerbestand eines bestimmten Produktes sammeln will, dann kann bekannt sein, daß der Lagerbestand im Mittel von μ um 1 Einheit abweicht. Diese Zahl ist in diesem Fall gleich σ. σ bezeichnet man als Standardabweichung der Grundgesamtheit und σ^2 als Varianz.

Wenn σ bekannt ist, dann zieht man aus der normalverteilten Grundgesamtheit nach der beschriebenen Art des Gauß Prozesses n Einheiten und berechnet aus den entsprechenden Merkmalsausprägungen den Durchschnitt:

$$\overline{x} = \frac{1}{n} \cdot \sum_{i=1}^{n} x_i.$$

n und $\overline{x}$ sind die Stichprobeninformationen über die unbekannte Größe μ.

Wenn man z.B. die Lagerbestände von 10 Zeitpunkten zur Verfügung hat

7.5, 2.5, 3, 8, 3, 4, 7, 4, 4, 5,

dann ist der Stichprobendurchschnitt $\overline{x}$ gleich 4.8 Einheiten:

$$\begin{aligned} \overline{x} &= \frac{1}{10} \cdot \sum_{i=1}^{10} x_i \\ &= \frac{7.5 + 2.5 + \cdots + 5}{10} \\ &= 4.8. \end{aligned}$$

Die Prioriinformation über die Größe μ kann ebenfalls in Form einer Normalverteilung dargestellt werden. Ist man z.B. der Ansicht, daß der durchschnittliche Lagerbestand dieses Produktes $\mu' = 2$ Einheiten beträgt und diese Information einer hypothetischen Stichprobe von $n' = 5$ entspricht, dann kann man auch den zweiten Parameter σ' der Priorinormalverteilung bestimmen. Es ist nämlich

$$\sigma'^2 = \frac{\sigma^2}{n'}$$

und σ ist ja bekannt. Wenn $\sigma = 1$ und daher σ^2 ebenfalls 1 ist, dann ist

$$\sigma'^2 = \frac{1}{5} = 0.2.$$

σ'^2 ist die Varianz und σ' die Standardabweichung der Priorinormalverteilung von μ. Statt σ'^2 schreibt man auch $V(\mu)$.

Der hypothetische Stichprobenumfang von $n' = 5$ impliziert also, daß man apriori fast sicher ist, daß der unbekannte Durchschnittslagerbestand μ zwischen 1.1056 und 2.8944 liegt. Denn für jede Normalverteilung gilt näherungsweise

$$W(\mu - 2 \cdot \sigma < X < \mu + 2 \cdot \sigma) = 0.95,$$

das heißt also

$$W\left(2 - 2 \cdot \sqrt{0.2} < \mu < 2 + 2 \cdot \sqrt{0.2}\right) = 0.95$$

bzw.

$$W(1.1059 < \mu < 2.8944) = 0.95.$$

Die Posterioriverteilung von μ, in der Priori- und Stichprobeninformation enthalten sind, ist wieder eine Normalverteilung[11] mit den Parametern

$$\begin{aligned} \mu'' &= \frac{n' \cdot \mu' + n \cdot \overline{x}}{n''}, \\ \sigma''^2 &= \frac{\sigma^2}{n''}, \end{aligned}$$

[11] vgl. Marinell (1987, S 81).

wobei

$$n'' = n' + n$$

ist. Berücksichtigt man, daß $n' = \sigma^2/\sigma'^2$ ist, dann kann man die beiden Parameter auch folgendermaßen schreiben:

$$\begin{aligned}
\mu'' &= \left(\frac{1}{\sigma'^2} \cdot \mu' + \frac{1}{\sigma^2/n} \cdot \overline{x}\right) \Big/ \left(\frac{1}{\sigma'^2} + \frac{1}{\sigma^2/n}\right), \\
\sigma''^2 &= \left(\frac{1}{\sigma'^2} + \frac{1}{\sigma^2/n}\right)^{-1}.
\end{aligned}$$

Da σ'^2 die Varianz der Priorinormalverteilung von μ ist und μ' der entsprechende Erwartungswert sowie σ^2/n die Varianz von $\overline{X}$, kann man die Parameter der Posteriorinormalverteilung auch wie folgt definieren:

$$\begin{aligned}
E(\mu|x) &= \mu'' = \left(\tfrac{1}{V(\mu)} \cdot E(\mu) + \tfrac{1}{V(\overline{X})} \cdot \overline{x}\right) \Big/ \left(\tfrac{1}{V(\mu)} + \tfrac{1}{V(\overline{X})}\right), \\
V(\mu|x) &= \sigma''^2 = \left(\tfrac{1}{V(\mu)} + \tfrac{1}{V(\overline{X})}\right)^{-1}.
\end{aligned}$$

Für das Beispiel ist

$$\mu'' = \frac{5 \cdot 2 + 10 \cdot 4.8}{15} = 3.8667$$

und

$$\sigma''^2 = \frac{1}{15} = 0.0667.$$

Mit diesen Angaben kann man z.B. die Wahrscheinlichkeit berechnen, daß der Durchschnittsbestand des Produktes höchstens 3.5 Einheiten beträgt. Die Posterioriwahrscheinlichkeit dafür ist [12]

$$\begin{aligned}
W''(\mu \leq 3.5) &= F_N(\mu = 3.5|\mu'' = 3.8667, \sigma''^2 = 0.0667) \\
&= 0.0778.
\end{aligned}$$

[12]Laut Tabelle der Standardnormalverteilung liegt die Wahrscheinlichkeit zwischen 0.077 und 0.078, da

$$0.077 = F_Z(-1.4255) < F_Z(-1.4199) < F_Z(-1.4187) = 0.078$$

ist und z ist gleich

$$z = \frac{\mu - \mu''}{\sqrt{\sigma''^2}} = \frac{3.5 - 3.8667}{\sqrt{0.0667}} = -1.4199.$$

Dichte- und Verteilungsfunktion der standardisierten Normalverteilung, f_Z und F_Z, findet man im Anhang. Auch die Stichproben- und prädiktive Verteilung sind für diesen Prozeß Normalverteilungen. So ist z.B. die Wahrscheinlichkeit, bei einer Stichprobe vom Umfang $n = 10$ einen Durchschnittsbestand von höchstens 2.5 Einheiten zu erhalten, wenn man nur die Prioriinformationen zur Verfügung hat, gleich

$$\begin{aligned} W(\bar{X} \leq 2.5) &= F_N\Big(\overline{x} = 2.5\Big|\mu' = 2, \\ &\qquad \sigma'^2 = \sigma^2 \cdot \left(\frac{1}{n} + \frac{1}{n'}\right) = 1 \cdot \left(\frac{1}{10} + \frac{1}{5}\right) = 0.3\Big) \\ &= 0.8193. \end{aligned}$$

Auch die Prädiktivverteilung[13] für den Erwartungswert der Posteriorinormalverteilung

$$E(\mu|x) = \mu'' = \frac{n' \cdot \mu' + n \cdot \overline{X}}{n' + n}$$

ist eine Normalverteilung mit den Parametern μ' und $\sigma^2 \cdot (\frac{1}{n'} - \frac{1}{n''})$. So ist z.B. vor dem Ziehen einer Stichprobe mit dem Umfang $n = 10$ die Wahrscheinlichkeit für einen Posteriorierwartungswert von höchstens 2.5 gleich

$$\begin{aligned} W(\mu'' \leq 2.5) &= F_N\left(\mu'' = 2.5 \middle| \mu' = 2, \sigma^2 \cdot \left(\frac{1}{n'} - \frac{1}{n''}\right) = \frac{1}{5} - \frac{1}{15} = 0.1333\right) \\ &= 0.9146. \end{aligned}$$

Ist μ bekannt, dann wird die Wahrscheinlichkeit für eine bestimmte Stichprobe mit Hilfe der Stichprobennormalverteilung berechnet. Für $\mu = 3$ ist z.B. die Wahrscheinlichkeit für einen Stichprobendurchschnitt von höchstens drei gleich

$$\begin{aligned} W(\overline{X} \leq 3) &= F_N\left(\overline{x} = 3 \middle| \mu = 3, \frac{\sigma^2}{n} = 0.10\right) \\ &= 0.5000. \end{aligned}$$

Wenn man nur vage Prioriinformationen über μ besitzt, drückt man dies durch eine hypothetische Stichprobe von $n' = 0$ aus. Die Parameter der Posteriorinormalverteilung sind dann

$$\mu'' = \overline{x}, \quad \sigma''^2 = \frac{\sigma^2}{n}.$$

Für die Posterioriverteilung sind in diesem Fall wieder nur die Stichprobeninformationen relevant.

[13]vgl. Raiffa, Schlaifer (1972, S 297).

(b) σ unbekannt

Wenn σ unbekannt ist, dann benötigt man neben n und $\overline{x}$ noch die Stichprobenvarianz

$$s^2 = \frac{1}{n} \cdot \sum_{i=1}^{n} (x_i - \overline{x})^2 = \frac{1}{n} \cdot \sum_{i=1}^{n} x_i^2 - \overline{x}^2$$

bzw. die Standardabweichung der Stichprobe

$$s = \sqrt{s^2}$$

als Stichprobeninformation. Für die Stichprobe von 10 Beobachtungen des Lagerbestandes ist

$$s^2 = \frac{(7.5 - 4.8)^2 + (2.5 - 4.8)^2 + \cdots + (5 - 4.8)^2}{10} = 3.61.$$

Im Mittel weichen die Lagerbestände um

$$s = \sqrt{3.61} = 1.9$$

Einheiten von ihrem Durchschnitt ab. Nach der zweiten Formel wird die Varianz der Stichprobe folgendermaßen berechnet:

$$\begin{aligned} s^2 &= \frac{1}{n} \cdot \sum x_i^2 - \bar{x}^2 \\ &= \frac{7.5^2 + 2.5^+ \cdots + 5^2}{10} - 4.8^2 \\ &= 3.61. \end{aligned}$$

Für die Prioriinformation verwendet man nicht eine Normal- sondern eine Studentverteilung. Für diese muß neben μ' und n' auch s'^2 und ν' angegeben werden. Berücksichtigt man z.B. wieder $\mu' = 2$ und $n' = 5$ als Prioriinformation und darüber hinaus s'^2 mit 1 und ν' mit 4, dann kann man daraus auch die Prioriwahrscheinlichkeiten berechnen, daß z.B. der Durchschnittsbestand des Produktes höchstens 3 Einheiten beträgt. Sie ist [14]

[14] Laut Tabelle für die standardisierte Studentverteilung liegt die Wahrscheinlichkeit zwischen 0.95 und 0.96, da

$$0.95 = F_T(2.1318|4) < F_T(2.2361|4) < F_T(2.3329|4) = 0.96,$$

ist und t gleich ist

$$t = \frac{\mu - \mu'}{\sqrt{s'^2/n'}} = \frac{3-2}{\sqrt{1/5}} = 2.2361.$$

$$\begin{aligned} W'(\mu \leq 3) &= F_S\left(\mu = 3 \middle| \mu' = 2, \frac{s'^2}{n'} = \frac{1}{5}, \nu' = 4\right) \\ &= 0.9555. \end{aligned}$$

Wenn die Parameter der Prioristudentverteilung passend gewählt werden, dann muß gelten:

$$\begin{aligned} W'\left(\mu' - t_{0.98;\nu=4} \cdot \sqrt{\frac{s'^2}{n'}} < \mu < \mu' + t_{0.98;\nu=4} \cdot \sqrt{\frac{s'^2}{n'}}\right) &= 0.96 \\ W'\left(2 - 2.9986 \cdot \sqrt{\frac{1}{5}} < \mu < 2 + 2.9986 \cdot \sqrt{\frac{1}{5}}\right) &= 0.96 \\ W'(0.6590 < \mu < 3.3410) &= 0.96. \end{aligned}$$

A priori liegt der unbekannte durchschnittliche Lagerbestand mit einer Wahrscheinlichkeit von 0.96 zwischen 0.6590 und 3.3410 Einheiten.

Kennt man a priori ν' nicht, sondern nur das Intervall, in dem der durchschnittliche Lagerbestand mit großer Wahrscheinlichkeit (96%) liegt, sowie die Standardabweichung des durchschnittlichen Lagerbestandes, dann kann man daraus mit Hilfe der Tabellen für die standardisierten Studentverteilungen die passende Verteilung und damit ν' ermitteln. Ist man z.B. a priori der Ansicht, daß der durchschnittliche Lagerbestand mit einer Standardabweichung von 0.4472 Einheiten fast sicher zwischen 0.659 und 3.341 Einheiten liegt, dann gilt

$$W'(0.6590 < \mu < 3.3410) = 0.96.$$

Daraus erhält man

$$E(\mu) = \mu' = \frac{3.3410 - 0.6590}{2} = 2$$

sowie

$$\begin{aligned} 3.3410 - \mu' &= t_{0.98;\nu'} \cdot \sqrt{\frac{s'^2}{n'}} \\ 1.3410 &= t_{0.98;\nu'} \cdot 0.4472 \\ t_{0.98;\nu'} &= 2.9586. \end{aligned}$$

Aus den Tabellen der Studentverteilungen findet man das entsprechende t bei $\nu' = 4$:

$$2.9986 = t_{0.98;4}.$$

Die Posterioriverteilung von μ ist ebenfalls eine Studentverteilung[15], die durch folgende Parameter bestimmt ist:

$$\begin{aligned} n'' &= n' + n, \\ \nu'' &= \nu' + n, \\ n_u &= \frac{n' \cdot n}{n' + n}, \\ \mu'' &= \frac{n' \cdot \mu' + n \cdot \overline{x}}{n''}, \\ s''^2 &= \frac{\nu' \cdot s'^2 + n \cdot s^2 + n_u \cdot (\overline{x} - \mu')^2}{\nu''}. \end{aligned}$$

Für das Beispiel erhält man folgende numerische Werte für die Parameter der Posterioristudentverteilung:

$$\begin{aligned} n'' &= 5 + 10 = 15, \\ \nu'' &= 4 + 10 = 14, \\ n_u &= \frac{5 \cdot 10}{5 + 10} = 3.33, \\ \mu'' &= \frac{5 \cdot 2 + 10 \cdot 4.8}{15} = 3.87, \\ s''^2 &= \frac{4 \cdot 1 + 10 \cdot 3.61 + 3.33 \cdot (4.8 - 2)^2}{14} = 4.73. \end{aligned}$$

Die Posterioriwahrscheinlichkeit, daß z.B. der Durchschnittsbestand des untersuchten Produktes höchstens 3 Einheiten beträgt, kann man mit Hilfe der Posterioristudentverteilung berechnen:

$$\begin{aligned} W''(\mu \leq 3) &= F_S\left(\mu = 3 \middle| \mu'' = 3.87, \frac{s''^2}{n''} = 0.3153, \nu'' = 14\right) \\ &= 0.0718. \end{aligned}$$

Die Formeln für die Berechnung von Dichte- und Verteilungsfunktion der Posterioristudentverteilung, f_T und F_T, sowie weiterer Kennzahlen dieser Verteilung sind im Anhang zusammengestellt. Dort findet man auch die Stichproben- und prädiktive Verteilung, die beide Studentverteilungen sind.

Da μ nicht bekannt ist, kann man mit Hilfe der Prioriinformation und dem gegebenen Stichprobenumfang die Wahrscheinlichkeit für das Auftreten einer bestimmten Stichprobeninformation berechnen. Die Wahrscheinlichkeit für einen Durchschnittsbestand von höchstens 3 Einheiten ist z.B.

$$\begin{aligned} W(\overline{X} \leq 3) &= F_S\left(\overline{x} = 3 \middle| \mu' = 2, s'^2 \cdot \left(\frac{1}{n} + \frac{1}{n'}\right) = \frac{1}{10} + \frac{1}{5} = 0.3, \nu' = 4\right) \\ &= 0.9290. \end{aligned}$$

[15]vgl. LaValle (1970, S 352).

Auch die Prädiktivverteilung[16] für den Erwartungswert der Posterioristudentverteilung

$$E(\mu|x) = \mu'' = \frac{n' \cdot \mu' + n \cdot \overline{X}}{n' + n}$$

ist eine Studentverteilung mit den Parametern

$$\mu',\ s'^2 \cdot (\frac{1}{n'} - \frac{1}{n''}),\ \nu'.$$

Vor dem Ziehen einer Stichprobe mit dem Umfang $n = 10$ ist z.B. die Wahrscheinlichkeit für einen Posteriorierwartungswert von höchstens 3 gegeben durch:

$$\begin{aligned} &W(\mu'' \leq 3) \\ &= F_S\left(\mu'' = 3 \middle| \mu' = 2, s'^2 \cdot \left(\frac{1}{n'} - \frac{1}{n''}\right) = \frac{1}{5} - \frac{1}{15} = 0.1333, \nu' = 4\right) \\ &= 0.9740. \end{aligned}$$

Für vage Prioriinformationen setzt man $n' = \nu' = 0$ und erhält für die Parameter der Posterioristudentverteilung

$$\mu'' = \overline{x},\quad \frac{s''^2}{n''} = \frac{s^2}{n},\quad \nu'' = n - 1.$$

3.7 Approximationen

In manchen Situationen kann es aus mathematischen, rechnerischen oder auch praktischen Gründen schwierig sein, exakte Verteilungen anzugeben und man ist darauf angewiesen, diese zumindest näherungsweise zu berechnen.

Ein Ansatz zur Bestimmung von Approximationen ist, von einer bekannten und leicht zu berechnenden Verteilungsfamilie auszugehen und deren Parameter so zu bestimmen, daß gewisse Maßzahlen der exakten Verteilung mit denen der approximativen übereinstimmen. Wohl am häufigsten verwendet man dazu die Normalverteilung sowie Erwartungswert und Varianz als Maßzahlen.

Ist z.B. X betaverteilt mit den Parametern α und β, dann gilt $E(X) = \alpha/(\alpha + \beta)$ und $V(X) = (\alpha \cdot \beta)/[(\alpha + \beta)^2 \cdot (\alpha + \beta + 1)]$. Die approximierende Normalverteilung wird man so wählen, daß $\mu = E(X)$ und $\sigma^2 = V(X)$. Die Annäherung ist umso besser je symmetrischer die Verteilung von X ist.

Eine theoretische Rechtfertigung für die eben skizzierte Vorgangsweise können zentrale Grenzwertsätze liefern. Die zentralen Grenzwertsätze beinhalten generell die Feststellung, daß die Verteilungsfunktionen einer Folge von Zufallsvariablen $Z_1, \cdots, Z_n$, mit $n \to \infty$ gegen die Standardnormalverteilung konvergieren. Bezeichnet man mit F_n die Verteilungsfunktion der Zufallsvariablen

[16]vgl. Raiffa, Schlaifer (1972, S 309).

Z_n, so gilt

$$\lim_{n\to\infty} F_n \sim N(0,1).$$

Die Grenzwertsätze unterscheiden sich in der Definition von Z_n. DeMoivre und Laplace bewiesen die Konvergenz für unabhängige und identisch verteilte Bernoulli Zufallsvariablen. Z_n ist in diesem Fall wie folgt definiert:

$$Z_n = \frac{X - n \cdot \pi}{\sqrt{n \cdot \pi \cdot (1 - \pi)}}, \quad X = \sum_{i=1}^{n} X_i.$$

Auf Grund dieses sogenannten lokalen Grenzwertsatzes von DeMoivre und Laplace kann man die Werte der Binomialverteilung bei hinreichend großem n mit Hilfe der Standardnormalverteilung berechnen.

Für unabhängige und identisch, aber beliebig verteilte Zufallsvariablen mit demselben Erwartungswert μ und derselben Varianz σ^2 zeigten Lindeberg und Levy die Konvergenz. Z_n ist hier wie folgt definiert:

$$Z_n = \frac{\sum_{i=1}^{n}(X_i - \mu)}{\sqrt{\sigma^2 \cdot n}}$$

Selbst dann, wenn die Zufallsvariablen nicht identisch verteilt sind, kann die Konvergenz bewiesen werden. Dies wurde von Liapunoff gezeigt. Es wird in diesem Fall nur vorausgesetzt, daß die Zufallsvariablen unabhängig sind und

$$E(X_n) = \mu_n, \quad V(X_n) = \sigma_n^2,$$

sowie einige höhere Momente der Verteilungen existieren. Z_n ist dann folgendermaßen definiert:

$$Z_n = \frac{\sum_{i=1}^{n}(X_i - \mu_i)}{\sqrt{\sum_{i=1}^{n} \sigma_i^2 \cdot n_i}}.$$

Man kann also die Werte der Verteilungsfunktion zahlreicher Verteilungen auf Grund dieser Grenzwertsätze bei hinreichend großem n mit Hilfe der Standardnormalverteilung approximativ berechnen. In vielen Fällen ist ein $n = 30$ schon ausreichend, um an Hand der Normalverteilung Näherungswerte für die Verteilungsfunktion zu erhalten, die von den exakten Werten nicht nennenswert abweichen.

Betrachten wir als einfaches Beispiel das Experiment „100-maliges Werfen einer fairen Münze". Für die Zufallsvariable X „Anzahl der Kopfwürfe" ist z.B. die exakte Wahrscheinlichkeit für höchstens 60 Kopfwürfe

$$\begin{aligned} W(X \leq 60) &= F_B(60|\pi = 0.5, n = 100) \\ &= \sum_{x=0}^{60} \binom{100}{x} \cdot 0.5^x \cdot (1 - 0.5)^{100-x} \\ &= 0.9824. \end{aligned}$$

Mit Hilfe der Standardnormalverteilung erhält man die Wahrscheinlichkeit

$$W(X \leq 60) \approx F_Z(2) = (2 \cdot \pi)^{-\frac{1}{2}} \cdot \int_{-\infty}^{2} \exp\left(-\frac{2^2}{2}\right) dz = 0.9773,$$

da

$$z = \frac{60 - 100 \cdot 0.5}{\sqrt{100 \cdot 0.5 \cdot (1 - 0.5)}} = 2$$

ist. Gerundet auf zwei Dezimalstellen liefert die Normalverteilung einen guten Näherungswert für die exakte Wahrscheinlichkeit. Wenn man die Stetigkeit der Normalverteilung durch eine Stetigkeitskorrektur von 0.5 bei der ganzzahligen binomialverteilten Zufallsvariablen berücksichtigt, dann kann die Näherungslösung noch verbessert werden. x ist in diesem Fall nicht 60 sondern 60.5 und z daher

$$z = \frac{60.5 - 100 \cdot 0.5}{\sqrt{100 \cdot 0.5 \cdot (1 - 0.5)}} = 2.1.$$

Die Wahrscheinlichkeit für höchstens 60 Kopfwürfe ist nun näherungsweise

$$F_Z(2.1) = (2 \cdot \pi)^{-\frac{1}{2}} \cdot \int_{-\infty}^{2.1} \exp\left(\frac{-2 \cdot 1^2}{2}\right) dz = 0.9821.$$

Kapitel II

Testproblem

1 Hypothesen und ihre Posterioriwahrscheinlichkeiten

Testprobleme sind dadurch gekennzeichnet, daß es nur zwei Umweltzustände gibt und daß nur zwei Aktionen[1] zur Wahl stehen. Die Umweltzustände werden in Form von Hypothesen ausgedrückt.

Ein Geschäftsmann, dem die Einführung eines neuen Produktes angeboten wird, muß z.B. eine der beiden Aktionen

a_0: Nichteinführung des neuen Produktes,
a_1: Einführung des neuen Produktes,

wählen. Aus der Kostenrechnung weiß er, daß der Verkauf des neuen Produktes erst dann rentabel ist, wenn mehr als 15% der potentiellen Käufer das neue Produkt kaufen. Er kann daher die beiden Aktionen mit folgenden Umweltzuständen in Verbindung bringen, die hier in Form von Hypothesen über den Anteil π der künftigen Käufer zum Ausdruck kommen:

$$H_0: \ \pi \leq 0.15,$$
$$H_1: \ \pi > 0.15.$$

Die beiden Aktionen und Umweltzustände des Beispiels können in folgender Entscheidungstabelle zusammengestellt werden:

Aktion	Zustand	
a_i	$\pi \leq 0.15$	$\pi > 0.15$
a_0		
a_1		

Im Hinblick auf die Alternativhypothese unterscheidet man ein- und zweiseitige Hypothesen. Die im Beispiel angeführte Alternativhypothese H_1: $\pi > 0.15$ ist eine einseitige und zwar rechtsseitige Hypothese, da die möglichen Marktanteile dieser Hypothese auf der Zahlengeraden alle rechts von jenen der

[1]Probleme, bei denen nicht nur zwei, sondern eine endliche Zahl von Aktionen zur Wahl stehen, nennt man Multientscheidungsprobleme. Vgl. DeGroot (1970, S 249).

Nullhypothese liegen. Genau umgekehrt ist die Situation bei einer linksseitigen Alternativhypothese.

Als zweiseitig bezeichnet man eine Alternativhypothese, wenn sie Werte umfaßt, die größer und kleiner sind, als die der Nullhypothese. Vermutet man z.B., daß bei der Produktion eines Arzneimittels der Anteil eines bestimmten Wirkstoffes gleich 15% ist, dann ist

$$H_0\colon \pi = 0.15$$

die entsprechende Nullhypothese und

$$H_1\colon \pi \neq 0.15$$

eine zweiseitige Alternativhypothese, da mögliche Anteile in ihr zusammengefaßt sind, die größer und kleiner als 15% sind.

Bei zweiseitigen Alternativhypothesen berücksichtigt man auch, ob die entsprechende Nullhypothese eine Punktnull- oder Intervallnullhypothese ist. Die Hypothese $H_0\colon \pi = 0.15$ ist ein Beispiel für eine Punktnullhypothese, da sie nur einen einzigen Wert enthält, der auf der Zahlengeraden als Punkt darstellbar ist. Vermutet man z.B., daß der Anteil des Wirkstoffes nicht genau 15% ist, sondern zwischen 14% und 16% liegt, dann ist dies eine Intervallnullhypothese:

$$H_0\colon \pi \in [0.14, 0.16].$$

Wenn ϑ für einen beliebigen Parameter einer Verteilung steht, dann sind

$$H_1\colon \vartheta < \vartheta_1, \quad H_1\colon \vartheta > \vartheta_2$$

links- und rechtsseitige Alternativhypothesen in allgemeiner Form und

$$H_1\colon \vartheta \neq \vartheta_0, \quad H_1\colon \vartheta \notin [\vartheta_1, \vartheta_2]$$

die entsprechenden Alternativhypothesen für eine Punkt- und Intervallnullhypothese.

1.1 Einseitige Alternativhypothesen

Bei einer rechtsseitigen Alternativhypothese ist die Posterioriwahrscheinlichkeit für die Nullhypothese

$$W''(H_0\colon \vartheta \leq \vartheta_0) = F_{\vartheta|x}(\vartheta_0)$$

und für die Alternativhypothese

$$W''(H_1\colon \vartheta > \vartheta_0) = 1 - F_{\vartheta|x}(\vartheta_0) = G_{\vartheta|x}(\vartheta_0).$$

Bei einer linksseitigen Alternativhypothese sind die Posterioriwahrscheinlichkeiten für die beiden Hypothesen

$$\begin{aligned} W''(H_0\colon \vartheta \geq \vartheta_0) &= 1 - F_{\vartheta|x}(\vartheta_0) = G_{\vartheta|x}(\vartheta_0), \\ W''(H_1\colon \vartheta < \vartheta_0) &= F_{\vartheta|x}(\vartheta_0). \end{aligned}$$

$F_{\vartheta|x}$ ist die Posterioriverteilungsfunktion[2] des Parameters ϑ. Mit dem Index $\vartheta|x$ soll darauf hingewiesen werden, daß es sich um die Verteilungsfunktion einer Posterioriverteilung für den Parameter ϑ handelt.

Für den Geschäftsmann, der sich die Einführung eines neuen Produktes überlegt und der seine Priori- und Stichprobeninformationen z.B. in Form einer Posterioribetaverteilung mit den Parametern $n'' = 15$ und $x'' = 3$ zusammengefaßt hat, ist die Posterioriwahrscheinlichkeit seiner Nullhypothese gleich

$$\begin{aligned} W''(H_0\colon \pi \leq 0.15) &= F_\beta(\pi_0 = 0.15|x'' = 3, n'' - x'' = 12) \\ &= 0.3521. \end{aligned}$$

Die entsprechende Posterioriwahrscheinlichkeit der Alternativhypothese ist dann

$$\begin{aligned} W''(H_1\colon \pi > 0.15) &= G_\beta(\pi_0 = 0.15|x'' = 3, n'' - x'' = 12) \\ &= 1 - 0.3521 \\ &= 0.6479. \end{aligned}$$

Es ist also wahrscheinlicher, daß der Anteil an Personen, die das neue Produkt kaufen werden, über 15% liegt.

Die Entscheidungstabelle hat nun folgende Gestalt:

Aktion	Zustand	
	$\pi \leq 0.15$	$\pi > 0.15$
a_0		
a_1		
$W(H_i)$	0.3521	0.6479

1.2 Zweiseitige Alternativhypothesen

(a) Punktnullhypothese

Wenn eine Verteilung absolut stetig ist, dann ist die Wahrscheinlichkeit für einen einzelnen Wert gleich Null. Für eine Punktnullhypothese gäbe es daher keine positive Posterioriwahrscheinlichkeit, wenn eine stetige Posterioriverteilung vorliegt. Man begegnet diesem Problem durch die Zuordnung[3] einer Prioriwahrscheinlichkeit $p_0 > 0$ für die Punktnullhypothese. $1 - p_0$ ist

[2] Hier und im folgenden wird immer von stetigen Priori- und Posterioriverteilungen ausgegangen, wenn nicht explizit anderes angegeben wird.

[3] Der Vorschlag Punktnullhypothesen so zu prüfen, stammt von Jeffreys (1961). Welchen Einfluß vage Prioriinformationen auf diese Testform haben, findet man bei Bernardo (1980)

die Prioriwahrscheinlichkeit für die Alternativhypothese. Die Umformung der Aprioriinformation erfolgt also in zwei Teilen, nämlich in einer diskreten Wahrscheinlichkeitszuordnung p_0 zu ϑ_0 gemeinsam mit einer Prioriverteilung über $\vartheta \neq \vartheta_0$. Die Posterioriwahrscheinlichkeit für die Nullhypothese ist dann[4]

$$W''(H_0\colon \vartheta = \vartheta_0) = \frac{f(x|\vartheta_0) \cdot p_0}{f(x|\vartheta_0) \cdot p_0 + f_X(x) \cdot (1 - p_0)}.$$

$f(x|\vartheta_0)$ ist die Wahrscheinlichkeits- bzw. Dichtefunktion der Stichprobenverteilung mit ϑ_0 als Parameter. $f_X(x)$ ist die Prädiktivverteilung des entsprechenden Prozesses.

Das Komplement der Posterioriwahrscheinlichkeit für die Nullhypothese ist die Posterioriwahrscheinlichkeit für die Alternativhypothese:

$$W''(H_1\colon \vartheta \neq \vartheta_0) = 1 - W''(H_0\colon \vartheta = \vartheta_0).$$

Die Posterioriwahrscheinlichkeit für die Punktnullhypothese $H_0\colon \pi = 0.15$ wird daher wie folgt berechnet, wenn man eine Posterioribetaverteilung mit den Parametern $x'' = x' + x = 2 + 1 = 3$ und $n'' = n' + n = 5 + 10 = 15$ voraussetzt:

$$\begin{aligned}
f(x|\pi_0) &= f_B(x = 1|\pi = 0.15, n = 10) \\
&= \binom{10}{1} \cdot 0.15^1 \cdot (1 - 0.15)^{10-1} \\
&= 0.3474 \\
f_X(x) &= f_{\beta B}(x = 1|x' = 2, n' = 5, n = 10) \\
&= \frac{10!}{1!(10-1)!} \cdot \frac{(5-1)!}{(2-1)!(5-2-1)!} \cdot \frac{(3-1)!(15-3-1)!}{(15-1)!} \\
&= 0.1099.
\end{aligned}$$

Wenn man der Ansicht ist, daß die Prioriwahrscheinlichkeit der Nullhypothese p_0 gleich 0.2 ist, dann ist die Posterioriwahrscheinlichkeit der Nullhypothese

$$W''(H_0\colon \pi = 0.15) = \frac{0.3474 \cdot 0.2}{0.3474 \cdot 0.2 + 0.1099 \cdot 0.8} = 0.4414.$$

Die Posterioriwahrscheinlichkeit der Alternativhypothese ist das Komplement der Wahrscheinlichkeit für die Nullhypothese:

$$\begin{aligned}
W''(H_1\colon \pi \neq 0.15) &= 1 - W''(H_0\colon \pi = 0.15) \\
&= 1 - 0.4414 \\
&= 0.5586.
\end{aligned}$$

Wenn man diese Priori- und Stichprobeninformation z.B. für den Anteil eines bestimmten Wirkstoffes in einer Produktion voraussetzt, dann ist es wahrscheinlicher, daß der Anteil in der Produktion ungleich 15% ist.

[4]vgl. Berger (1980, S 106).

(b) Intervallnullhypothese

Die Posterioriwahrscheinlichkeit für eine Intervallhypothese wird nach der Formel

$$W''(H_0\colon \vartheta \in [\vartheta_1, \vartheta_2]) = F_{\vartheta|x}(\vartheta_2) - F_{\vartheta|x}(\vartheta_1)$$

berechnet, wobei ϑ_1 die Unter- und ϑ_2 die Obergrenze des Intervalls der Nullhypothese ist. Für die Alternativhypothese ist die Posterioriwahrscheinlichkeit das Komplement der Wahrscheinlichkeit der Nullhypothese:

$$W''(H_1\colon \vartheta \notin [\vartheta_1, \vartheta_2]) = 1 - W''(H_0).$$

Vermutet man als Nullhypothese, daß der Wirkstoffanteil in der Produktion zwischen 14% und 16% liegt, dann ist die Posterioriwahrscheinlichkeit für diese Hypothese und die oben angegebene Betaverteilung:

$$\begin{aligned} W''(H_0\colon \pi \in [0.14, 0.16]) &= F_\beta(0.16|x'' = 3, n'' - x'' = 12) \\ &\quad -F_\beta(0.14|x'' = 3, n'' - x'' = 12) \\ &= 0.3932 - 0.3111 \\ &= 0.0821. \end{aligned}$$

Die Posterioriwahrscheinlichkeit für die entsprechende Alternativhypothese ist

$$\begin{aligned} W''(H_1\colon \pi \notin [0.14, 0.16]) &= 1 - W''(H_0) \\ &= 1 - 0.0821 \\ &= 0.9179. \end{aligned}$$

2 Schadenerwartungswerte der Aktionen

Wenn der Geschäftsmann, der sich die Einführung eines neuen Produktes überlegt, die Aktion a_1 wählt, weil die Posterioriwahrscheinlichkeit für diese Alternativhypothese $W''(H_1\colon \pi > 0.15) = 0.65$ beträgt, dann ist dies eventuell eine falsche Entscheidung. In Wirklichkeit kann der Anteil potentieller Kunden, die das Produkt kaufen, kleiner gleich 15% sein. Der Schaden, der mit dieser möglichen Fehlentscheidungen verknüpft ist, muß in Rechnung gestellt werden. Diesen Schaden bezeichnet man mit s_1. Auch bei der Annahme der Aktion a_0 besteht die Gefahr, daß dies falsch ist. Der Schaden, der mit dieser möglichen Fehlentscheidung a_0 verbunden ist, muß ebenfalls berücksichtigt werden. Er wird mit s_2 abgekürzt.

In folgender Entscheidungstabelle sind neben den Aktionen und Umweltzuständen auch die möglichen Schäden eingetragen. Dabei ist zu beachten, daß auf Grund des Opportunitätskostenkonzepts 0 Schaden auftritt, wenn die Entscheidung richtig ist.

Aktion	Zustand	
a_i	$\pi \leq 0.15$	$\pi > 0.15$
a_0	0	s_2
a_1	s_1	0
$W(H_i)$	0.3521	0.6479

Die gebräuchlichsten Schadenfunktionen und die entsprechende Berechnung der Schadenerwartungswerte für die jeweiligen Aktionen werden im folgenden beschrieben. Die Schadenerwartungswerte für die beiden Aktionen werden dabei mit $\mathrm{SE}(a_0)$ und $\mathrm{SE}(a_1)$ bezeichnet.

2.1 Konstante Schadenfunktion

Bei der konstanten Schadenfunktion werden die Schäden möglicher Fehlentscheidungen als Pauschalsummen angegeben. s_1 ist der Gesamtschaden, den die Annahme einer falschen Aktion a_1 verursacht und s_2 ist der Gesamtschaden, der mit der Annahme einer falschen Aktion a_0 zusammenhängt. Da die Annahme einer richtigen Aktion keinen Schaden nach sich zieht, hat die konstante Schadenfunktion für die Hypothesen H_0: $\vartheta \leq \vartheta_0$, H_1: $\vartheta > \vartheta_0$ folgendes Aussehen:

$$\begin{aligned} s(a_0,\vartheta) &= \begin{cases} 0 & \text{für } \vartheta \leq \vartheta_0, \\ s_2 & \text{für } \vartheta > \vartheta_0, \end{cases} \\ s(a_1,\vartheta) &= \begin{cases} s_1 & \text{für } \vartheta \leq \vartheta_0, \\ 0 & \text{für } \vartheta > \vartheta_0. \end{cases} \end{aligned}$$

Für die weiteren drei beschriebenen Hypothesenpaare wird die konstante Schadenfunktion formal analog dargestellt.

Der Schadenerwartungswert für die Aktion a_0 ist für eine konstante Schadenfunktion

$$\mathrm{SE}(a_0) = s_2 \cdot W''(H_1) = s_2 \cdot G_{\vartheta|x}(\vartheta_0)$$

und der der Aktion a_1

$$\mathrm{SE}(a_1) = s_1 \cdot W''(H_0) = s_1 \cdot F_{\vartheta|x}(\vartheta_0).$$

Der Geschäftsmann, der sich die Einführung eines neuen Produktes überlegt, berechnet z.B. einen Gesamtschaden von 2 Mio GE, wenn er das neue Produkt auf den Markt bringt, obwohl der tatsächliche Marktanteil unter dem Breakevenpoint von 15% liegt. Andererseits beziffert er den entgangenen Gewinn mit insgesamt 1 Mio GE, wenn er das Produkt nicht einführt, obwohl ein Marktanteil von mehr als 15% erreichbar wäre. Die entsprechende Schadenfunktion ist daher

$$\begin{aligned} s(a_0,\pi) &= \begin{cases} 0 & \text{für } \pi \leq 0.15, \\ 1 \text{ Mio} & \text{für } \pi > 0.15, \end{cases} \\ s(a_1,\pi) &= \begin{cases} 2 \text{ Mio} & \text{für } \pi \leq 0.15, \\ 0 & \text{für } \pi > 0.15. \end{cases} \end{aligned}$$

Die Schadenerwartungswerte für die beiden Aktionen sind

$$\begin{aligned}
\mathrm{SE}(a_0) &= s_2 \cdot W''(H_1\colon \pi > 0.15)\\
&= s_2 \cdot G_\beta(0.15|x'' = 3, n'' - x'' = 12)\\
&= 1 \cdot 0.6479\\
&= 0.6479,\\
\mathrm{SE}(a_1) &= s_1 \cdot W''(H_0\colon \pi \leq 0.15)\\
&= s_1 \cdot F_\beta(0.15|x'' = 3, n'' - x'' = 12)\\
&= 2 \cdot 0.3521\\
&= 0.7042.
\end{aligned}$$

Da der Schadenerwartungswert für die Aktion a_0 kleiner ist als der der Aktion a_1, wird der Geschäftsmann das neue Produkt nicht einführen. In folgender Entscheidungstabelle sind die relevanten Daten zusammengestellt:

Aktion	Zustand			
a_i	$\pi \leq 0.15$	$\pi > 0.15$	$SE(a_i)$	
a_0	0	1	0.6479	$\Rightarrow a_{opt} = a_0$
a_1	2	0	0.7042	
$W(H_i)$	0.3521	0.6479		

2.2 Lineare Schadenfunktion

(a) Einseitige Alternativhypothese

Die Schäden möglicher Fehlentscheidungen werden hier nicht als Gesamtsumme berücksichtigt, sondern sie werden differenzierter in Rechnung gestellt. Bei einseitigen Hypothesen wird der Schaden pro Einheit Abweichung von ϑ_0 angegeben. Die Schadenfunktion hat daher allgemein für die Hypothesen H_0: $\vartheta \leq \vartheta_0$ und H_1: $\vartheta > \vartheta_0$ folgendes Aussehen:

$$\begin{aligned}
s(a_0, \vartheta) &= \begin{cases} 0 & \text{für } \vartheta \leq \vartheta_0, \\ s_2 \cdot (\vartheta_0 - \vartheta) & \text{für } \vartheta > \vartheta_0, \end{cases}\\
s(a_1, \vartheta) &= \begin{cases} s_1 \cdot (\vartheta - \vartheta_0) & \text{für } \vartheta \leq \vartheta_0, \\ 0 & \text{für } \vartheta > \vartheta_0. \end{cases}
\end{aligned}$$

s_1 ist hier keine Pauschalsumme, sondern der Schaden der auftritt, wenn die Aktion a_1 irrtümlich angenommen wird und der wahre unbekannte Parameter ϑ genau um eine Einheit von ϑ_0 abweicht. Wenn also der unbekannte wahre Parameter ϑ_0 tatsächlich um drei Einheiten kleiner ist als ϑ_0, dann ist der Schaden dreimal so groß wie bei einer Abweichung von einer Einheit. Wenn irrtümlich die Aktion a_0 angenommen wird, dann gibt s_2 den Schaden pro

Einheit Abweichung des wahren Parameters von ϑ_0 an. Für die hier angeführten Hypothesen (rechtsseitige Alternativhypothese) ist dies der Schaden der auftritt, wenn der wahre Parameter ϑ tatsächlich eine Einheit größer ist als ϑ_0.

Die Schadenerwartungswerte der beiden Aktionen werden mit Hilfe der linearen Momente für das Hypothesenpaar mit rechtsseitiger Alternativhypothese wie folgt berechnet:

$$\begin{aligned}\mathrm{SE}(a_0) &= s_2 \cdot L_{\vartheta_0}^{\infty}(\vartheta|x),\\ \mathrm{SE}(a_1) &= s_1 \cdot L_{-\infty}^{\vartheta_0}(\vartheta|x).\end{aligned}$$

$L_{\vartheta_0}^{\infty}(\vartheta|x)$ ist das rechte lineare Moment von ϑ_0 bis ∞, berechnet aus der Posterioriverteilung des Parameters ϑ und $L_{-\infty}^{\vartheta_0}(\vartheta|x)$ ist das entsprechende linke lineare Moment.

Für das Hypothesenpaar mit linksseitiger Alternativhypothese wird die lineare Schadenfunktion analog dargestellt. Für H_0: $\vartheta \geq \vartheta_0$ und H_1: $\vartheta < \vartheta_0$ ist

$$\begin{aligned}s(a_0, \vartheta) &= \begin{cases} 0 & \text{für } \vartheta \geq \vartheta_0,\\ s_2 \cdot (\vartheta_0 - \vartheta) & \text{für } \vartheta < \vartheta_0,\end{cases}\\ s(a_1, \vartheta) &= \begin{cases} s_1 \cdot (\vartheta - \vartheta_0) & \text{für } \vartheta \geq \vartheta_0,\\ 0 & \text{für } \vartheta < \vartheta_0,\end{cases}\end{aligned}$$

die entsprechende lineare Schadenfunktion und die Schadenerwartungswerte der beiden Aktionen sind[5]

$$\begin{aligned}\mathrm{SE}(a_0) &= s_2 \cdot L_{-\infty}^{\vartheta_0}(\vartheta|x),\\ \mathrm{SE}(a_1) &= s_1 \cdot L_{\vartheta_0}^{\infty}(\vartheta|x).\end{aligned}$$

Der Geschäftsmann, der die Einführung eines neuen Produktes plant, stellt z.B. mit Hilfe seiner Kostenrechnung fest, daß ihm pro Prozentpunkt Marktanteil ein Schaden von 100 GE entsteht, wenn er sich irrtümlich für die Einführung des neuen Produktes entscheidet und der wahre Marktanteil kleiner gleich 15% ist. Andererseits hat er 100 GE entgangenen Gewinn pro Prozentpunkt Marktanteil, wenn er das Produkt nicht einführt, obwohl der Anteil an den potentiellen Kunden über 15% liegt. Für diese Angaben ist

$$\begin{aligned}s(a_0, \pi) &= \begin{cases} 0 & \text{für } \pi \leq 0.15,\\ 100 \cdot (\pi - 0.15) & \text{für } \pi > 0.15,\end{cases}\\ s(a_1, \pi) &= \begin{cases} 100 \cdot (0.15 - \pi) & \text{für } \pi \leq 0.15,\\ 0 & \text{für } \pi > 0.15,\end{cases}\end{aligned}$$

die entsprechende lineare Schadenfunktion.

[5] Für den Spezialfall $s_1 = s_2$ wird a_0 angenommen, wenn $E(\vartheta|x) \leq \vartheta_0$ und sonst a_1. Vgl. Marinell (1987, S 184).

Wenn man wieder eine Betaverteilung mit den Parametern $x'' = 3$ und $n'' = 15$ als Posterioriverteilung für den unbekannten Parameter π voraussetzt, erhält man folgende Werte für die linearen Momente:

$$L_0^{0.15}(\pi|x) = 0.0173,$$
$$L_{0.15}^1(\pi|x) = 0.0673.$$

Die Posteriorischadenerwartungswerte der beiden Aktionen sind nun gleich

$$\begin{aligned} \mathrm{SE}(a_0) &= 100 \cdot 0.0673 \\ &= 6.73, \end{aligned}$$

und

$$\begin{aligned} \mathrm{SE}(a_1) &= 100 \cdot 0.0173 \\ &= 1.73. \end{aligned}$$

Da der Schadenerwartungswert von a_1 kleiner ist als der von a_0 wird der Geschäftsmann das neue Produkt auf den Markt bringen. Auch hier kann man den Entscheidungsprozeß in Form einer Entscheidungstabelle zusammenstellen:

Aktion	Zustand			
a_i	$\pi \leq 0.15$	$\pi > 0.15$	$SE(a_i)$	
a_0	0	$100 \cdot (\pi - 0.15)$	6.73	
a_1	$100 \cdot (0.15 - \pi)$	0	1.73	$\Rightarrow a_{opt} = a_1$
$W(H_i)$	0.0173	0.0673		

(b) Zweiseitige Alternativhypothese

Bei zweiseitigen Alternativhypothesen wird nur der Schaden, der mit der Annahme einer falschen a_0-Aktion zusammenhängt, als lineare Funktion angegeben. Der Schaden, den die Annahme einer falschen a_1-Aktion verursacht, findet als Pauschalsumme Berücksichtigung. Für das Hypothesenpaar H_0: $\vartheta = \vartheta_0$ und H_1: $\vartheta \neq \vartheta_0$ sieht die Schadenfunktion wie folgt aus:

$$s(a_0, \vartheta) = \begin{cases} 0 & \text{für } \vartheta = \vartheta_0, \\ s_2 \cdot (\vartheta_0 - \vartheta) & \text{für } \vartheta < \vartheta_0, \\ s_2 \cdot (\vartheta - \vartheta_0) & \text{für } \vartheta > \vartheta_0 \end{cases}$$
$$s(a_1, \vartheta) = \begin{cases} s_1 & \text{für } \vartheta = \vartheta_0, \\ 0 & \text{für } \vartheta \neq \vartheta_0. \end{cases}$$

s_2 ist der Schaden pro Einheit Abweichung des wahren Parameters ϑ von ϑ_0 und s_1 ist ein Pauschalbetrag an Schaden für die Annahme einer falschen a_1-Aktion. Der Schadenerwartungswert ist für die Aktion a_0

$$\mathrm{SE}(a_0) = s_2 \cdot \left[L_{-\infty}^{\vartheta_0}(\vartheta|x) + L_{\vartheta_0}^{\infty}(\vartheta|x)\right]$$

und für die Aktion a_1

$$\mathrm{SE}(a_1) = s_1 \cdot W''(H_0).$$

$L_{-\infty}^{\vartheta_0}(\vartheta|x)$ und $L_{\vartheta_0}^{\infty}(\vartheta|x)$ sind das linke und rechte lineare Moment bezüglich der Posterioriverteilung für den unbekannten Parameter ϑ.

Für eine Intervallnullhypothese hat die lineare Schadenfunktion folgende Struktur:

$$\begin{aligned} s(a_0,\vartheta) &= \begin{cases} 0 & \text{für } \vartheta \in [\vartheta_1,\vartheta_2] \\ s_2 \cdot (\vartheta_1 - \vartheta) & \text{für } \vartheta < \vartheta_1, \\ s_2 \cdot (\vartheta - \vartheta_2) & \text{für } \vartheta > \vartheta_2, \end{cases} \\ s(a_1,\vartheta) &= \begin{cases} s_1 & \text{für } \vartheta \in [\vartheta_1,\vartheta_2], \\ 0 & \text{für } \vartheta \notin [\vartheta_1,\vartheta_2]. \end{cases} \end{aligned}$$

s_1 und s_2 sind gleich definiert wie bei der Punktnullhypothese. Die Schadenerwartungswerte werden folgendermaßen berechnet:

$$\begin{aligned} \mathrm{SE}(a_0) &= s_2 \cdot \left[L_{-\infty}^{\vartheta_1}(\vartheta|x) + L_{\vartheta_2}^{\infty}(\vartheta|x)\right], \\ \mathrm{SE}(a_1) &= s_1 \cdot W''(H_0). \end{aligned}$$

Bei der Produktion eines Arzneimittels, das 15% eines bestimmten Wirkstoffes enthalten soll, entsteht ein Schaden, wenn das Arzneimittel mehr als 15% enthält, da man dabei teuren Wirkstoff vergeudet. Aber auch bei zu geringem Anteil des Wirkstoffes im Arzneimittel ist mit einem Schaden zu rechnen, da das Medikament eventuell seine Heilkraft verliert und staatliche Sanktionen zu erwarten sind. Wenn man z.B. voraussetzen kann, daß pro Prozentpunkt Abweichung von 15% ein Schaden von 3000 GE entsteht und andererseits die nichtnotwendige Neuadjustierung des Produktionsapparates Kosten von 500 GE verursacht, dann hat die entsprechende Schadenfunktion folgendes Aussehen:

$$\begin{aligned} s(a_0,\pi) &= \begin{cases} 0 & \text{für } \pi = 0.15, \\ 3000 \cdot |\pi - 0.15| & \text{für } \pi \neq 0.15, \end{cases} \\ s(a_1,\pi) &= \begin{cases} 500 & \text{für } \pi = 0.15, \\ 0 & \text{für } \pi \neq 0.15. \end{cases} \end{aligned}$$

Für die Aktion a_0 ist der Schadenerwartungswert gegeben durch

$$\mathrm{SE}(a_0) = 253.8,$$

da für $L_0^{0.15}(\pi|x)$ und $L_{0.15}^1(\pi|x)$ folgende Werte gelten:

$$\begin{aligned} L_0^{0.15}(\pi|x) &= 0.0173, \\ L_{0.15}^1(\pi|x) &= 0.0673. \end{aligned}$$

Daher ist der Schadenerwartungswert gleich

$$SE(a_0) = 3000 \cdot [0.0173 + 0.0673] = 253.8.$$

Für die Aktion a_1 ist der Schadenerwartungswert

$$\begin{aligned}\mathrm{SE}(a_1) &= s_1 \cdot W''(H_0)\\ &= 500 \cdot 0.4414\\ &= 220.7,\end{aligned}$$

wenn man eine Posterioribetaverteilung mit $x'' = 3$ und $n'' = 15$ unterstellt und für die Punktnullhypothese $H_0\colon \pi = 0.15$ eine Prioriwahrscheinlichkeit von $p_0 = 0.2$ annimmt. Der Schadenerwartungswert der Aktion a_1 ist der kleinere von beiden. Es wird daher angenommen, daß der Produktionsprozeß nicht mehr „unter Kontrolle" ist. Man wird die Produktion stoppen, um den Produktionsapparat neu zu adjustieren.

2.3 Quadratische Schadenfunktion

Auch bei der quadratischen Schadenfunktion wird nur der Schaden, der mit der Annahme einer falschen a_0-Aktion verknüpft ist, als quadratische Funktion berücksichtigt. Der mit der Annahme einer falschen a_1-Aktion verbundene Schaden wird hingegen als Gesamtsumme angegeben. Diese Schadenfunktion findet meist bei Entscheidungsproblemen Anwendung, bei denen eine Punktnullhypothese vorliegt. Für das entsprechende Hypothesenpaar $H_0\colon \vartheta = \vartheta_0$ und $H_1\colon \vartheta \neq \vartheta_0$ ist die Schadenfunktion folgendermaßen definiert:

$$\begin{aligned}s(a_0, \vartheta) &= \begin{cases} 0 & \text{für } \vartheta = \vartheta_0, \\ s_2 \cdot (\vartheta - \vartheta_o)^2 & \text{für } \vartheta \neq \vartheta_0, \end{cases}\\ s(a_1, \vartheta) &= \begin{cases} s_1 & \text{für } \vartheta = \vartheta_0, \\ 0 & \text{für } \vartheta \neq \vartheta_0. \end{cases}\end{aligned}$$

s_1 gibt als Pauschalsumme den Schaden an, der mit der Annahme einer falschen a_1-Aktion verbunden ist. s_2 ist der Schaden pro Einheit Abweichungsquadrat des wahren Parameters ϑ von ϑ_0. Für diese Schadenfunktion werden die Schadenerwartungswerte der beiden Aktionen nach folgenden Formeln berechnet:

$$\begin{aligned}\mathrm{SE}(a_0) &= s_2 \cdot \left[V(\vartheta|x) + (E(\vartheta|x) - \vartheta_0)^2\right],\\ \mathrm{SE}(a_1) &= s_1 \cdot W''(H_0).\end{aligned}$$

$E(\vartheta|x)$ und $V(\vartheta|x)$ sind Erwartungswert und Varianz der Posterioriverteilung des unbekannten Parameters ϑ.

Wenn im Beispiel der Arzneimittelproduktion die Schäden, die mit einem falsch eingestellten Produktionsapparat verbunden sind, nicht pro Prozentpunkt Abweichung von 15% linear, sondern quadratisch wachsen, dann ist

$$\begin{aligned}s(a_0, \pi) &= \begin{cases} 0 & \text{für } \pi = 0.15, \\ 3000 \cdot (\pi - 0.15)^2 & \text{für } \pi \neq 0.15, \end{cases}\\ s(a_1, \pi) &= \begin{cases} 500 & \text{für } \pi = 0.15, \\ 0 & \text{für } \pi \neq 0.15, \end{cases}\end{aligned}$$

die entsprechende quadratische Schadenfunktion. Für die Posterioribetaverteilung mit $x'' = 3$ und $n'' = 15$ sind

$$\begin{aligned} \text{SE}(a_0) &= 3000 \cdot \left[V(\pi|x) + (E(\pi|x) - 0.15)^2\right] \\ &= 3000 \cdot \left[0.01 + (0.20 - 0.15)^2\right] \\ &= 37.50. \\ \text{SE}(a_1) &= 500 \cdot 0.4414 \\ &= 220.7 \end{aligned}$$

die Schadenerwartungswerte der beiden Aktionen, da

$$\begin{aligned} V(\pi|x) &= \frac{x'' \cdot (n'' - x'')}{n''^2 \cdot (n'' + 1)} = \frac{3 \cdot 12}{15^2 \cdot 16} = 0.01 \\ E(\pi|x) &= \frac{x''}{n''} = \frac{3}{15} = 0.20. \end{aligned}$$

Da der Schadenerwartungswert der Aktion a_0 bei quadratischer Schadenfunktion kleiner ist, als der der Aktion a_1, wird der Produktionsapparat nicht neu adjustiert. Man nimmt an, daß der Produktionsprozeß „unter Kontrolle" ist.

3 Fallstudien

Der Lösungsweg eines Entscheidungsproblems wird in folgende drei Teile zerlegt:

Entscheidungsproblem,
Posterioriverteilung,
Schadenerwartungswert.

Unter dem Titel „Entscheidungsproblem" klärt man, welche Aktionen vorliegen. Wenn nur zwei Aktionen zur Wahl stehen, dann ist ein Testproblem zu lösen. Ein Punktschätz- oder Intervallschätzproblem liegt vor, wenn prinzipiell unendlich viele Aktionen zur Auswahl stehen (siehe Kapitel III und IV).

Im zweiten Teil analysiert man unter dem Titel „Posterioriverteilung", welcher der drei stochastischen Prozesse (Bernoulli, Poisson oder Gauß Prozeß) vorliegt. Beim Gauß Prozeß unterscheidet man außerdem die beiden Fälle „σ^2 bekannt" und „σ^2 unbekannt". Für jeden dieser Prozesse werden mit Hilfe der Priori- und Stichprobeninformationen die Parameter der Posterioriverteilung bestimmt.

Die Auswahl der optimalen Aktion und die Berechnung des entsprechenden Schadenerwartungswertes erfolgt im dritten Teil. Dabei stehen drei Schadenfunktionen (konstant, linear und quadratisch) zur Wahl.

Bei der Lösung der einzelnen Fallstudien wird zuerst geprüft, ob ein Test-, Punktschätz- oder Intervallschätzproblem vorliegt. In einem zweiten Lösungsschritt werden auf Grund der vorhandenen Informationen die Parameter der Posterioriverteilung bestimmt und schließlich im letzten Teil die optimale Aktion ermittelt und der entsprechende Schadenerwartungswert berechnet.

3.1 Präkognitive Fähigkeiten

Um festzustellen, ob eine Versuchsperson präkognitive Fähigkeiten besitzt, wird mit ihr folgendes Experiment durchgeführt: Eine Münze wird 8-mal geworfen. Die Versuchsperson muß vor jedem Wurf vorhersagen, ob „Wappen“ oder „Zahl“ erscheinen wird. 5 mal traf die Vorhersage zu. Da bei fehlenden präkognitiven Fähigkeiten der Anteil der richtigen Vorhersagen etwa zwischen 45–55% liegen wird, formuliert der Versuchsleiter seine Prioriinformation in Form einer Betaverteilung mit $x'/n' = 0.5$. Der Versuchsleiter ist der Ansicht, daß die Stichprobeninformation doppelt so stark bei der Beurteilung zu berücksichtigen ist wie die Prioriinformationen. Hinsichtlich der Schadeninformationen hat er nur vage Vorstellungen d.h., die Schäden der beiden möglichen Fehlentscheidungen sind für ihn gleich gravierend.

Lösung

Entscheidungsproblem: Die beiden Aktionen, die für den Versuchsleiter zur Diskussion stehen, sind

a_0: die Versuchsperson hat keine präkognitive Fähigkeiten,
a_1: die Versuchsperson hat präkognitive Fähigkeiten.

Wenn die Versuchsperson keine präkognitiven Fähigkeiten besitzt, wird der Anteil der richtigen Vorhersagen etwa zwischen 45–55% liegen. Die beiden Umweltzustände können daher in Form folgender Hypothesen ausgedrückt werden:

$$H_0\colon \ \pi \in [0.45, 0.55]$$
$$H_1\colon \ \pi \notin [0.45, 0.55]$$

Das Entscheidungsproblem ist ein Testproblem mit einer Intervallnullhypothese.

Posterioriverteilung. Da dem Experiment ein „Urnenmodell mit Zurücklegen“ entspricht, bei dem Stationarität und Unabhängigkeit gewährleistet sind und die Realisationen der Zufallsvariablen dichotom sind (Zahl, Wappen), liegt ein Bernoulli Prozeß vor. Die Stichprobeninformation ist

$$n = 8 \quad \text{und} \quad x = 5.$$

Da die Prioriinformation nur halb so gewichtig ist wie die Stichprobeninformation und gleichzeitig $x'/n' = 0.5$ gelten soll, ist

$$n' = 4 \quad \text{und} \quad x' = 2.$$

$n' = 4$ heißt aber auch, daß der Versuchsleiter apriori der Ansicht ist, daß der unbekannte Anteil der richtigen Vorhersagen z.B. mit 50% Wahrscheinlichkeit zwischen 0.3264 und 0.6736 liegt:

$$W'(0.3264 < \pi < 0.6736) = 0.50.$$

Die Posterioriparameter sind

$$\begin{aligned} n'' &= n' + n = 4 + 8 = 12, \\ x'' &= x' + x = 2 + 5 = 7 \end{aligned}$$

und die Posterioriverteilung eine Betaverteilung mit der Dichtefunktion

$$f_{\vartheta|x}(\vartheta) = f_\beta(\pi | x'' = 7, n'' - x'' = 5).$$

Schadenerwartungswert: Da für den Versuchsleiter der Schaden, der mit der Annahme einer falschen a_0-Aktion verknüpft ist, gleich dem Schaden ist, der mit der Annahme einer falschen a_1-Aktion verbunden ist, kann die Schadenfunktion wie folgt dargestellt werden:

$$\begin{aligned} s(a_0, \pi) &= \begin{cases} 0 & \text{für } \pi \in [0.45, 0.55], \\ s_2 = 1 & \text{für } \pi \notin [0.45, 0.55], \end{cases} \\ s(a_1, \pi) &= \begin{cases} s_1 = 1 & \text{für } \pi \in [0.45, 0.55], \\ 0 & \text{für } \pi \notin [0.45, 0.55]. \end{cases} \end{aligned}$$

Für diese konstante Schadenfunktion und eine Intervallnullhypothese sind die Schadenerwartungswerte für die beiden Aktionen:

$$\begin{aligned} \text{SE}(a_0) &= s_2 \cdot W''(H_1), \\ \text{SE}(a_1) &= s_1 \cdot W''(H_0). \end{aligned}$$

Die Posterioriwahrscheinlichkeit für die Nullhypothese ist bestimmt durch die Differenz

$$\begin{aligned} W''(H_0) &= F_{\vartheta|x}(\vartheta_2) - F_{\vartheta|x}(\vartheta_1) \\ &= F_\beta(0.55|7, 5) - F_\beta(0.45|7, 5) \\ &= 0.3971 - 0.1738 \\ &= 0.2233. \end{aligned}$$

Für die Alternativhypothese gilt

$$\begin{aligned} W''(H_1) &= 1 - W''(H_0) \\ &= 1 - 0.2233 \\ &= 0.7767. \end{aligned}$$

Da die Schäden $s_1 = s_2 = 1$ sind, sind die Posterioriwahrscheinlichkeiten auch die entsprechenden Schadenerwartungswerte:

$$\begin{aligned} SE(a_0) &= 0.7767, \\ SE(a_1) &= 0.2233. \end{aligned}$$

Da der Schadenerwartungswert der Aktion a_1 kleiner ist als der der Aktion a_0, wird der Versuchsleiter behaupten, daß die Versuchsperson präkognitive Fähigkeiten besitzt. Der erwartete Wert der perfekten Information ist

$$\text{EWPI} = \min\{\text{SE}(a_0), \text{SE}(a_1)\} = 0.2233.$$

Der Versuchsleiter wird nur bereit sein, weniger als 0.2233 „Schadeneinheiten" auszugeben, um eventuell weitere Informationen über den unbekannten Parameter π zu erhalten.

3.2 Produktionsprozeß unter Kontrolle?

Eine Firma erhält den Auftrag für die Produktion von 1000 Stück Serienfabrikaten. Pro Stück macht die Firma einen Gewinn von 0.5 GE. Die Kosten für das Ersetzen eines defekten Stückes betragen 2 GE. Eine Neueinstellung der Produktionsmaschinen verursacht Kosten von 100 GE, reduziert aber den Anteil defekter Stücke um die Hälfte. Der Produktionsmanager muß entscheiden, ob er die Produktionsanlage neu adjustieren soll oder nicht. Aus Erfahrung erwartet er ein defektes Stück unter 10 produzierten. In einer Stichprobe von 5 Stück aus der laufenden Produktion befand sich ein defektes Stück. Soll die Anlage vor der Produktion des Auftrages neu eingestellt werden oder nicht?

Lösung

Entscheidungsproblem: Die beiden Aktionen sind

a_0: Produktionsanlage nicht neu adjustieren,
a_1: Produktionsanlage neu adjustieren.

Der Gewinn bei einem Auftrag von 1000 Stück ist $1000 \cdot 0.5 = 500$ abzüglich der Kosten für die defekten Stücke und der Kosten für die Neuadjustierung (wenn die Aktion a_1 gewählt wird) von 100 GE. Die erwartete Zahl defekter Stücke ist $1000 \cdot \pi$ und die Gesamtkosten für den Ersatz defekter Stücke $2 \cdot 1000 \cdot \pi$, wenn die Anlage nicht neu adjustiert wird. Bei Neuadjustierung halbiert sich der Anteil defekter Stücke und damit die Gesamtkosten für den Ersatz defekter Stücke: $2 \cdot 1000 \cdot \frac{\pi}{2} = 1000 \cdot \pi$. Die Gewinne der Firma für die beiden Aktionen sind daher

$$\begin{array}{lr} \text{für } a_0: & 500 - 2000 \cdot \pi = g(a_0, \pi), \\ \text{für } a_1: & 500 - 1000 \cdot \pi - 100 = g(a_1, \pi). \end{array}$$

Die Produktionsanlage muß neu adjustiert werden, wenn der Anteil defekter Stücke π größer ist als der Schnittpunkt der beiden Gewinnfunktionen. Aus

$$\begin{aligned} g(a_0, \pi) &= g(a_1, \pi_0) \\ 500 - 2000 \cdot \pi_0 &= 500 - 1000 \cdot \pi_0 - 100 \end{aligned}$$

ergibt sich

$$\pi_0 = \frac{500 - 400}{-1000 - (-2000)} = 0.10.$$

Wenn der unbekannte Anteil defekter Stücke kleiner gleich $\pi_0 = 0.10$ ist, dann muß die Produktionsanlage nicht neu adjustiert werden. Die beiden Hypothesen können daher wie folgt ausgedrückt werden:

$$\begin{aligned} H_0&: \pi \leq 0.10, \\ H_1&: \pi > 0.10. \end{aligned}$$

Das vorliegende Entscheidungsproblem ist also ein Testproblem mit einseitiger und zwar rechtsseitiger Alternativhypothese.

Posterioriverteilung: Wenn man annehmen kann, daß die Stichprobenziehung „mit Zurücklegen“ erfolgt (zumindest näherungsweise), dann liegt ein Bernoulli Prozeß vor, da ein produziertes Stück entweder defekt oder nicht defekt ist. Die Prioriinformation ist

$$n' = 10 \text{ und } x' = 1,$$

die Stichprobeninformation

$$n = 5 \text{ und } x = 1.$$

Die Posterioriparameter sind daher

$$\begin{aligned} n'' &= n' + n = 10 + 5 = 15, \\ x'' &= x' + x = 1 + 1 = 2, \end{aligned}$$

und die Posterioriverteilung eine Betaverteilung mit der Dichtefunktion

$$f_{\vartheta|x}(\vartheta) = f_\beta(\pi | x'' = 2, n'' - x'' = 13).$$

Schadenerwartungswert: Wenn der Anteil defekter Stücke kleiner ist als 0.10 und die Anlage nicht neu adjustiert wurde, dann entsteht kein Schaden. In dieser Situation (Aktion a_0) tritt nur dann ein Schaden auf, wenn der Anteil produzierter defekter Stücke über 10% liegt und zwar in der Höhe von

$$\begin{aligned} s(a_0, \pi) &= g(a_1, \pi) - g(a_0, \pi) \\ &= (400 - 1000 \cdot \pi) - (500 - 2000 \cdot \pi) \\ &= -100 + 1000 \cdot \pi \\ &= 1000 \cdot (\pi - 0.10). \end{aligned}$$

Wird die Produktionsanlage neu adjustiert (Aktion a_1), dann ist der Schaden 0, wenn der tatsächlich produzierte Anteil defekter Stücke über 10% liegt. Für einen Anteil defekter Stücke unter 10% ist der Schaden

$$\begin{aligned} s(a_1, \pi) &= g(a_0, \pi) - g(a_1, \pi) \\ &= (500 - 2000 \cdot \pi) - (400 - 1000 \cdot \pi) \\ &= 100 - 1000 \cdot \pi \\ &= 1000 \cdot (0.10 - \pi). \end{aligned}$$

Die lineare Schadenfunktion kann daher wie folgt geschrieben werden:

$$\begin{aligned} s(a_0, \pi) &= \begin{cases} 0 & \text{für } \pi \leq 0.10, \\ 1000 \cdot (\pi - 0.10) & \text{für } \pi > 0.10, \end{cases} \\ s(a_1, \pi) &= \begin{cases} 1000 \cdot (0.10 - \pi) & \text{für } \pi \leq 0.10, \\ 0 & \text{für } \pi > 0.10. \end{cases} \end{aligned}$$

Die Formeln für die Schadenerwartungswerte sind

$$\begin{aligned} \mathrm{SE}(a_0) = s_2 \cdot L^1_{0.10}(\pi | x'' = 2, n'' - x'' = 13), \\ \mathrm{SE}(a_1) = s_1 \cdot L^{0.10}_0(\pi | x'' = 2, n'' - x'' = 13). \end{aligned}$$

Da die linearen Momente gleich sind

$$\begin{aligned} L^1_{0.10}(\pi | x) &= 0.0503, \\ L^{0.10}_0(\pi | x) &= 0.0170, \end{aligned}$$

sind die Schadenerwartungswerte gegeben durch

$$\begin{aligned} \mathrm{SE}(a_0) &= 1000 \cdot 0.0503, \\ &= 50.3 \end{aligned}$$

und

$$\begin{aligned} \mathrm{SE}(a_1) &= 1000 \cdot 0.0170 \\ &= 17.0. \end{aligned}$$

Da der Schadenerwartungswert der Aktion a_1 kleiner ist als der der Aktion a_0, wird der Produktionsmanager die Aktion a_1 wählen und die Produktionsanlage neu adjustieren. Für eventuelle weitere Stichprobeninformationen über den unbekannten Ausschußsatz π wird er höchstens den Betrag von 17.0 ausgeben, da der erwartete Wert der perfekten Information gleich

$$\text{EWPI} = \min\{\text{SE}(a_0), \text{SE}(a_1)\} = 17.0$$

ist.

3.3 Glückspiel

Herr Müller spielt folgendes Glückspiel: In einer Urne befinden sich 100 entweder schwarze oder weiße Kugeln. Die Mischung weißer und schwarzer Kugeln erfolgte durch einen Zufallsmechanismus. Herr Müller hat 18 Kugeln mit Zurücklegen davon entnommen. 3 Kugeln waren weiß. Nun muß Herr Müller entscheiden, ob die Urne gleichviel weiße wie schwarze Kugeln enthält. Er nimmt an, daß jeder Prozentsatz die gleiche Wahrscheinlichkeit besitzt. Wenn er sich für gleichviel weiße wie schwarze entscheidet und tatsächlich sind 50 von den 100 Kugeln weiß, dann erhält er 10000 GE. Behauptet er, daß die Urne nicht gleichviel weiße und schwarze Kugeln enthält und tatsächlich trifft dies zu, dann erhält er 50 GE pro Prozentpunkt Abweichungsquadrat des wahren Prozentsatzes weißer Kugeln von 0.50. Hat er falsch geraten, erhält er nichts. Was soll er behaupten?

Lösung

Entscheidungsproblem: Herr Müller kann zwischen folgenden Aktionen wählen:

a_0: die Urne enthält gleichviel weiße wie schwarze Kugeln,
a_1: die Urne enthält nicht gleichviel weiße wie schwarze Kugeln.

Da die Urne gleichviel weiße und schwarze Kugeln enthält, wenn der Anteil der weißen Kugeln $\pi = 0.5$ ist, entsprechen den beiden Umweltzuständen folgende Hypothesen:

$$H_0\colon \pi = 0.5,$$
$$H_1\colon \pi \neq 0.5.$$

Das Entscheidungsproblem ist daher ein Testproblem mit einer Punktnullhypothese.

Posterioriverteilung: Da Herr Müller 18 Kugeln mit Zurücklegen aus der Urne entnommen hat und die möglichen Realisationen der Zufallsvariablen dichotom sind (weiß, schwarz), liegt ein Bernoulli Prozeß vor. Die Stichprobeninformation ist

$$n = 18$$

und

$$x = 3 \text{ (weiße Kugeln).}$$

Da Herr Müller der Ansicht ist, daß jeder Prozentsatz zwischen 0 und 100 an weißen Kugeln in der Urne die gleiche Wahrscheinlichkeit hat, nimmt er als Prioriinformation eine Gleichverteilung an. Der Gleichverteilung entspricht eine Betaverteilung mit den Parametern

$$x' = 1 \quad \text{und} \quad n' = 2.$$

Die Parameter der Posterioriverteilung sind daher

$$\begin{aligned} n'' &= n' + n = 2 + 18 = 20, \\ x'' &= x' + x = 1 + 2 = 4 \end{aligned}$$

und die Dichtefunktion ist

$$f_{\vartheta|x}(\vartheta) = f_\beta(\pi|x'' = 4, n'' - x'' = 16).$$

Die entsprechende Stichprobenverteilung ist die Binomialverteilung mit der Wahrscheinlichkeitsfunktion

$$f(x|\vartheta) = f_B(x|\pi = 0.5, n = 18)$$

und die Prädiktivverteilung ist die Betabinomialverteilung mit der Wahrscheinlichkeitsfunktion

$$f_X(x) = f_{\beta B}(x|x' = 1, n' = 2, n = 18).$$

Schadenerwartungswert Herr Müller kann mit folgendem Gewinn rechnen:

	$\pi = 0.5$	$\pi \neq 0.5$
a_0	10000	0
a_1	0	$50 \cdot (\pi - \pi_0)^2$

Wenn Herr Müller irrtümlich a_1 wählt, obwohl die Urne gleichviel weiße und schwarze Kugeln enthält, dann hat er einen entgangenen Gewinn von 10000 GE. Wählt er a_0 obwohl $\pi \neq 0.5$ zutrifft, dann hat er einen entgangenen

Gewinn in der Höhe von $50\cdot(\pi-\pi_0)^2$. Die Schadenfunktion hat daher folgendes Aussehen:

$$\begin{aligned}
s(a_0,\pi) &= \begin{cases} 0 & \text{für } \pi = 0.5, \\ 50\cdot(\pi-0.5)^2 & \text{für } \pi \neq 0.5, \end{cases} \\
s(a_1,\pi) &= \begin{cases} 10000 & \text{für } \pi = 0.5, \\ 0 & \text{für } \pi \neq 0.5. \end{cases}
\end{aligned}$$

Da bei irrtümlicher Annahme der Aktion a_0 der Schaden mit dem Abweichungsquadrat des wahren Anteils von 0.5 wächst, liegt eine quadratische Schadenfunktion vor. Für diese sind

$$\begin{aligned}
\mathrm{SE}(a_0) &= s_2\cdot\left[V(\pi|x)+(E(\pi|x)-\pi_0)^2\right], \\
\mathrm{SE}(a_1) &= s_1\cdot W''(H_0),
\end{aligned}$$

die Schadenerwartungswerte. Die Varianz und der Erwartungswert der Posterioribetaverteilung sind

$$\begin{aligned}
V(\pi|x) &= \frac{x''\cdot(n''-x'')}{n''^2\cdot(n''+1)} = \frac{4\cdot 16}{20^2\cdot 21} = 0.0076, \\
E(\pi|x) &= \frac{x''}{n''} = \frac{4}{20} = 0.20.
\end{aligned}$$

Daher ist

$$\mathrm{SE}(a_0) = 50\cdot\left[0.0076+(0.20-0.50)^2\right] = 4.88.$$

Für $\mathrm{SE}(a_1)$ muß die Posterioriwahrscheinlichkeit der Nullhypothese berechnet werden:

$$\begin{aligned}
W''(H_0) &= \frac{f(x|\vartheta_0)\cdot p_0}{f(x|\vartheta_0)\cdot p_0 + f_X(x)\cdot(1-p_0)} \\
&= \frac{f_B(3|0.5,18)\cdot p_0}{f_B(3|0.5,18)\cdot p_0 + f_{\beta B}(3|1,2,18)\cdot(1-p_0)}, \\
f_B(3|0.5,18) &= \frac{18!}{3!(18-3)!}\cdot 0.5^3\cdot(1-0,5)^{18-3} = 0.0031, \\
f_{\beta B}(3|1,2,18) &= \frac{18!}{3!(18-3)!}\cdot\frac{(2-1)!}{(1-1)!(2-1-1)!} \\
&\quad\cdot\frac{(3+1-1)!(18+2-3-1-1)!}{(18+2-1)!} = 0.0526.
\end{aligned}$$

Herr Müller nimmt an, daß jeder Prozentsatz die gleiche Wahrscheinlichkeit besitzt. Daher ist die Prioriwahrscheinlichkeit für die Nullhypothese $\pi = 0.5$ gleich $p_0 = 1/100 = 0.01$. Die Posterioriwahrscheinlichkeit für H_0 ist dann

$$\begin{aligned}
W''(H_0) &= \frac{0.0031\cdot 0.01}{0.0031\cdot 0.01 + 0.0526\cdot 0.99} \\
&= 0.000597
\end{aligned}$$

und der Schadenerwartungswert der Aktion a_1

$$\begin{aligned} \mathrm{SE}(a_1) &= s_1 \cdot W''(H_0) \\ &= 10000 \cdot 0.000597 \\ &= 5.97. \end{aligned}$$

Da der Schadenerwartungswert der Aktion a_0 geringer ist als der der Aktion a_1, wird Herr Müller behaupten, daß die Urne gleichviel schwarze und weiße Kugeln enthält. Für weitere Ziehungsmöglichkeiten wird Herr Müller höchstens einen Betrag von 4.88 GE ausgeben, da der erwartete Wert der perfekten Information gleich

$$\mathrm{EWPI} = \min\{\mathrm{SE}(a_0), \mathrm{SE}(a_1)\} = 4.88$$

ist.

3.4 Zusätzlicher Tankwart

Ein Tankstellenbesitzer hat einen Tankwart beschäftigt. Solange die durchschnittliche Zahl der auf Bedienung wartenden PKW's nicht über zwei liegt, kommt der Tankwart gut zurecht. Wenn jedoch die durchschnittliche Zahl wartender Autos über zwei liegt, muß der Besitzer immer wieder feststellen, daß Autos weiterfahren, um bei der nächsten Tankstelle zu tanken. Den entgangenen Gewinn schätzt er auf 4000 GE/Tag. Da für das kommende Wochenende mit einem um 100% erhöhten Verkehrsaufkommen zu rechnen ist, überlegt sich der Tankstellenbesitzer die Einstellung eines weiteren Tankwartes. Eine zusätzliche Bedienungskraft würde 1000 GE/Tag an Kosten verursachen. Am vergangenen Wochenende beobachtete der Besitzer innerhalb von 4 zufällig über den Tag verteilten Minuten folgende Anzahlen wartender Autos:

$$2, \; 0, \; 1, \; 2$$

Diese Stichprobeninformation will der Tankwart doppelt so stark wie die Prioriinformation gewichten. Soll er für das kommende Wochenende eine zusätzliche Bedienungskraft einstellen?

Lösung

Entscheidungsproblem: Dem Tankstellenbesitzer stehen folgende Aktionen zur Verfügung:

a_0: keine zusätzliche Kraft wird eingestellt,
a_1: ein weiterer Tankwart wird beschäftigt.

Wenn die durchschnittliche Zahl der wartenden Autos höchstens 2 beträgt, braucht der Besitzer keine zusätzlich Bedienung anzustellen. Daher entsprechen den beiden Aktionen folgende Hypothesen:

$$H_0\colon \lambda \leq 2,$$
$$H_1\colon \lambda > 2.$$

Das Entscheidungsproblem ist also ein Testproblem mit einer rechtsseitigen Alternativhypothese.

Posterioriverteilung: Da man annehmen kann, daß die Ankunft eines Autos bei der Tankstelle innerhalb einer Minute nicht nur ein Zufallsereignis ist, sondern auch, daß diese Ankunft unabhängig ist von der Ankunft eines Autos innerhalb einer vergangenen Minute, kann man diesen realen Prozeß als Poisson Prozeß auffassen. Die Stichprobeninformation besteht aus vier Beobachtungsminuten mit insgesamt 5 wartenden Autos:

$$\begin{aligned} t &= 4, \\ x &= \sum_{i=1}^{4} x_i = 2+0+1+2 = 5. \end{aligned}$$

Im Schnitt gab es also $1.25 = x/t = 5/4$ wartende Autos pro Minute. Wenn der Tankstellenbesitzer die Prognose eines um 100% erhöhten Verkehrsaufkommens halb so stark gewichten will wie seine Stichprobe und diese Information als Priorigammaverteilung ausdrückt, dann ist $2 \cdot 1.25 = 2.5 = E(\lambda)$ und

$$t' = 2, \quad x' = 5.$$

Diese Gewichtung der Prioriinformation impliziert, daß der Tankstellenbesitzer a priori der Ansicht ist, daß z.B. mit großer Wahrscheinlichkeit (96%) der unbekannte Durchschnitt wartender Autos pro Minute zwischen

$$W'(1.5295 \cdot 2 < \lambda \cdot 2 < 10.5804 \cdot 2) = 0.96,$$
$$W'(0.7648 < \lambda < 5.2902) = 0.96,$$

liegt.

Die Parameter der Posterioriverteilung sind

$$\begin{aligned} t'' &= t' + t = 2+4 = 6, \\ x'' &= x' + x = 5+5 = 10 \end{aligned}$$

und die Dichtefunktion der Gammaverteilung ist

$$f_{\vartheta|x}(\vartheta) = f_\gamma(\lambda|x'' = 10, t'' = 6).$$

Schadenerwartungswert: Aus der Angabe erhält man folgende Schadenfunktion

$$s(a_0, \lambda) = \begin{cases} 0 & \text{für } \lambda \leq 2, \\ s_2 = 4000 & \text{für } \lambda > 2, \end{cases}$$

$$s(a_1, \lambda) = \begin{cases} s_1 = 1000 & \text{für } \lambda \leq 2, \\ 0 & \text{für } \lambda > 2. \end{cases}$$

Für diese konstante Schadenfunktion werden die Schadenerwartungswerte nach den Formeln

$$\begin{aligned} \mathrm{SE}(a_0) &= s_2 \cdot W''(H_1), \\ \mathrm{SE}(a_1) &= s_1 \cdot W''(H_0), \end{aligned}$$

berechnet. Die Posterioriwahrscheinlichkeit für die Nullhypothese ist

$$\begin{aligned} W''(H_0) &= F_\gamma(\lambda = \lambda | x'' = 10, t'' = 6) \\ &= 0.7576. \end{aligned}$$

Für die Alternativhypothese bestimmt man die Wahrscheinlichkeit durch die Beziehung

$$\begin{aligned} W''(H_1) &= 1 - W''(H_0) \\ &= 0.2424. \end{aligned}$$

Die Schadenerwartungswerte sind daher gleich

$$\begin{aligned} \mathrm{SE}(a_0) &= 4000 \cdot 0.2424 \\ &= 969.6 \end{aligned}$$

und

$$\begin{aligned} \mathrm{SE}(a_1) &= 1000 \cdot 0.7576 \\ &= 757.6. \end{aligned}$$

Da der Schadenerwartungswert der Aktion a_1 kleiner ist als der der Aktion a_0, wird der Tankstellenbesitzer für das kommende Wochenende eine zusätzliche Bedienungskraft anstellen.

3.5 Telefonanlage

Für die Telefonanlage einer neu errichteten Filiale steht der Geschäftsleitung eine alte gebrauchte Anlage zur Verfügung, die ausreichen würde, wenn pro Minute im Schnitt zwischen 0.9 bis 1.1 Anrufe einlangen. Wenn die alte Anlage installiert wird, die Kapazität aber zu groß oder zu gering ist, dann entstehen Opportunitätskosten von 1000 GE pro Einheit Abweichung der tatsächlichen durchschnittlichen Anzahl von Anrufen pro Minute vom Intervall $[0.9, 1.1]$. Wird die alte Anlage jedoch verschrottet, obwohl sie für die Kapazität der Filiale ausgereicht hätte, entstehen einmalige Opportunitätskosten von 10000 GE. Auf Grund der Erfahrung mit anderen Filialen vermutet die Gechäftsleitung, daß im Durchschnitt 1 Anruf pro Minute in der Filiale einlangt. Da jedoch bei einem Probebetrieb innerhalb von 4 Minuten nur 2 Anrufe einlangten, will die Geschäftsleitung ihre Apriorivermutung nur halb so stark in Rechnung stellen wie die Information aus dem Probebetrieb. Soll die gebrauchte Anlage in der neuen Filiale installiert werden?

Lösung

Entscheidungsproblem: Der Geschäftsleitung stehen die Aktionen

a_0: gebrauchte Anlage installieren,
a_1: gebrauchte Anlage nicht installieren,

zur Verfügung. Die Aktion a_0 ist sinnvoll, wenn die durchschnittliche Anzahl der Anrufe zwischen 0.9 und 1.1 pro Minute liegt. Daher entsprechen den beiden Umweltzuständen folgende Hypothesen:

$$H_0\colon \lambda \in [0.9, 1.1],$$
$$H_1\colon \lambda \notin [0.9, 1.1].$$

Das vorliegende Testproblem beinhaltet eine Intervallnullhypothese.

Posterioriverteilung: Wenn man die einlangenden Telefonanrufe als Realisierung eines Poisson Prozesses betrachtet, dann ist die Stichprobeninformation

$$t = 4 \quad \text{und} \quad x = 2.$$

Da die Geschäftsleitung im Durchschnitt einen Anruf pro Minute erwartet, kann diese Information in Form einer Priorigammaverteilung mit

$$E(\lambda) = \frac{x'}{t'} = 1$$

aufgefaßt werden. Das Gewicht der Prioriinformation soll die Hälfte des Gewichts der Stichprobe betragen. Daher ist

$$t' = 2 \quad \text{und} \quad x' = 2.$$

Die Geschäftsleitung ist also apriori der Ansicht, daß der Durchschnitt der Anrufe pro Minute mit einer Wahrscheinlichkeit von z.B. 50% zwischen

$$W'(0.4807 < \lambda < 1.3463) = 0.50$$

liegt. Die Parameter der Posteriorigammaverteilung sind

$$\begin{aligned} t'' &= t' + t = 2 + 4 = 6, \\ x'' &= x' + x = 2 + 2 = 4, \end{aligned}$$

und die entsprechende Dichtefunktion ist

$$f_{\vartheta|x}(\vartheta) = f_\gamma(\lambda|x'' = 4, t'' = 6).$$

Schadenerwartungswert: Aus den Angaben kann man folgende lineare Schadenfunktion zusammenstellen:

$$\begin{aligned} s(a_0, \lambda) &= \begin{cases} 0 & \text{für } \lambda \in [0.9, 1.1], \\ 1000 \cdot (0.9 - \lambda) & \text{für } \lambda < 0.9, \\ 1000 \cdot (\lambda - 1.1) & \text{für } \lambda > 1.1, \end{cases} \\ s(a_1, \lambda) &= \begin{cases} 10000 & \text{für } \lambda \in [0.9, 1.1], \\ 0 & \text{für } \lambda \notin [0.9, 1.1]. \end{cases} \end{aligned}$$

Der Schadenerwartungswert der Aktion a_0 berechnet man nach der Formel:

$$\mathrm{SE}(a_0) = 1000 \cdot [L_0^{0.9}(\lambda|x) + L_{1.1}^{\infty}(\lambda|x)]$$

Die linearen Momente sind

$$\begin{aligned} L_0^{0.9}(\lambda|x'' = 4, t'' = 6) &= \frac{1}{6} \cdot 1.7415 \\ &= 0.2903, \\ L_{1.1}^{\infty}(\lambda|x'' = 4, t'' = 6) &= \frac{1}{6} \cdot 0.1568 \\ &= 0.0261. \end{aligned}$$

Der Schadenerwartungswerte für a_0 ist daher

$$SE(a_0) = 1000 \cdot (0.2903 + 0.0261) = 316.38$$

und der Schadenerwartungswert von a_1 ist

$$\begin{aligned} \mathrm{SE}(a_1) &= 10000 \cdot W''(H_0), \\ &= 1000 \cdot 0.1081 \\ &= 108.14, \end{aligned}$$

da

$$\begin{aligned} W''(H_0) &= F_\gamma(1.1|4, 6) - F_\gamma(0.9|4, 6) \\ &= F_{\gamma s}(6.6|4) - F_{\gamma s}(5.4|4) \\ &= 0.8948 - 0.7867 \\ &= 0.1081. \end{aligned}$$

Die Geschäftsleitung wird die gebrauchte Telefonanlage in der neuen Filiale installieren, da der Schadenerwartungswert für diese Aktion geringer ist, als für die Verschrottung.

3.6 Radioaktiver Zerfall

Ein Wissenschaftler will den radioaktiven Zerfall eines bestimmten Atomkerns überprüfen. In der Literatur wird die Zerfallsrate mit $\lambda = 0.1$ angegeben. Bei seinen eigenen Untersuchungen hat der Wissenschaftler festgestellt, daß beim betreffenden Nuklid innerhalb von 10 Zeiteinheiten 2 radioaktive Zerfälle aufgetreten sind. Da der Wissenschaftler seine experimentellen Ergebnisse nicht überbewerten will, berücksichtigt er die Literaturangabe gleich stark wie seine Stichprobe. Der Zerfallsrate von $\lambda = 0.1$ mißt er apriori eine Glaubwürdigkeit von 0.5 zu. Den Schaden der damit verknüpft ist, daß er behauptet, λ sei ungleich 0.1, obwohl $\lambda = 0.1$ ist, beurteilt er gleich hoch wie den Schaden pro Einheit Abweichungsquadrat des wahren Parameters λ von 0.1. Zu welchen Schlußfolgerungen kommt der Wissenschaftler auf Grund dieser Ergebnisse?

Lösung

Entscheidungsproblem: Der Wissenschaftler muß eine der folgenden Aktionen wählen:

a_0: die Zerfallsrate wird mit 0.1 angenommen,
a_1: die Zerfallsrate wird von 0.1 verschieden angenommen.

Diesen Aktionen entsprechen die beiden Umweltzustände, ausgedrückt durch die Hypothesen

$$H_0\colon \lambda = 0.1,$$
$$H_1\colon \lambda \neq 0.1.$$

Das vorliegende Entscheidungsproblem ist also ein Testproblem mit einer Punktnullhypothese.

Posterioriverteilung: Die radioaktiven Zerfälle in einem festen Zeitintervall können als Poisson Prozeß betrachtet werden. Die entsprechenden Stichprobeninformationen des Wissenschaftlers sind

$$t = 10 \quad \text{und} \quad x = 2.$$

Da die Literaturangaben gleich stark gewichtet werden sollen wie die Stichprobeninformationen, ist

$$t' = 10 \quad \text{und} \quad x' = 1,$$

wenn man eine Priorigammaverteilung unterstellt. Die Parameter der Posteriorigammaverteilung sind dann

$$\begin{aligned} t'' &= t' + t = 10 + 10 = 20, \\ x'' &= x' + x = 1 + 2 = 3 \end{aligned}$$

und die Dichtefunktion ist

$$f_{\vartheta|x}(\vartheta) = f_{\gamma}(\gamma|x'' = 3, t'' = 20).$$

Die Poissonverteilung

$$f(x|\vartheta) = f_P(x|\lambda_0 t) = f_P(x|0.1 \cdot 10)$$

ist die entsprechende Stichprobenverteilung und

$$f_X(x) = f_{nB}(x|p, x') = f_{nB}(x|0.5, 1),$$

mit

$$p = \frac{t}{t' + t} = \frac{10}{10 + 10} = 0.5$$

die Prädiktivverteilung.

Schadenerwartungswert: Aus den Angaben des Wissenschaftlers kann man folgende quadratische Schadenfunktion ableiten:

$$\begin{aligned} s(a_0, \lambda) &= \begin{cases} 0 & \text{für } \lambda = 0.1, \\ 1 \cdot (\lambda - 0.1)^2 & \text{für } \lambda \neq 0.1, \end{cases} \\ s(a_1, \lambda) &= \begin{cases} 1 & \text{für } \lambda = 0.1, \\ 0 & \text{für } \lambda \neq 0.1. \end{cases} \end{aligned}$$

Für diese Schadenfunktion ist der Schadenerwartungswert der Aktion a_0

$$\begin{aligned} \text{SE}(a_0) &= s_2 \cdot \left[V(\lambda|x) + (E(\lambda|x) - 0.1)^2\right] \\ &= 1 \cdot \left[\frac{3}{20^2} + \left(\frac{3}{20} - 0.1\right)^2\right] \\ &= 0.0100, \end{aligned}$$

da

$$\begin{aligned} E(\lambda|x) &= \frac{x''}{t''} = \frac{3}{20} = 0.15, \\ V(\lambda|x) &= \frac{x''}{t''^2} = \frac{3}{20^2} = 0.0075, \end{aligned}$$

sind. Für den Schadenerwartungswert der Aktion a_1 muß die Posterioriwahrscheinlichkeit der Punktnullhypothese berechnet werden:

$$\begin{aligned} W''(H_0) &= \frac{f(x|\vartheta_0) \cdot p_0}{f(x|\vartheta_0) \cdot p_0 + f_X(x) \cdot (1 - p_0)} \\ &= \frac{0.1839 \cdot 0.5}{0.1839 \cdot 0.5 + 0.1250 \cdot 0.5} \\ &= 0.5953, \end{aligned}$$

da

$$\begin{aligned} f(x|\vartheta_0) &= f_P(x|\lambda_0 \cdot t) = f_P(2|0.1 \cdot 10) \\ &= f_P(2|1) = e^{-1} \cdot \frac{1^2}{2!} = 0.1839, \end{aligned}$$

und

$$\begin{aligned} f_X(x) &= f_{nB}(x|p,x') = \frac{(x+x'-1)!}{(x'-1)!x!} \cdot p^x \cdot (1-p)^{x'} \\ &= \frac{(2+1-1)!}{(1-1)!2!} \cdot 0.5^2(1-0.5)^1 = 0.1250, \\ p &= \frac{t}{t'+t} = \frac{10}{10+10} = 0.5. \end{aligned}$$

Der Schadenerwartungswert der Aktion a_1 ist nun

$$\mathrm{SE}(a_1) = s_1 \cdot W''(H_0) = 1 \cdot 0.5953 = 0.5953.$$

Da der Schadenerwartungswert der Aktion a_0 geringer ist als der von a_1, wird der Wissenschaftler die Literaturangabe über die Zerfallsrate trotz seiner abweichenden exerimentellen Ergebnisse nicht anzweifeln.

3.7 Radargerät

Im Hinblick auf die Verbesserung der Verkehrssicherheit soll entschieden werden, ob bei der Einfahrt einer Ortschaft ein fixes Radargerät installiert werden soll. Die Höchstgeschwindigkeit im Ort beträgt 50 km/h. Die Gemeinderäte, die gegen die Installation sind, behaupten, daß aus straßentechnischen Gründen an der Ortseinfahrt diese Höchstgeschwindigkeit kaum gefahren werden kann. Eine Kontrolle von 20 Fahrzeugen ergab folgende Geschwindigkeit in km pro Stunde:

52, 54, 43, 49, 57, 59, 55, 55, 48, 44, 54, 59, 51, 53, 64, 60, 53, 49, 65, 56.

Aus meßtechnischen Gründen nimmt man als Nullhypothese an, daß die Durchschnittsgeschwindigkeit mit einer Streuung von 1 km/h zwischen 48 und 52 km/h liegt. In diesem Fall wäre die Anbringung eines fest montierten Radargerätes nicht notwendig. Andererseits ist sowohl die Überschreitung der Höchstgeschwindigkeit unerwünscht als auch eine zu geringe Geschwindigkeit, da in diesem Fall die Straße begradigt werden müßte, um Stauungen zu verhindern. Im Gemeinderat ist man sich einig, daß für den Schaden der irrtümlichen Annahme der Nullhypothese zu dem der Alternativhypothese ein Verhältnis von 10:1 angenommen werden kann. Welche Entscheidung soll der Gemeinderat fällen, wenn man außerdem von einem Verkehrsexperten weiß, daß die Streuung der gefahrenen Geschwindigkeiten bei vergleichbaren Ortseinfahrten 4 km/h beträgt?

Lösung

Entscheidungsproblem: Der Gemeinderat muß sich für eine der beiden Aktionen entscheiden:

a_0: kein fixes Radargerät wird angebracht,
a_1: ein fest montiertes Radargerät wird an der Ortseinfahrt installiert.

Da nur dann kein Radargerät montiert werden soll, wenn die Durchschnittsgeschwindigkeit zwischen 48 und 52 km/h liegt, entsprechen den beiden Umweltzuständen folgende Hypothesen:

$$H_0: \mu \in [48, 52],$$
$$H_1: \mu \notin [48, 52].$$

Der Gemeinderat hat daher ein Testproblem mit einer Intervallnullhypothese zu lösen.

Posterioriverteilung: Für die Durchschnittsgeschwindigkeit an der Ortseinfahrt kann man einen Gauß Prozeß annehmen, für den die Streuung bekannt ist: σ =4 km/h laut Verkehrsexperten. Die Stichprobeninformationen sind:

$$\begin{aligned} n &= 20, \\ \bar{x} &= \frac{52 + 54 + \ldots + 56}{20} = 54. \end{aligned}$$

Als Prioriinformation dient die vorgeschriebene Höchstgeschwindigkeit sowie die meßtechnisch bedingte Streuung von 1 km/h. Die Parameter der Priorinormalverteilung sind daher

$$\begin{aligned} \mu' &= 50, \\ \sigma'^2 &= 1, \\ n' &= \frac{\sigma^2}{\sigma'^2} = \frac{16}{1} = 16. \end{aligned}$$

Für die Posteriorinormalverteilung sind die Parameter

$$\begin{aligned} n'' &= n' + n = 16 + 20 = 36, \\ \mu'' &= \frac{n' \cdot \mu' + n \cdot \bar{x}}{n''} \\ &= \frac{16 \cdot 50 + 20 \cdot 54}{36} \\ &= 52.2222, \\ \sigma''^2 &= \frac{\sigma^2}{n''} = \frac{16}{36} \\ &= 0.4444 \end{aligned}$$

und die Dichtefunktion ist

$$f_{\vartheta|x}(\vartheta) = f_N(\mu|\mu'' = 52.2222, \sigma''^2 = 0.4444)$$

Schadenerwartungswert: Da der Schaden einer irrtümlichen Ablehnung der Nullhypothese 10 mal schwerwiegender ist, als der Schaden der mit der falschen Annahme der Alternativhypothese verknüpft ist, ist die Schadenfunktion

$$
\begin{aligned}
s(a_0, \mu) &= \begin{cases} 0 & \text{für } \mu \in [48, 52], \\ s_2 = 10 & \text{für } \mu \notin [48, 52], \end{cases} \\
s(a_1, \mu) &= \begin{cases} s_1 = 1 & \text{für } \mu \in [48, 52], \\ 0 & \text{für } \mu \notin [48, 52]. \end{cases}
\end{aligned}
$$

Für diese konstante Schadenfunktion werden die Schadenerwartungswerte nach den Formeln

$$
\begin{aligned}
\mathrm{SE}(a_0) &= s_2 \cdot W''(H_1), \\
\mathrm{SE}(a_1) &= s_1 \cdot W''(H_0)
\end{aligned}
$$

berechnet. Die Posterioriwahrscheinlichkeit für die Nullhypothese ist

$$
\begin{aligned}
W''(H_0) &= F_N(52|52.2222, 0.4444) - F_N(48|52.2222, 0.4444) \\
&= F_Z(-0.3333) - F_Z(-6.3336) \\
&= 0.3695 - 0.0000 \\
&= 0.3695,
\end{aligned}
$$

da

$$
z_{0.52} = \frac{52 - 52.2222}{\sqrt{0.4444}} = -0.3333
$$

und

$$
z_{0.48} = \frac{48 - 52.2222}{\sqrt{0.4444}} = -6.3336
$$

sind. Die Posterioriwahrscheinlichkeit für die Alternativhypothese ist

$$
W''(H_1) = 1 - W''(H_0) = 1 - 0.3695 = 0.6305.
$$

Die Schadenerwartungswerte sind daher

$$
\begin{aligned}
\mathrm{SE}(a_0) &= 10 \cdot 0.6305 = 6.305, \\
\mathrm{SE}(a_1) &= 1 \cdot 0.3695 = 0.3695.
\end{aligned}
$$

Da der Schadenerwartungswert der Aktion a_1 geringer ist als der von a_0, wird der Gemeinderat an der Ortseinfahrt ein Radargerät montieren.

3.8 Filialeröffnung

Eine Handelsfirma möchte in einer Gemeinde mit 1000 Haushalten eine Filiale eröffnen. Sie schätzt, daß die jährlichen Fixkosten für Mieten, Löhne etc. insgesamt 100000 GE betragen. Der Marketingchef der Firma glaubt auf Grund seiner Erfahrung in ähnlichen Gemeinden, daß pro Haushalt jährlich 120 Stück verkauft werden können. Genauer gesagt ist er der Ansicht, daß die Wahrscheinlichkeit gleich groß ist, daß pro Haushalt jährlich mehr als 120 Stück verkauft werden, wie dafür, daß weniger als 120 Stück verkauft werden. Er vermutet weiters, daß die Wahrscheinlichkeit für das Enthaltensein dieser Zahl im Intervall [117, 123] gleich groß ist wie die Wahrscheinlichkeit für das Nichtenthaltensein. Der Durchschnittspreis pro verkauftem Stück beträgt 5 GE. Bei diesem Preis macht die Firma einen Deckungsbeitrag von 20%. Vor der endgültigen Entscheidung führte die Marketingabteilung noch eine Umfrage bei 50 Haushalten der Gemeinde durch. Dabei kam heraus, daß im Schnitt pro Haushalt jährlich 95 Stück gekauft würden mit einer Standardabweichung von 20 Stück. Soll die Handelsfirma eine Filiale in der Gemeinde eröffnen?

Lösung

Entscheidungsproblem: Die Handelsfirma muß sich für eine der beiden Aktionen

a_0: Filiale nicht eröffnen,
a_1: Filiale eröffnen,

entscheiden. Auf Grund der Kostenschätzungen ergeben sich für die beiden Aktionen folgende Gewinnfunktionen

$$\begin{aligned} a_0 : g(a_0, \mu) &= 0 \\ a_1 : g(a_1, \mu) &= -100000 + (5 \cdot 0.2 \cdot \mu \cdot 1000) \\ &= -100000 + 1 \cdot \mu \cdot 1000 \\ &= -100000 + 1000 \cdot \mu. \end{aligned}$$

Die Filiale soll errichtet werden, wenn die erwartete Zahl von Artikeln pro Haushalt größer ist als der Breakevenpoint μ_k. Diesen bestimmt man durch Gleichsetzen der Gewinnfunktionen

$$g(a_0, \mu) = g(a_1, \mu)$$

oder einfach nach der Formel

$$\mu_k = \frac{f_0 - f_1}{d_1 - d_0} = \frac{0 + 100000}{1000 - 0} = 100,$$

wobei f die Fixkosten und d der Nettogewinn pro verkauftes Stück ist. Mit Hilfe des Breakevenpoints $\mu_k = 100$ kann man die beiden Umweltzustände durch folgende Hypothesen zum Ausdruck bringen:

$$H_0 \colon \mu \leq 100,$$
$$H_1 \colon \mu > 100.$$

Wenn man auf Grund der vorhandenen Informationen zur Ansicht kommt, daß die durchschnittliche Anzahl von Artikeln, die jährlich pro Haushalt verkauft werden, nicht größer als 100 ist, dann wird man die Filiale nicht errichten. Das Entscheidungsproblem ist also ein Testproblem mit rechtsseitiger Alternativhypothese.

Posterioriverteilung: Wenn man zumindest näherungsweise für die Stichprobenbefragung von 50 Haushalten einen Gauß Prozeß unterstellt, dann sind die Stichprobeninformationen

$$n = 50, \quad \overline{x} = 95, \quad s = 20.$$

σ^2 ist nicht bekannt. Da jedoch der Umfang der Stichprobe mit $n = 50$ groß ist, kann man die Streuung der Stichprobe als Schätzwert für den unbekannten Parameter σ verwenden. Für die Prioriverteilung nimmt man eine Normalverteilung an. Da der Marketingchef der Ansicht ist, daß

$$W'(\mu < 120) = W'(\mu > 120)$$

gilt, setzt man $E(\mu) = \mu' = 120$. Aus der Angabe

$$W'(117 \leq \mu \leq 123) = W'(\mu < 117, \mu > 123)$$

kann man ableiten, daß die Wahrscheinlichkeit

$$W'(\mu' \pm k \cdot \sigma') = W'(120 \pm 3) = 0.5$$

ist. Da für die Standardnormalverteilung gilt, daß 50% der Fläche zwischen -0.6745 und 0.6745 liegen, kann man σ' leicht berechnen:

$$\begin{aligned} k \cdot \sigma' &= 0.6745 \cdot \sigma' = 3 \\ &\Rightarrow \sigma' = \frac{3}{0.6745} \\ &= 4.4477. \end{aligned}$$

Für den hypothetischen Stichprobenumfang ergibt sich

$$n' = \frac{\sigma^2}{\sigma'^2} = \frac{20^2}{4.4477^2} = 20.2204.$$

Die Parameter der Priorinormalverteilung sind

$$\mu' = 120, \quad n' = 20.2204, \quad \sigma'^2 = 4.4477^2$$

und die der Posteriorinormalverteilung sind

$$\begin{aligned} n'' &= n' + n = 20.2204 + 50 = 70.2204, \\ \mu'' &= \frac{n' \cdot \mu' + n \cdot \overline{x}}{n''} \\ &= \frac{20.2204 \cdot 120 + 50 \cdot 95}{70.2204} \\ &= 102.1988, \\ \sigma''^2 &= \frac{400}{70.2204} = 5.6964. \end{aligned}$$

Die entsprechende Dichtefunktion ist

$$f_{\vartheta|x}(\vartheta) = f_N(\mu|\mu'' = 102.1988, \sigma''^2 = 5.6964).$$

Schadenerwartungswert: Die Gewinnfunktionen sind linear. Daher sind auch die daraus abgeleiteten Opportunitätskosten- bzw. Schadenfunktionen linear:

$$\begin{aligned} s(a_0, \mu) &= \begin{cases} 0 & \text{für } \mu \leq 100, \\ 1000 \cdot (\mu - 100) & \text{für } \mu > 100, \end{cases} \\ s(a_1, \mu) &= \begin{cases} 1000 \cdot (100 - \mu) & \text{für } \mu \leq 100, \\ 0 & \text{für } \mu > 100. \end{cases} \end{aligned}$$

Der Schadenerwartungswert für die Aktion a_1 ist

$$\begin{aligned} \text{SE}(a_1) &= s_1 \cdot L_{-\infty}^{\mu_0}(\mu|x) \\ &= 1000 \cdot L_{-\infty}^{100}(\mu|\mu'' = 102.1988, \sigma''^2 = 5.6964) \\ &= 1000 \cdot L_{-\infty}^{-0.9213}(z) \cdot \sqrt{5.6964} \\ &= 1000 \cdot 0.0966 \cdot \sqrt{5.6964} \\ &= 230.5565, \end{aligned}$$

da

$$z = \frac{\mu - \mu''}{\sqrt{\sigma''^2}} = \frac{100 - 102.1988}{\sqrt{5.6964}} = -0.9213$$

ist. Für die Aktion a_0 ist der Schadenerwartungswert

$$\text{SE}(a_0) = 1000 \cdot 1.0179 \cdot \sqrt{5.6964} = 2429.4354,$$

da

$$L_{-0.9213}^{\infty}(z) = 0.0966 - (-0.9213) = 1.0179$$

ist. Der Schadenerwartungswert von a_1 ist geringer als der von a_0. Die Handelsfirma wird daher aufgrund der vorhandenen Informationen die Filiale errichten.

3.9 Bierflaschenabfüllmaschine

Der Beamte eines Eichamtes hat die Aufgabe, die Flaschenabfüllanlage einer Brauerei zu überprüfen. Die Füllmenge pro Flasche soll 500 cm^3 betragen. Aus der Betriebsanleitung ist bekannt, daß die Abfüllanlage mit einer Standardabweichung von $\sigma = 1.5$ cm^3 arbeitet. Außerdem weiß der Beamte aus der Überprüfung ähnlicher Anlagen, daß bei Einstellung eines Sollwertes von 500 cm^3 dieser in der Regel im Laufe der Zeit eine mittlere Abweichung von 0.5 cm^3 aufweist. Bei den letzten 10 Überprüfungen der Brauereiabfüllanlage konnte der Beamte jedenfalls nur zwei richtige Einstellungen attestieren. Die Bestätigung, daß die Maschine korrekt eingestellt ist, obwohl dies nicht zutrifft, ist eine Fehlentscheidung, bei der die „Kosten" nicht arithmetisch sondern geometrisch pro Einheit Abweichung zunehmen. Der Beamte unterstellt daher seiner Entscheidung eine quadratische Schadenfunktion, bei der der Schaden pro Einheit Abweichungsquadrat ein Zehntel des Schadens ausmacht, der entsteht, wenn irrtümlich behauptet wird, die Abfüllmaschine sei nicht richtig eingestellt. Die Durchschnittsmenge bei 25 zufällig aus der laufenden Produktion herausgegriffenen Flaschen betrug 499 cm^3.

Lösung

Entscheidungsproblem: Der Beamte muß eine der folgenden Aktionen wählen:

a_0: die Abfüllmaschine muß nicht adjustiert werden,
a_1: die Abfüllmaschine muß adjustiert werden.

Da die Abfüllmaschine korrekt arbeitet, wenn im Mittel in jeder Flasche 500 cm^3 Bier enthalten sind, kann man die beiden Umweltzustände mit folgenden Hypothesen in Verbindung bringen:

$$H_0: \quad \mu = 500,$$
$$H_1: \quad \mu \neq 500.$$

Der Beamte muß also ein Testproblem mit einer Punktnullhypothese lösen.

Posterioriverteilung: Die Stichprobenentnahme von 25 Flaschen aus der laufenden Produktion kann als Gauß Prozeß aufgefaßt werden. Die entsprechenden Informationen sind

$$n = 25, \quad \bar{x} = 499, \quad \sigma = 1.5.$$

Da der Beamte aus ähnlichen Überprüfungen annimmt, daß $\mu' = 500$ cm^3 ist und von diesem Wert im Laufe der Zeit die Einstellung durchschnittlich um

0.5 cm^3 abweicht, kann man für diese Priorinormalverteilung folgende Parameter angeben:

$$\begin{aligned} \mu' &= 500, \\ \sigma' &= 0.5, \\ n' &= \frac{\sigma^2}{\sigma'^2} = \frac{1.5^2}{0.5^2} = 9. \end{aligned}$$

Die Parameter der Posteriorinormalverteilung sind

$$\begin{aligned} n'' &= n' + n = 9 + 25 = 34, \\ \mu &= \frac{n' \cdot \mu' + n \cdot \overline{x}}{n''} = \frac{9 \cdot 500 + 25 \cdot 499}{34} = 499.2647, \\ \sigma''^2 &= \frac{\sigma^2}{n''} = \frac{1.5^2}{34} = 0.0662 \end{aligned}$$

und die entsprechende Dichtefunktion ist

$$f_{\vartheta|x}(\vartheta) = f_N(\mu|\mu'' = 499.2647, \sigma''^2 = 0.0662).$$

Die Stichprobenverteilung ist

$$f(x|\vartheta) = f_N(\overline{x}|\mu = 500, \frac{\sigma^2}{n} = 0.09)$$

und die Prädiktivverteilung

$$f_X(x) = f_N(\overline{x}|\mu' = 500, \frac{\sigma^2}{n_u} = 0.34),$$

da

$$n_u = \frac{n' \cdot n}{n' + n} = \frac{9 \cdot 25}{34} = 6.6176$$

ist.

Schadenerwartungswert: Aus den Angaben kann man folgende quadratische Schadenfunktion ableiten:

$$\begin{aligned} s(a_0, \mu) &= \begin{cases} 0 & \text{für } \mu = 500, \\ 1 \cdot (\mu - 500)^2 & \text{für } \mu \neq 500, \end{cases} \\ s(a_1, \mu) &= \begin{cases} 10 & \text{für } \mu = 500, \\ 0 & \text{für } \mu \neq 500. \end{cases} \end{aligned}$$

Für diese Schadenfunktion ist der Schadenerwartungswert der Aktion a_0 gleich

$$\begin{aligned} \mathrm{SE}(a_0) &= s_2 \cdot \left[V(\mu|x) + (E(\mu|x) - \mu_0)^2\right] \\ &= 1 \cdot \left[0.0662 + (499.2647 - 500)^2\right] \\ &= 0.6069. \end{aligned}$$

Um den Schadenerwartungswert der Aktion a_1 zu bestimmen, muß zuerst die Posterioriwahrscheinlichkeit der Nullhypothese berechnet werden:

$$\begin{aligned} W''(H_0) &= \frac{f(x|\mu_0)\cdot p_0}{f(x|\mu_0)\cdot p_0 + f_X(x)\cdot(1-p_0)} \\ &= \frac{0.0051\cdot 0.2}{0.0051\cdot 0.2 + 0.1572\cdot 0.8} \\ &= 0.0081, \end{aligned}$$

da

$$\begin{aligned} f(x|\mu_0) &= f_N(\overline{x} = 499|500, 0.09) \\ &= \frac{1}{\sqrt{2\pi\cdot 0.09}}\cdot\exp\left(-\frac{(499-500)^2}{2\cdot 0.09}\right) \\ &= 0.0051 \end{aligned}$$

und

$$\begin{aligned} f_X(x) &= f_N(\overline{x} = 499|500, 0.34) \\ &= \frac{1}{\sqrt{2\pi\cdot 0.34}}\cdot\exp\left(-\frac{(499-500)^2}{2\cdot 0.34}\right) \\ &= 0.1572 \end{aligned}$$

ist. Für p_0 wird 0.2 angenommen, da der Beamte bei den letzten 10 Kontrollen nur in 2 Fällen eine korrekte Einstellung bescheinigen konnte. Der Schadenerwartungswert der Aktion a_1 ist daher

$$\text{SE}(a_1) = 10\cdot 0.0081 = 0.0811.$$

Da der Schadenerwartungswert von a_0 größer ist als der von a_1, wird der Beamte des Eichamtes nicht bescheinigen, daß die Abfüllmaschine in Ordnung arbeitet.

3.10 Methanolverkauf

Die Geschäftsleitung einer chemischen Fabrik erhält den Auftrag für den Verkauf von 10 Tonnen einer bestimmten Lösung, die durchschnittlich 18% (±0.5%) Methanol enthalten soll. Da die Firma eine entsprechende Lösung schon mehrere Monate auf Lager hat, beauftragt sie den Lagerverwalter festzustellen, ob die Lösung noch diesen Qualitätsforderungen entspricht. Der Lagerverwalter fragt den Chefchemiker nach seiner Meinung über den Anteil an Methanol. Dieser ist der Ansicht, daß der unbekannte Durchschnittsprozentsatz μ mit 90% Wahrscheinlichkeit im Intervall 18 ± 1.2 liegt. Auf Grund der großen Erfahrung des Chefchemikers kann die Prioriverteilung von μ nach dessen

Einschätzung durch eine Studentverteilung mit einer großen Zahl von Freiheitsgraden, nämlich $\nu' = 20$, beschrieben werden. Als Schätzwert für die Priorivarianz s'^2 erwartet er einen Wert von 1.575. Neben den Informationen des Chefchemikers berücksichtigt der Lagerverwalter die Ergebnisse einer Zufallsstichprobe von $n = 4$. Diese sind

$$17.53, \quad 20.40, \quad 21.27, \quad 18.40.$$

Wenn die Geschäftsleitung den Auftrag durch die gelagerte Lösung erfüllt und der Methanolanteil liegt außerhalb der zulässigen Toleranz, dann entsteht der Firma ein Schaden von 1 Mio GE. Wird andererseits die Lösung neu hergestellt, obwohl die gelagerte Lösung brauchbar wäre, dann entsteht ein Schaden von 2 Mio GE. Wie soll die Geschäftsleitung entscheiden?

Lösung

Entscheidungsproblem: Der Firma stehen folgende Aktionen zur Wahl:

a_0: Verkauf der gelagerten Lösung,
a_1: Verkauf einer neu produzierten Lösung.

Die Firma wird die Aktion a_0 wählen, wenn in der gelagerten Lösung der Prozentsatz an Methanol innerhalb der Grenzen $[17.5, 18.5]$ liegt. Wenn dies nicht der Fall ist, ist a_1 vorzuziehen. Man kann daher die beiden Umweltzustände in Form folgender Hypothesen über den durchschnittlichen Anteil an Methanol ausdrücken:

$$H_0: \mu \in [17.5, 18.5],$$
$$H_1: \mu \notin [17.5, 18.5].$$

Das vorliegende Entscheidungsproblem ist daher ein Testproblem mit einer Intervallnullhypothese.

Posterioriverteilung: Unter der Annahme eines Gauß Prozesses ist die Stichprobeninformation

x_i	x_i^2
17.53	307.30
20.40	416.16
21.27	452.41
18.40	338.56
77.60	1514.43

$$\begin{aligned}
n &= 4, \\
\overline{x} &= \sum \frac{x_i}{n} = \frac{77.60}{4} = 19.40, \\
s^2 &= \sum \frac{(x_i - \overline{x})^2}{n} = \sum \frac{x_i^2}{n} - \overline{x}^2 \\
&= \frac{1514.43}{4} - 19.40^2 = 2.25.
\end{aligned}$$

Für die Prioriinformation des Chefchemikers kann eine Studentverteilung mit $\nu' = 20$ herangezogen werden.Da ein 90% Intervall für μ von der Form

$$18 + t_{0.95;\nu'=20} \cdot \frac{s'}{\sqrt{n'}}$$

gleich 18$\pm$1.2 sein sollte, findet man für

$$n' = \left(\frac{t_{0.95;\nu'} \cdot s'}{1.2}\right)^2 = \left(\frac{1.7247 \cdot 1.255}{1.2}\right)^2 = 3.25,$$

da

$$t_{0.95;\nu'=20} = 1.7247$$

ist.

Die Prioriinformationen sind daher

$$\mu' = 18, \quad n' = 3.25, \quad s'^2 = 1.575, \quad \nu' = 20.$$

Für die Parameter der entsprechenden Posterioristudentverteilung findet man folgende Werte:

$$\begin{aligned}
n'' &= n' + n = 3.25 + 4 = 7.25, \\
\nu'' &= \nu' + n = 20 + 4 = 24, \\
n_u &= n' \cdot \frac{n}{n''} = 3.25 \cdot \frac{4}{7.25} = 1.79, \\
\mu'' &= \frac{n' \cdot \mu' + n \cdot \overline{x}}{n''} = \frac{3.25 \cdot 18 + 4 \cdot 19.4}{7.25} = 18.7724, \\
s''^2 &= \frac{\nu' \cdot s'^2 + n \cdot s^2 + n_u \cdot (\overline{x} - \mu')^2}{\nu''} \\
&= \frac{20 \cdot 1.575 + 4 \cdot 2.25 + 1.79 \cdot (19.4 - 18)^2}{24} = 1.8339.
\end{aligned}$$

Die Dichtefunktion der Posterioriverteilung ist

$$f_{\vartheta|x}(\vartheta) = f_S(\mu|\mu'' = 18.7724, \frac{s''^2}{n''} = 0.2530, \nu'' = 24).$$

Schadenerwartungswert: Durch die Angaben der Geschäftsleitung ist folgende Schadenfunktion bestimmt:

$$
\begin{aligned}
s(a_0,\mu) &= \begin{cases} 0 & \text{für } \mu \in [17.5, 18.5], \\ s_2 = 1 & \text{für } \mu \notin [17.5, 18.5], \end{cases} \\
s(a_1,\mu) &= \begin{cases} s_1 = 2 & \text{für } \mu \in [17.5, 18.5], \\ 0 & \text{für } \mu \notin [17.5, 18.5]. \end{cases}
\end{aligned}
$$

Für diese konstante Schadenfunktion sind die Schadenerwartungswerte gegeben durch die Formeln

$$
\begin{aligned}
\mathrm{SE}(a_0) &= s_2 \cdot W''(H_1), \\
\mathrm{SE}(a_1) &= s_1 \cdot W''(H_0).
\end{aligned}
$$

Die Posterioriwahrscheinlichkeit für die Aktion a_0 ist

$$
\begin{aligned}
W''(H_0) &= F_S(18.5|\mu'' = 18.7724, \frac{s''^2}{n''} = 0.2530, \nu'' = 24) \\
&\quad -F_S(17.5|18.7724, 0.2530, 24) \\
&= F_T(-0.5416|24) - F_T(-2.5297|24) \\
&= 0.2965 - 0.0092 \\
&= 0.2873
\end{aligned}
$$

und für die Alternativhypothese

$$W''(H_1) = 1 - W''(H_0) = 0.7127.$$

Die Schadenerwartungswerte sind daher

$$
\begin{aligned}
\mathrm{SE}(a_0) &= 1 \cdot 0.7127 = 0.7127 \\
\mathrm{SE}(a_1) &= 2 \cdot 0.2873 = 0.5746.
\end{aligned}
$$

Für die Aktion a_1 ist der Schadenerwartungswert kleiner. Die Geschäftsführung wird daher die gelagerte Lösung nicht verkaufen. Falls sie jedoch noch weitere Stichprobenprüfungen plant, wird sie dafür höchstens 0.58 Mio GE ausgeben, da der erwartete Wert der perfekten Information diesem Beitrag entspricht:

$$\mathrm{EWPI} = \min\{\mathrm{SE}(a_0), \mathrm{SE}(a_1)\} = 0.5746.$$

3.11 Neue Fluglinie

Eine lokale Fluggesellschaft plant die Eröffnung einer neuen Fluglinie. Die fixen Kosten für die Gebühren, Steuern und die Anschaffung und Abschreibung des geeigneten Flugzeuges belaufen sich auf 200000 GE pro Jahr. Für das Flugticket kann die Gesellschaft 25 GE verlangen, von denen 5 GE auf die variablen

Kosten entfallen. Auf Grund der Erfahrung mit ähnlichen Fluglinien nimmt die Gesellschaft an, daß die durchschnittliche Belegung mit einer Wahrscheinlichkeit von 96% zwischen 20 und 30 Personen liegt, mit einem Schätzwert für die Standardabweichung von 5.3 Personen. Um zusätzliche Informationen über die durchschnittliche Belegung zu erhalten, wurde die Linie probeweise 1 Woche (7 Tage) geflogen. Die durchschnittliche Belegung pro Tag betrug 30 Personen und die Standardabweichung 7 Personen. Soll die Gesellschaft die neue Destination eröffnen, wenn sie ihre Prioriinformation gleich stark gewichten will wie die Stichprobeninformation?

Lösung

Entscheidungsproblem: Der Gesellschaft stehen die beiden Aktionen

a_0: neue Fluglinie fliegen,
a_1: neue Fluglinie nicht fliegen,

zur Auswahl. Um zu eruieren, ab welcher durchschnittlichen Belegung die Linie rentabel ist, müssen die Gewinnfunktionen der beiden Aktionen aufgestellt werden. Die Gewinnfunktion für a_0 ist

$$\begin{aligned} g(a_0, \mu) &= -200.000 + 20 \cdot 365 \cdot \mu \\ &= -200.000 + 7300 \cdot \mu, \end{aligned}$$

da pro Ticket ein Nettogewinn von 25-5=20 anfällt. Für die Aktion a_1 ist

$$g(a_1, \mu) = 0.$$

Der Breakevenpoint ist daher

$$\mu_k = \frac{f_0 - f_1}{d_1 - d_0} = \frac{-200.000 - 0}{0 - 7300} = 27.40.$$

Für die Fluggesellschaft ist die Eröffnung der neuen Fluglinie gewinnbringend, wenn die durchschnittliche Belegung pro Tag über 27.40 Personen liegt. Man kann daher für die beiden Umweltzustände durch folgende Hypothesen formulieren:

$$H_0\text{: } \mu \geq 27.4,$$
$$H_1\text{: } \mu < 27.4.$$

Das Entscheidungsproblem ist ein Testproblem mit linksseitiger Alternativhypothese.

Posterioriverteilung: Die Stichprobeninformationen sind

$$n = 7, \quad \bar{x} = 30, \quad s = 7.$$

Wenn die Fluggesellschaft ihre Prioriinformation in Form einer Studentverteilung ausdrücken will, dann ist $\mu' = 25$ und $n' = 7$, da die Prioriinformation gleich stark gewichtet wird, wie die Stichprobeninformation. Der Schätzwert für die Standardabweichung der Prioriverteilung ist 5.30. Daher ist

$$\frac{s'}{\sqrt{n'}} = \frac{5.30}{\sqrt{7}} = 2.$$

Für das 96% Intervall soll gelten

$$\mu' \pm t_{0.98,\nu'} \cdot 2 = 25 \pm 5.$$

Daher ist

$$t_{0.98;\nu'} \cdot 2 = 5$$

bzw.

$$t_{0.98;\nu'} = 2.5.$$

Für $\nu' = 7$ ist diese Gleichung erfüllt. Die Prioriinformationen sind daher

$$\mu' = 25, \quad n' = 7, \quad s'^2 = 5.3^2 = 28.09, \quad \nu' = 7.$$

Die Parameter der Posterioristudentverteilung sind

$$\begin{aligned}
n'' &= n' + n = 7 + 7 = 14, \\
\nu'' &= \nu' + n = 7 + 7 = 14, \\
n_u &= \frac{n' \cdot n}{n''} = \frac{7 \cdot 7}{14} = 3.5, \\
\mu'' &= \frac{n' \cdot \mu' + n \cdot \bar{x}}{n''} = \frac{7 \cdot 25 + 7 \cdot 30}{14} = 27.50, \\
s''^2 &= \frac{\nu' \cdot s'^2 + n \cdot s^2 + n_u \cdot (\bar{x} - \mu')^2}{\nu''} \\
&= \frac{7 \cdot 5.3^2 + 7 \cdot 7^2 + 3.5 \cdot (30 - 25)^2}{14} \\
&= 44.7950.
\end{aligned}$$

Die Dichtefunktion der Posterioristudentverteilung ist

$$f_{\vartheta|x}(\vartheta) = f_S(\mu|\mu'' = 27.50, \frac{s''^2}{n''} = 3.1996, \nu'' = 14).$$

Schadenerwartungswert: Für die linearen Gewinnfunktionen der beiden Aktionen sind die entsprechenden Schadenfunktionen

$$s(a_0,\mu) = \begin{cases} 0 & \text{für } \mu \geq 27.4, \\ 7300 \cdot (27.4 - \mu) & \text{für } \mu < 27.4, \end{cases}$$
$$s(a_1,\mu) = \begin{cases} 7300 \cdot (\mu - 27.4) & \text{für } \mu \geq 27.4, \\ 0 & \text{für } \mu < 27.4. \end{cases}$$

Die Schadenerwartungswerte sind gegeben durch die Formeln

$$\mathrm{SE}(a_0) = s_2 \cdot L_{-\infty}^{27.4}(\mu|x),$$
$$\mathrm{SE}(a_1) = s_1 \cdot L_{27.4}^{\infty}(\mu|x).$$

Die linearen Momente der Posterioristudentverteilung sind

$$\begin{aligned} L_{-\infty}^{27.4}(\mu|\mu'' = 27.50, \frac{s''^2}{n''} = 3.1996, \nu'' = 14) &= L_{-\infty}^{-0.0559}(t|14) \cdot \sqrt{\frac{s''^2}{n''}}, \\ &= 0.3947 \cdot \sqrt{3.1996} \\ &= 0.7060 \\ L_{27.4}^{\infty}(\mu|\mu'' = 27.50, \frac{s''^2}{n''} = 3.1996, \nu'' = 14) &= L_{-0.0559}^{\infty}(t|14) \cdot \sqrt{\frac{s''^2}{n''}} \\ &= 0.4506 \cdot \sqrt{3.1996} \\ &= 0.8060. \end{aligned}$$

Die Schadenerwartungswerte der beiden Aktionen sind daher

$$\begin{aligned} \mathrm{SE}(a_0) &= 7300 \cdot 0.7060 \\ &= 5153.8 \end{aligned}$$

und

$$\begin{aligned} \mathrm{SE}(a_1) &= 7300 \cdot 0.8060 \\ &= 5883.8. \end{aligned}$$

Der Schadenerwartungswert von a_0 ist kleiner. Die Fluggesellschaft wird daher die neue Fluglinie eröffnen. Da der erwartete Wert der perfekten Information mit

$$\mathrm{EWPI} = \min\{\mathrm{SE}(a_0), \mathrm{SE}(a_1)\} = 5153.8$$

relativ hoch ist, wird sich die Gesellschaft überlegen, eventuell weitere Informationen über die unbekannte Durchschnittszahl der Belegungen pro Tag zu besorgen. Sie wird dafür höchstens 5153.8 GE ausgeben.

3.12 Annahmekontrolle

Ein Uhrengroßhändler erhält vom Produzenten eine größere Lieferung eines bestimmten Uhrentyps, für den der Produzent eine fast 100%-ige Präzision angibt. Der Großhändler überprüfte 10 Uhren, indem er die Abweichung der Zeit nach 48 Stunden feststellt. Die Abweichungen in Sekunden sind

$$-6.75,\ 4.25,\ -2.20,\ 10.25,\ -3.75,\ 2.70,\ -9.75,\ 3.25,\ -2.75,\ 7.25.$$

Der Uhrenmeister des Großhändlers ist auf Grund seiner Erfahrung mit diesem Uhrentyp der Ansicht, daß mit 90% Wahrscheinlichkeit die Genauigkeit dieser Uhren zwischen 0 ± 2 Sekunden liegt, mit einem Schätzwert für die Varianz von 10. Diese Erfahrung will der Großhändler ebenfalls berücksichtigen und zwar gleich stark wie die Stichprobenergebnisse. Obwohl der Großhändler weiß, daß das Zurücksenden der Lieferung an den Produzenten mit Kosten verknüpft ist, wenn die Ganggenauigkeit gegeben ist, will er diese Entscheidung treffen, wenn der Schadenerwartungswert, der mit einer irrtümlichen Annahme der Lieferung verknüpft ist, nicht kleiner ist. Dabei ist er der Ansicht, daß sich der Schaden der durchschnittlichen Abweichung der Ganggenauigkeit von 1 Sekunde zum Gesamtschaden der irrtümlichen Zurücksendung im Verhältnis 1:4 bewegt. Andererseits glaubt der Großhändler, daß der Schaden einer irrtümlichen Annahme der Lieferung nicht linear, sondern quadratisch mit der Abweichung der durchschnittlichen Ganggenauigkeit wächst. Wie soll sich der Uhrengroßhändler entscheiden?

Lösung

Entscheidungsproblem: Der Uhrengroßhändler muß eine der beiden Aktionen

a_0: Annahme der Lieferung,
a_1: Ablehnung der Lieferung,

wählen. Die Annahme der Lieferung ist die korrekte Entscheidung, wenn die durchschnittliche Ganggenauigkeit des Uhrentyps Null Sekunden Abweichung von der genauen Zeit aufweißt. Ist dies nicht der Fall, dann ist die Aktion a_1 die richtige Entscheidung. Man kann daher die beiden Umweltzustände durch die Hypothesen

$$H_0\colon \mu = 0,$$
$$H_1\colon \mu \neq 0,$$

ausdrücken. Das Entscheidungsproblem ist daher ein Testproblem mit einer Punktnullhypothese.

Posterioriverteilung: Wenn man die Beobachtung von 10 Uhren als Stichprobe aus einem Gauß Prozeß auffassen kann, dann ist die Stichprobeninformation

$$n = 10, \quad \overline{x} = 0.25 \text{ sec}, \quad s = 6 \text{ sec}.$$

Dieses Ergebnis erhält man auf Grund folgender Berechnungen:

x_i	x_i^2
-6.75	45.5625
4.25	18.0625
-2.20	4.8400
10.25	105.0625
-3.75	14.0625
2.70	7.2900
-9.75	95.0625
3.25	10.5625
-2.75	7.5625
7.25	52.5625
2.50	360.6300

$$\begin{aligned} \overline{x} &= \sum \frac{x_i}{n} = \frac{2.50}{10} = 0.25, \\ s^2 &= \sum \frac{(x_i - \overline{x})^2}{n} = \sum \frac{x_i^2}{n} - \overline{x}^2 \\ &= \frac{360.63}{10} - 0.25^2 = 36.00 \end{aligned}$$

Drückt man die Prioriinformation des Uhrenmeisters durch eine Studentverteilung aus (σ^2 des Gauß Prozesses ist unbekannt und n ist klein), dann weiß man, daß $E(\mu) = \mu' = 0$ ist und der Schätzwert für die Varianz $s'^2 = 10$. Da für das 90% Intervall

$$0 \pm t_{0.95;\nu} \cdot \frac{s'}{\sqrt{n'}} = 0 \pm t_{0.95;\nu'} \cdot \sqrt{\frac{10}{10}} = 0 \pm 2 \text{ sec}$$

gelten soll, ist

$$t_{0.95;\nu'} = 2.$$

Für $\nu' = 5$ ist diese Gleichung erfüllt ($t_{0.95;5} = 2.0150$). Die Prioriinformationen sind also:

$$\mu' = 0, \;\; n' = 10, \;\; s'^2 = 10, \;\; \nu' = 5.$$

Für die Parameter der Posterioristudentverteilung errechnet man folgende Werte:

$$\begin{aligned}
n'' &= n' + n = 10 + 10 = 20, \\
\nu'' &= \nu' + n = 5 + 10 = 15, \\
n_u &= \frac{n' \cdot}{n''} = \frac{10 \cdot 10}{20} = 5, \\
\mu'' &= \frac{n' \cdot \mu' + n \cdot \bar{x}}{n''} = \frac{10 \cdot 0 + 10 \cdot 0.25}{20} = 0.1250, \\
s''^2 &= \frac{\nu' \cdot s'^2 + n \cdot s^2 + n_u \cdot (\bar{x} - \mu')^2}{\nu''} \\
&= \frac{5 \cdot 10 + 10 \cdot 36 + 5 \cdot (0.25 - 0)^2}{15} = 27.3542.
\end{aligned}$$

Die Dichtefunktion dieser Verteilung ist

$$f_{\vartheta|x}(\vartheta) = f_S(\mu|\mu'' = 0.1250, \frac{s''^2}{n''} = 1.3677, \nu'' = 15).$$

Schadenerwartungswert: Die Überlegungen des Großhändlers führen zu folgender quadratischen Schadenfunktion:

$$\begin{aligned}
s(a_0, \mu) &= \begin{cases} 0 & \text{für } \mu = 0, \\ 1 \cdot (\mu - 0)^2 & \text{für } \mu \neq 0, \end{cases} \\
s(a_1, \mu) &= \begin{cases} 4 & \text{für } \mu = 0, \\ 0 & \text{für } \mu \neq 0. \end{cases}
\end{aligned}$$

Der Schadenerwartungswert der Aktion a_0 ist für diese Schadenfunktion

$$\begin{aligned}
\text{SE}(a_0) &= s_2 \cdot \left[V(\mu|x) + (E(\mu|x) - \mu_0)^2\right] \\
&= 1 \cdot \left[1.5781 + (0.1250 - 0)^2\right] \\
&= 1.5937,
\end{aligned}$$

da

$$V(\mu|x) = \frac{s''^2}{n''} \cdot \frac{\nu''}{\nu'' - 2} = \frac{27.3542}{20} \cdot \frac{15}{13} = 1.5781.$$

Um den Schadenerwartungswert von a_1 zu bestimmen, muß man zuerst die Posterioriwahrscheinlichkeit der Nullhypothese berechnen. Diese ist

$$\begin{aligned}
W''(H_0) &= \frac{f(x|\vartheta_0) \cdot p_0}{f(x|\vartheta_0) \cdot p_0 + f_X(x) \cdot (1 - p_0)} \\
&= \frac{0.1924 \cdot 0.5}{0.1924 \cdot 0.5 + 0.2635 \cdot 0.5} \\
&= 0.4220,
\end{aligned}$$

da

$$\begin{aligned} f(x|\vartheta_0) &= f_S(\overline{x} = 0.25|\mu = 0, \frac{\hat{s}^2}{n} = 4, \nu = 9) \\ &= f_T(0.1250|9)/\sqrt{4} \\ &= 0.3847/\sqrt{4} \\ &= 0.1924 \end{aligned}$$

ist. Der Wert von $f_T(0.1250|9)$ ist 0.3847, weil

$$\begin{aligned} f_T(0.1250|9) &= \frac{9^{4.5} \cdot (9 + 0.1250^2)^{-(9+1)/2}}{B(0.5, 4.5)} \\ &= \frac{9^{4.5} \cdot (9 + 0.1250^2)^{-5}}{0.8590} \\ &= 0.3847 \end{aligned}$$

und

$$B(0.5, 4.5) = \frac{\Gamma(0.5) \cdot \Gamma(4.5)}{\Gamma(5)} = 0.8590$$

ist mit

$$\begin{aligned} \Gamma(0.5) &= \sqrt{\pi} = 1.7725, \\ \Gamma(4.5) &= 3.5 \cdot 2.5 \cdot 1.5 \cdot 0.5 \cdot \sqrt{\pi} = 11.6317, \\ \Gamma(5) &= 4! = 24. \end{aligned}$$

Die Prädiktivdichte für $\overline{x} = 0.25$ ist

$$\begin{aligned} f_X(x) &= f_S\left(\overline{x} = 0.25 \middle| \mu' = 0, s'^2 \cdot \left(\frac{1}{n} + \frac{1}{n'}\right) = 2, \nu' = 5\right) \\ &= f_T(0.1768|5)/\sqrt{2} = 0.3726/\sqrt{2} = 0.2635, \end{aligned}$$

weil

$$f_T(0.1768|5) = \frac{5^{2.5} \cdot (5 + 0.1768^2)^{-3}}{1.1781} = 0.3726$$

ist mit

$$B(0.5, 2.5) = \frac{\Gamma(0.5) \cdot \Gamma(2.5)}{\Gamma(3)} = \frac{1.7725 \cdot 1.3293}{2} = 1.1781.$$

Hat man nur vage Informationen über die Prioriwahrscheinlichkeit der Nullhypothese H_0: $\mu = 0$, dann setzt man $p_0 = 0.5$.

Der Schadenerwartungswert von a_1 ist größer als der von a_0, nämlich

$$\text{SE}(a_1) = s_1 \cdot W''(H_0) = 4 \cdot 0.4220 = 1.6881.$$

Daher wird der Uhrengroßhändler die Lieferung nicht an den Produzenten zurückschicken. Der erwartete Wert der perfekten Information ist

$$\mathrm{EWPI} = \min\{\mathrm{SE}(a_0), \mathrm{SE}(a_1)\} = 1.5937.$$

Dies ist der Höchstbetrag für eventuell weitere Zusatzinformationen über die unbekannte durchschnittliche Ganggenauigkeit der Uhren.

Kapitel III

Punktschätzproblem

Bei Punktschätzproblemen entsprechen die zur Wahl stehenden Aktionen den Umweltzuständen. Wenn z.B. ein Kaufmann für die kommende Saison bestimmte Modeartikel bestellen muß, dann entsprechen die möglichen Bestellmengen den möglichen Aktionen. Für einen Wirt, der die Menge Bier für ein Zeltfest bestellt, gibt es ebenfalls eine große Zahl, ja im Prinzip eine unendliche Zahl von möglichen Bestellmengen und damit Aktionen.

Auch der Personalchef, der weiß, daß im Mittel jeden zweiten Tag ein Arbeiter wegen Krankheit ausfällt, hat mehr als zwei Aktionen zur Auswahl, wenn er sich überlegt, wieviele zusätzliche Arbeiter er einstellen muß, damit ein Auftrag der z.B. 80 Arbeiter für 90 Tage erfordert in der vorgegebenen Zeit erfüllt werden kann.

Die Entscheidung für eine der möglichen Aktionen hängt von den Schäden ab, die entstehen, wenn die bestellte Menge nicht mit der nachgefragten übereinstimmt oder der Auftrag nicht rechtzeitig abgeschlossen werden kann, da zuwenig oder zuviel zusätzliche Arbeiter angeheuert wurden. Wurden z.B. zu wenig Arbeiter zusätzlich angestellt und daher der Auftrag nicht zeitgerecht beendet, so kann dies die Bezahlung einer Konventionalstrafe verursachen. Umgekehrt entstehen unnötige Arbeitskosten, wenn zuviel zusätzliche Arbeiter angestellt wurden. Jede Zahl zusätzlicher Arbeiter stellt eine mögliche Punktschätzung a dar. Von diesen wird man jene wählen, für die der Schadenerwartungswert minimal ist. Die Bestimmung dieser optimalen Punktschätzung wird für die konstante, die lineare und die quadratische Schadenfunktion im Folgenden erklärt.

1 Konstante Schadenfunktion

Wenn die Punktschätzung a gleich dem unbekannten Parameter ϑ ist oder zumindest in der näheren Umgebung von ϑ liegt, dann entsteht kein Schaden. Weicht hingegen die Punktschätzung a vom unbekannten wahren Parameter ϑ ab, so wird der auftretende Schaden als Pauschalbetrag in Rechnung gestellt. Diese Schadenfunktion hat folgendes formales Aussehen:

$$s(a,\vartheta) = \begin{cases} 0 & \text{für } |\vartheta - a| < \varepsilon,\ \varepsilon > 0, \\ s_u & \text{für } \vartheta < a - \varepsilon, \\ s_0 & \text{für } \vartheta > a + \varepsilon. \end{cases}$$

ε ist eine kleine Zahl größer Null, die davon abhängt, welche Abweichung des Schätzwertes vom tatsächlichen Parameter noch keinen Schaden verursacht. s_u ist der Schaden, der auftritt, wenn der wahre Parameter ϑ unterhalb des Schätzwertes $a - \varepsilon$ liegt und s_o der Schaden, wenn ϑ oberhalb von $a + \varepsilon$ liegt. Der Schadenerwartungswert der optimalen Punktschätzung a_{opt} ist gleich

$$SE(a_{opt}) = s_u \cdot F_{\vartheta|x}(a_{opt} - \varepsilon) + s_o \cdot G_{\vartheta|x}(a_{opt} + \varepsilon).$$

Ist $s_u = s_o = s$, dann kann man die Schadenfunktion einfacher schreiben:

$$s(a, \vartheta) = \begin{cases} 0 & \text{für } |a - \vartheta| < \varepsilon,\ \varepsilon > 0, \\ s & \text{sonst.} \end{cases}$$

Für diese Schadenfunktion ist der optimale Punktschätzwert a_{opt}

$$a_{opt} = M(\vartheta|x),$$

der Modus[1] der Posterioriverteilung des unbekannten Parameters ϑ. Er besitzt unter allen möglichen Punktschätzungen mit

$$\text{SE}(a_{opt}) = s \cdot [1 - F_{\vartheta|x}(a_{opt} + \varepsilon) + F_{\vartheta|x}(a_{opt} - \varepsilon)]$$

minimalen Schadenerwartungswert.

Wenn z.B. der Personalchef den möglichen Schaden sowohl für den nicht termingerechten Abschluß des Auftrages als auch für die zu frühe Fertigstellung mit 1 Mio GE beziffert, dann ist die entsprechende Schadenfunktion für $\varepsilon =$ 0.01

$$s(a, \lambda) = \begin{cases} 0 & \text{für } |a - \lambda| \le 0.01, \\ 1 & \text{sonst.} \end{cases}$$

Setzt er weiters eine Posteriorigammaverteilung mit $t'' = 6$ und $x'' = 7$ für die unbekannte Durchschnittszahl an Erkrankungen pro Tag voraus, dann wird er einen Arbeiter zusätzlich einstellen, da der Modus dieser Posterioriverteilung gleich 1 ist:

$$M(\lambda|x) = \frac{x'' - 1}{t''} = \frac{7 - 1}{6} = 1.$$

Der Schadenerwartungswert dieser Schätzung ist

$$\begin{aligned} \text{SE}(a_{opt}) &= s \cdot [1 - F_{\vartheta|x}(a_{opt} + \varepsilon) + F_{\vartheta|x}(a_{opt} - \varepsilon)] \\ &= 1 \cdot [1 - F_\gamma(1 + 0.01|7,6) + F_\gamma(1 - 0.01|7,6)] \\ &= 1 \cdot [1 - F_{\gamma s}(6.06|7) + F_{\gamma s}(5.94|7)] \\ &= 1 \cdot [1 - 0.4033 + 0.3841] \\ &= 0.9808. \end{aligned}$$

Da der Schadenerwartungswert der optimalen Schätzung auch als erwarteter Wert der perfekten Information interpretiert werden kann, wird der Personalchef für eventuelle weitere Informationen über den unbekannten Parameter λ höchstens einen Betrag von 0.9808 ausgeben.

[1] Vgl. Melsa, Cohn (1978, S 188).

2 Lineare Schadenfunktion

Bei einer linearen Schadenfunktion wird der Schaden pro Einheit Abweichung des Schätzwertes a vom wahren Parameter ϑ angegeben. Sie hat folgende Form:

$$s(a,\vartheta) = \begin{cases} 0 & \text{für } \vartheta = a, \\ s_u \cdot (a - \vartheta) & \text{für } \vartheta < a, \\ s_o \cdot (\vartheta - a) & \text{für } \vartheta > a. \end{cases}$$

Wenn der wahre Parameter ϑ überschätzt wurde, ϑ also unterhalb des Schätzwertes a liegt, dann gibt s_u den Schaden pro Einheit Überschätzung an. Analoges gilt für s_o; der wahre Parameter ϑ wurde in diesem Fall unterschätzt, daher ist ϑ oberhalb des Schätzwertes a_{opt}.

Für diese lineare Schadenfunktion wird der optimale Punktschätzwert a_{opt} so bestimmt, daß gilt[2]

$$F_{\vartheta|x}(a_{opt}) = \frac{s_o}{s_o + s_u}.$$

$F_{\vartheta|x}$ ist die Verteilungsfunktion der Posterioriverteilung des unbekannten Parameters ϑ. Der Schadenerwartungswert dieses optimalen Punktschätzwertes a_{opt} wird mit Hilfe der Formel[3]

$$\mathrm{SE}(a_{opt}) = s_u \cdot L_{-\infty}^{a_{opt}}(\vartheta|x) + s_o \cdot L_{a_{opt}}^{\infty}(\vartheta|x)$$

berechnet.

Wenn der Personalchef die durchschnittliche Zahl der Krankmeldungen pro Tag überschätzt, dann wird er mehr zusätzliche Arbeiter einstellen als notwendig ist. In diesem Fall liegt der tatsächliche Wert von λ unterhalb des Schätzwertes a. Verursacht z.B. ein zusätzlicher Arbeiter Kosten in der Höhe von 1 Geldeinheit, dann ist $s_u = 1$. Wird λ vom Personalchef unterschätzt, liegt also der tatsächliche Wert von λ oberhalb des Schätzwertes a, dann kann der Auftrag nicht termingerecht abgeschlossen werden. Wenn man die Kosten der nicht rechtzeitigen Fertigstellung auf einen zusätzlichen Arbeiter mit 19 Geldeinheiten umrechnet, dann ist

$$s(a,\lambda) = \begin{cases} 0 & \text{für } \lambda = a, \\ 1 \cdot (a - \lambda) & \text{für } \lambda < a, \\ 19 \cdot (\lambda - a) & \text{für } \lambda > a, \end{cases}$$

die entsprechende lineare Schadenfunktion. Wenn die Priori- und Stichprobeninformation wieder durch eine Posteriorigammaverteilung mit den Parametern $x'' = 7$ und $t'' = 6$ ausgedrückt wird, dann ist der Punktschätzwert a so zu wählen, daß

$$F_\gamma(a|x'' = 7, t'' = 6) = \frac{s_o}{s_o + s_u} = \frac{19}{19+1} = 0.95$$

[2]Vgl. Marinell (1987, S 187).

[3]Vgl. auch Pratt, Raiffa, Schlaifer (1965, 12.7.4.).

gilt. Mit Hilfe der standardisierten Gammaverteilung im Anhang kann man die Lösung folgendermaßen bestimmen:

$$F_\gamma(a|7,6) = F_{\gamma s}(6 \cdot a|7) = 0.95.$$

Da $F_{\gamma s}(11.8424|7) = 0.95$ ist, ist $6 \cdot a = 11.8424$ und a aufgerundet 2. Daher wird der Personalchef zwei zusätzliche Arbeiter einstellen, um den Auftrag zeitgerecht zu erledigen.

Der Schadenerwartungswert dieser Punktschätzung ist

$$\begin{aligned}
\mathrm{SE}(a_{opt}) &= s_u \cdot L_0^2(\lambda|x) + s_0 \cdot L_2^\infty(\lambda|x) \\
&= 1 \cdot L_0^2(\lambda|x'' = 7, t'' = 6) + 19 \cdot L_2^\infty(\lambda|x'' = 7, t'' = 6) \\
&= 1 \cdot \frac{1}{6} \cdot L_0^{11.8424}(\lambda \cdot 6|7) + 19 \cdot \frac{1}{6} \cdot L_{11.8424}^\infty(\lambda \cdot 6|7) \\
&= 1 \cdot \frac{1}{6} \cdot 4.9266 + 19 \cdot \frac{1}{6} \cdot 0.0842 \\
&= 1.0871.
\end{aligned}$$

Dieser Wert ist auch der Wert der perfekten Information:

$$\mathrm{EWPI} = 1.0871.$$

Für die Kosten eventueller weiterer Zusatzinformationen über den unbekannten Parameter λ ist 1.0871 die Obergrenze.

3 Quadratische Schadenfunktion

Bei einer quadratischen Schadenfunktion wächst der Schaden mit dem Quadrat der Abweichung des Punktschätzwertes a vom wahren Parameter ϑ. Sie hat folgende Form:

$$s(a,\vartheta) = \begin{cases} 0 & \text{für } \vartheta = a, \\ s_u \cdot (a-\vartheta)^2 & \text{für } \vartheta < a, \\ s_o \cdot (\vartheta - a)^2 & \text{für } \vartheta > a. \end{cases}$$

Wenn $s_u = s_o$ ist, dann vereinfacht sich die Schadenfunktion. Der Schaden pro Einheit Abweichungsquadrat wird in diesem Fall mit s abgekürzt. Formal:

$$s(a,\vartheta) = \begin{cases} 0 & \text{für } a = \vartheta, \\ s \cdot (a-\vartheta)^2 & \text{für } a \neq \vartheta. \end{cases}$$

Der Punktschätzwert mit minimalem Schadenerwartungswert ist für diese Schadenfunktion der Erwartungswert der Posterioriverteilung[4] des unbekannten Parameters ϑ,

$$a_{opt} = E(\vartheta|x),$$

[4] Vgl. Marinell (1987, S 188).

und die s-fache Varianz der Posterioriverteilung ist der Schadenerwartungswert dieser Schätzung:

$$\mathrm{SE}(a_{opt}) = s \cdot V(\vartheta|x).$$

Wenn man im vorhergehenden Beispiel annimmt, daß der Schaden bei nicht optimaler Einstellung zusätzlicher Arbeitskräfte um 2 GE pro Einheit Abweichungsquadrat wächst, dann ist

$$s(a,\lambda) = \begin{cases} 0 & \text{für } a = \lambda, \\ 2 \cdot (a-\lambda)^2 & \text{für } a \neq \lambda, \end{cases}$$

die entsprechende Schadenfunktion. Die Punktschätzung mit minimalem Schadenerwartungswert ist für die Posteriorigammverteilung mit $t'' = 6$ und $x'' = 7$ der Erwartungswert

$$E(\lambda|x) = \frac{x''}{t''} = \frac{7}{6} = 1.1667.$$

Man wird daher abgerundet 1 zusätzlichen Arbeiter einstellen, um den möglichen Schaden, der mit dieser quadratischen Schadenfunktion verbunden ist, zu minimieren. Dieser erwartete Schaden ist

$$\begin{aligned} \mathrm{SE}(a_{opt}) &= s \cdot V(\lambda|x) = s \cdot \frac{x''}{t''^2} \\ &= 2 \cdot \frac{7}{6^2} = 0.3889. \end{aligned}$$

Für eventuell weitere Stichprobeninformationen über den unbekannten Parameter λ wird man daher höchstens 0.3889 GE ausgeben.

4 Fallstudien

4.1 Übergewicht

Ein Ernährungswissenschaftler möchte für einen Bericht über die Eßgewohnheiten den Anteil übergewichtiger Jugendlicher in einem Land bestimmen. Von 5 zufällig ausgewählten Jugendlichen war einer übergewichtig. Bei einer Expertenbefragung wurde der Anteil zwischen 0.1 und 0.5 geschätzt. Über mögliche Schäden, die mit einer Fehlschätzung des Anteils verknüpft sind, hat der Wissenschaftler keine konkreten Vorstellungen. Welchen Anteil übergewichtiger Jugendlicher soll er in seinem Bericht anführen?

Lösung

Entscheidungsproblem: Der Wissenschaftler muß entscheiden, welchen Anteil aus den unendlich vielen möglichen Anteilen aus dem Intervall $[0,1]$ er auf

Grund der vorhandenen Informationen auswählt:

$$a_i: \pi_i \text{ mit } \pi \in [0,1].$$

Die unendlich vielen möglichen Anteile

$$\pi_i \text{ mit } \pi \in [0,1]$$

sind auch die Umweltzustände dieses Entscheidungsproblems.
Da ein einzelner Anteilswert zu schätzen ist, liegt ein Punktschätzproblem vor.

Posterioriverteilung: Setzt man voraus, daß die Stichprobenentnahme näherungsweise einem Bernoulli Prozeß entspricht, dann ist

$$n = 5, \quad x = 1.$$

Wenn man für die Prioriinformation eine Betaverteilung annimmt, dann kann man für den Erwartungswert $E(\pi) = 0.3$ annehmen, da der unbekannte Parameter π zwischen 0.1 und 0.5 liegt. Außerdem scheint es vernünftig, die Varianz $V(\pi)$ mit 0.01 festzusetzen, da der Abstand zwischen $E(\pi)$ und den Grenzen für den Parameter 2 Standardabweichungen ausmacht:

$$0.5 - 0.3 = 0.2 = 2 \cdot \sqrt{V(\pi)} \;\Rightarrow\; V(\pi) = 0.01.$$

Erwartungswert und Varianz der Prioriverteilung sind

$$E(\pi) = \frac{x'}{n'} = 0.3,$$
$$V(\pi) = \frac{x' \cdot (n' - x')}{n'^2 \cdot (n' + 1)} = 0.01.$$

Wenn man diese beiden Gleichungen nach x' und n' auflöst, erhält man die Parameter der Prioribetaverteilung mit

$$x' = E(\pi) \cdot \left[\frac{E(\pi) \cdot (1 - E(\pi))}{V(\pi)} - 1\right] = 0.3 \cdot \left[\frac{0.3 \cdot (1 - 0.3)}{0.01} - 1\right] = 6,$$

und

$$n' = \frac{x'}{E(\pi)} = \frac{6}{0.3} = 20.$$

Die Parameter der Posterioribetaverteilung sind

$$n'' = n' + n = 20 + 5 = 25,$$
$$x'' = x' + x = 6 + 1 = 7.$$

Schadenerwartungswert: Da der Wissenschaftler keine konkreten Vorstellungen über mögliche Schäden hat, die mit einer Fehlschätzung des Anteils zusammenhängen, wird er diese pauschaliert mit 1 GE berücksichtigen. Abweichungen des Schätzwertes vom wahren Parameter, die kleiner sind als 0.01, werden toleriert. Die entsprechende Schadenfunktion

$$s(a,\pi) = \begin{cases} 0 & \text{für } |a-\pi| \leq 0.01, \\ 1 & \text{sonst} \end{cases}$$

ist eine konstante Schadenfunktion, für die der Modus der Posterioriverteilung der Schätzwert mit minimalem Schadenerwartungswert ist:

$$M(\pi|x) = \frac{x''-1}{n''-2} = \frac{7-1}{25-2} = 0.2609.$$

Der Ernährungswissenschaftler wird daher in seinem Bericht 26% als besten Schätzwert für den unbekannten Anteil übergewichtiger Jugendlicher anführen. Der minimale Schadenerwartungswert für diese optimale Punktschätzung wird mit Hilfe der Formel

$$\begin{aligned} \mathrm{SE}(a_{opt}) &= s \cdot [1 - F_{\vartheta|x}(a_{opt}+\varepsilon) + F_{\vartheta|x}(a_{opt}-\varepsilon)] \\ &= s \cdot [1 - F_{\beta}(0.26+0.01) + F_{\beta}(0.26-0.01)] \end{aligned}$$

berechnet. Da

$$F_\beta(0.27|x''=7, n''-x''=18) = 0.4820$$

ist und

$$F_\beta(0.25|7,18) = 0.3926$$

erhält man für den Schadenerwartungswert von a_{opt}

$$\mathrm{SE}(a_{opt}) = 1 \cdot [1 - 0.4820 + 0.3926] = 0.9106.$$

0.9106 ist auch der Wert der perfekten Information, der Betrag, den der Ernährungswissenschaftler für eventuelle weitere Informationen über den unbekannten Anteil übergewichtiger Jugendlicher höchstens ausgeben wird.

4.2 Optimale Bestellpolitik

Der Besitzer von Imbißstuben in einem Fußballstadion muß für ein Schlagerspiel Würstchen bestellen. Ein Würstchen kostet 1.5 GE und wird um 1.75 GE verkauft. Nicht verkaufte Würstchen können um 0.5 GE anderweitig verwendet werden. Auf Grund seiner Aufzeichnungen von insgesamt 15 Schlagerspielen in den letzten 10 Jahren schätzt der Besitzer, daß von 10 Besuchern 2 ein Würstchen kaufen. Laut Vorverkauf ist mit 10000 Besuchern zu rechnen. Wieviel Würstchen soll der Besitzer bestellen?

Lösung

Entscheidungsproblem: Da von 0 bis 10000 Würstchen bestellt werden können, muß der Besitzer entscheiden, welche der 10001 möglichen Aktionen er wählt:

$$a_i: \text{ Bestellung von } i \text{ Würstchen, } i = 0, ..., 10000.$$

Die Anzahl der zu bestellenden Würstchen hängt vom Anteil der Besucher ab, die ein Würstchen kaufen. Wenn man mit π diesen Anteil bezeichnet, dann kann man die möglichen Umweltzustände auch wie folgt darstellen:

$$\pi_i \text{ mit } \pi_i \in [0,1].$$

Da ein einzelner Wert zu schätzen ist, handelt es sich um ein Punktschätzproblem.

Posterioriverteilung: Die Informationsgewinnung über die zu bestellende Anzahl von Würstchen kann zumindest näherungsweise als Bernoulli Prozeß betrachtet werden. Für die dichotomen Zufallsvariablen (Kauf, Nichtkauf eines Würstchens) kann Unabhängigkeit und Stationarität vorausgesetzt werden. Da ca. 20% (2 von 10) der Besucher bei jedem der 15 aufgezeichneten Schlagerspielen Würstchen gekauft haben, drückt der Besitzer der Imbißbuden seine Prioriinformation in Form einer Betaverteilung aus mit den Parametern

$$n' = 15, \quad x' = 3.$$

Da er von den Besuchern des bevorstehenden Schlagerspiels keine Stichprobeninformationen besitzt, sind die Parameter der Posterioriverteilung

$$n'' = n' + n = 15 + 0 = 15,$$
$$x'' = x' + x = 3 + 0 = 3$$

und die Dichtefunktion der entsprechenden Betaverteilung ist

$$f_{\vartheta|x}(\vartheta) = f_\beta(\pi|x'' = 3, n'' - x'' = 12).$$

Schadenerwartungswert: Da der Besitzer pro verkauftem Würstchen 0.25 GE Gewinn macht, hat er pro Würstchen, das er zuwenig bestellt, obwohl die Nachfrage dafür vorhanden wäre, mit einem entgangenen Gewinn von 0.25 GE zu rechnen. Der Schaden pro Einheit Unterschätzung der richtigen Bestellmenge s_o ist daher 0.25. Wenn der Besitzer mehr Würstchen bestellt als er absetzen kann, dann hat er pro Würstchen einen Verlust von 1 GE, da er das Würstchen um 1.5 GE kauft und für ein nichtverkauftes Würstchen nur mehr 0.5 GE bekommt. Die Schadenfunktion hat daher folgendes Aussehen:

$$s(a,\pi) = \begin{cases} 0 & \text{für } \pi = a, \\ 1 \cdot (a - \pi) & \text{für } \pi < a, \\ 0.25 \cdot (\pi - a) & \text{für } \pi > a. \end{cases}$$

Für diese lineare Schadenfunktion findet man den optimalen Schätzwert a_{opt} mit minimalem Schadenerwartungswert durch die Relation

$$F_{\pi|x}(a) = \frac{s_0}{s_0 + s_u} = \frac{0.25}{0.25 + 1} = 0.2.$$

Der beste Schätzwert a_{opt} ist das 20.-te Perzentil der Posterioribetaverteilung:

$$F_\beta(a|3, 12) = 0.2$$

Da für $a_{opt} = 0.1117$ diese Gleichung erfüllt ist, ist dies der Anteilswert mit minimalem Schadenerwartungswert. Der Besitzer der Imbißstuben wird daher für das kommende Fußballschlagerspiel

$$0.1117 \cdot 10000 = 1117$$

Würstchen bestellen. Der Schadenerwartungswert dieser optimalen Aktion ist

$$\begin{aligned} \mathrm{SE}(a_{opt}) &= s_u \cdot L_{-\infty}^{a_{opt}}(\vartheta|x) + s_0 \cdot L_{a_{opt}}^{\infty}(\vartheta|x) \\ &= 1 \cdot L_0^{0.1117}(\pi|3, 12) + 0.25 \cdot L_{0.1117}^{1}(\pi|3, 12) \\ &= 1 \cdot 0.0068 + 0.25 \cdot 0.0951 \\ &= 0.0306. \end{aligned}$$

Dies ist auch der erwartete Wert der perfekten Information. Diesen Betrag würde der Besitzer der Imbißstuben für Zusatzinformationen über den unbekannten Anteil Würstchenkäufer höchstens ausgeben.

4.3 Brillengeschäft

Ein Optiker beabsichtigt in einer Stadt ein Brillengeschäft zu eröffnen. Um den Anteil der Brillenträger an der Gesamtbevölkerung zu schätzen, beteiligt er sich an einer kleinen Meinungsumfrage. Das Ergebnis: 2 von 10 Befragten verwenden eine Brille. Aus einer Untersuchung des Anteils der Brillenträger an der Bevölkerung in verschiedenen Städten weiß der Optiker, daß der wahrscheinlichste Anteil 1/3 ist. Diese Information ist ihm mindestens halb so viel Wert wie die Stichprobeninformation. Die Eröffnung und Dimensionierung des Brillengeschäftes hängt im wesentlichen von der richtigen Schätzung dieses Anteils ab, wobei eine Abweichung des Schätzwertes vom wahren Wert nach oben oder unten gleich schwerwiegend ist. Eine kleine Abweichung $|a - \pi|$ ist dabei vernachlässigbar, aber größere Abweichungen verursachen wegen der Komplexität der Entscheidung im Hinblick auf Konkurrenzbetriebe, Höhe der Investitionen, Größe des Geschäftes u.a. keinen linearen sondern einen quadratischen Anstieg des möglichen Schadens. Der Optiker will daher seiner Schätzung eine quadratische Schadenfunktion zu Grunde legen. Er wäre bereit, für die Mitteilung, daß der Schätzwert vom wahren Wert nicht mehr als eine Einheit abweicht, 100 GE zu bezahlen.

Lösung

Entscheidungsproblem: Da der Optiker aus dem Intervall [0.1] einen Anteil auswählen muß,

$$a_i : \pi_i \text{ mit } \pi_i \in [0,1]$$

handelt es sich um ein Punktschätzproblem.

Posterioriverteilung: Wenn man annehmen kann, daß die Stichprobenentnahme zumindest näherungsweise einem Bernoulli Prozeß entspricht, dann ist

$$n = 10, \quad x = 2.$$

Verwertet man die Vorinformation in Form einer Betaverteilung, dann weiß man, daß der Modus (=wahrscheinlichster Wert) dieser Verteilung

$$M(\pi) = \frac{x' - 1}{n' - 2} = \frac{1}{3}$$

ist. Da diese Information halb so gewichtig ist wie die Stichprobeninformation, ist

$$n' = \frac{n}{2} = \frac{10}{2} = 5$$

und

$$x' = M(\pi) \cdot (n' - 2) + 1 = \frac{1}{3} \cdot (5 - 2) + 1 = 2.$$

Der Optiker vermutet also apriori, daß der unbekannte Anteil der Brillenträger mit 50% Wahrscheinlichkeit zwischen

$$W'(0.2430 < \pi < 0.5437) = 0.50$$

liegt. Diese Eingrenzung findet man auf Grund des 25. und 75. Perzentils der Prioribetaverteilung mit den Parametern $x' = 2$ und $n' - x' = 3$. Die Parameter der Posterioribetaverteilung sind

$$\begin{aligned} n'' &= n' + n = 5 + 10 = 15, \\ x'' &= x' + x = 2 + 2 = 4. \end{aligned}$$

Schadenerwartungswert: Der Optiker verwendet eine quadratische Schadenfunktion

$$s(a, \pi) = \begin{cases} 0 & \text{für } \pi = a, \\ 100 \cdot (a - \pi)^2 & \text{für } \pi \neq a. \end{cases}$$

Für diese Schadenfunktion ist der Erwartungswert der Posterioriverteilung der Schätzwert mit minimalen Schadenerwartungswert:

$$E(\pi|x) = \frac{x''}{n''} = \frac{4}{15} = 0.2667.$$

Der Optiker wird daher mit 26.67% Brillenträger in dieser Stadt rechnen. Der Schadenerwartungswert dieser optimalen Punktschätzung a_{opt} ist

$$\begin{aligned} \mathrm{SE}(a_{opt}) &= s \cdot V(\vartheta|x) = s \cdot \frac{x'' \cdot (n'' - x'')}{n''^2 \cdot (n'' + 1)} \\ &= 100 \cdot \frac{4 \cdot (15 - 4)}{15^2 \cdot (15 + 1)} = 1.2222. \end{aligned}$$

Dies ist gleichzeitig der erwartete Wert der perfekten Information.

4.4 Verkehrsunfälle

Auf einem neu eröffneten Teilstück einer Autobahn wurden 10 Verkehrsunfälle innerhalb von 3 Wochen registriert. Ein Verkehrsexperte wird ersucht, eine Schätzung der künftigen Unfallszahlen pro Woche anzugeben, um eventuelle Geschwindigkeitsbeschränkungen zu beschließen. Bei ähnlich verlaufenden Autobahnteilstücken ist die durchschnittliche Zahl der Unfälle 2 pro Woche und die Varianz 0.5. Da eine Fehlschätzung das Honorar des Verkehrsexperten nicht direkt beeinflußt, sondern nur seine zukünftigen Gutachten, pauschaliert der den Schaden einer Fehlschätzung mit 1 GE. Welche Schätzung soll der Verkehrsexperte abgeben?

Lösung

Entscheidungsproblem: Da der Verkehrsexperte als Schätzung für λ jeden Wert > 0 angeben kann, stehen ihm unendlich viele Aktionen zur Verfügung:

$$a_i \colon \lambda_i \text{ mit } \lambda_i > 0.$$

Dementsprechend ist auch die Zahl der möglichen Umweltzustände mit

$$\lambda_i > 0$$

unendlich groß.

Da ein einzelner Wert zu schätzen ist, handelt es sich um ein Punktschätzproblem.

Posterioriverteilung: Wenn das Auftreten eines Unfalles auf dem Teilstück der Autobahn innerhalb einer Woche einem Poisson Prozeß entspricht, dann folgt aus den Beobachtungen der ersten drei Wochen die Stichprobeninformation

$$t = 3, \quad x = 10.$$

Als Prioriinformation steht der Erwartungswert und die Varianz von λ aus ähnlich verlaufenden Autobahnteilstücken zur Verfügung:

$$E(\lambda) = \frac{x'}{t'} = 2,$$
$$V(\lambda) = \frac{x'}{t'^2} = 0.5.$$

Aus diesen beiden Gleichungen erhält man für eine Priorigammaverteilung

$$t' = \frac{E(\lambda)}{V(\lambda)} = \frac{2}{0.5} = 4$$

und

$$x' = E(\lambda) \cdot t' = 2 \cdot 4 = 8.$$

Die Parameter der Posteriorigammaverteilung sind

$$t'' = t' + t = 4 + 3 = 7,$$
$$x'' = x' + x = 8 + 10 = 18$$

und die Dichtefunktion ist

$$f_{\vartheta|x}(\vartheta) = f_\gamma(\lambda|x'' = 18, t'' = 7).$$

Schadenerwartungswert: Da der Verkehrsexperte den Schaden einer möglichen Fehlschätzung mit 1 GE annimmt, ist seine Schadenfunktion:

$$s(a, \lambda) = \begin{cases} 0 & \text{für } |a - \lambda| \leq 0.5, \\ 1 & \text{sonst.} \end{cases}$$

Abweichungen des Schätzwertes vom wahren Parameter im Umfang von 0.5 sind tolerierbar. Für diese konstante Schadenfunktion ist der Modus der Posterioriverteilung der Schätzwert mit minimalem Schadenerwartungswert:

$$M(\lambda|x) = \frac{x'' - 1}{t''} = \frac{18 - 1}{7} = 2.4286.$$

Der Verkehrsexperte wird daher als beste Schätzung für die mittlere Anzahl von Verkehrsunfällen pro Woche 2.43 angeben. Der Schadenerwartungswert dieser Schätzung ist

$$\begin{aligned} \mathrm{SE}(a_{opt}) &= s \cdot [1 - F_{\vartheta|x}(a_{opt} + \varepsilon) + F_{\vartheta|x}(a_{opt} - \varepsilon)] \\ &= 1 \cdot [1 - F_{\gamma}(2.4286 + 0.5|18, 7) + F_{\gamma}(2.4286 - 0.5|18, 7)] \\ &= 1 \cdot [1 - F_{\gamma s}(20.5002|18) + F_{\gamma s}(13.5002|18)] \\ &= 1 \cdot [1 - 0.7395 + 0.1391] \\ &= 0.3996. \end{aligned}$$

Dies ist auch der erwartete Wert der perfekten Information.

4.5 Saisonartikel

Innerhalb von 10 Tagen konnte der Inhaber eines Geschäftes 5 Stück eines bestimmten Saisonartikels absetzen. Da er heute die letzte Möglichkeit hat, diesen Artikel für die laufende Saison zu bestellen, muß er sich überlegen, wieviele Einheiten er in Auftrag geben soll. An einem verkauften Stück verdient er 50 GE. Wenn er jedoch nicht alle bestellten Einheiten in der laufenden Saison verkaufen kann, dann kann er sie in der nächsten Saison vermutlich nur mit einem Verlust von 100 GE pro Stück an den Mann bringen. Da es sich um einen ausgefallenen Artikel handelt, hat er apriori keine Informationen über den möglichen Absatz. Wieviel Stück soll er bestellen wenn die Saison noch 50 Verkaufstage umfaßt?

Lösung

Entscheidungsproblem: Dem Geschäftsinhaber stehen im Prinzip unendlich viele Aktionen zur Auswahl, nämlich alle möglichen Bestellmengen a_i größer Null:

$$a_i : \lambda_i \text{ mit } \lambda_i > 0$$

Auch die Zahl der Umweltzustände ist mit

$$\lambda_i > 0$$

unendlich groß.

Das Entscheidungsproblem ist daher ein Punktschätzproblem.

Posterioriverteilung: Wenn der Geschäftsinhaber den Verkauf des Saisonartikels als Poissonprozeß betrachtet, dann ist λ der durchschnittliche Verkauf pro Tag und die Stichprobeninformation

$$t = 10, \quad x = 5.$$

Da der Inhaber keine Aprioriinformation besitzt, sind die Parameter der Posteriorigammaverteilung

$$t'' = t' + t = 0 + 10 = 10,$$
$$x'' = x' + x = 0 + 5 = 5,$$

und die entsprechende Dichtefunktion ist

$$f_{\vartheta|x}(\vartheta) = f_\gamma(\lambda|x'' = 5, t'' = 10).$$

Schadenerwartungswert: Da der Inhaber pro nichtverkaufte Einheit mit einem Verlust von 100 Ge rechnen muß und pro zu wenig bestellter Einheit mit 50 GE entgangenem Gewinn, hat die Schadenfunktion folgendes Aussehen:

$$s(a, \lambda) = \begin{cases} 0 & \text{für } \lambda = a, \\ 100 \cdot (a - \lambda) & \text{für} \lambda < a, \\ 50 \cdot (\lambda - a) & \text{für} \lambda > a. \end{cases}$$

Für eine lineare Schadenfunktion wird λ so bestimmt, daß für die Verteilungsfunktion gilt

$$F_\gamma(\lambda|x'' = 5, t'' = 10) = \frac{s_o}{s_0 + s_u} = \frac{50}{50 + 100} = \frac{1}{3}.$$

Wenn man für λ 0.38 einsetzt, dann ist die Gleichung näherungsweise erfüllt. $[F_\gamma(0.3789|5, 10) = 0.33]$. Der Inhaber wird daher noch

$$0.38 \cdot 50 \sim 19$$

Einheiten des Saisonartikels nachbestellen. Der Schadenerwartungswert dieser optimalen Bestellpolitik, ist

$$\begin{aligned} \text{SE}(\lambda_{opt}) &= s_u \cdot L_0^{\lambda_{opt}}(\lambda|x'', t'') + s_0 \cdot L_{\lambda_{opt}}^{\infty}(\lambda|x'', t'') \\ &= 100 \cdot L_0^{0.3789}(\lambda|5, 10) + 50 \cdot L_{0.3789}^{\infty}(\lambda|5, 10) \\ &= 100 \cdot \frac{1}{10} \cdot L_0^{3.789}(\lambda|5) + 50 \cdot \frac{1}{10} \cdot L_{3.789}^{\infty}(\lambda|5) \\ &= 10 \cdot 0.3363 + 5 \cdot 1.5473 \\ &= 11.0950. \end{aligned}$$

4.6 Landefrequenz

Auf einem stark frequentierten Flughafen treten jeden Freitag zwischen 19 und 20 Uhr Schwierigkeiten mit der Kundenbetreuung auf. Um auch für diese Stoßzeit ein optimales Kundenservice anzubieten, ist die Kenntnis der Anzahl landender Flugzeuge pro Minute während dieser Zeit notwendig. Eine Stichprobenerhebung ergab 30 landende Flugzeuge während einer viertel Stunde, das sind im Schnitt 2 Flugzeuge pro Minute. Ein Flugverkehrsexperte, der konsultiert wird, nimmt als wahrscheinlichsten Wert für die Zukunft 3 Flugzeuge pro Minute an. Die Flughafenleitung will diese Information mindestens gleich stark berücksichtigen, wie die Stichprobeninformation. Da die Leitung die möglichen Schäden, die mit einer Fehlschätzung zusammenhängen, nicht genau angeben kann, jedoch der Ansicht ist, daß diese Schäden nicht linear sondern quadratisch wachsen, wird eine quadratische Schadensfunktion angenommen. Für die Kenntnis, daß der Schätzwert vom wahren Wert nicht mehr als eine Einheit abweicht, würde die Flughafenleitung 500 GE bezahlen. Welche Schätzung der Landefrequenz soll die Geschäftsführung ihrer Planung zu Grunde legen?

Lösung

Entscheidungsproblem: Ein Punktschätzproblem liegt für die Flughafenleitung vor, da sie aus den nichtnegativen Zahlen einen Schätzwert für die Landefrequenz auswählen muß:

$$a_i\colon \lambda_i \text{ mit } \lambda_i > 0$$

Posterioriverteilung: Wenn man für die Anzahl der Landungen pro Minute einen Poisson Prozeß annehmen kann, dann ist

$$t = 15, \quad x = 30$$

die Stichprobeninformation. Drückt man die Experteninformation in Form einer Gammaverteilung aus, dann ist

$$M(\lambda) = \frac{x' - 1}{t'} = 3.$$

Da diese Information gleich gewichtet werden soll wie die Stichprobeninformation, ist

$$t' = 15$$

und

$$x' = M(\lambda) \cdot t' + 1 = 46.$$

Die Parameter der Posterioriverteilung sind

$$t'' = t' + t = 15 + 15 = 30,$$
$$x'' = x' + t = 46 + 30 = 76$$

und die entsprechende Dichtefunktion der Gammaverteilung ist

$$f_{\vartheta|x}(\vartheta) = f_\gamma(\lambda|x'' = 76, t'' = 30).$$

Schadenerwartungswert: Die Geschäftsleitung unterstellt eine quadratische Schadenfunktion

$$s(a,\lambda) = \begin{cases} 0 & \text{für } \lambda = a, \\ 500 \cdot (a-\lambda)^2 & \text{für } \lambda \neq a. \end{cases}$$

Der Schätzwert mit minimalem Schadenerwartungswert für diese Schadenfunktion ist der Erwartungswert der Posterioriverteilung:

$$E(\lambda|x) = \frac{x''}{t''} = \frac{76}{30} = 2.5333.$$

Die Flughafenleitung wird daher ihrer Planung eine durchschnittliche Landefrequenz von 2.5333 Flugzeugen pro Minute zu Grunde legen. Der Schadenerwartungswert dieser optimalen Schätzung ist

$$\begin{aligned} \mathrm{SE}(a_{opt}) &= s \cdot V(\vartheta|x) = s \cdot \frac{x''}{t''^2} \\ &= 500 \cdot \frac{76}{30^2} = 42.2222. \end{aligned}$$

Da dieser Betrag auch der erwartete Wert der perfekten Information ist, wird die Flughafenbetriebsgesellschaft höchstens diesen Betrag für eventuell weitere Informationen über die unbekannte durchschnittliche Landefrequenz ausgeben.

4.7 Lebensqualität

Im Rahmen eines Forschungsprojektes über die Lebensqualität im Alpenraum läßt ein Sozialforscher 300 ausgewählte Personen dieses Raumes ihren Lebensstandard auf einer Thermometerskala von 0 bis 100 selbst beurteilen. Als Durchschnitt errechnet der Forscher einen Wert von 77 und als Standardabweichung 20 Punkte. Ein bekannter Soziologe hat vor geraumer Zeit eine analoge Untersuchung durchgeführt, bei der aber nur 50 Personen befragt wurden. Das Ergebnis war ein Durchschnittswert von 60. Der Sozialforscher möchte auch diese Information berücksichtigen und eine Schätzung der durchschnittlichen Selbsteinschätzung des Lebensstandardes im Alpenraum abgeben. Da er keine konkreten Vorstellungen über den Schaden einer möglichen Fehlschätzung hat, pauschaliert er diesen Schaden mit 1. Welche Schätzung des Lebensstandardes soll der Forscher angeben?

Lösung

Entscheidungsproblem: Da der Forscher jeden Wert zwischen 0 und 100 als Schätzwert für die Selbsteinschätzung des Lebensstandardes angeben kann,

$$a_i\colon \mu \in [0, 100],$$

liegt ein Punktschätzproblem vor.

Posterioriverteilung: Da man die Stichprobenziehung zumindest näherungsweise als Gauß Prozeß betrachten kann, sind die Stichprobeninformationen

$$n = 300, \quad \overline{x} = 77, \quad s = 20.$$

Da n sehr groß ist, kann man diese Standardabweichung als guten Schätzwert für das unbekannte σ verwenden:

$$\hat{\sigma}^2 = s^2 = 20^2.$$

Wenn der Forscher die Ergebnisse des Soziologen mit berücksichtigen will, dann ist dies über eine Priorinormalverteilung möglich:

$$n' = 50, \quad \mu' = 60.$$

Die Parameter der Posteriorinormalverteilung sind daher

$$\begin{aligned} n'' &= n' + n = 50 + 300 = 350, \\ \mu'' &= \frac{n' \cdot \mu' + n \cdot \overline{x}}{n''} = \frac{50 \cdot 60 + 300 \cdot 77}{350} = 74.5714, \\ \sigma''^2 &= \frac{\sigma^2}{350} = 1.1429. \end{aligned}$$

Schadenerwartungswert: Die Schadenfunktion des Sozialforschers ist

$$s(a, \mu) = \begin{cases} 0 & \text{für } |a - \mu| \leq 0.10, \\ 1 & \text{für } a \neq \mu, \end{cases}$$

wenn eine Abweichung des Schätzwertes vom wahren Wert von 0.1 Punkte toleriert wird. Für diese Schadenfunktion ist der Modus der Posterioriverteilung der Schätzwert mit minimalem Schadenerwartungswert:

$$M(\mu|x) = \mu'' = 74.5714.$$

Da bei einer Normalverteilung der Modus gleich dem Erwartungswert ist, wird der Forscher die mittlere Selbsteinschätzung des Lebensstandards mit 74.5714 angeben. Der Schadenerwartungswert dieser optimalen Schätzung ist

$$\begin{aligned} \mathrm{SE}(a_{opt}) &= s \cdot \left[1 - F_{\vartheta|x}(a_{opt} + \varepsilon) + F_{\vartheta|x}(a_{opt} - \varepsilon)\right] \\ &= 1 \cdot [1 - F_N(74.6714|74.5714, 1.1429) \\ &\quad + F_N(74.4714|74.5714, 1.1429)] \\ &= 1 \cdot [1 - F_Z(0.0935) + F_Z(-0.0935)] \\ &= 1 \cdot [1 - 0.5372 + 0.4628] \\ &= 0.9256. \end{aligned}$$

4.8 Superbenzin

Ein Tankstellenbesitzer weiß aus gut informierten Kreisen, daß der Einstandspreis für Superbenzin in einer Woche von 10 GE um 1 GE auf 9 GE sinken wird. Derzeit verkauft er einen Liter Superbenzin um 11 GE mit 1 GE Gewinn. Mit dem gesunkenen Einstandspreis wird er den Liter Superbenzin um 10.5 GE und mit einem Gewinn von 1.5 GE verkaufen können. Für die kommende Woche muß er entscheiden, wieviel Liter Superbenzin er noch zum alten Einstandspreis bestellen soll. Aus den Aufzeichnungen des letzten halben Jahres weiß er, daß er einen Durchschnittsabsatz pro Woche von 5000 Liter mit einer Standardabweichung von 1400 Liter hatte. Er weiß aber aus Erfahrung, daß vor einer Preissenkung der Durchschnittsabsatz pro Woche um ca. 20% zurückgeht, da die Kunden die Preissenkung wenn möglich abwarten. Diese Erfahrung will er gleich stark berücksichtigen wie die Aufzeichnungen des Absatzes im letzten halben Jahr. Welche Bestellmenge soll der Tankstellenbesitzer ordern?

Lösung

Entscheidungsproblem: Da der Tankstellenbesitzer jede Menge größer gleich Null und kleiner gleich seiner Tankkapazität bestellen kann,

$$a : \mu \in I \subset \mathbb{R}, \quad I = [0, k], \; k < \infty$$

liegt ein Punktschätzproblem vor.

Posterioriverteilung: Wenn man voraussetzen kann, daß der wöchentliche Absatz an Superbenzin normalverteilt ist, dann sind die Stichprobeninformationen

$$n = 26, \quad \bar{x} = 5000, \quad s = 1400.$$

Da σ nicht bekannt, der Stichprobenumfang jedoch relativ groß ist, nimmt man die Standardabweichung der Stichprobe als Schätzwert für σ:

$$\hat{\sigma}^2 = 1400^2.$$

Wenn man die Erfahrung des Tankstellenbesitzers über den 20%-igen Rückgang der Absatzmenge vor einer Preisreduktion in Form einer Priorinormalverteilung berücksichtigt, dann ist

$$\mu' = 4000, \quad n' = 26,$$

da die Erfahrung gleich stark berücksichtigt werden soll wie die Stichprobe. Diese Berücksichtigung der Prioriinformation bedeutet, daß der Tankstellenbesitzer apriori fast sicher ist, daß der Durchschnittsabsatz pro Woche zwischen

$$W'(\mu' - 2 \cdot \sigma' < \mu < \mu' + 2 \cdot \sigma') \;\; = \;\; 0.95,$$

$$\begin{aligned} W'(4000 - 2 \cdot 274.56 < \mu < 4000 + 2 \cdot 274.56) &= 0.95, \\ W'(3450.87 < \mu < 4549.13) &= 0.95 \end{aligned}$$

liegt. Die Parameter der Posteriorinormalverteilung sind

$$\begin{aligned} n'' &= n' + n = 26 + 26 = 52, \\ \mu'' &= \frac{n' \cdot \mu' + n \cdot \bar{x}}{n''} = \frac{26 \cdot 40000 + 26 \cdot 5000}{52} = 4500, \\ \sigma''^2 &= \frac{\sigma^2}{n''} = \frac{1400^2}{52} = 37692.3077, \end{aligned}$$

und die entsprechende Dichtefunktion ist

$$f_{\vartheta|x}(\vartheta) = f_N(\mu|\mu'' = 4500, \sigma''^2 = 37692.3077).$$

Schadenerwartungswert: Pro Liter zuviel bestellte Menge Superbenzin hat der Tankstellenbesitzer einen Verlust von 0.5 GE, da er den in der nächsten Woche nichtverkauften Liter anschließend nicht mehr um 11 GE sondern nur mehr um 10.5 GE verkaufen kann. s_u ist also 0.5. Wenn er zuwenig bestellt, dann muß er pro Liter mit einem entgangenen Gewinn von 1 GE rechnen. s_O ist 1 GE. Die lineare Schadenfunktion hat daher folgendes Aussehen:

$$s(a, \mu) = \begin{cases} 0 & \text{für } \mu = a, \\ 0.5 \cdot (a - \mu) & \text{für } \mu < a, \\ 1.0 \cdot (\mu - a) & \text{für } \mu > a. \end{cases}$$

Der beste Schätzwert a_{opt} für diese Schadenfunktion, der Schätzwert mit minimalem Schadenerwartungswert muß folgende Bedingung erfüllen:

$$F_{\vartheta|x}(a) = \frac{s_o}{s_o + s_u} = \frac{1}{1 + 0.5} = 0.6667.$$

Für die Posteriorinormalverteilung muß also aufgerundet gelten

$$F_N(\mu|\mu'' = 4500, \sigma''^2 = 37692.3077) = 0.6667.$$

Wenn man für $\mu = 4583.6414$ einsetzt, dann ist diese Bedingung erfüllt. Man findet dieses μ indem man den z-Wert der Standardnormalverteilung bestimmt, vor dem 666,7% der Fläche der Standardnormalverteilung liegt. Dies ist für $z = 0.4308$ erfüllt. Für die Normalverteilung mit den oben angeführten Parametern ergibt sich nun μ nach folgender Formel:

$$\begin{aligned} \mu &= \mu'' + z_{0.6667} \cdot \sigma'' \\ &= 4500 + 0.4308 \cdot \sqrt{37692.3077} \\ &= 4583.6414. \end{aligned}$$

Der Tankstellenbesitzer wird also für die nächste Woche 4584 Liter Superbenzin bestellen. Sein Schadenerwartungswert ist für diese optimale Aktion a_{opt}:

$$\begin{aligned}
\mathrm{SE}(a_{opt}) &= s_u \cdot L_{-\infty}^{a_{opt}}(\vartheta|x) + s_o \cdot L_{a_{opt}}^{\infty}(\vartheta|x) \\
&= 0.5 \cdot L_{-\infty}^{4583.6414}(\mu|x) + 1 \cdot L_{4583.6414}^{\infty}(\mu|x) \\
&= 0.5 \cdot L_{-\infty}^{0.4308}(z) \cdot \sigma'' + 1 \cdot L_{0.4308}^{\infty}(z) \cdot \sigma'' \\
&= 0.5 \cdot 0.6508 \cdot \sigma'' + 1 \cdot 0.2200 \cdot \sigma'' \\
&= 105.8867.
\end{aligned}$$

Dies ist auch der Betrag des erwarteten Wertes der perfekten Information.

4.9 Viskosität

Der Petrochemiker einer Ölraffinerie, der ein neues Benzingemisch entwickelte, vermutet, daß die Viskosität dieses Benzins 30 ist. Der Wert liegt jedenfalls nach seiner Vorstellung mit einer Wahrscheinlichkeit von 50% innerhalb der Grenzen von 28 bis 32. Ein Techniker wird beauftragt, an 25 Proben die Viskosität zu messen. Als Ergebnis erhält man einen Durchschnittswert von 35. Aus Erfahrung weiß man, daß die Viskosität von Benzin eine Standardabweichung von 12 aufweist. Der Chemiker soll der Geschäftsleitung einen Wert für die Viskosität des neuen Bezingemisches angeben, wobei zu berücksichtigen ist, daß der Schaden einer Fehlschätzung mit dem Quadrat der Abweichung vom wahren Wert wächst. Für das Wissen, daß der wahre Wert eine Einheit vom Schätzwert abweicht, wäre er bereit, 5 GE zu bezahlen.

Lösung

Entscheidungsproblem: Da der Chemiker einen einzelnen Wert für die Viskosität des neuen Benzingemisches abgeben muß, handelt es sich um ein Punktschätzproblem bei dem die möglichen Aktionen wie folgt charakterisiert werden können:

$$a_i : \mu \in I \subset \mathbb{R}, \quad I = [0, k], \; k < \infty.$$

Posterioriverteilung: Setzt man voraus, daß die Messungen der Viskosität einem Gauß Prozeß folgen, dann ist die Varianz mit

$$\sigma^2 = 144$$

bekannt und die Stichprobeninformation

$$n = 25, \quad \bar{x} = 35.$$

Wenn man die Angaben des Chemikers über die Viskosität des neuen Bezingemisches in eine Priorinormalverteilung umformt, dann ist

$$\mu' = 30, \quad \sigma' = 2.9652,$$

da der z-Wert für die Abweichung $32 - 30 = 2$ gleich 0.6745 ist. Daher ist

$$\sigma = \frac{d}{0.6745} = \frac{2}{0.6745} = 2.9652.$$

Für den hypothetischen Stichprobenumfang n' ergibt sich

$$n' = \frac{\sigma^2}{\sigma'^2} = \frac{12^2}{2.9652^2} = 16.3778.$$

Die Parameter der Posteriorinormalverteilung sind

$$\begin{aligned} n'' &= n' + n = 16.3778 + 25 = 41.3778, \\ \mu'' &= \frac{n' \cdot \mu' + n \cdot \overline{x}}{n''} \\ &= \frac{16.3778 \cdot 30 + 25 \cdot 35}{41.3778} \\ &= 33.0209, \\ \sigma''^2 &= \frac{\sigma^2}{n''} = \frac{144}{41.3778} = 3.4801. \end{aligned}$$

Schadenerwartungswert: Da der Schaden einer Fehlschätzung mit dem Quadrat der Abweichung vom wahren Wert wächst, ist

$$s(a, \mu) = \begin{cases} 0 & \text{für } \mu = a, \\ 5 \cdot (a - \mu)^2 & \text{für } \mu \neq a, \end{cases}$$

die entsprechende Schadenfunktion. Für diese ist der Erwartungswert der Posterioriverteilung

$$E(\mu|x) = \mu'' = 33.0209$$

der Schätzwert mit minimalem Schadenerwartungswert. Der Chemiker wird daher die Viskosität des neuen Bezingemisches mit 33.0209 angeben. Der Schadenerwartungswert dieser optimalen Punktschätzung ist

$$\text{SE}(a_{opt}) = s \cdot V(\vartheta|x) = 5 \cdot 3.4801 = 17.4005.$$

Für eventuelle weitere Stichproben ist 17.40 die Kostenobergrenze, da dieser Betrag auch der erwartete Wert der perfekten Information ist. Da dieser Wert für die Prioriverteilung gleich

$$\text{SE}'(a_{opt}) = s \cdot V(\mu) = 5 \cdot 2.9652^2 = 43.96$$

ist, hat sich durch die Stichprobe von $n = 25$ der Wert um 26.57 verringert. Der Wert der Stichprobeninformation ist daher 26.57. Falls die Stichprobenerhebung Kosten in der Höhe von 10 GE verursacht, bleibt 16.57 GE als Nettowert der Stichprobenerhebung.

4.10 Relais

Eine Firma produziert Relais zum Schutz gegen Überspannungen mit einer mittleren Schaltzeit (= Zeit vom Beginn des Auftretens der Überspannung bis zur Ausführung des Schaltvorganges) von 1 sec und einer Varianz von 0.1 sec^2. Um die Qualität der laufenden Produktion zu beurteilen, wird der Produktionsleiter beauftragt, eine Punktschätzung der mittleren Schaltzeit anzugeben. Er entnimmt der Produktion 8 Relais und mißt jeweils die Schaltzeit. Er erhält eine durchschnittliche Schaltzeit von 1.o4 sec und eine Varianz von $s^2 = 0.12$ sec^2. Diese Information will er bei seiner Schätzung doppelt so stark gewichten wie die Einstellung des Produktionsapparates von dem er aus Erfahrung weiß, daß er mit 90% Wahrscheinlichkeit Relais mit $1 \pm 1/3$ sec produziert. Hinsichtlich der Schäden möglicher Fehlschätzungen weiß der Produktionsleiter nur, daß Abweichungen des Schätzwertes vom wahren Wert in der Höhe von 0.01 sec tolerierbar sind. Welche Punktschätzung soll er abgeben?

Lösung

Entscheidungsproblem: Dem Produktionsleiter stehen unendlich viele Aktionen zur Auswahl, nämlich jede Aktion mit der Eigenschaft

$$a_i : \mu \in I \subset \mathbb{R}, \quad I = (0, k], \; k < \infty.$$

Da für μ, die unbekannte durchschnittliche Schaltzeit der Relais, ein einzelner Wert angegeben werden soll, liegt ein Punktschätzproblem vor.

Posterioriverteilung: Wenn für die Entnahme der 8 Relais aus der laufenden Produktion ein Gauß Prozeß zumindest näherungsweise angenommen werden kann, dann sind die Stichprobeninformationen

$$n = 8, \quad \bar{x} = 1.04 \quad s^2 = 0.12.$$

Betrachtet man die Voreinstellung des Produktionsapparates als Prioriinformation, die in Form einer Studentverteilung ausdrückbar ist, dann ist $\mu' = 1$ sec und $n' = 4$, da die Stichprobeninformation doppelt so stark gewichtet werden soll wie die Prioriinformation. Wenn man die Varianz des Produktionsprozesses als Schätzwert für die Varianz $s'^2 = 0.1$ sec^2 der Prioristudentverteilung heranzieht, dann gilt

$$1 \pm \frac{1}{3} \Leftrightarrow \left(1 \pm t_{0.95;\nu'} \cdot \sqrt{\frac{0.1}{4}} \right).$$

Daraus folgt

$$t_{0.95;\nu'} = \frac{0.3333}{0.1581} = 2.1084.$$

Diese Gleichung gilt näherungsweise für $\nu' = 4$ ($t_{0.95,4} = 2.1318; t_{0.95,5} = 2.0150$). Die Prioriinformationen sind daher

$$\mu' = 1, \quad n' = 4, \quad s'^2 = 0.1, \quad \nu' = 4.$$

Für die Parameter der Posterioristudentverteilung ergeben sich folgende Werte

$$\begin{aligned}
n'' &= n' + n = 4 + 8 = 12, \\
\nu'' &= \nu' + n = 4 + 8 = 12, \\
n_u &= \frac{n' \cdot n}{n''} = \frac{32}{12} = 2.67, \\
\mu'' &= \frac{n' \cdot \mu' + n \cdot \overline{x}}{n''} \\
&= \frac{4 \cdot 1 + 8 \cdot 1.04}{12} \\
&= 1.0267, \\
s''^2 &= \frac{\nu' \cdot s'^2 + n \cdot s^2 + n_u \cdot (\overline{x} - \mu')^2}{\nu''} \\
&= \frac{4 \cdot 0.1 + 8 \cdot 0.12 + 2.67 \cdot (1.04 - 1)^2}{12} \\
&= 0.1137.
\end{aligned}$$

Schadenerwartungswert: Da der Produktionsleiter nur vage Schadenvorstellungen hat, wird er folgende konstante Schadenfunktion für seine Punktschätzung verwenden:

$$s(a, \mu) = \begin{cases} 0 & \text{für } |a - \mu| \leq 0.01, \\ 1 & \text{sonst.} \end{cases}$$

Für diese Schadenfunktion ist der Modus der Posterioriverteilung

$$M(\vartheta | x) = \mu'' = 1.0267$$

die optimale Punktschätzung a_{opt}. Der Produktionsleiter wird daher die durchschnittliche Schaltzeit der Relais der Geschäftsleitung gerundet mit 1.03 sec bekannt geben. Der Schadenerwartungswert dieser Schätzung ist

$$\begin{aligned}
\mathrm{SE}(a_{opt}) &= s \cdot [1 - F_S(a_{opt} + \varepsilon) + F_S(a_{opt} - \varepsilon)] \\
&= 1 \cdot \Big[1 - F_S(1.0367 | 1.0267, \frac{0.1137}{12}, 12) \\
&\qquad + F_S(1.0167 | 1.0267, \frac{0.1137}{12}, 12)\Big] \\
&= 1 \cdot [1 - F_T(0.1027 | 12) + F_T(-0.1027 | 12)] \\
&= 1 \cdot [1 - 0.5401 + 0.4599] \\
&= 0.9198.
\end{aligned}$$

Dies ist auch der erwartete Wert der perfekten Information.

4.11 Zeltfest

Für ein Zeltfest werden 1000 Gäste erwartet. Der Gastronom, der die Bierversorgung über hat, überlegt sich, wieviel Liter Bier er für dieses Fest bestellen soll. Er muß für den Liter 10 GE im Einkauf bezahlen und kann ihn um 15 GE verkaufen. Den unverkauften Liter kann er nach dem Fest nur mehr um 2 GE zurückgeben. Eine kleine Umfrage bei 10 Personen, die das Fest besuchen wollen, führte zu einem durchschnittlichen Bierkonsum von 0.6 Liter und eine Standardabweichung von 0.2 Liter. Ein Bekannter des Gastronomen, der in den letzten Jahren bei diesem Zeltfest für die Bierversorgung sorgte, behauptet, daß der durchschnittliche Bierkonsum pro Besucher mit 95%-iger Wahrscheinlichkeit zwischen 0.25 und 0.65 Liter liegt. Diese Behauptung will der Gastronom bei seiner Schätzung des durchschnittlichen Bierkonsums mit einem hypothetischen Stichprobenumfang von $n/2 = 5 = n'$ berücksichtigen. Da er keine Schätzung der unbekannten Varianz von μ hat, will er die Stichprobenvarianz des Stichprobendurchschnittes als Schätzung verwenden. Wieviel Liter Bier soll er auf Grund dieser Information bestellen, um den Schadenerwartungswert zu minimieren?

Lösung

Entscheidungsproblem: Da der Gastronom eine bestimmte Menge an Bier bestellen muß, liegt ein Punktschätzproblem vor, wobei die möglichen Bestellmengen die möglichen Aktionen sind:

$$a_i\colon 1000 \cdot \mu \in I \subset \mathbb{R}, \quad I = (0, k], \ k < \infty$$

μ ist der unbekannte durchschnittliche Bierkonsum pro Gast. 1000 Gäste werden erwartet.

Posterioriverteilung: Der Gastronom nimmt an, daß die Stichprobenbefragung der 10 potentiellen Gäste des Zeltfestes einem Gauß Prozeß entspricht, insbesondere auch, daß der durchschnittliche Bierkonsum normalverteilt ist. Unter diesen Voraussetzungen kann er versuchen, die Prioriinformation seines Bekannten in Form einer Studentverteilung auszudrücken. Für μ' nimmt er daher den Wert von $0.45 = (0.25 + 0.65)/2$ an, wobei 0.25 und 0.65 die Grenzen des Schätzintervalls für den durchschnittlichen Bierkonsum sind. Da er für die Varianz des Prioridurchschnittes die des Stichprobenmittels heranziehen will, muß gelten

$$0.45 \pm 0.2 \Leftrightarrow 0.45 \pm t_{0.98;\nu'} \cdot \frac{s'}{\sqrt{n'}}.$$

Daraus folgt

$$t_{0.98;\nu'} \cdot \frac{0.2}{\sqrt{5}} \quad = \quad 0.2$$

$$t_{0.98;\nu'} = 2.23.$$

Für $\nu' = 16$ ist diese Gleichung näherungsweise erfüllt. ($t_{0.98,16} = 2.2354$). Die Prioriinformationen sind also

$$\mu' = 0.45, \quad n' = 5, \quad s'^2 = 0.2^2, \quad \nu' = 16.$$

Da die Stichprobeninformationen

$$\overline{x} = 0.6, \quad s = 0.2, \quad n = 10$$

sind, erhält man für die Parameter der Posterioristudentverteilung folgende Werte:

$$\begin{aligned}
n'' &= n' + n = 5 + 10 = 15, \\
\nu'' &= \nu' + n = 16 + 10 = 26, \\
n_u &= \frac{n' \cdot n}{n''} = \frac{50}{15} = 3.3333, \\
\mu'' &= \frac{n' \cdot \mu' + n \cdot \overline{x}}{n''} \\
&= \frac{5 \cdot 0.45 + 10 \cdot 0.6}{15} \\
&= 0.5500, \\
s''^2 &= \frac{\nu \cdot s'^2 + n \cdot s^2 + n_u \cdot (\overline{x} - \mu')^2}{\nu''} \\
&= \frac{16 \cdot 0.2^2 + 10 \cdot 0.2^2 + 3.3333 \cdot (0.6 - 0.45)^2}{26} \\
&= 0.0429.
\end{aligned}$$

Schadenerwartungswert: Da der Gastronom den Liter Bier um 10 GE kauft und um 15 GE verkauft, hat er 5 GE entgangenen Gewinn pro Liter, wenn er zuwenig Bier bestellt. s_o ist daher 5 GE. Wenn er zuviel Bier kauft, kann er das nichtverkaufte Bier nur um 2 GE zurückgeben. Er hat in diesem Fall einen Verlust von 8 GE pro Liter. s_u ist daher 8 GE und die gesamte Schadenfunktion hat folgendes Aussehen:

$$a(a, \mu) = \begin{cases} 0 & \text{für } \mu = a, \\ 8 \cdot (a - \mu) & \text{für } \mu < a, \\ 5 \cdot (\mu - a) & \text{für } \mu > a. \end{cases}$$

Für diese lineare Schadenfunktion ist der optimale Schätzwert a_{opt} die Aktion, für die gilt

$$F_{\mu|x}(a) = \frac{s_o}{s_o + s_u} = \frac{5}{5 + 8} = 0.3846$$

bzw.

$$\begin{aligned} F_S(a|\mu'' = 0.55, \frac{s''^2}{n''} = 0.0029, \nu'' = 26) &= F_T(\frac{a - 0.55}{\sqrt{0.0029}}|26) \\ &= 0.3846. \end{aligned}$$

Wenn man für $t = -0.2965$ einsetzt, dann ist die Verteilungsfunktion der standardisierten Studentverteilung für 26 Freiheitsgrade gleich 0.3846. Der Wert von a_{opt} ist daher

$$a_{opt} = \mu'' + t \cdot \frac{s''}{\sqrt{n''}} = 0.55 - 0.2965 \cdot \sqrt{0.0029} = 0.5340.$$

Der Gastronom wird daher $1000 \cdot 0.5340 = 534$ Liter Bier für das Zeltfest bestellen. Der Schadenerwartungswert für diese optimale Aktion ist

$$\begin{aligned} \mathrm{SE}(a_{opt}) &= s_u \cdot L_{-\infty}^{a_{opt}}(\mu|x) + s_o \cdot L_{a_{opt}}^{\infty}(\mu|x) \\ &= 8 \cdot L_{-\infty}^{0.5340}(\mu|x) + 5 \cdot L_{0.5340}^{\infty}(\mu|x) \\ &= 8 \cdot L_{-\infty}^{-0.2965}(t|\nu) \cdot \sqrt{0.0029} + 5 \cdot L_{-0.2965}^{\infty}(t|\nu) \cdot \sqrt{0.0029} \\ &= 0.2739. \end{aligned}$$

4.12 pH-Wert

Ein Chemiker möchte für den ph-Wert einer neuen chemischen Lösung einen Schätzwert bestimmen. Die Analyse von 6 Proben lieferten folgendes Ergebnis

7.42, 7.68, 7.72, 7.36, 7.62, 7.32.

Da es sich um eine neue Lösung handelt, hat der Chemiker keine Aprioriinformationen. Auch im Hinblick auf Schäden möglicher Fehlschätzungen kann er nur angeben, daß diese Schäden nicht linear sondern quadratisch mit der Abweichung des Schätzwertes vom wahren Wert wachsen. Welchen Schätzungen soll der Chemiker für den pH-Wert der neuen Lösung angeben?

Lösung

Entscheidungsproblem: Da der Chemiker einen einzelnen Wert angeben will, handelt es sich um ein Punktschätzproblem, wobei die a_i folgende Eigenschaft haben:

$$a_i : \mu \in I \subset \mathbb{R}, \quad I = (0, k], \; k < \infty.$$

Posterioriverteilung: Da der Chemiker keine Aprioriinformation besitzt, nimmt er für

$$n' = \nu' = 0$$

an und erhält auf Grund der Stichprobeninformation

x_i	x_i^2
7.42	55.0564
7.68	58.9824
7.72	59.5984
7.36	54.1696
7.62	58.0644
7.32	53.5824
45.12	339.4536

$$\begin{aligned} \overline{x} &= \frac{\sum x_i}{n} = \frac{45.12}{6} = 7.52, \\ s^2 &= \frac{\sum (x_i - \overline{x})^2}{n} = \frac{\sum x_i^2}{n} - \overline{x}^2 \\ &= \frac{339.4536}{6} - 7.52^2 = 0.025, \end{aligned}$$

folgende Werte für die Parameter einer Posterioristudentverteilung:

$$\begin{aligned} n'' &= n' + n = 0 + 6 = 6, \\ \nu'' &= \nu' + n = 0 + 6 = 6, \\ n_u &= \frac{n' \cdot n}{n''} = \frac{0 \cdot 6}{6} = 0, \\ \mu'' &= \frac{\nu' \cdot \mu' + n \cdot \overline{x}}{n''} \\ &= \frac{0 \cdot \mu' + 6 \cdot 7.52}{6} \\ &= 7.5200, \\ s''^2 &= \frac{\nu' \cdot s'^2 + n \cdot s^2 + n_u \cdot (\overline{x} - \mu')^2}{\nu''} \\ &= \frac{0 \cdot s'^2 + 6 \cdot 0.025 + 0 \cdot (7.52 - \mu')^2}{6} \\ &= 0.0250. \end{aligned}$$

Schadenerwartungswert: Aus den Angaben des Chemikers kann man folgende Schadenfunktion konstruieren:

$$s(a, \mu) = \begin{cases} 0 & \text{für } \mu = a, \\ 1 \cdot (\mu - a)^2 & \text{für } \mu \neq a. \end{cases}$$

Für die quadratische Schadenfunktion ist

$$E(\mu|x) = \mu'' = 7.5200$$

die beste Punktschätzung. Der Chemiker wird daher den pH-Wert der neuen Lösung mit 7.52 angeben. Der Schadenerwartungswert dieser optimalen Schätzung ist

$$\begin{aligned} \mathrm{SE}(a_{opt}) &= s \cdot V(\mu|x) = s \cdot \frac{s''^2}{n-2} \\ &= 1 \cdot \frac{0.0250}{6-2} = 0.0063. \end{aligned}$$

Dies ist auch der erwartete Wert der perfekten Information. Für eventuelle weitere Stichproben zur Verringerung der Unsicherheit über den unbekannten pH-Wert der neuen chemischen Lösung wird der Chemiker höchstens diesen Betrag ausgeben.

Kapitel IV

Intervallschätzproblem

Für den unbekannten Parameter ϑ wird nicht ein einzelner optimaler Schätzwert gesucht, sondern ein Intervall. Von den vielen möglichen Intervallen wird jenes gesucht, das minimalen Posteriorischadenerwartungswert besitzt. Die Unter- und Obergrenze dieses Intervalls werden mit T_u und T_o bezeichnet. Neben der Posterioriverteilung für den unbekannten Parameter ϑ hängt die Berechnung dieser Intervallgrenzen von der jeweiligen Schadenfunktion ab[1]. Drei der möglichen Schadenfunktionen werden auch hier im Folgenden erklärt.

1 Konstante Schadenfunktion

1.1 Ohne vorgegebene Intervallänge

Die Schadenfunktion setzt sich aus drei Teilen zusammen: Liegt der unbekannte Parameter ϑ außerhalb des Intervalls, so kann er einerseits oberhalb der Intervallobergrenze T_o liegen. Den damit verknüpften Schaden bezeichnet man mit s_o. Andererseits kann ϑ kleiner als die Intervalluntergrenze T_u sein. Mit s_u kürzt man diesen möglichen Schaden ab. Neben diesen beiden Schäden ist zu berücksichtigen, daß ein Intervall mit geringerer Länge einem mit größerer Länge vorgezogen wird. Je kürzer die Intervallänge, umso aussagekräftiger ist das entsprechende Intervall. Man berücksichtigt daher auch diese Forderung bei der Auswahl eines optimalen Intervalls für den unbekannten Parameter ϑ. Den mit einer Einheit Intervallänge verknüpften Schaden kürzt man mit s_l ab. Die konstante Schadenfunktion hat daher für ein Intervallschätzproblem folgende allgemeine Form:

$$s(a,\vartheta) \quad = \quad s_l \cdot (T_o - T_u) + \begin{cases} s_u & \text{für } \vartheta < T_u, \\ s_o & \text{für } \vartheta > T_o. \end{cases}$$

Die Schäden die dadurch verursacht werden, daß der unbekannte Parameter ϑ außerhalb der Intervallgrenzen liegt, werden bei dieser Schadenfunktion als Pauschalsummen s_u und s_o berücksichtigt. Die Intervallänge wird als lineare Funktion in Rechnung gestellt.

---

[1]Intervallschätzverfahren für eine Reihe weiterer Schadenfunktionen findet man bei Winkler (1972).

Die Grenzen des optimalen Intervalls $a_{opt} = (T_u, T_o)$ für diese Schadenfunktion werden so berechnet, daß gilt:

$$f_{\vartheta|x}(T_u) = \frac{s_l}{s_u},$$
$$f_{\vartheta|x}(T_o) = \frac{s_l}{s_o}.$$

$f_{\vartheta|x}$ ist die Dichtefunktion der Posterioriverteilung des unbekannten Parameters ϑ. Der Schadenerwartungswert dieses Intervalls wird mit Hilfe der Formel

$$\mathrm{SE}(a_{opt}) = s_l \cdot (T_o - T_u) + s_u \cdot F_{\vartheta|x}(T_u) + s_o \cdot G_{\vartheta|x}(T_o)$$

bestimmt.

Da die Lagerhaltung für ein bestimmtes Produkt Schwankungen unterworfen ist, sucht der Lagerhalter ein Intervall für die durchschnittliche Nachfrage dieses Produktes, um die Lagerkosten zu minimieren. Wenn das Produkt nicht auf Lager ist, dann verursacht dies z.B. Gesamtkosten in der Höhe von 50 GE. Andererseits entsteht durch ein zu großes Lager und die damit verbundene Kapitalbildung ein Schaden von insgesamt 100 GE. Den Schaden pro Einheit Intervallänge beziffert der Lagerhalter mit 20 GE. Die entsprechende Schadenfunktion ist daher

$$s(a, \mu) = 20 \cdot (T_o - T_u) + \begin{cases} 100 & \text{für } \mu < T_u, \\ 50 & \text{für } \mu > T_o. \end{cases}$$

Wenn man voraussetzen kann, daß Priori- und Stichprobeninformationen einer Posteriorinormalverteilung mit den Parametern $\mu'' = 3.87$ und $\sigma''^2 = 0.067$ entsprechen, dann berechnet man die Grenzen des Intervalls mit minimalem Schadenerwartungswert wie folgt. Für die Untergrenze T_u muß gelten:

$$f_N(T_u|\mu'' = 3.87, \sigma''^2 = 0.067) = \frac{s_l}{s_u} = \frac{20}{100} = 0.2.$$

Setzt man in die Dichtefunktion der Normalverteilung ein, so heißt das

$$\frac{1}{\sqrt{2 \cdot \pi \cdot 0.067}} \cdot \exp\left(-\frac{(T_u - 3.87)^2}{2 \cdot 0.067}\right) = 0.2.$$

Für T_u =3.3469 ist diese Gleichung erfüllt. Die Intervallobergrenze T_o wird analog berechnet. Für sie muß gelten

$$\frac{1}{\sqrt{2 \cdot \pi \cdot 0.067}} \cdot \exp\left(-\frac{(T_o - 3.87)^2}{2 \cdot 0.067}\right) = \frac{s_l}{s_o} = \frac{20}{50} = 0.4.$$

Wenn man T_o= 4.2951 setzt, dann trifft auch diese Gleichung zu.

Für μ, den durchschnittlichen Lagerbestand eines bestimmten Produktes, ist das Intervall mit minimalem Schadenerwartungswert durch 3.3469 und 4.2951 begrenzt. Der Schadenerwartungswert ist

$$\begin{aligned}
\mathrm{SE}(a_{opt}) &= s_l \cdot (T_o - T_u) + s_u \cdot F_{\vartheta|x}(T_u) + s_o \cdot G_{\vartheta|x}(T_o) \\
&= 20 \cdot (4.2951 - 3.3469) + 100 \cdot F_N(3.3469|3.87, 0.067) \\
&\quad +50 \cdot G_N(4.2951|3.87, 0.067) \\
&= 18.9640 + 100 \cdot F_Z(-2.0209) + 50 \cdot G_Z(1.6423) \\
&= 18.9640 + 100 \cdot 0.0216 + 50 \cdot 0.0503 \\
&= 23.6390
\end{aligned}$$

Bei einer Normalverteilung kann man die beiden Intervallgrenzen auch mit Hilfe der Formeln

$$T_u = \mu'' - \sigma'' \cdot \sqrt{-\ln\left(2 \cdot \pi \cdot \sigma''^2 \cdot \left(\frac{s_l}{s_u}\right)^2\right)},$$

$$T_o = \mu'' + \sigma'' \cdot \sqrt{-\ln\left(2 \cdot \pi \cdot \sigma''^2 \cdot \left(\frac{s_l}{s_o}\right)^2\right)},$$

berechnen.

1.2 Mit vorgegebener Intervallänge

Wenn man die Intervallänge nicht als lineare Funktion in Rechnung stellt, sondern fix vorgibt

$$c = T_o - T_u,$$

dann hat die konstante Schadenfunktion folgende allgemeine Form:

$$s(a, \vartheta) = \begin{cases} s_u & \text{für } \vartheta < T_u, \\ s_o & \text{für } \vartheta > T_o. \end{cases}$$

Die Grenzen des optimalen Intervalls müssen für diese Schadenfunktion so bestimmt werden, daß gilt

$$s_u \cdot f_{\vartheta|x}(T_u) = s_o \cdot f_{\vartheta|x}(T_u + c)$$

oder

$$\frac{f_{\vartheta|x}(T_u)}{f_{\vartheta|x}(T_u + c)} = \frac{s_o}{s_u}.$$

Der Schadenerwartungswert des so bestimmten Intervalls ist

$$\mathrm{SE}(a_{opt}) = s_u \cdot F_{\vartheta|x}(T_u) + s_o \cdot G_{\vartheta|x}(T_u + c).$$

Wenn der Lagerhalter im vorhergehenden Beispiel den Schaden pro Einheit Intervallänge nicht mit 20 GE angibt, sondern ein Intervall der Länge $0.5 = T_o - T_u$ für die unbekannte durchschnittliche Nachfrage sucht, dann ist die entsprechende Schadenfunktion

$$s(a,\mu) = \begin{cases} 100 & \text{für } \mu < T_u, \\ 50 & \text{für } \mu > T_o. \end{cases}$$

Die Intervallgrenzen T_u und $T_u + c = T_u + 0.5$ für das optimale Intervall und die Posteriornormalverteilung mit den Parametern $\mu'' = 3.87$ und $\sigma''^2 = 0.067$, müssen die Bedingung

$$\frac{f_N(T_u|3.87, 0.067)}{f_N(T_u + 0.5|3.87, 0.067)} = \frac{s_o}{s_u} = \frac{50}{100} = 0.5$$

erfüllen. Wenn man für $T_u = 3.5271$ und für $T_o = T_u + 0.5 = 4.0271$ einsetzt, dann ist die Gleichung erfüllt. Die Intervallgrenzen des optimalen Intervalls sind daher 3.5271 und 4.0271.

Der Schadenerwartungswert ist für das optimale Intervall gleich

$$\begin{aligned} \mathrm{SE}(a_{opt}) &= 100 \cdot F_N(3.5271|3.87, 0.067) + 50 \cdot G_N(4.0271|3.87, 0.067) \\ &= 100 \cdot F_Z(-1.3247) + 50 \cdot G_Z(0.6070) \\ &= 100 \cdot 0.0926 + 50 \cdot 0.2719 \\ &= 22.855. \end{aligned}$$

Für die Normalverteilung kann man die gesuchte Untergrenze T_u des optimalen Intervalls auch nach der Formel

$$T_u = \mu - \frac{c}{2} + \frac{\sigma^2 \cdot ln(s_o/s_u)}{c}$$

berechnen.

2 Lineare Schadenfunktion

2.1 Ohne vorgegebene Intervallänge

Bei einer linearen Schadenfunktion wird nicht nur der Schaden s_l pro Einheit Intervallänge linear angegeben, sondern auch die möglichen Schäden für den Fall, daß der unbekannte Parameter ϑ größer als T_o oder kleiner als T_u ist. Die entsprechende Schadenfunktion ist folgendermaßen definiert:

$$s(a,\vartheta) = s_l \cdot (T_o - T_u) + \begin{cases} s_u \cdot (T_u - \vartheta) & \text{für } \vartheta < T_u, \\ s_o \cdot (\vartheta - T_o) & \text{für } \vartheta > T_o. \end{cases}$$

s_u und s_o sind die Schäden pro Einheit Abweichung des wahren Parameters von der Intervallunter- bzw. -obergrenze.

Für das Intervall mit minimalem Schadenerwartungswert müssen die Grenzen die Bedingungen[2]

$$F_{\vartheta|x}(T_u) = \frac{s_l}{s_u}$$
$$G_{\vartheta|x}(T_o) = \frac{s_l}{s_o}$$

erfüllen. $F_{\vartheta|x}$ ist die Verteilungsfunktion der Posterioriverteilung des unbekannten Parameters ϑ. Eine Lösung existiert, wenn

$$\frac{s_l}{s_u} + \frac{s_l}{s_o} < 1$$

ist. Der Schadenerwartungswert des so bestimmten optimalen Intervalls, $a_{opt} = (T_u, T_o)$, wird mit der Formel

$$\mathrm{SE}(a_{opt}) = s_l \cdot (T_o - T_u) + s_u \cdot L_{-\infty}^{T_u}(\vartheta|x) + s_o \cdot L_{T_o}^{\infty}(\vartheta|x)$$

berechnet.

Wenn der Lagerhalter die Kosten der Über- und Unterschätzung des durchschnittlichen Bestandes eines bestimmten Produktes nicht nur als Pauschalsummen angeben kann, sondern pro Einheit Abweichung des wahren Parameters μ von Ober- und Untergrenze des Intervalls, dann liegt eine lineare Schadenfunktion vor mit z.B. folgenden Schäden:

$$s(a,\mu) = 20 \cdot (T_o - T_u) + \begin{cases} 100 \cdot (T_u - \mu) & \text{für } \mu < T_u, \\ 50 \cdot (\mu - T_o) & \text{für } \mu > T_o. \end{cases}$$

Wenn der tatsächliche Durchschnittsbestand geringer ist als die Intervalluntergrenze, dann verursacht dies einen Schaden von 100 GE pro Einheit Abweichung von T_u. 50 GE Schaden pro Einheit Abweichung treten auf, wenn der mittlere Bestand größer ist als T_o. Für eine Einheit Intervallänge wird ein Betrag von 20 GE angesetzt. Wenn man wieder eine Posteriorinormalverteilung mit den Parametern $\mu'' = 3.87$ und $\sigma''^2 = 0.067$ voraussetzt, dann muß für die Untergrenze des Intervalls gelten:

$$F_N(T_u|\mu'' = 3.87, \sigma''^2 = 0.067) = \frac{s_l}{s_u} = 0.2.$$

Da z für $F_Z(z) = 0.2$ gleich -0.8416 ist, erhält man für T_u

$$\begin{aligned} T_u &= \mu'' + z \cdot \sigma'' \\ &= 3.87 - 0.8416 \cdot \sqrt{0.067} \\ &= 3.6522. \end{aligned}$$

[2]Vgl. LaValle (1970, S 544) und Marinell (1987, S 186).

Für die Obergrenze gilt

$$G_N(T_o|\mu''=3.87,\sigma''^2=0.067)=\frac{s_l}{s_o}=0.4$$

oder

$$F_N(T_o|\mu''=3.87,\sigma''^2=0.067)=1-0.4=0.6$$

z ist für $F_Z(z)=0.60$ gleich 0.2533 und T_o daher

$$\begin{aligned} T_o &= \mu''+z\cdot\sigma'' \\ &= 3.87+0.2533\cdot\sqrt{0.067} \\ &= 3.9356. \end{aligned}$$

Für die angegebene lineare Schadenfunktion ist das optimale Intervall durch die Grenzen 3.6522 und 3.9356 bestimmt. Der Schadenerwartungswert dieses optimalen Intervalls, $a_{opt}=(3.6522, 3.9356)$, ist gleich

$$\begin{aligned} \mathrm{SE}(a_{opt}) &= s_l\cdot(T_o-T_u)+s_u\cdot L_{-\infty}^{T_u}(\mu|x)+s_o\cdot L_{T_o}^{\infty}(\mu|x) \\ &= 20\cdot(3.9356-3.6522)+100\cdot L_{-\infty}^{3.6522}(\mu|x)+50\cdot L_{3.9365}^{\infty}(\mu|x) \\ &= 5.6680+100\cdot L_{-\infty}^{-0.8416}(z)\cdot\sqrt{0.067}+50\cdot L_{0.2533}^{\infty}(z)\cdot\sqrt{0.067} \\ &= 5.6680+100\cdot 0.1116\cdot\sqrt{0.067}+50\cdot 0.2850\cdot\sqrt{0.067} \\ &= 12.2452. \end{aligned}$$

12.2452 ist nicht nur der Schadenerwartungswert des optimalen Intervalls, sondern auch der erwartete Wert der perfekten Information. Er gibt die Obergrenze der Ausgaben für eventuell weitere Stichprobeninformationen über den unbekannten Parameter μ an.

2.2 Mit vorgegebener Intervallänge

Berücksichtigt man die Intervallänge nicht als lineare Schadenfunktion sondern gibt sie fix an

$$c=T_o-T_u,$$

dann reduziert sich die lineare Schadenfunktion auf die Form

$$s(a,\vartheta)=\begin{cases} s_u\cdot(T_u-\vartheta) & \text{für } \vartheta<T_u, \\ s_o\cdot(\vartheta-T_o) & \text{für } \vartheta>T_o. \end{cases}$$

Für ein Intervall mit minimalem Schadenerwartungswert müssen die Grenzen die Bedingung

$$s_u\cdot F_{\vartheta|x}(T_u)=s_o\cdot G_{\vartheta|x}(T_u+c)$$

oder

$$\frac{F_{\vartheta|x}(T_u)}{G_{\vartheta|x}(T_u + c)} = \frac{s_o}{s_u}$$

erfüllen. Der Schadenerwartungswert dieses Intervalls ist

$$\text{SE}(a_{opt}) = s_u \cdot L_{-\infty}^{T_u}(\vartheta|x) + s_o \cdot L_{T_u+c}^{\infty}(\vartheta|x).$$

Wird im Lagerhaltungsbeispiel die lineare Schadenfunktion dahingehend modifiziert, daß die Intervallänge fix mit $c = 0.5$ vorgegeben wird,

$$s(a, \mu) = \begin{cases} 100 \cdot (T_u - \mu) & \text{für } \mu < T_u, \\ 50 \cdot (\mu - T_o) & \text{für } \mu > T_o, \end{cases}$$

dann müssen die Intervallgrenzen so bestimmt werden, daß gilt

$$\begin{aligned} s_u \cdot F_{\vartheta|x}(T_u) &= s_o \cdot G_{\vartheta|x}(T_u + c) \\ 100 \cdot F_N(T_u|3.87, 0.067) &= 50 \cdot [1 - F_N(T_u + 0.5|3.87, 0.067)] \end{aligned}$$

oder in Form der Standardnormalverteilung

$$\begin{aligned} 100 \cdot F_Z(z) &= 50 \cdot [1 - F_Z(z + 1.9317)], \\ 2 \cdot F_Z(z) &= 1 - F_Z(z + 1.9317), \end{aligned}$$

da

$$\frac{c}{\sigma} = \frac{0.5}{\sqrt{0.067}} = 1.9317.$$

Wenn man das 11.5-te Perzentil der Standardnormalverteilung verwendet, dann ist

$$2 \cdot F_Z(-1.2004) = 2 \cdot 0.115 = 0.230$$

und

$$1 - F_Z(-1.2004 + 1.9317 = 0.7312) \approx 1 - 0.768 = 0.232.$$

Für das 11.6-te Perzentil erhält man

$$2 \cdot F_Z(-1.1952) = 2 \cdot 0.116 = 0.232$$

und

$$1 - F_Z(-1.1952 + 1.9317 = 0.7365) \approx 1 - 0.769 = 0.231.$$

Mit Hilfe der vorhandenen Tabelle kann die Bedingung nicht genauer erfüllt werden. Verwendet man das 11.6-te Perzentil, so sind die Intervallgrenzen

$$T_u = 3.87 - 1.1952 \cdot \sqrt{0.067} = 3.5606$$

und

$$T_o = T_u + 0.5 = 3.5606 + 0.5 = 4.0606.$$

Der Schadenerwartungswert dieses optimalen Intervalls a_{opt} ist

$$\begin{aligned}
\mathrm{SE}(a_{opt}) &= 100 \cdot L_{-\infty}^{3.5606}(\mu|x) + 50 \cdot L_{4.0606}^{\infty}(\mu|x) \\
&= 100 \cdot L_{-\infty}^{-1.1952}(z) \cdot \sqrt{0.067} + 50 \cdot L_{0.7365}^{\infty}(z) \cdot \sqrt{0.067} \\
&= 100 \cdot 0.0567 \cdot \sqrt{0.067} + 50 \cdot 0.1345 \cdot \sqrt{0.067} \\
&= 3.2058.
\end{aligned}$$

3 Quadratische Schadenfunktion

3.1 Ohne vorgegebene Intervallänge

Wächst der Schaden pro Einheit Abweichung des wahren Parameters ϑ von Ober- und Untergrenze nicht linear sondern quadratisch, dann ist die entsprechende Schadenfunktion folgendermaßen definiert:

$$s(a,\vartheta) = s_l \cdot (T_o - T_u) + \begin{cases} s_u \cdot (T_u - \vartheta)^2 & \text{für } \vartheta < T_u, \\ s_o \cdot (\vartheta - T_o)^2 & \text{für } \vartheta > T_o. \end{cases}$$

s_u und s_o sind die Schäden pro Einheit Abweichungsquadrat des wahren Parameters von T_u und T_o. s_l ist der Schaden pro Einheit Intervallänge. Die Intervallgrenzen für das Intervall mit minimalem Schadenerwartungswert werden so bestimmt, daß sie folgende Bedingungen erfüllen:[3]

$$\begin{aligned}
T_u\colon \quad & L_{\infty}^{T_u}(\vartheta|x) = \frac{s_l}{2 \cdot s_u}, \\
T_o\colon \quad & L_{T_o}^{\infty}(\vartheta|x) = \frac{s_l}{2 \cdot s_o}.
\end{aligned}$$

$L_{-\infty}^{T_u}$ und $L_{T_o}^{\infty}$ sind das linke und rechte lineare Schadenmoment der Posteriori-verteilung von ϑ. Der Schadenerwartungswert des so bestimmten optimalen Intervalls, $a_{opt} = (T_o, T_u)$, wird durch die Formel

$$\begin{aligned}
\mathrm{SE}(a_{opt}) &= s_l \cdot (T_o - T_u) + s_u \cdot \int_{-\infty}^{T_u} (T_u - \vartheta)^2 f(\vartheta|x) d\vartheta \\
&\quad + s_o \cdot \int_{T_o}^{\infty} (\vartheta - T_o)^2 f(\vartheta|x) d\vartheta
\end{aligned}$$

bestimmt. Da für $s_u = s_o = s$

$$\mathrm{SE}(a_{opt}) < s_l \cdot (T_o - T_u) + s \cdot V(\vartheta|x)$$

[3] Vgl. Marinell (1987, S 187).

gilt, kann man für den EWPI in diesem Fall zumindest eine Obergrenze angeben.

Modifiziert man die Schadenangaben des Lagerbestandbeispiels dahingehend, daß der Schaden pro Einheit Abweichung des wahren Parameters μ von Ober- und Untergrenze nicht linear sondern quadratisch wächst und setzt man $s_l = 1$ und $s_o = s_u = 10$, dann ist

$$s(a,\mu) = 1 \cdot (T_o - T_u) + \begin{cases} 10 \cdot (T_u - \mu)^2 & \text{für } \mu < T_u, \\ 10 \cdot (\mu - T_o)^2 & \text{für } \mu > T_o. \end{cases}$$

die entsprechende Schadenfunktion. Für die Intervallgrenzen muß daher gelten

$$\begin{aligned} T_u: \quad & L_{-\infty}^{T_u}(\mu|x) = \frac{1}{2 \cdot 10} = 0.05, \\ T_o: \quad & L_{T_o}^{\infty}(\mu|x) = \frac{1}{2 \cdot 10} = 0.05. \end{aligned}$$

Da man $L_{-\infty}^{T_u}(\mu|x)$ und $L_{T_o}^{\infty}(\mu|x)$ mit Hilfe der linearen Schadenmomente der Standardnormalverteilung bestimmen kann,

$$\begin{aligned} L_{-\infty}^{T_u}(\mu|x) &= \sigma'' \cdot [f_Z(z) + z \cdot F_Z(z)] \\ &= \sigma'' \cdot L_{-\infty}^{z_u}(z), \\ L_{T_o}^{\infty}(\mu|x) &= \sigma'' \cdot [f_Z(z) - z \cdot G_Z(z)] \\ &= \sigma'' \cdot L_{z_o}^{\infty}(z), \end{aligned}$$

werden die Unter- und Obergrenze wie folgt berechnet:

$$\begin{aligned} T_u &= \mu'' - \sigma'' \cdot z_u, \\ T_o &= \mu'' + \sigma'' \cdot z_o. \end{aligned}$$

z_u und z_o werden so bestimmt, daß für die linearen Schadenmomente der Standardnormalverteilung gilt:

$$\begin{aligned} \sigma'' \cdot L_{-\infty}^{z_u}(z) &= \frac{s_l}{2 \cdot s_u}, \\ \sigma'' \cdot L_{z_o}^{\infty}(z) &= \frac{s_l}{2 \cdot s_o}. \end{aligned}$$

Für die Posteriorinormalverteilung mit den Parametern $\mu'' = 3.87$ und $\sigma''^2 = 0.067$ sind

$$\begin{aligned} L_{-\infty}^{z_u}(z) &= \frac{0.05}{\sqrt{0.067}} = 0.1932, \\ L_{z_o}^{\infty}(z) &= \frac{0.05}{\sqrt{0.067}} = 0.1932. \end{aligned}$$

Wenn man für z_u -0.515 und für z_o 0.515 einsetzt, dann sind diese Bedingungen erfüllt. Unter- und Obergrenze sind daher

$$\begin{aligned} T_u &= 3.87 - 0.515 \cdot \sqrt{0.067} = 3.7367, \\ T_o &= 3.87 + 0.515 \cdot \sqrt{0.067} = 4.0033. \end{aligned}$$

3.74 und 4.00 sind für den unbekannten Durchschnittsbestand μ die Unter- und Obergrenze des Intervalls. Das Intervall hat minimalen Posteriorischadenerwartung für die angegebene quadratische Schadenfunktion. Dieser Schadenerwartungswert des optimalen Intervalls, $a_{opt} \cong (3.74, 4.00)$, ist kleiner als

$$\begin{aligned} \text{SE}(a_{opt}) &< s_l \cdot (T_o - T_u) + s \cdot V(\vartheta|x) \\ &= 1 \cdot (4.0033 - 3.7367) + 10 \cdot 0.067 \\ &= 0.9367. \end{aligned}$$

Da der erwartete Wert der perfekten Information kleiner als 0.9367 ist, wird man eventuelle Zusatzinformationen über den unbekannten Parameter μ nicht um diesen oder einen höheren Betrag beschaffen.

3.2 Mit vorgegebener Intervallänge

Bei fix vorgegebenerr Intervallänge

$$c = T_o - T_u$$

hat die quadratische Schadenfunktion folgendes Aussehen:

$$s(a, \vartheta) = \begin{cases} s_u \cdot (T_u - \vartheta)^2 & \text{für } \vartheta < T_u, \\ s_o \cdot (\vartheta - T_o)^2 & \text{für } \vartheta > T_o. \end{cases}$$

Die Intervallgrenzen für ein Intervall mit minimalem Schadenerwartungswert bestimmt man so, daß gilt

$$s_u \cdot L_{-\infty}^{T_u}(\vartheta|x) = s_o \cdot L_{T_u+c}^{\infty}(\vartheta|x)$$

oder

$$\frac{L_{-\infty}^{T_u}(\vartheta|x)}{L_{T_u+c}^{\infty}(\vartheta|x)} = \frac{s_o}{s_u}.$$

Der Schadenerwartungswert ist kleiner als

$$\text{SE}(a_{opt}) < s \cdot V(\vartheta|x),$$

wenn $s_u = s_o = s$ ist.

Berücksichtigt man im Lagerbestandbeispiel den Wunsch nach einem Intervall der Länge 0.5 = c für die unbekannte durchschnittliche Nachfrage, dann ist

$$s(a,\vartheta) = \begin{cases} 10 \cdot (T_u - \vartheta)^2 & \text{für } \vartheta < T_u, \\ 10 \cdot (\vartheta - T_o)^2 & \text{für } \vartheta > T_o, \end{cases}$$

die entsprechende Schadenfunktion. Für die Intervallgrenzen muß gelten

$$10 \cdot L_{-\infty}^{T_u}(\mu|x) = 10 \cdot L_{T_u+0.5}^{\infty}(\vartheta|x)$$

oder für die Standardnormalverteilung

$$\begin{aligned} 10 \cdot L_{-\infty}^{z_u}(z) \cdot \sqrt{0.067} &= 10 \cdot L_{z_u+1.9317}^{\infty}(z) \cdot \sqrt{0.067} \\ L_{-\infty}^{z_u}(z) &= L_{z_u+1.9317}^{\infty}(z). \end{aligned}$$

Im vorliegenden Fall (Normalverteilung symmetrisch und $s_u = s_o$), ist T_u einfach zu bestimmen:

$$\begin{aligned} T_u &= \mu - \frac{c}{2} = 3.87 - \frac{0.5}{2} = 3.62, \\ T_o &= T_u + 0.5 = 4.12. \end{aligned}$$

Der Schadenerwartungswert für dieses optimale Intervall ist kleiner als

$$\text{SE}(a_{opt}) < 10 \cdot V(\mu|x) = 10 \cdot 0.067 = 0.67.$$

4 Fallstudien

4.1 Milbenkrankheit

Ein Bienenforscher untersucht aus einem Bienenvolk 15 Bienen; davon leiden 3 an einer Milbenkrankheit. Da dem Bienenforscher eine Punktschätzung des Anteils der erkrankten Bienen im gesamten Volk zu problematisch erscheint, will er ein Intervall berechnen, das diesen unbekannten Anteil enthält. Der Forscher hat nicht nur keine Prioriinformationen über diesen Anteil, sondern auch keine Vorstellungen über die möglichen Schäden die auftreten, wenn der unbekannte Anteil nicht im Intervall liegt. Er ist jedoch der Ansicht, daß die Schäden der Unter- bzw. Überschätzung gleich groß sind. Wenn also der unbekannte Anteil kleiner ist als die berechnete Intervalluntergrenze, so ist der damit verbundene Schaden gleich jenem der auftritt, wenn der unbekannte Anteil größer ist als die berechnete Intervallobergrenze. Hinsichtlich des Schadens, der mit einer Einheit Prozentpunkte Intervallänge zusammenhängt, nimmt der Forscher an, daß er dem Schaden der Über- bzw. Unterschätzung entspricht. Welche Intervallgrenzen für den unbekannten Anteil insgesamt erkrankter Bienen soll der Forscher angeben?

Lösung

Entscheidungsproblem: Der Forscher hat aus einer unendlichen Anzahl möglicher Aktionen eine optimale auszuwählen, wobei jede dieser Aktion folgenden Restriktionen unterliegt:

$$a = (T_u, T_o) \quad \text{mit} \quad T_u, T_o \in [0,1], \quad T_u < T_o.$$

Jede mögliche Aktion ist eine Intervallschätzung für den unbekannten Anteil π der erkrankten Bienen. Die Umweltzustände entsprechen den möglichen Aktionen. Sie sind die möglichen Intervalle

$$(T_u, T_o) \text{ mit } T_u, T_o \in [0,1] \text{ und } T_u < T_o.$$

Posterioriverteilung: Die Zufallsvariable ist dichotom:

$$x_i = \begin{cases} 1 & \text{für milbenerkrankte Biene,} \\ 0 & \text{sonst.} \end{cases}$$

Der Bienenforscher wird die 15 untersuchten Bienen sicherlich nicht nach dem Modell „mit Zurücklegen" entnommen haben, wodurch die Voraussetzung „Unabhängigkeit" des Bernoulli Prozesses verletzt ist. Wenn man jedoch voraussetzen kann, daß die Grundgesamtheit, hier das Bienenvolk, eine große Anzahl von Bienen umfaßt, dann kann man trotzdem einen Bernoulli Prozeß näherungsweise annehmen. Die Stichprobeninformationen sind dann

$$n = 15, \quad x = 3.$$

Da der Forscher keine Prioriinformationen über den Anteil milbenerkrankter Bienen hat, nimmt man eine Betaverteilung mit

$$n' = 0, \quad x' = 0$$

an. Die Parameter der Posterioribetaverteilung sind

$$\begin{aligned} n'' &= n' + n = 0 + 15 = 15, \\ x'' &= x' + x = 0 + 3 = 3. \end{aligned}$$

Die Dichtefunktion der Posterioribetaverteilung ist

$$\begin{aligned} f_{\vartheta|x}(\vartheta) &= f_\beta(\pi | x'' = 3, n'' - x'' = 12) \\ &= \frac{(n''-1)!}{(x''-1)! \cdot (n''-x''-1)!} \cdot \pi^{x''-1} \cdot (1-\pi)^{n''-x''-1} \\ &= \frac{14!}{2! \cdot 11!} \cdot \pi^2 \cdot (1-\pi)^{11}. \end{aligned}$$

Schadenerwartungswert: Aus den Überlegungen des Bienenforschers hinsichtlich der möglichen Schäden ergibt sich, daß

$$s_u = s_o = s_l$$

ist. Man kann daraus folgende konstante Schadenfunktion ableiten:

$$s(a, \pi) = 1 \cdot (T_o - T_u) + \begin{cases} 1 & \text{für } \pi < T_u, \\ 1 & \text{für } \pi > T_o. \end{cases}$$

Für diese Schadenfunktion bestimmt man die Intervallober- und Untergrenze nach folgenden Formeln:

$$T_u\colon \quad f_{\pi|x}(T_u) = \frac{s_l}{s_u} = 1,$$

$$T_o\colon \quad f_{\pi|x}(T_o) = \frac{s_l}{s_u} = 1.$$

Um T_u zu bestimmen, setzt man die Dichtefunktion der Posterioribetaverteilung gleich 1,

$$f_\beta(\pi|3, 12) = \frac{14!}{2! \cdot 11!} \cdot \pi^2 \cdot (1 - \pi)^{11} = 1$$

und sucht jenes π für das die Gleichung erfüllt ist. Für π =0.0373 ist

$$f_\beta(0.0373|3, 12) = 1.0001.$$

Daher ist $T_u = 0.0373$. Analog bestimmt man auch T_o. Auch hier setzt man die Dichtefunktion gleich 1, sucht aber Werte für π, die größer sind als der Modus dieser Verteilung: Für $\pi = 0.3637$ erhält man

$$f_\beta(0.3637|3, 12) = 1.0000.$$

Daher ist $T_o = 0.3637$. Der Bienenforscher wird berichten, daß der unbekannte Prozentsatz an milbenerkrankten Bienen zwischen 3.73% und 36.37% liegt. Dieses Intervall hat unter allen möglichen minimalen Schadenerwartungswert. Dieser Wert wird nach der Formel

$$\text{SE}(a_{opt}) = s_l \cdot (T_o - T_u) + s_u \cdot F_{\vartheta|x}(T_u) + s_o \cdot G_{\vartheta|x}(T_o)$$

berechnet. Für das optimale Intervall $a_{opt} = (0.0373, 0.3637)$ und eine Posterioribetaverteilung mit den Parametern $x'' = 3$ und $n'' - x'' = 12$ ist dieser Erwartungswert

$$\begin{aligned} \text{SE}(a_{opt}) &= 1 \cdot (0.3637 - 0.0373) + 1 \cdot F_\beta(0.0373|3, 12) \\ &\quad +1 \cdot G_\beta(0.3637|3, 12) \\ &= 0.3264 + 0.0139 + 0.0691 \\ &= 0.4094. \end{aligned}$$

Da dies auch der erwartete Wert der perfekten Information ist, wird der Bienenforscher für eventuelle weitere Bienenuntersuchungen höchstens diesen Betrag ausgeben, um weitere Informationen über den unbekannten Anteil milbenerkrankter Bienen zu erhalten.

4.2 Produkteinführung

Einer Firma wird ein neues Produkt zur Markteinführung angeboten. Eine kleine Umfrage auf einem Testmarkt ergab, daß 4 von 15 Befragten das neue Produkt kaufen würden. Auf Grund bisheriger Erfahrungen mit der Einführung ähnlicher Produkte schätzt die Firmenleitung den Anteil künftiger Käufer auf 20%. Da das neue Produkt in wesentlichen Teilen mit den früheren Produkten nicht vergleichbar ist, wird die Firmenleitung diese Information nur mit einem Drittel des Umfanges der konkreten Stichprobe gewichten. Eine grobe Kostenrechnung ergab, daß der Schaden pro Einheit Unterschätzung des wahren Käuferanteils dreimal so groß ist wie der pro Einheit Überschätzung. Vor der Entscheidung das neue Produkt einzuführen oder nicht, will die Firmenleitung genauere Kostenrechnungen durchführen. Dafür benötigt sie vom Marketingleiter eine grobe Schätzung des künftigen Käuferanteils. Welche Intervallgrenzen für den unbekannten Anteil soll der Marketingleiter auf Grund der vorhandenen Informationen angeben, wenn ihm eine Punktschätzung zu riskant ist und er daher ein Intervall der Länge 0.10 für den unbekannten Käuferanteil angeben will?

Lösung

Entscheidungsproblem: Dem Marketingleiter stehen unendlich viele Aktionen zur Auswahl, nämlich jede Aktion mit der Eigenschaft

$$a = (T_u, T_o) \quad \text{mit} \quad T_o - T_u = 0.10.$$

Jede der möglichen Aktionen ist die Schätzung eines Intervalls für den unbekannten Anteil an künftigen Käufern des neuen Produktes.

Posterioriverteilung: Für die Gewinnung der Stichprobeninformation

$$n = 15, \quad x = 4,$$

kann zumindest näherungsweise ein Bernoulli Prozeß angenommen werden. Wenn die Prioriinformation in Form einer Betaverteilung ausgedrückt werden kann, dann ist $E(\pi) = 0.2$ und

$$n' = \frac{n}{3} = \frac{15}{3} = 5.$$

x' ist wegen $E(\pi) = x'/n'$ gleich 1. Die Firmenleitung ist also apriori der Ansicht, daß der unbekannte Anteil potentieller Käufer des neuen Produktes z.B. mit gleicher Wahrscheinlichkeit innerhalb des Intervalls

$$W'(0.0694 < \pi < 0.2929) = 0.50$$

liegt, wie außerhalb. 0.0694 ist das 25. und 0.2929 das 75. Perzentil der Prioribetaverteilung mit den Parametern $x' = 1$ und $n'-x' = 4$. Die Parameter der Posterioribetaverteilung sind

$$\begin{aligned} n'' &= n' + n = 5 + 15 = 20, \\ x'' &= x' + x = 1 + 4 = 5. \end{aligned}$$

Die Dichtefunktion der Posterioribetaverteilung ist

$$f_{\vartheta|x}(\vartheta) = f_\beta(\pi|x'' = 5, n'' - x'' = 15).$$

Schadenerwartungswert: Auf Grund der Angaben kann folgende Schadenfunktion angenommen werden:

$$s(a,\pi) = \begin{cases} 1 \cdot (T_u - \pi) & \text{für } \pi < T_u, \\ 3 \cdot (\pi - T_o) & \text{für } \pi > T_o. \end{cases}$$

Für diese lineare Schadenfunktion und die fix vorgegebene Intervallänge $c = T_o - T_u = 0.10$ sind die Intervallgrenzen folgendermaßen zu bestimmen:

$$\begin{aligned} s_u \cdot F_{\pi|x}(T_u) &= s_o \cdot G_{\pi|x}(T_u + c) \\ 1 \cdot F_\beta(T_u|5, 15) &= 3 \cdot [1 - F_\beta(T_u + 0.10|5, 15)]\,. \end{aligned}$$

Setzt man für $T_u = 0.2420$ ein, so ist diese Gleichung erfüllt, da

$$F_\beta(0.2420|5, 15) = 0.5019$$

und

$$F_\beta(0.3420|5, 15) = 0.8325$$

ist. Der Marketingleiter wird daher als grobe Schätzung für den unbekannten Anteil der künftigen Käufer das Intervall

$$a_{opt} = (0.2420, 0.3420)$$

angegeben. Dieses Intervall hat minimalen Schadenerwartungswert für die gegebenen Informationen. Dieser Schadenerwartungswert wird für eine lineare Schadenfunktion nach der Formel

$$\text{SE}(a_{opt}) = s_u \cdot L_{-\infty}^{T_u}(\vartheta|x) + s_o \cdot L_{T_o}^{\infty}(\vartheta|x)$$

berechnet. Für die Angaben dieses Beispiels ist er

$$\begin{aligned} \text{SE}(a_{opt}) &= 1 \cdot L_0^{0.2420}(\pi|x) + 3 \cdot L_{0.3420}^{1}(\pi|x) \\ &= 1 \cdot 0.0338 + 3 \cdot 0.0101 \\ &= 0.0641. \end{aligned}$$

0.0641 ist auch der erwartete Wert der perfekten Information, jener Betrag, der für eventuelle Zusatzinformationen über den unbekannten Käuferanteil höchstens ausgegeben wird.

4.3 Heilungschancen

Ein Arzt wird von seinem Patienten gefragt, wie groß die Heilungschancen für eine bestimmte Operation sind. In der Fachliteratur wird die Heilungschance mit 40% angegeben. Von 10 Patienten des Arztes haben 6 die Operation komplikationslos überstanden. Wegen dieser geringen Zahl an Operationen will der Arzt die Information aus der Fachliteratur gleich stark berücksichtigen. Da der Arzt das Gefühl hat, daß die Schäden, die mit der Angabe einer falschen Heilungschance verknüpft sind, nicht „arithmetisch" sondern „geometrisch" steigen je weiter die falsche Schätzung von der wahren entfernt ist, will er seinem Schätzproblem eine quadratische Schadenfunktion unterstellen. Da ihm eine Punktschätzung zu riskant erscheint, will er seinem Patienten ein Intervall für die Heilungschancen nennen, wobei er den Schaden pro Einheit Intervallänge zu einer Einheit Schaden Über- bzw. Unterschätzung im Verhältnis 1:25 berücksichtigen will.

Lösung

Entscheidungsproblem: Da dem Arzt unendlich viele Aktionen zur Auswahl stehen, wobei jede Aktion ein Intervall für die unbekannte Heilungschance ist,

$$a = (T_u, T_o) \quad \text{mit} \quad T_u, T_o \in [0,1] \subset \mathbb{R}, \quad T_u < T_o,$$

liegt ein Intervallschätzproblem vor.

Posterioriverteilung Die Stichprobeninformation ist

$$n = 10, \quad x = 6,$$

wenn man einen Bernoulli Prozeß voraussetzen kann. Da der Arzt die Information aus der Fachliteratur gleich stark berücksichtigen will wie seine Stichprobe, ist

$$n' = 10$$

und wegen der Heilungschance von 40% ist

$$x' = 4.$$

Die Parameter der Posterioribetaverteilung sind

$$\begin{aligned} n'' &= n' + n = 10 + 10 = 20, \\ x'' &= x' + x = 4 + 6 = 10. \end{aligned}$$

Die Dichtefunktion der entsprechenden Betaverteilung ist

$$f_{\vartheta|x}(\vartheta) = f_\beta(\pi | x'' = 10, n'' - x'' = 10).$$

Schadenerwartungswert: Aus den Angaben ergibt sich folgende quadratische Schadenfunktion:

$$s(a,\pi) = 1 \cdot (T_o - T_u) + \begin{cases} 25 \cdot (T_u - \pi)^2 & \text{für } \pi < T_u, \\ 25 \cdot (\pi - T_o)^2 & \text{für } \pi > T_o. \end{cases}$$

Für eine quadratische Schadenfunktion müssen Ober- und Untergrenze des Intervalls folgende Bedingungen erfüllen:

$$T_u: \quad L_0^{T_u}(\pi|x) = \frac{s_l}{2 \cdot s_u} = \frac{1}{2 \cdot 25} = 0.02,$$
$$T_o: \quad L_{T_o}^1(\pi|x) = \frac{s_l}{2 \cdot s_o} = \frac{1}{2 \cdot 25} = 0.02.$$

$L_0^{T_u}(\pi|x)$ ist das lineare Schadenmoment der Posterioribetaverteilung für $x'' = 10$ und $n'' - x'' = 10$:

$$L_0^{T_u}(\pi|x'' = 10, n'' - x'' = 10) = 0.02.$$

Für $T_u = 0.4391$ wird diese Gleichung erfüllt ($L_0^{0.4391}(\pi|x) = 0.0200$). Auf die gleiche Weise bestimmt man T_o:

$$L_{T_o}^1(\pi|x'' = 10, n'' - x'' = 10) = 0.02.$$

Diese Gleichung gilt, wenn man für T_o den Wert 0.560 einsetzt ($L_{0.5609}^1(\pi|x) = 0.0200$). Der Arzt wird daher das Intervall für die Heilungschancen mit (0.44, 0.56) angeben. Dieses Intervall hat für die gegebenen Informationen minimalen Schadenerwartungswert. Dieser Schadenerwartungswert ist jedenfalls kleiner als

$$\begin{aligned} \mathrm{SE}(a_{opt}) &< s_l \cdot (T_o - T_u) + s \cdot V(\pi|x) \\ &= 1 \cdot (0.5609 - 0.4391) + 25 \cdot \frac{10 \cdot (20 - 10)}{20^2 \cdot (20 + 1)} \\ &= 0.4194, \end{aligned}$$

da $s_u = s_o = s$ ist. 0.4194 ist auch die Obergrenze für den erwarteten Wert der perfekten Information.

4.4 Mineralwasser

Um die Qualität eines Mineralwassers zu beurteilen, entnimmt ein Forscher 2 Milliliter des Wassers und zählt die Mikroorganismen einer bestimmten Sorte. Er findet insgesamt 6 davon. Einen Tag später wiederholt er den Versuch und entnimmt wiederum 2 Milliliter, um die Zahl der betreffenden Mikroorganismen zu bestimmen. Am zweiten Tag findet er 4 Mikroorganismen. Da ihm die Angabe einer einzigen Zahl für die Anzahl der Mikroorganismen pro Milliliter zu riskant ist, will er ein Intervall für diese Zahl angeben. Für den Fall, daß die wahre Anzahl nicht in diesem Intervall enthalten ist, präzisiert der Forscher seine Schadenvorstellungen wie folgt: Der Schaden, der mit der Überschreitung der Obergrenze des Intervalls verbunden ist, entspricht dem Schaden der Untergrenze und soll je 2 GE betragen. Die Intervallänge wird mit 0.5 Milliliter angenommen. Welches Intervall für die Anzahl der Mikroorganismen pro Milliliter soll der Forscher angeben?

Lösung

Entscheidungsproblem: Da der Forscher eines der Intervalle mit der Eigenschaft

$$a = (T_u, T_o), \quad T_o - T_u = 0.5$$

für die unbekannte Anzahl Mikroorganismen pro Milliliter auswählen muß, liegt ein Intervallschätzproblem vor.

Posterioriverteilung: Das Auftreten von Mikroorganismen in einem Milliliter kann als stationär und unabhängig angenommen werden, d.h., die erwartete Zahl von Mikroorganismen pro Milliliter Wasser ist in jedem Teil des Wassers dieselbe und die Anzahl der gefundenen Mikroorganismen in einem Milliliter Wasser ist unabhängig von der Anzahl Mikroorganismen in irgendeinem anderen Milliliter. Daher kann man das Auftreten von Mikroorganismen in einem Milliliter Wasser als Poisson Prozeß betrachten. Die Untersuchung des Mineralwassers am ersten Tag kann als Prioriinformation und die des zweiten Tages als Stichprobeninformation aufgefaßt werden. (Man könnte auch beide Ergebnisse zu einer Stichprobe zusammenfassen und von nichtinformativer Prioriinformation ausgehen). Die Parameter der Posteriorigammaverteilung sind daher

$$\begin{aligned} t'' &= t' + t = 2 + 2 = 4, \\ x'' &= x' + x = 6 + 4 = 10, \end{aligned}$$

und die entsprechende Dichtefunktion ist

$$\begin{aligned} f_{\vartheta|x}(\vartheta) &= f_\gamma(\lambda | x'' = 10, t'' = 4) \\ &= \frac{\exp(-\lambda t'') \cdot (\lambda - t'')^{x''-1} \cdot t''}{(x''-1)!}. \end{aligned}$$

Schadenerwartungswert: Auf Grund der Angaben des Forschers kann man folgende Schadenfunktion aufstellen:

$$s(a, \lambda) = \begin{cases} 2 & \text{für } \lambda < T_u \\ 2 & \text{für } \lambda > T_o \end{cases}$$

Für diese konstante Schadenfunktion müssen die Intervallgrenzen folgende Bedingungen erfüllen:

$$
\begin{aligned}
s_u \cdot f_{\vartheta|x}(T_u) &= s_o \cdot f_{\vartheta|x}(T_u + c) \\
2 \cdot f_\gamma(T_u|x'' = 10, t'' = 4) &= 2 \cdot f_\gamma(T_u + 0.5|x'' = 10, t'' = 4)
\end{aligned}
$$

Setzt man in die Dichtefunktion der Gammaverteilung ein, dann lautet die Bedingung

$$
\begin{aligned}
2 \cdot \frac{\exp(-\lambda \cdot t) \cdot (\lambda \cdot t)^{x-1}}{(x-1)!} &= 2 \cdot \frac{\exp(-(\lambda + 0.5) \cdot t) \cdot ((\lambda + 0.5) \cdot t)^{x-1}}{(x-1)!} \\
\exp(-\lambda \cdot 4) \cdot (\lambda \cdot 4)^9 &= \exp(-(\lambda + 0.5) \cdot 4) \cdot ((\lambda + 0.5) \cdot 4)^9
\end{aligned}
$$

oder logarithmiert

$$
-\lambda \cdot 4 + 9 \cdot \ln \lambda \cdot 4 = -(\lambda + 0.5) \cdot 4 + 9 \cdot \ln(\lambda + 0.5) \cdot 4.
$$

Wenn man für λ=2.0093 einsetzt, dann ist die Gleichung erfüllt. Die Intervallgrenzen sind daher

$$
T_u = 2.0093
$$

und

$$
T_o = T_u + c = 2.5093.
$$

Der Forscher wird als Intervall für die Anzahl von Mikroorganismen pro Milliliter $(2, 2.5)$ angeben. Dieses Intervall hat minimalen Schadenerwartungswert. Die Berechnung dieses Erwartungswertes, der zugleich der erwartete Wert der perfekten Information ist, erfolgt nach der Formel:

$$
\text{SE}(a_{opt}) = s_u \cdot F_{\vartheta|x}(T_o) + s_o \cdot G_{\vartheta|x}(T_o).
$$

Wenn man die Zahlen aus dem Beispiel einsetzt, dann ist

$$
\begin{aligned}
\text{SE}(a_{opt}) &= 2 \cdot F_\gamma(2.0093|10, 4) + 2 \cdot G_\gamma(2.5093|10, 4) \\
&= 2 \cdot F_{\gamma s}(8.0372|10) + 2 \cdot G_{\gamma s}(10.0372|10) \\
&= 2 \cdot 0.2880 + 2 \cdot 0.4533 \\
&= 1.4826.
\end{aligned}
$$

Für weitere Untersuchungen über die unbekannte Durchschnittszahl von Mikroorgansimen pro Milliliter Mineralwasser wird der Forscher höchstens 1.4826 GE ausgeben.

4.5 Ausfallsrate von Webmaschinen

Der Betriebsleiter einer Weberei möchte eine Intervallschätzung für die Ausfallsquote seiner Webmaschinen pro Tag abgeben. Da der Schaden einer Fehlschätzung linear mit dem eventuellen Kosten der Neuadjustierung bzw., dem eventuell entgangenen Gewinn zusammenhängen, unterstellt der Betriebsleiter eine lineare Schadenfunktion. Den Schaden pro Einheit Abweichung der wahren Ausfallsrate von der Ober- bzw. Untergrenze des Intervalls schätzt er 5 mal so groß ein, wie den Schaden, der mit einer Einheit Intervallänge verknüpft ist. Aus den Aufzeichnungen seit der letzten Generalüberholung kann der Betriebsleiter entnehmen, daß an 10 zufällig ausgewählten Tagen 2 Ausfälle zu verzeichnen sind. Der Maschinenwart gibt auf Grund seiner Erfahrung an, daß die durchschnittliche Ausfallsrate pro Tag zwischen 0 und 1 liegt. Welches Intervall errechnet sich an Hand dieser Angaben?

Lösung

Entscheidungsproblem: Der Betriebsleiter muß sich für ein Intervall entscheiden, das folgende Eigenschaften aufweist:

$$a = (T_u, T_o), \quad T_u, T_o \in \mathbb{R}_+, \quad T_u < T_o.$$

Daher liegt ein Intervallschätzproblem für die unbekannte Ausfallsrate der Webmaschinen pro Tag vor.

Posterioriverteilung Da man für das Auftreten von Ausfällen pro Tag Stationarität und Unabhängigkeit annehmen kann, ist die Intervallschätzung auf der Basis eines Poisson Prozesses zu berechnen. Der unbekannte Parameter ist λ, die Ausfallsrate der Webmaschinen pro Tag. Aus den Aufzeichnungen erhält man als Stichprobeninformation

$$t = 10, \quad x = 2.$$

Aus den Angaben des Maschinenwartes kann man folgende Parameter einer Priorigammaverteilung ableiten: Da die durchschnittliche Ausfallrate pro Tag zwischen 0 und 1 liegt, kann man für

$$E(\lambda) = 0.5$$

annehmen und für die Varianz 0.25, da

$$|1.0 - 0.0| = 2 \cdot \sqrt{V(\lambda)}$$

ist. Daraus erhält man

$$t' = \frac{E(\lambda)}{V(\lambda)} = \frac{0.5}{0.25} = 2$$

und

$$x' = E(\lambda) \cdot t' = 0.5 \cdot 2 = 1.$$

Die Parameter der Posteriorigammaverteilung sind

$$t'' = t' + t = 2 + 10 = 12,$$
$$x'' = x' + x = 1 + 2 = 3$$

und die entsprechende Dichtefunktion ist

$$f_{\vartheta|x}(\vartheta) = f_\gamma(\lambda|x'' = 3, t'' = 12).$$

Schadenerwartungswert: Aus den Überlegungen des Betriebsleiters hinsichtlich der Schäden möglicher Fehlschätzungen, läßt sich folgende lineare Schadenfunktion ableiten:

$$s(a,\lambda) = 1 \cdot (T_o - T_u) + \begin{cases} 5 \cdot (T_u - \lambda) & \text{für } \lambda < T_u, \\ 5 \cdot (\lambda - T_o) & \text{für } \lambda > T_o. \end{cases}$$

Die Intervallgrenzen müssen für diese Schadenfunktion folgende Bedingungen erfüllen:

$$T_u: \quad F_{\vartheta|x}(T_u) = \frac{s_l}{s_u} = \frac{1}{5} = 0.2,$$
$$T_o: \quad F_{\vartheta|x}(T_o) = 1 - \frac{s_l}{s_u} = \frac{4}{5} = 0.8.$$

Für die gegebene Posteriorigammaverteilung muß gelten

$$F_\gamma(T_u|x'' = 3, t'' = 12) = F_{\gamma s}(T_u \cdot 12|3) = 0.2,$$
$$F_\gamma(T_o|x'' = 3, t'' = 12) = F_{\gamma s}(T_o \cdot 12|3) = 0.8.$$

Diese Bedingungen sind erfüllt, wenn man für T_u 0.1279 einsetzt und für T_o 0.3566, da

$$T_u \cdot 12 = 1.5350, \quad T_o \cdot 12 = 4.2790$$

sind und

$$F_{\gamma s}(1.5350|3) = 0.2, \quad F_{\gamma s}(4.2790|3) = 0.8.$$

Das Intervall mit minimalem Schadenerwartungswert für die Ausfallrate der Webmaschinen pro Tag ist daher (0.1279, 0.3566). Den Schadenerwartungswert dieses Intervalls berechnet man mit der Formel

$$\begin{aligned} \mathrm{SE}(a_{opt}) &= s_l \cdot (T_o - T_u) + s_u \cdot L_0^{T_u}(\lambda|x) + s_o \cdot L_{T_o}^{\infty}(\lambda|x) \\ &= 1 \cdot (0.3566 - 0.1279) + 5 \cdot L_0^{0.1279}(\lambda|3, 12) + \\ &+ 5 \cdot L_{0.3566}^{\infty}(\lambda|3, 12) \\ &= 0.2287 + 5 \cdot \frac{1}{12} \cdot L_0^{1.5350}(\lambda t|3) + 5 \cdot \frac{1}{12} \cdot L_{4.2790}^{0}(\lambda t|3) \\ &= 0.2287 + 5 \cdot \frac{1}{12} \cdot 0.0066 + 5 \cdot \frac{1}{12} \cdot 0.2870 \\ &= 0.3886. \end{aligned}$$

0.3886 ist auch der erwartete Wert der perfekten Information.

4.6 Suizidforschung

Ein Sozialforscher soll eine Intervallschätzung der weiblichen Suizidfälle pro Jahr für eine Kleinstadt mit 10000 erwachsenen Frauen abgeben, da die Stadtverwaltung überlegt, die derzeit giftige Gasversorgung der Haushalte auf entgiftetes Gas umzustellen. Aus den Statistiken einer bekannten Großstadt kann der Sozialforscher entnehmen, daß 2 von 10000 Frauen sich mit Hilfe von Gas das Leben nehmen. Aus den Aufzeichnungen der örtlichen Polizei geht hervor, daß in den letzten 4 Jahren 13 Frauen den Freitod in der Stadt durch Gas wählten. Da sich die Struktur der Großstadt von der Kleinstadt unterscheidet, will der Forscher die Stichprobeninformation aus der Kleinstadt viermal so stark gewichten wie die der Großstadt. Wegen der komplexen Kostenfolgerungen einer eventuellen Fehlschätzung unterstellt er eine quadratische Schadenfunktion, bei der er annimmt, daß der Schaden pro Einheit Überschätzung gleich dem pro Einheit Unterschätzung ist. Im Hinblick auf die Intervallänge ist er der Ansicht, daß eine Einheit Über- bzw. Unterschätzung sechsmal so gravierend ist wie eine Einheit Intervallänge. Welche Intervallschätzung soll der Forscher für die weibliche Suizidrate pro Jahr angeben?

Lösung

Entscheidungsproblem: Dem Sozialforscher stehen unendlich viele Aktionen zur Auswahl, nämlich jedes Intervall mit der Eigenschaft

$$a = (T_u, T_o), \quad T_u, T_o \in \mathbb{R}_+, \quad T_u < T_o.$$

Die Wahl eines Intervalls für die unbekannte Suizidrate pro Jahr für die weiblichen Einwohner der Kleinstadt ist ein Intervallschätzproblem.

Posterioriverteilung: Da das Auftreten von Selbstmordfällen innerhalb eines Jahres als Poisson Prozeß aufgefaßt werden kann, sind die Stichprobeninformationen

$$t = 4, \quad x = 13.$$

Aus den Informationen über die Selbstmordrate in der Großstadt kann man die Parameter einer Priorigammaverteilung ableiten. Da 2 von 10000 Frauen pro Jahr in dieser Großstadt den Freitod wählen, ist der Erwartungswert

$$E(\lambda) = 2$$

und wegen $t : t' = 4 : 1$ ist $t' = 1$ und

$$x' = E(\lambda) \cdot t' = 2 \cdot 1 = 2.$$

Die Parameter der Posteriorigammaverteilung sind daher

$$\begin{aligned} t'' &= t' + t = 1 + 4 = 5, \\ x'' &= x' + x = 2 + 13 = 15, \end{aligned}$$

und die entsprechende Dichtefunktion ist

$$f_{\vartheta|x}(\vartheta) = f\gamma(\lambda|x'' = 15, t'' = 5).$$

Schadenerwartungswert: Aus den Überlegungen des Sozialforschers hinsichtlich der Schäden möglicher Fehlschätzungen kann man folgende Schadenfunktion ableiten:

$$s(a,\lambda) = 1 \cdot (T_o - T_u) + \begin{cases} 6 \cdot (T_u - \lambda)^2 & \text{für } \lambda < T_u, \\ 6 \cdot (\lambda - T_o)^2 & \text{für } \lambda > T_o. \end{cases}$$

Für eine quadratische Schadenfunktion müssen die Intervallgrenzen folgende Bedingungen erfüllen:

$$T_u: \quad L_0^{T_u}(\lambda|x'', t'') = \frac{s_l}{2 \cdot s_u} = \frac{1}{2 \cdot 6} = \frac{1}{12},$$
$$T_o: \quad L_{T_o}^{\infty}(\lambda|x'', t'') = \frac{s_l}{2 \cdot s_o} = \frac{1}{12}.$$

Die Intervalluntergrenze muß aus der Gleichung

$$L_0^{T_u}(\lambda|15, 5) = \frac{1}{12} = \frac{1}{5} \cdot L_0^{5 \cdot T_u}(5 \cdot T_u|15)$$

bestimmt werden. Für $5 \cdot T_u$ muß die Gleichung

$$L_0^{5 \cdot T_u}(5 \cdot T_u|15) = \frac{5}{12} = 0.4167$$

gelten. Da

$$L^{12.0640}(12.0640|15) = 0.4167$$

ist nimmt man für T_u

$$T_u = \frac{12.0640}{5} = 2.4128.$$

Das rechte lineare Schadenmoment bestimmt man analog. Da

$$L_{18.7440}^{\infty}(18.7440|15) = 0.4167$$

ist, ist T_o

$$T_o = \frac{18.7440}{5} = 3.7488.$$

Der Sozialforscher wird daher berichten, daß die Anzahl weiblicher Suizidfälle pro Jahr zwischen 2.40 und 3.75 liegt. Dieses Intervall hat für die gegebene Informationsstruktur minimalen Schadenerwartungswert. Dieser Erwartungswert wird bei einer quadratischen Schadenfunktion durch die Formel

$$\text{SE}(a_{opt}) < s_l \cdot (T_o - T_u) + s \cdot V(\vartheta|X)$$

nach oben begrenzt, wenn $s_u = s_o = s$ ist. Für das Beispiel ist diese Obergrenze

$$\text{SE}(a_{opt}) < 1 \cdot (3.7488 - 2.4128) + 6 \cdot \frac{15}{5^2} = 4.9361.$$

4.7 Gynäkologie

In der Literatur wird der durchschnittliche Kopfumfang (gemessen über Kinn und Hinterkopf) neugeborener Knaben mit 40 cm und einer Standardabweichung von 2 cm angegeben. Ein Gynäkologe stellte bei 10 neugeborenen Knaben folgenden Kopfumfang in cm fest:

$$36.4,\ 41.9,\ 37.8,\ 38.0,\ 37.6,\ 41.2,\ 39.6,\ 40.0,\ 39.8,\ 35.7.$$

Auf Grund dieser Informationen möchte er ein Intervall für den unbekannten durchschnittlichen Kopfumfang neugeborener Knaben bestimmen, wobei er die Literaturinformation doppelt so stark gewichten will wie seine Aufzeichnungen. Hinsichtlich der möglichen Schäden die damit verknüpft sind, daß der wahre Parameter oberhalb der Intervallobergrenze bzw. unterhalb der Intervalluntergrenze liegt, ist der Gynäkologe indifferent d.h. beide Schäden betrachtet er als gleich. Im Hinblick auf eine Einheit Intervallänge ist er jedoch der Ansicht, daß der damit verbundene Schaden ein Zehntel des Schadens ausmacht, der vorliegt, wenn der wahre Parameter oberhalb oder unterhalb der Intervallgrenzen liegt. Welches Intervall soll der Arzt für den durchschnittlichen Kopfumfang neugeborener Knaben angeben?

Lösung

Entscheidungsproblem: Der Gynäkologe muß sich für eines der unendlich vielen Intervalle entscheiden, mit der Eigenschaft

$$a = (T_u, T_o), \quad T_u, T_o \in \mathbb{R}_+, \quad T_u < T_o.$$

Es handelt sich daher um ein Intervallschätzproblem.

Posterioriverteilung: Für die Zufallsvariable „durchschnittlicher Kopfumfang neugeborener Knaben“ kann man einen Gauß Prozeß mit der Varianz

$$\sigma = 2$$

vorraussetzen, da vermutlich die Literaturangaben auf umfangreichen Aufzeichnungen beruhen. Die Stichprobeninformationen sind

$$n = 10$$

und

$$\overline{x} = \frac{36.4 + 41.9 + \cdots + 35.7}{10} = 38.8.$$

Da der Gynäkologe die Literaturangabe über den durchschnittlichen Kopfumfang doppelt so stark wie seine Stichprobe gewichten will, ist

$$n' = 20, \quad \mu' = 40.$$

Die Parameter der Posteriorinormalverteilung sind

$$\begin{aligned} n'' &= n' + n = 20 + 10 = 30, \\ \mu'' &= \frac{n' \cdot \mu' + n \cdot \overline{x}}{n''} = \frac{20 \cdot 40 + 10 \cdot 38.8}{30} = 39.6, \\ \sigma''^2 &= \frac{\sigma^2}{n''} = \frac{4}{30} = 0.1\dot{3} \end{aligned}$$

und die entsprechende Dichtefunktion ist

$$\begin{aligned} f_{\vartheta|x}(\vartheta) &= f_N(\mu|\mu'' = 39.6, \sigma''^2 = 0.1\dot{3}) \\ &= \frac{1}{\sqrt{2 \cdot \pi \cdot 0.1\dot{3}}} \cdot \exp\left(-\frac{(\mu - 39.6)^2}{2 \cdot 0.1\dot{3}}\right). \end{aligned}$$

Schadenerwartungswert: Auf Grund der Angaben des Gynäkologen über die Schäden möglicher Fehlschätzungen erhält man folgende Schadenfunktion:

$$s(a, \mu) = 1 \cdot (T_o - T_u) + \begin{cases} 10 & \text{für } \mu < T_u, \\ 10 & \text{für } \mu > T_o. \end{cases}$$

Die Intervallgrenzen müssen für diese konstante Schadenfunktion folgende Bedingungen erfüllen:

$$\begin{aligned} T_u: \quad f_{\vartheta|x}(T_u) &= \frac{s_l}{s_u} = \frac{1}{10}, \\ T_o: \quad f_{\vartheta|x}(T_o) &= \frac{s_l}{s_o} = \frac{1}{10}. \end{aligned}$$

Für die Dichtefunktion der vorliegenden Posteriorinormalverteilung heißt das:

$$\frac{1}{\sqrt{2 \cdot \pi \cdot 0.1\dot{3}}} \cdot \exp\left(-\frac{(\mu - 39.6)^2}{2 \cdot 0.1\dot{3}}\right) = 0.1.$$

Diese Bedingung ist erfüllt, wenn man für μ 38.8015 und 40.3985 einsetzt. Diese Werte erhält man bei der Normalverteilung mit Hilfe folgender Formeln:

$$\begin{aligned} T_u &= \mu'' - \sigma'' \cdot \sqrt{-\ln\left(2 \cdot \pi \cdot \sigma''^2 \cdot \left(\frac{s_l}{s_u}\right)^2\right)} \\ &= 39.6 - \sqrt{0.1\dot{3}} \cdot \sqrt{-\ln\left(2 \cdot \pi \cdot 0.1\dot{3} \cdot 0.1^2\right)} \\ &= 38.8015, \\ T_o &= \mu'' + \sigma'' \cdot \sqrt{-\ln\left(2 \cdot \pi \cdot \sigma''^2 \cdot \left(\frac{s_l}{s_o}\right)^2\right)} \\ &= 39.6 + \sqrt{0.1\dot{3}} \cdot \sqrt{-\ln\left(2 \cdot \pi \cdot 0.1\dot{3} \cdot 0.1^2\right)} \\ &= 40.3985. \end{aligned}$$

Die Intervallgrenzen für den durchschnittlichen Kopfumfang neugeborener Knaben sind 38.8 und 40.4 cm. Der Schadenerwartungswert dieser optimalen Schätzung a_{opt} ist

$$\begin{aligned} \mathrm{SE}(a_{opt}) &= s_l \cdot (T_o - T_u) + s_u \cdot F_{\mu|x}(T_u) + s_o \cdot G_{\mu|x}(T_o) \\ &= 1 \cdot (40.3985 - 38.8015) + 10 \cdot F_N(38.8015|39.6, 0.1\dot{3}) \\ &\quad +10 \cdot G_N(40.3985|39.6, 0.1\dot{3}) \\ &= 1.5970 + 10 \cdot F_Z(-2.1868) + 10 \cdot G_Z(2.1868) \\ &= 1.5970 + 10 \cdot 0.0144 + 10 \cdot 0.0144 \\ &= 1.8850. \end{aligned}$$

Dies ist auch der Betrag des erwarteten Wertes der perfekten Information über den durchschnittlichen Kopfumfang neugeborener Knaben.

4.8 Einnahmen pro Kunde

In einer neu eröffneten Filiale will der Geschäftsführer wissen, um welchen Betrag der Kunde im Schnitt einkauft. Der Kassier ist der Ansicht, daß dieser Durchschnitt etwa bei 200 GE liegt. Jedenfalls liegt er zwischen 180 und 220 GE mit der gleichen Wahrscheinlichkeit wie außerhalb dieses Intervalls. Der Geschäftsführer zieht aus den Rechnungsbelegen eine Zufallsstichprobe von 36 Rechnungen und ermittelt daraus einen Durchschnittswert von 210 GE und eine Standardabweichung von 50 GE. Er ist der Ansicht, daß der Schaden pro Einheit Überschätzung des wahren Durchschnitts 1 GE beträgt und der Schaden pro Einheit Unterschätzung 2 GE. Da ihm eine Punktschätzung zu riskant erscheint, will er ein Intervall für den unbekannten Durchschnittsbetrag bestimmen, wobei er annimmt, daß der Schaden pro Einheit Intervallänge halb so wichtig ist wie der Schaden pro Einheit Überschätzung. Welches Intervall erhält man aus diesen Angaben für die gesuchte Größe?

Lösung

Entscheidungsproblem: Dem Geschäftsführer stehen unendlich viele Aktionen zur Auswahl mit der Eigenschaft

$$a = (T_u, T_o), \quad T_u, T_o \in \mathbb{R}_+, \quad T_u < T_o.$$

Das vorliegende Problem ist ein Intervallschätzproblem für den unbekannten Durchschnittsbetrag an Einnahmen pro Kunde.

Posterioriverteilung: Da man annehmen kann, daß die Stichprobenentnahme nach den Voraussetzungen eines Gauß Prozesses erfolgte, sind die Stichprobeninformationen

$$n = 36, \quad \overline{x} = 210, \quad s = 50.$$

Für das unbekannte σ kann man die Varianz der Stichprobe als guten Schätzwert annehmen, da der Stichprobenumfang über 30 ist. Die Vermutung des Kassiers kann in eine Priorinormalverteilung umgesetzt werden mit

$$\mu' = 200, \quad \sigma' = 29.65,$$

da

$$d = |200 - 220| = 20$$

und

$$\sigma' = \frac{d}{0.6745} = \frac{20}{0.6745} = 29.65$$

ist. Den Wert 0.6745 erhält man aus der Standardnormalverteilung für

$$F_Z(z) = 0.75.$$

Für n' berechnet man

$$n' = \frac{\sigma^2}{\sigma'^2} = \frac{50^2}{29.65^2} = 2.8437.$$

Die Parameter der Posteriorinormalverteilung sind

$$\begin{aligned}
n'' &= n' + n = 2.8437 + 36 = 38.8437, \\
\mu'' &= \frac{n' \cdot \mu' + n \cdot \bar{x}}{n''} = \frac{2.84 \cdot 200 + 36 \cdot 210}{38.8437} = 209.2679, \\
\sigma''^2 &= \frac{\sigma^2}{n''} = \frac{50^2}{38.8437} = 64.3604
\end{aligned}$$

und die entsprechende Dichtefunktion ist

$$f_{\vartheta|x}(\vartheta) = f_N(\mu|\mu'' = 209.2679, \sigma''^2 = 64.3604).$$

Schadenerwartungswert: Aus den Angaben des Geschäftsführers hinsichtlich der möglichen Schäden von Fehlschätzungen läßt sich folgende Schadenfunktion ableiten:

$$s(a, \mu) = 0.5 \cdot (T_o - T_u) + \begin{cases} 1 \cdot (T_u - \mu) & \text{für } \mu < T_u, \\ 2 \cdot (\mu - T_o) & \text{für } \mu > T_o. \end{cases}$$

Die Intervallgrenzen müssen für diese lineare Schadenfunktion folgende Bedingungen erfüllen:

$$\begin{aligned}
T_u: &\quad F_{\vartheta|x}(T_u) = \frac{s_l}{s_u} = \frac{0.5}{1} = 0.50, \\
T_o: &\quad F_{\vartheta|x}(T_o) = 1 - \frac{s_l}{s_o} = 1 - \frac{0.5}{2} = 0.75.
\end{aligned}$$

Für die vorliegende Posteriorinormalverteilung sind diese Bedingungen erfüllt, wenn man für $T_u = 209.27$ und $T_o = 214.68$ einsetzt. Diese Werte erhält man mit Hilfe der Standardnormalverteilung nach folgenden Formeln:

$$\begin{aligned} T_u &= \mu'' + z_{0.50} \cdot \sigma'' \\ &= 209.2679 + 0 \cdot \sqrt{64.3604} \\ &= 209.2679, \\ T_o &= \mu'' + z_{0.75} \cdot \sigma'' = 209.2679 + 0.6745 \cdot \sqrt{64.3604} \\ &= 214.6790. \end{aligned}$$

Das 50.-te Perzentil der Standardnormalverteilung ist 0 und das 75.-te 0.6745. Der Durchschnittsbetrag, den der Kunde ausgibt, liegt also zwischen 209.27 und 214.68. Den Schadenerwartungswert dieser Intervallschätzung berechnet man nach der Formel

$$\begin{aligned} \mathrm{SE}(a_{opt}) &= s_l \cdot (T_o - T_u) + s_u \cdot L_{-\infty}^{209.2679}(\mu|x) + s_o \cdot L_{214.6790}^{\infty}(\mu|x) \\ &= 2.7055 + 1 \cdot L_{-\infty}^{0}(z) \cdot \sqrt{64.3604} \\ &\qquad + 2 \cdot L_{0.6745}^{\infty}(z) \cdot \sqrt{64.3604} \\ &= 8.2992. \end{aligned}$$

8.2992 ist auch der erwartete Wert der perfekten Information über die durchschnittlichen Ausgaben der Kunden.

4.9 Schraubendurchmesser

Ein Automat erzeugt Schrauben mit einstellbarem Durchmesser und mit einer Standardabweichung von 0.5 mm. Für eine große Lieferung wurde er wunschgemäß auf 2.50 mm Durchmesser eingestellt. Aus Erfahrung weiß man, daß sich die Einstellung des Automaten im Laufe der Produktion geringfügig verstellen kann. Der Betriebsleiter gibt an, daß diese Verschiebungen mit großer Wahrscheinlichkeit (95%) nicht mehr als 0.2 mm nach oben oder unten betragen. Aus einer Stichprobe von 25 Stück aus der laufenden Produktion errechnete man ein Mittel von 2.49 mm Durchmesser. Die Geschäftsleitung möchte wissen, ob sie auf Grund dieser Ergebnisse noch garantieren kann, daß der Durchmesser der Schrauben bei 2.5 mm liegt. Sie läßt für diese Beurteilung ein Intervall für den unbekannten Durchschnittsdurchmesser berechnen und zwar für eine quadratische Schadenfunktion, bei der die möglichen Schäden der Unter- und Überschätzung gleich groß sind und das hundertfache des Schadens pro Einheit Intervallänge ausmachen.

Lösung

Entscheidungsproblem: Da der Geschäftsleitung unendlich viele Aktionen mit der Eigenschaft

$$a = (T_u, T_o), \quad T_u, T_o \in \mathbb{R}_+, \quad T_u < T_o$$

zur Auswahl stehen, liegt ein Intervallschätzproblem für den unbekannten Durchschnittsdurchmesser der Gesamtproduktion vor.

Posterioriverteilung: Man kann für die Stichprobenentnahme einen Gauß Prozeß mit bekannter Varianz

$$\sigma^2 = 0.5^2$$

unterstellen. Die Stichprobeninformationen sind

$$n = 25, \quad \bar{x} = 2.49.$$

Aus den Angaben des Betriebsleiters läßt sich die Varianz für eine Priorinormalverteilung bestimmen. Da er fast sicher annimmt, daß sich die Einstellung höchstens um 0.2 mm verschiebt, ist

$$\sigma' = \frac{|2.7 - 2.50|}{z_{0.975}} = \frac{0.2}{1.96} = 0.1.$$

Daher ist

$$n' = \frac{\sigma^2}{\sigma'^2} = \frac{0.5^2}{0.1^2} = 25$$

und

$$\mu' = 2.50,$$

da man den Automaten auf dieses Sollmaß einstellte. Die Parameter der Posteriorinormalverteilung sind

$$\begin{aligned} n'' &= n' + n = 25 + 25 = 50, \\ \mu'' &= \frac{n' \cdot \mu' + n \cdot \bar{x}}{n''} = \frac{25 \cdot 2.5 + 25 \cdot 2.49}{50} = 2.4950, \\ \sigma''^2 &= \frac{\sigma^2}{n''} = \frac{0.25}{50} = 0.0050 \end{aligned}$$

und die entsprechende Dichtefunktion ist

$$f_{\vartheta|x}(\vartheta) = f_N(\mu|\mu'' = 2.495, \sigma''^2 = 0.005).$$

Schadenerwartungswert: Da die Geschäftsleitung eine quadratische Schadenfunktion unterstellt,

$$s(a,\mu) = 1 \cdot (T_o - T_u) + \begin{cases} 100 \cdot (T_u - \mu)^2 & \text{für } \mu < T_u, \\ 100 \cdot (\mu - T_o)^2 & \text{für } \mu > T_o, \end{cases}$$

haben die Intervallgrenzen folgende Bedingungen zu erfüllen:

$$T_u: \quad L_{-\infty}^{T_u}(\mu|x) = \frac{s_l}{2 \cdot s_u} = \frac{1}{2 \cdot 100} = 0.005,$$

$$T_o: \quad L_{T_o}^{\infty}(\mu|x) = \frac{s_l}{2 \cdot s_o} = \frac{1}{2 \cdot 100} = 0.005.$$

Wenn man für $T_u = 2.42$ und für $T_o = 2.57$ einsetzt, dann sind diese Bedingungen erfüllt. Zu diesen Werten gelangt man über die linearen Schadenmomente der standardisierten Normalverteilung. Für diese muß gelten

$$\begin{aligned} L_{-\infty}^{z_u}(z) &= \frac{s_l/(2 \cdot s_u)}{\sigma''} = \frac{0.005}{\sqrt{0.005}} = 0.0707, \\ L_{z_o}^{\infty}(z) &= \frac{s_l/(2 \cdot s_o)}{\sigma''} = \frac{0.005}{\sqrt{0.005}} = 0.0707. \end{aligned}$$

Wenn man für z_u -1.0848 und z_o +1.0848 einsetzt, dann gelten diese Gleichungen. T_u und T_o berechnet man nun mit den Formeln

$$\begin{aligned} T_u &= \mu'' - z_u \cdot \sigma'' = 2.495 - 1.0848 \cdot \sqrt{0.005} = 2.4183, \\ T_o &= \mu'' + z_o \cdot \sigma'' = 2.495 + 1.0848 \cdot \sqrt{0.005} = 2.5717. \end{aligned}$$

Da das Intervall (2.4183, 2.5717) auch den geforderten Durchmesser von 2.5 mm enthält, wird die Geschäftsleitung die gewünschte Garantie abgeben. Der Schadenerwartungswert dieses optimalen Intervalls a_{opt} ist höchstens

$$\begin{aligned} \mathrm{SE}(a_{opt}) &< s_l \cdot (T_o - T_u) + s \cdot V(\mu|x) \\ &= 1 \cdot (2.5717 - 2.4183) + 100 \cdot 0.005 \\ &= 0.6534. \end{aligned}$$

4.10 Sportmotorischer Test

Ein Sportwissenschaftler liest in einer Fachzeitschrift, daß im Rahmen eines sportmotorischen Tests auch die Arbeitszeit auf bestimmte Stimuli bei 5 Studenten gemessen wurde. Als Ergebnis wird das Intervall 30 sec ± 2.5 sec. angegeben, in dem mit 95% Vertrauen der unbekannte Parameter der durchschnittlichen Arbeitszeit liegen soll. Der Sportwissenschafter führt den Test bei 10 seiner Studenten durch und kommt auf eine durchschnittliche Arbeitszeit von 24.4143 Sekunden und eine Standardabweichung von 3 Sekunden. Bei der Berechnung eines Intervalls für die unbekannte durchschnittliche Arbeitszeit für diesen Test möchte der Wissenschaftler auch die in der Fachzeitschrift berichteten Ergebnisse berücksichtigen. Einem 95%-igen Vertrauensintervall entspricht ein Schadenverhältnis der Über- bzw. Unterschätzung zu einer Einheit Intervallänge von 40:1. Dies will er auch seiner Berechnung zu Grunde legen. Welche Intervallschätzung kann er an Hand dieser Informationen angeben?

Lösung

Entscheidungsproblem: Jeder möglichen Aktion entspricht ein Intervall mit der Eigenschaft

$$a = (T_u, T_o), \quad T_u, T_o \in \mathbb{R}_+, \quad T_u < T_o.$$

Der Sportwissenschaftler hat ein Intervallschätzproblem für die unbekannte durchschnittliche Arbeitszeit μ zu lösen.

Posterioriverteilung: Wenn man für die Messung der Arbeitzeit einen Gauß Prozeß voraussetzen kann, dann wurde das 95%-ige Intervall der Fachzeitschrift mit Hilfe der Studentverteilung berechnet, da σ^2 unbekannt ist und der Stichprobenumfang nur 5 Studenten umfaßt. Der Bericht in der Fachzeitschrift kann als Prioriinformation für eine Studentverteilung des unbekannten Parameters μ betrachtet werden. μ' ist daher 30 Sekunden, $n' = 5$ und $\nu' = n - 1 = 4$. Da man weiß, daß

$$W'(30 \pm 2.5) = 0.95$$

ist, muß gelten

$$t_{0.975;\nu'} \cdot \frac{s'}{\sqrt{n'}} = 2.5.$$

Für $\nu = 4$ ist laut Tabelle der standardisierten Studentverteilung

$$t_{0.97;4} = 2.6008 < t_{0.975;4} < t_{0.98;4} = 2.9986$$

Daher ist

$$t_{0.975;4} \approx 2.8$$

und

$$s' = 2.5 \cdot \frac{\sqrt{5}}{2.8} = 2.$$

Die Prioriinformationen sind also

$$\mu' = 30, \quad n' = 5, \quad s' = 2, \quad \nu' = 4.$$

An Stichprobeninformationen stehen zur Verfügung

$$n = 10, \quad \bar{x} = 24.4143 \quad s = 3.$$

Aus diesen Informationen erhält man folgende Werte für die Parameter der Posterioristudentverteilung:

$$\begin{aligned}
n'' &= n' + n = 5 + 10 = 15, \\
\nu'' &= \nu' + n = 5 + 10 = 14, \\
n_u &= \frac{n' \cdot n}{n''} = \frac{50}{15} = 3.\dot{3}, \\
\mu'' &= \frac{n' \cdot \mu' + n \cdot \bar{x}}{n''} = \frac{5 \cdot 30 + 10 \cdot 24.4143}{15} = 26.2762, \\
s''^2 &= \frac{\nu' \cdot s'^2 + n \cdot s^2 + n_u \cdot (\bar{x} - \mu')^2}{\nu''} \\
&= \frac{4 \cdot 2^2 + 10 \cdot 3^2 + 3.\dot{3} \cdot (24.4143 - 30)^2}{14} \\
&= 15.
\end{aligned}$$

Schadenerwartungswert: Da der Wissenschaftler den Schaden der mit einer Über- bzw. Unterschätzung des unbekannten Parameters μ verknüpft ist, 40 Mal schwerwiegender ansieht, als den Schaden, der mit einer Einheit Intervallänge zusammenhängt, kann man folgende Schadenfunktion aufstellen:

$$s(a, \mu) = 1 \cdot (T_o - T_u) + \begin{cases} 40 & \text{für } \mu < T_u, \\ 40 & \text{für } \mu > T_o. \end{cases}$$

Für diese konstante Schadenfunktion müssen die Intervallgrenzen folgende Bedingungen erfüllen:

$$T_u: \quad f_S(T_u|26.2762, 1, 14) = f_T(t|14) \cdot \sqrt{\frac{n''}{s''^2}} = \frac{s_l}{s_u} = \frac{1}{40} = 0.025,$$

$$T_o: \quad f_S(T_o|26.2762, 1, 14) = f_T(t|14) \cdot \sqrt{\frac{n''}{s''^2}} = \frac{s_l}{s_o} = \frac{1}{40} = 0.025.$$

Da $\sqrt{n''/s''^2} = \sqrt{15/15} = 1$ ist, sind diese Bedingungen äquivalent zu

$$f_T(t|14) = 0.025$$

mit

$$t = \frac{T_i - \mu''}{\sqrt{s''^2/n''}}.$$

Man sucht daher zuerst ein t, das die Gleichung $f_T(t|14) = 0.025$ erfüllt. Für die standardisierte Studentverteilung heißt das

$$f_T(t|\nu) = \frac{\nu^{\nu/2} \cdot (\nu + t^2)^{-(\nu+1)/2}}{B(0.5, \nu/2)} = 0.025$$

bzw. für $\nu = 14$

$$f_T(t|14) = \frac{14^7 \cdot (14+t^2)^{-15/2}}{B(0.5,7)} = 0.025.$$

Da

$$B(0.5,7) = \frac{\Gamma(0.5)\cdot\Gamma(7)}{\Gamma(7.5)} = \frac{1.7725\cdot 720}{1871.2543} = 0.6820$$

ist, mit

$$\begin{aligned}
\Gamma(0.5) &= \sqrt{\pi} = 1.7725, \\
\Gamma(7) &= 6! = 720, \\
\Gamma(7.5) &= 6.5\cdot 5.5\cdot 4.5\cdot 3.5\cdot 2.5\cdot 1.5\cdot 0.5\cdot\sqrt{\pi} = 1871.2543,
\end{aligned}$$

muß t die Gleichung

$$\frac{14^7\cdot(14+t^2)^{-7.5}}{0.6820} = 0.0250$$

erfüllen. Wenn man für $t = 2.4913$ einsetzt, erhält man das geforderte Ergebnis. Man kann daher die Intervallober- und -untergrenze wie folgt berechnen:

$$\begin{aligned}
T_u &= \mu'' - t\cdot\frac{s''}{\sqrt{n''}} = 26.2762 - 2.4913\cdot 1 = 23.7879, \\
T_o &= \mu'' + t\cdot\frac{s''}{\sqrt{n''}} = 26.2762 + 2.4913\cdot 1 = 28.7675.
\end{aligned}$$

Der Sportwissenschaftler wird daher berichten, daß die unbekannte durchschnittliche Arbeitszeit im Intervall (23.78, 28.77) liegt. Der Posteriorischadenerwartungswert und zugleich der erwartete Wert der perfekten Information ist

$$\begin{aligned}
\mathrm{SE}(a_{opt}) &= s_l\cdot(T_o - T_u) + s_u\cdot F_S(T_u) + s_o\cdot G_S(T_o) \\
&= 4.9826 + 40\cdot F_S(23.7852|26.2762,1,14) + \\
&+ 40\cdot G_S(28.7672|26.2762,1,14) \\
&= 4.9826 + 40\cdot F_T(-2.4913|14) + 40\cdot(1 - F_T(2.4913|14)) \\
&= 6.0185.
\end{aligned}$$

4.11 Garantieverhandlungen

Der Erzeuger elektrischer Widerstände möchte im Hinblick auf Garantieverhandlungen ein Intervall für den durchschnittlichen Widerstandswert bestimmen, wobei der elektrische Widerstand ein Sollmaß von 27000 Ohm aufweist. Falls der durchschnittliche Widerstandswert außerhalb der Intervallgrenzen liegt, entsteht ein

Schaden pro Einheit Abweichung von den Intervallgrenzen in Höhe von 2 GE. Da eine zu große Intervallänge verkaufsmindernd wirkt, berücksichtigt der Erzeuger pro Einheit Intervallänge einen Schaden von 0.5 GE. Aus der laufenden Produktion wurde eine Stichprobe im Umfang $n = 4$ entnommen. Die Widerstände betrugen in dieser Stichprobe

$$29100, 26393, 25100, 27807$$

Ohm. Aus der Erfahrung mit früheren Produktionen weiß der Hersteller, daß er bei einem Sollmaß von 27000 Ohm eine Abweichung von ± 10% garantieren konnte. Die Standardabweichung des durchschnittlichen Widerstandes ($s'/\sqrt{n'}$) war bei diesen Berechnungen 1517 Ohm. Der Hersteller möchte diese Informationen gleich stark berücksichtigen wie die Stichprobeninformationen. Welches Intervall soll er für den unbekannten durchschnittlichen Widerstandswert bei seinen Garantieverhandlungen annehmen?

Lösung

Entscheidungsproblem: Dem Hersteller stehen unendlich viele Aktionen zur Auswahl, nämlich jedes Intervall mit der Eigenschaft

$$a = (T_u, T_o), \quad T_u, T_o \in \mathbb{R}_+, \quad T_u < T_o.$$

Beim vorliegenden Intervallschätzproblem müssen die Intervallgrenzen für den unbekannten durchschnittlichen Widerstandswert μ bestimmt werden.

Posterioriverteilung: Die Stichprobeninformationen sind

x_i	x_i^2
29100	846810000
26393	696590449
25100	630010000
27807	773229249
108400	2946639698

$$\bar{x} = \frac{\sum x_i}{n} = \frac{108400}{4} = 27100,$$

$$s = \sqrt{\frac{\sum x_i^2}{n} - \bar{x}^2} = \sqrt{\frac{2946639698}{4} - 27100^2} = 1500.$$

Wenn man einen Gauß Prozeß mit unbekannter Varianz σ^2 voraussetzt, dann kann man versuchen, die Prioriinformation in Form einer Studentverteilung auszudrücken. Da

$$\frac{s'}{\sqrt{n'}} = 1517$$

ist und 10% von 27000 gleich 2700 ist, muß gelten

$$(27000 \pm 10\%) \Rightarrow (27000 \pm t_{0.95;\nu'} \cdot 1517).$$

Daraus folgt, daß

$$t_{0.95;\nu'} = \frac{2700}{1517} = 1.78$$

ist. Für $\nu' = 12$ ist

$$t_{0.95;12} = 1.7823.$$

Die Prioriinformationen sind damit

$$\mu' = 27000, \quad n' = 4, \quad s' = 1517 \cdot \sqrt{4} = 3034, \quad \nu' = 12.$$

Für die Parameter der Posterioristudentverteilung ergeben sich folgende Werte

$$\begin{aligned}
n'' &= n' + n = 4 + 4 = 8, \\
\nu'' &= \nu' + n = 12 + 4 = 16, \\
n_u &= \frac{n' \cdot n}{n''} = \frac{16}{8} = 2, \\
\mu'' &= \frac{n' \cdot \mu' + n \cdot \overline{x}}{n''} = \frac{4 \cdot 27000 + 4 \cdot 27100}{8} = 27050, \\
s''^2 &= \frac{\nu' \cdot s'^2 + n \cdot s^2 + n_u \cdot (\overline{x} - \mu')^2}{\nu''} \\
&= \frac{12 \cdot 3034^2 + 4 \cdot 1500^2 + 2 \cdot (27100 - 27000)^2}{16} = 7467617.
\end{aligned}$$

Schadenerwartungswert: Aus den Schadenvorstellungen des Herstellers kann man folgende lineare Schadenfunktion ableiten:

$$s(a, \mu) = 0.5 \cdot (T_o - T_u) + \begin{cases} 2 \cdot (T_u - \mu) & \text{für } \mu < T_u, \\ 2 \cdot (\mu - T_o) & \text{für } \mu > T_o. \end{cases}$$

Die Intervallgrenzen für das optimale Intervall a_{opt} müssen die Bedingungen

$$\begin{aligned}
T_u: &\quad F_{\mu|x}(T_u) = \frac{s_l}{s_u} = \frac{0.5}{2} = 0.25, \\
T_o: &\quad F_{\mu|x}(T_o) = 1 - \frac{s_l}{s_o} = 1 - 0.25 = 0.75,
\end{aligned}$$

erfüllen. Für die standardisierte Posterioristudentverteilung sind diese Bedingungen

$$\begin{aligned}
F_T\left(t = \frac{T_u - 27050}{966.1533} \middle| 16\right) &= 0.25, \\
F_T\left(t = \frac{T_o - 27050}{966.1533} \middle| 16\right) &= 0.75,
\end{aligned}$$

erfüllt, wenn man für $t \pm 0.6901$ einsetzt. Unter- und Obergrenze des Intervalls sind daher

$$\begin{aligned} T_u &= \mu'' - t \cdot \frac{s''}{\sqrt{n''}} \\ &= 27050 - 0.6901 \cdot 966.1533 \\ &= 26383.26, \\ T_o &= \mu'' + t \cdot \frac{s''}{\sqrt{n''}} \\ &= 27050 + 0.6901 \cdot 966.1533 \\ &= 27716.74. \end{aligned}$$

Der Hersteller kann bei seinen Garantieverhandlungen von dem Intervall (26383.26,-27716.74) für den unbekannten durchschnittlichen Widerstandswert ausgehen. Den Schadenerwartungswert für dieses optimale Intervall berechnet man nach der Formel

$$\begin{aligned} \mathrm{SE}(a_{opt}) &= s_l \cdot (T_o - T_u) + s_u \cdot L_{-\infty}^{T_u}(\mu|x) + s_o \cdot L_{T_o}^{\infty}(\mu|x) \\ &= 0.5 \cdot (27716.74 - 26383.26) + 2 \cdot L_{\infty}^{26383.26}(\mu|x) \\ &\quad +2 \cdot L_{27716.74}^{\infty}(\mu|x) \\ &= 666.74 + 2 \cdot L_{-\infty}^{-0.6901}(t|\nu'') \cdot \sqrt{\frac{s''^2}{n''}} \\ &\quad +2 \cdot L_{0.6901}^{\infty}(t|\nu'') \cdot \sqrt{\frac{s''^2}{n''}} \\ &= 666.74 + 2 \cdot 0.1637 \cdot 966.1533 + 2 \cdot 0.1637 \cdot 966.1533 \\ &= 1299.38. \end{aligned}$$

1299.38 ist auch die Obergrenze für die Kosten eventueller weiterer Zusatzinformationen über den unbekannten durchschnittlichen Widerstandswert.

4.12 Intelligenzquotient

Ein Psychologe hat bei neun Studenten einen mittleren Intelligenzquotienten von 107 errechnet, mit einer Standardabweichung von 12 Punkten. Aus der Literatur ist ihm bekannt, daß der mittlere Intelligenzquotient von Studenten mit einer Wahrscheinlichkeit von 90% im Intervall 110±8 angenommen wird. Diese Information möchte der Psychologe gleich stark gewichten wie seine Stichprobeninformation. Bei der Berechnung eines Intervalls für den unbekannten mittleren Intelligenzquotienten von Studenten will er eine quadratische Schadenfunktion voraussetzen. Der Schaden pro Einheit Über- bzw. Unterschätzung steht im Verhältnis von 5:1 zum Schaden einer Einheit Intervallänge. Welche Intervallgrenzen für den unbekannten mittleren Intelligenzquotienten kann der Psychologe angeben?

Lösung

Entscheidungsproblem: Der Psychologe muß eines der Intervalle mit der Eigenschaft

$$a = (T_u, T_o), \quad T_u, T_o \in \mathbb{R}_+, \quad T_u < T_o$$

auswählen. Für den unbekannten mittleren Intelligenzquotienten von Studenten wird ein optimales Intervall berechnet.

Posterioriverteilung: Die Stichprobenentnahme kann zumindest annähernd als Gauß Prozeß betrachtet werden. Da σ^2 unbekannt und der Stichprobenumfang klein ist, wird der Psychologe die Prioriinformation in Form einer Studentverteilung berücksichtigen. Für diese Verteilung ist

$$\mu' = 110, \quad n' = 9.$$

Da σ^2 unbekannt ist, nimmt er die Stichprobenvarianz als Schätzwert für

$$s'^2 = s^2 = 144.$$

Aus der Beziehung

$$(110 \pm 8) \Leftrightarrow (100 \pm t_{0.95;\nu'} \cdot \frac{s'}{\sqrt{n'}})$$

ergibt sich

$$t_{0.95;\nu'} = 8 \cdot \frac{\sqrt{9}}{12} = 2.$$

Für $\nu' = 5$ ist $t_{0.95;5} = 2.0150$. Die Prioriinformationen sind daher

$$\mu' = 110, \quad n' = 9, \quad s'^2 = 144, \quad \nu' = 5.$$

Die Stichprobeninformation ist

$$n = 9, \quad \overline{x} = 107, \quad s = 12.$$

Die Parameterwerte der Posterioristudentverteilung sind

$$\begin{aligned}
n'' &= n' + n = 9 + 9 = 18, \\
\nu'' &= \nu' + n = 5 + 9 = 14, \\
n_u &= \frac{n' \cdot n}{n''} = \frac{9 \cdot 9}{18} = 4.5, \\
\mu'' &= \frac{n' \cdot \mu' + n \cdot \overline{x}}{n''} = \frac{9 \cdot 110 + 9 \cdot 107}{18} = 108.50, \\
s''^2 &= \frac{\nu' \cdot s'^2 + n \cdot s^2 + n_u \cdot (\overline{x} - \mu')^2}{\nu''} \\
&= \frac{5 \cdot 12^2 + 9 \cdot 12^2 + 4.5 \cdot (107 - 110)^2}{14} \\
&= 146.8929.
\end{aligned}$$

Schadenerwartungswert: Der Psychologe will für seine Berechnungen folgende Schadenfunktion verwenden:

$$s(a,\mu) = 1 \cdot (T_o - T_u) + \begin{cases} 5 \cdot (T_u - \mu)^2 & \text{für } \mu < T_u, \\ 5 \cdot (\mu - T_o)^2 & \text{für } \mu > T_o. \end{cases}$$

Für diese Schadenfunktion haben die Intervallgrenzen des optimalen Intervalls den Bedingungen

$$\begin{aligned} T_u: \quad & L_{-\infty}^{T_u}(\mu|x) = \frac{s_l}{2s_u} = \frac{1}{2 \cdot 5} = 0.10, \\ T_o: \quad & L_{T_o}^{\infty}(\mu|x) = \frac{s_l}{2s_o} = \frac{1}{2 \cdot 5} = 0.10 \end{aligned}$$

zu entsprechen. Diese Bedingungen sind für die Posterioristudentverteilung

$$\begin{aligned} L_{-\infty}^{T_u}(\mu|108.5, 8.16, 14) &= L_{-\infty}^{t}(t|14) \cdot \sqrt{8.16} = 0.10, \\ L_{T_o}^{\infty}(\mu|108.5, 8.16, 14) &= L_{t}^{\infty}(t|14) \cdot \sqrt{8.16} = 0.10. \end{aligned}$$

Daraus ergibt sich

$$L_{-\infty}^{t}(t|14) = \frac{0.10}{\sqrt{8.16}} = 0.035 = L_{t}^{\infty}(t|14).$$

Da

$$L_{-\infty}^{-1.6180}(t|14) = 0.035$$

ist, berechnet man die Intervallgrenzen mit $t = \pm 1.618$

$$\begin{aligned} T_u &= \mu - t \cdot \frac{s''}{\sqrt{n''}} \\ &= 108.5 - 1.618 \cdot \sqrt{8.16} \\ &= 103.8781, \\ T_o &= \mu'' + t \cdot \frac{s''}{\sqrt{n''}} \\ &= 108.5 + 1.618 \cdot \sqrt{8.16} \\ &= 113.1219. \end{aligned}$$

Der Schadenerwartungswert dieses optimalen Intervalls ist durch den Betrag

$$\begin{aligned} \mathrm{SE}(a_{opt}) &< s_l \cdot (T_o - T_u) + s \cdot V(\mu|x) \\ &= 1 \cdot (113.1219 - 103.8781) + 5 \cdot 9.52 \\ &= 56.8439 \end{aligned}$$

nach oben beschränkt, da

$$\begin{aligned} V(\mu|x) &= \frac{s''^2}{n''} \cdot \frac{\nu''}{\nu'' - 2} \\ &= 8.16 \cdot \frac{14}{12} \\ &= 9.52 \end{aligned}$$

ist.

Kapitel V

Unterschied

Während bisher Probleme analysiert wurden, bei denen nur die Information über eine Zufallsvariable berücksichtigt wurde, wird im Folgenden auf Entscheidungsprobleme eingegangen, bei denen zwei Zufallsvariable bzw. ihre Differenz eine wesentliche Rolle spielen. So hängt z.B die Entscheidung über die Werbestrategie für ein neues Produkt davon ab, ob der Anteil der Frauen, die das neue Produkt anspricht, gleich groß ist wie der entsprechende Anteil der Männer. Der Anteil der Frauen, die das Produkt kaufen werden, ist hier die erste Zufallsvariable und jener der Männer die zweite. Ähnliche Probleme findet man häufig im klinischen Bereich. Man muß z.B. zwischen zwei Therapiemethoden entscheiden, die für die Behandlung eines Leidens zur Verfügung stehen und bisher unterschiedliche Heilungsraten aufweisen. In die gleiche Kategorie fällt der Vergleich von Verum und Placebo in einer pharmakologischen Untersuchung: Um zu entscheiden, ob ein Pharmakon eine entsprechende Wirkung hat, wird das in Frage stehende Pharmakon einer Versuchsgruppe verabreicht und ein gleich aussehendes Placebo einer Kontrollgruppe gegeben. An Hand der unterschiedlichen Anteile an geheilten Personen in den beiden Gruppen, muß entschieden werden, ob das Pharmakon die gewünschte Wirkung verursacht.

Nicht nur für die Unterschiede von zwei Anteilswerten wird im Folgenden die Entscheidungsanalyse für das Test-, Punkt- und Intervallschätzproblem erläutert, sondern auch für die Differenz von Parametern der Poisson- und Normalverteilung. Obwohl dabei vorausgesetzt wird, daß die Realisationen der beiden Zufallsvariablen jeweils einem Bernoulli, Poisson bzw. Gauß Prozeß entsprechen, wird für den Bernoulli und Poisson Prozeß nur die Näherungslösung angegeben, die man mit Hilfe der Normalverteilung errechnen kann. Da bei der Analyse von Unterschieden Informationen über zwei Zufallsvariable berücksichtigt werden, spricht man auch von einem 2-Stichprobenfall zum Unterschied vom 1-Stichprobenfall, bei dem nur die Informationen über eine Zufallsvariable verarbeitet werden.

1 Anteilswerte

Der Bernoulli Prozeß wurde an Hand einer Stichprobenziehung erläutert, die aus einer Urne mit einer unbekannten Anzahl weißer und nicht weißer Kugeln durchgeführt wird. Mit Hilfe dieser Stichprobeninformation und der Prioriinformation über den unbekannten Anteil weißer Kugeln in der Urne bestimmt man die Parameter der Posterioribetaverteilung. Mit dieser Posterioriverteilung kann man Wahrscheinlichkeiten für die möglichen Anteile weißer Kugeln in einer Urne berechnen.

Wenn man nun voraussetzt, daß nicht nur eine Urne mit einer unbekannten Anzahl weißer und nichtweißer Kugeln vorliegt, sondern eine zweite Urne mit einer unbekannten Anzahl roter und nichtroter Kugeln, dann möchte man z.B. wissen, ob der Anteil roter Kugeln größer ist als jener der weißen. Bezeichnet man mit π_1 den Anteil weißer Kugeln und mit π_2 den Anteil roter Kugeln, dann sucht man die Wahrscheinlichkeit für $\pi_1 < \pi_2$, oder anders ausgedrückt, für $\delta_\pi = \pi_1 - \pi_2 < 0$.

Folgende Informationen stehen z.B. zur Verfügung: Eine Stichprobe (mit Zurücklegen) aus der ersten Urne im Umfang von $n_1 = 20$ enthält $x_1 = 7$ weiße Kugeln. Aus der zweiten Urne wurde eine Stichprobe im Umfang von $n_2 = 10$ entnommen mit $x_2 = 5$ roten Kugeln. Auf Grund von Vorinformationen vermutet man in der ersten Urne 40% weiße und in der zweite Urne 60% rote Kugeln. Diese Informationen will man halb so stark wie die jeweiligen Stichprobeninformationen berücksichtigen. Die Parameter der Posterioribetaverteilung für den unbekannten Anteil weißer Kugeln, π_1, sind dann

$$n_1'' = 30, \quad x_1'' = 11,$$

da

$$\begin{aligned} n_1 &= 20, \quad x_1 = 7, \\ n_1' &= 10, \quad x_1' = 4. \end{aligned}$$

Erwartungswert und Varianz dieser Betaverteilung sind

$$\begin{aligned} E(\pi_1|x) &= \pi_1'' = \frac{x_1''}{n_1''} = \frac{11}{30} = 0.3667, \\ V(\pi_1|x) &= \frac{x_1'' \cdot (n_1'' - x_1'')}{n_1''^2 \cdot (n_1'' + 1)} = \frac{\pi_1'' \cdot (1 - \pi_1'')}{n_1'' + 1} \\ &= \frac{\frac{11}{30} \cdot (1 - \frac{11}{30})}{30 + 1} = 0.0075. \end{aligned}$$

Die Parameter der Posterioribetaverteilung für den unbekannten Anteil roter Kugeln, π_2, sind entsprechend

$$n_2'' = 15, \quad x_2'' = 8,$$

da

$$\begin{aligned} n_2 &= 10, \quad x_2 = 5, \\ n_2' &= 5, \quad x_2' = 3. \end{aligned}$$

Für diese Betaverteilung sind Erwartungswert und Varianz

$$\begin{aligned} E(\pi_2|x) &= \pi_2'' = \frac{8}{15} = 0.5333, \\ V(\pi_2|x) &= \frac{\pi_2'' \cdot (1-\pi_2'')}{n_2''+1} = \frac{\frac{8}{15} \cdot (1-\frac{8}{15})}{15+1} = 0.0156. \end{aligned}$$

Der Erwartungswert für die Posterioriverteilung der Differenz der beiden unbekannten Anteilswerte $\delta_\pi = \pi_1 - \pi_2$ ist

$$E(\delta_\pi|x) = \pi_1'' - \pi_2'' = \frac{11}{30} - \frac{16}{30} = -0.1667$$

und die Varianz ist

$$V(\delta_\pi|x) = V(\pi_1) + V(\pi_2) = 0.0075 + 0.0156 = 0.0230.$$

Wenn $n_1'' + n_2'' \geq 30$ ist, dann kann man die Posterioriwahrscheinlichkeit für beliebige Differenzen $\pi_1 - \pi_2$ in Näherung mit Hilfe der Normalverteilung berechnen. Die beiden Parameter dieser Normalverteilung sind $E(\delta_\pi|x)$ und $V(\delta_\pi|x)$. Die Wahrscheinlichkeit für einen größeren Anteil roter als weißer Kugeln ist daher

$$\begin{aligned} W''(\delta_\pi = \pi_1 - \pi_2 < 0) &= W''(\pi_1 < \pi_2) \\ &\approx F_N(0|-0.1667, 0.0230) \\ &= F_Z(1.0992) \\ &= 0.8639, \end{aligned}$$

da

$$z = \frac{0-(-0.1667)}{\sqrt{0.0230}} = 1.0992.$$

Test- und Schätzprobleme für Anteilswertdifferenzen können nun in der üblichen Art mit Hilfe der Normalverteilung (Gauß Prozeß, σ^2 bekannt) gelöst werden.

Ein Testproblem für Anteilswertdifferenzen liegt z.B. vor, wenn man sich zwischen den beiden folgenden Aktionen entscheiden muß:

a_0: der Anteil der roten Kugeln ist größer als der der weißen,
a_1: der Anteil der roten Kugeln ist kleiner als der der weißen.

Die entsprechenden Hypothesen für die beiden Umweltzustände sind:

$$\begin{aligned} &H_0: \pi_1 \leq \pi_2 \quad \text{oder} \quad H_0: \delta_\pi \leq 0, \\ &H_1: \pi_1 > \pi_2 \quad \text{oder} \quad H_1: \delta_\pi > 0. \end{aligned}$$

Man muß 2 GE bezahlen, wenn man behauptet, daß der Anteil roter Kugeln größer ist als der der weißen, obwohl in Wirklichkeit der umgekehrte Fall vorliegt. 1 GE muß man bezahlen, wenn man angibt, der Anteil der roten Kugeln ist kleiner als der der weißen, obwohl dies falsch ist. Die entsprechende Schadenfunktion hat folgendes Aussehen:

$$\begin{aligned} s(a_0, \delta_\pi) &= \begin{cases} 0 & \text{für } \delta \leq 0, \\ 2 & \text{für } \delta < 0, \end{cases} \\ s(a_1, \delta_\pi) &= \begin{cases} 1 & \text{für } \delta \leq 0, \\ 0 & \text{für } \delta > 0. \end{cases} \end{aligned}$$

Die Schadenerwartungswerte für die beiden Aktionen sind

$$\begin{aligned} \text{SE}(a_0) &= 2 \cdot W''(H_1 \colon \delta_\pi > 0) = 2 \cdot 0.1361 = 0.2722, \\ \text{SE}(a_1) &= 1 \cdot W''(H_0 \colon \delta_\pi \leq 0) = 1 \cdot 0.8639 = 0.8639.. \end{aligned}$$

Man wird behaupten, daß der Anteil der roten Kugeln größer ist als jener der weißen, um den Schadenerwartungswert zu minimieren. Ein Punktschätzproblem für Anteilswertdifferenzen liegt vor, wenn man einen Schätzwert für die Anteilswertdifferenz $\delta_\pi = \pi_1 - \pi_2$ angeben soll. Setzt man im Urnenbeispiel voraus, daß jede Urne genau 100 Kugeln enthält und man 1 GE pro Kugel zahlen muß, wenn der wahre Wert unterhalb des Schätzwertes liegt und 2 GE pro Kugel, wenn er über dem Schätzwert liegt, dann ist

$$s(a, \delta_\pi) = \begin{cases} 0 & \text{für } \delta_\pi = a, \\ 1 \cdot (a - \delta_\pi) & \text{für } \delta_\pi < a, \\ 2 \cdot (\delta_\pi - a) & \text{für } \delta_\pi > a, \end{cases}$$

die entsprechende Schadenfunktion. Der Schätzwert mit minimalem Schadenerwartungswert muß für diese Schadenfunktion die Bedingung

$$\begin{aligned} F_{\vartheta|x}(a) &= F_N(\delta_\pi | -0.1667, 0.0230) \\ &= \frac{s_o}{s_o + s_u} = \frac{2}{2+1} = 0.667 \end{aligned}$$

erfüllen. Wenn man für $\delta_\pi = -0.1012$ einsetzt, dann ist diese Bedingung erfüllt. Diesen Wert findet man, indem man den z-Wert der Standardnormalverteilung bestimmt, vor dem 66.7% der Fläche der Standardnormalverteilung liegen:

$$\begin{aligned} F_Z(0.4316) &= 0.667 \\ z &= 0.4316. \end{aligned}$$

δ_π ergibt sich nun für die Normalverteilung mit obigen Parametern wie folgt:

$$\begin{aligned} \delta_\pi &= E(\delta_\pi|x) + z_{0.667} \cdot \sqrt{V(\delta_\pi|x)} \\ &= -0.1667 + 0.4316 \cdot \sqrt{0.0230} \\ &= -0.1012. \end{aligned}$$

Für die Anteilswertdifferenz wird man daher -0.1012 als besten Schätzwert angeben, d.h. der Anteil der weißen Kugeln ist um ca 10%-Punkte kleiner als jener der roten Kugeln.

Will man nicht einen einzelnen Schätzwert für die Anteilswertdifferenz angeben, sondern ein Intervall für diese Differenz, dann kann man das Intervall mit minimalem Schadenerwartungswert und der linearen Schadenfunktion

$$s(a, \delta_\pi) = 1 \cdot (T_o - T_u) + \begin{cases} 4 \cdot (T_u - \delta_\pi) & \text{für } \delta_\pi < T_u, \\ 4 \cdot (\delta_\pi - T_o) & \text{für } \delta_\pi > T_o, \end{cases}$$

wie folgt berechnen: Die Intervallgrenzen müssen die Bedingungen

$$\begin{aligned} F_N(T_u | -0.1667, 0.0230) &= \frac{s_l}{s_u} = 0.25, \\ F_N(T_o | -0.1667, 0.0230) &= 1 - \frac{s_l}{s_o} = 0.75 \end{aligned}$$

erfüllen. Da z für $F_Z(z) = 0.25$ gleich -0.6745 ist und für $F_Z(z) = 0.75$ gleich 0.6745, erhält man für T_u

$$\begin{aligned} T_u &= E(\delta_\pi | x) + z \cdot \sqrt{V(\delta_\pi | x)} \\ &= -0.1667 - 0.6745 \cdot \sqrt{0.0230} \\ &= -0.2690 \end{aligned}$$

und für

$$\begin{aligned} T_o &= E(\delta_\pi | x) + z \cdot \sqrt{V(\delta_\pi | x)} \\ &= -0.1667 + 0.6745 \cdot \sqrt{0.0230} \\ &= -0.0644. \end{aligned}$$

Für die angeführte lineare Schadenfunktion ist das optimale Intervall für die Anteilswertdifferenz $\delta_\pi = \pi_1 - \pi_2$ durch die Grenzen -0.2690 und -0.0644 bestimmt. Der Anteil weißer Kugeln ist zwischen 6.44% und 26.9% geringer als jener der roten Kugeln.

2 Mittelwerte von Poissonverteilungen

In zwei Filialen einer Bank werden die bedienten Kunden pro Stunde am jeweiligen Effektenschalter erhoben. Dazu werden die beiden Schalter an 8 zufällig ausgewählten Stunden beobachtet. Das Ergebnis sieht folgendermaßen aus:

$$t_1 = 8, \quad x_1 = 56$$

und

$$t_2 = 8, \quad x_2 = 24.$$

Im Schnitt wurden also in der ersten Filiale 56/8=7 Kunden pro Stunde bedient, in der zweiten Filiale 24/8=3 Kunden. Kann man voraussetzen, daß die Kundenankünfte einem Poisson Prozeß entsprechen, dann sind λ_1 (die durchschnittliche Zahl bedienter Kunden pro Stunde in der ersten Filiale) und λ_2 (die entsprechende Zahl in der zweiten Filiale) zwei gammaverteilte Zufallsvariable. Wenn man die Prioriinformation, daß im langjährigen Durchschnitt 5 Kunden pro Stunde bedient werden, gleich stark gewichten will wie die Stichprobeninformationen, dann sind die Parameter der Posteriorigammaverteilungen

$$\begin{aligned} t_1'' &= t_1' + t_1 = 8+8 = 16, \\ x_1'' &= x_1' + x_1 = 40+56 = 96, \\ t_2'' &= t_2' + t_2 = 8+8 = 16, \\ x_2'' &= x_2' + x_2 = 40+24 = 64. \end{aligned}$$

Erwartungswert und Varianz der ersten Gammaverteilung sind

$$\begin{aligned} E(\lambda_1|x) &= \lambda_1'' = \frac{x_1''}{t_1''} = \frac{96}{16} = 6, \\ V(\lambda_1|x) &= \frac{\lambda_1''}{t_1''} = \frac{6}{16} \end{aligned}$$

und der zweiten Gammaverteilung

$$\begin{aligned} E(\lambda_2|x) &= \lambda_2'' = \frac{x_2''}{t_2''} = \frac{64}{16} = 4, \\ V(\lambda_2|x) &= \frac{\lambda_2''}{t_2''} = \frac{4}{16}. \end{aligned}$$

Für die Differenz der beiden Zufallsvariablen $\delta_\lambda = \lambda_1 - \lambda_2$, gilt bei Unabhängigkeit

$$\begin{aligned} E(\delta_\lambda|x) &= \lambda_1'' - \lambda_2'', \\ V(\delta_\lambda|x) &= \frac{\lambda_1''}{t_1''} + \frac{\lambda_2''}{t_2''}. \end{aligned}$$

Für $\lambda_1'' + \lambda_2'' \geq 10$ kann man die Wahrscheinlichkeit für beliebige Differenzen $\lambda_1 - \lambda_2$ näherungsweise mit Hilfe der Normalverteilung berechnen, wobei

$$E(\delta_\lambda|x) = 6 - 4 = 2$$

und

$$V(\delta_\lambda|x) = \frac{6}{16} + \frac{4}{16} = 0.6250$$

die Parameter dieser Normalverteilung sind. Die Wahrscheinlichkeit, daß z.B. die durchschnittliche Zahl bedienter Kunden pro Stunde generell in der ersten

Filiale größer ist als in der zweiten, ist

$$\begin{aligned} W''(\delta_\lambda = \lambda_1 - \lambda_2 > 0) &= W''(\lambda_1 > \lambda_2) \\ &\approx G_N(0|2, 0.6250) \\ &= G_Z(-2.5298) \\ &= 0.9943, \end{aligned}$$

da

$$z = \frac{0-2}{\sqrt{0.6250}} = -2.5298$$

ist.

Mit Hilfe der so bestimmten Normalverteilung kann man Test- und Schätzprobleme für die Differenz $\lambda_1 - \lambda_2$ in der üblichen Art lösen (Gauß Prozeß, σ^2 bekannt).

Wenn z.B. der Leiter der ersten Filiale im Hinblick auf die durchschnittlich höhere Zahl bedienter Kunden in seiner Filiale einen weiteren Mitarbeiter für die Effektenabteilung beantragt, dann muß die Hauptanstalt folgendes Testproblem lösen:

a_0: keine weitere Einstellung eines Mitarbeiters,
a_1: Einstellung eines weiteren Mitarbeiters.

Da die Hauptanstalt nur dann die Aktion a_0 wählen will, wenn tatsächlich λ_1 größer ist als λ_2, lauten die Hypothesen für die entsprechenden Umweltzustände:

$$\begin{aligned} &H_0: \lambda_1 \leq \lambda_2 \quad \text{oder} \quad H_0: \delta_\lambda \leq 0, \\ &H_1: \lambda_1 > \lambda_2 \quad \text{oder} \quad H_1: \delta_\lambda > 0. \end{aligned}$$

Durch die Einstellung eines Mitarbeiters entstehen jährliche Kosten von 5 GE. Wenn die durchschnittliche Zahl der Kunden pro Stunde in der ersten Filiale tatsächlich über jener der zweiten Filiale liegt und dadurch die Gefahr besteht, daß Kunden wegen der längeren Wartezeiten und der geringeren Betreuungsintensität das Geldinstitut wechseln, dann entsteht dadurch ein Schaden, den die Bank pro Jahr pauschal mit 10 GE schätzt. Die entsprechende Schadenfunktion ist

$$\begin{aligned} s(a_0, \delta_\lambda) &= \begin{cases} 0 & \text{für } \delta_\lambda \leq 0, \\ 10 & \text{für } \delta_\lambda > 0, \end{cases} \\ s(a_1, \delta_\lambda) &= \begin{cases} 5 & \text{für } \delta_\lambda \leq 0, \\ 0 & \text{für } \delta_\lambda > 0. \end{cases} \end{aligned}$$

Die Schadenerwartungswerte der beiden Aktionen sind

$$\begin{aligned} \text{SE}(a_0) &= 10 \cdot W''(H_1: \delta_\lambda > 0) = 10 \cdot 0.9943 = 9.9429, \\ \text{SE}(a_1) &= 5 \cdot W''(H_0: \delta_\lambda \leq 0) = 5 \cdot 0.0057 = 0.0285. \end{aligned}$$

Da die Aktion a_1 den geringeren Schadenerwartungswert besitzt, wird man einen weiteren Mitarbeiter für die 1. Filiale einstellen.

Auch Schätzprobleme für die Differenzen $\delta_\lambda = \lambda_1 - \lambda_2$ kann man mit Hilfe der Formeln des Gauß Prozesses (σ^2 bekannt) lösen, indem man für die Posteriorinormalverteilung die Werte $E(\delta_\lambda|x)$ und $V(\delta_\lambda|x)$ einsetzt.

3 Durchschnitte

3.1 Bekannte Varianzen

Wenn die beiden Zufallsvariablen μ_1 und μ_2 normalverteilt sind, dann ist die Posterioriverteilung der Differenz dieser Mittelwerte, $\mu_1 - \mu_2$, bei bekannten Varianzen, σ_1^2 und σ_2^2, ebenfalls normalverteilt. Die Parameter dieser Normalverteilung für die Differenz $\delta_\mu = \mu_1 - \mu_2$ sind[1]

$$\begin{aligned} E(\delta_\mu|x) &= \mu_1'' - \mu_2'', \\ V(\delta_\mu|x) &= \frac{\sigma_1^2}{n_1''} + \frac{\sigma_2^2}{n_2''}. \end{aligned}$$

Dazu ein Beispiel: Eine Firma will einen neuen Typ von Leuchtstoffröhren kaufen. Zum Bezug dieser Leuchtstoffröhren bieten sich zwei Hersteller an. Wegen der Ähnlichkeit des Produktionsprozesses kann für die Standardabweichung der Lebensdauer dieser Leuchtstoffröhren für beide Hersteller ein Wert von

$$\sigma_1 = 200 = \sigma_2$$

(Stunden) angenommen werden. Nach der Inspektion der Produktionsanlagen beider Hersteller drückt ein Experte seine Prioriinformation über die durchschnittliche Lebensdauer der Leuchtstoffröhren für beide Lieferanten durch eine Normalverteilung mit den Parametern

$$\begin{aligned} \mu_1' &= 1350 = \mu_2', \\ \sigma_1'^2 &= 400^2 = \sigma_2'^2, \end{aligned}$$

aus. Eine Stichprobe von 5 Röhren des ersten Herstellers führte zu einer durchschnittlichen Lebensdauer von 1410 Stunden und eine Stichprobe von 3 Leuchtstoffröhren vom zweiten Hersteller zu einer durchschnittlichen Lebensdauer von 1260 Stunden. Aus diesen Angaben bestimmt man die Parameter der Posteriorinormalverteilung für die Differenz der beiden unbekannten Mittelwerte, $\delta_\mu = \mu_1 - \mu_2$, wie folgt: Der Erwartungswert ist

$$E(\delta_\mu|x) = \mu_1'' - \mu_2''$$

[1] Vgl. Iversen (1984, S 51), Guttman, Wilks, Hunter (1982, S 198).

$$\begin{aligned}
&= \frac{n_1' \cdot \mu_1' + n_1 \cdot \bar{x}_1}{n_1' + n_1} - \frac{n_2' \cdot \mu_2' + n_2 \cdot \bar{x}_2}{n_2' + n_2} \\
&= \frac{0.25 \cdot 1350 + 5.1410}{0.25 + 5} - \frac{0.25 \cdot 1350 + 3 \cdot 1260}{0.25 + 3} \\
&= 1407.1429 - 1266.9231 \\
&= 140.2198,
\end{aligned}$$

da die hypothetischen Stichprobenumfänge gleich sind

$$n_1' = \frac{\sigma^2}{\sigma'^2} = \frac{200^2}{400^2} = 0.25 = n_2'$$

und die Varianz ist

$$\begin{aligned}
V(\delta_\mu|x) &= \frac{\sigma_1^2}{n_1''} + \frac{\sigma_1^2}{n_2''} \\
&= \frac{\sigma_1^2}{n_1' + n_1} + \frac{\sigma_2^2}{n_2' + n_2} \\
&= \frac{200^2}{5.25} + \frac{200^2}{3.25} \\
&= 19926.7399.
\end{aligned}$$

Mit Hilfe der Posteriorinormalverteilung kann man nun die Wahrscheinlichkeit berechnen, daß der erste Hersteller Leuchtstoffröhren produziert, die eine längere durchschnittliche Lebensdauer haben als die des zweiten Herstellers:

$$\begin{aligned}
W''(\mu_1 > \mu_2) &= W''(\delta_\mu = \mu_1 - \mu_2 > 0) \\
&= G_N(0|140.2198, 19926.7399) \\
&= G_Z(-0.9933) \\
&= 0.8397,
\end{aligned}$$

da

$$z = \frac{0 - 140.2198}{\sqrt{19926.7399}} = -0.9933.$$

Wenn man keine Prioriinformation hat, wenn also keine Expertenmeinung in Form einer Priorinormalverteilung zur Verfügung steht, dann sind die hypothetischen Stichprobenumfänge n_1' und n_2' gleich Null und die Parameter der Posteriorinormalverteilung für die Differenz, $\delta_\mu = \mu_1 - \mu_2$, sind[2]

$$\begin{aligned}
E(\delta_\mu|x) &= \mu_1'' - \mu_2'' = \bar{x}_1 - \bar{x}_2 \\
&= 1410 - 1260 = 150, \\
V(\delta_\mu|x) &= \frac{\sigma_1^2}{n_1''} + \frac{\sigma_2^2}{n_2''} = \frac{\sigma_1^2}{n_1} + \frac{\sigma_2^2}{n_2} \\
&= \frac{200^2}{5} + \frac{200^2}{3} = 21333.3333.
\end{aligned}$$

[2] vgl Guttman, Wilks, Hunter (1982, S 199)

Diese Parameter unterscheiden sich nur wenig von den Parametern, die mit Hilfe der Prioriinformation der Experten berechnet wurden. Das ist zu erwarten, wenn man berücksichtigt, daß die Prioriinformation des Experten einer hypothetischen Stichprobe von nur $n' = 0.25$ entspricht.

Wenn man die Parameter der Posteriorinormalverteilung der Differenz $\delta_\mu = \mu_1 - \mu_2$ kennt, dann kann man nach der üblichen Art (Gauß Prozeß, σ^2 bekannt) Entscheidungsprobleme für diese Differenz lösen. Muß sich z.B. die Firma entscheiden, Leuchtstoffröhren des neuen Typs vom Hersteller 1 oder 2 zu kaufen, dann handelt es sich um ein Testproblem mit den Aktionen

a_0: Kauf der Leuchtstoffröhren beim 2. Händler,
a_1: Kauf der Leuchtstoffröhren beim 1. Händler.

Den beiden Umweltzuständen entsprechen die Hypothesen

$$H_0: \delta_\mu \leq 0 \quad \text{oder} \quad H_0: \mu_1 \leq \mu_2,$$
$$H_1: \delta_\mu > 0 \quad \text{oder} \quad H_1: \mu_1 > \mu_2.$$

Die Leuchtstoffröhren werden beim zweiten Hersteller gekauft, wenn die durchschnittliche Brenndauer dieser Leuchtstoffröhren mindestens so lang ist, wie die des ersten Herstellers. Bei der Aktion a_1 liegt der Fall umgekehrt. Da der zweite Hersteller seine Röhren billiger anbietet als der erste, hängt die Entscheidung für einen der beiden Hersteller von der entsprechenden Schadenfunktion ab. Je kürzer die Lebensdauer, umso rascher treten die Kosten der Wiederbeschaffung auf. Die billigeren Röhren des zweiten Herstellers müssen auch schneller ersetzt werden, wenn die durchschnittliche Lebensdauer kürzer ist, als die des ersten und teureren Herstellers. Folgende lineare Schadenfunktion wurde an Hand dieser Überlegungen und auf Grundlage einer Kostenrechnung erstellt:

$$s(a_0, \delta_\mu) = \begin{cases} 0 & \text{für } \delta_\mu \leq 0, \\ 1 \cdot (\delta_\mu - 0) & \text{für } \delta_\mu > 0, \end{cases}$$
$$s(a_1, \delta_\mu) = \begin{cases} 10 \cdot (0 - \delta_\mu) & \text{für } \delta_\mu \leq 0, \\ 0 & \text{für } \delta_\mu > 0. \end{cases}$$

Mit Hilfe dieser Angaben kann man die Schadenerwartungswerte der beiden Aktionen berechnen:

$$\begin{aligned} \text{SE}(a_0) &= s_2 \cdot L_0^\infty(\delta_\mu | x) \\ &= 1 \cdot L_{-0.9933}^\infty(z) \cdot \sqrt{19926.7399}, \\ &= 1 \cdot 1.0777 \cdot \sqrt{19926 \cdot 7399} \\ &= 152.1304. \end{aligned}$$

Der Schadenerwartungswert für die Aktion a_1 ist

$$\begin{aligned} \mathrm{SE}(a_1) &= s_1 \cdot L_{-\infty}^{0}(\delta_\mu|x) \\ &= 10 \cdot L_{-\infty}^{-0.9933}(z) \cdot \sqrt{19926.7399} \\ &= 10 \cdot 0.0844 \cdot \sqrt{19926.7399} \\ &= 119.1408. \end{aligned}$$

Da der Schadenerwartungswert der Aktion a_1 geringer ist als der von a_0, wird die Firma die Leuchtstoffröhren neuen Typs beim ersten Hersteller kaufen.

So wie dieses Testproblem kann man auch Schätzprobleme für die Differenz $\delta_\mu = \mu_1 - \mu_2$ mit Hilfe der Formeln des Gauß Prozesses (σ^2 bekannt) lösen. Für die Posteriorinormalverteilung verwendet man die entsprechenden Parameter für die Mittelwertunterschiede.

3.2 Unbekannte aber gleiche Varianzen

Wenn die beiden Zufallsvariablen μ_1 und μ_2 normalverteilt sind mit unbekannter aber gleicher Varianz, $\sigma_1^2 = \sigma_2^2$, dann ist die Posterioriverteilung der Mittelwertunterschiede, $\delta_\mu = \mu_1 - \mu_2$, studentverteilt. Die Parameter dieser Studentverteilung[3] sind

$$\begin{aligned} \nu &= n_1'' + n_2'' - 2, \\ E(\delta_\mu|x) &= \mu_1'' - \mu_2'', \\ \hat{V}(\delta_\mu|x) &= \frac{s''^2}{n_1''} + \frac{s''^2}{n_2''} = s''^2 \cdot \left(\frac{1}{n_1''} + \frac{1}{n_2''}\right), \end{aligned}$$

mit

$$s''^2 = \frac{n_1'' \cdot s_1''^2 + n_2'' \cdot s_2''^2}{n_1'' + n_2'' - 2}$$

und

$$s_i''^2 = \frac{\nu_i' \cdot s_i'^2 + n_i \cdot s_i^2 + n_i' \cdot n_i \cdot (\bar{x}_i - \mu_i')^2/(n_i' + n_i)}{\nu_i' + n_i}, \quad i = 1, 2.$$

Die Standardabweichungen von neuen Leuchtstoffröhren, σ_1 und σ_2, sind normalerweise nicht bekannt. Kann man voraussetzen, daß sie gleich sind, dann muß man in diesem Fall nicht die Normal- sondern die Studentverteilung als Posterioriverteilung der Mittelwertunterschiede heranziehen.

Vom Experten hat man z.B. die Prioriinformation, daß die unbekannte durchschnittliche Lebensdauer der Leuchtstoffröhren bei beiden Herstellern mit 90% Wahrscheinlichkeit zwischen 1300 und 1400 Stunden liegt, wobei die

[3] Vgl Box, Tiao (1973, S 103)

geschätzte Standardabweichung $s' = 50$ Stunden beträgt. Der Erwartungswert der Priorinormalverteilung ist dann für beide Hersteller

$$\mu_1' = \frac{1300 + 1400}{2} = 1350 = \mu_2'.$$

Will man die Prioriinformation halb so stark berücksichtigen wie beide Stichproben zusammen, dann ist

$$n_1' = \frac{n_1 + n_2}{2} = \frac{5+3}{2} = 4 = n_2'$$

und für die Prioristudentverteilung muß gelten

$$\begin{aligned} 1350 + t_{0.95;\nu'} \cdot \frac{50}{\sqrt{4}} &= 1400, \\ 1350 - t_{0.95;\nu'} \cdot \frac{50}{\sqrt{4}} &= 1300, \end{aligned}$$

bzw.

$$\begin{aligned} t_{0.95;\nu'} \cdot \frac{50}{\sqrt{4}} &= 50 \\ t_{0.95;\nu'} &= 2. \end{aligned}$$

Für $\nu' = 5$ der Standardstudentverteilung ist laut Tabelle $t_{0.95,5} = 2.0150$. Daher nimmt man für die Prioristudentverteilung

$$\nu_1' = 5 = \nu_2'.$$

Neben den Stichprobeninformationen des vorhergehenden Beispiels

$$\begin{aligned} n_1 &= 5, \quad \bar{x}_1 = 1410, \\ n_2 &= 3, \quad \bar{x}_2 = 1260, \end{aligned}$$

stehen noch die Informationen über die Stichprobenvarianzen

$$s_1^2 = 280^2, \quad s_2^2 = 320^2$$

zur Verfügung. Mit Hilfe dieser Angaben kann man nun die Parameter der Posterioristudentverteilung für die Mittelwertdifferenz $\delta_\mu = \mu_1 - \mu_2$ wie folgt berechnen:

$$\begin{aligned} E(\delta_\mu|x) &= \mu_1'' - \mu_2'' \\ &= \frac{n_1' \cdot \mu_1' + n_1 \cdot \bar{x}_1}{n_1' + n_1} - \frac{n_2' \cdot \mu_2' + n_2 \cdot \bar{x}_2}{n_2' + n_2} \\ &= \frac{4 \cdot 1350 + 5 \cdot 1410}{4+5} - \frac{4 \cdot 1350 + 3 \cdot 1260}{4+3} \end{aligned}$$

$$
\begin{aligned}
&= 1383.3333 - 1311.4286 \\
&= 71.9048, \\
\hat{V}(\delta_\mu|x) &= \frac{s''^2}{n_1''} + \frac{s''^2}{n_2''} \\
&= 47366.9643 \cdot \left(\frac{1}{9} + \frac{1}{7}\right) \\
&= 12029.7052,
\end{aligned}
$$

da

$$
\begin{aligned}
s''^2 &= \frac{n_1'' \cdot s_1''^2 + n_2'' \cdot s_2''^2}{n_1'' + n_2'' - 2} \\
&= \frac{9 \cdot 41250 + 7 \cdot 41698.2143}{9 + 7 - 2} \\
&= 47366.9643
\end{aligned}
$$

und

$$
\begin{aligned}
s_1''^2 &= \frac{\nu_1' \cdot s_1'^2 + n_1 \cdot s_1^2 + n_1' \cdot n_1 \cdot (\overline{x}_1 - \mu_1')^2/(n_1' + n_1)}{\nu_1' + n_1} \\
&= \frac{5 \cdot 50^2 + 5 \cdot 280^2 + 4 \cdot 5(1410 - 1350)^2/(4+5)}{5+5} \\
&= 41250.0000, \\
s_2''^2 &= \frac{5 \cdot 50^2 + 3 \cdot 320^2 + 4 \cdot 3(1260 - 1350)^2/(4+3)}{5+3} \\
&= 41698.2143.
\end{aligned}
$$

Die Freiheitsgrade dieser Studentverteilung sind

$$\nu = n_1'' + n_2'' - 2 = 9 + 7 - 2 = 14.$$

Die Wahrscheinlichkeit für Leuchtstoffröhren mit einer durchschnittlich längeren Lebensdauer vom ersten Hersteller ist nun

$$
\begin{aligned}
W''(\mu_1 > \mu_2) &= W''(\delta_\mu = \mu_1 - \mu_2 > 0) \\
&= G_S(0|71.9048, 12029.7052, 14) \\
&= G_T(-0.6556|14) \\
&= 0.7386,
\end{aligned}
$$

da

$$t = \frac{0 - 71.9048}{\sqrt{12019.7052}} = -0.6556.$$

Bei fehlenden Prioriinformationen sind die hypothetischen Stichprobenumfänge n_1' und n_2' sowie die Freiheitsgrade der Prioristudentverteilung ν_1' und ν_2'

gleich Null und die Parameter der Posterioristudentverteilung für die Mittelwertunterschiede $\delta_\mu = \mu_1 - \mu_2$ daher[4]

$$\begin{aligned} E(\delta_\mu|x) &= \mu_1'' - \mu_2'' = \bar{x}_1 - \bar{x}_2, \\ \hat{V}(\delta_\mu|x) &= s''^2 \cdot \left(\frac{1}{n_1''} + \frac{1}{n_2''}\right) = s''^2 \cdot \left(\frac{1}{n_1} + \frac{1}{n_2}\right). \end{aligned}$$

mit

$$s''^2 = \frac{n_1 \cdot s_1^2 + n_2 \cdot s_2^2}{n_1 + n_2 - 2}$$

und

$$\nu = n_1 + n_2 - 2.$$

Für das Leuchtstoffröhrenbeispiel sind die Parameter der Posterioristudentverteilung für die Mittelwertunterschiede bei fehlender Prioriinformation

$$\begin{aligned} E(\delta_\pi|x) &= \bar{x}_1 - \bar{x}_2 = 1410 - 1260 = 150, \\ \hat{V}(\delta_\mu|x) &= s''^2 \cdot \left(\frac{1}{n_1} + \frac{1}{n_2}\right) \\ &= 341.3698^2 \cdot \left(\frac{1}{5} + \frac{1}{3}\right) = 62151.11, \end{aligned}$$

mit

$$s''^2 = \frac{n_1 \cdot s_1^2 + n_2 \cdot s_2^2}{n_1 + n_2 - 2} = \frac{5 \cdot 280^2 + 3 \cdot 320^2}{5 + 3 - 2} = 341.3698^2$$

und

$$\nu = n_1 + n_2 - 2 = 5 + 3 - 2 = 6.$$

Die Parameter dieser Studentverteilung sind stark verschieden von jenen, die unter Berücksichtigung von Prioriinformationen berechnet wurden. Für Leuchtstoffröhren mit einer durchschnittlich längeren Lebensdauer vom ersten Hersteller ist die Wahrscheinlichkeit ohne Prioriinformationen

$$\begin{aligned} W''(\mu_1 > \mu_2) &= G_S(0|150, 62151.11, 6) \\ &= G_T(-0.6017|6) \\ &= 0.7153. \end{aligned}$$

Test- und Schätzprobleme für Mittelwertdifferenzen bei unbekannten aber gleichen Varianzen können mit Hilfe der Formeln des Gauß Prozesses, σ^2 unbekannt, in der üblichen Art gelöst werden, indem man für die Parameter der Posterioristudentverteilung die oben angeführten Ergebnisse einsetzt.

[4]Vgl. Guttman, Wilks, Hunter (1982, S 208).

3.3 Unbekannte und ungleiche Varianzen

Wenn die unbekannten Varianzen der beiden normalverteilten Zufallsvariablen, μ_1 und μ_2, nicht gleich sind, dann ist die Posterioriverteilung der Mittelwertdifferenzen, $\delta_\mu = \mu_1 - \mu_2$, nicht studentverteilt, sondern Behrens-Fisher-verteilt. Diese Verteilung kann durch die Studentverteilung approximiert werden, wenn man die Parameter der Studentverteilung für unbekannte aber gleiche Varianzen wie folgt korrigiert:

$$\begin{aligned} \nu &= b, \\ E(\delta_\mu|x) &= \mu_1'' - \mu_2'', \\ \hat{V}(\delta_\mu|x) &= a \cdot \left(\frac{s_1''^2}{n_1''} + \frac{s_2''^2}{n_2''} \right) \end{aligned}$$

und

$$s_i''^2 = \frac{\nu_i' \cdot s_i'^2 + n_i \cdot s_i^2 + n_i' \cdot n_i \cdot (\overline{x}_i - \mu_i')^2 / (n_i' + n_i)}{\nu_i' + n_i}, \quad i = 1, 2.$$

Die Korrekturwerte a und b werden nach folgenden Formeln berechnet:[5]

$$\begin{aligned} a &= \frac{b-2}{b} \cdot f_1, \\ b &= 4 + \frac{f_1^2}{f_2}, \\ f_1 &= \frac{n_1'' - 1}{n_1'' - 3} \cdot u + \frac{n_2'' - 1}{n_2'' - 3} \cdot v, \\ f_2 &= \frac{(n_1'' - 1)^2}{(n_1'' - 3)^2 \cdot (n_1'' - 5)} \cdot u^2 + \frac{(n_2'' - 1)^2}{(n_2'' - 3)^2 \cdot (n_2'' - 5)^2} \cdot v^2, \\ u &= \frac{s_1''^2 / n_1''}{s_1''^2 / n_1'' + s_2''^2 / n_2''}, \\ v &= 1 - u. \end{aligned}$$

Kann man im Leuchtstoffröhrenbeispiel nicht annehmen, daß die unbekannten Varianzen der Lebensdauer aus den beiden Produktionsstätten gleich sind, dann sind die Parameter der Posterioristudentverteilung für die Mittelwertdifferenzen wie folgt zu korrigieren (Beispiel mit Prioriinformationen):

$$\begin{aligned} u &= \frac{41250/9}{41250/9 + 41698.2143/7} = 0.4348, \\ v &= 1 - 0.4348 = 0.5652, \\ f_1 &= \frac{9-1}{9-3} \cdot 0.4348 + \frac{7-1}{7-3} \cdot 0.5652 = 1.4275, \end{aligned}$$

[5] vgl. Box, Tiao (1973, S 107), Guttman, Wilks, Hunter (1982, S 213).

$$
\begin{aligned}
f_2 &= \frac{(9-1)^2}{(9-3)^2\cdot(9-5)}\cdot 0.4348^2 + \frac{(7-1)^2}{(7-3)^2\cdot(7-5)}\cdot 0.5652^2 = 0.4434,\\
b &= 4+\frac{1.4275^2}{0.4434} = 8.5958,\\
a &= \frac{8.5958-2}{8.5958}\cdot 1.4275 = 1.0954.
\end{aligned}
$$

Die Parameter der Posterioristudentverteilung für die Mittelwertunterschiede sind

$$
\begin{aligned}
E(\delta_\mu|x) &= \mu_1'' - \mu_2'' = 71.9048,\\
\hat{V}(\delta_\mu|x) &= a\cdot\left(\frac{s_1''^2}{n_1''}+\frac{s_2''^2}{n_2''}\right)\\
&= 1.0954\cdot\left(\frac{41520}{9}+\frac{41698.2143}{7}\right)\\
&= 11545.7582,\\
\nu &= 8.59 \quad \text{abgerundet} \quad 8.
\end{aligned}
$$

(ν wird immer auf die nächste kleinere ganze Zahl abgerundet). Die Wahrscheinlichkeit für Leuchtstoffröhren mit einer durchschnittlich längeren Lebensdauer vom ersten Hersteller ist unter diesen Voraussetzungen

$$
\begin{aligned}
W''(\mu_1 > \mu_2) &= G_S(0|71.9048, 11545.7582, 8)\\
&= G_T(-0.6692|8)\\
&= 0.7389.
\end{aligned}
$$

Bei fehlenden Prioriinformationen sind die Korrekturwerte a und b für die Parameter der Posterioristudentverteilung analog zu berechnen. Mit der so bestimmten Posterioristudentverteilung und den Formeln des Gauß-Prozesses (σ^2 unbekannt) kann man die Test- und Schätzprobleme für Mittelwertdifferenzen analysieren, auch wenn die Varianzen unbekannt und ungleich sind.

4 Fallstudien

4.1 Günstiges Angebot?

Dem Hersteller von Farbfernsehgeräten stehen für den Kauf von Transistoren 2 Angebote zur Auswahl. Beide Anbieter verlangen pro Stück gleichviel. Die Überprüfung der Lieferqualität brachte folgendes Ergebnis: Von 200 überprüften Transistoren des ersten Anbieters waren 25% defekt, von 300 des zweiten Anbieters 21%. Bei welchem Anbieter sollen die Transistoren bestellt werden, wenn man von früheren Lieferungen weiß, daß der erste Anbieter 22% und der zweite 24% defekte Stücke liefert und diese Information halb so stark wie die Stichprobeninformation berücksichtigt werden soll?

Lösung

Entscheidungsproblem: Der Hersteller von Farbfernsehgeräten muß eine der beiden Aktionen wählen:

a_0: Kauf der Transistoren beim ersten Anbieter,
a_1: Kauf der Transistoren beim zweiten Anbieter.

Das Entscheidungsproblem ist daher ein Testproblem. Da der Hersteller sich für den ersten Anbieter entscheiden wird, wenn der Ausschußanteil dieses Anbieters höchstens so groß ist wie der des zweiten, sind die entsprechenden Hypothesen der beiden Umweltzustände

$$H_0: \pi_1 \leq \pi_2 \quad \text{oder} \quad H_0: \delta_\pi = \pi_1 - \pi_2 \leq 0,$$
$$H_1: \pi_1 > \pi_2 \quad \text{oder} \quad H_1: \delta_\pi > 0.$$

π_1 ist der Ausschußanteil des ersten Anbieters, π_2 der des zweiten. Das vorliegende Testproblem hat eine rechtsseitige Alternativhypothese.

Posterioriverteilung: Die Ausschußquoten der beiden Anbieter können als betaverteilte Zufallsvariable von Bernoulli Prozessen betrachtet werden. Die Stichprobeninformationen sind

$$n_1 = 200, \quad x_1 = 50,$$
$$n_2 = 300, \quad x_2 = 63.$$

An Prioriinformationen hat man

$$n_1' = 100, \quad x_1' = 22,$$

$$n_2' = 150, \quad x_2' = 36.$$

Die entsprechenden Parameter der Posterioribetaverteilungen für die beiden Ausschußquoten π_1 und π_2 sind daher

$$n_1'' = n_1' + n_1 = 100 + 200 = 300,$$
$$x_1'' = x_1' + x_1 = 22 + 50 = 72,$$

und

$$n_2'' = n_2' + n_2 = 150 + 300 = 450,$$
$$x_2'' = x_2' + x_2 = 36 + 63 = 99.$$

Da n_1'' und n_2'' genügend groß sind, kann man für die Wahrscheinlichkeitsverteilung der Differenz $\delta_\pi = \pi_1 - \pi_2$ die Normalverteilung heranziehen. Die

Parameter dieser Normalverteilung sind

$$\begin{aligned}
E(\delta_\pi|x) &= \pi_1'' - \pi_2'' = \frac{x_1''}{n_1''} - \frac{x_2''}{n_2''} \\
&= \frac{72}{300} - \frac{99}{450} = 0.24 - 0.22 \\
&= 0.02, \\
V(\delta_\pi|x) &= \frac{\pi_1'' \cdot (1-\pi_1'')}{n_1''+1} + \frac{\pi_2'' \cdot (1-\pi_2'')}{n_2''+1} \\
&= \frac{0.24 \cdot 0.76}{301} + \frac{0.22 \cdot 0.78}{451} \\
&= 0.0010
\end{aligned}$$

und die Dichtefunktion ist

$$f_{\vartheta|x}(\vartheta) = f_N(\delta_\pi|0.02, 0.0010).$$

Schadenerwartungswert: Da die Kosten beider Angebote linear von der Anzahl defekter Stücke abhängt, hat die Schadenfunktion folgendes Aussehen:

$$\begin{aligned}
s(a_0, \delta_\pi) &= \begin{cases} 0 & \text{für } \delta_\pi \leq 0, \\ \delta_\pi - 0 & \text{für } \delta_\pi > 0, \end{cases} \\
s(a_1, \delta_\pi) &= \begin{cases} 0 - \delta_\pi & \text{für } \delta_\pi \leq 0, \\ 0 & \text{für } \delta_\pi > 0. \end{cases}
\end{aligned}$$

Für diese lineare Schadenfunktion ist der Schadenerwartungswert der Aktion a_0

$$\begin{aligned}
\text{SE}(a_0) &= s_2 \cdot L_0^\infty(\delta_\pi|0.02, 0.0010) \\
&= L_{-0.6325}^\infty(z) \cdot \sqrt{0.0010} \\
&= 0.7924 \cdot \sqrt{0.0010} \\
&= 0.0251,
\end{aligned}$$

da

$$z = \frac{0 - 0.02}{\sqrt{0.0010}} = -0.6325$$

ist. Der Schadenerwartungswert der Aktion a_1 ist

$$\begin{aligned}
\text{SE}(a_1) &= s_1 \cdot L_{-\infty}^0(\delta_\pi|0.02, 0.0010) \\
&= L_{-\infty}^{-0.6325}(z) \cdot \sqrt{0.0010} \\
&= 0.1599 \cdot \sqrt{0.0010} \\
&= 0.0051.
\end{aligned}$$

Der Hersteller wird das Angebot des zweiten Anbieters annehmen, da der Schadenerwartungswert dieser Aktion geringer ist als der des ersten Anbieters.

4.2 Welche Schreibkraft?

Zwei Bewerberinnen um einen Schreibkraftposten werden einem Schreibtest unterzogen. Die erste macht 20 Fehler auf 5 Seiten, die zweite 30 Fehler bei der gleichen Seitenanzahl. Die erste Bewerberin verlangt doppelt so viele Lohn wie die zweite. Welche Bewerberin soll man anstellen?

Lösung

Entscheidungsproblem: Eine der beiden Aktionen

a_0: Anstellen der ersten Bewerberin,
a_1: Anstellen der zweiten Bewerberin,

stehen zur Wahl. Das Entscheidungsproblem ist daher ein Testproblem. Da man jene Bewerberin anstellen wird, die im Schnitt pro Seite weniger Fehler macht, sind die entsprechenden Hypothesen der beiden Umweltzustände

$$H_0: \lambda_1 \leq \lambda_2 \quad \text{oder} \quad H_0: \delta_\lambda \leq 0,$$
$$H_1: \lambda_1 > \lambda_2 \quad \text{oder} \quad H_1: \delta_\lambda > 0.$$

λ_1 und λ_2 sind die durchschnittlichen Fehler pro Seite der beiden Bewerberinnen. Die Alternativhypothese ist rechtsseitig.

Posterioriverteilung: Das Auftreten eines Fehlers auf einer Schreibmaschinenseite kann als Poisson Prozeß aufgefaßt werden. Die Stichprobeninformationen sind

$$t_1 = 5, \quad x_1 = 20,$$
$$t_2 = 5, \quad x_2 = 30.$$

Wegen fehlender Prioriinformationen über die Schreibfähigkeiten der beiden Bewerberinnen sind dies auch die Parameter der Posteriorigammaverteilungen:

$$\begin{aligned} t_1'' &= t_1' + t_1 = 0 + 5 = 5, \\ x_1'' &= x_1' + x_1 = 0 + 20 = 20, \\ t_2'' &= t_2' + t_2 = 0 + 5 = 5, \\ x_2'' &= x_2' + x_2 = 0 + 30 = 30. \end{aligned}$$

Die Erwartungswerte und Varianzen dieser Posterioriverteilungen sind

$$\begin{aligned} E(\lambda_1|x) &= \lambda_1'' = \frac{x_1''}{t_1''} = \frac{20}{5} = 4, \\ V(\lambda_1|x) &= \frac{\lambda_1''}{t_1''} = \frac{4}{5} = 0.8, \end{aligned}$$

$$\begin{aligned} E(\lambda_2|x) &= \lambda_2'' = \frac{x_2''}{t_2''} = \frac{30}{5} = 6, \\ V(\lambda_2|x) &= \frac{\lambda_2''}{t_2''} = \frac{6}{5} = 1.2. \end{aligned}$$

Da $\lambda_1'' + \lambda_2'' \geq 10$ ist, kann man für die Posterioriverteilung der Differenz, $\delta_\lambda = \lambda_1 - \lambda_2$ die Normalverteilung verwenden. Die Parameter dieser Normalverteilung sind

$$\begin{aligned} E(\delta_\lambda|x) &= \lambda_1'' - \lambda_2'' = 4 - 6 = -2, \\ V(\delta_\lambda|x) &= \frac{\lambda_1''}{t_1''} + \frac{\lambda_2''}{t_2''} = 0.8 + 1.2 = 2, \end{aligned}$$

und die Dichtefunktion ist

$$f_{\vartheta|x}(\vartheta) = f_N(\delta_\lambda| -2, 2).$$

Schadenerwartungswert: Da die Schäden der möglichen Fehlentscheidungen im Verhältnis $s_1 : s_2 = 1 : 2$ stehen, erhält man folgende Schadenfunktion:

$$\begin{aligned} s(a_0, \delta_\lambda) &= \begin{cases} 0 & \text{für } \delta_\lambda \leq 0, \\ 2 & \text{für } \delta_\lambda > 0, \end{cases} \\ s(a_1, \delta_\lambda) &= \begin{cases} 1 & \text{für } \delta_\lambda \leq 0, \\ 0 & \text{für } \delta_\lambda > 0. \end{cases} \end{aligned}$$

Für diese konstante Schadenfunktion ist der Schadenerwartungswert der Aktion a_0

$$\mathrm{SE}(a_0) = s_2 \cdot G_N(0| -2, 2) = 2 \cdot G_Z(1.4142) = 0.1574,$$

da

$$z = \frac{0 - (-2)}{\sqrt{2}} = 1.4142$$

ist. Der Schadenerwartungswert der Aktion a_1 ist

$$\mathrm{SE}(a_1) = s_1 \cdot F_N(0| -2, 2) = 1 \cdot F_Z(1.4142) = 0.9213.$$

Da der Schadenerwartungswert von a_0 kleiner als der von a_1 ist, wird man die erste Bewerberin anstellen.

4.3 Anordnung verschiedenfarbiger Klötze

Um festzustellen, ob sich Frauen besser als Männer für eine neue Tätigkeit in einem Industriebetrieb eignen, wurde eine Gruppe von 40 Männern und 60 Frauen beauftragt, verschiedenfarbige Klötze in einer bestimmten Weise anzuordnen. Die dafür notwendige Zeit wurde gestoppt. Im Durchschnitt brauchten die Männer 44.5 Sekunden mit einer Standardabweichung von 2.04 Sekunden und die Frauen 45 Sekunden mit einer Standardabweichung von 3.18 Sekunden. Soll der Betrieb für die neue Tätigkeit besser Männer als Frauen einstellen, wenn Männer 20% mehr bezahlt bekommen als Frauen?

Lösung

Entscheidungsproblem: Der Betriebsleitung stehen die Aktionen

a_0: Einstellung von Männern für die neue Tätigkeit,
a_1: Einstellung von Frauen für die neue Tätigkeit,

zur Wahl. Den beiden Umweltzuständen entsprechen die Hypothesen

$$H_0: \mu_1 \leq \mu_2 \quad \text{oder} \quad H_0: \delta_\mu \leq 0,$$
$$H_1: \mu_1 > \mu_2 \quad \text{oder} \quad H_1: \delta_\mu > 0,$$

wobei μ_1 die unbekannte Durchschnittszeit der Männer für diese Tätigkeit ist und μ_2 die entsprechende Durchschnittszeit der Frauen. Das Entscheidungsproblem ist daher ein Testproblem mit rechtsseitiger Alternativhypothese.

Posterioriverteilung: Die Stichprobeninformationen sind

$$n_1 = 40, \quad \overline{x}_1 = 44.5, \quad s_1 = 2.04,$$
$$n_2 = 60, \quad \overline{x}_2 = 45.0; \quad s_2 = 3.18.$$

Da keine Prioriinformationen existieren und n_1 sowie n_2 größer als 30 sind, sind die Parameter der Posteriorinormalverteilung:

$$\mu_1'' = 44.5, \quad \sigma_1''^2 = \frac{2.04^2}{40},$$
$$\mu_2'' = 45.0, \quad \sigma_2''^2 = \frac{3.18^2}{60}.$$

Für die Differenz

$$\delta_\mu = \mu_1 - \mu_2$$

sind die Parameter der Posteriorinormalverteilung

$$\begin{aligned} E(\delta_\mu|x) &= \mu_1'' - \mu_2'' = 44.5 - 45.00 = -0.5, \\ V(\delta_\mu|x) &= \frac{\sigma_1^2}{n_1''} + \frac{\sigma_2^2}{n_2''} = \frac{2.04^2}{40} + \frac{3.18^2}{60} = 0.2726, \end{aligned}$$

und die Dichtefunktion ist

$$f_{\vartheta|x}(\vartheta) = f_N(\delta_\mu| - 0.5, 0.2726).$$

Schadenerwartungswert: Da Männer 20% mehr bekommen als Frauen, gilt $s_1 : s_2 = 1 : 1.2$. Für diese konstante Schadenfunktion

$$s(a_o, \delta_\mu) = \begin{cases} 0 & \text{für } \delta_\mu \leq 0, \\ 1.2 & \text{für } \delta_\mu > 0, \end{cases}$$
$$s(a_1, \delta_\mu) = \begin{cases} 1 & \text{für } \delta_\mu \leq 0, \\ 0 & \text{für } \delta_\mu > 0, \end{cases}$$

sind

$$\begin{aligned} \text{SE}(a_0) &= 1.2 \cdot W''(H_1), \\ \text{SE}(a_1) &= 1 \cdot W''(H_0), \end{aligned}$$

die entsprechenden Schadenerwartungswerte. Die Posterioriwahrscheinlichkeit für die Nullhypothese ist

$$W''(H_0) = F_N(0| -0.5, 0.2726) = F_Z(0.9577) = 0.8309$$

da

$$z = \frac{0 - (-0.5)}{\sqrt{0.2726}} = 0.9577.$$

ist. Der Schadenerwartungswert von a_1 ist daher

$$\text{SE}(a_1) = 0.8309.$$

Für die Alternativhypothese ist die Posterioriwahrscheinlichkeit

$$1 - W''(H_0) = W''(H_1) = 0.1691$$

und der Schadenerwartungswert für a_0

$$\text{SE}(a_0) = 1.2 \cdot 0.1691 = 0.2029.$$

Da der Schadenerwartungswert für die Aktion a_0 geringer ist als der für a_1, wird die Betriebsleitung Männer für die neue Tätigkeit einstellen.

4.4 Normal- und Superkraftstoff

Bei 8 zufällig aus der laufenden Produktion eines Automobilwerkes ausgewählten PKW wurden mit Normalkraftstoff (x_{i1}) Verbrauchsmessungen durchgeführt, bei 8 anderen Verbrauchsmessungen mit Superkraftstoff (x_{i2}). Für 100 km erhielt man folgendes Ergebnis

x_{i1}	9.0	10.0	7.2	8.4	11.4	8.2	12.5	9.3
x_{i2}	7.2	9.7	11.8	7.0	7.7	8.8	9.1	8.7

Soll die Firmenleitung auf Grund dieser Ergebnisse den Kunden empfehlen, Superkraftstoff zu tanken, wenn man weiß, daß der Liter Normalkraftstoff 10 GE und der Liter Superkraftstoff 11.5 GE kosten?

Lösung

Entscheidungsproblem: Die Firmenleitung muß eine der beiden Aktionen

a_o: tanke Normalkraftstoff,
a_1: tanke Superkraftstoff,

wählen. Da die Aktion a_0 gewählt wird, wenn der Durchschnittsverbrauch mit Normalkraftstoff höchstens so groß ist wie der mit Superkraftstoff, kann man die beiden Umweltzustände durch die Hypothesen

$$H_0: \mu_1 \leq \mu_2 \quad \text{oder} \quad H_0: \delta_\mu \leq 0,$$
$$H_1: \mu_1 > \mu_2 \quad \text{oder} \quad H_1: \delta_\mu > 0,$$

ausdrücken, wobei μ_1 der unbekannte Durchschnittsverbrauch mit Normalkraftstoff ist und μ_2 der mit Superkraftstoff. Das vorgegebene Entscheidungsproblem ist daher ein Testproblem mit einer rechtsseitigen Alternativhypothese.

Posterioriverteilung: Wenn man die Verbrauchsmessungen zumindest näherungsweise als zwei Gauß Prozesse mit unbekannten Varianzen auffassen kann, dann sind die Stichprobeninformationen:

x_{i1}	x_{i2}	x_{i1}^2	x_{i2}^2
9.0	7.2	81.00	51.84
10.0	9.7	100.00	94.09
7.2	11.8	51.84	139.24
8.4	7.0	70.56	49.00
11.4	7.7	129.96	59.29
8.2	8.8	67.24	77.44
12.5	9.1	156.25	82.81
9.3	8.7	86.49	75.69
76.0	70.0	743.34	629.40

$$\bar{x}_1 = \frac{\sum x_{i1}}{n_1} = \frac{76}{8} = 9.50,$$
$$\bar{x}_2 = \frac{\sum x_{i2}}{n_2} = \frac{70}{8} = 8.75,$$
$$s_1^2 = \frac{\sum(x_{i1} - \bar{x}_1)^2}{n_1} = \frac{\sum x_{i1}^2}{n_1} - \bar{x}_1^2$$
$$= \frac{743.34}{8} - 9.50^2 = 2.6675,$$
$$s_2^2 = \frac{\sum(x_{i1} - \bar{x}_2)^2}{n_2} = \frac{\sum x_{i2}^2}{n_2} - \bar{x}_2^2$$
$$= \frac{629.40}{8} - 8.75^2 = 2.1125.$$

Da keine Prioriinformationen vorliegen, sind die Parameter der beiden Posterioristudentverteilungen

$$n_1'' = 8, \quad \nu_1'' = 7, \quad \mu_1'' = 9.50, \quad s_1''^2 = 2.6675,$$
$$n_2'' = 8, \quad \nu_2'' = 7, \quad \mu_2'' = 8.75, \quad s_2''^2 = 2.1125.$$

Auch die Mittelwertdifferenz $\delta_\mu = \mu_1 - \mu_2$ besitzt näherungsweise eine Posterioristudentverteilung mit den Parametern

$$\begin{aligned}
E(\delta_\mu|x) &= \mu_1'' - \mu_2'' = 9.50 - 8.75 = 0.7500, \\
V(\delta_\mu|x) &= a \cdot \left(\frac{s_1''^2}{n_1''} + \frac{s_2''^2}{n_2''}\right) \\
&= 1.1178 \cdot \left(\frac{2.6675}{8} + \frac{2.1125}{8}\right) \\
&= 0.6679, \\
\nu &= b = 9.
\end{aligned}$$

a und b erhält man mit Hilfe der Formeln

$$\begin{aligned}
u &= \frac{s_1''^2/n_1''}{s_1''^2/n_1'' + s_2''^2/n_2''} \\
&= \frac{2.6675/8}{2.6675/8 + 2.1125/8} = 0.5581, \\
v &= 1 - u = 1 - 0.5581 = 0.4419, \\
f_1 &= \frac{n_1'' - 1}{n_1'' - 3} \cdot u + \frac{n_2'' - 1}{n_2'' - 3} \cdot v \\
&= \frac{8-1}{8-3} \cdot 0.5581 + \frac{8-1}{8-3} \cdot 0.4419 = 1.4001, \\
f_2 &= \frac{(n_1'' - 1)^2}{(n_1'' - 3)^2 \cdot (n_1'' - 5)} \cdot u^2 + \frac{(n_2'' - 1)^2}{(n_2'' - 3)^2 \cdot (n_2'' - 5)} \\
&= \frac{(8-1)^2}{(8-3)^2 \cdot (8-5)} \cdot 0.5581^2 + \frac{(8-1)^2}{(8-3)^2 \cdot (8-5)} \cdot 0.4419^2 = 0.3311, \\
b &= 4 + \frac{f_1^2}{f_2} \\
&= 4 + \frac{1.4001^2}{0.3311} = 9.9209, \\
a &= \frac{f_1 \cdot (b-2)}{b} \\
&= \frac{1.4 \cdot (9.9209 - 2)}{9.9209} = 1.1178.
\end{aligned}$$

Die Dichtefunktion der Posterioriverteilung für die Mittelwertdifferenz ist

$$f_{\vartheta|x}(\vartheta) = f_S(\delta_\mu|0.7500, 0.6679, 9).$$

Schadenerwartungswert: Die Kostendifferenz zwischen einem Liter Normal- und Superkraftstoff beträgt 1.5 GE. Dies sind die Opportunitätskosten pro Einheit Abweichung der Mittelwertdifferenz von Null. Die Schadenfunktion hat folgendes Aussehen:

$$
\begin{aligned}
s(a_o, \delta_\mu) &= \begin{cases} 0 & \text{für } \delta_\mu \leq 0, \\ 1.5 \cdot (\delta_\mu - 0) & \text{für } \delta_\mu > 0, \end{cases} \\
s(a_1, \delta_\mu) &= \begin{cases} 1.5 \cdot (0 - \delta_\mu) & \text{für } \delta_\mu \leq 0, \\ 0 & \text{für } \delta_\mu > 0. \end{cases}
\end{aligned}
$$

Für diese lineare Schadenfunktion sind die Formeln für die Schadenerwartungswerte

$$
\begin{aligned}
\mathrm{SE}(a_0) &= s_2 \cdot L_0^\infty(\vartheta|x) = 1.5 \cdot L_0^\infty(\delta_\mu|x), \\
\mathrm{SE}(a_1) &= s_1 \cdot L_{-\infty}^0(\vartheta|x) = 1.5 \cdot L_{-\infty}^0(\delta_\mu|x).
\end{aligned}
$$

Die linearen Schadenmomente der Posterioristudentverteilung sind

$$
\begin{aligned}
L_{-\infty}^0(\delta_\mu|0.75, 0.6679, 9) &= L_{-\infty}^{-0.9177}(t|9) \cdot \sqrt{0.6679} \\
&= 0.1296 \cdot \sqrt{0.6679} \\
&= 0.1059, \\
L_0^\infty(\delta_\mu|0.75, 0.6679, 9) &= L_{-0.9177}^\infty(t|9) \cdot \sqrt{0.6679} \\
&= 1.0473 \cdot \sqrt{0.6679} \\
&= 0.8559.
\end{aligned}
$$

Die Schadenerwartungswerte der beiden Aktionen sind daher

$$
\begin{aligned}
\mathrm{SE}(a_0) &= 1.5 \cdot 0.8559 \\
&= 1.2839
\end{aligned}
$$

und

$$
\begin{aligned}
\mathrm{SE}(a_1) &= 1.5 \cdot 0.1059 \\
&= 0.1589.
\end{aligned}
$$

Der Schadenerwartungswert der Aktion a_1 ist kleiner. Daher wird die Firmenleitung diese Aktion wählen und ihren Kunden empfehlen, Superkraftstoff zu tanken. Der Schadenerwartungswert dieser Aktion ist zugleich der erwartete Wert der perfekten Information

$$
\mathrm{EWPI} = \min\{\mathrm{SE}(a_0), \mathrm{SE}(a_1)\} < 0.1589.
$$

4.5 Neues Mittel gegen Kopfschmerz

Um zu prüfen, ob ein neues Arzneimittel gegen Kopfschmerz besser wirkt als ein altes, wurden 163 von 326 Patienten mit dem neuen Mittel behandelt (Gruppe 1). Die andere Hälfte (Gruppe 2) erhielt das alte Schmerzmittel. Bei Gruppe 1 zeigte sich bei 125 Patienten eine baldige Besserung, bei Gruppe 2 bei 88. Der behandelnde Arzt soll eine Schätzung der besseren Wirksamkeit des neuen Arzneimittels abgeben. Auf Grund seiner langjährigen Erfahrungen mit dem alten Arzneimittel ist der Arzt der Ansicht, daß der Anteil der Patienten, die durch das alte Mittel Besserung erfahren, mit großer Wahrscheinlichkeit (95%) zwischen 0.40 und 0.60 liegt. In Anbetracht der gravierenden Folgerungen aus seiner Schätzung will er eine quadratische Schadenfunktion unterstellen. Er wäre bereit für das Wissen, daß die Schätzung genau 1 Einheit vom wahren Prozentsatz abweicht, 5 GE zu bezahlen. Welchen Schätzwert soll er angeben?

Lösung

Entscheidungsproblem: Wenn man mit π_1 den unbekannten Anteil der Patienten bezeichnet, die durch das neue Arzneimittel Linderung ihrer Kopfschmerzen erfahren und mit π_2 den unbekannten Anteil derjenigen, die durch das alte Mittel Besserung erhalten, dann muß der Arzt eine Schätzung für die Differenz

$$\delta_\pi = \pi_1 - \pi_2 \quad \text{mit} \quad \delta_\pi \in [0,1]$$

abgeben. Da dafür unendlich viele Werte in Frage kommen, liegt ein Punktschätzproblem vor.

Posterioriverteilung: Unter der Voraussetzung, daß die Stichprobenerfassung der beiden Patientengruppen zumindest näherungsweise jeweils einem Bernoulli Prozeß entspricht, kann man die beiden unbekannten Anteile, π_1 und π_2, als betaverteilt betrachten. Die Stichprobeninformationen sind

$$\begin{aligned} n_1 &= 163, \quad x_1 = 125, \\ n_2 &= 163, \quad x_2 = 88. \end{aligned}$$

Als Prioriinformation steht für das alte Arzneimittel die Ansicht des Arztes zur Verfügung, daß π_2 mit 95% Wahrscheinlichkeit zwischen 0.40 und 0.60 liegt. Für $E(\pi_2)$ kann man daher 0.50 annehmen und für $V(\pi_2)$ 0.0025, da

$$\begin{aligned} 0.50 - 0.40 &= 0.10 = 2 \cdot \sqrt{V(\pi_2)} \\ V(\pi_2) &= \frac{0.10^2}{4} = 0.0025. \end{aligned}$$

Für die Parameter der Prioribetaverteilung von π_2 erhält man daraus die Werte

$$\begin{aligned} x_2' &= E(\pi_2) \cdot \left[\frac{E(\pi_2)(1-E(\pi_2))}{V(\pi_2)} - 1\right] \\ &= 0.5 \cdot \left[\frac{0.5 \cdot 0.5}{0.0025} - 1\right] \\ &= 49.5, \\ n_2' &= \frac{x_2'}{E(\pi_2)} = \frac{49.5}{0.5} = 99. \end{aligned}$$

Die Parameter der Posterioribetaverteilung von π_2 sind daher

$$\begin{aligned} n_2'' &= n_2' + n_2 = 99 + 163 = 262, \\ x_2'' &= x_2' + x_2 = 49.5 + 88 = 137.5. \end{aligned}$$

Da für den unbekannten Anteil des neuen Arzneimittels π_1 keine Prioriinformationen existieren, sind die Parameter der Posterioribetaverteilung von π_1

$$\begin{aligned} n_1'' &= n_1' + n_1 = 0 + 163 = 163, \\ x_1'' &= x_1' + x_1 = 0 + 125 = 125. \end{aligned}$$

Für die Wahrscheinlichkeitsverteilung der Differenz $\delta_\pi = \pi_1 - \pi_2$ kann man die Normalverteilung verwenden, da n_1'' und n_2'' genügend groß sind. Die Parameter dieser Normalverteilung sind

$$\begin{aligned} E(\delta_\pi|x) &= \pi_1'' - \pi_2'' = \frac{x_1''}{n_1''} - \frac{x_2''}{n_2''} \\ &= \frac{125}{163} - \frac{137.5}{262} = 0.7669 - 0.5248 \\ &= 0.2421, \\ V(\delta_\pi|x) &= \frac{\pi_1'' \cdot (1-\pi_1'')}{n_1''+1} + \frac{\pi_2'' \cdot (1-\pi_2'')}{n_2''+1} \\ &= \frac{0.7669 \cdot 0.2331}{164} + \frac{0.5248 \cdot 0.4752}{263} \\ &= 0.0020. \end{aligned}$$

Schadenerwartungswert: An Hand der Angaben des Arztes erhält man folgende quadratische Schadenfunktion:

$$s(a, \delta_\pi) = \begin{cases} 0 & \text{für } \delta_\pi = a, \\ 5 \cdot (a - \delta_\pi)^2 & \text{für } \delta_\pi \neq a. \end{cases}$$

Für diese Schadenfunktion ist der Erwartungswert der Posterioribetaverteilung der Schätzwert mit minimalem Schadenerwartungswert:

$$E(\delta_\pi|x) = \pi_1'' - \pi_2'' = 0.2421.$$

Der Arzt wird daher behaupten, daß durch das neue Arzneimittel gegen Kopfschmerz 24.21% mehr Patienten eine Besserung erfahren als dies beim alten Mittel der Fall war. Der Schadenerwartungswert dieser optimalen Punktschätzung a_{opt} ist

$$\mathrm{SE}(a_{opt}) = s \cdot V(\delta_\pi|x) = 5 \cdot 0.0020 = 0.010.$$

4.6 Zwei Produktionsbänder

Auf zwei Produktionsbändern werden Autos erzeugt. Bei der Endkontrolle findet man bei 5 Autos des ersten Bandes insgesamt 20 Fehler und bei 3 Autos des zweiten Bandes 21 Fehler. Nach diesen Daten arbeitet das zweite Produktionsband schlechter als das erste. Der Werkmeister soll für die Prämienverrechnung schätzen, um wieviel Fehler pro Auto das zweite Band schlechter arbeitet als das erste. Er will dabei berücksichtigen, daß bei der letzten Kontrolle von je 5 Autos jedes Band mit 5 Fehler pro Auto arbeitete. Der wahre Wert soll mit einer Abweichung von höchstens 0.1 Fehler geschätzt werden. Der Schaden einer Fehlschätzung wird mit 1 GE angenommen.

Lösung

Entscheidungsproblem: Der Werkmeister soll eine Punktschätzung für die Differenz abgeben. Dafür stehen ihm unendlich viele Werte und damit Aktionen zur Verfügung:

$$a : \delta_\lambda = \lambda_1 - \lambda_2.$$

Posterioriverteilung: Das Auftreten eines Fehlers bei einem Auto kann als Poisson Prozeß aufgefaßt werden. Die Stichprobeninformationen dafür sind

$$t_1 = 5, \quad x_1 = 20,$$
$$t_2 = 5, \quad x_2 = 35.$$

Als Prioriinformation stehen die Daten der letzten Kontrolle zur Verfügung:

$$t_1' = 5, \quad x_1' = 25,$$
$$t_2' = 5, \quad x_2' = 25.$$

Die Parameter der Posteriorigammaverteilungen sind daher

$$\begin{aligned} t_1'' &= t_1' + t_1 = 5 + 5 = 10, \\ x_1'' &= x_1' + x_1 = 25 + 20 = 45, \\ t_2'' &= t_2' + t_2 = 5 + 5 = 10, \\ x_2'' &= x_2' + x_2 = 25 + 35 = 60. \end{aligned}$$

Die Erwartungswerte und Varianzen dieser Posterioriverteilungen sind

$$\begin{aligned}
E(\lambda_1|x) &= \lambda_1'' = \frac{x_1''}{t_1''} = \frac{45}{10} = 4.5,\\
V(\lambda_1|x) &= \frac{\lambda_1''}{t_1''} = \frac{4.5}{10} = 0.45,\\
E(\lambda_2|x) &= \lambda_2'' = \frac{x_2''}{t_2''} = \frac{60}{10} = 6,\\
V(\lambda_2|x) &= \frac{\lambda_2''}{t_2''} = \frac{6}{10} = 0.60.
\end{aligned}$$

Für die Posterioriverteilung der Differenz $\delta_\lambda = \lambda_1 - \lambda_2$ kann die Normalverteilung verwendet werden, da $\lambda_1'' + \lambda_2'' > 10$. Die Parameter dieser Normalverteilung sind

$$\begin{aligned}
E(\delta_\lambda|x) &= \lambda_1'' - \lambda_2'' = 4.5 - 6 = -1.5,\\
V(\delta_\lambda|x) &= \frac{\lambda_1''}{t_1''} + \frac{\lambda_2''}{t_2''} = 0.45 + 0.60 = 1.05,
\end{aligned}$$

und die Dichtefunktion ist

$$f_{\vartheta|x}(\vartheta) = f_N(\delta_\lambda| - 1.5, 1.05).$$

Schadenerwartungswert: Auf Grund der Angaben erhält man folgende konstante Schadenfunktion:

$$s(a, \delta_\lambda) = \begin{cases} 0 & \text{für } |a - \delta_\lambda| \leq 0.1, \\ 1 & \text{sonst.} \end{cases}$$

Für diese Schadenfunktion ist der Modus der Posterioriverteilung der Schätzwert mit minimalem Schadenerwartungswert. Bei jeder Normalverteilung stimmt der Modus mit dem Erwartungswert überein. Daher ist

$$M(\delta_\lambda|x) = E(\delta_\lambda|x) = -1.5$$

der beste Schätzwert. Der Werkmeister wird also angeben, daß das zweite Band im Schnitt um 1.5 Fehler pro Auto mehr macht als das erste Band. Der Schadenerwartungswert dieser Schätzung ist

$$\begin{aligned}
\text{SE}(a_{opt}) &= s \cdot \left[1 - F_{\vartheta|x}(a_{opt} + \epsilon) + F_{\vartheta|x}(a_{opt} - \epsilon)\right]\\
&= 1 \cdot [1 - F_N(-1.5 + 0.1| - 1.5, 1.05)\\
&\qquad + F_N(-1.5 - 0.1| - 1.5, 1.05)]\\
&= 0.922.
\end{aligned}$$

Dies ist auch der erwartete Wert der perfekten Information.

4.7 Durchschnittliche Studiendauer

Der Direktor der Universität A untersucht die durchschnittliche Studiendauer für den Erwerb des Magisters der Betriebswirtschaftslehre. An seiner Universität benötigten 71 zufällig ausgewählte Studenten im Schnitt 11 Semester mit einer Standardabweichung von 1.5 Semester. An einer zweiten Universität B studierten 54 zufällig ausgewählte Studenten im Schnitt 12 Semester bis zum Magister mit einer Standardabweichung von 2 Semestern. Von früheren Untersuchungen sind dem Direktor noch in Erinnerung, daß die durchschnittliche Studiendauer an seiner Uni 10 Semester betrug und an der zweiten Uni 12 Semester. Dieser Information entspricht nach Ansicht des Direktors nur mehr ein hypothetischer Stichprobenumfang von 10. Für eine Schätzung der Studiendauerdifferenz der beiden Universitäten will der Universitätsdirektor eine lineare Schadenfunktion annehmen, da die Kosten des Studiums in etwa linear von der Studiendauer abhängen. Welche Differenz soll er angeben?

Lösung

Entscheidungsproblem: Dem Direktor stehen als Schätzung der Studiendauerdifferenz unendlich viele Aktionen zur Verfügung. Da für

$$\delta_\mu = \mu_1 - \mu_2$$

ein einzelner Wert angegeben werden soll, liegt ein Punktschätzproblem vor.

Posterioriverteilung: Wenn man die Auswahl der Studenten der beiden Stichproben zumindest näherungsweise als Gauß Prozeß auffassen kann, dann sind die Stichprobeninformationen

$$\begin{aligned} n_1 &= 71, \quad \bar{x}_1 = 11, \quad s_1 = 1.5, \\ n_2 &= 54, \quad \bar{x}_2 = 12, \quad s_2 = 2.0. \end{aligned}$$

Die Prioriinformationen sind

$$\begin{aligned} n'_1 &= 10, \quad \mu'_1 = 10, \\ n'_2 &= 10, \quad \mu'_2 = 12. \end{aligned}$$

Da n_1 und n_2 weit größer als 30 sind, kann man s_i^2 als gute Schätzwerte für σ_i^2 nehmen. Die Parameter der Posteriorinormalverteilungen sind daher

$$\begin{aligned} n''_1 &= n'_1 + n_1 = 10 + 71 = 81, \\ \mu''_1 &= \frac{n'_1 \cdot \mu'_1 + n_1 \cdot \bar{x}_1}{n''_1} = \frac{10 \cdot 10 + 71 \cdot 11}{81} = 10.8765, \\ \sigma''^2_1 &= \frac{\sigma_1^2}{n''_1} = \frac{1.5^2}{81} = 0.0278, \end{aligned}$$

$$\begin{aligned} n_2'' &= n_2' + n_2 = 10 + 54 = 64, \\ \mu_2'' &= \frac{n_2' \cdot \mu_2' + n_2 \cdot \bar{x}_2}{n_2''} = \frac{10 \cdot 12 + 54 \cdot 12}{64} = 12.000, \\ \sigma_2''^2 &= \frac{\sigma_2^2}{n_2''} = \frac{2.0^2}{64} = 0.0625. \end{aligned}$$

Auch die Differenz der durchschnittlichen Studiendauer besitzt eine Posteriorinormalverteilung mit den Parametern

$$E(\delta_\mu|x) = \mu_1'' - \mu_2'' = 10.8765 - 12.000 = -1.1235$$

und

$$V(\delta_\mu|x) = \frac{\sigma_1^2}{n_1''} + \frac{\sigma_2^2}{n_2''} = 0.0278 + 0.0625 = 0.0903,$$

sowie der Dichtefunktion

$$f_{\vartheta|x}(\vartheta) = f_N(\delta_\mu| - 1.1235, 0.0903).$$

Schadenerwartungswert: Die lineare Schadenfunktion hat für das vorliegende Punktschätzproblem folgendes Aussehen:

$$s(a, \delta_\mu) = \begin{cases} 0 & \text{für } \delta_\mu = a, \\ a - \delta_\mu & \text{für } \delta_\mu < a, \\ \delta_\mu - a & \text{für } \delta_\mu > a. \end{cases}$$

Der Schätzwert mit minimalem Schadenerwartungswert muß die Bedingung

$$F_{\vartheta|x}(a) = \frac{s_o}{s_o + s_u} = \frac{1}{1+1} = 0.5$$

erfüllen. Für die Posteriorinormalverteilung heißt das

$$F_N(\delta_\mu| - 1.1235, 0.0903) = 0.5.$$

Diese Bedingung ist für δ_μ=-1.1235 erfüllt. Der Universitätsdirektor wird daher behaupten, daß man an seiner Universität im Schnitt um 1.1235 Semester weniger lang studiert als an der zweiten Uni. Der Schadenerwartungswert dieser besten Punktschätzung a_{opt} ist

$$\begin{aligned} \text{SE}(a_{opt}) &= s_u \cdot L_{-\infty}^{a_{opt}}(\vartheta|x) + s_o \cdot L_{a_{opt}}^{\infty}(\vartheta|x) \\ &= L_{-\infty}^{-1.1235}(\delta_\mu|x) + L_{-1.1235}^{\infty}(\delta_\mu|x) \\ &= \left[L_{-\infty}^{0}(z) + L_0^{\infty}(z)\right] \cdot \sqrt{0.0903} \\ &= [0.3989 + 0.3989] \cdot \sqrt{0.0903} \\ &= 0.2397. \end{aligned}$$

4.8 Neues Düngemittel

In einer landwirtschaftlichen Versuchsanstalt wurden zufällig 20 Felder ausgewählt, um ein neues Düngemittel für den Kartoffelanbau zu prüfen. Auf 10 Feldern wurde das herkömmliche Düngemittel eingesetzt und auf 10 Feldern das neue. Der durchschnittliche Ernteertrag betrug 6.9 kg/m² auf den Versuchsfeldern, die mit herkömmlichem Dünger bearbeitet wurden und 7.8 kg/m² auf den Versuchsfeldern, auf denen das neue Düngemittel eingesetzt wurde. Die Standardabweichungen sind 1 kg/m² bzw. 1.1 kg/m². Auf Grund dieser Stichprobenergebnisse kann angenommen werden, daß die unbekannten Varianzen gleich sind. Von früheren Versuchen mit dem herkömmlichen Düngemittel ist bekannt, daß der Durchschnittsertrag mit großer Wahrscheinlichkeit (90%) zwischen 6.6 und 7.0 kg/m² liegt mit einem Schätzwert für die Standardabweichung von 0.24. Diese Information soll halb so stark berücksichtigt werden wie die vorliegenden Versuchsergebnisse. Der Leiter der Versuchsanstalt möchte für die Differenz in den Durchschnittserträgen eine Punktschätzung angeben, wobei er eine lineare Schadenfunktion unterstellt, bei der der Schaden pro Einheit Überschätzung halb so schwerwiegend ist, wie der pro Einheit Unterschätzung.

Lösung

Entscheidungsproblem: Zur Angabe der Differenz in den Durchschnittserträgen,

$$\delta_\mu = \mu_1 - \mu_2,$$

stehen dem Versuchsleiter unendlich viele Aktionen zur Auswahl. Das Entscheidungsproblem ist daher ein Punktschätzproblem, wobei μ_1 der durchschnittliche Kartoffelertrag in kg/m² mit Hilfe des herkömmlichen Düngemittels ist und μ_2 der entsprechende Ertrag bei Anwendung des neuen Mittels.

Posterioriverteilung: Wenn man voraussetzen kann, daß die Ernteerträge Realisationen normalverteilter Zufallsvariablen sind, dann sind die Posterioriverteilungen Studentverteilungen. Für die Posterioristudentverteilung des Durchschnitssertrages mit herkömmlichem Düngemittel, μ_1, stehen die Stichprobeninformationen

$$n_1 = 10, \quad \bar{x}_1 = 6.9, \quad s_1^2 = 1$$

zur Verfügung. Die Prioriinformation besagt, daß

$$\begin{aligned} n_1' &= 5, \\ \mu_1' &= \frac{7.0 + 6.6}{2} = 6.8, \\ s_1'^2 &= 0.24^2 \end{aligned}$$

ist und

$$t_{0.95;\nu'} = \frac{0.2}{\sqrt{0.24^2/5}} = 1.8634.$$

Diese Gleichung stimmt näherungsweise für $\nu_1' = 8$ ($t_{0.95;8} = 1.8595$, $t_{0.95;7} = 1.8946$). Für die Parameter der Posterioristudentverteilung ergeben sich nun folgende Werte:

$$\begin{aligned}
n_1'' &= n_1' + n_1 = 5 + 10 = 15, \\
\nu_1'' &= \nu_1' + n_1 = 8 + 10 = 18, \\
\mu_1'' &= \frac{n_1' \cdot \mu_1' + n_1 \cdot \overline{x}_1}{n_1''} = \frac{5 \cdot 6.8 + 10 \cdot 6.9}{15} = 6.8667, \\
s_1''^2 &= \frac{\nu_1' \cdot s_1'^2 + n_1 \cdot s_1^2 + n_1' \cdot n_1 \cdot (\overline{x}_1 - \mu_1')^2 / n_1''}{\nu_1''} \\
&= \frac{8 \cdot 0.24^2 + 10 \cdot 1^2 + 5 \cdot 10 \cdot (6.9 - 6.8)^2/15}{18} = 0.5830.
\end{aligned}$$

Auch die Posterioriverteilung für den Durchschnittsertrag der Felder, die mit dem neuen Düngemittel behandelt wurden, folgt einer Studentverteilung. Für die Parameter dieser Verteilung stehen jedoch nur die Stichprobeninformationen

$$n_2 = 10, \quad \overline{x}_2 = 7.8, \quad s_2^2 = 1.1^2$$

zur Verfügung. Die Parameter sind daher

$$n_2'' = 10, \quad \nu_2'' = 10, \quad \mu_2'' = 7.8, \quad s_2''^2 = 1.21.$$

Die Mittelwertdifferenz $\delta_\mu = \mu_1 - \mu_2$ folgt einer Posterioristudentverteilung mit den Parametern

$$\begin{aligned}
E(\delta_\mu | x) &= \mu_1'' - \mu_2'' = 6.8667 - 7.8 = -0.9333, \\
\hat{V}(\delta_\mu | x) &= s''^2 \cdot \left(\frac{1}{n_1''} + \frac{1}{n_2''}\right) = 0.9063 \cdot \left(\frac{1}{15} + \frac{1}{10}\right) = 0.1511,
\end{aligned}$$

da

$$s''^2 = \frac{n_1'' \cdot s_1''^2 + n_2'' \cdot s_2''^2}{n_1'' + n_2'' - 2} = \frac{15 \cdot 0.5830 + 10 \cdot 1.21}{15 + 10 - 2} = 0.9063$$

ist und

$$\nu = n_1'' + n_2'' - 2 = 15 + 10 - 2 = 23.$$

Schadenerwartungswert: An Hand der Angaben des Versuchsleiters kann man folgende Schadenfunktion konstruieren:

$$s(a,\delta_\mu) = \begin{cases} 0 & \text{für } \delta_\mu = a, \\ 1\cdot(a-\delta_\mu) & \text{für } \delta_\mu < a, \\ 2\cdot(\delta_\mu - a) & \text{für } \delta_\mu > a. \end{cases}$$

Für diese lineare Schadenfunktion ist der optimale Schätzwert a_{opt} die Aktion, für die gilt

$$\begin{aligned} F_{\vartheta|x}(a) &= \frac{s_o}{s_o+s_u} = \frac{2}{2+1} = 0.6667 \\ &= F_T\left(t = \frac{a+0.9333}{\sqrt{0.1511}} \middle| 23\right). \end{aligned}$$

Wenn man $t = 0.4457$ setzt, dann ist die Verteilungsfunktion der standardisierten Studentverteilung für 23 Freiheitsgrade gleich 0.67. Der Wert für a_{opt} ist deshalb näherungsweise

$$\begin{aligned} a_{opt} &= E(\delta_\mu|x) + t\cdot\sqrt{\hat{V}(\delta_\mu|x)} \\ &= -0.9333 + 0.4457\cdot\sqrt{0.1511} \\ &= -0.7600. \end{aligned}$$

Der Leiter der Versuchanstalt wird daher behaupten, daß der durchschnittliche Kartoffelertrag bei herkömmlicher Düngung um 0.76 kg/m^2 unter jenem liegt, der mit dem neuen Düngemittel erreichbar ist. Der Schadenerwartungswert dieser Schätzung ist

$$\begin{aligned} \mathrm{SE}(a_{opt}) &= s_u\cdot L_{-\infty}^{a_{opt}}(\vartheta|x) + s_O\cdot L_{a_{opt}}^{\infty}(\vartheta|x) \\ &= 1\cdot L_{-\infty}^{-0.7600}(\delta_\mu|x) + 2\cdot L_{-0.7600}^{\infty}(\delta_\mu|x) \\ &= 1\cdot L_{-\infty}^{0.4457}(t|\nu)\cdot\sqrt{0.1511} + 2\cdot L_{0.4457}^{\infty}(t|\nu)\cdot\sqrt{0.1511} \\ &= 1\cdot 0.2620 + 2\cdot 0.0887 \\ &= 0.4394. \end{aligned}$$

4.9 Rauchen und Geschlecht

Im Auftrag des Gesundheitsministeriums soll ein Forschungsinstitut feststellen, um wieviel der Anteil der Raucher bei den Männern größer ist als jener bei den Frauen. In einer Zufallsstichprobe von je 100 Männern und Frauen zählte man 45 Raucher und 36 Raucherinnen. In Untersuchungen anderer Institutionen findet man die Behauptung, daß nur 30% der Frauen aber 50% der Männer rauchen. Da die Quellen dieser Untersuchung unklar sind, will der Leiter des Forschungsinstitutes diese Informationen nur im Verhältnis 1:10 berücksichtigen. Für die Anteilsdifferenz will der Forscher ein Intervall angeben, wobei er der Ansicht ist, daß der Schaden der mit einer Über- bzw. Unterschätzung zusammenhängt, gleich groß ist. Welche Intervallgrenzen kann der Leiter für die Anteilsdifferenz der männlichen und weiblichen Raucher an das Gesundheitsministerium melden, wenn er ein Intervall mit der Länge $c = 0.10$ sucht?

Lösung

Entscheidungsproblem: Jeder möglichen Aktion des Forschers entspricht eine Intervallschätzung für die unbekannte Anteilswertdifferenz von Männern und Frauen, die rauchen. Bezeichnet man den unbekannten Anteil der Männer die rauchen mit π_1 und den der Frauen mit π_2, dann sucht man ein Intervall für die unbekannte Differenz

$$\delta_\pi = \pi_1 - \pi_2.$$

Die möglichen Aktionen sind

$$a = (T_u, T_o) \quad \text{mit} \quad c = T_o - T_u = 0.10.$$

Posterioriverteilung: Da die beiden Stichprobenumfänge $n_1 = n_2 = 100$ genügend groß sind, kann man annehmen, daß sie zumindest näherungsweise einem Bernoulli Prozeß entsprechen, auch wenn die Befragten nicht nach dem Modell „mit Zurücklegen" ausgewählt wurden. Die Stichprobeninformationen sind

$$\begin{aligned} n_1 &= 100, & x_1 &= 45, \\ n_2 &= 100, & x_2 &= 36. \end{aligned}$$

Da die Prioriinformation im Verhältnis 1:10 berücksichtigt werden soll, entspricht ihr jeweils eine hypothetische Stichprobe von

$$n'_1 = 10, \quad n'_2 = 10.$$

Die entsprechenden x_i-Werte sind daher

$$x'_1 = 5, \quad x'_2 = 3.$$

Diese Gewichtung der Prioriinformation bedeutet, daß der Leiter des Forschungsinstitutes mit einer Wahrscheinlichkeit von z.B 50% annimmt, daß der Anteil der Raucher apriori zwischen

$$W'(0.3920 < \pi_1 < 0.6080) = 0.50$$

und jener der Raucherinnen zwischen

$$W'(0.1955 < \pi_2 < 0.3905) = 0.50$$

liegt. 0.3920 und 0.6080 sind die Werte der Verteilungsfunktion

$$\begin{aligned} F_\beta(0.3920|x_1' = 5, n_1' - x_1' = 5) &= 0.25, \\ F_\beta(0.6080|x_1' = 5, n_1' - x_1' = 5) &= 0.75. \end{aligned}$$

0.1955 und 0.3905 sind die Werte von

$$\begin{aligned} F_\beta(0.1955|x_2' = 3, n_2' - x_2' = 7) &= 0.25, \\ F_\beta(0.3905|x_2' = 3, n_2' - x_2' = 7) &= 0.75. \end{aligned}$$

Die Parameter der Posterioribetaverteilungen sind

$$\begin{aligned} n_1'' &= n_1' + n_1 = 10 + 100 = 110, \\ x_1'' &= x_1' + x_1 = 5 + 45 = 50, \\ n_2'' &= n_2' + n_2 = 10 + 100 = 110, \\ x_2'' &= x_2' + x_2 = 3 + 36 = 39. \end{aligned}$$

Da n_1'' und n_2'' größer als 30 sind, kann man für die Anteilswertdifferenz die Normalverteilung verwenden. Ihre Parameter sind

$$\begin{aligned} E(\delta_\pi|x) &= \pi_1'' - \pi_2'' = \frac{x_1''}{n_1''} - \frac{x_2''}{n_2''} \\ &= \frac{50}{110} - \frac{39}{110} = 0.4545 - 0.3545 = 0.1000, \\ V(\delta_\pi|x) &= \frac{\pi_1'' \cdot (1 - \pi_1'')}{n_1'' + 1} + \frac{\pi_2'' \cdot (1 - \pi_2'')}{n_2'' + 1} \\ &= \frac{0.4545 \cdot 0.5455}{111} + \frac{0.3545 \cdot 0.6455}{111} \\ &= 0.0043 \end{aligned}$$

und die entsprechende Dichtefunktion ist

$$f_{\vartheta|x}(\vartheta) = f_N(\delta_\pi|0.10, 0.0043).$$

Schadenerwartungswert: Auf Grund der Schadenvorstellungen des Forschers ergibt sich folgende Schadenfunktion:

$$s(a, \delta_\pi) = \begin{cases} 1 & \text{für } \delta_\pi < T_u, \\ 1 & \text{für } \delta_\pi > T_o. \end{cases}$$

Die Intervallgrenzen des optimalen Intervalls sind für diese Schadenfunktion so zu bestimmen, daß gilt

$$s_u \cdot f_{\delta_\pi}(T_u) = s_o \cdot f_{\delta_\pi}(T_u + c) = s_o \cdot f_{\delta_\pi}(T_u + 0.10).$$

Für die Dichtefunktion der vorliegenden Posteriorinormalverteilung bedeutet das, daß gelten muß

$$1 \cdot f_N(T_u|0.10, 0.0043) = 1 \cdot f_N(T_u + 0.10|0.10, 0.0043).$$

Da $s_u = s_o$ ist, kann man das gesuchte T_u mit Hilfe der Formel

$$T_u = \mu - \frac{c}{2}$$

berechnen. T_u ist daher

$$T_u = 0.10 - \frac{0.10}{2} = 0.05$$

und

$$T_o = T_u + c = 0.15.$$

Die Anteilswertdifferenz der männlichen und weiblichen Raucher liegt zwischen 5% und 15%. Der Schadenerwartungswert dieser optimalen Schätzung a_{opt} ist

$$\begin{aligned} \mathrm{SE}(a_{opt}) &= s_u \cdot F_N(T_u|0.10, 0.0043) + s_o \cdot G_N(T_o|0.10, 0.0043) \\ &= 1 \cdot F_Z(-0.7625) + 1 \cdot G_N(0.7625) \\ &= 1 \cdot 0.2229 + 1 \cdot 0.2229 \\ &= 0.4458. \end{aligned}$$

4.10 Einbahnstraße

In einer Stadt möchte man eine Hauptverkehrsstraße durch die Einführung einer Einbahnstraße entlasten. Eine Woche nach der probeweisen Einführung der Einbahnstraße zählte man in der Hauptverkehrsstraße während 2 Stunden 720 Fahrzeuge und eine Woche vor der Einführung 1200 Fahrzeuge. Der Verkehrsplaner der Stadt möchte für den Rückgang ein Intervall berechnen, wobei er auch die Informationen aus früheren Zählungen halb so stark wie die Stichprobe berücksichtigen will. Bei diesen Zählungen zählte man im Schnitt 9 Fahrzeuge pro Minute. Wegen der schwerwiegenden Folgen, die die Einführung einer Einbahnstraße nach sich zieht, unterstellt der Verkehrsplaner seiner Intervallberechnung eine quadratische Schadenfunktion, wobei der Schaden der Überschätzung gleich dem der Unterschätzung ist und der Schaden der mit einer Einheit Intervallänge verknüpft ist, 1/50 des Schadens ausmacht, der mit einer Einheit Überschätzung zusammenhängt. Welches Intervall für den Rückgang der Fahrzeuge pro Minute soll er seinen Planungen zugrunde legen?

Lösung

Entscheidungsproblem: Die Zahl der Verkehrsmittel pro Weg und Zeiteinheit kann man als Poisson Prozeß auffassen. Der Planer muß daher für den

Rückgang

$$\delta_\lambda = \lambda_1 - \lambda_2$$

ein Intervall bestimmen, für das es unendlich viele Möglichkeiten und damit Aktionen gibt. λ_1 ist die durchschnittliche Zahl der Fahrzeuge pro Minute vor Einführung der Einbahnstraße und λ_2 jene nach der Einführung.

Posterioriverteilung: Die Stichprobeninformationen sind

$$t_1 = 120, \quad x_1 = 1200,$$
$$t_2 = 120, \quad x_2 = 720.$$

Da der Planer die früheren Zählungen (ohne Einbahn) halb so stark wie die Stichprobe berücksichtigen will, ist

$$t_1' = 60$$

und wegen $\lambda_1 = x_1'/t_1' = 9$

$$x_1' = 540.$$

Für t_2' und x_2' existieren keine Vorinformationen. Daher sind die Parameter der beiden Posteriorigammaverteilungen

$$\begin{aligned} t_1'' &= t_1' + t_1 = 60 + 120 = 180, \\ x_1'' &= x_1' + x_1 = 540 + 1200 = 1740, \\ t_2'' &= t_2' + t_2 = 0 + 120 = 120, \\ x_2'' &= x_2' + x_2 = 0 + 720 = 720. \end{aligned}$$

Die Erwartungswerte und Varianzen sind

$$\begin{aligned} E(\lambda_1|x) &= \lambda_1'' = \frac{x_1''}{t_1''} = \frac{1740}{180} = 9.6667, \\ V(\lambda_1|x) &= \frac{\lambda_1''}{t_1''} = \frac{9.6667}{180} = 0.0537, \\ E(\lambda_2|x) &= \lambda_2'' = \frac{x_2''}{t_2''} = \frac{720}{120} = 6, \\ V(\lambda_2|x) &= \frac{\lambda_2''}{t_2''} = \frac{6}{120} = 0.0500. \end{aligned}$$

Für die Posterioriverteilung der Differenz $\delta_\lambda = \lambda_1 - \lambda_2$ kann die Normalverteilung herangezogen werden, da $\lambda_1'' + \lambda_2'' > 10$. Die Parameter dieser Normalverteilung sind

$$\begin{aligned} E(\delta_\lambda|x) &= \lambda_1'' - \lambda_2'' = 9.6667 - 6 = 3.6667, \\ V(\delta_\lambda|x) &= \frac{\lambda_1''}{t_1''} + \frac{\lambda_2''}{t_2''} = 0.0537 + 0.0500 = 0.1037 \end{aligned}$$

und die Dichtefunktion ist

$$f_{\vartheta|x}(\vartheta) = f_N(\delta_\lambda|3.6667, 0.1037).$$

Schadenerwartungswert: Da der Planer der Intervallberechnung eine quadratische Schadenfunktion unterstellt, ist

$$s(a,\delta_\lambda) = 1 \cdot (T_o - T_u) + \begin{cases} 50 \cdot (T_u - \delta_\lambda)^2 & \text{für } \delta_\lambda < T_u, \\ 50 \cdot (\delta_\lambda - T_0)^2 & \text{für } \delta_\lambda > T_o. \end{cases}$$

Die Intervallgrenzen des optimalen Intervalls haben für diese Schadenfunktion die Bedingungen

$$T_u : L_{-\infty}^{T_u}(\delta_\lambda|x) = \frac{s_l}{2 \cdot s_u} = \frac{1}{2 \cdot 50} = 0.01,$$
$$T_o : L_{T_o}^{\infty}(\delta_\lambda|x) = \frac{s_l}{2 \cdot s_o} = \frac{1}{2 \cdot 50} = 0.01$$

zu erfüllen. Dies trifft zu, wenn man für $T_u = 3.1915$ und $T_o = 4.1419$ einsetzt. Diese Werte findet man, indem man berücksichtigt, daß für die Normalverteilung

$$\begin{aligned} L_{-\infty}^{z_u}(z) &= \frac{s_l/(2 \cdot s_u)}{\sigma} = \frac{0.01}{\sqrt{0.1037}} = 0.0311, \\ L_{z_o}^{\infty}(z) &= \frac{s_l/(2 \cdot s_o)}{\sigma} = \frac{0.01}{\sqrt{0.1037}} = 0.0311 \end{aligned}$$

gilt. Für z_o und z_u muß man ± 1.4747 einsetzen, damit diese Gleichungen stimmen. T_u und T_o sind

$$\begin{aligned} T_u &= E(\delta_\lambda|x) + z_u \cdot \sqrt{V(\delta_\lambda|x)} \\ &= 3.6667 - 1.4747 \cdot \sqrt{0.1037} \\ &= 3.1918, \\ T_o &= E(\delta_\lambda|x) + z_0 \cdot \sqrt{V(\delta_\lambda|x)} \\ &= 3.6667 + 1.4747 \cdot \sqrt{0.1037} \\ &= 4.1416. \end{aligned}$$

Der Verkehrsplaner wird daher seinen Planungen einen Rückgang des Verkehrsaufkommens von 3–4 Autos pro Minute durch die Einführung der Einbahnstraße zu Grunde legen. Der Schadenerwartungswert dieses optimalen Intervalls a_{opt} ist höchstens

$$\begin{aligned} \mathrm{SE}(a_{opt}) &< s_l \cdot (T_o - T_u) + s \cdot V(\delta_\lambda|x) \\ &= 1 \cdot (4.1416 - 3.1918) + 50 \cdot 0.1037 \\ &= 6.1349. \end{aligned}$$

4.11 Körpergewicht Neugeborener

Ein Arzt stellt in einer Gebärklinik bei 288 neugeborenen ausgetragenen Knaben ein Durchschnittsgewicht von 3300 Gramm fest. Die Standardabweichung beträgt 470 Gramm. Bei einer Stichprobe von 269 Mädchen ist das Durchschnittsgewicht 3050 Gramm und die Standardabweichung 460 Gramm. Aus der Lehrbuchliteratur ist ihm bekannt, daß das durchschnittliche Körpergewicht neugborener Knaben mit 3300 Gramm und das der Mädchen mit 3000 Gramm angegeben wird. Dieser Information entspricht seiner Ansicht nach eine hypothetische Stichprobe von je 30. Der Arzt möchte für die Differenz im Körpergewicht neugeborener Knaben und Mädchen eine Intervallschätzung der Länge c=100 abgeben, wobei er der Ansicht ist, daß der Schaden der Unterschätzung doppelt so schwerwiegend ist wie jener der Überschätzung.

Lösung

Entscheidungsproblem: Der Arzt hat aus einer unendlichen Anzahl möglicher Aktionen eine optimale auszuwählen, wobei jede Aktion eine Intervallschätzung für die unbekannte Differenz im durchschnittlichen Körpergewicht neugeborener Knaben μ_1 und Mädchen μ_2 ist:

$$\delta_\mu = \mu_1 - \mu_2.$$

Jede Aktion unterliegt der Restriktion

$$a = (T_u, T_o) \quad \text{mit} \quad T_o - T_u = 100.$$

Posterioriverteilung: Wegen der großen Stichprobenumfänge kann man für die Stichprobenentnahme näherungsweise einen Gauß Prozeß unterstellen. Die Stichprobeninformationen sind

$$n_1 = 288, \quad \bar{x}_1 = 3300, \quad s_1 = 470,$$
$$n_2 = 269, \quad \bar{x}_2 = 3050, \quad s_2 = 460.$$

Als Prioriinformation steht die Lehrbuchmeinung mit einem hypothetischen Stichprobenumfang von von $n_i' = 30$ zur Verfügung:

$$n_1' = 30, \quad \mu_1' = 3300,$$
$$n_2' = 30, \quad \mu_2' = 3000.$$

Für die unbekannten Varianzen der Ausgangsverteilungen kann man die Varianzen der Stichproben als gute Schätzwerte heranziehen, da die Stichprobenumfänge weit über 30 liegen. Einer hypothetischen Stichprobe von $n' = 30$

entspricht z.B. ein Intervall für das unbekannte Durchschnittsgewicht der Knaben von

$$\begin{aligned} W'(\mu_1' - 2\cdot\sigma_1' < \mu_1 < \mu_1' + 2\cdot\sigma_1') &= 0.95 \\ W'\left(3300 - 2\cdot\frac{470}{\sqrt{30}} < \mu_1 < 3300 - 2\cdot\frac{470}{\sqrt{30}}\right) &= 0.95 \\ W'(3128.3803 < \mu_1 < 3471.6197) &= 0.95. \end{aligned}$$

Für das Durchschnittsgewicht der Mädchen μ_2 ist dieses Intervall

$$\begin{aligned} W'\left(3000 - 2\cdot\frac{460}{\sqrt{30}} < \mu_2 < 3000 + s\cdot\frac{460}{\sqrt{30}}\right) &= 0.95 \\ W'(2832.0317 < \mu_2 < 3167.9683) &= 0.95. \end{aligned}$$

Die Parameter der Posteriorinormalverteilungen sind

$$\begin{aligned} n_1'' &= n_1' + n_1 = 30 + 288 = 318, \\ \mu_1'' &= \frac{n_1'\cdot\mu_1' + n_1\cdot\overline{x}_1}{n_1''} \\ &= \frac{30\cdot 3300 + 288\cdot 3300}{318} = 3300, \\ \sigma_1''^2 &= \frac{\sigma_1^2}{n_1''} = \frac{470^2}{318} = 694.6541, \\ n_2'' &= n_2' + n_2 = 30 + 269 = 399, \\ \mu_2'' &= \frac{n_2'\cdot\mu_2' + n_2\cdot\overline{x}_2}{n_2''} \\ &= \frac{30\cdot 3000 + 269\cdot 3050}{299} = 3044.9833, \\ \sigma_2''^2 &= \frac{\sigma_2^2}{n_2''} = \frac{460^2}{299} = 707.6923. \end{aligned}$$

Die Differenz im durchschnittlichen Körpergewicht neugeborener Knaben und Mädchen, $\delta_\mu = \mu_1 - \mu_2$, besitzt ebenfalls eine Posteriorinormalverteilung mit den Parametern

$$E(\delta_\mu|x) = \mu_1'' - \mu_2'' = 3300 - 3044.9833 = 255.0167$$

und

$$V(\delta_\mu|x) = \frac{\sigma_1^2}{n_1''} + \frac{\sigma_2^2}{n_2''} = 694.6541 + 707.6923 = 1402.3464,$$

sowie der Dichtefunktion

$$f_{\vartheta|x}(\vartheta) = f_N(\delta_\mu|255.0167, 1402.3464).$$

Schadenerwartungswert: Aus den Angaben erhält man folgende konstante Schadenfunktion

$$s(a, \delta_\mu) = \begin{cases} s_u = 1 & \text{für } \delta_\mu < T_u, \\ s_o = 2 & \text{für } \delta_\mu > T_o. \end{cases}$$

Für das Intervall mit minimalem Schadenerwartungswert müssen die Grenzen die Bedingung

$$s_u \cdot f_{\vartheta|x}(T_u) = s_o \cdot f_{\vartheta|x}(T_u + c)$$

erfüllen. Die Grenzen können bei Vorliegen einer Normalverteilung einfach nach der Formel

$$T_u = \mu - \frac{c}{2} + \frac{\sigma^2 \cdot \ln(s_o/s_u)}{c}$$

berechnet werden. Für die vorliegenden Angaben ist T_u

$$\begin{aligned} T_u &= 255.0167 - \frac{100}{2} + \frac{1402.3464 \cdot ln(2/1)}{100} \\ &= 214.7370 \end{aligned}$$

und T_o

$$T_o = T_u + c = 214.7370 + 100 = 314.7370.$$

Der Arzt wird deshalb für die Differenz des durchschnittlichen Körpergewichts neugeborener Knaben und Mädchen das Intervall (214.7370, 314.7370) angeben. Der Schadenerwartungswert ist für dieses optimale Intervall a_{opt} gleich

$$\begin{aligned} \text{SE}(a_{opt}) &= 1 \cdot F_N(214.7370|255.0167, 1402.3463) \\ &\quad +2 \cdot G_N(314.7370|255.0167, 1402.3464) \\ &= F_Z(-1.0756) + 2 \cdot G_Z(1.5948) \\ &= 0.1411 + 2 \cdot 0.0554 \\ &= 0.2519. \end{aligned}$$

4.12 Reifentest

Eine Automobilzeitschrift läßt zwei Reifenneuentwicklungen auf ihre Lebensdauer testen. Bei 12 dem Test unterzogenen Reifen der Marke A ergibt sich eine durchschnittliche Lebensdauer von 56000 km mit einer Standardabweichung von 7000 km. Die 8 Reifen der Marke B hatten eine durchschnittliche Lebensdauer von 51000 km und eine Standardabweichung von 5000 km. Die Hersteller geben die durchschnittliche Lebensdauer für die Marke A mit 60000 km an und für die Marke B mit 50000 km. Die Standardabweichung wird für beide Marken mit 6000 km beziffert. Diese Herstellerinformation möchte der Redakteur der Automobilzeitschrift halb so stark berücksichtigen wie seine Testinformationen.

Der Redakteur will für die Differenz der durchschnittlichen Lebensdauer eine Intervallschätzung angeben, wobei die Intervallänge 1000 km nicht überschreiten soll. Seiner Schätzung unterstellt er eine quadratische Schadenfunktion, bei der der Schaden pro Einheit Überschätzung doppelt so schwerwiegend ist, wie der pro Einheit Unterschätzung. Welches Intervall für den Unterschied in der durchschnittlichen Lebensdauer der beiden Reifenmarken soll der Redakteur auf Grund dieser Informationen publizieren?

Lösung

Entscheidungsproblem: Da der Redakteur ein Intervall für die unbekannte Differenz der durchschnittlichen Lebensdauer von Reifenmarke A (=1) und B (=2) sucht,

$$\delta_\mu = \mu_1 - \mu_2,$$

entspricht jeder möglichen Aktion ein Intervall mit der Eigenschaft

$$a = (T_u, T_o), \quad c = T_o - T_u = 1000.$$

Posterioriverteilung: Die beiden Stichprobeninformationen sind

$$\begin{aligned} n_1 &= 12, \quad \bar{x}_1 = 56000, \quad s_1 = 7000, \\ n_2 &= 8, \quad \bar{x}_2 = 51000, \quad s_2 = 5000. \end{aligned}$$

Da die Herstellerinformation halb so stark wie die Stichprobeninformation berücksichtigt werden soll, sind die Prioriinformationen

$$\begin{aligned} n_1' &= 6, \quad \nu_1' = n_1' - 1 = 5, \quad \mu_1' = 60000, \quad s_1' = 6000, \\ n_2' &= 4, \quad \nu_2' = n_1' - 1 = 3, \quad \mu_2' = 50000, \quad s_2' = 6000. \end{aligned}$$

Unter der Voraussetzung, daß die Reifentests einem Gauß Prozeß mit unbekannter Varianz entsprechen, sind die Posterioriverteilungen Studentverteilungen mit den Parametern

$$\begin{aligned} n_1'' &= n_1' + n_1 = 6 + 12 = 18, \\ \nu_1'' &= \nu_1' + n_1 = 5 + 12 = 17, \\ \mu_1'' &= \frac{n_1' \cdot \mu_1' + n_1 \cdot \bar{x}_1}{n_1''} = \frac{6 \cdot 60000 + 12 \cdot 56000}{18} \\ &= 57333.3333, \\ s_1''^2 &= \frac{\nu_1' \cdot s_1'^2 + n_1 \cdot s_1^2 + n_1' \cdot n_1 \cdot (\bar{x}_1 - \mu_1')^2 / n_1''}{\nu_1''} \\ &= \frac{5 \cdot 6000^2 + 12 \cdot 7000^2 + 6 \cdot 12 \cdot (56000 - 60000)^2/18}{17} \\ &= 48941176.47, \end{aligned}$$

$$
\begin{aligned}
n_2'' &= n_2' + n_2 = 4 + 8 = 12, \\
\nu_2'' &= \nu_2' + n_2 = 3 + 8 = 11, \\
\mu_2'' &= \frac{n_2' \cdot \mu_2' + n_2 \cdot \bar{x}_2}{n_2''} = \frac{4 \cdot 50000 + 8 \cdot 51000}{12} \\
&= 50666.6667, \\
s_2''^2 &= \frac{3 \cdot 6000^2 + 8 \cdot 5000^2 + +4.8 \cdot (51000 - 50000)^2/12}{11} \\
&= 28242424.25.
\end{aligned}
$$

Die Differenz der durchschnittlichen Lebensdauer ist studentverteilt mit den Parametern

$$
\begin{aligned}
E(\delta_\mu|x) &= \mu_1'' - \mu_2'' = 57333.3333 - 50666.6667 = 6666.6666, \\
\hat{V}(\delta_\mu|x) &= a \cdot \left(\frac{s_1''^2}{n_1''} + \frac{s_2''^2}{n_2''}\right) \\
&= 1.0705 \cdot \left(\frac{48941176.47}{18} + \frac{28242424.25}{12}\right) \\
&= 5430100.12, \\
\nu &= b = 22.
\end{aligned}
$$

Die Korrekturwerte a und b berechnet man wie folgt:

$$
\begin{aligned}
u &= \frac{s_1''^2/n_1''}{s_1''^2/n_1'' + s_2''^2/n_2''} \\
&= \frac{48941176.47/18}{48941176.47/18 + 28242424.25/12} = 0.5360, \\
v &= 1 - u = 1 - 0.5360 = 0.4640, \\
f_1 &= \frac{n_1'' - 1}{n_1'' - 3} \cdot u + \frac{n_2'' - 1}{n_2'' - 3} \cdot v \\
&= \frac{18 - 1}{18 - 3} \cdot 0.5360 + \frac{12 - 1}{12 - 3} \cdot 0.4640 = 1.1746, \\
f_2 &= \frac{(n_1'' - 1)^2}{(n_1'' - 3)^2 \cdot (n_1'' - 5)} \cdot u^2 + \frac{(n_2'' - 1)^2}{(n_2'' - 3)^2 \cdot (n_2'' - 5)} \cdot v^2 \\
&= \frac{(18 - 1)^2}{(18 - 3)^2 \cdot (18 - 5)} \cdot 0.5360^2 + \frac{(12 - 1)^2}{(12 - 3)^2 \cdot (12 - 5)} \cdot 0.4640^2 \\
&= 0.0743, \\
b &= 4 + \frac{f_1^2}{f_2} = 4 + \frac{1.1746^2}{0.0743} = 22.5691, \\
a &= \frac{f_1 \cdot (b - 2)}{b} = \frac{1.1746 \cdot (22.5691 - 2)}{22.5691} = 1.0705.
\end{aligned}
$$

Die Dichtefunktion der Posterioristudentverteilung für die Mittelwertdifferenz ist

$$f_{\vartheta|x}(\vartheta) = f_S(\delta_\mu|6666.6666, 5430100.12, 22).$$

Schadenerwartungswert: Der Redakteur will seiner Intervallschätzung mit fixer Intervallänge c=1000 km folgende quadratische Schadenfunktion unterstellen:

$$s(a, \delta_\mu) = \begin{cases} 1 \cdot (T_u - \delta_\mu)^2 & \text{für } \delta_\mu < T_u, \\ 2 \cdot (\delta_\mu - T_o)^2 & \text{für } \delta_\mu > T_o. \end{cases}$$

Die Intervallgrenzen des optimalen Intervalls müssen für diese Schadenfunktion folgende Bedingungen erfüllen:

$$1 \cdot L_{-\infty}^{T_u}(\delta_\mu|x) = 2 \cdot L_{T_u+1000}^{\infty}(\delta_\mu|x)$$

bzw.

$$1 \cdot L_{-\infty}^{T_u}(t|22) \cdot \sqrt{5430100.12} = 2 \cdot L_{T_u+0.4291}^{\infty}(t|22) \cdot \sqrt{5430100.12}$$

oder einfach

$$1 \cdot L_{-\infty}^{T_u}(t|22) = 2 \cdot L_{T_u+0.4291}^{\infty}(t|22),$$

da

$$\frac{c}{\sigma} = \frac{1000}{\sqrt{5430100.12}} = 0.4291$$

ist. Wenn man das 52.-te und 68.-te Perzentil der Standardstudentverteilung für 22 Freiheitsgrade heranzieht, dann ist diese Gleichung näherungsweise erfüllt. Für das 52.-te Perzentil erhält man

$$L_{-\infty}^{0.0507}(t|22) \quad = \quad 0.4391$$

und für das 68.-te Perzentil

$$\begin{aligned} 2 \cdot L_{0.0507+0.4291}^{\infty}(t|22) &= 2 \cdot L_{0.4798}^{\infty}(t|22) \\ &\approx 2 \cdot L_{0.4742}^{\infty}(t|22) \\ &= 2 \cdot 0.2196 \\ &= 0.4392. \end{aligned}$$

Die Intervallgrenzen sind nun

$$T_u = 6666.6666 + 0.0507 \cdot \sqrt{5430100.12} = 6785$$

und

$$T_o = 6666.6666 + 0.4798 \cdot \sqrt{5430100.12} = 7785.$$

Der Redakteur der Automobilzeitschrift wird berichten, daß die durchschnittliche Lebensdauer der Reifenmarke A zwischen 6785 und 7785 km größer ist als die der Reifenmarke B.

Kapitel VI

Zusammenhang

Auch in diesem Kapitel werden Probleme besprochen, bei denen Informationen nicht nur über eine sondern über zwei Zufallsvariable vorliegen. Es werden Zusammenhänge zwischen ihnen analysiert und berechnet. So hängt z.B. die Entscheidung für ein bestimmtes Werbebudget einer Firma davon ab, ob zwischen den Ausgaben für Werbung und dem Umsatz ein Zusammenhang besteht. Genauso wird die Entscheidung für eine Kampagne gegen das Rauchen von dem Zusammenhang zwischen Rauchen und Lungenkrebs beeinflußt. Auch die Entscheidung für Vorbeugemaßnahmen gegen Bluthochdruck im Alter hängt vom Zusammenhang zwischen Alter und Blutdruck ab. Ein Maß für die Messung des (linearen) Zusammenhanges zwischen zwei Zufallsvariablen ist der Maßkorrelationskoeffizient, der im Folgenden erläutert wird.

Neben der grundsätzlichen Feststellung eines Zusammenhanges zwischen zwei Variablen ist für Entscheidungen auch wichtig, wie dieser Zusammenhang beschaffen ist. Um welchen Betrag erhöht sich im Schnitt der Wert der sogenannten abhängigen Variable, wenn der Wert der zweiten sogenannten unabhängigen Variable um eine Einheit erhöht wird? Um welchen Betrag steigt der Umsatz, wenn die Ausgaben für Werbung um 1000 GE steigen? Um welchen Betrag nimmt die nachgefragte Menge eines Gutes ab, wenn der Preis um 1 GE erhöht wird? Für die Analyse von Problemen dieser Art wird die lineare Einfachregression im Folgenden verwendet.

1 Maßkorrelationskoeffizient

Der Maßkorrelationskoeffizient ϱ drückt den linearen Zusammenhang zwischen den Zufallsvariablen X und Y durch Werte zwischen -1 und +1 aus. Dabei gibt das Vorzeichen die Richtung und der absolute Betrag von ϱ die Stärke des Zusammenhanges an. Wenn $\varrho = 0$ ist, dann besteht zwischen beiden Variablen kein linearer Zusammenhang. Man sagt auch, X und Y sind unkorreliert. Je mehr der absolute Betrag von ϱ gegen 1 geht, umso stärker ist der lineare Zusammenhang. Ein positives Vorzeichen drückt aus, daß bei Zunahme der Werte der einen Variable auch die Werte der anderen zunehmen. Wenn z.B. mit den Werbeausgaben auch der Umsatz steigt, dann hat der Maßkorrelationskoeffizient ein positives Vorzeichen. Nimmt aber z.B. die nachgefragte Menge eines Gutes ab, wenn der Preis erhöht wird, dann hat der entsprechende Maßkorrelationskoeffizient ein negatives Vorzeichen.

Der Maßkorrelationskoeffizient ist der Quotient aus der Kovarianz der beiden Variablen und dem Produkt ihrer Standardabweichungen. Aus den n Realisationen den beiden Zufallsvariablen X und Y

$$(x_1, y_1),\ (x_2, y_2), \ldots, (x_n, y_n)$$

kann man den entsprechenden Stichprobenmaßkorrelationskoeffizienten r nach folgender Formel berechnen:

$$\begin{aligned} r &= \frac{s_{xy}^2}{s_x \cdot s_y} \\ &= \frac{\sum(x_i - \overline{x}) \cdot (y_i - \overline{y})/n}{\sqrt{[\sum(x_i - \overline{x})^2/n] \cdot [\sum(y_i - \overline{y})^2/n]}} \\ &= \frac{n \cdot \sum x_i \cdot y_i - \sum x_i \cdot \sum y_i}{\sqrt{[n \cdot \sum x_i^2 - (\sum x_i)^2] \cdot [n \cdot \sum y_i^2 - (\sum y_i)^2]}}. \end{aligned}$$

Wenn man z.B. von vier Betrieben folgende Werbeausgaben x_i und Umsätze y_i zur Verfügung hat,

$$(1,1),\ (2,1),\ (3,3),\ (4,4),$$

dann entspricht diesen Stichprobenwerten ein Maßkorrelationskoeffizient von

$$r = \frac{s_{xy}^2}{s_x \cdot s_y} = \frac{1.3750}{1.1180 \cdot 1.2990} = 0.9467,$$

da die Kovarianz gleich

$$\begin{aligned} s_{xy}^2 &= \frac{1}{n} \cdot \sum(x_i - \overline{x}) \cdot (y_i - \overline{y}) \\ &= \frac{1}{4} \cdot [(1 - 2.5) \cdot (1 - 2.25) + \cdots + (4 - 2.5) \cdot (4 - 2.25)] \\ &= 1.3750 \end{aligned}$$

ist und die Standardabweichungen gleich

$$\begin{aligned} s_x &= \sqrt{\sum(x_i - \overline{x})^2/n} \\ &= \sqrt{[(1 - 2.5)^2 + \cdots + (4 - 2.5)^2]/4} \\ &= 1.1180, \\ s_y &= \sqrt{[(1 - 2.25)^2 + \cdots + (4 - 2.25)^2]/4} \\ &= 1.2990 \end{aligned}$$

sind. Man kann den Maßkorrelationskoeffizienten auch folgendermaßen berechnen:

x_i	y_i	x_i^2	y_i^2	$x_i \cdot y_i$
1	1	1	1	1
2	1	4	1	2
3	3	9	9	9
4	4	16	16	16
10	9	30	27	28

$$\begin{aligned} r &= \frac{n \cdot \sum x_i \cdot y_i - \sum x_i \cdot \sum y_i}{\sqrt{[n \cdot \sum x_i^2 - (\sum x_i)^2] \cdot [n \cdot \sum y_i^2 - (\sum y_i)^2]}} \\ &= \frac{4 \cdot 28 - 10 \cdot 9}{\sqrt{[4 \cdot 30 - 10^2] \cdot [4 \cdot 27 - 9^2]}} \\ &= 0.9467. \end{aligned}$$

Zwischen Werbeausgaben und Umsatz besteht in der Stichprobe ein starker linearer Zusammenhang, da der Korrelationskoeffizient nahe bei 1 liegt. Das positive Vorzeichen weist darauf hin, daß bei einer Zunahme der Werbeausgaben auch der Umsatz zunimmt und umgekehrt.

r und n sind die Stichprobeninformationen über den unbekannten Maßkorrelationskoeffizienten ϱ. Um diese Informationen mit eventuellen Prioriinformationen zur Posterioriverteilung von ϱ nach dem Gauß Prozeß zu verknüpfen, muß r zuerst noch in

$$z_r = \frac{1}{2} \cdot \ln\left(\frac{1+r}{1-r}\right)$$

transformiert werden. Diese Transformation ist notwendig, da die Verteilung von R keiner Normalverteilung folgt, auch wenn die beiden Zufallsvariablen X und Y in der Grundgesamtheit eine gemeinsame Normalverteilung besitzen. Die neue Variable Z_r ist hingegen annähernd normalverteilt mit der Varianz

$$V(Z_r) = \frac{1}{n-3}.$$

Für das vorliegene Beispiel ist

$$z_r = \frac{1}{2} \cdot \ln\left(\frac{1+0.9467}{1-0.9467}\right) = 1.7990$$

und

$$V(z_r) = \frac{1}{4-3} = 1.$$

Für die Verknüpfung der Prioriinformation mit der Stichprobeninformation nach dem Gauß Prozeß muß auch die Prioriinformation in Form einer Normalverteilung ausgedrückt werden.[1] Dazu ist es notwendig, die Informationen über

[1] Vgl. Iversen (1984, S 39 ff).

ϱ so wie bei der Stichprobe zu transformieren:

$$\zeta = \frac{1}{2} \cdot \ln\left(\frac{1+\varrho}{1-\varrho}\right).$$

Weiß man z.B. apriori, daß der Zusammenhang zwischen Werbeausgaben und Umsatz durch einen Maßkorrelationskoeffizienten ausgedrückt werden kann, der mit großer Wahrscheinlichkeit (95%) zwischen

$$0.20 \leq \varrho \leq 0.80$$

liegt, dann transformiert man zuerst diese beiden Grenzen in ζ-Merkmale

$$\zeta_{0.20} = \frac{1}{2} \cdot \ln\left(\frac{1+0.20}{1-0.20}\right) = 0.2027,$$
$$\zeta_{0.80} = \frac{1}{2} \cdot \ln\left(\frac{1+0.80}{1-0.80}\right) = 1.0986.$$

Da ζ normalverteilt ist, ist der Mittelwert der Priorinormalverteilung

$$E(\zeta) = \frac{\zeta_{0.20} + \zeta_{0.80}}{2} = \frac{0.2027 + 1.0986}{2} = 0.6507.$$

Bei einer Normalverteilung liegen zwischen $E(X) - 2 \cdot \sqrt{V(X)}$ und $E(X) + 2 \cdot \sqrt{V(X)}$ rund 95% der Gesamtfläche unter der Dichtefunktion. Die Standardabweichung der Priorinormalverteilung ist daher

$$\sqrt{V(\zeta)} = \frac{\zeta_{0.80} - \zeta_{0.20}}{4} = \frac{1.0986 - 0.2027}{4} = 0.2240$$

bzw. die Varianz

$$V(\zeta) = 0.2240^2 = 0.0502.$$

Da auch für die Priorinormalverteilung von ζ die Varianz gleich

$$V(\zeta) = \frac{1}{n' - 3}$$

ist, entspricht der Prioriinformation ein hypothetischer Stichprobenumfang von

$$n' = \frac{1}{V(\zeta)} + 3 = \frac{1}{0.0502} + 3 = 22.9203.$$

Mit Hilfe der transformierten Stichproben- und Prioriinformationen kann man nun die Parameter der Posteriorinormalverteilung von ζ nach folgenden Formeln berechnen:

$$\begin{aligned} E(\zeta|x) &= \frac{E(\zeta)/V(\zeta) + z_r/V(Z_r)}{1/V(\zeta) + 1/V(Z_r)}, \\ &= \frac{E(\zeta)\cdot(n'-3) + z_r \cdot (n-3)}{(n'-3)+(n-3)}, \\ V(\zeta|x) &= \frac{1}{1/V(\zeta) + 1/V(Z_r)} \\ &= \frac{1}{(n'-3)+(n-3)}. \end{aligned}$$

Für das vorliegende Beispiel erhält man die Werte

$$E(\zeta|x) = \frac{0.6507/0.0502 + 1.7990/1}{1/0.0502 + 1/1} = 0.7056,$$
$$V(\zeta|x) = \frac{1}{1/0.0502 + 1/1} = 0.0478.$$

Die so bestimmte Posteriorinormalverteilung von ζ kann man nun z.B. dazu verwenden, die Wahrscheinlichkeit zu berechnen, daß der lineare Zusammenhang zwischen Werbeausgaben und Umsatz, gemessen durch den Maßkorrelationskoeffizienten größer ist als 0.8:

$$W''(\varrho > 0.8) = W(\zeta > 1.0986),$$

da

$$\frac{1}{2} \cdot \ln\left(\frac{1+0.8}{1-0.8}\right) = 1.0986.$$

Diese Wahrscheinlichkeit ist gegeben durch

$$\begin{aligned} W''(\zeta > 1.0986) &= G_N(1.0986|0.7056, 0.0478) \\ &= G_Z(1.7976) \\ &= 0.0361, \end{aligned}$$

da

$$z = \frac{1.0986 - 0.7056}{\sqrt{0.0478}} = 1.7976$$

ist. Die Wahrscheinlichkeit für einen Maßkorrelationskoeffizienten zwischen Werbeausgaben und Umsatz, der größer ist als 0.8, beträgt nur 3.61%.

Verfügt man über keine ausreichenden Prioriinformationen, dann sind

$$E(\zeta|x) = z_r - \frac{5 \cdot r}{2 \cdot (n-1)},$$
$$V(\zeta|x) = \frac{1}{n-1}$$

die Parameter der Posteriorinormalverteilung von ζ.

Wenn man die Posteriorinormalverteilung von ζ kennt, dann kann man nach der üblichen Art (Gauß Prozeß, σ^2 bekannt) Entscheidungsprobleme über den Maßkorrelationskoeffizienten ϱ lösen. Will man z.B. eine Punktschätzung für den unbekannten Maßkorrelationskoeffizienten abgeben, muß man jenen Wert suchen, für den der Schadenerwartungswert für eine gegebene Schadenfunktion minimal ist. Weiß man z.B. nur, daß die Schäden der Überschätzung des wahren Wertes ϱ gleich jenen der Unterschätzung sind, dann kann man den Erwartungswert der Posteriorinormalverteilung wählen. Dies ist der Schätzwert mit minimalem Schadenerwartungswert sowohl für eine konstante, lineare als auch quadratische Schadenfunktion, da bei jeder Normalverteilung der Modus gleich dem Zentralwert und gleich dem Erwartungswert ist. Modus, Zentralwert und Erwartungswert sind aber die optimalen Punktschätzwerte für eine konstante, lineare und quadratische Schadenfunktion, wenn $s_o = s_u$ ist.

Da die Posterioriverteilung von ζ für den Zusammenhang zwischen Werbeausgaben und Umsatz den Mittelwert

$$E(\zeta|x) = 0.7056$$

besitzt, muß dieser ζ-Wert nur in einen entsprechenden ϱ-Wert zurücktransformiert werden, um eine beste Punktschätzung für ϱ zu erhalten, bei der der Schaden der Überschätzung gleich dem der Unterschätzung ist. Diese Rücktransformation erfolgt mit Hilfe der Formel

$$\varrho = \frac{\exp(2 \cdot \zeta) - 1}{\exp(2 \cdot \zeta) + 1}.$$

Für das Beispiel ist

$$\varrho = \frac{\exp(2 \cdot 0.7056) - 1}{\exp(2 \cdot 0.7056) + 1} = 0.6079.$$

0.6079 ist also der beste Punktschätzwert a_{opt} für den unbekannten Maßkorrelationskoeffizienten, der im vorliegenden Beispiel den Zusammenhang zwischen Werbeausgaben und Umsatz mißt. Sein Schadenerwartungswert hängt von der Schadenfunktion ab. Für eine quadratische ist der Schadenerwartungswert

$$\text{SE}(a_{opt}) = s \cdot V(\varrho|x) = s \cdot 0.0478,$$

da

$$V(\zeta|x) = 0.0478$$

und

$$V(\varrho|x) = \frac{\exp(2 \cdot 0.0478) - 1}{\exp(2 \cdot 0.0478) + 1} = 0.0478$$

ist.

So wie dieses Punktschätzproblem kann man auch Intervallschätz- und Testprobleme für ϱ mit Hilfe der Formeln des Gauß Prozesses (σ^2 bekannt) und der Posteriorinormalverteilung von ζ lösen.

2 Lineare Einfachregression

Bei der Einfachregression wird angenommen, daß eine Variable Y von einer zweiten Variablen X abhängig ist, wobei Y als abhängige Variable (oder Regressand) und X als unabhängige Variable (oder Regressor) bezeichnet wird.

Will man z.B. eine Einfachregression zwischen den Gesamtkosten eines Betriebes und seiner Ausbringungsmenge bestimmen, dann sind die Gesamtkosten die abhängige Variable und die erzeugten Mengen die unabhängige Variable.

Die mathematische Funktion, die den Zusammenhang zwischen den beiden Variablen beschreibt, nennt man Regressionsfunktion. Wenn die Regressionsfunktion errechnet ist, kann man mit ihrer Hilfe aus Werten der unabhängigen Variablen X Aussagen über die zugehörigen Werte der abhängigen Variablen Y ableiten. Im Beispiel mit den Gesamtkosten als abhängige Variable und der Ausbringungsmenge als unabhängige Variable kann man bei Bekanntheit der entsprechenden Regressionsfunktion von einer gegebenen Ausbringungsmenge auf die zugehörigen Gesamtkosten schließen.

Bei der linearen Einfachregression wird als Regressionsfunktion eine lineare Funktion verwendet. Für die n Realisationen der beiden Variablen X und Y

$$(x_1, y_1),\ (x_2, y_2), \ldots, (x_n, y_n)$$

hat die gesuchte lineare Stichprobenregressionsfunktion folgende Form:

$$\hat{y}_i = b_0 + b_1 \cdot x_i.$$

b_0 und b_1 sind die sogenannten Regressionskoeffizienten. b_0 bezeichnet den Ordinatenabschnitt und b_1 die Steigung der Regressionsgeraden. b_1 drückt aus, um wieviel Einheiten sich die abhängige Variable im Schnitt ändert, wenn die unabhängige Variable um 1 Einheit erhöht wird. $\hat{y}_i$ ist der durch die Regressionsfunktion an der Stelle $X = x_i$ für y_i gelieferte Schätzwert. Die Abweichungen u_i zwischen den beobachteten Werten y_i und den geschätzten Werten $\hat{y}_i$ bezeichnet man als Residuen oder Schätzfehler:

$$u_i = y_i - \hat{y}_i = y_i - (b_0 + b_1 \cdot x_i) \quad \text{für} \quad i = 1, \ldots, n.$$

Für die vier Ausbringungsmengen 1,2,3,4 sind z.B. 2,2,4,5 die entsprechenden Gesamtkosten. Die gesuchte lineare Stichprobenregressionsfunktion für diese vier Wertpaare

$$(1,2),\ (2,2),\ (3,4),\ (4,5)$$

ist

$$\begin{aligned} \hat{y}_i &= b_0 + b_1 \cdot x_i \\ &= 0.50 + 1.10 \cdot x_i. \end{aligned}$$

Aus den Stichprobenwerten der beiden Variablen X und Y berechnet man die Regressionskoeffizienten der linearen Regressionsfunktion nach folgenden Formeln:

$$b_0 = \overline{y} - b_1 \cdot \overline{x},$$

$$\begin{aligned} b_1 &= \frac{s_{xy}^2}{s_x^2} \\ &= \frac{\sum(x_i - \overline{x}) \cdot (y_i - \overline{y})/n}{\sum(x_i - \overline{x})^2/n} \\ &= \frac{n \cdot \sum x_i \cdot y_i - \sum x_i \cdot \sum y_i}{n \cdot \sum x_i^2 - (\sum x_i)^2}. \end{aligned}$$

Für die vier Wertpaare des Beispiels sind

$$\begin{aligned} \overline{x} &= \frac{1+2+3+4}{4} = 2.50, \\ \overline{y} &= \frac{2+2+4+5}{4} = 3.25, \\ s_{xy}^2 &= \frac{(1-2.5)\cdot(2-3.25)+\cdots+(4-2.5)\cdot(5-3.25)}{4} = 1.3750, \\ s_x^2 &= \frac{(1-2.5)^2+\cdots+(4-2.5)^2}{4} = 1.2500, \end{aligned}$$

und die Regressionskoeffizienten

$$\begin{aligned} b_1 &= \frac{1.3750}{1.2500} = 1.10, \\ b_0 &= 3.25 - 1.10 \cdot 2.50 = 0.50, \end{aligned}$$

wie oben schon angeführt. Der Regressionskoeffizient $b_1 = 1.10$ besagt, daß pro zusätzlicher Einheit Ausbringungsmenge die Gesamtkosten im Schnitt um 1.10 Einheiten steigen. Der Regressionskoeffizient $b_0 = 0.50$ kann hier als jener Teil der Gesamtkosten interpretiert werden, der fix ist: Bei Null Ausbringungsmenge sind noch immer 0.50 Einheiten fixe Kosten vorhanden. Für eine Ausbringungsmenge von 1 ist der Schätzwert der Gesamtkosten gleich

$$\begin{aligned} \hat{y}_1 &= 0.50 + 1.10 \cdot x_1 \\ &= 0.50 + 1.10 \cdot 1 \\ &= 1.6. \end{aligned}$$

Beobachtet wurden für diese Ausbringungsmenge Gesamtkosten von 2. Der Schätzfehler oder das Residuum ist daher

$$u_1 = y_1 - \hat{y}_1 = 2 - 1.6 = 0.4.$$

Die weiteren Schätzwerte $\hat{y}_i$ und Residuen u_i sind folgender Tabelle zu entnehmen:

x_i	y_i	$\hat{y}_i$	u_i
1	2	1.6	0.4
2	2	2.7	-0.7
3	4	3.8	0.2
4	5	4.9	0.1

Die Varianz aus den Residuen ist

$$\begin{aligned} s_u^2 &= \frac{\sum u_i^2}{n} = \frac{\sum(y_i - \hat{y}_i)^2}{n} \\ &= \frac{0.4^2 + (-0.7)^2 + 0.2^2 + 0.1^2}{4} = 0.1750 \end{aligned}$$

und die Standardabweichung

$$s_u = \sqrt{s_u^2} = 0.4183.$$

Im Mittel weichen die beobachteten Gesamtkosten von den mit Hilfe der linearen Regressionsfunktion gewonnenen Schätzwerten um 0.4183 Einheiten ab.

b_0 und b_1 sind die Stichprobeninformationen über die unbekannten Parameter β_0 und β_1 der linearen Regressionsfunktion der Grundgesamtheit

$$Y_i = \beta_0 + \beta_1 \cdot X_i + U_i.$$

Wenn man voraussetzen kann, daß die U_i der unbekannten linearen Regressionsfunktion der Grundgesamtheit normalverteilt sind mit dem Erwartungswert und der Varianz

$$E(U_i) = 0, \quad V(U_i) = \sigma_u^2,$$

dann sind auch die Regressionskoeffizienten der Stichproben B_0 und B_1 normalverteilt mit der Varianz

$$\begin{aligned} V(B_0) &= \frac{\sigma_u^2 \cdot \sum X_i^2}{n \cdot \sum X_i^2 - (\sum X_i)^2} = \frac{\sigma_u^2 \cdot \sum X_i^2}{n \cdot \sum(X_i - \overline{X})^2}, \\ V(B_1) &= \frac{\sigma_u^2 \cdot n}{n \cdot \sum X_i^2 - (\sum X_i)^2} = \frac{\sigma_u^2}{\sum(X_i - \overline{X})^2}. \end{aligned}$$

In diesem Fall sind auch die Posterioriverteilungen der beiden unbekannten Parameter β_0 und β_1 normalverteilt, wenn auch die Prioriinformationen über β_0 und β_1 in Form von Normalverteilungen ausgedrückt werden und β_0, β_1 sowie σ_u^2 voneinander unabhängig sind. Die Parameter dieser Normalverteilungen werden nach folgenden Formeln berechnet:[2]

$$\begin{aligned} E(\beta_i|x) &= \frac{E(\beta_i)/V(\beta_i) + b_i/V(b_i)}{1/V(\beta_i) + 1/V(b_i)}, \\ V(\beta_i|x) &= \frac{1}{1/V(\beta_i) + 1/V(b_i)}, \\ &\quad \text{für } i = 0, 1. \end{aligned}$$

$E(\beta_i)$ ist der Erwartungswert der Priorinormalverteilung von β_i und $V(\beta_i)$ die entsprechende Varianz.

[2]Vgl. Iversen (1984, S 47), Box, Tiao (1973, S 501).

Ist man z.B. apriori der Ansicht, daß die Gesamtkostensteigerung bei einer Erhöhung der Ausbringungsmenge um eine Einheit mit großer Wahrscheinlichkeit (95%) zwischen 0.5 und 3.5 Einheiten liegt, dann ist

$$E(\beta_1) = \frac{0.5 + 3.5}{2} = 2,$$

der Erwartungswert der Priorinormalverteilung für β_1 und

$$V(\beta_1) = \left[\frac{3.5 - 0.5}{4}\right]^2 = 0.75^2 = 0.5625,$$

die Varianz dieser Verteilung. Als Stichprobeninformation steht

$$b_1 = 1.10$$

und

$$V(b_1) = \frac{\sigma_u^2}{\sum(x_i - \bar{x})^2} = \frac{\sigma_u^2}{5}$$

zur Verfügung. Wenn σ_u^2 nicht bekannt ist, aber n größer als 30 ist[3], dann berechnet man für σ_u^2

$$\begin{aligned} \hat{s}_u^2 &= \frac{\sum(y_i - \hat{y}_i)^2}{n-2} = \frac{\sum u_i^2}{n-2} \\ &= \frac{\sum y_i^2 - b_0 \cdot \sum y_i - b_1 \cdot \sum x_i \cdot y_i}{n-2} \end{aligned}$$

aus der Stichprobe. Obwohl im vorliegendem Beispiel n nur 4 ist, wird zur Demonstration des Rechenvorganges $\hat{s}_u^2$ aus der Stichprobe bestimmt:

$$\hat{s}_u^2 = \frac{\sum u_i^2}{n-2} = \frac{0.4^2 + (-0.7)^2 + 0.2^2 + 0.1^2}{2} = 0.35 = \hat{\sigma}_u^2.$$

Die Varianz von b_1 ist

$$V(b_1) = \frac{0.35}{5} = 0.07.$$

Priori- und Stichprobeninformationen können nun zur Berechnung der Parameter der Posteriorinormalverteilung für β_1 verwendet werden:

$$\begin{aligned} E(\beta_1|x) &= \frac{2/0.5625 + 1.10/0.07}{1/0.5625 + 1/0.07} = 1.1996, \\ V(\beta_1|x) &= \frac{1}{1/0.5625 + 1/0.07} = 0.0623. \end{aligned}$$

[3]Wenn $n < 30$ ist und σ_u^2 unbekannt, dann findet man die entsprechenden Formeln z.B. bei Raiffa, Schlaifer (1972), Broemeling (1985).

Mit Hilfe dieser Posterioriverteilung von β_1 kann man z.B. die Wahrscheinlichkeit bestimmen, daß die Gesamtkostensteigerung bei einer Erhöhung der Ausbringungsmenge um eine Einheit nicht über 1.50 liegt. Diese Wahrscheinlichkeit ist

$$\begin{aligned} W''(\beta_1 \leq 1.50) &= F_N(1.50|1.1996, 0.0623) \\ &= F_Z(1.2035) \\ &= 0.8856. \end{aligned}$$

Die Posteriorinormalverteilung für β_o bestimmt man analog. Glaubt man z.B. apriori, daß der Fixkostenbetrag fast sicher zwischen 0.30 und 0.50 liegt, dann sind

$$E(\beta_0) = \frac{0.30 + 0.50}{2} = 0.40$$

und

$$V(\beta_0) = \left[\frac{0.5 - 0.3}{4}\right]^2 = 0.0025$$

die Parameter der Priorinormalverteilung von β_0. Als Stichprobeninformation hat man

$$b_0 = 0.50$$

und

$$V(b_0) = \frac{\sigma_u^2 \cdot \sum x_i^2}{n \cdot \sum(x_i - \overline{x})^2} = \frac{0.35 \cdot 30}{20} = 0.5250.$$

Aus beiden Informationen kann man die Parameter der Posterioriverteilung von β_0 wie folgt berechnen:

$$\begin{aligned} E(\beta_0|x) &= \frac{0.40/0.0025 + 0.50/0.5250}{1/0.0025 + 1/0.5250} = 0.4005, \\ V(\beta_0|x) &= \frac{1}{1/0.0025 + 1/0.5250} = 0.0025. \end{aligned}$$

Die Wahrscheinlichkeit, daß z.B. die Fixkosten nicht über 0.50 liegen, ist

$$\begin{aligned} W''(\beta_0 \leq 0.50) &= F_N(0.50|0.4005, 0.0025) \\ &= F_Z(1.9905) \\ &= 0.9767. \end{aligned}$$

Wenn keine Prioriinformationen über die Parameter β_0 und β_1 zur Verfügung sind, dann berechnet man die Parameter der entsprechenden Posteriorinormalverteilungen nach den Formeln

$$\begin{aligned} E(\beta_i|x) &= b_i, \\ V(\beta_i|x) &= V(b_i), \\ &\quad \text{für } i = 0, 1. \end{aligned}$$

Mit Hilfe der Posteriorinormalverteilungen von β_0 und β_1 kann man nach der üblichen Art (Gauß Prozeß, σ^2 bekannt) Entscheidungsprobleme lösen. Ein Testproblem liegt z.B. vor, wenn sich ein Unternehmer zu entscheiden hat, einen Auftrag anzunehmen, von dem er weiß, daß er nur dann gewinnbringend ist, wenn seine variablen Kosten nicht über 1.5GE pro Stück liegen. Die beiden Aktionen sind

$$\begin{aligned} a_0&\text{: Auftrag annehmen,} \\ a_1&\text{: Auftrag ablehnen.} \end{aligned}$$

Da β_1 bei der Gesamtkostenfunktion den variablen Kosten und β_0 den fixem Kosten entspricht, sind die Hypothesen für die beiden Umweltzustände

$$\begin{aligned} H_0&: \beta_1 \leq 1.5, \\ H_1&: \beta_1 > 1.5. \end{aligned}$$

Nimmt der Unternehmer den Auftrag an, und stellt sich im Nachhinein heraus, daß die variablen Kosten größer sind als 1.5, dann entsteht ein Schaden, den der Unternehmer mit 100 GE beziffert. Umgekehrt tritt für den Unternehmer ein entgangener Gewinn auf, wenn er den Auftrag nicht annimmt, obwohl die variablen Kosten 1.5 nicht übersteigen. Dieser entgangenen Gewinn sei 20 GE. Die entsprechende Schadenfunktion hat folgendes Aussehen:

$$\begin{aligned} s(a_0, \beta_1) &= \begin{cases} 0 & \text{für } \beta_1 \leq 1.5, \\ 100 & \text{für } \beta_1 > 1.5, \end{cases} \\ s(a_1, \beta_1) &= \begin{cases} 20 & \text{für } \beta_1 \leq 1.5, \\ 0 & \text{für } \beta_1 > 1.5. \end{cases} \end{aligned}$$

Steht dem Unternehmer die oben abgeleitete Posteriorinormalverteilung für β_1 zur Verfügung, dann kann er sich die Schadenerwartungswerte für seine zwei Aktionen berechnen. Für die Auftragsannahme ist der Schadenerwartungswert

$$\begin{aligned} \text{SE}(a_0) &= s_2 \cdot W''(H_1: \beta_1 > 1.5) \\ &= 100 \cdot G_N(1.5|1.1996, 0.0623) \\ &= 100 \cdot G_Z(1.2035) \\ &= 11.44. \end{aligned}$$

Der Schadenerwartungswert für a_0 liegt zwischen

$$100 \cdot 0.114 = 11.40 < \text{SE}(a_0) < 11.50 = 100 \cdot 0.115.$$

Für die Auftragsablehnung ist der Schadenerwartungswert

$$\begin{aligned} \text{SE}(a_1) &= s_1 \cdot W''(H_0: \beta_1 \leq 1.5) \\ &= 20 \cdot F_N(1.5|1.996, 0.0623) \\ &= 20 \cdot F_Z(1.2035) \\ &= 20 \cdot 0.8856 \\ &= 17.7120. \end{aligned}$$

Da der Schadenerwartungswert für a_0 jedenfalls kleiner ist als für a_1, wird der Unternehmer den Auftrag annehmen.

Auf die gleiche Art können Schätzprobleme für β_0 und β_1 gelöst werden, wenn man die entsprechenden Posteriorinormalverteilungen und Schadenfunktionen kennt.

3 Fallstudien

3.1 Eignungstest und Jahresumsatz

Dem Personalchef einer Firma mit zahlreichen Außendienstmitarbeitern wird von einer Personalberatungsfirma die Durchführung eines psychologischen Eignungstest angeboten, durch den aus Bewerbern für den Außendienst die geeigneten ausgewählt werden können. Die Beratungsfirma behauptet, daß zwischen den erreichten Testpunkten erfolgreicher Außendienstmitarbeiter und deren Jahresumsatz eine Korrelation von 0.75 besteht. Der Personalchef läßt 10 zufällig ausgewählte, erfolgreiche Außendienstmitarbeiter seiner Firma diesen Test absolvieren. Die erreichten Testpunkte sowie den Umsatz im letzten Jahr zeigt folgende Tabelle für die 10 Mitarbeiter:

Testpunkte	41	43	42	44	44	40	42	45	45	44
Umsatz	58	56	57	52	62	55	60	55	61	58

Die Firma stellt pro Jahr ca. 30 neue Außendienstmitarbeiter ein. Durch die Einschulung ungenügend qualifizierter Mitarbeiter entstehen der Firma jährlich Kosten von 300 GE. Für die Durchführung des Eignungstests verlangt die Beratungsfirma 100 GE pro Person. Soll der Personalchef den Eignungstest künftig in Anspruch nehmen, wenn er die Information der Beratungsfirma über den Zusammenhang zwischen Testpunkten und Jahresumsatz nur halb so stark berücksichtigen will wie die Testergebnisse seiner 10 Mitarbeiter? Außerdem ist er der Ansicht, daß der Test nur brauchbar ist, wenn der durch den Korrelationskoeffizienten gemessene Zusammenhang absolut größer als 0.1 ist.

Lösung

Entscheidungsproblem: Dem Personalchef stehen die beiden Aktionen zur Wahl:

a_0: keine Eignungstests in Anspruch nehmen,
a_1: künftige Inanspruchnahme der Eignungstests.

Er wird Eignungstests nur dann in Anspruch nehmen, wenn ein Zusammenhang zwischen Testergebnissen und Jahrsumsätzen besteht. Da er der Ansicht ist, daß der Eignungstest nur brauchbar ist, wenn der diesen Zusammenhang messende Maßkorrelationskoeffizient absolut größer ist als 0.1, kann man die beiden Umweltzustände durch die Hypothesen

$$H_0 : \varrho \in [-0.1, 0.1],$$
$$H_1 : \varrho \notin [-0.1, 0.1]$$

ausdrücken. Das vorliegende Entscheidungsproblem ist daher ein Testproblem mit einer Intervallnullhypothese.

Posterioriverteilung: Aus den Testergebnissen und Umsätzen der 10 zufällig ausgewählten Außendienstmitarbeiter kann man den Stichprobenkorrelationskoeffizienten wie folgt berechnen:

x_i	y_i	x_i^2	y_i^2	$x_i \cdot y_i$
58	41	3364	1681	2378
56	43	3136	1849	2408
57	42	3249	1764	2394
52	44	2704	1936	2288
62	44	3844	1936	2728
55	40	3025	1600	2200
60	42	3600	1764	2520
55	45	3025	2025	2475
61	45	3721	2025	2745
58	44	3364	1936	2552
574	430	33032	18516	24688

$$\begin{aligned}
r &= \frac{n \cdot \sum x_i \cdot y_i - \sum x_i \cdot \sum y_i}{\sqrt{[n \cdot \sum x_i^2 - (\sum x_i)^2] \cdot [n \cdot \sum y_i^2 - (\sum y_i)^2]}} \\
&= \frac{10 \cdot 24688 - 574 \cdot 430}{\sqrt{(10 \cdot 33032 - 574^2) \cdot (10 \cdot 18516 - 430^2)}} \\
&= 0.1281, \\
z_r &= \frac{1}{2} \cdot \ln\left(\frac{1+r}{1-r}\right) = \frac{1}{2} \cdot \ln\left(\frac{1+0.1281}{1-0.1281}\right) = 0.1288, \\
V(z_r) &= \frac{1}{n-3} = \frac{1}{10-3} = \frac{1}{7}.
\end{aligned}$$

Wenn man die 10 Beobachtungen als Stichprobe aus einem Gauß Prozeß auffassen kann, dann ist die Posterioriverteilung von ζ normalverteilt. Für die Berechnung der Parameter dieser Normalverteilung ist auch die Prioriinformation in Form einer Normalverteilung auszudrücken. Da die Beratungsfirma behauptet, der Zusammenhang zwischen erreichten Testpunkten und Jahresumsatz kann mit 0.75 angenommen werden, ist der Erwartungswert der Priorinormalverteilung von ζ

$$E(\zeta) = \frac{1}{2} \cdot \ln\left(\frac{1+\varrho}{1-\varrho}\right) = \frac{1}{2} \cdot \ln\left(\frac{1+0.75}{1-0.75}\right) = 0.9730.$$

Der Personalchef will diese Prioriinformation halb so stark berücksichtigen wie die Stichprobeninformation. n' ist daher

$$n' = \frac{n}{2} = \frac{10}{2} = 5$$

und die Priorivarianz von ζ ist

$$V(\zeta) = \frac{1}{5-3} = \frac{1}{2}.$$

Diese Gewichtung der Prioriinformation bedeutet, daß der unbekannte ζ Wert apriori mit großer Wahrscheinlichkeit (95%) zwischen

$$\begin{aligned} W'\left(E(\zeta) - 2 \cdot \sqrt{V(\zeta)} < \zeta < E(\zeta) + 2 \cdot \sqrt{V(\zeta)}\right) &= 0.95 \\ W'\left(0.9730 - \frac{2}{\sqrt{2}} < \zeta < 0.9730 + \frac{2}{\sqrt{2}}\right) &= 0.95 \\ W'(-0.4412 < \zeta < 2.3872) &= 0.95 \end{aligned}$$

liegt. Für den unbekannten Korrelationskoeffizienten ist das entsprechende Prioriintervall

$$W'(-0.4146 < \varrho < 0.9833) = 0.95,$$

da

$$\frac{\exp(2 \cdot (-0.4412)) - 1}{\exp(2 \cdot (-0.4412)) + 1} = -0.4146$$

und

$$\frac{\exp(2 \cdot 2.3872) - 1}{\exp(2 \cdot 2.3872) + 1} = 0.9833$$

sind. Da die Untergrenze mit -0.4146 kleiner als 0 ist, ist in der Prioriinformation bei dieser Gewichtung auch die Vermutung enthalten, daß kein Zusammenhang zwischen Eignungstest und Umsatz besteht. Man kann nun die Parameter der Posterioriverteilung von ζ berechnen:

$$\begin{aligned} E(\zeta|x) &= \frac{E(\zeta)/V(\zeta) + z_r/V(z_r)}{1/V(\zeta) + 1/V(z_r)} \\ &= \frac{E(\zeta) \cdot (n'-3) + z_r \cdot (n-3)}{(n'-3) + (n-3)} \end{aligned}$$

$$
\begin{aligned}
&= \frac{0.9730 \cdot (6.5-3) + 0.1288 \cdot (10-3)}{(6.5-3)+(10-3)} \\
&= 0.4102, \\
V(\zeta|x) &= \frac{1}{1/V(\zeta) + 1/V(z_r)} \\
&= \frac{1}{(n'-3)+(n-3)} \\
&= \frac{1}{(6.5-3)+(10-3)} \\
&= 0.0952.
\end{aligned}
$$

Die Dichtefunktion der Posteriorinormalverteilung von ζ ist daher

$$
f_{\vartheta|x}(\vartheta) = f_N(\zeta|0.4102, 0.0952).
$$

Schadenerwartungswert: Durch die Einstellung von 30 neuen Außendienstmitarbeitern würden der Firma Kosten von $30 \cdot 100 = 3000$ GE entstehen, wenn sie den Eignungstest in Anspruch nimmt. Andererseits hat sie derzeit jährliche Kosten von 300 GE durch die Schulung von unbrauchbaren Mitarbeitern. Aus diesen Angaben ergibt sich folgende konstante Schadenfunktion:

$$
\begin{aligned}
s(a_0, \varrho) &= \begin{cases} 0 & \text{für } \varrho \in [-0.1, 0.1], \\ s_2 = 300 & \text{für } \varrho \notin [-0.1, 0.1], \end{cases} \\
s(a_1, \varrho) &= \begin{cases} s_1 = 3000 & \text{für } \varrho \in [-0.1, 0.1], \\ 0 & \text{für } \varrho \notin [-0.1, 0.1]. \end{cases}
\end{aligned}
$$

Die Schadenerwartungswerte der beiden Aktionen berechnet man für diese Schadenfunktion nach den Formeln

$$
\begin{aligned}
\text{SE}(a_0) &= s_2 \cdot W''(H_1) \\
&= s_2 \cdot (1 - W''(H_0)), \\
\text{SE}(a_1) &= s_1 \cdot W''(H_0) \\
&= s_1 \cdot (F_N(\zeta_{0.1}|0.4102, 0.0952) - F_Z(\zeta_{-0.1}|0.4102, 0.0952)).
\end{aligned}
$$

ζ ist für ϱ =-0.1

$$
\zeta_{-0.1} = \frac{1}{2} \cdot \ln\left(\frac{1+(-0.1)}{1-(-0.1)}\right) = -0.1003
$$

und für ϱ=0.1

$$
\zeta_{0.1} = \frac{1}{2} \cdot \ln\left(\frac{1+0.1}{1-0.1}\right) = 0.1003.
$$

Daher ist

$$\begin{aligned} W''(H_0) &= F_N(0.1003|0.4102, 0.0952) - F_N(-0.1003|0.4102, 0.0952) \\ &= F_Z(-1.0044) - F_Z(-1.6545) \\ &= 0.1576 - 0.0490 \\ &= 0.1086. \end{aligned}$$

Die beiden Schadenerwartungswerte sind nun

$$\begin{aligned} \text{SE}(a_0) &= 300 \cdot (1 - 0.1086) = 267.42, \\ \text{SE}(a_1) &= 3000 \cdot 0.1086 = 325.80. \end{aligned}$$

Da der Schadenerwartungswert für die Aktion a_0 geringer ist als für a_1, wird der Personalchef den Eignungstest der Beratungsfirma nicht in Anspruch nehmen. Für eventuelle weitere Informationen über den Eignungstest wird er höchstens

$$\text{EWPI} = \text{SE}(a_0) = 267.42$$

Geldeinheiten ausgeben.

3.2 Schulpsychologe

Ein Schulpsychologe führte mit 500 Vorschulkindern einen Schuleignungstest durch und überprüfte nach Ablauf des 1. Schuljahres mit einem geeignetem Verfahren die tatsächliche Leistung dieser Kinder. Der Maßkorrelationskoeffizient zwischen Schuleignungs- und Schulleistungstest beträgt 0.49. Im vorhergehenden Jahr war er 0.62 bei 400 Kindern. Für eine Publikation über den Schuleigungstest möchte der Schulpsychologe eine Punktschätzung für den Maßkorrelationskoeffizienten angeben, die auf einer quadratischen Schadenfunktion beruht. Er ist der Ansicht, daß der Schaden pro Einheit Überschätzung gleich jenem der Unterschätzung ist. Für das Wissen, daß der unbekannte wahre Parameter genau eine Einheit vom Schätzwert abweicht, wäre er bereit 2 GE zu bezahlen. Welchen Schätzwert soll er für den Maßkorrelationskoeffizienten verwenden?

Lösung

Entscheidungsproblem: Da der Schulpsychologe aus dem Intervall $[-1, 1]$ genau einen Wert auswählen muß,

$$a: \varrho \quad \text{mit} \quad \varrho \in [-1, 1],$$

handelt es sich um ein Punktschätzproblem.

Posterioriverteilung: Die Stichprobeninformationen sind

$$\begin{aligned} n &= 500, \\ r &= 0.49, \\ z_r &= \frac{1}{2} \cdot \ln\left(\frac{1+r}{1-r}\right) = \frac{1}{2} \cdot \ln\left(\frac{1+0.49}{1-0.49}\right) = 0.5361, \\ V(z_r) &= \frac{1}{n-3} = \frac{1}{500-3} = 0.0020. \end{aligned}$$

Die Ergebnisse des vorhergehenden Jahres können als Prioriinformationen aufgefaßt werden:

$$\begin{aligned} n' &= 400, \\ \varrho &= 0.62, \\ \zeta &= \frac{1}{2} \cdot \ln\left(\frac{1+\varrho}{1-\varrho}\right) = \frac{1}{2} \cdot \ln\left(\frac{1+0.62}{1-0.62}\right) = 0.7250, \\ V(\zeta) &= \frac{1}{n'-3} = \frac{1}{400-3} = 0.0025. \end{aligned}$$

Mit diesen Informationen können die Parameter der Posteriorinormalverteilung von ζ berechnet werden:

$$\begin{aligned} E(\zeta|x) &= \frac{E(\zeta) \cdot (n'-3) + z_r \cdot (n-3)}{(n'-3)+(n-3)} \\ &= \frac{0.7250 \cdot 397 + 0.5361 \cdot 497}{397+497} \\ &= 0.62, \\ V(\zeta|x) &= \frac{1}{(n'-3)+(n-3)} \\ &= \frac{1}{397+497} \\ &= 0.0011. \end{aligned}$$

Die entsprechende Dichtefunktion ist

$$f_{\vartheta|x}(\vartheta) = f_N(\zeta|0.62, 0.0011).$$

Schadenerwartungswert: Der Schulpsychologe verwendet

$$s(a, \varrho) = \begin{cases} 0 & \text{für } \varrho = a, \\ 2 \cdot (a-\varrho)^2 & \text{für } \varrho \neq a, \end{cases}$$

als Schadenfunktion. Für diese ist der Erwartungswert der Posteriorinormalverteilung der Schätzwert mit minimalem Schadenerwartungswert:

$$E(\zeta|x) = 0.62.$$

Um 0.62 in ϱ-Merkmale zu transformieren, verwendet man die Formel

$$\varrho = \frac{\exp(2 \cdot \zeta) - 1}{\exp(2 \cdot \zeta) + 1} = \frac{\exp(2 \cdot 0.62) - 1}{\exp(2 \cdot 0.62) + 1} = 0.5511.$$

Der Schulpsychologe wird daher 0.5511 als Schätzwert für den unbekannten Maßkorrelationskoeffizienten zwischen Schuleignungs- und Schulleistungstest verwenden. Der Schadenerwartungswert dieser optimalen Punktschätzung a_{opt} ist

$$\mathrm{SE}(a_{opt}) = s \cdot V(\vartheta|x) = 2 \cdot V(\zeta|x) = 2 \cdot 0.0011 = 0.0022.$$

3.3 Waldböden

Ein Ökologe untersucht den Zusammenhang zwischen Humusgehalt (X) und Stickstoffgehalt (Y) von Waldböden. 6 zufällig ausgewählte Proben lieferten folgende Werte:

x_i	102	50	181	8	140	81
y_i	1.38	0.71	2.05	0.12	1.95	1.09

Der Ökologe möchte für die Messung des Zusammenhanges eine Intervallschätzung für den Maßkorrelationskoeffizienten berechnen. Den Schaden der dadurch entsteht, daß der wahre Wert ϱ unter der Intervalluntergrenze liegt, betrachtet er doppelt so schwerwiegend wie den Schaden, der damit zusammenhängt, daß der wahre Wert oberhalb der Intervallobergrenze ist. Den Schaden pro Einheit Intervallänge nimmt er mit 0.5 an. Welches Intervall soll der Ökologe für den unbekannten Maßkorrelationskoeffizienten angeben?

Lösung

Entscheidungsproblem: Da der Ökologe aus der Menge der möglichen Intervalle mit der Eigenschaft

$$a = (T_u, T_o), \quad T_u, T_o \in \mathbb{R}, \quad T_u < T_o$$

das optimale für den unbekannten Maßkorrelationskoeffizienten auswählen will, liegt ein Intervallschätzproblem mit konstanter Intervallänge vor.

Posterioriverteilung: Der Stichprobenkorrelationskoeffizient r wird wie folgt berechnet:

x_i	y_i	x_i^2	y_i^2	$x_i \cdot y_i$
102	1.38	10404	1.9044	140.76
50	0.71	2500	0.5041	35.50
181	2.05	32761	4.2025	371.05
8	0.12	64	0.0144	0.96
140	1.95	19600	3.8025	273.00
81	1.09	6561	1.1881	88.29
562	7.30	71890	11.6160	909.56

$$\begin{aligned} r &= \frac{n \cdot \sum x_i \cdot y_i - \sum x_i \cdot \sum y_i}{\sqrt{[n \cdot \sum x_i^2 - (\sum x_i)^2] \cdot [n \cdot \sum y_i^2 - (\sum y_i)^2]}} \\ &= \frac{6 \cdot 909.56 - 562 \cdot 7.30}{\sqrt{[6 \cdot 71890 - 562^2] \cdot [6 \cdot 11.6160 - 7.30^2]}} \\ &= 0.9842. \end{aligned}$$

Durch die Transformation von r in

$$z_r = \frac{1}{2} \cdot \ln\left(\frac{1 + 0.9842}{1 - 0.9842}\right) = 2.4165$$

erreicht man, daß man zumindest näherungsweise eine Normalverteilung voraussetzen kann. Da keine Prioriinformationen vorliegen, sind die Parameter der Posteriorinormalverteilung

$$\begin{aligned} E(\zeta|x) &= z_r - \frac{5 \cdot r}{2 \cdot (n-1)} = 2.4165 - \frac{5 \cdot 0.9842}{2 \cdot (6-1)} = 1.9244, \\ V(\zeta|x) &= \frac{1}{n-1} = \frac{1}{6-1} = 0.20. \end{aligned}$$

Die Dichtefunktion für ζ ist

$$f_{\vartheta|x}(\vartheta) = f_N(\zeta|1.9244, 0.20).$$

Schadenerwartungswert: Aus den Angaben des Ökologen folgt folgende Schadenfunktion:

$$s(a,\zeta) = 0.5 \cdot (T_o - T_u) + \begin{cases} 2 & \text{für } \zeta < T_u, \\ 1 & \text{für } \zeta > T_o. \end{cases}$$

Für diese konstante Schadenfunktion müssen die Unter- und Obergrenze des optimalen Intervalls folgende Bedingung erfüllen:

$$\begin{aligned} T_u\colon f_N(T_u|1.9244, 0.20) &= \frac{s_l}{s_u} = \frac{0.5}{2} = 0.25, \\ T_o\colon f_N(T_o|1.9244, 0.20) &= \frac{s_l}{s_o} = \frac{0.5}{1} = 0.50. \end{aligned}$$

Diese Bedingung ist bei der Normalverteilung erfüllt, wenn man für T_u 1.2111 und T_o 2.4056 in die Formel der Dichtefunktion einsetzt:

$$\frac{1}{\sqrt{2 \cdot \pi \cdot 0.20}} \cdot \exp\left(-\frac{(T_{u,o} - 1.9244)^2}{2 \cdot 0.20}\right).$$

Durch die Rücktransformation dieser ζ-Intervallgrenzen in ϱ-Intervallgrenzen erhält man das optimale Intervall für den unbekannten Maßkorrelationskoeffizienten:

$$\begin{aligned} T_u &= \frac{\exp(2 \cdot 1.2111) - 1}{\exp(2 \cdot 1.2111) + 1} = 0.8370, \\ T_o &= \frac{\exp(2 \cdot 2.4056) - 1}{\exp(2 \cdot 2.4056) + 1} = 0.9839. \end{aligned}$$

Der Ökologe wird für den Zusammenhang zwischen Humus- und Stickstoffgehalt von Waldböden einen Maßkorrelationskoeffizienten annehmen, der zwischen den Grenzen 0.8370 und 0.9839 liegt. Der Schadenerwartungswert dieses optimalen Intervalls a_{opt} ist

$$\begin{aligned} \mathrm{SE}(a_{opt}) &= 0.5 \cdot (2.4056 - 1.2111) + 2 \cdot F_N(1.2111|1.9244, 0.20) \\ &\quad +1 \cdot G_N(2.4056|1.9244, 0.20) \\ &= 0.5973 + 2 \cdot F_Z(-1.5950) + 1 \cdot G_Z(1.0760) \\ &= 0.5973 + 2 \cdot 0.0554 + 1 \cdot 0.1410 \\ &= 0.8491. \end{aligned}$$

3.4 Erweiterungsinvestitionen

Der Marktforschungsabteilung einer großen Handelskette ist bekannt, daß im internationalen Durchschnitt der Umsatz um 4.8 Mio GE ± 0.1 Mio GE pro Tausend qm zusätzlicher Verkaufsfläche zunimmt. Die Umsatzzahlen (y_i in Mio GE) und die Verkaufsflächen (x_i in Tsd m^2) der eigenen Handelskette sind in folgender Tabelle enthalten:

x_i	0.48	0.31	1.29	0.98	0.94	1.21	0.78	1.29	1.49	1.12
y_i	2.21	2.05	5.37	3.68	4.03	4.79	3.03	4.90	5.84	4.91

Die Kalkulation für die Erweiterung einer Filiale um Tausend m^2 liefert einen Breakevenpoint für den notwendigen Zusatzumsatz von 4.5 Mio GE. Die Opportunitätskosten pro Einheit Abweichung vom Breakevenpoint betragen 0.2 Mio GE. Soll die Filiale um 1000 m^2 vergrößert werden?

Lösung

Entscheidungsproblem: Die Geschäftsleitung muß eine der beiden Aktionen

a_0: kein Erweiterungsbau durchführen,
a_1: Vergrößerung der Verkaufsfläche um 1000 m²

wählen. Da die Aktion a_1 nur dann gewählt wird, wenn mit einem Zusatzumsatz von mindestens 4.5 Mio GE zu rechnen ist, entsprechen den beiden Umweltzuständen die Hypothesen

$$H_0: \beta_1 < 4.5,$$
$$H_1: \beta_1 \geq 4.5.$$

Man muß also ein Testproblem mit einer rechtsseitigen Alternativhypothese über den Regressionskoeffizienten β_1 lösen.

Posterioriverteilung: Aus den Umsatzzahlen und den Verkaufsflächen der eigenen Handelskette kann man eine Stichprobenregressionsfunktion wie folgt berechnen:

x_i	y_i	x_i^2	y_i^2	$x_i \cdot y_i$
0.48	2.21	0.2304	4.8841	1.0608
0.31	2.05	0.0961	4.2025	0.6355
1.29	5.37	1.6641	28.8369	6.9273
0.98	3.68	0.9604	13.5424	3.6064
0.94	4.03	0.8836	16.2409	3.7882
1.21	4.79	1.4641	22.9441	5.7959
0.78	3.03	0.6084	9.1809	2.3634
1.29	4.90	1.6641	24.0100	6.3210
1.49	5.84	2.2201	34.1056	8.7016
1.12	4.91	1.2544	24.1081	5.4992
9.89	40.81	11.0457	182.0555	44.6993

$$\begin{aligned} b_1 &= \frac{n \cdot \sum x_i \cdot y_i - \sum x_i \cdot \sum y_i}{n \cdot \sum x_i^2 - (\sum x_i)^2} \\ &= \frac{10 \cdot 44.6993 - 9.89 \cdot 40.81}{10 \cdot 11.0457 - 9.89^2} \\ &= 3.4308, \\ b_0 &= \overline{y} - b_1 \cdot \overline{x} \\ &= 4.0810 - 3.4308 \cdot 0.9890 \\ &= 0.6879. \end{aligned}$$

Die Stichprobenregressionsfunktion

$$\hat{y}_i = 0.6879 + 3.4308 \cdot x_i$$

besagt, daß im Schnitt der Umsatz pro Tausend m² zusätzlicher Verkaufsfläche um 3.4308 Mio GE zunimmt.

Für die weiteren Berechnungen benötigt man neben dem Stichprobenregressionskoeffizienten b_1 noch seine Varianz

$$V(b_1) = \frac{\sigma_u^2 \cdot n}{n \cdot \sum x_i^2 - (\sum x_i)^2}.$$

Da σ_u^2 nicht bekannt ist, berechnet man als Schätzwert dafür

$$\begin{aligned} \hat{s}_u^2 &= \frac{\sum y_i^2 - b_0 \cdot \sum y_i - b_1 \cdot \sum x_i \cdot y_i}{n-2} \\ &= \frac{182.0555 - 0.6879 \cdot 40.81 - 3.4308 \cdot 44.6993}{8} \\ &= 0.0785. \end{aligned}$$

Damit ist die Varianz von b_1

$$V(b_1) = \frac{0.0785 \cdot 10}{10 \cdot 11.0457 - 9.89^2} = 0.0621.$$

Als Prioriinformation hat man die Werte aus den internationalen Studien der Marktforschungsabteilung. Drückt man sie in Form einer Normalverteilung aus, dann ist

$$E(\beta_1) = 4.8$$

und

$$V(\beta_1) = \left[\frac{4.9 - 4.7}{4}\right]^2 = 0.0025.$$

Wenn man voraussetzen kann, daß die U_i der unbekannten Regressionsfunktion der Grundgesamtheit normalverteilt sind mit einer Varianz, die höchstens gleich dem $\hat{s}_u^2$=0.0785 ist, dann ist auch die Posterioiriverteilung von β_1 normalverteilt mit den Parametern

$$\begin{aligned} E(\beta_1|x) &= \frac{E(\beta_1)/V(\beta_1) + b_1/V(b_1)}{1/V(\beta_1) + 1/V(b_1)} \\ &= \frac{4.8/0.0025 + 3.4308/0.0621}{1/0.0025 + 1/0.0621} \\ &= 4.7470, \\ V(\beta_1|x) &= \frac{1}{1/V(\beta_1) + 1/V(b_1)} \\ &= \frac{1}{1/0.0025 + 1/0.0621} \\ &= 0.0024. \end{aligned}$$

Schadenerwartungswert: Da die aus der Kalkulation ermittelten Opportunitätskosten pro Einheit Abweichung vom Breakevenpoint 0.2 Mio GE betragen, ist

$$\begin{aligned} s(a_0, \beta_1) &= \begin{cases} 0 & \text{für } \beta_1 < 4.5, \\ 0.2 \cdot (\beta_1 - 4.5) & \text{für } \beta_1 \geq 4.5, \end{cases} \\ s(a_1, \beta_1) &= \begin{cases} 0.2 \cdot (4.5 - \beta_1) & \text{für } \beta_1 < 4.5, \\ 0 & \text{für } \beta_1 \geq 4.5, \end{cases} \end{aligned}$$

die entsprechende lineare Schadenfunktion. Für diese ist der Schadenerwartungswert der Aktion a_1

$$\begin{aligned} \text{SE}(a_1) &= 0.2 \cdot L_{-\infty}^{4.5}(\beta_1 | 4.5721, 0.0103) \\ &= 0.2 \cdot L_{-\infty}^{-0.7104}(z) \cdot \sqrt{0.0103} \\ &= 0.2 \cdot 0.1404 \cdot \sqrt{0.0103} \\ &= 0.0028, \end{aligned}$$

da

$$z = \frac{4.5 - 4.5721}{\sqrt{0.0103}} = -0.7104$$

ist. Der Schadenerwartungswert der Aktion a_0 ist gegeben durch

$$\begin{aligned} \text{SE}(a_0) &= 0.2 \cdot 0.8508 \cdot \sqrt{0.0103} \\ &= 0.0173, \end{aligned}$$

da

$$L_{-0.7104}^{\infty}(z) = 0.1404 - (-0.7104) = 0.8508$$

ist. Der Schadenerwartungswert der Aktion a_1 ist kleiner. Daher wird die Geschäftsleitung auf die Erweiterungsinvestition unter den gegebenen Voraussetzungen nicht verzichten. Sie wird für eventuelle weitere Informationen über β_1 nicht mehr als 0.0028 Mio GE ausgeben.

3.5 Feldspat und Uranium

Bevor eine Minengesellschaft Millionen von Geldeinheiten in den Unterwasserabbau von Uranium steckt, fragt sie einen Statistiker nach der Möglichkeit, Feldspat als Indikator für das Vorhandensein von Uranium zu verwenden. Vierzig Sedimentproben vom Meeresboden wurden hinsichtlich des Vorhandenseins von Feldspat und Uranium analysiert. Zwischen dem Mineral Feldspat als unabhängige Variable und dem Metall Uranium als abhängige Variable ergab sich folgende Regressionsfunktion:

$$\hat{y}_i = 8.8680 + 0.4398 \cdot x_i.$$

Die Varianzen der Regressionskoeffizienten sind

$$V(b_0) = 0.0741,$$
$$V(b_1) = 0.1693.$$

Bei einer zweiten Untersuchung von 30 Sedimentproben wurde folgende Regressionsfunktion errechnet:

$$\hat{y}_i = 7.2543 + 1.2783 \cdot x_i$$

Für diese Regressionskoeffizienten sind die Varianzen

$$V(b_0) = 0.0921,$$
$$V(b_1) = 0.2718.$$

Welche Regressionsfunktion für den Zusammenhang zwischen Feldspat und Uranium soll der Statistiker der Minengesellschaft melden, wenn er der Ansicht ist, daß eine Überschätzung der wahren Regressionskoeffizienten doppelt so schwerwiegend ist wie eine Unterschätzung und er eine lineare Schadenfunktion unterstellt?

Lösung

Entscheidungsproblem: Wenn man voraussetzen kann, daß die beiden Regressionsfunktionen aus unabhängigen Zufallsstichproben errechnet wurden, die aus einer Grundgesamtheit stammen mit Residuen, die unabhängig normalverteilt sind, mit

$$E(U_i) = 0$$

und gleicher Varianz, dann hat der Statistiker zwei Punktschätzprobleme zu lösen, nämlich je eine Punktschätzung für die unbekannten Regressionskoeffizienten β_o und β_1. Eine Aktion ist daher ein Tupel aus $\mathbb{R}^2$:

$$a: (\beta_0, \beta_1) \in \mathbb{R}^2.$$

Posterioriverteilung: Nimmt man die erste der beiden Stichproben als Prioriinformation

$$E(\beta_0) = 8.8680, \quad V(\beta_0) = 0.0741, \quad n' = 40,$$
$$E(\beta_1) = 0.4398, \quad V(\beta_1) = 0.1693, \quad n' = 40$$

und die zweite als Stichprobeninformation

$$b_0 = 7.2534, \quad V(b_0) = 0.0921, \quad n = 30,$$
$$b_1 = 1.2783, \quad V(b_1) = 0.2718, \quad n = 30,$$

dann sind die Parameter der Posteriorinormalverteilung für β_0

$$\begin{aligned} E(\beta_0|x) &= \frac{E(\beta_0)/V(\beta_0) + b_0/V(b_0)}{1/V(\beta_0) + 1/V(b_0)} \\ &= \frac{8.8680/0.0741 + 7.2534/0.0921}{1/0.0741 + 1/0.0921} \\ &= 8.1481, \\ V(\beta_0|x) &= \frac{1}{1/V(\beta_0) + 1/V(b_0)} \\ &= \frac{1}{1/0.0741 + 1/0.0921} \\ &= 0.0411 \end{aligned}$$

und die für die Posteriorinormalverteilung von β_1

$$\begin{aligned} E(\beta_1|x) &= \frac{0.4398/0.1693 + 1.2783/0.2718}{1/0.1693 + 1/0.2718} \\ &= 0.7616, \\ V(\beta_1|x) &= \frac{1}{1/0.1693 + 1/0.2718} \\ &= 0.1043. \end{aligned}$$

Schadenerwartungswert: Da der Statistiker den Schaden der Überschätzung doppelt so schwerwiegend ansieht wie den der Unterschätzung, ist die entsprechende Schadenfunktion

$$s(a, \beta_i) = \begin{cases} 0 & \text{für } \beta_i = a, \\ 2 \cdot (a - \beta_i) & \text{für } \beta_i < a, \\ 1 \cdot (\beta_i - a) & \text{für } \beta_i > a, \end{cases} \quad \text{für } i = 0, 1.$$

Für diese Schadenfunktion müssen die optimalen Schätzwerte für die unbekannten Regressionsfunktionen folgende Bedingung erfüllen:

$$F_{\vartheta|x}(a) = \frac{s_o}{s_o + s_u} = \frac{1}{1+2} = \frac{1}{3}.$$

Für die Posteriorinormalverteilung von β_0 muß also gelten

$$F_N(\beta_0|8.1481, 0.0411) = 0.333$$

und für die von β_1

$$F_N(\beta_1|0.7616, 0.1043) = 0.333.$$

Wenn man für β_0=8.0606 und β_1=0.6222 einsetzt, dann sind diese Bedingungen erfüllt. Man findet diese Schätzwerte für die Regressionskoeffizienten, indem man in folgender Formel einsetzt:

$$\begin{aligned}\beta_0 &= E(\beta_0|x) + z_{0.333} \cdot \sqrt{V(\beta_0|x)} \\ &= 8.1481 + (-0.4316) \cdot \sqrt{0.0411} \\ &= 8.0606, \\ \beta_1 &= 0.7616 + (-0.4316) \cdot \sqrt{0.1043} \\ &= 0.6222.\end{aligned}$$

Der Statistiker wird daher der Minengesellschaft berichten, daß auf Grund der vorhandenen Informationen für den Zusammenhang zwischen Feldspat als unabhängige Variable und der abhängigen Variable Uranium folgende Regressionsfunktion angenommen werden kann:

$$\hat{y}_i = 8.0606 + 0.6222 \cdot x_i.$$

Die Schadenerwartungswerte dieser optimalen Schätzwerte berechnet man nach der Formel

$$\text{SE}(a_{opt}) = s_u \cdot L_{-\infty}^{a_{opt}}(\vartheta|x) + s_o \cdot L_{a_{opt}}^{\infty}(\vartheta|x).$$

Für β_0 erhält man als Schadenerwartungswert

$$\begin{aligned}\text{SE}(a_{opt}) &= 2 \cdot L_{-\infty}^{8.0606}(\beta_0|x) + 1 \cdot L_{8.0606}^{\infty}(\beta_o|x) \\ &= 2 \cdot L_{-\infty}^{-0.4306}(z) \cdot \sqrt{0.0411} + L_{-0.4316}^{\infty}(z) \cdot \sqrt{0.0411} \\ &= 2 \cdot 0.2197 \cdot \sqrt{0.0411} + 0.6514 \cdot \sqrt{0.0411} \\ &= 0.2211\end{aligned}$$

und für β_1

$$\begin{aligned}\text{SE}(a_{opt}) &= 2 \cdot L_{-\infty}^{0.6222}(\beta_1|x) + 1 \cdot L_{0.6222}^{\infty}(\beta_1|x) \\ &= 2 \cdot 0.2197 \cdot \sqrt{0.1043} + 0.6514 \cdot \sqrt{0.1043} \\ &= 0.3523.\end{aligned}$$

3.6 Gewichtsabnahme

Der Hersteller einer bestimmten Reduktionskost garantiert eine Gewichtsabnahme zwischen 1.75 und 2.25 Pfund pro Woche. Der Verkaufsleiter einer großen Drogeriekette, der diese Reduktionskost in sein Verkaufsprogramm aufnehmen will, testete diese Kost bei 5 Personen. Das Ergebnis zeigt folgende Tabelle, wobei x_i die Zahl der Wochen angibt, in denen die Reduktionskost eingenommen wurde und y_i die entsprechende Gewichtsabnahme in Pfund:

x_i	1	2	3	4	5
y_i	4	5	6	9	11

Der Verkaufsleiter sucht für die durchschnittliche Gewichtsabnahme pro Woche eine Intervallschätzung, wobei er eine quadratische Schadenfunktion unterstellt, bei der die Schäden der Über- und Unterschätzung gleich groß sind und sich zum Schaden pro Einheit Intervallänge wie 20:1 verhalten.

Lösung

Entscheidungsproblem: Der Verkaufsleiter muß aus der Menge möglicher Intervalle für die Gewichtsabnahme pro Woche ein optimales auswählen:

$$a = (T_u, T_o), \quad T_u, T_o \in \mathbb{R}, \quad T_u < T_o$$

Wenn man voraussetzen kann, daß die 5 Testpersonen des Verkaufsleiters eine Zufallstichprobe aus einer Grundgesamtheit darstellt, in der die Residuen unabhängig normalverteilt sind mit $E(U_i) = 0$ und gleicher Varianz, dann liegt ein Intervallschätzproblem für den unbekannten Regressionskoeffizienten β_1 vor.

Posterioriverteilung: Aus der Stichprobe der 5 Personen erhält man die Stichprobenregressionsfunktion an Hand folgender Berechnungen:

x_i	y_i	x_i^2	y_i^2	$x_i \cdot y_i$
1	4	1	16	4
2	5	4	25	10
3	6	9	36	18
4	9	16	81	36
5	11	25	121	55
15	35	55	279	123

$$b_1 = \frac{n \cdot \sum x_i \cdot y_i - \sum x_i \cdot \sum y_i}{n \cdot \sum x_i^2 - (\sum x_i)^2} = \frac{5 \cdot 123 - 15 \cdot 35}{5 \cdot 55 - 15^2} = 1.80,$$

$$b_0 = \overline{y} - b_1 \cdot \overline{x} = \frac{35}{5} - 1.80 \cdot \frac{15}{5} = 1.60.$$

Die Stichprobenregressionsfunktion ist

$$\hat{y}_i = 1.60 + 1.80 x_i.$$

Bei den 5 Testpersonen betrug die durchschnittliche Gewichtsabnahme pro Woche 1.80 Pfund.

Als Prioriinformation steht die Angabe des Herstellers zur Verfügung, daß die Gewichtsabnahme zwischen 1.75 und 2.25 Pfund pro Woche liegt. Setzt man voraus, daß die Gewichtsabnahme einer Normalverteilung folgt, dann ist

$$E(\beta_1) = \frac{2.25 + 1.75}{2} = 2$$

und

$$V(\beta_1) = \left[\frac{2.25 - 1.75}{4}\right]^2 = 0.125^2 = 0.0156.$$

Die Varianz des Stichprobenregressionskoeffizienten b_1 ist

$$\begin{aligned} V(b_1) &= \frac{\sigma_u^2}{\sum(x_i - \bar{x})^2} = \frac{\hat{s}_u^2 \cdot n}{n \cdot \sum x_i^2 - (\sum x_i)^2} \\ &= \frac{0.5333 \cdot 5}{5 \cdot 55 - 15^2} = 0.0533, \end{aligned}$$

wenn man für das unbekannte σ_u^2 den Schätzwert $\hat{s}_u^2$ einsetzt. Dieser Schätzwert wird wie folgt aus der Stichprobe errechnet:

$$\begin{aligned} \hat{s}_u^2 &= \frac{\sum y_i^2 - b_0 \cdot \sum y_i - b_1 \cdot \sum x_i \cdot y_i}{n-2} \\ &= \frac{279 - 1.6 \cdot 35 - 1.8 \cdot 123}{3} \\ &= 0.5333. \end{aligned}$$

Nun kann man die Werte für die Parameter der Posteriorinormalverteilung von β_1 berechnen:

$$\begin{aligned} E(\beta_1|x) &= \frac{E(\beta_1)/V(\beta_1) + E(b_1)/V(b_1)}{1/V(\beta_1) + 1/V(b_1)} \\ &= \frac{2/0.0156 + 1.8/0.0533}{1/0.0156 + 1/0.0533} \\ &= 1.9547, \\ V(\beta_1|x) &= \frac{1}{1/V(\beta_1) + 1/V(b_1)} \\ &= \frac{1}{1/0.0156 + 1/0.0533} \\ &= 0.0121. \end{aligned}$$

Schadenerwartungswert: Für die Berechnung des Schätzintervalls will der Verkaufsleiter

$$s(a, \beta_1) = 1 \cdot (T_o - T_u) + \begin{cases} 20 \cdot (T_u - \beta_1)^2 & \text{für } \beta_1 < T_u, \\ 20 \cdot (\beta_1 - T_o)^2 & \text{für } \beta_1 > T_o, \end{cases}$$

als Schadenfunktion verwenden. Daher muß für T_u und T_o gelten

$$\begin{aligned} T_u &: L_{-\infty}^{T_u}(\beta_1|x) = \frac{s_l}{2 \cdot s_u} = \frac{1}{2 \cdot 20} = 0.0250, \\ T_o &: L_{T_o}^{\infty}(\beta_1|x) = \frac{s_l}{2 \cdot s_o} = \frac{1}{2 \cdot 20} = 0.0250. \end{aligned}$$

Die entsprechenden Intervallgrenzen findet man über die linearen Schadenmomente der Standardnormalverteilung. Für diese muß gelten

$$L_{-\infty}^{z_u}(z) = \frac{s_l/(2 \cdot s_u)}{\sqrt{V(\beta_1|x)}} = \frac{0.0250}{\sqrt{0.0121}} = 0.2273,$$

$$L_{z_o}^{\infty}(z) = \frac{s_l/(2 \cdot s_o)}{\sqrt{V(\beta_1|x)}} = \frac{0.0250}{\sqrt{0.0121}} = 0.2273.$$

Wenn man für z_u und z_o -0.4097 bzw. +0.4097 einsetzt, dann sind diese Gleichungen erfüllt. Die Intervallgrenzen sind daher

$$\begin{aligned} T_u &= E(\beta_1|x) + z_u \cdot \sqrt{V(\beta_1|x)} \\ &= 1.9547 - 0.4097 \cdot \sqrt{0.0121} \\ &= 1.9096, \\ T_o &= E(\beta_1|x) + z_o \cdot \sqrt{V(\beta_1|x)} \\ &= 1.9547 + 0.4097 \cdot \sqrt{0.0121} \\ &= 1.9998. \end{aligned}$$

Auf Grund der vorhandenen Informationen wird der Verkaufsleiter ein Intervall von rund 1.90 bis 2.00 Pfund Gewichtsabnahme pro zusätzlicher Woche annehmen. Der Schadenerwartungswert dieses optimalen Intervalls a_{opt} ist höchstens

$$\begin{aligned} \mathrm{SE}(a_{opt}) &< s_l \cdot (T_o - T_u) + s \cdot V(\beta_1|x) \\ &= 1 \cdot (1.9998 - 1.9096) + 20 \cdot 0.0121 \\ &= 0.3322. \end{aligned}$$

Kapitel VII

Der Wert der Stichprobeninformation

Auf Grund des erwarteten Wertes der perfekten Information weiß man, wieviel man höchstens für perfekte Information zahlen würde. Um die Unsicherheit zu verringern, die mit einer Entscheidung auf Basis der vorhandenen Information verknüpft ist, kann man weitere Zusatzinformationen durch Stichproben beschaffen. Man wird jedoch nur dann Stichprobeninformationen kaufen, wenn der erwartete Wert dieser Informationen über den Kosten der Stichprobenerhebung liegt. Da Stichprobeninformationen nie besser sein können als perfekte Informationen, wird der erwartete Wert der Stichprobeninformationen (EWSI) einer Stichprobe des Umfanges n kleiner oder höchstens gleich dem erwarteten Wert der perfekten Informationen (EWPI) sein:

$$\text{EWSI}(n) \leq \text{EWPI}.$$

Mit zunehmendem Stichprobenumfang nähert sich der EWSI dem EWPI. Obwohl man also im allgemeinen nie perfekte Informationen kaufen kann, ist der EWPI als obere Grenze für den EWSI brauchbar.

Der EWSI einer Stichprobe des Umfanges n ist gleich

$$\text{EWSI}(n) = \text{EWPI} - \text{SE}(n).$$

SE(n) ist der Schadenerwartungswert einer Stichprobe des Umfanges n und wird nach der Formel

$$\text{SE}(n) = E_x\left[\text{SE}''(a_{opt}|x)\right]$$

ermittelt. Für die möglichen Realisationen der Zufallsvariable X werden die Schadenerwartungswerte der optimalen Aktionen berechnet und mit der Eintrittswahrscheinlichkeit dieser Realisationen gewichtet. Die Eintrittswahrscheinlichkeiten werden mit Hilfe der jeweiligen Prädiktivverteilungen berechnet.

Für einige Schadenfunktionen und Verfahren ist der EWSI relativ einfach zu ermitteln. Im allgemeinen erfordert jedoch die Bestimmung des EWSI umfangreiche numerische Analysen. Im folgenden werden die Spezialfälle gezeigt, die eine einfache Berechnung des EWSI erlauben.

Bezeichnet man die Kosten, die mit der Beschaffung der Stichprobeninformationen des Umfanges n verknüpft sind, mit $K(n)$, dann wird man nur dann diese Stichprobeninformationen besorgen, wenn der EWSI über diesen Kosten liegt oder anders ausgedrückt, wenn der erwartete Nettowert der Stichprobeninformation,

$$\text{ENSI}(n) = \text{EWSI}(n) - K(n),$$

größer Null ist. Durch sukzessives Einsetzen von $n = 0, 1, 2, 3, \dots$ in diese Formel kann man den optimalen Stichprobenumfang n_{opt} bestimmen, jenen Umfang, der den erwarteten Nettowert der Stichprobeninformation maximiert. Da der erwartete Wert der perfekten Information die Obergrenze für den erwarteten Wert der Stichprobeninformation darstellt, kann man den maximalen Wert für das sukzessive Einsetzen wie folgt bestimmen: Setzt man eine lineare Kostenfunktion voraus,

$$K(n) = f + v \cdot n,$$

wobei f die fixen und v die variablen Kosten der Stichprobenerhebung darstellen, dann ist die Obergrenze für n durch folgende Formel gegeben:

$$n_{max} \leq \frac{\text{EWPI} - f}{v}.$$

Für einige Entscheidungsprobleme ist die sukzessive Vorgangsweise nicht notwendig, da es einfache Formeln für die Berechnung des optimalen Stichprobenumfanges gibt.

1 Bernoulli Prozeß

1.1 Testverfahren

Die Prädiktivverteilung des Bernoulli Prozesses ist die Betabinomialverteilung. Diese Verteilung hat die Wahrscheinlichkeitsfunktion

$$\begin{aligned} f_{\beta B}(x|x', n', n) &= \frac{n!}{x!(n-x)!} \cdot \frac{(n'-1)!}{(x'-1)!(n'-x'-1)!} \\ &\quad \cdot \frac{(x+x'-1)! \cdot (n+n'-x-x'-1)!}{(n+n'-1)!}. \end{aligned}$$

Die Verteilungsfunktion der Betabinomialverteilung[1] kann näherungsweise auch mit Hilfe der Betaverteilung berechnet werden, wobei

$$n^* = \frac{(n+n') \cdot (n'+1)}{n} - 1,$$

[1]Für die Berechnung der Verteilungsfunktion $F_{\beta b}(x|x', n', n)$ sind folgende rekursive Beziehungen von Vorteil:

$$\begin{aligned} f_{\beta B}(x|x', n', n) &= \frac{(x'-1+x) \cdot (n+1-x)}{x \cdot (n+n'-x'-x)} \cdot f_{\beta B}(x-1|x', n', n) \\ &= \frac{(1+x) \cdot (n+n'-x'-1-x)}{(x'+x) \cdot (n-x)} \cdot f_{\beta B}(x+1|x', n', n). \end{aligned}$$

$$x^* = \frac{x'}{n'} \cdot n^*$$

die entsprechenden Paramter dieser Betaverteilung sind.[2]

Für den Geschäftsmann, der die Markteinführung eines neuen Produktes plant, ist die Einführung die richtige Entscheidung, wenn der Anteil der Produktkäufer über 15% liegt. Für die Prioriinformation in Form einer Betaverteilung mit $x' = 2$ und $n' = 5$ sowie der konstanten Schadenfunktion

$$s(a_0, \pi) = \begin{cases} 0 & \text{für } \pi \leq 0.15, \\ 1 & \text{für } \pi > 0.15, \end{cases}$$
$$s(a_1, \pi) = \begin{cases} 2 & \text{für } \pi \leq 0.15, \\ 0 & \text{für } \pi > 0.15, \end{cases}$$

ist der erwartete Wert der perfekten Information gegeben durch

$$\text{EWPI} = \text{SE}'(a_{opt}) = 0.2190.$$

Wenn

$$K(n) = 0.020 + 0.007 \cdot n$$

die Kostenfunktion für die Stichprobenerhebung ist, dann ist

$$n_{max} = \frac{\text{EWPI} - f}{v} = \frac{0.219 - 0.020}{0.007} = 28.43$$

der größte Stichprobenumfang, der noch einen nicht negativen erwarteten Nettowert der Stichprobeninformation liefern kann.

Um zu entscheiden, ob eine Stichprobenerhebung über den künftigen Käuferanteil im Umfang von z.B. $n = 4$ durchgeführt werden soll, muß der EWSI mit den Kosten dieser Erhebung verglichen werden. Für eine konstante Schadenfunktion und eine rechtsseitige Alternativhypothese, $H_1 : \pi > 0.15$, werden die Schadenerwartungswerte der Stichprobeninformation nach den Formeln

$$\begin{aligned} \text{SE}''(a_0) &= s_2 \cdot G_\beta(\pi|x'', n'' - x'') = 1 \cdot G_\beta(0.15|2 + x, 9 - (2 + x)), \\ \text{SE}''(a_1) &= s_1 \cdot F_\beta(\pi|x'', n'' - x'') = 2 \cdot F_\beta(0.15|2 + x, 9 - (2 + x)), \end{aligned}$$

berechnet.

Für die 5 möglichen Stichprobenergebnisse zeigt die folgende Tabelle jeweils die beiden Schadenerwartungswerte.

x_i	$\text{SE}''(a_0\|x)$	$\text{SE}''(a_1\|x)$	$\text{SE}''(a_{opt}\|x)$	$f_{\beta B}(x)$	$\text{SE}''(a_{opt}\|x) \cdot f_{\beta B}(x)$
0	0.6572	0.6856	0.6572	0.2143	0.1408
1	0.8948	0.2104	0.2104	0.2857	0.0601
2	0.9786	0.0427	0.0427	0.2572	0.0110
3	0.9971	0.0057	0.0057	0.1714	0.0010
4	0.9998	0.0005	0.0005	0.0714	0.0000
				1.000	0.2129

[2]vgl. Raiffa, Schlaifer (1972, S 267). Die Näherung ist gut, wenn folgende Bedingungen zutreffen: $x \ll n, x' \ll n', x + x' \ll \max\{n, n'\}$.

In der fünften Spalte findet man die Wahrscheinlichkeit für das Auftreten des entsprechenden Stichprobenergebnisses. Für $x = 1$ erhält man z.B.

$$f_{\beta B}(x = 1|x' = 2, n' = 5, n = 4) = \frac{4!}{1!3!} \cdot \frac{4!}{1!2!} \cdot \frac{2!5!}{8!} = 0.2857.$$

Der Schadenerwartungswert einer Stichprobe im Umfang $n = 4$ ist gleich

$$\begin{aligned} \text{SE}(n = 4) &= E_X[\text{SE}''(a_{opt}|x)] \\ &= \sum_{x=0}^{4} \text{SE}''(a_{opt}|x) \cdot f_{\beta B}(x) \\ &= 0.2129 \end{aligned}$$

und der entsprechende EWSI ist

$$\begin{aligned} \text{EWSI}(n = 4) &= \text{EWPI} - \text{SE}(n = 4) \\ &= 0.2190 - 0.2129 \\ &= 0.0061. \end{aligned}$$

Der Geschäftsmann wird eine Stichprobenerhebung im Umfang von $n = 4$ nicht durchführen, da die Kosten dafür mit

$$K(n = 4) = 0.0200 + 0.0070 \cdot 4 = 0.0480$$

höher sind als der erwartete Wert der Stichprobeninformation. Der erwartete Nettowert der Stichprobe ist daher negativ:

$$\begin{aligned} \text{ENSI}(n = 4) &= \text{EWSI}(n = 4) - K(n = 4) \\ &= 0.0061 - 0.0480 \\ &= -0.0419. \end{aligned}$$

Setzt man nicht eine konstante sondern folgende lineare Schadenfunktion voraus, bei der $s_1 = s_2 = 400 = s$ ist,

$$\begin{aligned} s(a_0, \pi) &= \begin{cases} 0 & \text{für } \pi \leq 0.15, \\ 400 \cdot (\pi - 0.15) & \text{für } \pi > 0.15, \end{cases} \\ s(a_1, \pi) &= \begin{cases} 400 \cdot (0.15 - \pi) & \text{für } \pi \leq 0.15, \\ 0 & \text{für } \pi > 0.15, \end{cases} \end{aligned}$$

dann kann man den erwarteten Wert der Stichprobeninformation allgemein mit Hilfe einer der Formeln

$$\text{EWSI}(n) = \begin{cases} s \cdot L^{1}_{\pi_0}(\pi'') & \text{für } \pi' \leq \pi_0, \\ s \cdot L^{\pi_0}_{0}(\pi'') & \text{für } \pi' \geq \pi_0, \end{cases}$$

berechnen. Im vorliegenden Beispiel ist

$$\frac{x'}{n'} = \frac{2}{5} > 0.15 = \pi_0.$$

Daher kann man den EWSI mit der Formel

$$s \cdot L_0^{\pi_0}(\pi'') = 400 \cdot L_0^{0.15}(\pi'')$$

bestimmen. π'' ist der Posteriorierwartungswert

$$\pi'' = E(\pi|X) = \frac{x' + X}{n' + n},$$

der vor der Ziehung einer Stichprobe eine Zufallsvariable ist mit der Betabinolialverteilung als Wahrscheinlichkeitsverteilung.

Setzt man voraus, daß der Geschäftsmann eine Stichprobe im Umfang von $n = 10$ ziehen will, dann ist der EWSI gleich

$$\text{EWSI}(n = 10) = s \cdot L_0^{0.15}(\pi'') = 400 \cdot 0.0011 = 0.44,$$

da [3]

$$\begin{aligned} L_0^{0.15}(\pi'') &= 0.15 \cdot F_{\beta B}(x|x', n', n) - \frac{x'}{n'} \cdot F_{\beta B}(x|x'+1, n'+1, n) \\ &= 0.15 \cdot F_{\beta B}(0|2, 5, 10) - 0.40 \cdot F_{\beta B}(0|3, 6, 10) \\ &= 0.0011 \end{aligned}$$

ist. Die Kosten für eine Stichprobe mit dem Umfang $n = 10$ sind

$$K(n = 10) = 0 \cdot 0.0200 + 0.0070 \cdot 10 = 0.0900.$$

Der ENSI ist daher positiv:

$$\begin{aligned} \text{ENSI}(n = 10) &= 0.44 - 0.09 \\ &= 0.35. \end{aligned}$$

Der Geschäftsmann wird eine Stichprobe im Umfang $n = 10$ ziehen, bevor er sich für eine der beiden Aktionen a_0 oder a_1 entscheidet.

[3] x wird so bestimmt, daß gilt

$$x = \begin{cases} \text{kleinste ganze Zahl} \geq \tilde{x} & \text{für } E(\pi) \leq \pi_0 \\ \text{größte ganze Zahl} \leq \tilde{x} & \text{für } E(\pi) \geq \pi_0 \end{cases}$$

mit

$$\tilde{x} = (n + n') \cdot \pi_0 - x'.$$

Wenn man die Verteilungsfunktion der Betabinomialverteilung näherungsweise mit Hilfe der Betaverteilung berechnet, dann ist das lineare Moment gleich

$$\begin{aligned} L_0^{0.15}(\pi'') &\cong \pi_0 \cdot F_\beta(\pi_0|x^*, n^* - x^*) - \frac{x^*}{n^*} \cdot F_\beta(\pi_0|x^* + 1, n^* - x^*) \\ &= 0.15 \cdot F_\beta(0.15|3.2, 4.8) - 0.40 \cdot F_\beta(0.15|4.2, 4.8) \\ &= 0.0021 \end{aligned}$$

und

$$\begin{aligned} n^* &= \frac{(n + n') \cdot (n' + 1)}{n} - 1 \\ &= \frac{(10 + 5) \cdot (5 + 1)}{10} - 1 \\ &= 8, \\ x^* &= \frac{x'}{n'} \cdot n^* = \frac{2}{5} \cdot 8 = 3.2. \end{aligned}$$

Das Näherungsergebnis ist mit 0.0021 fast doppelt so groß wie das exakte mit 0.0011.

1.2 Schätzverfahren

Bei den Punktschätzverfahren kann der erwartete Wert einer Stichprobeninformation auch wie beim Testverfahren über die Schadenerwartungswerte der möglichen Stichprobenergebnisse bestimmt werden. Wenn z.B. der Geschäftsmann des vorhergehenden Beispiels wissen will, mit welchem Käuferanteil er für sein neues Produkt rechnen kann und er dafür eine Stichprobe im Umfang von $n = 4$ plant, dann wird der EWSI so bestimmt wie beim Testverfahren. Setzt man z.B. folgende lineare Schadenfunktion voraus

$$s(a, \pi) = \begin{cases} 0 & \text{für } a = \pi, \\ 10 \cdot (a - \pi) & \text{für } a > \pi, \\ 20 \cdot (\pi - a) & \text{für } a < \pi, \end{cases}$$

dann zeigt folgende Tabelle die optimalen Punktschätzungen und die Schadenerwartungswerte für die fünf möglichen Stichprobenergebnisse:

x_i	a''_{opt}	$\text{SE}''(a_{opt}|x)$	$f_{\beta B}(x)$	$\text{SE}''(a_{opt}|x) \cdot f_{\beta B}(x)$
0	0.2639	1.5222	0.2143	0.3262
1	0.3915	1.7057	0.2857	0.4873
2	0.5139	1.7668	0.2572	0.4544
3	0.6318	1.7268	0.1714	0.2960
4	0.7452	1.5862	0.0714	0.1133
			1.000	1.6772

Der Schadenerwartungswert ist

$$\begin{aligned} \text{SE}(n=4) &= \sum_{x=0}^{4} \text{SE}''(a_{opt}|x) \cdot f_{\beta B}(x) \\ &= 1.6772. \end{aligned}$$

Da der Wert der perfekten Information gleich ist

$$\text{EWPI} = \text{SE}'(a_{opt}) = 2.3082,$$

ist der EWSI gleich

$$\begin{aligned} \text{EWSI}(n=4) &= \text{EWPI} - \text{SE}(n=4) \\ &= 2.3082 - 1.6772 \\ &= 0.6310. \end{aligned}$$

Bei gleicher Kostenfunktion für die Stichprobenerhebung wie beim Testverfahren ist der ENSI mit

$$\begin{aligned} \text{ENSI}(n=4) &= 0.6310 - 0.0480 \\ &= 0.5830 \end{aligned}$$

positiv. Der Geschäftsmann wird sich daher für die Stichprobenziehung entscheiden.

Für eine quadratische Schadenfunktion bei der $s_u = s_o = s$ ist, gibt es eine einfache Formel für den EWSI:

$$\begin{aligned} \text{EWSI}(n) &= s \cdot V(\pi) \cdot \frac{n}{n+n'} \\ &= s \cdot \frac{x' \cdot (n'-x')}{n'^2 \cdot (n'+1)} \cdot \frac{n}{n+n'}. \end{aligned}$$

Nimmt man im vorhergehenden Beispiel eine quadratische Schadenfunktion an mit $s_u = s_o = 15$, dann ist der EWSI für eine Stichprobe mit dem Umfang $n = 4$ gleich

$$\begin{aligned} \text{EWSI}(n=4) &= 15 \cdot \frac{2 \cdot (5-2)}{5^2 \cdot (5+1)} \cdot \frac{4}{4+5} \\ &= 0.2667. \end{aligned}$$

In diesem Fall kann man auch den optimalen Stichprobenumfang mit Hilfe der Formel

$$n_{opt} = \left[\frac{s \cdot n' \cdot V(\pi)}{v}\right]^{1/2} - n'$$

einfach bestimmen. Für die Angaben des Beispiels ist

$$\begin{aligned} n_{opt} &= \left[\frac{15 \cdot 5 \cdot 0.0400}{0.007}\right]^{1/2} - 5 \\ &= 15.7020. \end{aligned}$$

Wenn der Geschäftsmann den erwarteten Nettowert der Stichprobeninformation maximieren will, dann wird er eine Stichprobenerhebung im Umfang von 16 Einheiten durchführen.

Solche einfachen Berechnungsformeln für den EWSI und den optimalen Stichprobenumfang gibt es bei den Intervallschätzverfahren nicht. Der EWSI muß bei Intervallschätzverfahren über die Schadenerwartungswerte der möglichen Stichprobenergebnisse berechnet werden. Für die lineare Schadenfunktion

$$s(a,\pi) = 1 \cdot (T_o - T_u) + \begin{cases} 20 \cdot (T_u - \pi) & \text{für } \pi < T_u, \\ 20 \cdot (\pi - T_o) & \text{für } \pi > T_o, \end{cases}$$

kann die Berechnung des Schadenerwartungswertes für eine Stichprobe des Umfanges $n = 4$ folgender Tabelle entnommen werden:

x_i	$\text{SE}''(a_{opt}\|x)$	$f_{\beta B}(x)$	$\text{SE}''(a_{opt}\|x) \cdot f_{\beta B}(x)$
0	0.5130	0.2143	0.1099
1	0.5839	0.2857	0.1668
2	0.6165	0.2572	0.1586
3	0.6165	0.1714	0.1057
4	0.5839	0.0714	0.0417
		1.000	0.5827

Der EWSI einer Stichprobe des Umfanges $n = 4$ ist für eine Intervallschätzung gleich

$$\begin{aligned} \text{EWSI}(n=4) &= \text{EWPI} - \text{SE}(n=4) \\ &= 0.7525 - 0.5827 \\ &= 0.1698 \end{aligned}$$

und der ENSI bei gleicher Kostenfunktion wie beim Testverfahren

$$\begin{aligned} \text{ENSI}(n=4) &= 0.1698 - 0.0480 \\ &= 0.1218. \end{aligned}$$

2 Poisson Prozeß

2.1 Testverfahren

Um den erwarteten Wert einer Stichprobe gegebenen Umfanges zu bestimmen, die aus einem Poisson Prozeß stammt, gewichtet man die Schäden der möglichen Fehlentscheidungen mit der Negativbinomialverteilung. Sie ist die Prädiktivverteilung dieses Prozesses. Die Wahrscheinlichkeitsfunktion dieser Verteilung ist [4]

$$f_{nB}(x|p,x') = \frac{(x+x'-1)!}{(x'-1)!\cdot x!}\cdot p^x \cdot (1-p)^{x'},$$

mit

$$p = \frac{t}{t+t'}.$$

Da die Negativbinomialverteilung[5] für $t \to \infty$ gegen die Gammaverteilung konvergiert, kann man die Gammaverteilung für die näherungsweise Berechnung des erwarteten Wertes der Stichprobeninformation verwenden. Die Parameter dieser Gammaverteilung werden wie folgt bestimmt:

$$x^* = \frac{x'}{p},\quad t^* = \frac{t'}{p},\quad p = \frac{t}{t'+t}.$$

Wenn die durchschnittliche Zahl der Krankmeldungen pro Tag höchstens 2 beträgt, dann kann ein bestimmter Auftrag ohne zusätzliche Arbeitskräfte erledigt werden. Ist diese Zahl größer als 2, dann müssen zusätzliche Arbeitskräfte eingestellt werden. Drückt man die möglichen Schäden durch eine lineare Schadenfunktion aus,

$$\begin{aligned} s(a_0,\lambda) &= \begin{cases} 0 & \text{für } \lambda \le 2, \\ 100\cdot(\lambda-2) & \text{für } \lambda > 2, \end{cases} \\ s(a_1,\lambda) &= \begin{cases} 100\cdot(2-\lambda) & \text{für } \lambda \le 2 \\ 0 & \text{für } \lambda > 2, \end{cases} \end{aligned}$$

und berücksichtigt die Prioriinformation in Form einer Gammaverteilung mit den Parameter

$$x' = 7,\quad t' = 6,$$

[4] Für die Berechnung der Verteilungsfunktion ist folgender Zusammenhang zwischen der Negativbinomialverteilung und der Betaverteilung von Vorteil:

$$\begin{aligned} F_{nB}(x|p,x') &= G_\beta(p|x^- + 1, x'), \\ G_{nB}(x|p,x') &= F_\beta(p|x^+, x'), \end{aligned}$$

mit

$$\begin{aligned} x^- &\equiv \text{größte ganze Zahl} \le x, \\ x^+ &\equiv \text{kleinste ganze Zahl} \ge x. \end{aligned}$$

und

$$x = (t+t')\cdot\lambda'' - x'.$$

[5] Vgl. Raiffa, Schlaifer (1972, S 286).

dann ist der EWPI gleich

$$\text{EWPI} = \text{SE}'(a_{opt}) = 1.2777.$$

Wenn man die Krankmeldungen von 3 Tagen als Stichprobeninformation eventuell berücksichtigen will, muß man den erwarteten Wert dieser Stichprobeninformation berechnen. Bei einer linearen Schadenfunktion mit

$$s_1 = s_2 = 100 = s,$$

kann man den EWSI nach folgenden Formeln berechnen:

$$\text{EWSI}(t) = \begin{cases} s \cdot L_{\lambda_0}^{\infty}(\lambda'') & \text{für } \lambda' \leq \lambda_0, \\ s \cdot L_0^{\lambda_0}(\lambda'') & \text{für } \lambda' \geq \lambda_0. \end{cases}$$

λ'' ist der Erwartungswert der Posterioriverteilung

$$\lambda'' = E(\lambda|X) = \frac{x' + X}{t' + t},$$

der vor der Ziehung einer Stichprobe eine Zufallsvariable ist. Die Negativbinomialverteilung ist die Wahrscheinlichkeitsverteilung dieser Zufallsvariable.

Da

$$\frac{x'}{t'} = \frac{7}{6} > 2 = \lambda_0$$

ist, wird der EWSI für $t = 3$ nach der Formel

$$s \cdot L_{\lambda_0}^{\infty}(\lambda'') = s \cdot \left[\frac{x'}{t'} \cdot F_\beta(p|x^+, x' + 1) - \lambda_0 \cdot F_\beta(p|x^+, x')\right]$$

berechnet. x^+ ist 11, weil

$$x = (3 + 6) \cdot 2 - 7 = 11$$

ist. Für $L_{\lambda_0}^{\infty}(\lambda'')$ erhält man

$$\begin{aligned} L_{\lambda_0}^{\infty}(\lambda'') &= \frac{7}{6} \cdot F_\beta\left(\frac{1}{3}\middle| 11, 7 + 1\right) - 2 \cdot F_\beta\left(\frac{1}{3}\middle| 11, 7\right) \\ &= 0.0008 \end{aligned}$$

und für den erwarteten Wert der Stichprobe

$$\begin{aligned} \text{EWSI}(t = 3) &= 100 \cdot 0.0008 \\ &= 0.08. \end{aligned}$$

Wenn die Kosten für die Erhebung der Krankmeldungen an drei Tagen unter diesem Betrag liegen, dann ist diese Erhebung angebracht bevor man sich entscheidet, ob zusätzliche Arbeitskräfte eingestellt werden oder nicht.

Für die näherungsweise Berechnung verwendet man die Gammaverteilung mit den Parametern

$$\begin{aligned} x^* &= \frac{x' \cdot (t+t')}{t} = \frac{7 \cdot (3+6)}{3} = 21, \\ t^* &= \frac{t' \cdot (t+t')}{t} = \frac{6 \cdot (3+6)}{3} = 18. \end{aligned}$$

Das lineare Moment der Gammaverteilung ist für diese Parameter gleich

$$\begin{aligned} L_2^{\infty}(\lambda'') &\cong \frac{x^*}{t^*} \cdot G_\gamma(\lambda_0|x^*+1, t^*) - \lambda_0 \cdot G_\gamma(\lambda_0|x^*, t^*) \\ &= \frac{21}{18} \cdot G_\gamma(2|21+1, 18) - 2 \cdot G_\gamma(2|21, 18) \\ &= 0.0003 \end{aligned}$$

und liegt damit beträchtlich unter dem exakten Ergebnis von 0.0008.

2.2 Schätzverfahren

Wenn der Personalchef λ, die durchschnittliche Zahl der Krankmeldungen pro Tag richtig schätzt, dann wird er die entsprechende Zahl zusätzlicher Arbeiter einstellen, um den Auftrag zeitgerecht zu erledigen. Es wird in diesem Fall kein Schaden auftreten. über- oder unterschätzt der Personalchef jedoch die durchschnittliche Zahl der täglichen Krankmeldungen, dann wird dies zu entsprechenden Schäden führen. Wenn man für diese Schäden die quadratische Schadenfunktion

$$s(a, \lambda) = \begin{cases} 0 & \text{für } a = \lambda, \\ 2 \cdot (a-\lambda)^2 & \text{für } a \neq \lambda, \end{cases}$$

unterstellt, dann ist der erwartete Wert der perfekten Information

$$\text{EWPI} = 0.3889.$$

Für eine Stichprobe vom Umfang $t = 3$ ist der erwartete Wert der Stichprobeninformation

$$\begin{aligned} \text{EWSI}(t=3) &= s \cdot V(\lambda'') \\ &= s \cdot \frac{t}{t+t'} \cdot \frac{x'}{t'^2} \\ &= 2 \cdot \frac{3}{3+6} \cdot \frac{7}{6^2} \\ &= 0.1296. \end{aligned}$$

Der Personalchef wird nur dann 3 Beobachtungstage für die Schätzung der durchschnittlichen Zahl der Krankmeldungen pro Tag verwenden, wenn die entsprechenden Beobachtungskosten geringer sind als 0.1296.

Wenn die Kosten der Stichprobenerhebung durch die lineare Funktion

$$K(n) = f + v \cdot n$$

gegeben sind, dann kann man mit Hilfe der Formel[6]

$$t_{opt} = \sqrt{\frac{s}{v} \cdot t' \cdot V(\lambda)} - t'.$$

jenen Stichprobenumfang für eine quadratische Schadenfunktion berechnen, für den der erwartete Nettowert der Stichprobeninformation

$$\mathrm{ENSI}(n) = \mathrm{EWSI}(n) - K(n)$$

maximal ist.

Im obigen Beispiel ist

$$s = 2, \quad V(\lambda) = \frac{7}{6^2} = 0.1944, \quad t' = 6.$$

Ist z.B.

$$K(t) = 0.1 + 0.01 \cdot t$$

die Kostenfunktion für eine Stichprobenerhebung im Umfang t, dann ist

$$t_{opt} = \sqrt{\frac{s}{v} \cdot t' \cdot V(\lambda)} - t' = \sqrt{\frac{2}{0.01} \cdot 6 \cdot \frac{7}{6^2}} - 6 = 9.2753.$$

Da $t_{opt} > 0$ und

$$\begin{aligned} \mathrm{ENSI}(t = 9.2753) &= \mathrm{EWSI}(t = 9.2753) - K(t = 9.2753) \\ &= 2 \cdot \frac{9.2753}{9.2753 + 6} \cdot \frac{7}{6^2} - (0.1 + 0.01 \cdot 9.2753) \\ &= 0.0434 \end{aligned}$$

ist, ist der Stichprobenumfang, der den erwarteten Nettowert der Stichprobeninformation maximiert, eine Beobachtungszeit von $t_{opt} = 9.2753$ Tagen.

Für ein Punktschätzproblem mit einer konstanten oder linearen Schadenfunktion existiert keine generelle Formel, mit der ein derartiger optimaler Stichprobenumfang errechnet werden kann. In diesen Fällen kann man den optimalen Stichprobenumfang durch sukzessives Berechnen von

$$\mathrm{ENSI}(n) \geq 0, \quad n = 0, 1, 2, 3, \ldots, n_{max}$$

bestimmen. Das gleiche gilt für Intervallschätzprobleme.

[6]Vgl. Pratt, Raiffa, Schaifer (1965).

3 Gauß Prozeß

3.1 Testverfahren

Um zu entscheiden, ob man eine Stichprobenerhebung des Umfanges n aus einem Gauß Prozeß mit bekannter Varianz σ^2 durchführen soll oder nicht, vergleicht man den erwarteten Wert dieser Stichprobe mit den Erhebungskosten. Für die Berechnung des EWSI(n) benötigt man die Prädiktivverteilung des Posteriorierwartungswertes

$$E(\mu|X) = \mu'' = \frac{n' \cdot \mu' + n \cdot \overline{X}}{n' + n}.$$

Die Normalverteilung mit den Parametern

$$\begin{aligned} E(\mu'') &= \mu', \\ V(\mu'') &= \sigma^2 \cdot \left(\frac{1}{n'} - \frac{1}{n' + n}\right) \end{aligned}$$

ist die Prädiktivverteilung des Posteriorierwartungswertes.

Wenn die durchschnittliche Nachfrage nach einem bestimmten Produkt über 4 liegt, muß der Lagerhalter ein neues Bestellsystem einführen. Er drückt seine Prioriinformation über μ durch eine Normalverteilung mit den Parametern

$$\mu' = 3.87$$

und

$$\sigma'^2 = \frac{\sigma^2}{n'} = \frac{1}{15}$$

aus. Berücksichtigt man für die Schäden der möglichen Fehlentscheidungen die lineare Schadenfunktion

$$\begin{aligned} s(a_0, \mu) &= \begin{cases} 0 & \text{für } \mu \leq 4, \\ 500 \cdot (\mu - 4) & \text{für } \mu > 4, \end{cases} \\ s(a_1, \mu) &= \begin{cases} 500 \cdot (4 - \mu) & \text{für } \mu \leq 4, \\ 0 & \text{für } \mu > 4, \end{cases} \end{aligned}$$

dann erhält man für den erwarteten Wert der perfekten Information

$$\text{EWPI} = 25.3968 = \text{SE}(a_0).$$

Für die lineare Kostenfunktion

$$K(n) = 1.5 + 0.5 \cdot n$$

ist daher der Stichprobenumfang, der noch einen positiven erwarteten Nettowert der Stichprobeninformation liefert, jedenfalls kleiner als

$$n_{max} \leq \frac{\text{EWPI} - f}{v} = \frac{25.3968 - 1.5}{0.5} = 47.7936.$$

Um die Unsicherheit über die unbekannte durchschnittliche Nachfrage μ nach dem bestimmten Produkt zu verringern, plant der Lagerhalter eine Stichprobe im Umfang $n = 10$. Wieviel darf diese Stichprobenerhebung kosten? Die Kosten dürfen nicht größer sein als der erwartete Wert der Stichprobeninformation. Zur Bestimmung dieses Wertes berechnet man zuerst die Parameter der Prädiktivverteilung:

$$\begin{aligned} E(\mu'') &= \mu' = 3.87, \\ V(\mu'') &= \sigma^2_{\mu''} = \sigma^2 \cdot \left(\frac{1}{n'} - \frac{1}{n'+n}\right) = 1 \cdot \left(\frac{1}{15} - \frac{1}{15+10}\right) = 0.0267. \end{aligned}$$

Bei einer linearen Schadenfunktion mit

$$s_1 = s_2 = s$$

kann man den EWSI nach einer der Formeln

$$\text{EWSI}(n) = \begin{cases} s \cdot L^{\infty}_{\mu_0}(\mu'') & \text{für } \mu' \leq \mu_0, \\ s \cdot L^{\mu_0}_{-\infty}(\mu'') & \text{für } \mu' \geq \mu_0, \end{cases}$$

berechnen. Im vorliegenden Fall ist

$$\mu' = 3.87 < 4 = \mu_0.$$

Daher wird der EWSI nach der Formel

$$s \cdot L^{\infty}_{\mu_0}(\mu'') = s \cdot \sigma_{\mu''} \cdot [f_Z(z) - z \cdot G_Z(z)]$$

berechnet mit

$$z = \frac{\mu_0 - \mu'}{\sigma_{\mu''}}.$$

Der EWSI ist für $n = 10$ gleich

$$\text{EWSI}(n = 10) = 500 \cdot 0.0198 = 9.8828,$$

da

$$L^{\infty}_{4}(\mu'') = 0.1634 \cdot [f_Z(0.7956) - 0.7956 \cdot G_Z(0.7956)] = 0.0198$$

ist und

$$z = \frac{4 - 3.87}{\sqrt{0.0267}} = 0.7956.$$

Für 10 Stichprobeneinheiten sind die Kosten gleich

$$K(n = 10) = 1.5 + 0.5 \cdot 10 = 6.5.$$

Da der EWSI größer ist als diese Kosten, wird der Lagerhalter vor der Entscheidung, ein neues Bestellsystem einzuführen, noch die Information einer Stichprobe von $n = 10$ berücksichtigen.

Für welchen Stichprobenumfang ist der erwartete Nettowert der Stichprobeninformation am größten? In folgender Tabelle sind neben dem jeweiligen Stichprobenumfang der EWSI und der ENSI für einige der Umfänge von 1 bis $n_{max} = 47$ eingetragen:

n	EWSI(n)	ENSI(n)
1	0.2640	-1.7360
2	1.3957	-1.1043
3	2.7606	-0.2394
4	4.0862	0.5862
⋮	⋮	⋮
13	11.7609	3.7609
14	12.2899	3.7899
15	12.7792	2.7792
16	13.2333	3.7333
⋮	⋮	⋮
46	19.5386	-4.9614
47	19.6379	-5.3621

Den maximalen Nettowert der Stichprobeninformation kann der Lagerhalter bei einem Umfang von 14 erwarten. Der erwartete Wert der Stichprobeninformation ist bei diesem Umfang gleich

$$\text{EWSI}(n = 14) = 12.2899$$

und die Stichprobenkosten

$$K(n = 14) = 1.5 + 14 \cdot 0.5 = 8.5.$$

Die Differenz zwischen den beiden Beträgen ist bei diesem Umfang am größten.

Wenn man σ nicht kennt, verwendet man bekanntlich anstelle einer Normalverteilung eine Studentverteilung, um die Prioriinformationen auszudrücken. In diesem Fall ist auch die Prädiktivverteilung für den Posteriorierwartungswert,

$$E(\mu|X) = \mu'' = \frac{n' \cdot \mu' + n \cdot \overline{X}}{n' + n},$$

eine Studentverteilung mit den Parametern

$$\begin{aligned} E(\mu'') &= \mu', \\ V(\mu'') &= s^2 . \left(\frac{1}{n'} - \frac{1}{n' + n}\right) = s'^2 \cdot \frac{n}{n' + n}, \\ \nu &= \nu'. \end{aligned}$$

Ist im Beispiel des Lagerhalters σ^2 nicht bekannt, sondern nur

$$s'^2 = 0.3153, \quad \nu' = 14, \quad \mu' = 3.87, \quad n' = 15,$$

dann ist die Prädiktivverteilung des Posteriorierwartungswertes eine Studentverteilung mit den Parametern

$$\begin{aligned} E(\mu'') &= \mu' = 3.87, \\ V(\mu'') &= s^2_{\mu''} = s'^2 \cdot \frac{n}{n'+n} = 0.3153 \cdot \frac{10}{15+10} = 0.1261, \\ \nu &= \nu' = 14. \end{aligned}$$

Der EWSI einer Stichprobe des Umfanges $n = 10$ ist dann gleich

$$\begin{aligned} \text{EWSI}(n=10) &= s \cdot L^{\infty}_{\mu_0}\left(\mu''|\mu' = 3.87, s^2_{\mu''} = 0.1261, \nu = 14\right) \\ &= s \cdot s_{\mu''} \cdot \left[\frac{\nu + t^2}{\nu - 1} \cdot f_S(t|\nu) - t \cdot G_S(t|\nu)\right] \\ &= 500 \cdot 0.0941 \\ &= 47.0408 \end{aligned}$$

und der erwartete Wert der perfekten Information ist

$$\text{EWPI} = 88.9236 = \text{SE}(a_0).$$

Da die Kosten der Stichprobenerhebung mit 6.5 weit geringer sind als der EWSI, ist es auch unter diesen Voraussetzungen sinnvoll, Stichprobeninformationen im Umfang von $n = 10$ bei der Entscheidung zu berücksichtigen.

3.2 Schätzverfahren

Der Lagerhalter, der für die durchschnittliche Nachfrage nach einem bestimmten Produkt eine Punktschätzung sucht und seine Prioriinformation über μ wie bei den Testverfahren durch die Parameter

$$\mu' = 3.87$$

und

$$\sigma'^2 = \frac{\sigma^2}{n'} = \frac{1}{15}$$

ausdrückt, wird für Stichprobeninformationen höchstens 32.8198 GE ausgegeben, da der erwartete Wert der perfekten Information gleich ist

$$\text{EWPI} = 32.8198.$$

Für die Berechnung des EWPI berücksichtigte der Lagerhalter folgende lineare Schadenfunktion:

$$s(a,\mu) = \begin{cases} 0 & \text{für } a = \mu, \\ 100 \cdot (a - \mu) & \text{für } \mu < a, \\ 300 \cdot (\mu - a) & \text{für } \mu > a. \end{cases}$$

Wenn die Kostenfunktion

$$K(n) = 1.5 + 0.5 \cdot n$$

für die Stichprobenerhebung gilt, dann wird der Lagerhalter bei der Planung einer Stichprobe mit einem Stichprobenumfang rechnen, der jedenfalls kleiner ist als

$$n_{max} < \frac{\text{EWPI} - f}{v} = \frac{32.8198 - 1.5}{0.5} = 62.64.$$

Der erwartete Wert der Stichprobeninformation wird nach der Formel

$$\text{EWSI}(n) = (s_o + s_u) \cdot f_Z(z_{opt}) \cdot \sigma \cdot \left(\frac{1}{\sqrt{n'}} - \frac{1}{\sqrt{n' + n}} \right)$$

berechnet, wobei z_{opt} die Bedingung

$$F_Z(z_{opt}) = \frac{s_o}{s_o + s_u}$$

erfüllen muß. Für einen Stichprobenumfang von $n = 10$ ist der EWSI gleich

$$\begin{aligned} \text{EWSI}(n = 10) &= (300 + 100) \cdot f_Z(0.6745) \cdot \left(\frac{1}{\sqrt{15}} - \frac{1}{\sqrt{25}} \right) \\ &= 7.3982, \end{aligned}$$

da für $z_{opt} = 0.6745$ die Bedingung

$$F_Z(0.6745) = \frac{300}{300 + 100} = 0.75$$

zutrifft. Der erwartete Nettowert ist

$$\text{ENSI}(n = 10) = 7.3982 - (1.5 + 0.5 \cdot 10) = 0.8982.$$

Den optimalen Stichprobenumfang kann man bei einer linearen Schadenfunktion mit Hilfe der Formel

$$n_{opt} = \left[\frac{(s_o + s_u) \cdot \sigma \cdot f_Z(z_{opt})}{2 \cdot v} \right]^{2/3} - n'$$

berechnen. Für das Beispiel ist er gleich

$$\begin{aligned} n_{opt} &= \left[\frac{(300+100)\cdot 1\cdot f_Z(0.6745)}{2\cdot 0.5}\right]^{2/3} - 15 \\ &= 10.2819. \end{aligned}$$

Wenn der Lagerhalter den erwarteten Nettowert der Stichprobeninformation maximieren will, dann wird er eine Stichprobe mit dem Umfang $n = 10$ ziehen.

Auch bei einer quadratischen Schadenfunktion kann der EWSI und der optimale Stichprobenumfang einfach bestimmt werden. Die entsprechende Formel für den EWSI ist gleich

$$\mathrm{EWSI}(n) = [s_u \cdot F_Z(z_{opt}) + s_o \cdot G_Z(z_{opt})] \cdot \sigma^2_{\mu''}$$

und die für den optimalen Stichprobenumfang

$$n_{opt} = \sigma \cdot \left[\frac{s_u \cdot F_Z(z_{opt}) + s_o \cdot G_Z(z_{opt})}{v}\right]^{1/2} - n'.$$

z_{opt} wird aus der Beziehung

$$F_Z(z) + \frac{1}{z} \cdot f_Z(z) = \frac{s_o}{s_o - s_u}$$

bestimmt. Für das Beispiel ist

$$z_{opt} = 0.4363,$$

da

$$F_Z(0.4364) + \frac{1}{0.4363} \cdot f_Z(0.4363) = \frac{300}{300-100} = 1.5$$

ist, wenn man die quadratische Schadenfunktion

$$s(a,\mu) = \begin{cases} 0 & \text{für } a = \mu, \\ 100\cdot(a-\mu)^2 & \text{für } \mu < a, \\ 300\cdot(\mu-a)^2 & \text{für } \mu > a, \end{cases}$$

voraussetzt. Der EWSI für eine Stichprobe mit dem Umfang $n = 10$ ist gleich

$$\begin{aligned} \mathrm{EWSI}(n=10) &= [100\cdot F_Z(0.4363) + 300\cdot G_Z(0.4363)]\cdot 0.0267 \\ &= 4.4391 \end{aligned}$$

und der optimale Stichprobenumfang ist für die oben angeführte Kostenfunktion

$$\begin{aligned} n_{opt} &= 1\cdot\left[\frac{100\cdot F_Z(0.4363) + 300\cdot G_Z(0.4363)}{0.5}\right]^{1/2} - 15 \\ &= 3.2351. \end{aligned}$$

Wenn $s_u = s_o = s$ ist, dann vereinfacht sich die Formel sowohl für den EWSI als auch für n_{opt}. Bei einer quadratischen Schadenfunktion mit $s_u = s_o = s$ berechnet man den EWSI nach der Formel

$$\mathrm{EWSI}(n) = s \cdot \sigma^2_{\mu''} = s \cdot \sigma^2 \cdot \left(\frac{1}{n'} - \frac{1}{n'+n}\right)$$

und n_{opt} nach der Formel

$$\begin{aligned} n_{opt} &= \left[\frac{s \cdot n' \cdot V(\mu)}{\nu}\right]^{1/2} - n' \\ &= \sigma \cdot \sqrt{\frac{s}{v}} - n'. \end{aligned}$$

Bei Intervallschätzverfahren gibt es für den EWSI auch einige einfachen Berechnungsformeln. Man kann aber auch den EWSI des Punktschätzverfahrens als Obergrenze für das entsprechende Intervallschätzverfahren heranziehen. Dies gilt auch im Hinblick auf die Formeln für den optimalen Stichprobenumfang.

Für den Spezialfall, daß $s_u = s_o = s$ ist, kann der EWSI eines Intervallschätzverfahrens bei einer linearen Schadenfunktion und fix vorgegebener Intervallänge mit Hilfe der Formel

$$\begin{aligned} \mathrm{EWSI}(n) &= \mathrm{EWPI} - 2 \cdot s \cdot L^{T_u}_{-\infty}(\mu|x) \\ &= \mathrm{EWPI} - s \cdot [2 \cdot \sigma'' \cdot f_Z(z'') - c \cdot F_Z(z'')] \end{aligned}$$

berechnet werden. c ist die Intervallänge und

$$z'' = -\frac{c \cdot \sqrt{n'+n}}{2 \cdot \sigma} = -\frac{c/2}{\sigma''}.$$

Wenn der Lagerhalter für die durchschnittliche Nachfrage nach einem bestimmten Produkt nicht eine Punktschätzung sucht, sondern ein Intervall der Länge $c = 0.10$, dann ist der Wert der perfekten Information gleich

$$\begin{aligned} \mathrm{EWPI} &= 2 \cdot s \cdot L^{T_u}_{-\infty}(\mu) \\ &= s \cdot [2 \cdot \sigma' \cdot f_Z(z') - c \cdot F_Z(z')] \\ &= 23.9796. \end{aligned}$$

Für die Berechnung des EWPI wurde die lineare Schadenfunktion

$$s(a,\mu) = \begin{cases} 150 \cdot (T_u - \mu) & \text{für } \mu < T_u, \\ 150 \cdot (\mu - T_o) & \text{für } \mu > T_o, \end{cases}$$

berücksichtigt. z' ist in der Formel des EWPI gleich

$$z' = -\frac{c \cdot \sqrt{n'}}{2 \cdot \sigma} = -\frac{0.10 \cdot \sqrt{15}}{2 \cdot 1} = -0.1936.$$

Der erwartete Wert einer Stichprobe im Umfang von $n = 10$ ist gleich

$$\begin{aligned} \text{EWSI}(n=10) &= 23.9796 - 150 \cdot [2 \cdot 0.2 \cdot f_Z(-0.25) - 0.1 \cdot F_Z(-0.25)] \\ &= 23.9796 - 17.1807 \\ &= 6.7989, \end{aligned}$$

da

$$z'' = -\frac{0.10 \cdot \sqrt{25}}{2 \cdot 1} = -0.25$$

ist und

$$\sigma''^2 = \frac{1}{25} = 0.04.$$

Bei Stichprobenkosten von 6.5 ist der erwartete Nettowert gleich

$$\text{ENSI}(n = 10) = 6.7989 - 6.5 = 0.2989.$$

Bei nicht vorgegebener Intervallänge und linearer Schadenfunktion kann der EWSI mit der Formel

$$\text{EWSI}(n) = \left[s_l \cdot (z_o - z_u) + s_u \cdot L_{-\infty}^{z_u}(z) + s_o \cdot L_{z_o}^{\infty}(z)\right] \cdot (\sigma' - \sigma'')$$

berechnet werden. z_u wird dabei so bestimmt, daß gilt

$$F_Z(z_u) = \frac{s_l}{s_u}$$

und z_o, daß gilt

$$G_Z(z_o) = \frac{s_l}{s_o}.$$

Der optimale Stichprobenumfang wird mit der Formel

$$n_{opt} = \left[\frac{[s_l \cdot (z_o - z_u) + s_u \cdot L_{-\infty}^{z_u}(z) + s_o \cdot L_{z_o}^{\infty}(z)] \cdot \sigma}{2 \cdot v}\right]^{2/3} - n'$$

ermittelt.

Für eine Intervallschätzung der durchschnittlichen Nachfrage mit einer linearen Schadenfunktion und

$$s_l = 30, \quad s_u = 150 = s_o$$

ist der erwartete Wert einer Stichprobe im Umfang $n = 10$ gleich

$$\begin{aligned} &\text{EWSI}(n = 10) = \\ &= \left[30 \cdot (0.8416 + 0.8416) + 150 \cdot L_{-\infty}^{-0.8416}(z) + 150 \cdot L_{0.8416}^{\infty}(z)\right] \\ &\qquad \cdot \left(\frac{1}{\sqrt{15}} - \frac{1}{\sqrt{25}}\right) \\ &= 4.8881, \end{aligned}$$

da für $z = -0.8416$ gilt

$$F_Z(-0.8416) = \frac{s_l}{s_o} = 0.2 = \frac{s_l}{s_u} = G_Z(0.8416).$$

Der optimale Stichprobenumfang ist für dieses Beispiel gleich

$$\begin{aligned} n_{opt} &= \left[\frac{(30 \cdot (0.8416 + 0.8416) + 150 \cdot 0.1116 + 150 \cdot 0.1116) \cdot 1}{2 \cdot 0.5}\right]^{2/3} - 15 \\ &= 4.1769. \end{aligned}$$

4 Fallstudien

4.1 Wareneingangskontrolle

Der Leiter der Wareneingangskontrolle muß entscheiden, ob die Warensendung einer bestimmten Lieferfirma angenommen werden soll oder nicht. Wenn die Warensendung höchstens 10% defekte Stücke enthält, wird sie vereinbarungsgemäß angenommen, andernfalls zurückgesandt. Der Entscheidung wird folgende lineare Schadenfunktion zu Grunde gelegt:

$$\begin{aligned} s(a_0, \pi) &= \begin{cases} 0 & \text{für } \pi \leq 0,10, \\ 1000 \cdot (\pi - 0.10) & \text{für } \pi > 0.10, \end{cases} \\ s(a_1, \pi) &= \begin{cases} 1000 \cdot (0.10 - \pi) & \text{für } \pi \leq 0.10, \\ 0 & \text{für } \pi > 0.10. \end{cases} \end{aligned}$$

Aus Erfahrung weiß der Leiter, daß bei dieser Lieferfirma im Schnitt mit einem Ausschuß von 5% zu rechnen ist. Er plant eine Stichprobenprüfung im Umfang von $n = 40$, die Kosten von 2 GE verursacht. Soll er die Stichprobenprüfung in diesem Umfang durchführen, wenn er seine Erfahrung mit der Lieferfirma halb so stark gewichten will wie die geplante Stichprobe, oder soll er die Lieferung ohne Prüfung auf Grund seiner Erfahrung annehmen?

Lösung

Entscheidungsproblem: Dem Entscheidungsproblem der Warenannahme oder -ablehnung ist das Entscheidungsproblem der Informationsgewinnung vorgelagert. Bezeichnet man die beiden Aktionen dieses vorgelagerten Problems mit

n_0: Keine Stichprobenprüfung, $n = 0$

n_{40}: Stichprobenprüfung im Umfang $n = 40$,

dann wird sich der Leiter der Wareneingangskontrolle für jene Aktion entscheiden, die den geringeren Schadenerwartungswert hat.

Prädiktivverteilung: Da angenommen werden kann, daß die Stichprobenentnahme zumindest näherungsweise einem Bernoulli Prozeß folgt, ist die Betabinomialverteilung die Prädiktivverteilung dieses Prozesses. Die Parameter dieser Verteilungsfunktion sind auf Grund der Angaben gleich

$$x' = 1, n' = 20, n = 40.$$

Diese Verteilungsfunktion kann näherungsweise mit Hilfe der Betaverteilung berechnet werden, wobei

$$\begin{aligned} n^* &= \frac{(n+n')\cdot(n'+1)}{n} - 1 \\ &= \frac{(40+20)\cdot(20+1)}{40} - 1 \\ &= 30.5 \\ x^* &= \frac{x'}{n'}\cdot n^* = \frac{1}{20}\cdot 30.5 = 1.525. \end{aligned}$$

die entsprechenden Parameter sind.

EWSI: Bei einer linearen Schadenfunktion mit $s_1 = s_2 = 1000 = s$, wird der EWSI nach einer der Formeln

$$\text{EWSI}(n) = \begin{cases} s\cdot L^1_{\pi_0}(\pi'') & \text{für } \pi' \leq \pi_0, \\ s\cdot L^{\pi_0}_0(\pi'') & \text{für } \pi' \geq \pi_0 \end{cases}$$

berechnet. Da

$$\frac{x'}{n'} = \frac{1}{20} < 0.10 = \pi_0$$

ist, berechnet man den EWSI mit der Formel

$$\text{EWSI}(n) = s\cdot L^1_{\pi_0}(\pi'').$$

Für $n = 40$ ist der EWSI gleich

$$\text{EWSI}(n = 40) = 1000\cdot 0.0038 = 3.80,$$

da

$$\begin{aligned} L^1_{0.10}(\pi'') &= \frac{x'}{n'}\cdot G_{\beta B}(x|x'+1, n'+1, n) - \pi_0\cdot G_{\beta B}(x|x', n', n) \\ &= \frac{1}{20}\cdot G_{\beta B}(5|1+1, 20+1, 40) - 0.10\cdot G_{\beta B}(5|1, 20, 40) \\ &= 0.0038 \end{aligned}$$

ist mit

$$x = (n+n')\cdot\pi_0 - x' = (40+20)\cdot 0.10 - 1 = 5.$$

Der erwartete Nettowert der Stichprobeninformation ist gleich

$$\text{ENSI}(n = 40) = 3.80 - 2.00 = 1.80.$$

Daher wird der Leiter der Wareneingangskontrolle eine Stichprobenziehung von $n = 40$ durchführen, bevor er entscheidet, ob die Warensendung angenommen oder zurückgeschickt wird.

Mit Hilfe der Betaverteilung als Näherungsverteilung erhält man für das lineare Moment folgenden Wert:

$$\begin{aligned} L^1_{0.10}(\pi'') &\cong \frac{x^*}{n^*} \cdot G_\beta(\pi_0|x^* + 1, n^* - x^*) - \pi_0 \cdot G_\beta(\pi_0|x^*, n^* - x^*) \\ &= \frac{1}{20} \cdot G_\beta(0.10|2.525, 28.975) - 0.10 \cdot G_\beta(0.10|1.525, 28.975) \\ &= 0.0036. \end{aligned}$$

4.2 Politische Meinungsforschung

Für den Anteil der Wähler, die den Kandidaten X wählen, soll der Leiter eines Meinungsforschungsinstitutes eine Schätzung abgeben. Er ist der Meinung, daß eine Abweichung der Schätzung vom wahren Wert um 0.10 einen Schaden an Prestige des Institutes in der Höhe von 10000 GE verursacht. Darüberhinaus will er der Schätzung eine quadratische Schadenfunktion unterstellen. Seiner Prioriinformation über den unbekannten Anteil entspricht eine Betaverteilung mit den Parametern $x' = 4$ und $n' = 9$. Soll er eine Umfrage im Umfang von 1000 Personen empfehlen, wenn er weiß, daß die Erhebungskosten dafür

$$K(n = 100) = 500 + 12.50 \cdot n = 500 + 12.50 \cdot 1000 = 13000$$

betragen?

Lösung

Entscheidungsproblem: Der Leiter des Meinungsforschungsinstitutes, der für den Wähleranteil des Kandidaten X einen einzelnen Schätzwert abgeben soll, hat folgende Aktionen zur Wahl:

n_0: Keine Erhebung,$n = 0$
n_{1000}: Erhebung einer Stichprobe im Umfang $n = 1000$.

Die Erhebung ist nur gerechtfertigt, wenn der erwartete Wert der Stichprobeninformation über den Kosten von 13000 GE liegt.

Prädiktivverteilung: Die Betabinomialverteilung ist die Prädiktivverteilung, mit den Parametern

$$x' = 4,\ n' = 9,\ n = 1000.$$

Sie kann durch eine Betaverteilung approximiert werden mit den Parametern

$$n^* = \frac{(n+n')\cdot(n'+1)}{n} - 1 = \frac{(1000+9)\cdot(9+1)}{1000} - 1 = 9.09,$$
$$x^* = \frac{x'}{n'}\cdot n^* = \frac{4}{9}\cdot 9.09 = 4.04.$$

EWSI: Die Meinung des Leiters über die Schäden möglicher Fehlschätzungen impliziert die Gleichung

$$\begin{aligned} 10000 &= s\cdot(0.10)^2 \\ s &= 1000000 \end{aligned}$$

und damit die quadratische Schadenfunktion

$$s(a,\pi) = \begin{cases} 0 & \text{für } \pi = a, \\ 10^6\cdot(\pi-a)^2 & \text{für } \pi \neq a. \end{cases}$$

Der erwartete Wert der Stichprobeninformation für $n = 1000$ ist bei einer quadratischen Schadenfunktion gleich

$$\begin{aligned} \text{EWSI}(n=1000) &= s\cdot V(\pi'') \\ &= s\cdot\frac{n}{n+n'}\cdot V(\pi) \\ &= s\cdot\frac{n}{n+n'}\cdot\frac{x'\cdot(n'-x')}{n'^2\cdot(n'+1)} \\ &= 10^6\cdot\frac{1000}{1000+9}\cdot\frac{4\cdot(9-4)}{9^2\cdot(9+1)} \\ &= 24471.1180. \end{aligned}$$

Da der erwartete Wert der Stichprobeninformation über den Kosten der Erhebung von 13000 GE liegt, ist eine Stichprobenerhebung des Umfanges $n = 1000$ gerechtfertigt. Ihr Nettowert ist

$$\begin{aligned} \text{ENSI}(n=1000) &= \text{EWSI}(n=1000) - K(n=1000) \\ &= 24471.1180 - 13000 \\ &= 11471.1180. \end{aligned}$$

Mit Hilfe der Formel

$$n_{opt} = \sqrt{\frac{s}{v}\cdot n'\cdot V(\pi)} - n'$$

kann der Stichprobenumfang für eine quadratische Schadenfunktion berechnet werden, für den dieser erwartete Nettowert maximal ist:

$$\begin{aligned} n_{opt} &= \sqrt{\frac{10^6}{12.50} \cdot 9 \cdot \frac{4 \cdot (9-4)}{9^2 \cdot (9+1)}} - 9 \\ &= 124.\dot{3}. \end{aligned}$$

Für den Stichprobenumfang von $n = 124$ ist der erwartete Wert der Stichprobeninformation

$$\mathrm{EWSI}(n = 124) = 10^6 \cdot \frac{124}{124+9} \cdot \frac{20}{810} = 23020.5143$$

und der erwartete Nettowert der Stichprobeninformation

$$\begin{aligned} \mathrm{ENSI}(n = 124) &= \mathrm{EWSI}(n = 124) - K(n = 124) \\ &= 23020.5143 - (500 + 12.5 \cdot 124) \\ &= 20970.5143. \end{aligned}$$

Der Leiter des Meinungsforschungsinstitutes wird daher wenn möglich nicht eine Erhebung im Umfang $n = 1000$, sondern im Umfang $n = 124$ empfehlen. Der erwartete Nettowert der Stichprobeninformation ist für diesen Umfang maximal.

4.3 Defekte Stücke

Der Produktionskontrolleur ist der Ansicht, daß der unbekannte Anteil an defekten Stücken in der Produktion apriori durch eine Betaverteilung mit den Parametern $x' = 1$ und $n' = 5$ ausgedrückt werden kann. Ist es sinnvoll aus der laufenden Produktion zufällig 10 Stück zu entnehmen und zu kontrollieren, um eine Intervallschätzung für den unbekannten Anteil defekter Stücke zu berechnen, wenn die Kontrolle der Stücke durch die Kostenfunktion

$$K(n) = 0.1 + 0.01 \cdot n$$

bestimmt ist? Für die Intervallschätzung wird eine lineare Schadenfunktion angenommen, bei der die Schäden pro Einheit über- und Unterschätzung gleich groß sind und zum Schaden pro Einheit Intervallänge im Verhältnis 10:1 stehen.

Lösung

Entscheidungsproblem: Der Kontrolleur möchte eine Intervallschätzung für den unbekannten Anteil defekter Stücke bestimmen. Da er dazu eine Stichprobe des Umfanges $n = 10$ als zusätzliche Informationsquelle verwenden will, muß er den erwarteten Wert dieser Stichprobeninformation mit den Kontrollkosten vergleichen. Wenn diese Kosten geringer sind, ist die Stichprobenerhebung gerechtfertigt. Seine beiden Aktionen sind daher:

n_0: Keine Stichprobenerhebung, $n = 0$,
n_{10}: Stichprobenerhebung im Umfang $n = 10$.

Prädiktivverteilung: Da angenommen werden kann, daß die Stichprobe zufällig entnommen wird, kann ein Bernoulli Prozeß vorausgesetzt werden. Für diesen Prozeß ist die Betabinomialverteilung die Prädiktivverteilung mit der Wahrscheinlichkeitsfunktion

$$f_{\beta B}(x|x' = 1, n' = 5, n = 10)$$
$$\frac{n!}{x!(n-x)!} \cdot \frac{(n'-1)!}{(x'-1)!(n'-x'-1)!} \cdot \frac{(x+x'-1)!(n+n'-x-x'-1)!}{(n+n'-1)!}$$

EWSI: Die vorausgesetzte lineare Schadenfunktion ist

$$s(a,\pi) = 1 \cdot (T_o - T_u) + \begin{cases} 10 \cdot (T_u - \pi) & \text{für } \pi < T_u, \\ 10 \cdot (\pi - T_o) & \text{für } \pi > T_o. \end{cases}$$

Die Berechnung des Schadenerwartungswertes einer Stichprobe im Umfang $n = 10$ ist in folgender Tabelle zusammengestellt:

x_i	$\text{SE}''(a_{opt}\|x)$	$f_{\beta B}(x)$	$\text{SE}''(a_{opt}\|x) \cdot f_{\beta B}(x)$
0	0.2045	0.2857	0.0584
1	0.2876	0.2198	0.0632
2	0.3426	0.1648	0.0565
3	0.3811	0.1199	0.0457
4	0.4076	0.0839	0.0342
5	0.4244	0.0559	0.0237
6	0.4325	0.0350	0.0151
7	0.4325	0.0200	0.0087
8	0.4244	0.0100	0.0042
9	0.4076	0.0040	0.0016
10	0.3811	0.0010	0.0004
		1.0000	0.3118

Der erwartete Wert der perfekten Information ist gleich

$$\text{EWPI} = 0.5373$$

und der erwartete Wert der Stichprobeninformation ist daher

$$\begin{aligned} \text{EWSI}(n = 10) &= 0.5373 - 0.3118 \\ &= 0.2255. \end{aligned}$$

Da die Kontrollkosten für $n = 10$

$$K(n = 10) = 0.1 + 0.01 \cdot 10 = 0.20$$

betragen, ist es sinnvoll, aus der Produktion 10 Stück zufällig zu entnehmen, um Informationen für die Intervallschätzung zu erhalten. Der Nettowert dieser Stichprobe ist

$$\text{ENSI}(n = 10) = 0.2255 - 0.20 = 0.0255.$$

4.4 Straßenbauamt

Wenn die durchschnittliche Verkehrsdichte einer bestimmten Straße 20 LKW pro Stunde übersteigt, dann hat das Straßenbauamt die Aufgabe durch Verkehrsumleitungen und Einbahnregelungen diese Straße zu entlasten. Der Schaden, der durch eine zu hohe Verkehrsdichte auftritt (höhere Unfallszahlen, erhöhte Lärm- und Schadstoffbelastung der Anrainer etc.), wird vom Straßenbauamt mit 100 GE pro Tag beziffert. Die Kosten für die Verkehrsumleitungen betragen andererseits ebenfalls 100 GE pro Tag. Nach den Schätzungen der Beamten des Straßenbauamtes kann die Verkehrsdichte apriori durch eine Gammaverteilung mit den Parametern $x' = 25$ und $t' = 1$ ausgedrückt werden. Soll vor der Entscheidung noch eine Verkehrszählung im Umfang von 8 Stunden durchgeführt werden, wenn die fixen Erhebungskosten 100 GE betragen und der Stundenlohn 5 GE?

Lösung

Entscheidungsproblem: Das Straßenbauamt hat zu entscheiden, ob die betreffende Straße durch Verkehrsumleitungen entlastet werden soll. Die beiden Aktionen sind

a_0: keine Umleitung vornehmen,
a_1: Umleitung durchführen.

Da diese Aktionen von der durchschnittlichen LKW Verkehrsdichte pro Stunde abhängen, entsprechen den möglichen Umweltzuständen die Hypothesen

$$H_0: \lambda \leq 20,$$
$$H_1: \lambda > 20.$$

Da die durchschnittliche LKW Verkehrsdichte nicht bekannt ist, muß das Straßenbauamt zuerst entscheiden, ob es eine Stichprobenerhebung durchführen soll oder nicht. Diese Erhebung ist gerechtfertigt, wenn der erwartete Wert der Stichprobeninformation über den Erhebungskosten liegt. Daher sind die beiden Aktionen des vorgelagerten Problems

t_0: Keine Stichprobenerhebung ,$t = 0$,
t_8: Stichprobenerhebung im Umfang von $t = 8$ Stunden.

Prädiktivverteilung: Wenn man die Stichprobenerhebung der LKW pro Stunde als Poisson Prozeß auffassen kann, dann ist der Erwartungswert der Posterioriverteilung

$$E(\lambda|x) = \lambda'' = \frac{x' + X}{t' + t}$$

vor der Erhebung eine Zuvallsvariable, die negativbinomialverteilt ist, mit den Parametern

$$p = \frac{t}{t + t'} = \frac{8}{8 + 1} = \frac{8}{9}$$

und

$$x' = 25.$$

Als Näherungsverteilung kann man die Gammaverteilung mit den Parametern

$$\begin{aligned} x^* &= \frac{x' \cdot (t' + t)}{t} = \frac{25 \cdot (1 + 8)}{8} = 28.1250, \\ t^* &= \frac{t' \cdot (t' + t)}{t} = \frac{1 \cdot (1 + 8)}{8} = 1.1250. \end{aligned}$$

verwenden.

EWSI: Für die Berechnung wird die lineare Schadenfunktion

$$\begin{aligned} s(a_0, \lambda) &= \begin{cases} 0 & \text{für } \lambda \leq 20, \\ 100 \cdot (\lambda - 20) & \text{für } \lambda > 20, \end{cases} \\ s(a_1, \lambda) &= \begin{cases} 100 \cdot (20 - \lambda) & \text{für } \lambda \leq 20, \\ 0 & \text{für } \lambda > 20 \end{cases} \end{aligned}$$

verwendet. In diesem Fall wird die Formel

$$\text{EWSI}(t) = s \cdot L_{\lambda_0}^{\infty}(\lambda'')$$

für die Berechnung des EWSI herangezogen, da

$$\frac{x'}{t'} = \frac{25}{1} > 20 = \lambda_0$$

ist. Das lineare Moment der Negativbinomialverteilung ist gleich

$$\begin{aligned} L_{20}^{\infty}(\lambda'') &= \frac{x'}{t'} \cdot F_{\beta}(p|x^+, x' + 1) - F_{\beta}(p|x^+, x') \\ &= \frac{25}{1} \cdot F_{\beta}\left(\frac{8}{9}|155,\ 26\right) - 20 \cdot F_{\beta}\left(\frac{8}{9}\middle|155,\ 25\right) \\ &= 5.2685, \end{aligned}$$

da x^+ gleich ist

$$x^+ = (t + t') \cdot \lambda_0 - x' = (88 + 1) \cdot 20 - 25 = 155.$$

In guter Näherung kann man das lineare Moment auch über die Gammaverteilung berechnen:

$$\begin{aligned} L_{20}^{\infty} &\cong \frac{x^*}{t^*} \cdot G_\gamma(\lambda_0|x^* + 1, t^*) - \lambda_0 \cdot G_\gamma(\lambda_0|x^*, t^*) \\ &= \frac{28.125}{1.125} \cdot G_\gamma(20|28.125 + 1, 1.125) - \\ &- 20 \cdot G_\gamma(20|28.125, 1.125) \\ &= 5.2742. \end{aligned}$$

Der erwartete Wert der Stichprobeninformation für $t = 8$ ist gleich

$$\begin{aligned} \text{EWSI}(t = 8) &= 1000 \cdot 5.2685 \\ &= 526.85. \end{aligned}$$

Da die Kosten der Erhebung mit

$$K(t = 8) = 100 + 5 \cdot 8 = 140$$

geringer sind als der EWSI, wird das Straßenbauamt die Erhebung durchführen.

4.5 Rettungshubschrauber

Die Bevölkerung eines bestimmten Bezirkes wünscht die Stationierung eines Rettungshubschraubers. Laut Auskunft der Ärzte des Bezirkskrankenhauses kann die durchschnittliche Zahl der Einsätze pro Tag mit 3 angenommen werden. Dieser Auskunft entspricht eine hypothetische Stichprobe von $t' = 4$. Die zuständige Stelle für die Stationierung von Rettungshubschraubern benötigt für ihre Planung eine Punktschätzung der durchschnittlichen Einsätze pro Tag, wobei eine quadratische Schadenfunktion unterstellt werden soll mit $s_u = s_o = 100$ GE. Ist es sinnvoll, vor der endgültigen Entscheidung über den geeigneten Rettungshubschrauber einen Probebetrieb von 30 Tagen durchzuführen, um zusätzliche Informationen über die durchschnittliche Zahl der Einsätze pro Tag zu erhalten? Die Kosten der Stationierung belaufen sich auf 0.10 GE pro Tag und eine einmalige Ausgabe von 20 GE.

Lösung

Entscheidungsproblem: Die zuständige Stelle für die Stationierung von Rettungshubschraubern muß entscheiden, ob sie für die Berechnung einer Punktschätzung über die durchschnittlichen Einsätze pro Tag noch Zusatzinformationen in Form einer Stichprobe im Umfang $t = 30$ berücksichtigen soll oder nicht. Dazu ist es notwendig, den erwarteten Wert einer Stichprobe für eine Punktschätzung zu berechnen. Die entsprechenden Aktionen sind

t_0: Keine Zusatzinformationen, $t = 0$,
t_{30}: Zusatzinformationen im Umfang von $t = 30$ Tagen.

Prädiktivverteilung: Wenn man voraussetzen kann, daß die Einsätze des Rettungshubschraubers einem Poisson Prozeß entsprechen, dann ist die Negativbinomialverteilung die entsprechende Prädiktivverteilung. Da die Prioriinformation der Ärzte durch eine Gammaverteilung mit

$$E(\lambda) = \frac{x'}{t'} = 3$$

und

$$t' = 4, \quad x' = E(\lambda) \cdot t' = 3 \cdot 4 = 12$$

ausgedrückt werden kann, ist der Wert der perfekten Information gleich

$$\text{EWPI} = s \cdot V(\lambda) = s \cdot \frac{x'}{t'^2} = 100 \cdot \frac{12}{4^2} = 75.$$

EWSI: Für die quadratische Schadenfunktion

$$s(a, \lambda) = \begin{cases} 0 & \text{für } \lambda = a, \\ 100 \cdot (a - \lambda)^2 & \text{für } \lambda < a, \\ 100 \cdot (\lambda - a)^2 & \text{für } \lambda > a, \end{cases}$$

wird der erwartete Wert der Stichprobeninformation nach der Formel

$$\text{EWSI}(t) = s \cdot V(\lambda) \cdot \frac{t}{t + t'}$$

berechnet. Für die Angaben ist er gleich

$$\text{EWSI}(t = 30) = 100 \cdot 0.75 \cdot \frac{30}{30 + 4} = 66.18.$$

Da die Kosten des Probebetriebes mit

$$K(t = 30) = 20 + 0.10 \cdot 30 = 23$$

Geldeinheiten unter dem EWSI liegen, ist es gerechtfertigt, die Zusatzinformationen in Form eines 30-tägigen Probebetriebes für die Schätzung zu berücksichtigen.

4.6 Glühbirnentest

Mit einem Lieferanten wurde vereinbart, daß eine umfangreiche Lieferung an Glühbirnen nur dann angenommen wird, wenn die durchschnittliche Lebensdauer von 10 getesteten Glühbirnen mindestens 1500 Stunden beträgt. Für die Annahme bzw. Ablehnungsentscheidung der Lieferung wird folgende lineare Schadenfunktion verwendet:

$$\begin{aligned} s(a_0,\mu) &= \begin{cases} 0 & \text{für } \mu \geq 1500, \\ 12\cdot(1500-\mu) & \text{für } \mu < 1500, \end{cases} \\ s(a_1,\mu) &= \begin{cases} 12\cdot(\mu-1500) & \text{für } \mu \geq 1500, \\ 0 & \text{für } \mu < 1500. \end{cases} \end{aligned}$$

Es ist bekannt, daß die Standardabweichung der Lebensdauer 20 Stunden ausmacht. Aus den früheren Lieferungen weiß man, daß die durchschnittliche Lebensdauer der Glühbirnen normalverteilt ist mit einem Erwartungswert von 1503 Stunden und einer Varianz von 20. Kann unter diesen Umständen auf die Prüfung der 10 Glühbirnen verzeichnet werden, wenn der Test einer Glühbirne 0.2 GE kostet?

Lösung

Entscheidungsproblem: Vor der Entscheidung die Lieferung zu akzeptieren, muß entschieden werden, ob 10 Glühbirnen getestet werden sollen. Die beiden Aktionen sind daher:

n_0: Annahme der Lieferung ohne Test, $n = 0$,
n_{10}: Durchführung des Tests im Umfang von $n = 10$.

Prädiktivverteilung: Die Prädiktivverteilung des Posteriorierwartungswertes ist die Normalverteilung mit den Parametern

$$\begin{aligned} E(\mu'') &= \mu', \\ V(\mu'') &= \sigma^2_{\mu''} = \sigma^2\cdot\left(\frac{1}{n'}-\frac{1}{n'+n}\right). \end{aligned}$$

Da der Durchschnitt der bisherigen Lieferungen bei 1503 Stunden liegt, ist

$$E(\mu'') = \mu' = 1503.$$

Die Varianz von μ'' ist gleich

$$V(\mu'') = 400\cdot\left(\frac{1}{20}-\frac{1}{20+10}\right) = 6.67,$$

da

$$n' = \frac{\sigma^2}{\sigma'^2} = \frac{20^2}{20} = 20.$$

EWSI: Bei einer linearen Schadenfunktion mit $s_1 = s_2 = 12 = s$ kann man den EWSI nach einer der Formeln

$$\mathrm{EWSI}(n) = \begin{cases} s \cdot L_{\mu_0}^{\infty}(\mu'') & \text{für } \mu' \leq \mu_0, \\ s \cdot L_{-\infty}^{\mu_0}(\mu'') & \text{für } \mu' \geq \mu_0, \end{cases}$$

berechnen. Da $\mu' = 1503 > 1500 = \mu_0$, wird die Formel

$$\mathrm{EWSI}(n) = s \cdot L_{-\infty}^{\mu_0}(\mu'')$$

verwendet. Das linke lineare Moment von μ'' ist gleich

$$\begin{aligned} L_{-\infty}^{1500}(\mu'') &= \sigma_{\mu''} \cdot [z \cdot F_Z(z) + f_Z(z)] \\ &= \sqrt{6.67} \cdot [-1.1619 \cdot F_Z(-1.1619) + f_Z(-1.1619)] \\ &= 0.1566, \end{aligned}$$

mit

$$z = \frac{1500 - 1503}{\sqrt{6.67}} = -1.1619.$$

Daher ist der erwartete Wert einer Stichprobe im Umfang $n = 10$ gegeben durch

$$\mathrm{EWSI}(n = 10) = 12 \cdot 0.1566 = 1.8786.$$

Da dieser Wert kleiner ist als die anfallenden Kosten von

$$K(n = 10) = 0.1 \cdot 10 = 2,$$

kann man auf die Prüfung der 10 Glühbirnen verzichten.

4.7 Ausgaben der Gäste

Der Leiter des Fremdenverkehrsbüros muß die Durchschnittsausgaben pro Tag seiner Gäste schätzen. Aus der letzten Saison weiß er, daß die Ausgaben normalverteilt sind mit einem Mittelwert von 150 GE und einer Varianz von 81. Wieviele Gäste soll er befragen lassen, wenn er seiner Schätzung die lineare Schadenfunktion

$$s(a, \mu) = \begin{cases} 0 & \text{für } a = \mu, \\ 40 \cdot (a - \mu) & \text{für } a > \mu, \\ 10 \cdot (\mu - a) & \text{für } a < \mu, \end{cases}$$

unterstellt und er die Daten aus der letzten Saison im Umfang von $n' = 30$ berücksichtigen will? Die Kosten der Erhebung sind durch die Funktion

$$K(n) = 3 + 0.1 \cdot n$$

gegeben.

Lösung

Entscheidungsproblem: Da der Leiter des Fremdenverkehrsbüros den optimalen Stichprobenumfang für seine Erhebung sucht, muß er eine Aktion aus $n = 0$ bis $n = n_{max}$ auswählen. Das maximale n ist jedenfalls kleiner als

$$n_{max} \leq \frac{\text{EWPI} - f}{v} = \frac{23.00 - 3}{0.1} = 200,$$

da der erwartete Wert der perfekten Information gleich

$$\text{EWPI} = \text{SE}'(a_{opt}) = 23.00$$

ist. Der Leiter muß also aus 201 möglichen Aktionen die optimale auswählen.

Prädiktivverteilung: Die Prädiktivverteilung ist für dieses Problem die Normalverteilung mit den Parametern

$$\begin{aligned} E(\mu'') &= \mu' = 150, \\ V(\mu'') &= \sigma^2_{\mu''} = \sigma^2 \cdot \left(\frac{1}{n'} - \frac{1}{n' + n}\right) \\ &= 81 \cdot \left(\frac{1}{30} - \frac{1}{30 + n}\right). \end{aligned}$$

EWSI: Bei einer linearen Schadenfunktion kann der optimale Stichprobenumfang mit Hilfe der Formel

$$n_{opt} = \left[\frac{(s_u + s_o) \cdot \sigma \cdot f_Z(z_{opt})}{2 \cdot v}\right]^{2/3} - n'$$

berechnet werden. z_{opt} ist gleich -0.8416, da

$$F_Z(-0.8416) = \frac{s_o}{s_o + s_u} = \frac{10}{10 + 40} = 0.20.$$

ist. Daher ist n_{opt} gleich

$$\begin{aligned} n_{opt} &= \left[\frac{(40 + 10) \cdot 9 \cdot f_Z(-0.8416)}{2 \cdot 0.1}\right]^{2/3} - 30 \\ &= 43.4898. \end{aligned}$$

Der Leiter des Verkehrsbüros wird 44 Gäste befragen. Der erwartete Wert dieser Stichprobe ist gleich

$$\begin{aligned} \text{EWSI}(n = 44) &= (s_u + s_o) \cdot f_Z(z_{opt}) \cdot \sigma \cdot \left(1/\sqrt{n'} - 1/\sqrt{n' + n}\right) \\ &= (40 + 10) \cdot f_Z(-0.8416) \cdot 0.5969 \\ &= 8.3571, \end{aligned}$$

da

$$\sqrt{81} \cdot \left(\frac{1}{\sqrt{30}} - \frac{1}{\sqrt{30+44}} \right) = 0.5969$$

ist. Die Kosten belaufen sich auf

$$K(n = 44) = 3 + 0.1 \cdot 44 = 7.4.$$

Der erwartete Nettowert der Stichprobe ist daher

$$\text{ENSI}(n = 44) = 8.3571 - 7.4 = 0.9571.$$

4.8 Familieneinkommen

Die Landesregierung benötigt für ihre Raumordnungspolitik das durchschnittliche Einkommen pro Familie in einer unterentwickelten Region. Es ist bekannt, daß das einzelne Familieneinkommen normalverteilt ist mit einer Standardabweichung von 1000 GE. Die Schätzung soll auf Grund einer quadratischen Schadenfunktion mit $s = 50$ GE erfolgen. Die Prioriinformation über das durchschnittliche Familieneinkommen in dieser Region kann durch eine Normalverteilung ausgedrückt werden mit den Parametern $\mu' = 2500$ und $\sigma' = 500$. Die Landesregierung plant eine Stichprobenerhebung im Umfang von $n = 100$. Ist es vernünftig die Erhebung in diesem Umfang durchzuführen wenn man weiß, daß die fixen Kosten einer Stichprobenerhebung 25000 GE betragen und für die Befragung einer Familie 50 GE an Reise- und Interviewerkosten anfallen?

Lösung

Entscheidungsproblem: Die Landesregierung möchte prüfen, ob für eine Punktschätzung des durchschnittlichen Familieneinkommens eine Stichprobenerhebung im Umfang $n = 100$ notwendig ist. Dies ist der Fall, wenn der erwartete Wert der Stichprobeninformation über den Erhebungskosten liegt. Die entsprechenden Aktionen sind

n_0: Keine Erhebung, $n = 0$,
n_{100}: Erhebung im Umfang $n = 100$.

Prädiktivverteilung: Wenn man für die geplante Stichprobenerhebung einen Gauß Prozeß voraussetzen kann, dann ist der Erwartungswert der Posterioriverteilung des durchschnittlichen Familieneinkommens

$$E(\mu|X) = \mu'' = \frac{n' \cdot \mu' + n \cdot \overline{X}}{n' + n}$$

normalverteilt mit den Parametern

$$E(\mu'') = \mu' = 2500$$

und

$$\begin{aligned} V(\mu'') &= \sigma^2 \cdot \left(\frac{1}{n'} - \frac{1}{n'+n}\right) \\ &= 1000^2 \cdot \left(\frac{1}{4} - \frac{1}{4+100}\right) \\ &= 240384.6154, \end{aligned}$$

da

$$n' = \frac{\sigma^2}{\sigma'^2} = \frac{1000^2}{500^2} = 4.$$

EWSI: Für die quadratische Schadenfunktion

$$s(a,\mu) = \begin{cases} 0 & \text{für } \mu = a, \\ 50 \cdot (a-\mu)^2 & \text{für } \mu \neq a, \end{cases}$$

ist der erwartete Wert der Stichprobeninformation gegeben durch

$$\begin{aligned} EWSI(n = 100) &= s \cdot V(\mu'') \\ &= 50 \cdot 240384.6154 \\ &= 12019230.77. \end{aligned}$$

Für eine Stichprobenerhebung im Umfang von $n = 100$ sind die Kosten

$$K(n = 100) = 25000 + 50 \cdot 100 = 30000.$$

Da diese Kosten weit unter dem erwarteten Wert der Stichprobeninformation liegen, ist eine Stichprobenerhebung zur Schätzung des durchschnittlichen Familieneinkommens zu empfehlen. Der erwartete Nettowert dieser Stichprobeninformation ist

$$\begin{aligned} \text{ENSI}(n = 100) &= \text{EWSI}(n = 100) - K(n = 100) \\ &= 11989230.77. \end{aligned}$$

Den Stichprobenumfang der diesen Nettowert maximiert, kann man mit Hilfe der Formel

$$n_{opt} = \sqrt{\frac{s}{v} \cdot n' \cdot V(\mu)} - n' = \sqrt{\frac{50}{50} \cdot 4 \cdot 500^2} - 4 = 996$$

berechnen. Für diesen Umfang ist der erwartete Wert der Stichprobeninformation

$$\text{EWSI}(n = 996) = 50 \cdot \frac{996}{4 + 996} \cdot 500^2 = 12450000.00$$

und die Erhebungskosten sind

$$K(n = 996) = 25000 + 50 \cdot 996 = 74800.$$

Daher ist der maximale Nettowert

$$\begin{aligned} \text{ENSI}(n = 996) &= \text{EWSI}(n = 996) - K(n = 996) \\ &= 12375200.00. \end{aligned}$$

Durch die Erhöhung des Stichprobenumfanges von $n = 100$ auf $n = 996$ vermehrt sich der erwartete Nettowert um 3.12%, die Erhebungskosten jedoch um 59.89%.

4.9 Leasing

Der Hersteller eines rasch verderblichen Produktes bekommt in 6 Monaten einen neuen Automaten für die Erzeugung dieses Produktes. Derzeit wird das Produkt händisch erzeugt mit Kosten für Material und Arbeit in der Höhe von 0.30 GE pro Stück. Bis zur Inbetriebnahme des Automaten besteht die Möglichkeit eine Maschine um 10000 GE zu leasen, mit der dieses Produkt um 0.20 pro Stück erzeugt werden könnte. Der Hersteller ist der Ansicht, daß die Nachfrage nach diesem Produkt in den nächsten 6 Monaten durch eine Studentverteilung mit den Parametern $\mu' = 9 \cdot 10^4$, $s'^2 = 10^7, n' = 5, \nu' = 4$ ausgedrückt werden kann. Da die Entscheidung, die Maschine für die Zwischenzeit zu leasen, von der Nachfrage abhängt, will der Hersteller bei seinen Abnehmern eine Umfrage durchführen, um Zusatzinformationen über die Nachfrage zu erhalten. Bei jeder Befragung eines Abnehmers entstehen Kosten in der Höhe von 0.38 GE. Ist es sinnvoll, 5 Abnehmer zu befragen?

Lösung

Entscheidungsproblem: Der Hersteller muß eine der beiden folgenden Aktionen wählen:

a_0: keine Maschine leasen,
a_1: Maschine für die Zwischenzeit leasen.

Bezeichnet man mit μ die unbekannte Nachfrage in den nächsten 6 Monaten und mit p den Preis des verderblichen Produktes, dann ist

$$g(a_0, \mu) = (p - 0.3) \cdot \mu$$

die Gewinnfunktion der Aktion a_0 und

$$g(a_1, \mu) = (p - 0.2) \cdot \mu - 10000$$

die von a_1. Durch die Gleichsetzung dieser beiden Funktionen und die Auflösung nach μ erhält man den Breakevenpoint

$$\mu_0 = 100000.$$

Das Leasen der Maschine ist also nur optimal, wenn die Nachfrage über 100000 Stück liegt, sonst ist es besser, auf das Leasen der Maschine zu verzichten. Den beiden Umweltzuständen entsprechen daher die Hypothesen

$$H_0: \mu \leq 100000,$$
$$H_1: \mu > 100000.$$

Vor der Entscheidung für eine der beiden Aktionen möchte der Hersteller wissen, ob eine Stichprobenumfrage von 5 bei seinen Abnehmern sinnvoll ist. Dazu muß er den erwarteten Wert der Stichprobeninformation mit den Erhebungskosten vergleichen. Daher sind die beiden vorgelagerten Aktionen

n_0: Keine Erhebung, $n = 0$,
n_5: Erhebung im Umfang $n = 5$.

Prädiktivverteilung: Wenn man voraussetzen kann, daß die Stichprobenerhebung einem Gauß Prozeß entspricht, dann ist vor der Erhebung der Posteriorierwartungswert der unbekannten Nachfrage

$$E(\mu|X) = \mu'' = \frac{n' \cdot \mu' + n \cdot \overline{X}}{n' + n}$$

eine studentverteilte Zufallsvariable, da σ^2 nicht bekannt ist. Die Parameter dieser Studentverteilung sind

$$\begin{aligned} E(\mu'') &= \mu' = 9 \cdot 10^4, \\ \hat{V}(\mu'') &= s^2_{\mu''} = \frac{n}{n+n'} \cdot \hat{V}(\mu) = \frac{5}{5+5} \cdot 10^7 = 5 \cdot 10^6 \\ \nu &= \nu' = 4. \end{aligned}$$

EWSI: Aus den beiden Gewinnfunktionen erhält man folgende lineare Schadenfunktion:

$$s(a_0, \mu) = \begin{cases} 0 & \text{für } \mu \leq 10^5, \\ 0.10 \cdot (\mu - 10^5) & \text{für } \mu > 10^5, \end{cases}$$
$$s(a_1, \mu) = \begin{cases} 0.10 \cdot (10^5 - \mu) & \text{für } \mu \leq 10^5, \\ 0 & \text{für } \mu > 10^5. \end{cases}$$

Da $\mu' = 9 \cdot 10^4$ kleiner ist als der Breakevenpoint mit 10^5, wird der erwartete Wert der Stichprobeninformation mit Hilfe der Formel

$$\text{EWSI}(n) = s \cdot L^{\infty}_{\mu_0}(\mu'')$$

berechnet. Für $n = 5$ ist der erwartete Wert der Stichprobeninformation gleich

$$\begin{aligned} \text{EWSI}(n=5) &= 0.10 \cdot L^{\infty}_{10^5}(\mu''|9 \cdot 10^4, 5 \cdot 10^6, 4) \\ &= 2.0790. \end{aligned}$$

Da die Erhebungskosten mit

$$K(n=5) = 0.38 \cdot 5 = 1.90$$

unter dem EWSI liegen, ist es sinnvoll, 5 Abnehmer zu befragen.

Um festzustellen, welcher Stichprobenumfang den ENSI maximiert, berechnet man zuerst den erwarteten Wert der perfekten Information. Auf Grund der Prioristudentverteilung erhält man dafür

$$\text{EWPI} = 7.0926.$$

Der Stichprobenumfang, der den erwarteten Nettowert maximiert, muß daher kleiner sein als

$$n_{max} \leq \frac{\text{EWPI} - f}{v} = \frac{7.0926 - 0}{0.38} = 18.6647.$$

Durch sukzessives Berechnen von EWSI(n) und ENSI(n) für $n = 1, 2, 3, \cdots 18$ erhält man folgende Ergebnisse:

n	EWSI(n)	ENSI(n)
1	0.2603	-0.1197
2	0.7321	-0.0279
3	1.2213	0.0813
4	1.6743	0.1543
5	2.0790	0.1790
6	2.4364	0.1564
7	2.7514	0.0914
8	3.0298	-0.0102
⋮		
18	4.6430	-2.1970

Man sieht an Hand der Tabelle, daß nur die Stichprobenumfänge zwischen 3 und 7 einen positiven erwarteten Nettowert der Stichprobeninformation aufweisen. Unter diesen 5 Umfängen hat der Stichprobenumfang $n = 5$ den größten ENSI.

4.10 Optimaler Stichprobenumfang

Der Produzent eines neuen Düngemittels möchte wissen, um wieviel der durchschnittliche Ertrag pro m^2 durch das neue Düngemittel gegenüber dem herkömmlichen verbessert wird. Bei Versuchen auf werkseigenen Feldern erzielte man bei 10 Feldern, die mit dem herkömmlichen Düngemittel behandelt wurden, einen Ertrag von 6.5 kg pro m^2 und einen Ertrag von 7 kg pro m^2 bei 10 Feldern, die mit dem neuen Mittel gedüngt wurden. Man weiß aus Erfahrung, daß der Ertrag pro m^2 wegen der unterschiedlichen Bodenbeschaffenheit, den Klimaeinflüssen u.a. eine Standardabweichung von höchstens 2 kg pro m^2 aufweist. Für eine Untersuchung in unterschiedlichen Regionen sucht man nun die optimale Anzahl an Feldern, die in einer Stichprobe berücksichtigt werden sollen. Die Erhebungskosten können mit durchschnittlich 0.1 GE pro Feld veranschlagt werden.

Lösung

Entscheidungsproblem: Der Unternehmer muß sich für eine der möglichen Differenzen

$$\delta_\mu = \mu_1 - \mu_2$$

entscheiden, wobei μ_1 der Durchschnittsertrag des herkömmlichen Düngemittels ist und μ_2 der des neuen. Diesem Entscheidungsproblem vergelagert ist die Frage, wieviele Felder für die Bestimmung der Differenz berücksichtigt werden sollen. Da der erwartete Wert der perfekten Information gleich ist

$$\begin{aligned} \text{EWPI} &= s \cdot V(\delta_\mu) \\ &= s \cdot \sigma^2 \cdot \left(\frac{1}{n'_1} + \frac{1}{n'_2}\right) \\ &= 160 \cdot 2^2 \cdot \left(\frac{1}{10} + \frac{1}{10}\right) \\ &= 128, \end{aligned}$$

kommen insgesamt höchstens

$$n_{max} \leq \frac{\text{EWPI}}{\nu} = \frac{128}{0.1} = 1280$$

Felder in Frage.

Prädiktivverteilung: Die Prädiktivverteilung von δ''_μ ist die Normalverteilung mit den Parametern

$$\begin{aligned} E\left(\delta''_\mu\right) &= E(\delta_\mu) = \mu'_1 - \mu'_2 = 6.5 - 7.0 = -0.5, \\ V\left(\delta''_\mu\right) &= V(\delta_\mu) - V(\delta_\mu | x) \\ &= \sigma^2 \cdot \left(\frac{1}{n'_1} + \frac{1}{n'_2}\right) - \sigma^2 \cdot \left(\frac{1}{n'_1 + n_1} + \frac{1}{n'_2 + n_2}\right) \\ &= 4 \cdot \left(\frac{1}{10} + \frac{1}{10}\right) - 4 \cdot \left(\frac{1}{10 + n_1} + \frac{1}{10 + n_2}\right). \end{aligned}$$

EWSI: Bei einer quadratischen Schadenfunktion mit

$$s_u = s_o = 160 = s$$

wird der optimale Stichprobenumfang nach der Formel

$$n_{opt} = \sigma \cdot \sqrt{\frac{s'}{v}} - n'$$

berechnet. Für die Angaben erhält man

$$n_{opt} = 2 \cdot \sqrt{\frac{160}{0.1}} - 20 = 60.$$

Der Produzent wird daher 60 Felder auswählen und 30 mit dem herkömmlichen Düngemittel behandeln und 30 mit dem neuen. Der EWSI dieser Stichprobe ist gleich

$$\begin{aligned} \text{EWSI}(n = 40) &= s \cdot V\left(\delta''_\mu\right) \\ &= 160 \cdot \left[4 \cdot \left(\frac{1}{10} + \frac{1}{10}\right) - 4 \cdot \left(\frac{1}{10+30} + \frac{1}{10+30}\right)\right] \\ &= 96, \end{aligned}$$

die Kosten sind

$$K(n = 60) = 0.1 \cdot 60 = 6$$

und der erwartete Nettowert der Stichprobe ist gleich

$$\text{ENSI}(n = 60) = 96 - 6 = 90.$$

4.11 Ökologie

Ein Ökologe hat in einer Voruntersuchung 6 Proben aus einem bestimmten Wald im Hinblick auf Humus- und Stickstoffgehalt untersucht. Es zeigte sich zwischen beiden ein starker Zusammenhang von 0.9842. Dem Ökologen werden 50 weitere Proben aus diesem Wald um 0.3 GE angeboten. Soll der Ökologe diese Proben kaufen, wenn er eine Intervallschätzung des Korrelationskoeffizienten zwischen Humus- und Stickstoffgehalt sucht und für diese Schätzung eine lineare Schadenfunktion berücksichtigen will, bei der der Schaden der Überschätzung doppelt so schwerwiegend ist wie der der Unterschätzung und der Schaden pro Einheit Intervallänge 1/10 von s_o ausmacht?

Lösung

Entscheidungsproblem: Der Ökologe sucht aus der Menge der möglichen Intervalle für den unbekannten Korrelationskoeffizienten, den mit minimalem Schadenerwartungswert. Diesem Interschätzproblem ist das folgende Entscheidungsproblem vorgelagert:

n_0: Keine weiteren Proben berücksichtigen,
n_1: 50 weitere Proben berücksichtigen.

Prädiktivverteilung: Da ρ nicht normalverteilt ist, wird die transformierte Variable ζ berücksichtigt, die einer Normalverteilung folgt. Wenn man die Voruntersuchung der 6 Proben als Prioriinformation betrachtet, dann ist

$$E(\zeta) = \frac{1}{2} \ln\left(\frac{1+0.9842}{1-0.9842}\right) = 2.4165$$

und

$$V(\zeta) = \frac{1}{6-3} = 0.333\dot{3}.$$

Die Prädiktivverteilung von ζ'' ist eine Normalverteilung mit den Parametern

$$E(\zeta'') = E(\zeta) = 2.4165$$

und

$$\begin{aligned} V(\zeta'') &= V(\zeta) - V(\zeta|x) \\ &= \frac{1}{n'-3} - \frac{1}{(n+n')-3} \\ &= \frac{1}{6-3} - \frac{1}{6+50-3} \\ &= 0.3145. \end{aligned}$$

EWSI: Für die lineare Schadenfunktion

$$s(a,\zeta) = 0.1 \cdot (T_o - T_u) + \begin{cases} 2 \cdot (T_u - \zeta) & \text{für } T_u > \zeta, \\ 1 \cdot (\zeta - T_o) & \text{für } T_o < \zeta, \end{cases}$$

wird der EWSI mit der Formel

$$\text{EWSI}(n) = \left[s_l \cdot (z_o - z_u) + s_u \cdot L_{-\infty}^{z_u}(z) + s_o \cdot L_{z_o}^{\infty}(z)\right] \cdot \left(\sigma'_\zeta - \sigma''_\zeta\right)$$

berechnet. Die Bedingungen für z_u und z_o

$$\begin{aligned} F_Z(z_u) &= \frac{s_l}{s_u} = \frac{0.1}{s_u} = \frac{0.1}{2} = 0.2 \\ G_Z(z_o) &= \frac{s_l}{s_o} = \frac{0.1}{1} = 0.1 \end{aligned}$$

werden für

$$z_u = -0.8416 \text{ und } z_o = 1.2816$$

erfüllt. $\sigma_\zeta'^2$ ist die Priorivarianz von ζ

$$V(\zeta) = \frac{1}{n'-3} = \frac{1}{6-3} = \frac{1}{3}$$

und $\sigma_\zeta''^2$ ist die Posteriorivarianz

$$V(\zeta|x) = \frac{1}{n'+n-3} = \frac{1}{6+50-3} = \frac{1}{53}.$$

Der erwartete Wert der Stichprobeninformation ist daher gleich

$$\begin{aligned} &\text{EWSI}(n = 50) = \\ &= [0.1 \cdot (1.2816 + 0.8416) + 2 \cdot L_{-\infty}^{-0.8416}(z) + 1 \cdot L_{1.2816}^{\infty}(z)] \cdot \left(\frac{1}{\sqrt{3}} - \frac{1}{\sqrt{53}}\right) \\ &= 0.1679. \end{aligned}$$

Die 50 Proben kosten nur 0.3 GE. Daher wird der Ökologe die Informationen aus den 50 Proben bei der Schätzung des Korrelationskoeffizienten zwischen Humus- und Stickstoffgehalt nicht berücksichtigen.

4.12 Werbeausgaben

Eine internationale Markenartikelfirma überlegt sich die Erhöhung der Werbeausgaben für ein bestimmtes Produkt in einem regionalem Markt um 1 Mio GE. Aus internationalen Untersuchungen ist bekannt, daß die Erhöhung der Werbeausgaben um 1 Mio GE den Umsatz im Schnitt um 4.5 Mio GE erhöht mit einer Varianz von 0.6. Man will die zusätzliche Million Geldeinheiten für Werbung im entsprechenden regionalen Markt investieren, wenn man zumindest den internationalen Schnitt von 4.5 Mio GE erreicht, wobei folgende lineare Schadenfunktion unterstellt wird:

$$\begin{aligned} s(a_0, \beta_1) &= \begin{cases} 0 & \text{für } \beta_1 < 4.5, \\ 20 \cdot (\beta_1 - 4.5) & \text{für } \beta_1 \geq 4.5, \end{cases} \\ s(a_1, \beta_1) &= \begin{cases} 20 \cdot (4.5 - \beta_1) & \text{für } \beta_1 < 4.5, \\ 0 & \text{für } \beta_1 \geq 4.5. \end{cases} \end{aligned}$$

Soll man vor der Entscheidung wegen der regionalen Besonderheiten ein Marktforschungsinstitut beauftragen, zusätzliche Daten über den Zusammenhang zwischen Werbeausgaben und Umsatz bei 10 Firmen in dem speziellen regionalen Markt zu sammeln, wenn diese Untersuchung 0.5 Mio GE kostet und man der Ansicht ist, daß die internationalen Daten im Umfang einer hypothetischen Stichprobe von $n' = 10$ zu berücksichtigen sind?

Lösung

Entscheidungsproblem: Die Firmenleitung muß einer der beiden Aktionen

a_0: keine zusätzlichen Werbeausgaben,
a_1: zusätzliche Werbeausgaben von 1 Mio.

wählen. Da die Entscheidung von der Wirkung einer zusätzlichen Werbemillion auf den Umsatz abhängt, sind die beiden Umweltzustände

$$H_0: \quad \beta_1 < 4.5,$$
$$H_1: \quad \beta_1 \geq 4.5.$$

β_1 ist der unbekannte Regressionskoeffizient der angibt, welchen Einfluß die Erhöhung der Werbeausgaben um 1 Million auf den Umsatz hat.

Diesem Entscheidungsproblem vorgelagert ist die Frage, ob zusätzliche Informationen im Umfang von $n = 10$ bei dieser Entscheidung berücksichtigt werden sollen. Die beiden Aktionen sind hier

n_0: keine zusätzliche Informationen,
n_{10}: Informationen im Umfang von $n = 10$.

Prädiktivverteilung: Für den Posteriorierwartungswert β_1'' ist die Prädiktivverteilung die Normalverteilung mit den Parametern

$$\begin{aligned} E(\beta_1'') &= 4.50, \\ V(\beta_1'') &= \sigma^2_{\beta_1''} = 0.6 \cdot \left(\frac{1}{10} - \frac{1}{10+10}\right) = 0.03. \end{aligned}$$

EWSI: Bei einer linearen Schadenfunktion mit $s_1 = s_2 = 20$ und $E(\beta_1) = 4.5 = \beta_{1,0}$ wird der EWSI mit der Formel

$$\text{EWSI}(n) = s \cdot L_{-\infty}^{\beta_{1,0}}(\beta_1'') = s \cdot L_{\beta_{1,0}}^{\infty}(\beta_1'')$$

berechnet. Das lineare Moment ist gleich

$$\begin{aligned} L_{-\infty}^{4.5} &= \sigma_{\beta_1''} \cdot [z \cdot F_Z(z) + f_Z(z)] \\ &= \sqrt{0.03} \cdot [0 \cdot F_Z(0) + f_Z(0)] \\ &= 0.0691, \end{aligned}$$

da

$$z = \frac{\beta_1 - E(\beta_1)}{\sigma_{\beta_1''}} = \frac{4.5 - 4.5}{\sqrt{0.03}} = 0$$

ist. Der erwartete Wert der Stichprobeninformation ist für $n = 10$

$$\text{EWSI}(n = 10) = 20 \cdot 0.0691 = 1.3820.$$

Da die Kosten der Untersuchung mit 0,5 Mio GE unter dem EWSI liegen, ist es angebracht, die Informationen dieser Untersuchung bei der Entscheidung über die zusätzliche Werbemillion zu berücksichtigen.

Kapitel VIII

Tabellen

1 Betaverteilung

Die folgenden Tabellen enthalten die Perzentile π_p, $p = 0.01, \ldots, 0.99$, und die unteren linearen Schadensintegrale $L_0^{\pi_p}(\alpha, \beta)$ der Betaverteilung für die Parameter $\beta = 1, \ldots, 15$ und $\alpha = 1, \ldots, \beta$.

$$f_\beta(\pi|\alpha,\beta) = \frac{1}{B(\alpha,\beta)} \cdot \pi^{\alpha-1} \cdot (1-\pi)^{\beta-1}$$

ist die Dichtefunktion der Betaverteilung mit den Parametern α ($= x$) und β ($= n-x$). Zur Berechnung nicht angeführter Werte können folgende Formeln herangezogen werden:

$$\begin{aligned}
F_\beta(\pi|\alpha,\beta) &= 1 - F_\beta(1-\pi|\beta,\alpha), \\
L_0^\pi(\alpha,\beta) &= L_0^{1-\pi}(\alpha,\beta) + (1-\pi) - \frac{\beta}{\alpha+\beta}, \\
&= L_{1-\pi}^1(\beta,\alpha), \\
L_\pi^1(\alpha,\beta) &= L_0^\pi(\alpha,\beta) - \pi + \frac{\alpha}{\alpha+\beta}, \\
&= L_0^{1-\pi}(\beta,\alpha).
\end{aligned}$$

Zur näherungsweisen Berechnung der Verteilungsfunktion kann man die Normalverteilung heranziehen:

$$\begin{aligned}
F_\beta(\pi|\alpha,\beta) &\approx F_Z(z), \\
z &= 2 \cdot \left[\sqrt{\pi \cdot \left(\beta - \frac{1}{3}\right)} - \sqrt{(1-\pi) \cdot \left(\alpha - \frac{1}{3}\right)}\right].
\end{aligned}$$

	$\alpha=1,\ \beta=1$		$\alpha=1,\ \beta=2$		$\alpha=2,\ \beta=2$		$\alpha=1,\ \beta=3$	
$F_\beta(\pi\|\alpha,\beta)$	π	L_0^π	π	L_0^π	π	L_0^π	π	L_0^π
0.01	0.0100	0.0000	0.0050	0.0000	0.0589	0.0002	0.0033	0.0000
0.02	0.0200	0.0002	0.0101	0.0001	0.0840	0.0006	0.0067	0.0001
0.03	0.0300	0.0004	0.0151	0.0002	0.1036	0.0011	0.0101	0.0002
0.04	0.0400	0.0008	0.0202	0.0004	0.1204	0.0016	0.0135	0.0003
0.05	0.0500	0.0012	0.0253	0.0006	0.1354	0.0023	0.0170	0.0004
0.06	0.0600	0.0018	0.0305	0.0009	0.1490	0.0031	0.0204	0.0006
0.07	0.0700	0.0025	0.0356	0.0013	0.1617	0.0039	0.0239	0.0008
0.08	0.0800	0.0032	0.0408	0.0016	0.1737	0.0048	0.0274	0.0011
0.09	0.0900	0.0040	0.0461	0.0021	0.1850	0.0057	0.0309	0.0014
0.10	0.1000	0.0050	0.0513	0.0026	0.1958	0.0068	0.0345	0.0017
0.11	0.1100	0.0060	0.0566	0.0031	0.2062	0.0079	0.0381	0.0021
0.12	0.1200	0.0072	0.0619	0.0038	0.2162	0.0090	0.0417	0.0025
0.13	0.1300	0.0084	0.0673	0.0044	0.2259	0.0102	0.0454	0.0030
0.14	0.1400	0.0098	0.0726	0.0051	0.2353	0.0115	0.0490	0.0035
0.15	0.1500	0.0112	0.0780	0.0059	0.2444	0.0128	0.0527	0.0040
0.16	0.1600	0.0128	0.0835	0.0068	0.2533	0.0142	0.0565	0.0046
0.17	0.1700	0.0144	0.0890	0.0077	0.2620	0.0156	0.0602	0.0052
0.18	0.1800	0.0162	0.0945	0.0086	0.2706	0.0171	0.0640	0.0059
0.19	0.1900	0.0180	0.1000	0.0097	0.2789	0.0187	0.0678	0.0066
0.20	0.2000	0.0200	0.1056	0.0108	0.2871	0.0203	0.0717	0.0073
0.21	0.2100	0.0220	0.1112	0.0119	0.2952	0.0219	0.0756	0.0081
0.22	0.2200	0.0242	0.1168	0.0131	0.3032	0.0236	0.0795	0.0090
0.23	0.2300	0.0264	0.1225	0.0144	0.3110	0.0254	0.0834	0.0099
0.24	0.2400	0.0288	0.1282	0.0157	0.3187	0.0272	0.0874	0.0108
0.25	0.2500	0.0313	0.1340	0.0171	0.3263	0.0291	0.0914	0.0118
0.26	0.2600	0.0338	0.1398	0.0186	0.3339	0.0310	0.0955	0.0128
0.27	0.2700	0.0364	0.1456	0.0202	0.3413	0.0330	0.0996	0.0139
0.28	0.2800	0.0392	0.1515	0.0218	0.3487	0.0350	0.1037	0.0150
0.29	0.2900	0.0420	0.1574	0.0235	0.3560	0.0371	0.1079	0.0162
0.30	0.3000	0.0450	0.1633	0.0252	0.3633	0.0392	0.1121	0.0175
0.31	0.3100	0.0480	0.1693	0.0271	0.3704	0.0414	0.1163	0.0188
0.32	0.3200	0.0512	0.1754	0.0290	0.3776	0.0437	0.1206	0.0201
0.33	0.3300	0.0544	0.1815	0.0309	0.3846	0.0460	0.1250	0.0215
0.34	0.3400	0.0578	0.1876	0.0330	0.3916	0.0483	0.1293	0.0230
0.35	0.3500	0.0612	0.1938	0.0351	0.3986	0.0507	0.1338	0.0245
0.36	0.3600	0.0648	0.2000	0.0373	0.4055	0.0532	0.1382	0.0261
0.37	0.3700	0.0684	0.2063	0.0396	0.4124	0.0557	0.1427	0.0278
0.38	0.3800	0.0722	0.2126	0.0420	0.4193	0.0583	0.1473	0.0295
0.39	0.3900	0.0760	0.2190	0.0445	0.4261	0.0609	0.1519	0.0312
0.40	0.4000	0.0800	0.2254	0.0470	0.4329	0.0636	0.1566	0.0331
0.41	0.4100	0.0840	0.2319	0.0496	0.4397	0.0663	0.1613	0.0350
0.42	0.4200	0.0882	0.2384	0.0523	0.4465	0.0691	0.1660	0.0370
0.43	0.4300	0.0924	0.2450	0.0551	0.4532	0.0720	0.1709	0.0390
0.44	0.4400	0.0968	0.2517	0.0580	0.4599	0.0749	0.1757	0.0411
0.45	0.4500	0.1012	0.2584	0.0610	0.4666	0.0779	0.1807	0.0433
0.46	0.4600	0.1058	0.2652	0.0641	0.4733	0.0809	0.1857	0.0456
0.47	0.4700	0.1104	0.2720	0.0673	0.4800	0.0840	0.1907	0.0480
0.48	0.4800	0.1152	0.2789	0.0705	0.4867	0.0872	0.1959	0.0504
0.49	0.4900	0.1200	0.2859	0.0739	0.4933	0.0904	0.2010	0.0529
0.50	0.5000	0.1250	0.2929	0.0774	0.5000	0.0938	0.2063	0.0555

$F_\beta(\pi\|\alpha,\beta)$	$\alpha=1,\ \beta=1$ π	L_0^π	$\alpha=1,\ \beta=2$ π	L_0^π	$\alpha=2,\ \beta=2$ π	L_0^π	$\alpha=1,\ \beta=3$ π	L_0^π
0.51	0.5100	0.1300	0.3000	0.0810	0.5067	0.0971	0.2116	0.0582
0.52	0.5200	0.1352	0.3072	0.0847	0.5133	0.1005	0.2170	0.0610
0.53	0.5300	0.1404	0.3144	0.0885	0.5200	0.1041	0.2225	0.0639
0.54	0.5400	0.1458	0.3218	0.0924	0.5267	0.1076	0.2281	0.0668
0.55	0.5500	0.1512	0.3292	0.0965	0.5334	0.1113	0.2337	0.0699
0.56	0.5600	0.1568	0.3367	0.1006	0.5401	0.1150	0.2394	0.0731
0.57	0.5700	0.1624	0.3443	0.1049	0.5468	0.1188	0.2452	0.0764
0.58	0.5800	0.1682	0.3519	0.1093	0.5535	0.1227	0.2511	0.0797
0.59	0.5900	0.1740	0.3597	0.1139	0.5603	0.1266	0.2571	0.0833
0.60	0.6000	0.1800	0.3675	0.1185	0.5671	0.1306	0.2632	0.0869
0.61	0.6100	0.1860	0.3755	0.1234	0.5739	0.1348	0.2694	0.0906
0.62	0.6200	0.1922	0.3836	0.1283	0.5807	0.1390	0.2757	0.0945
0.63	0.6300	0.1984	0.3917	0.1334	0.5876	0.1433	0.2821	0.0985
0.64	0.6400	0.2048	0.4000	0.1387	0.5945	0.1476	0.2886	0.1026
0.65	0.6500	0.2112	0.4084	0.1441	0.6014	0.1521	0.2953	0.1069
0.66	0.6600	0.2178	0.4169	0.1497	0.6084	0.1567	0.3020	0.1114
0.67	0.6700	0.2244	0.4255	0.1554	0.6154	0.1613	0.3090	0.1160
0.68	0.6800	0.2312	0.4343	0.1613	0.6224	0.1661	0.3160	0.1207
0.69	0.6900	0.2380	0.4432	0.1674	0.6296	0.1710	0.3232	0.1257
0.70	0.7000	0.2450	0.4523	0.1737	0.6367	0.1760	0.3306	0.1308
0.71	0.7100	0.2520	0.4615	0.1802	0.6440	0.1811	0.3381	0.1361
0.72	0.7200	0.2592	0.4708	0.1869	0.6513	0.1863	0.3458	0.1416
0.73	0.7300	0.2664	0.4804	0.1938	0.6587	0.1916	0.3537	0.1473
0.74	0.7400	0.2738	0.4901	0.2010	0.6661	0.1971	0.3617	0.1532
0.75	0.7500	0.2813	0.5000	0.2083	0.6737	0.2027	0.3700	0.1594
0.76	0.7600	0.2888	0.5101	0.2160	0.6813	0.2085	0.3786	0.1658
0.77	0.7700	0.2964	0.5204	0.2239	0.6890	0.2144	0.3873	0.1725
0.78	0.7800	0.3042	0.5310	0.2320	0.6968	0.2205	0.3963	0.1795
0.79	0.7900	0.3120	0.5417	0.2405	0.7048	0.2267	0.4056	0.1868
0.80	0.8000	0.3200	0.5528	0.2493	0.7129	0.2331	0.4152	0.1944
0.81	0.8100	0.3280	0.5641	0.2584	0.7211	0.2397	0.4251	0.2024
0.82	0.8200	0.3362	0.5757	0.2679	0.7294	0.2466	0.4354	0.2108
0.83	0.8300	0.3444	0.5877	0.2777	0.7380	0.2536	0.4460	0.2196
0.84	0.8400	0.3528	0.6000	0.2880	0.7467	0.2609	0.4571	0.2288
0.85	0.8500	0.3612	0.6127	0.2987	0.7556	0.2684	0.4687	0.2386
0.86	0.8600	0.3698	0.6258	0.3100	0.7647	0.2762	0.4808	0.2489
0.87	0.8700	0.3784	0.6394	0.3217	0.7741	0.2844	0.4934	0.2599
0.88	0.8800	0.3872	0.6536	0.3341	0.7838	0.2928	0.5068	0.2716
0.89	0.8900	0.3960	0.6683	0.3472	0.7938	0.3017	0.5209	0.2840
0.90	0.9000	0.4050	0.6838	0.3610	0.8042	0.3110	0.5358	0.2974
0.91	0.9100	0.4140	0.7000	0.3757	0.8150	0.3208	0.5519	0.3119
0.92	0.9200	0.4232	0.7172	0.3914	0.8263	0.3311	0.5691	0.3277
0.93	0.9300	0.4324	0.7354	0.4083	0.8383	0.3422	0.5879	0.3451
0.94	0.9400	0.4418	0.7551	0.4266	0.8510	0.3540	0.6085	0.3644
0.95	0.9500	0.4512	0.7764	0.4468	0.8646	0.3670	0.6316	0.3862
0.96	0.9600	0.4608	0.8000	0.4693	0.8796	0.3812	0.6580	0.4114
0.97	0.9700	0.4704	0.8268	0.4952	0.8964	0.3974	0.6893	0.4416
0.98	0.9800	0.4802	0.8586	0.5262	0.9160	0.4165	0.7286	0.4799
0.99	0.9900	0.4900	0.9000	0.5670	0.9411	0.4413	0.7846	0.5351

$F_\beta(\pi\|\alpha,\beta)$	$\alpha=2,\ \beta=3$		$\alpha=3,\ \beta=3$		$\alpha=1,\ \beta=4$		$\alpha=2,\ \beta=4$	
	π	L_0^π	π	L_0^π	π	L_0^π	π	L_0^π
0.01	0.0420	0.0001	0.1056	0.0003	0.0025	0.0000	0.0327	0.0001
0.02	0.0601	0.0004	0.1353	0.0007	0.0050	0.0001	0.0469	0.0003
0.03	0.0744	0.0008	0.1567	0.0012	0.0076	0.0001	0.0581	0.0006
0.04	0.0866	0.0012	0.1742	0.0018	0.0102	0.0002	0.0678	0.0009
0.05	0.0976	0.0017	0.1893	0.0025	0.0127	0.0003	0.0764	0.0013
0.06	0.1077	0.0022	0.2027	0.0033	0.0153	0.0005	0.0844	0.0018
0.07	0.1171	0.0028	0.2149	0.0041	0.0180	0.0006	0.0919	0.0023
0.08	0.1260	0.0035	0.2262	0.0049	0.0206	0.0008	0.0990	0.0028
0.09	0.1345	0.0042	0.2367	0.0058	0.0233	0.0011	0.1058	0.0034
0.10	0.1426	0.0050	0.2466	0.0067	0.0260	0.0013	0.1122	0.0040
0.11	0.1504	0.0058	0.2561	0.0077	0.0287	0.0016	0.1185	0.0046
0.12	0.1579	0.0067	0.2650	0.0088	0.0315	0.0019	0.1246	0.0053
0.13	0.1653	0.0076	0.2736	0.0098	0.0342	0.0023	0.1305	0.0061
0.14	0.1724	0.0086	0.2819	0.0110	0.0370	0.0026	0.1362	0.0068
0.15	0.1794	0.0096	0.2899	0.0121	0.0398	0.0030	0.1419	0.0077
0.16	0.1862	0.0106	0.2977	0.0133	0.0427	0.0035	0.1474	0.0085
0.17	0.1929	0.0117	0.3052	0.0146	0.0455	0.0040	0.1528	0.0094
0.18	0.1995	0.0129	0.3125	0.0158	0.0484	0.0045	0.1581	0.0103
0.19	0.2059	0.0141	0.3196	0.0172	0.0513	0.0050	0.1634	0.0113
0.20	0.2123	0.0153	0.3266	0.0185	0.0543	0.0056	0.1686	0.0123
0.21	0.2186	0.0166	0.3334	0.0199	0.0572	0.0062	0.1737	0.0134
0.22	0.2248	0.0180	0.3401	0.0213	0.0602	0.0068	0.1788	0.0145
0.23	0.2309	0.0193	0.3467	0.0228	0.0633	0.0075	0.1838	0.0156
0.24	0.2370	0.0208	0.3531	0.0243	0.0663	0.0082	0.1888	0.0168
0.25	0.2430	0.0222	0.3594	0.0259	0.0694	0.0090	0.1938	0.0180
0.26	0.2490	0.0238	0.3657	0.0275	0.0725	0.0098	0.1987	0.0192
0.27	0.2549	0.0253	0.3718	0.0291	0.0757	0.0106	0.2035	0.0205
0.28	0.2608	0.0269	0.3779	0.0308	0.0788	0.0115	0.2084	0.0219
0.29	0.2666	0.0286	0.3839	0.0325	0.0821	0.0124	0.2132	0.0232
0.30	0.2724	0.0303	0.3898	0.0342	0.0853	0.0134	0.2180	0.0247
0.31	0.2781	0.0321	0.3957	0.0360	0.0886	0.0144	0.2228	0.0261
0.32	0.2839	0.0339	0.4015	0.0378	0.0919	0.0154	0.2276	0.0276
0.33	0.2896	0.0357	0.4072	0.0397	0.0953	0.0165	0.2324	0.0292
0.34	0.2953	0.0376	0.4129	0.0416	0.0987	0.0176	0.2371	0.0308
0.35	0.3010	0.0396	0.4186	0.0436	0.1021	0.0188	0.2418	0.0324
0.36	0.3066	0.0416	0.4242	0.0456	0.1056	0.0201	0.2466	0.0341
0.37	0.3123	0.0437	0.4297	0.0476	0.1091	0.0213	0.2513	0.0358
0.38	0.3179	0.0458	0.4353	0.0497	0.1126	0.0227	0.2561	0.0376
0.39	0.3235	0.0479	0.4408	0.0518	0.1162	0.0241	0.2608	0.0394
0.40	0.3292	0.0502	0.4463	0.0540	0.1199	0.0255	0.2656	0.0413
0.41	0.3348	0.0524	0.4517	0.0562	0.1236	0.0270	0.2703	0.0432
0.42	0.3404	0.0548	0.4571	0.0584	0.1273	0.0285	0.2751	0.0452
0.43	0.3460	0.0572	0.4625	0.0607	0.1311	0.0302	0.2799	0.0472
0.44	0.3517	0.0596	0.4679	0.0630	0.1349	0.0318	0.2847	0.0493
0.45	0.3573	0.0621	0.4733	0.0654	0.1388	0.0336	0.2895	0.0514
0.46	0.3630	0.0647	0.4786	0.0679	0.1428	0.0353	0.2943	0.0536
0.47	0.3686	0.0673	0.4840	0.0704	0.1468	0.0372	0.2991	0.0559
0.48	0.3743	0.0700	0.4893	0.0729	0.1508	0.0391	0.3040	0.0582
0.49	0.3800	0.0728	0.4947	0.0755	0.1549	0.0411	0.3089	0.0606
0.50	0.3857	0.0756	0.5000	0.0781	0.1591	0.0432	0.3138	0.0630

$F_\beta(\pi\|\alpha,\beta)$	$\alpha=2,\ \beta=3$		$\alpha=3,\ \beta=3$		$\alpha=1,\ \beta=4$		$\alpha=2,\ \beta=4$	
	π	L_0^π	π	L_0^π	π	L_0^π	π	L_0^π
0.51	0.3915	0.0785	0.5053	0.0808	0.1633	0.0453	0.3188	0.0655
0.52	0.3972	0.0815	0.5107	0.0836	0.1676	0.0475	0.3237	0.0681
0.53	0.4030	0.0845	0.5160	0.0864	0.1720	0.0498	0.3287	0.0707
0.54	0.4088	0.0876	0.5214	0.0892	0.1765	0.0522	0.3338	0.0734
0.55	0.4147	0.0908	0.5267	0.0922	0.1810	0.0547	0.3389	0.0762
0.56	0.4206	0.0941	0.5321	0.0951	0.1856	0.0572	0.3440	0.0790
0.57	0.4265	0.0974	0.5375	0.0982	0.1902	0.0599	0.3492	0.0819
0.58	0.4324	0.1009	0.5429	0.1013	0.1950	0.0626	0.3544	0.0849
0.59	0.4385	0.1044	0.5483	0.1045	0.1998	0.0654	0.3597	0.0880
0.60	0.4445	0.1080	0.5537	0.1077	0.2047	0.0684	0.3650	0.0912
0.61	0.4506	0.1117	0.5592	0.1110	0.2097	0.0714	0.3704	0.0944
0.62	0.4567	0.1155	0.5647	0.1144	0.2149	0.0745	0.3758	0.0978
0.63	0.4630	0.1193	0.5703	0.1178	0.2201	0.0778	0.3813	0.1012
0.64	0.4692	0.1233	0.5758	0.1214	0.2254	0.0812	0.3869	0.1048
0.65	0.4756	0.1274	0.5814	0.1250	0.2308	0.0847	0.3925	0.1084
0.66	0.4820	0.1316	0.5871	0.1287	0.2364	0.0883	0.3982	0.1122
0.67	0.4885	0.1359	0.5928	0.1325	0.2421	0.0921	0.4040	0.1160
0.68	0.4950	0.1403	0.5985	0.1364	0.2479	0.0960	0.4099	0.1200
0.69	0.5017	0.1449	0.6043	0.1403	0.2538	0.1001	0.4159	0.1241
0.70	0.5084	0.1496	0.6102	0.1444	0.2599	0.1043	0.4220	0.1283
0.71	0.5152	0.1544	0.6161	0.1486	0.2662	0.1087	0.4282	0.1327
0.72	0.5222	0.1594	0.6221	0.1529	0.2726	0.1133	0.4345	0.1372
0.73	0.5292	0.1645	0.6282	0.1573	0.2792	0.1181	0.4409	0.1419
0.74	0.5364	0.1697	0.6343	0.1618	0.2859	0.1231	0.4475	0.1467
0.75	0.5437	0.1752	0.6406	0.1665	0.2929	0.1282	0.4542	0.1517
0.76	0.5511	0.1808	0.6469	0.1712	0.3001	0.1337	0.4610	0.1568
0.77	0.5587	0.1866	0.6533	0.1762	0.3075	0.1393	0.4680	0.1622
0.78	0.5664	0.1926	0.6599	0.1812	0.3151	0.1453	0.4752	0.1678
0.79	0.5743	0.1988	0.6666	0.1865	0.3231	0.1515	0.4826	0.1736
0.80	0.5825	0.2052	0.6734	0.1919	0.3313	0.1580	0.4902	0.1796
0.81	0.5908	0.2119	0.6804	0.1975	0.3398	0.1649	0.4980	0.1859
0.82	0.5993	0.2189	0.6875	0.2033	0.3486	0.1721	0.5061	0.1925
0.83	0.6081	0.2261	0.6948	0.2094	0.3579	0.1797	0.5144	0.1993
0.84	0.6172	0.2337	0.7023	0.2156	0.3675	0.1878	0.5231	0.2066
0.85	0.6265	0.2416	0.7101	0.2222	0.3777	0.1963	0.5321	0.2142
0.86	0.6363	0.2499	0.7181	0.2290	0.3883	0.2054	0.5414	0.2222
0.87	0.6463	0.2587	0.7264	0.2362	0.3995	0.2151	0.5512	0.2306
0.88	0.6569	0.2679	0.7350	0.2437	0.4114	0.2256	0.5615	0.2397
0.89	0.6679	0.2777	0.7439	0.2517	0.4241	0.2368	0.5724	0.2493
0.90	0.6795	0.2881	0.7534	0.2601	0.4377	0.2489	0.5839	0.2596
0.91	0.6918	0.2992	0.7633	0.2691	0.4523	0.2621	0.5962	0.2707
0.92	0.7050	0.3112	0.7738	0.2787	0.4682	0.2767	0.6094	0.2828
0.93	0.7191	0.3242	0.7851	0.2892	0.4856	0.2928	0.6238	0.2961
0.94	0.7344	0.3386	0.7973	0.3006	0.5051	0.3110	0.6397	0.3109
0.95	0.7514	0.3546	0.8107	0.3133	0.5271	0.3319	0.6574	0.3277
0.96	0.7706	0.3730	0.8258	0.3277	0.5528	0.3564	0.6778	0.3472
0.97	0.7929	0.3945	0.8433	0.3445	0.5838	0.3863	0.7021	0.3706
0.98	0.8206	0.4215	0.8647	0.3654	0.6239	0.4254	0.7329	0.4007
0.99	0.8591	0.4595	0.8944	0.3946	0.6838	0.4844	0.7779	0.4451

$F_\beta(\pi\|\alpha,\beta)$	$\alpha=3,\ \beta=4$ π	L_0^π	$\alpha=4,\ \beta=4$ π	L_0^π	$\alpha=1,\ \beta=5$ π	L_0^π	$\alpha=2,\ \beta=5$ π	L_0^π
0.01	0.0847	0.0002	0.1423	0.0003	0.0020	0.0000	0.0268	0.0001
0.02	0.1088	0.0006	0.1727	0.0007	0.0040	0.0000	0.0384	0.0003
0.03	0.1264	0.0010	0.1940	0.0013	0.0061	0.0001	0.0477	0.0005
0.04	0.1407	0.0015	0.2109	0.0019	0.0081	0.0002	0.0557	0.0008
0.05	0.1532	0.0021	0.2253	0.0025	0.0102	0.0003	0.0628	0.0011
0.06	0.1643	0.0027	0.2380	0.0032	0.0123	0.0004	0.0695	0.0015
0.07	0.1744	0.0033	0.2494	0.0039	0.0144	0.0005	0.0757	0.0019
0.08	0.1838	0.0040	0.2598	0.0047	0.0165	0.0007	0.0816	0.0023
0.09	0.1926	0.0048	0.2695	0.0056	0.0187	0.0009	0.0872	0.0028
0.10	0.2009	0.0056	0.2786	0.0064	0.0209	0.0011	0.0926	0.0033
0.11	0.2088	0.0064	0.2872	0.0073	0.0230	0.0013	0.0978	0.0038
0.12	0.2164	0.0073	0.2953	0.0082	0.0252	0.0015	0.1029	0.0044
0.13	0.2236	0.0082	0.3030	0.0092	0.0275	0.0018	0.1078	0.0050
0.14	0.2306	0.0091	0.3105	0.0102	0.0297	0.0021	0.1126	0.0057
0.15	0.2374	0.0101	0.3176	0.0113	0.0320	0.0025	0.1174	0.0064
0.16	0.2440	0.0111	0.3245	0.0123	0.0343	0.0028	0.1220	0.0071
0.17	0.2504	0.0122	0.3312	0.0134	0.0366	0.0032	0.1266	0.0078
0.18	0.2566	0.0133	0.3377	0.0146	0.0389	0.0036	0.1311	0.0086
0.19	0.2627	0.0144	0.3440	0.0157	0.0413	0.0040	0.1355	0.0095
0.20	0.2687	0.0156	0.3501	0.0169	0.0436	0.0045	0.1399	0.0103
0.21	0.2745	0.0168	0.3561	0.0181	0.0461	0.0050	0.1442	0.0112
0.22	0.2802	0.0180	0.3619	0.0194	0.0485	0.0055	0.1485	0.0121
0.23	0.2859	0.0193	0.3677	0.0207	0.0509	0.0061	0.1527	0.0131
0.24	0.2914	0.0206	0.3733	0.0220	0.0534	0.0066	0.1570	0.0141
0.25	0.2969	0.0219	0.3789	0.0234	0.0559	0.0073	0.1612	0.0151
0.26	0.3023	0.0233	0.3843	0.0248	0.0584	0.0079	0.1653	0.0162
0.27	0.3077	0.0247	0.3896	0.0262	0.0610	0.0086	0.1695	0.0173
0.28	0.3129	0.0262	0.3949	0.0276	0.0636	0.0093	0.1736	0.0184
0.29	0.3182	0.0276	0.4001	0.0291	0.0662	0.0100	0.1777	0.0196
0.30	0.3233	0.0292	0.4052	0.0306	0.0689	0.0108	0.1818	0.0208
0.31	0.3285	0.0307	0.4103	0.0322	0.0715	0.0116	0.1859	0.0220
0.32	0.3335	0.0323	0.4153	0.0338	0.0742	0.0125	0.1900	0.0233
0.33	0.3386	0.0340	0.4203	0.0354	0.0770	0.0134	0.1940	0.0246
0.34	0.3436	0.0356	0.4252	0.0370	0.0797	0.0143	0.1981	0.0260
0.35	0.3485	0.0374	0.4301	0.0387	0.0825	0.0153	0.2022	0.0274
0.36	0.3535	0.0391	0.4349	0.0404	0.0854	0.0163	0.2062	0.0288
0.37	0.3584	0.0409	0.4397	0.0422	0.0883	0.0173	0.2103	0.0303
0.38	0.3633	0.0428	0.4445	0.0439	0.0912	0.0184	0.2144	0.0319
0.39	0.3682	0.0446	0.4492	0.0458	0.0941	0.0196	0.2185	0.0334
0.40	0.3731	0.0466	0.4539	0.0476	0.0971	0.0207	0.2226	0.0350
0.41	0.3779	0.0485	0.4586	0.0495	0.1001	0.0220	0.2267	0.0367
0.42	0.3828	0.0505	0.4632	0.0514	0.1032	0.0232	0.2308	0.0384
0.43	0.3876	0.0526	0.4679	0.0534	0.1063	0.0246	0.2349	0.0402
0.44	0.3924	0.0547	0.4725	0.0554	0.1095	0.0259	0.2391	0.0420
0.45	0.3973	0.0568	0.4771	0.0575	0.1127	0.0274	0.2433	0.0438
0.46	0.4021	0.0590	0.4817	0.0596	0.1159	0.0288	0.2474	0.0457
0.47	0.4069	0.0613	0.4863	0.0617	0.1192	0.0304	0.2517	0.0477
0.48	0.4117	0.0636	0.4909	0.0639	0.1226	0.0320	0.2559	0.0497
0.49	0.4166	0.0659	0.4954	0.0661	0.1260	0.0336	0.2602	0.0518
0.50	0.4214	0.0683	0.5000	0.0684	0.1294	0.0353	0.2644	0.0539

$F_\beta(\pi\|\alpha,\beta)$	$\alpha=3,\ \beta=4$		$\alpha=4,\ \beta=4$		$\alpha=1,\ \beta=5$		$\alpha=2,\ \beta=5$	
	π	L_0^π	π	L_0^π	π	L_0^π	π	L_0^π
0.51	0.4263	0.0708	0.5046	0.0707	0.1330	0.0371	0.2688	0.0561
0.52	0.4311	0.0733	0.5091	0.0730	0.1365	0.0389	0.2731	0.0583
0.53	0.4360	0.0758	0.5137	0.0754	0.1402	0.0408	0.2775	0.0606
0.54	0.4409	0.0784	0.5183	0.0779	0.1438	0.0428	0.2819	0.0630
0.55	0.4458	0.0811	0.5229	0.0804	0.1476	0.0449	0.2864	0.0654
0.56	0.4508	0.0839	0.5275	0.0829	0.1514	0.0470	0.2909	0.0679
0.57	0.4557	0.0867	0.5321	0.0856	0.1553	0.0492	0.2955	0.0705
0.58	0.4607	0.0895	0.5368	0.0882	0.1593	0.0515	0.3001	0.0732
0.59	0.4657	0.0925	0.5414	0.0909	0.1633	0.0538	0.3047	0.0759
0.60	0.4708	0.0955	0.5461	0.0937	0.1674	0.0563	0.3094	0.0787
0.61	0.4759	0.0986	0.5508	0.0966	0.1717	0.0588	0.3142	0.0816
0.62	0.4810	0.1017	0.5555	0.0995	0.1759	0.0615	0.3190	0.0845
0.63	0.4862	0.1050	0.5603	0.1025	0.1803	0.0642	0.3239	0.0876
0.64	0.4914	0.1083	0.5651	0.1055	0.1848	0.0671	0.3289	0.0907
0.65	0.4967	0.1117	0.5699	0.1086	0.1894	0.0700	0.3339	0.0940
0.66	0.5020	0.1152	0.5748	0.1118	0.1941	0.0731	0.3390	0.0973
0.67	0.5074	0.1187	0.5797	0.1151	0.1989	0.0763	0.3442	0.1008
0.68	0.5128	0.1224	0.5847	0.1184	0.2038	0.0796	0.3495	0.1044
0.69	0.5183	0.1262	0.5897	0.1219	0.2088	0.0830	0.3549	0.1080
0.70	0.5239	0.1301	0.5948	0.1254	0.2140	0.0866	0.3604	0.1118
0.71	0.5296	0.1341	0.5999	0.1290	0.2193	0.0904	0.3659	0.1158
0.72	0.5354	0.1382	0.6051	0.1327	0.2248	0.0943	0.3716	0.1198
0.73	0.5412	0.1424	0.6104	0.1365	0.2304	0.0984	0.3774	0.1241
0.74	0.5471	0.1468	0.6157	0.1405	0.2362	0.1026	0.3834	0.1284
0.75	0.5532	0.1513	0.6211	0.1445	0.2421	0.1071	0.3895	0.1330
0.76	0.5594	0.1560	0.6267	0.1487	0.2483	0.1117	0.3957	0.1377
0.77	0.5657	0.1608	0.6323	0.1530	0.2547	0.1166	0.4021	0.1426
0.78	0.5721	0.1657	0.6381	0.1575	0.2613	0.1217	0.4087	0.1477
0.79	0.5787	0.1709	0.6439	0.1621	0.2681	0.1271	0.4155	0.1530
0.80	0.5854	0.1763	0.6499	0.1668	0.2752	0.1327	0.4224	0.1585
0.81	0.5923	0.1818	0.6560	0.1718	0.2826	0.1387	0.4297	0.1643
0.82	0.5994	0.1876	0.6623	0.1769	0.2903	0.1450	0.4371	0.1704
0.83	0.6067	0.1937	0.6688	0.1822	0.2984	0.1516	0.4449	0.1768
0.84	0.6143	0.2000	0.6755	0.1878	0.3069	0.1587	0.4529	0.1835
0.85	0.6222	0.2066	0.6824	0.1936	0.3157	0.1662	0.4613	0.1906
0.86	0.6303	0.2136	0.6895	0.1998	0.3251	0.1742	0.4701	0.1981
0.87	0.6388	0.2209	0.6970	0.2062	0.3351	0.1828	0.4793	0.2061
0.88	0.6477	0.2287	0.7047	0.2130	0.3456	0.1920	0.4890	0.2146
0.89	0.6570	0.2369	0.7128	0.2202	0.3569	0.2020	0.4993	0.2237
0.90	0.6668	0.2457	0.7214	0.2278	0.3690	0.2129	0.5103	0.2336
0.91	0.6773	0.2552	0.7305	0.2360	0.3822	0.2248	0.5221	0.2442
0.92	0.6885	0.2655	0.7402	0.2449	0.3966	0.2380	0.5349	0.2559
0.93	0.7006	0.2767	0.7506	0.2546	0.4125	0.2527	0.5488	0.2688
0.94	0.7139	0.2891	0.7620	0.2652	0.4303	0.2694	0.5643	0.2833
0.95	0.7287	0.3031	0.7747	0.2772	0.4507	0.2886	0.5818	0.2998
0.96	0.7455	0.3192	0.7891	0.2909	0.4747	0.3115	0.6021	0.3192
0.97	0.7655	0.3385	0.8060	0.3073	0.5041	0.3399	0.6266	0.3429
0.98	0.7907	0.3630	0.8273	0.3280	0.5427	0.3776	0.6583	0.3738
0.99	0.8269	0.3987	0.8577	0.3580	0.6019	0.4359	0.7057	0.4205

	$\alpha = 3,\ \beta = 5$		$\alpha = 4,\ \beta = 5$		$\alpha = 5,\ \beta = 5$		$\alpha = 1,\ \beta = 6$	
$F_\beta(\pi\|\alpha,\beta)$	π	L_0^π	π	L_0^π	π	L_0^π	π	L_0^π
0.01	0.0708	0.0002	0.1209	0.0003	0.1710	0.0003	0.0017	0.0000
0.02	0.0911	0.0005	0.1472	0.0006	0.2010	0.0008	0.0034	0.0000
0.03	0.1060	0.0009	0.1656	0.0011	0.2215	0.0013	0.0051	0.0001
0.04	0.1182	0.0013	0.1804	0.0016	0.2378	0.0018	0.0068	0.0001
0.05	0.1288	0.0018	0.1929	0.0022	0.2514	0.0024	0.0085	0.0002
0.06	0.1382	0.0023	0.2040	0.0028	0.2633	0.0031	0.0103	0.0003
0.07	0.1469	0.0028	0.2140	0.0034	0.2739	0.0038	0.0120	0.0004
0.08	0.1549	0.0034	0.2231	0.0041	0.2836	0.0045	0.0138	0.0006
0.09	0.1625	0.0041	0.2317	0.0048	0.2926	0.0053	0.0156	0.0007
0.10	0.1696	0.0048	0.2397	0.0056	0.3010	0.0061	0.0174	0.0009
0.11	0.1764	0.0055	0.2472	0.0064	0.3088	0.0069	0.0192	0.0011
0.12	0.1830	0.0062	0.2544	0.0072	0.3163	0.0077	0.0211	0.0013
0.13	0.1892	0.0070	0.2613	0.0081	0.3234	0.0086	0.0229	0.0015
0.14	0.1953	0.0078	0.2679	0.0090	0.3301	0.0095	0.0248	0.0018
0.15	0.2011	0.0087	0.2742	0.0099	0.3367	0.0105	0.0267	0.0020
0.16	0.2068	0.0096	0.2804	0.0108	0.3429	0.0115	0.0286	0.0023
0.17	0.2124	0.0105	0.2863	0.0118	0.3490	0.0125	0.0306	0.0027
0.18	0.2178	0.0114	0.2921	0.0128	0.3549	0.0135	0.0325	0.0030
0.19	0.2231	0.0124	0.2977	0.0139	0.3605	0.0145	0.0345	0.0034
0.20	0.2283	0.0134	0.3032	0.0150	0.3661	0.0156	0.0365	0.0038
0.21	0.2334	0.0145	0.3086	0.0161	0.3715	0.0167	0.0385	0.0042
0.22	0.2385	0.0155	0.3139	0.0172	0.3768	0.0179	0.0406	0.0046
0.23	0.2434	0.0167	0.3190	0.0183	0.3819	0.0190	0.0426	0.0051
0.24	0.2483	0.0178	0.3241	0.0195	0.3870	0.0202	0.0447	0.0056
0.25	0.2531	0.0190	0.3291	0.0208	0.3920	0.0214	0.0468	0.0061
0.26	0.2578	0.0202	0.3340	0.0220	0.3968	0.0227	0.0489	0.0066
0.27	0.2625	0.0214	0.3388	0.0233	0.4016	0.0239	0.0511	0.0072
0.28	0.2672	0.0227	0.3436	0.0246	0.4064	0.0252	0.0533	0.0078
0.29	0.2718	0.0240	0.3483	0.0259	0.4110	0.0266	0.0555	0.0084
0.30	0.2763	0.0254	0.3530	0.0273	0.4156	0.0279	0.0577	0.0091
0.31	0.2809	0.0267	0.3576	0.0287	0.4201	0.0293	0.0600	0.0098
0.32	0.2854	0.0282	0.3621	0.0302	0.4246	0.0307	0.0623	0.0105
0.33	0.2898	0.0296	0.3667	0.0316	0.4291	0.0322	0.0646	0.0112
0.34	0.2943	0.0311	0.3712	0.0331	0.4334	0.0336	0.0669	0.0120
0.35	0.2987	0.0326	0.3756	0.0347	0.4378	0.0351	0.0693	0.0128
0.36	0.3031	0.0342	0.3800	0.0362	0.4421	0.0367	0.0717	0.0137
0.37	0.3075	0.0358	0.3844	0.0378	0.4464	0.0382	0.0741	0.0146
0.38	0.3119	0.0374	0.3888	0.0395	0.4506	0.0398	0.0766	0.0155
0.39	0.3162	0.0391	0.3931	0.0412	0.4548	0.0414	0.0791	0.0165
0.40	0.3206	0.0408	0.3975	0.0429	0.4590	0.0431	0.0816	0.0175
0.41	0.3249	0.0426	0.4018	0.0446	0.4632	0.0448	0.0842	0.0185
0.42	0.3293	0.0444	0.4060	0.0464	0.4673	0.0465	0.0868	0.0196
0.43	0.3336	0.0462	0.4103	0.0482	0.4714	0.0482	0.0894	0.0207
0.44	0.3380	0.0481	0.4146	0.0501	0.4755	0.0500	0.0921	0.0219
0.45	0.3423	0.0501	0.4189	0.0520	0.4796	0.0519	0.0948	0.0231
0.46	0.3466	0.0520	0.4231	0.0539	0.4837	0.0537	0.0976	0.0244
0.47	0.3510	0.0541	0.4274	0.0559	0.4878	0.0556	0.1004	0.0257
0.48	0.3554	0.0561	0.4316	0.0579	0.4919	0.0575	0.1033	0.0270
0.49	0.3597	0.0583	0.4359	0.0600	0.4959	0.0595	0.1062	0.0284
0.50	0.3641	0.0604	0.4402	0.0621	0.5000	0.0615	0.1091	0.0299

$F_\beta(\pi\|\alpha,\beta)$	$\alpha=3,\ \beta=5$		$\alpha=4,\ \beta=5$		$\alpha=5,\ \beta=5$		$\alpha=1,\ \beta=6$	
	π	L_0^π	π	L_0^π	π	L_0^π	π	L_0^π
0.51	0.3685	0.0627	0.4444	0.0642	0.5041	0.0636	0.1121	0.0314
0.52	0.3729	0.0649	0.4487	0.0664	0.5081	0.0657	0.1151	0.0330
0.53	0.3774	0.0673	0.4530	0.0687	0.5122	0.0678	0.1182	0.0346
0.54	0.3818	0.0696	0.4573	0.0710	0.5163	0.0700	0.1214	0.0363
0.55	0.3863	0.0721	0.4616	0.0733	0.5204	0.0722	0.1246	0.0380
0.56	0.3908	0.0746	0.4659	0.0757	0.5245	0.0745	0.1279	0.0398
0.57	0.3954	0.0772	0.4703	0.0782	0.5286	0.0768	0.1312	0.0417
0.58	0.4000	0.0798	0.4746	0.0807	0.5327	0.0792	0.1346	0.0437
0.59	0.4046	0.0825	0.4790	0.0833	0.5368	0.0816	0.1381	0.0457
0.60	0.4092	0.0853	0.4835	0.0859	0.5410	0.0841	0.1416	0.0478
0.61	0.4139	0.0881	0.4879	0.0886	0.5452	0.0866	0.1452	0.0500
0.62	0.4186	0.0910	0.4924	0.0914	0.5494	0.0892	0.1489	0.0523
0.63	0.4234	0.0940	0.4969	0.0942	0.5536	0.0919	0.1527	0.0546
0.64	0.4282	0.0971	0.5015	0.0971	0.5579	0.0946	0.1566	0.0571
0.65	0.4331	0.1002	0.5061	0.1001	0.5622	0.0973	0.1605	0.0596
0.66	0.4381	0.1035	0.5108	0.1031	0.5666	0.1002	0.1646	0.0623
0.67	0.4431	0.1068	0.5155	0.1062	0.5709	0.1031	0.1687	0.0650
0.68	0.4482	0.1102	0.5202	0.1095	0.5754	0.1061	0.1730	0.0679
0.69	0.4533	0.1137	0.5250	0.1128	0.5799	0.1092	0.1773	0.0709
0.70	0.4585	0.1174	0.5299	0.1161	0.5844	0.1123	0.1818	0.0740
0.71	0.4639	0.1211	0.5349	0.1196	0.5890	0.1156	0.1864	0.0773
0.72	0.4693	0.1250	0.5399	0.1232	0.5936	0.1189	0.1912	0.0807
0.73	0.4748	0.1290	0.5450	0.1269	0.5984	0.1223	0.1961	0.0842
0.74	0.4804	0.1331	0.5502	0.1308	0.6032	0.1258	0.2011	0.0879
0.75	0.4861	0.1374	0.5555	0.1347	0.6080	0.1295	0.2063	0.0918
0.76	0.4919	0.1418	0.5609	0.1388	0.6130	0.1332	0.2117	0.0959
0.77	0.4979	0.1463	0.5664	0.1430	0.6181	0.1371	0.2173	0.1001
0.78	0.5040	0.1511	0.5720	0.1473	0.6232	0.1411	0.2230	0.1046
0.79	0.5103	0.1560	0.5778	0.1518	0.6285	0.1452	0.2290	0.1093
0.80	0.5168	0.1611	0.5837	0.1565	0.6339	0.1495	0.2353	0.1143
0.81	0.5234	0.1665	0.5897	0.1614	0.6395	0.1540	0.2418	0.1195
0.82	0.5302	0.1721	0.5960	0.1665	0.6451	0.1586	0.2486	0.1251
0.83	0.5373	0.1779	0.6024	0.1718	0.6510	0.1635	0.2557	0.1309
0.84	0.5446	0.1840	0.6090	0.1774	0.6571	0.1685	0.2632	0.1372
0.85	0.5523	0.1905	0.6159	0.1832	0.6633	0.1738	0.2711	0.1438
0.86	0.5602	0.1972	0.6231	0.1893	0.6699	0.1794	0.2794	0.1510
0.87	0.5685	0.2044	0.6306	0.1958	0.6766	0.1853	0.2883	0.1586
0.88	0.5772	0.2120	0.6384	0.2026	0.6837	0.1915	0.2977	0.1669
0.89	0.5864	0.2202	0.6466	0.2099	0.6912	0.1981	0.3078	0.1758
0.90	0.5962	0.2289	0.6554	0.2177	0.6990	0.2051	0.3187	0.1856
0.91	0.6066	0.2384	0.6647	0.2262	0.7074	0.2127	0.3306	0.1963
0.92	0.6179	0.2487	0.6747	0.2353	0.7164	0.2209	0.3436	0.2082
0.93	0.6301	0.2600	0.6855	0.2453	0.7261	0.2299	0.3580	0.2216
0.94	0.6436	0.2726	0.6974	0.2565	0.7367	0.2398	0.3743	0.2368
0.95	0.6587	0.2869	0.7108	0.2691	0.7486	0.2511	0.3930	0.2545
0.96	0.6762	0.3036	0.7261	0.2837	0.7622	0.2641	0.4152	0.2757
0.97	0.6972	0.3238	0.7443	0.3013	0.7785	0.2797	0.4426	0.3021
0.98	0.7240	0.3500	0.7676	0.3240	0.7990	0.2997	0.4790	0.3376
0.99	0.7637	0.3891	0.8018	0.3577	0.8290	0.3293	0.5358	0.3936

	$\alpha=2,\ \beta=6$		$\alpha=3,\ \beta=6$		$\alpha=4,\ \beta=6$		$\alpha=5,\ \beta=6$	
$F_\beta(\pi\|\alpha,\beta)$	π	L_0^π	π	L_0^π	π	L_0^π	π	L_0^π
0.01	0.0227	0.0001	0.0608	0.0002	0.1053	0.0002	0.1504	0.0003
0.02	0.0326	0.0002	0.0784	0.0004	0.1283	0.0006	0.1772	0.0007
0.03	0.0404	0.0004	0.0913	0.0007	0.1446	0.0010	0.1956	0.0011
0.04	0.0472	0.0007	0.1019	0.0011	0.1576	0.0014	0.2102	0.0016
0.05	0.0534	0.0009	0.1111	0.0015	0.1688	0.0019	0.2224	0.0022
0.06	0.0590	0.0012	0.1194	0.0020	0.1786	0.0025	0.2332	0.0028
0.07	0.0643	0.0016	0.1269	0.0025	0.1875	0.0030	0.2428	0.0034
0.08	0.0694	0.0020	0.1340	0.0030	0.1956	0.0037	0.2516	0.0041
0.09	0.0742	0.0024	0.1406	0.0036	0.2033	0.0043	0.2597	0.0047
0.10	0.0788	0.0028	0.1469	0.0041	0.2104	0.0050	0.2673	0.0055
0.11	0.0833	0.0033	0.1528	0.0048	0.2172	0.0057	0.2745	0.0062
0.12	0.0877	0.0038	0.1585	0.0054	0.2236	0.0064	0.2813	0.0070
0.13	0.0919	0.0043	0.1641	0.0061	0.2298	0.0072	0.2877	0.0078
0.14	0.0961	0.0049	0.1694	0.0068	0.2357	0.0080	0.2939	0.0086
0.15	0.1001	0.0055	0.1746	0.0076	0.2414	0.0088	0.2998	0.0095
0.16	0.1041	0.0061	0.1796	0.0084	0.2469	0.0097	0.3056	0.0104
0.17	0.1081	0.0067	0.1845	0.0092	0.2523	0.0106	0.3111	0.0113
0.18	0.1119	0.0074	0.1893	0.0100	0.2575	0.0115	0.3165	0.0122
0.19	0.1158	0.0081	0.1940	0.0109	0.2626	0.0124	0.3217	0.0132
0.20	0.1195	0.0089	0.1986	0.0118	0.2675	0.0134	0.3268	0.0142
0.21	0.1233	0.0096	0.2031	0.0127	0.2724	0.0144	0.3318	0.0152
0.22	0.1270	0.0104	0.2076	0.0137	0.2772	0.0154	0.3367	0.0163
0.23	0.1307	0.0113	0.2120	0.0147	0.2819	0.0165	0.3414	0.0173
0.24	0.1343	0.0121	0.2163	0.0157	0.2865	0.0175	0.3461	0.0184
0.25	0.1380	0.0130	0.2206	0.0167	0.2910	0.0186	0.3507	0.0196
0.26	0.1416	0.0139	0.2248	0.0178	0.2954	0.0198	0.3552	0.0207
0.27	0.1452	0.0149	0.2290	0.0189	0.2999	0.0210	0.3596	0.0219
0.28	0.1488	0.0159	0.2331	0.0201	0.3042	0.0222	0.3640	0.0231
0.29	0.1524	0.0169	0.2373	0.0212	0.3085	0.0234	0.3683	0.0243
0.30	0.1559	0.0179	0.2413	0.0224	0.3128	0.0246	0.3726	0.0256
0.31	0.1595	0.0190	0.2454	0.0237	0.3170	0.0259	0.3768	0.0269
0.32	0.1630	0.0201	0.2494	0.0249	0.3211	0.0272	0.3810	0.0282
0.33	0.1666	0.0213	0.2534	0.0262	0.3253	0.0286	0.3851	0.0295
0.34	0.1701	0.0225	0.2574	0.0276	0.3294	0.0299	0.3892	0.0309
0.35	0.1737	0.0237	0.2614	0.0289	0.3335	0.0314	0.3932	0.0323
0.36	0.1773	0.0250	0.2653	0.0303	0.3375	0.0328	0.3972	0.0337
0.37	0.1808	0.0263	0.2693	0.0318	0.3415	0.0343	0.4012	0.0352
0.38	0.1844	0.0276	0.2732	0.0333	0.3456	0.0358	0.4052	0.0367
0.39	0.1880	0.0290	0.2772	0.0348	0.3496	0.0373	0.4091	0.0382
0.40	0.1916	0.0304	0.2811	0.0363	0.3535	0.0389	0.4131	0.0397
0.41	0.1952	0.0319	0.2850	0.0379	0.3575	0.0405	0.4170	0.0413
0.42	0.1988	0.0334	0.2889	0.0395	0.3615	0.0421	0.4209	0.0429
0.43	0.2024	0.0349	0.2928	0.0412	0.3654	0.0438	0.4247	0.0446
0.44	0.2061	0.0365	0.2968	0.0429	0.3694	0.0455	0.4286	0.0462
0.45	0.2098	0.0382	0.3007	0.0447	0.3733	0.0473	0.4325	0.0480
0.46	0.2135	0.0398	0.3046	0.0465	0.3773	0.0491	0.4363	0.0497
0.47	0.2172	0.0416	0.3086	0.0483	0.3812	0.0509	0.4402	0.0515
0.48	0.2209	0.0433	0.3126	0.0502	0.3852	0.0528	0.4440	0.0533
0.49	0.2247	0.0452	0.3165	0.0521	0.3891	0.0547	0.4479	0.0552
0.50	0.2285	0.0470	0.3205	0.0541	0.3931	0.0567	0.4517	0.0571

$F_\beta(\pi\|\alpha,\beta)$	$\alpha=2,\ \beta=6$ π	L_0^π	$\alpha=3,\ \beta=6$ π	L_0^π	$\alpha=4,\ \beta=6$ π	L_0^π	$\alpha=5,\ \beta=6$ π	L_0^π
0.51	0.2323	0.0490	0.3245	0.0561	0.3971	0.0587	0.4555	0.0590
0.52	0.2362	0.0510	0.3286	0.0582	0.4010	0.0607	0.4594	0.0610
0.53	0.2401	0.0530	0.3326	0.0603	0.4050	0.0628	0.4633	0.0631
0.54	0.2440	0.0551	0.3367	0.0625	0.4090	0.0650	0.4671	0.0651
0.55	0.2480	0.0573	0.3408	0.0647	0.4131	0.0672	0.4710	0.0673
0.56	0.2520	0.0595	0.3449	0.0670	0.4171	0.0694	0.4749	0.0694
0.57	0.2561	0.0618	0.3491	0.0694	0.4212	0.0717	0.4788	0.0716
0.58	0.2602	0.0642	0.3533	0.0718	0.4253	0.0741	0.4828	0.0739
0.59	0.2643	0.0666	0.3575	0.0743	0.4294	0.0765	0.4867	0.0762
0.60	0.2685	0.0691	0.3618	0.0768	0.4336	0.0790	0.4907	0.0786
0.61	0.2728	0.0717	0.3661	0.0794	0.4378	0.0815	0.4947	0.0810
0.62	0.2771	0.0743	0.3705	0.0821	0.4420	0.0841	0.4988	0.0835
0.63	0.2815	0.0771	0.3749	0.0849	0.4463	0.0868	0.5028	0.0860
0.64	0.2859	0.0799	0.3793	0.0877	0.4506	0.0895	0.5069	0.0886
0.65	0.2905	0.0828	0.3839	0.0906	0.4549	0.0923	0.5111	0.0913
0.66	0.2951	0.0858	0.3885	0.0936	0.4594	0.0952	0.5153	0.0940
0.67	0.2997	0.0889	0.3931	0.0967	0.4638	0.0982	0.5195	0.0969
0.68	0.3045	0.0921	0.3978	0.0999	0.4683	0.1012	0.5238	0.0997
0.69	0.3093	0.0955	0.4026	0.1032	0.4729	0.1044	0.5281	0.1027
0.70	0.3143	0.0989	0.4075	0.1065	0.4776	0.1076	0.5325	0.1058
0.71	0.3193	0.1025	0.4124	0.1100	0.4823	0.1109	0.5369	0.1089
0.72	0.3245	0.1062	0.4175	0.1136	0.4871	0.1144	0.5415	0.1121
0.73	0.3298	0.1100	0.4226	0.1174	0.4920	0.1179	0.5461	0.1155
0.74	0.3352	0.1140	0.4278	0.1212	0.4969	0.1215	0.5507	0.1189
0.75	0.3407	0.1181	0.4332	0.1252	0.5020	0.1253	0.5555	0.1224
0.76	0.3464	0.1224	0.4387	0.1294	0.5072	0.1292	0.5603	0.1261
0.77	0.3522	0.1268	0.4443	0.1337	0.5125	0.1333	0.5653	0.1299
0.78	0.3583	0.1315	0.4501	0.1381	0.5179	0.1375	0.5704	0.1338
0.79	0.3644	0.1364	0.4560	0.1428	0.5234	0.1418	0.5756	0.1379
0.80	0.3709	0.1415	0.4621	0.1476	0.5291	0.1464	0.5809	0.1421
0.81	0.3775	0.1468	0.4684	0.1527	0.5350	0.1511	0.5863	0.1465
0.82	0.3844	0.1524	0.4749	0.1580	0.5411	0.1560	0.5920	0.1511
0.83	0.3915	0.1583	0.4816	0.1635	0.5473	0.1612	0.5978	0.1559
0.84	0.3989	0.1645	0.4886	0.1694	0.5538	0.1666	0.6038	0.1609
0.85	0.4067	0.1711	0.4959	0.1755	0.5605	0.1723	0.6100	0.1662
0.86	0.4149	0.1781	0.5035	0.1820	0.5676	0.1783	0.6165	0.1717
0.87	0.4235	0.1855	0.5115	0.1889	0.5749	0.1847	0.6233	0.1776
0.88	0.4326	0.1935	0.5199	0.1963	0.5826	0.1914	0.6304	0.1838
0.89	0.4422	0.2020	0.5288	0.2041	0.5908	0.1986	0.6379	0.1904
0.90	0.4526	0.2113	0.5382	0.2126	0.5994	0.2064	0.6458	0.1975
0.91	0.4637	0.2213	0.5484	0.2218	0.6087	0.2147	0.6542	0.2052
0.92	0.4758	0.2324	0.5593	0.2318	0.6186	0.2239	0.6634	0.2135
0.93	0.4891	0.2447	0.5713	0.2429	0.6295	0.2339	0.6733	0.2227
0.94	0.5039	0.2585	0.5846	0.2554	0.6415	0.2452	0.6842	0.2329
0.95	0.5207	0.2744	0.5997	0.2696	0.6551	0.2579	0.6965	0.2445
0.96	0.5404	0.2932	0.6171	0.2863	0.6707	0.2729	0.7106	0.2580
0.97	0.5643	0.3163	0.6382	0.3066	0.6895	0.2910	0.7275	0.2744
0.98	0.5956	0.3469	0.6656	0.3333	0.7137	0.3147	0.7493	0.2956
0.99	0.6434	0.3939	0.7068	0.3739	0.7500	0.3504	0.7817	0.3275

$F_\beta(\pi\|\alpha,\beta)$	$\alpha=6,\ \beta=6$		$\alpha=1,\ \beta=7$		$\alpha=2,\ \beta=7$		$\alpha=3,\ \beta=7$	
	π	L_0^π	π	L_0^π	π	L_0^π	π	L_0^π
0.01	0.1940	0.0003	0.0014	0.0000	0.0197	0.0001	0.0534	0.0001
0.02	0.2232	0.0007	0.0029	0.0000	0.0283	0.0002	0.0688	0.0004
0.03	0.2429	0.0012	0.0043	0.0001	0.0351	0.0004	0.0802	0.0006
0.04	0.2584	0.0018	0.0058	0.0001	0.0411	0.0006	0.0896	0.0010
0.05	0.2712	0.0023	0.0073	0.0002	0.0464	0.0008	0.0977	0.0013
0.06	0.2825	0.0030	0.0088	0.0003	0.0513	0.0011	0.1051	0.0017
0.07	0.2925	0.0036	0.0103	0.0004	0.0560	0.0014	0.1118	0.0022
0.08	0.3016	0.0043	0.0118	0.0005	0.0604	0.0017	0.1180	0.0026
0.09	0.3099	0.0050	0.0134	0.0006	0.0646	0.0021	0.1239	0.0031
0.10	0.3177	0.0057	0.0149	0.0008	0.0686	0.0025	0.1295	0.0037
0.11	0.3250	0.0065	0.0165	0.0009	0.0725	0.0029	0.1348	0.0042
0.12	0.3319	0.0073	0.0181	0.0011	0.0764	0.0033	0.1399	0.0048
0.13	0.3385	0.0081	0.0197	0.0013	0.0801	0.0038	0.1448	0.0054
0.14	0.3448	0.0090	0.0213	0.0015	0.0837	0.0043	0.1496	0.0061
0.15	0.3508	0.0098	0.0229	0.0018	0.0873	0.0048	0.1542	0.0067
0.16	0.3566	0.0107	0.0246	0.0020	0.0908	0.0053	0.1587	0.0074
0.17	0.3621	0.0117	0.0263	0.0023	0.0943	0.0059	0.1631	0.0082
0.18	0.3675	0.0126	0.0280	0.0026	0.0977	0.0065	0.1674	0.0089
0.19	0.3728	0.0136	0.0297	0.0029	0.1010	0.0071	0.1716	0.0097
0.20	0.3779	0.0146	0.0314	0.0032	0.1044	0.0078	0.1757	0.0105
0.21	0.3828	0.0156	0.0331	0.0036	0.1077	0.0084	0.1798	0.0113
0.22	0.3877	0.0166	0.0349	0.0040	0.1109	0.0091	0.1838	0.0122
0.23	0.3924	0.0177	0.0366	0.0044	0.1142	0.0099	0.1878	0.0131
0.24	0.3970	0.0188	0.0384	0.0048	0.1174	0.0106	0.1917	0.0140
0.25	0.4016	0.0199	0.0403	0.0052	0.1206	0.0114	0.1955	0.0149
0.26	0.4060	0.0210	0.0421	0.0057	0.1238	0.0122	0.1993	0.0159
0.27	0.4104	0.0222	0.0440	0.0062	0.1270	0.0131	0.2031	0.0169
0.28	0.4147	0.0234	0.0458	0.0067	0.1302	0.0139	0.2068	0.0180
0.29	0.4190	0.0246	0.0477	0.0073	0.1333	0.0149	0.2105	0.0190
0.30	0.4232	0.0258	0.0497	0.0078	0.1365	0.0158	0.2142	0.0201
0.31	0.4273	0.0271	0.0516	0.0084	0.1397	0.0167	0.2179	0.0212
0.32	0.4314	0.0284	0.0536	0.0090	0.1428	0.0177	0.2215	0.0224
0.33	0.4354	0.0297	0.0556	0.0097	0.1460	0.0188	0.2252	0.0235
0.34	0.4394	0.0310	0.0576	0.0104	0.1491	0.0198	0.2288	0.0247
0.35	0.4434	0.0324	0.0597	0.0111	0.1523	0.0209	0.2324	0.0260
0.36	0.4473	0.0338	0.0618	0.0118	0.1554	0.0220	0.2360	0.0273
0.37	0.4512	0.0352	0.0639	0.0126	0.1586	0.0232	0.2395	0.0286
0.38	0.4551	0.0366	0.0660	0.0134	0.1618	0.0244	0.2431	0.0299
0.39	0.4589	0.0381	0.0682	0.0142	0.1650	0.0256	0.2467	0.0313
0.40	0.4627	0.0396	0.0704	0.0151	0.1682	0.0269	0.2502	0.0327
0.41	0.4665	0.0412	0.0726	0.0160	0.1714	0.0282	0.2538	0.0341
0.42	0.4703	0.0427	0.0749	0.0169	0.1746	0.0295	0.2574	0.0356
0.43	0.4740	0.0443	0.0772	0.0179	0.1778	0.0309	0.2609	0.0371
0.44	0.4778	0.0459	0.0795	0.0189	0.1811	0.0323	0.2645	0.0387
0.45	0.4815	0.0476	0.0819	0.0200	0.1844	0.0338	0.2681	0.0403
0.46	0.4852	0.0493	0.0843	0.0211	0.1877	0.0353	0.2717	0.0419
0.47	0.4889	0.0510	0.0867	0.0222	0.1910	0.0368	0.2753	0.0436
0.48	0.4926	0.0528	0.0892	0.0234	0.1944	0.0384	0.2790	0.0453
0.49	0.4963	0.0546	0.0917	0.0246	0.1977	0.0400	0.2826	0.0471
0.50	0.5000	0.0564	0.0943	0.0259	0.2011	0.0417	0.2862	0.0489

$F_\beta(\pi\|\alpha,\beta)$	$\alpha=6,\ \beta=6$		$\alpha=1,\ \beta=7$		$\alpha=2,\ \beta=7$		$\alpha=3,\ \beta=7$	
	π	L_0^π	π	L_0^π	π	L_0^π	π	L_0^π
0.51	0.5037	0.0583	0.0969	0.0272	0.2046	0.0435	0.2899	0.0508
0.52	0.5074	0.0602	0.0995	0.0286	0.2080	0.0452	0.2936	0.0527
0.53	0.5111	0.0621	0.1022	0.0300	0.2115	0.0471	0.2973	0.0546
0.54	0.5148	0.0641	0.1050	0.0315	0.2150	0.0490	0.3011	0.0566
0.55	0.5185	0.0661	0.1078	0.0330	0.2186	0.0509	0.3048	0.0587
0.56	0.5222	0.0682	0.1107	0.0346	0.2222	0.0529	0.3086	0.0608
0.57	0.5260	0.0703	0.1136	0.0362	0.2259	0.0550	0.3125	0.0629
0.58	0.5297	0.0724	0.1166	0.0379	0.2296	0.0571	0.3163	0.0652
0.59	0.5335	0.0747	0.1196	0.0397	0.2333	0.0593	0.3202	0.0674
0.60	0.5373	0.0769	0.1227	0.0416	0.2371	0.0615	0.3242	0.0698
0.61	0.5411	0.0792	0.1259	0.0435	0.2410	0.0639	0.3282	0.0722
0.62	0.5449	0.0816	0.1291	0.0455	0.2449	0.0663	0.3322	0.0747
0.63	0.5488	0.0840	0.1324	0.0475	0.2488	0.0688	0.3363	0.0772
0.64	0.5527	0.0865	0.1358	0.0497	0.2529	0.0713	0.3404	0.0798
0.65	0.5566	0.0890	0.1393	0.0519	0.2570	0.0740	0.3446	0.0825
0.66	0.5606	0.0916	0.1428	0.0543	0.2611	0.0767	0.3488	0.0853
0.67	0.5646	0.0942	0.1465	0.0567	0.2654	0.0795	0.3531	0.0882
0.68	0.5686	0.0970	0.1502	0.0592	0.2697	0.0824	0.3575	0.0912
0.69	0.5727	0.0998	0.1541	0.0618	0.2741	0.0854	0.3620	0.0942
0.70	0.5768	0.1026	0.1580	0.0646	0.2786	0.0886	0.3665	0.0973
0.71	0.5810	0.1056	0.1621	0.0675	0.2832	0.0918	0.3711	0.1006
0.72	0.5853	0.1086	0.1663	0.0705	0.2879	0.0952	0.3758	0.1040
0.73	0.5896	0.1118	0.1706	0.0736	0.2927	0.0987	0.3806	0.1074
0.74	0.5940	0.1150	0.1751	0.0769	0.2976	0.1023	0.3855	0.1111
0.75	0.5984	0.1183	0.1797	0.0803	0.3027	0.1061	0.3905	0.1148
0.76	0.6030	0.1217	0.1844	0.0839	0.3079	0.1100	0.3957	0.1187
0.77	0.6076	0.1253	0.1894	0.0877	0.3133	0.1141	0.4009	0.1227
0.78	0.6123	0.1290	0.1945	0.0917	0.3188	0.1184	0.4064	0.1269
0.79	0.6172	0.1327	0.1998	0.0958	0.3245	0.1228	0.4119	0.1313
0.80	0.6221	0.1367	0.2054	0.1003	0.3304	0.1275	0.4177	0.1358
0.81	0.6272	0.1408	0.2112	0.1049	0.3365	0.1324	0.4236	0.1406
0.82	0.6325	0.1451	0.2173	0.1099	0.3428	0.1376	0.4298	0.1456
0.83	0.6379	0.1495	0.2236	0.1151	0.3494	0.1430	0.4361	0.1509
0.84	0.6434	0.1542	0.2303	0.1207	0.3563	0.1488	0.4427	0.1564
0.85	0.6492	0.1591	0.2374	0.1267	0.3635	0.1549	0.4497	0.1622
0.86	0.6552	0.1642	0.2449	0.1331	0.3711	0.1614	0.4569	0.1684
0.87	0.6615	0.1696	0.2528	0.1400	0.3791	0.1683	0.4645	0.1750
0.88	0.6681	0.1754	0.2613	0.1474	0.3876	0.1757	0.4725	0.1820
0.89	0.6750	0.1815	0.2704	0.1555	0.3966	0.1837	0.4810	0.1895
0.90	0.6823	0.1880	0.2803	0.1643	0.4062	0.1923	0.4901	0.1977
0.91	0.6901	0.1951	0.2911	0.1740	0.4167	0.2018	0.4998	0.2065
0.92	0.6984	0.2027	0.3029	0.1849	0.4281	0.2122	0.5104	0.2162
0.93	0.7075	0.2111	0.3161	0.1971	0.4406	0.2238	0.5220	0.2269
0.94	0.7175	0.2205	0.3310	0.2110	0.4547	0.2369	0.5350	0.2390
0.95	0.7288	0.2311	0.3482	0.2272	0.4707	0.2521	0.5496	0.2529
0.96	0.7416	0.2434	0.3686	0.2468	0.4895	0.2701	0.5667	0.2692
0.97	0.7571	0.2583	0.3940	0.2713	0.5126	0.2923	0.5876	0.2893
0.98	0.7768	0.2775	0.4281	0.3046	0.5429	0.3220	0.6148	0.3158
0.99	0.8060	0.3063	0.4821	0.3577	0.5899	0.3683	0.6563	0.3568

$F_\beta(\pi\|\alpha,\beta)$	$\alpha=4,\ \beta=7$		$\alpha=5,\ \beta=7$		$\alpha=6,\ \beta=7$		$\alpha=7,\ \beta=7$	
	π	L_0^π	π	L_0^π	π	L_0^π	π	L_0^π
0.01	0.0932	0.0002	0.1344	0.0002	0.1746	0.0003	0.2129	0.0003
0.02	0.1138	0.0005	0.1586	0.0006	0.2013	0.0007	0.2412	0.0007
0.03	0.1283	0.0009	0.1752	0.0010	0.2193	0.0011	0.2601	0.0012
0.04	0.1400	0.0013	0.1884	0.0015	0.2335	0.0016	0.2748	0.0017
0.05	0.1500	0.0017	0.1996	0.0020	0.2453	0.0021	0.2871	0.0023
0.06	0.1589	0.0022	0.2093	0.0025	0.2556	0.0027	0.2977	0.0028
0.07	0.1669	0.0027	0.2181	0.0031	0.2648	0.0033	0.3071	0.0034
0.08	0.1742	0.0033	0.2262	0.0037	0.2732	0.0039	0.3157	0.0041
0.09	0.1811	0.0039	0.2336	0.0043	0.2810	0.0046	0.3235	0.0048
0.10	0.1876	0.0045	0.2405	0.0050	0.2882	0.0053	0.3309	0.0055
0.11	0.1937	0.0051	0.2471	0.0057	0.2949	0.0060	0.3377	0.0062
0.12	0.1995	0.0058	0.2533	0.0064	0.3014	0.0067	0.3442	0.0069
0.13	0.2051	0.0065	0.2592	0.0071	0.3074	0.0075	0.3503	0.0077
0.14	0.2105	0.0072	0.2649	0.0079	0.3133	0.0083	0.3562	0.0085
0.15	0.2156	0.0080	0.2704	0.0087	0.3189	0.0091	0.3618	0.0093
0.16	0.2206	0.0087	0.2757	0.0095	0.3242	0.0099	0.3672	0.0101
0.17	0.2255	0.0095	0.2808	0.0103	0.3294	0.0108	0.3724	0.0110
0.18	0.2303	0.0104	0.2857	0.0112	0.3345	0.0117	0.3774	0.0119
0.19	0.2349	0.0112	0.2906	0.0121	0.3393	0.0126	0.3823	0.0128
0.20	0.2394	0.0121	0.2953	0.0130	0.3441	0.0135	0.3870	0.0137
0.21	0.2439	0.0130	0.2999	0.0140	0.3487	0.0144	0.3916	0.0146
0.22	0.2482	0.0140	0.3044	0.0149	0.3533	0.0154	0.3961	0.0156
0.23	0.2525	0.0149	0.3088	0.0159	0.3577	0.0164	0.4005	0.0166
0.24	0.2567	0.0159	0.3131	0.0169	0.3621	0.0174	0.4048	0.0176
0.25	0.2609	0.0169	0.3173	0.0180	0.3663	0.0185	0.4090	0.0186
0.26	0.2649	0.0180	0.3215	0.0190	0.3705	0.0195	0.4132	0.0197
0.27	0.2690	0.0190	0.3257	0.0201	0.3746	0.0206	0.4172	0.0208
0.28	0.2730	0.0201	0.3297	0.0213	0.3787	0.0217	0.4212	0.0219
0.29	0.2769	0.0213	0.3337	0.0224	0.3827	0.0229	0.4251	0.0230
0.30	0.2808	0.0224	0.3377	0.0236	0.3866	0.0241	0.4290	0.0241
0.31	0.2847	0.0236	0.3416	0.0248	0.3905	0.0252	0.4329	0.0253
0.32	0.2885	0.0248	0.3455	0.0260	0.3944	0.0265	0.4366	0.0265
0.33	0.2923	0.0260	0.3494	0.0272	0.3982	0.0277	0.4404	0.0277
0.34	0.2961	0.0273	0.3532	0.0285	0.4020	0.0290	0.4441	0.0289
0.35	0.2999	0.0286	0.3570	0.0298	0.4057	0.0302	0.4477	0.0302
0.36	0.3036	0.0299	0.3607	0.0312	0.4094	0.0316	0.4513	0.0315
0.37	0.3073	0.0313	0.3644	0.0325	0.4131	0.0329	0.4549	0.0328
0.38	0.3110	0.0327	0.3682	0.0339	0.4168	0.0343	0.4585	0.0341
0.39	0.3147	0.0341	0.3718	0.0353	0.4204	0.0357	0.4621	0.0355
0.40	0.3184	0.0355	0.3755	0.0368	0.4240	0.0371	0.4656	0.0369
0.41	0.3221	0.0370	0.3792	0.0383	0.4276	0.0386	0.4691	0.0383
0.42	0.3257	0.0386	0.3829	0.0398	0.4312	0.0400	0.4726	0.0397
0.43	0.3294	0.0401	0.3865	0.0413	0.4347	0.0416	0.4760	0.0412
0.44	0.3331	0.0417	0.3901	0.0429	0.4383	0.0431	0.4795	0.0427
0.45	0.3367	0.0433	0.3938	0.0445	0.4418	0.0447	0.4829	0.0442
0.46	0.3404	0.0450	0.3974	0.0462	0.4454	0.0463	0.4863	0.0458
0.47	0.3441	0.0467	0.4010	0.0479	0.4489	0.0479	0.4898	0.0474
0.48	0.3477	0.0485	0.4046	0.0496	0.4524	0.0496	0.4932	0.0490
0.49	0.3514	0.0502	0.4083	0.0513	0.4560	0.0513	0.4966	0.0507
0.50	0.3551	0.0521	0.4119	0.0531	0.4595	0.0531	0.5000	0.0524

$F_\beta(\pi\|\alpha,\beta)$	$\alpha=4,\ \beta=7$ π	L_0^π	$\alpha=5,\ \beta=7$ π	L_0^π	$\alpha=6,\ \beta=7$ π	L_0^π	$\alpha=7,\ \beta=7$ π	L_0^π
0.51	0.3588	0.0539	0.4155	0.0550	0.4630	0.0549	0.5034	0.0541
0.52	0.3625	0.0558	0.4192	0.0569	0.4666	0.0567	0.5068	0.0558
0.53	0.3662	0.0578	0.4228	0.0588	0.4701	0.0586	0.5102	0.0576
0.54	0.3700	0.0598	0.4265	0.0607	0.4737	0.0605	0.5137	0.0595
0.55	0.3738	0.0619	0.4302	0.0628	0.4772	0.0624	0.5171	0.0613
0.56	0.3776	0.0640	0.4339	0.0648	0.4808	0.0644	0.5205	0.0632
0.57	0.3814	0.0661	0.4376	0.0669	0.4844	0.0664	0.5240	0.0652
0.58	0.3852	0.0683	0.4414	0.0691	0.4880	0.0685	0.5274	0.0672
0.59	0.3891	0.0706	0.4451	0.0713	0.4916	0.0706	0.5309	0.0692
0.60	0.3930	0.0729	0.4489	0.0735	0.4953	0.0728	0.5344	0.0713
0.61	0.3969	0.0753	0.4527	0.0758	0.4990	0.0750	0.5379	0.0734
0.62	0.4009	0.0777	0.4566	0.0782	0.5027	0.0773	0.5415	0.0756
0.63	0.4049	0.0803	0.4605	0.0806	0.5064	0.0796	0.5451	0.0778
0.64	0.4090	0.0828	0.4644	0.0831	0.5102	0.0820	0.5487	0.0801
0.65	0.4131	0.0855	0.4684	0.0857	0.5140	0.0844	0.5523	0.0825
0.66	0.4173	0.0882	0.4724	0.0883	0.5178	0.0870	0.5559	0.0849
0.67	0.4215	0.0910	0.4764	0.0910	0.5217	0.0895	0.5596	0.0873
0.68	0.4257	0.0939	0.4805	0.0938	0.5256	0.0922	0.5634	0.0898
0.69	0.4301	0.0969	0.4847	0.0966	0.5296	0.0949	0.5671	0.0924
0.70	0.4345	0.0999	0.4889	0.0995	0.5336	0.0977	0.5710	0.0951
0.71	0.4389	0.1031	0.4932	0.1026	0.5377	0.1006	0.5749	0.0978
0.72	0.4435	0.1063	0.4975	0.1057	0.5418	0.1035	0.5788	0.1006
0.73	0.4481	0.1097	0.5020	0.1089	0.5460	0.1066	0.5828	0.1035
0.74	0.4529	0.1132	0.5065	0.1122	0.5503	0.1097	0.5868	0.1065
0.75	0.4577	0.1168	0.5111	0.1156	0.5547	0.1130	0.5910	0.1096
0.76	0.4626	0.1205	0.5158	0.1192	0.5591	0.1163	0.5952	0.1128
0.77	0.4677	0.1244	0.5206	0.1229	0.5637	0.1198	0.5995	0.1161
0.78	0.4729	0.1284	0.5255	0.1267	0.5683	0.1234	0.6039	0.1195
0.79	0.4782	0.1326	0.5305	0.1306	0.5731	0.1272	0.6084	0.1230
0.80	0.4837	0.1369	0.5357	0.1347	0.5779	0.1310	0.6130	0.1267
0.81	0.4893	0.1414	0.5410	0.1390	0.5830	0.1351	0.6177	0.1305
0.82	0.4951	0.1462	0.5465	0.1435	0.5881	0.1393	0.6226	0.1345
0.83	0.5012	0.1512	0.5522	0.1482	0.5935	0.1437	0.6276	0.1386
0.84	0.5074	0.1564	0.5581	0.1531	0.5990	0.1483	0.6328	0.1429
0.85	0.5139	0.1619	0.5642	0.1582	0.6047	0.1532	0.6382	0.1475
0.86	0.5207	0.1677	0.5705	0.1637	0.6107	0.1583	0.6438	0.1523
0.87	0.5278	0.1739	0.5772	0.1695	0.6169	0.1637	0.6497	0.1574
0.88	0.5353	0.1804	0.5842	0.1756	0.6235	0.1694	0.6558	0.1627
0.89	0.5433	0.1875	0.5916	0.1821	0.6304	0.1755	0.6623	0.1685
0.90	0.5517	0.1950	0.5995	0.1892	0.6377	0.1821	0.6691	0.1746
0.91	0.5608	0.2032	0.6079	0.1968	0.6456	0.1891	0.6765	0.1812
0.92	0.5706	0.2122	0.6170	0.2051	0.6540	0.1969	0.6843	0.1884
0.93	0.5813	0.2221	0.6269	0.2143	0.6632	0.2054	0.6929	0.1963
0.94	0.5932	0.2332	0.6378	0.2245	0.6733	0.2149	0.7023	0.2052
0.95	0.6066	0.2459	0.6502	0.2362	0.6848	0.2257	0.7129	0.2152
0.96	0.6222	0.2608	0.6645	0.2499	0.6980	0.2383	0.7252	0.2269
0.97	0.6411	0.2791	0.6818	0.2665	0.7139	0.2536	0.7399	0.2411
0.98	0.6657	0.3030	0.7041	0.2883	0.7344	0.2736	0.7588	0.2595
0.99	0.7029	0.3397	0.7378	0.3215	0.7651	0.3039	0.7871	0.2874

	$\alpha=1,\ \beta=8$		$\alpha=2,\ \beta=8$		$\alpha=3,\ \beta=8$		$\alpha=4,\ \beta=8$	
$F_\beta(\pi\vert\alpha,\beta)$	π	L_0^π	π	L_0^π	π	L_0^π	π	L_0^π
0.01	0.0013	0.0000	0.0174	0.0001	0.0475	0.0001	0.0837	0.0002
0.02	0.0025	0.0000	0.0250	0.0002	0.0614	0.0003	0.1023	0.0005
0.03	0.0038	0.0001	0.0310	0.0003	0.0715	0.0006	0.1154	0.0008
0.04	0.0051	0.0001	0.0363	0.0005	0.0799	0.0009	0.1260	0.0011
0.05	0.0064	0.0002	0.0410	0.0007	0.0873	0.0012	0.1351	0.0016
0.06	0.0077	0.0002	0.0454	0.0010	0.0938	0.0016	0.1431	0.0020
0.07	0.0090	0.0003	0.0495	0.0012	0.0999	0.0020	0.1504	0.0025
0.08	0.0104	0.0004	0.0534	0.0015	0.1055	0.0024	0.1571	0.0030
0.09	0.0117	0.0005	0.0572	0.0018	0.1108	0.0028	0.1634	0.0035
0.10	0.0131	0.0007	0.0608	0.0022	0.1158	0.0033	0.1692	0.0041
0.11	0.0145	0.0008	0.0643	0.0025	0.1206	0.0038	0.1748	0.0046
0.12	0.0159	0.0010	0.0676	0.0029	0.1252	0.0043	0.1801	0.0053
0.13	0.0173	0.0011	0.0710	0.0033	0.1297	0.0049	0.1852	0.0059
0.14	0.0187	0.0013	0.0742	0.0038	0.1340	0.0055	0.1901	0.0066
0.15	0.0201	0.0015	0.0774	0.0042	0.1381	0.0061	0.1949	0.0072
0.16	0.0216	0.0018	0.0805	0.0047	0.1422	0.0067	0.1995	0.0080
0.17	0.0230	0.0020	0.0836	0.0052	0.1462	0.0074	0.2040	0.0087
0.18	0.0245	0.0023	0.0866	0.0058	0.1501	0.0080	0.2083	0.0095
0.19	0.0260	0.0025	0.0897	0.0063	0.1539	0.0087	0.2126	0.0102
0.20	0.0275	0.0028	0.0926	0.0069	0.1576	0.0095	0.2167	0.0111
0.21	0.0290	0.0032	0.0956	0.0075	0.1613	0.0102	0.2208	0.0119
0.22	0.0306	0.0035	0.0985	0.0081	0.1650	0.0110	0.2248	0.0128
0.23	0.0321	0.0038	0.1014	0.0088	0.1685	0.0118	0.2287	0.0136
0.24	0.0337	0.0042	0.1043	0.0095	0.1721	0.0127	0.2326	0.0145
0.25	0.0353	0.0046	0.1072	0.0102	0.1756	0.0135	0.2364	0.0155
0.26	0.0369	0.0050	0.1100	0.0109	0.1790	0.0144	0.2402	0.0164
0.27	0.0386	0.0054	0.1129	0.0117	0.1825	0.0153	0.2439	0.0174
0.28	0.0402	0.0059	0.1157	0.0124	0.1859	0.0162	0.2476	0.0184
0.29	0.0419	0.0064	0.1186	0.0133	0.1892	0.0172	0.2512	0.0195
0.30	0.0436	0.0069	0.1214	0.0141	0.1926	0.0182	0.2548	0.0205
0.31	0.0453	0.0074	0.1242	0.0150	0.1959	0.0192	0.2584	0.0216
0.32	0.0471	0.0080	0.1270	0.0158	0.1993	0.0203	0.2619	0.0227
0.33	0.0488	0.0085	0.1299	0.0168	0.2026	0.0213	0.2654	0.0239
0.34	0.0506	0.0091	0.1327	0.0177	0.2059	0.0224	0.2689	0.0251
0.35	0.0524	0.0097	0.1356	0.0187	0.2092	0.0236	0.2724	0.0263
0.36	0.0543	0.0104	0.1384	0.0197	0.2124	0.0247	0.2759	0.0275
0.37	0.0561	0.0111	0.1412	0.0207	0.2157	0.0259	0.2793	0.0287
0.38	0.0580	0.0118	0.1441	0.0218	0.2190	0.0272	0.2828	0.0300
0.39	0.0599	0.0125	0.1470	0.0229	0.2223	0.0284	0.2862	0.0314
0.40	0.0619	0.0133	0.1498	0.0241	0.2255	0.0297	0.2896	0.0327
0.41	0.0638	0.0141	0.1527	0.0252	0.2288	0.0310	0.2930	0.0341
0.42	0.0658	0.0149	0.1556	0.0264	0.2321	0.0324	0.2964	0.0355
0.43	0.0679	0.0158	0.1586	0.0277	0.2353	0.0338	0.2999	0.0369
0.44	0.0699	0.0167	0.1615	0.0290	0.2386	0.0352	0.3033	0.0384
0.45	0.0720	0.0176	0.1645	0.0303	0.2419	0.0367	0.3067	0.0400
0.46	0.0741	0.0186	0.1675	0.0316	0.2452	0.0382	0.3101	0.0415
0.47	0.0763	0.0196	0.1705	0.0330	0.2485	0.0397	0.3135	0.0431
0.48	0.0785	0.0206	0.1735	0.0345	0.2519	0.0413	0.3169	0.0447
0.49	0.0807	0.0217	0.1765	0.0359	0.2552	0.0429	0.3204	0.0464
0.50	0.0830	0.0228	0.1796	0.0375	0.2586	0.0446	0.3238	0.0481

$F_\beta(\pi\|\alpha,\beta)$	$\alpha=1,\ \beta=8$		$\alpha=2,\ \beta=8$		$\alpha=3,\ \beta=8$		$\alpha=4,\ \beta=8$	
	π	L_0^*	π	L_0^*	π	L_0^*	π	L_0^*
0.51	0.0853	0.0240	0.1827	0.0390	0.2620	0.0463	0.3273	0.0498
0.52	0.0877	0.0252	0.1859	0.0407	0.2654	0.0481	0.3307	0.0516
0.53	0.0901	0.0265	0.1890	0.0423	0.2688	0.0499	0.3342	0.0535
0.54	0.0925	0.0278	0.1922	0.0440	0.2722	0.0517	0.3377	0.0553
0.55	0.0950	0.0291	0.1955	0.0458	0.2757	0.0536	0.3413	0.0573
0.56	0.0975	0.0305	0.1988	0.0476	0.2792	0.0555	0.3448	0.0592
0.57	0.1001	0.0320	0.2021	0.0495	0.2828	0.0575	0.3484	0.0613
0.58	0.1028	0.0335	0.2054	0.0514	0.2864	0.0596	0.3520	0.0633
0.59	0.1055	0.0351	0.2088	0.0534	0.2900	0.0617	0.3556	0.0655
0.60	0.1082	0.0367	0.2123	0.0555	0.2936	0.0639	0.3593	0.0676
0.61	0.1110	0.0384	0.2158	0.0576	0.2973	0.0661	0.3630	0.0699
0.62	0.1139	0.0402	0.2193	0.0598	0.3010	0.0684	0.3668	0.0722
0.63	0.1169	0.0421	0.2230	0.0620	0.3048	0.0708	0.3705	0.0745
0.64	0.1199	0.0440	0.2266	0.0644	0.3087	0.0732	0.3744	0.0770
0.65	0.1230	0.0460	0.2304	0.0668	0.3126	0.0757	0.3782	0.0795
0.66	0.1262	0.0481	0.2342	0.0693	0.3165	0.0783	0.3822	0.0820
0.67	0.1294	0.0502	0.2380	0.0718	0.3205	0.0810	0.3861	0.0847
0.68	0.1328	0.0525	0.2420	0.0745	0.3246	0.0837	0.3902	0.0874
0.69	0.1362	0.0548	0.2460	0.0773	0.3287	0.0866	0.3943	0.0902
0.70	0.1397	0.0573	0.2501	0.0801	0.3330	0.0895	0.3984	0.0931
0.71	0.1434	0.0598	0.2544	0.0831	0.3373	0.0926	0.4027	0.0961
0.72	0.1471	0.0625	0.2587	0.0862	0.3417	0.0957	0.4070	0.0992
0.73	0.1510	0.0653	0.2631	0.0894	0.3462	0.0989	0.4114	0.1024
0.74	0.1550	0.0683	0.2676	0.0927	0.3507	0.1023	0.4159	0.1057
0.75	0.1591	0.0714	0.2723	0.0962	0.3554	0.1058	0.4205	0.1091
0.76	0.1634	0.0746	0.2771	0.0998	0.3603	0.1095	0.4252	0.1126
0.77	0.1678	0.0780	0.2820	0.1036	0.3652	0.1132	0.4300	0.1163
0.78	0.1724	0.0816	0.2871	0.1075	0.3703	0.1172	0.4349	0.1202
0.79	0.1772	0.0853	0.2923	0.1116	0.3755	0.1213	0.4400	0.1241
0.80	0.1822	0.0893	0.2978	0.1160	0.3809	0.1256	0.4452	0.1283
0.81	0.1875	0.0935	0.3034	0.1205	0.3865	0.1301	0.4506	0.1326
0.82	0.1929	0.0980	0.3093	0.1253	0.3923	0.1348	0.4562	0.1372
0.83	0.1987	0.1027	0.3154	0.1303	0.3983	0.1398	0.4620	0.1419
0.84	0.2047	0.1078	0.3218	0.1357	0.4046	0.1450	0.4680	0.1470
0.85	0.2111	0.1132	0.3285	0.1413	0.4111	0.1505	0.4742	0.1523
0.86	0.2179	0.1189	0.3355	0.1474	0.4180	0.1564	0.4808	0.1578
0.87	0.2251	0.1252	0.3430	0.1538	0.4252	0.1626	0.4876	0.1638
0.88	0.2328	0.1319	0.3509	0.1607	0.4328	0.1693	0.4949	0.1701
0.89	0.2411	0.1393	0.3593	0.1682	0.4409	0.1765	0.5026	0.1769
0.90	0.2501	0.1473	0.3684	0.1763	0.4496	0.1842	0.5108	0.1843
0.91	0.2599	0.1562	0.3782	0.1851	0.4589	0.1927	0.5196	0.1922
0.92	0.2707	0.1661	0.3888	0.1949	0.4691	0.2020	0.5291	0.2009
0.93	0.2828	0.1773	0.4007	0.2059	0.4802	0.2123	0.5395	0.2106
0.94	0.2965	0.1901	0.4139	0.2183	0.4927	0.2240	0.5512	0.2215
0.95	0.3123	0.2051	0.4291	0.2326	0.5069	0.2374	0.5644	0.2340
0.96	0.3313	0.2231	0.4470	0.2497	0.5235	0.2532	0.5798	0.2487
0.97	0.3549	0.2459	0.4691	0.2710	0.5438	0.2728	0.5985	0.2667
0.98	0.3868	0.2770	0.4983	0.2995	0.5705	0.2989	0.6229	0.2906
0.99	0.4377	0.3272	0.5440	0.3446	0.6117	0.3395	0.6604	0.3275

$F_\beta(\pi\|\alpha,\beta)$	$\alpha=5,\ \beta=8$		$\alpha=6,\ \beta=8$		$\alpha=7,\ \beta=8$		$\alpha=8,\ \beta=8$	
	π	L_0^*	π	L_0^*	π	L_0^*	π	L_0^*
0.01	0.1215	0.0002	0.1588	0.0003	0.1947	0.0003	0.2287	0.0003
0.02	0.1435	0.0005	0.1833	0.0006	0.2209	0.0007	0.2561	0.0007
0.03	0.1587	0.0009	0.1999	0.0010	0.2385	0.0011	0.2743	0.0012
0.04	0.1708	0.0013	0.2130	0.0015	0.2522	0.0016	0.2883	0.0016
0.05	0.1810	0.0018	0.2240	0.0020	0.2636	0.0021	0.3000	0.0022
0.06	0.1900	0.0023	0.2335	0.0025	0.2735	0.0026	0.3101	0.0027
0.07	0.1981	0.0028	0.2421	0.0031	0.2823	0.0032	0.3190	0.0033
0.08	0.2054	0.0034	0.2498	0.0036	0.2903	0.0038	0.3272	0.0039
0.09	0.2123	0.0040	0.2570	0.0042	0.2977	0.0044	0.3346	0.0045
0.10	0.2187	0.0046	0.2637	0.0049	0.3046	0.0051	0.3415	0.0052
0.11	0.2247	0.0052	0.2700	0.0055	0.3110	0.0058	0.3480	0.0059
0.12	0.2305	0.0059	0.2760	0.0062	0.3171	0.0065	0.3541	0.0066
0.13	0.2359	0.0065	0.2817	0.0069	0.3228	0.0072	0.3599	0.0073
0.14	0.2412	0.0073	0.2871	0.0077	0.3283	0.0079	0.3654	0.0080
0.15	0.2463	0.0080	0.2923	0.0084	0.3336	0.0087	0.3707	0.0088
0.16	0.2511	0.0087	0.2974	0.0092	0.3387	0.0095	0.3757	0.0096
0.17	0.2559	0.0095	0.3022	0.0100	0.3436	0.0103	0.3806	0.0104
0.18	0.2605	0.0103	0.3069	0.0108	0.3483	0.0111	0.3853	0.0112
0.19	0.2649	0.0112	0.3115	0.0117	0.3529	0.0120	0.3899	0.0121
0.20	0.2693	0.0120	0.3160	0.0126	0.3574	0.0128	0.3944	0.0129
0.21	0.2736	0.0129	0.3203	0.0134	0.3618	0.0137	0.3987	0.0138
0.22	0.2778	0.0138	0.3246	0.0144	0.3660	0.0146	0.4029	0.0147
0.23	0.2819	0.0147	0.3287	0.0153	0.3702	0.0156	0.4070	0.0157
0.24	0.2859	0.0157	0.3328	0.0163	0.3742	0.0165	0.4110	0.0166
0.25	0.2898	0.0166	0.3368	0.0172	0.3782	0.0175	0.4150	0.0176
0.26	0.2937	0.0176	0.3408	0.0182	0.3822	0.0185	0.4189	0.0186
0.27	0.2976	0.0186	0.3446	0.0193	0.3860	0.0195	0.4227	0.0196
0.28	0.3014	0.0197	0.3484	0.0203	0.3898	0.0206	0.4264	0.0206
0.29	0.3051	0.0207	0.3522	0.0214	0.3936	0.0216	0.4301	0.0216
0.30	0.3088	0.0218	0.3559	0.0225	0.3972	0.0227	0.4337	0.0227
0.31	0.3125	0.0230	0.3596	0.0236	0.4009	0.0238	0.4373	0.0238
0.32	0.3161	0.0241	0.3632	0.0248	0.4045	0.0250	0.4408	0.0249
0.33	0.3197	0.0253	0.3668	0.0259	0.4080	0.0261	0.4443	0.0261
0.34	0.3233	0.0265	0.3704	0.0271	0.4116	0.0273	0.4478	0.0272
0.35	0.3268	0.0277	0.3740	0.0283	0.4151	0.0285	0.4512	0.0284
0.36	0.3304	0.0289	0.3775	0.0296	0.4185	0.0297	0.4546	0.0296
0.37	0.3339	0.0302	0.3810	0.0309	0.4220	0.0310	0.4579	0.0308
0.38	0.3373	0.0315	0.3844	0.0322	0.4254	0.0323	0.4613	0.0321
0.39	0.3408	0.0329	0.3879	0.0335	0.4287	0.0336	0.4646	0.0333
0.40	0.3443	0.0342	0.3913	0.0348	0.4321	0.0349	0.4679	0.0346
0.41	0.3477	0.0356	0.3947	0.0362	0.4355	0.0363	0.4711	0.0360
0.42	0.3511	0.0370	0.3981	0.0376	0.4388	0.0377	0.4744	0.0373
0.43	0.3546	0.0385	0.4015	0.0391	0.4421	0.0391	0.4776	0.0387
0.44	0.3580	0.0400	0.4049	0.0405	0.4454	0.0405	0.4808	0.0401
0.45	0.3614	0.0415	0.4082	0.0420	0.4487	0.0420	0.4840	0.0415
0.46	0.3648	0.0431	0.4116	0.0436	0.4520	0.0435	0.4873	0.0430
0.47	0.3682	0.0447	0.4150	0.0451	0.4553	0.0450	0.4904	0.0445
0.48	0.3717	0.0463	0.4183	0.0467	0.4586	0.0466	0.4936	0.0460
0.49	0.3751	0.0479	0.4217	0.0484	0.4619	0.0482	0.4968	0.0475
0.50	0.3785	0.0496	0.4251	0.0500	0.4651	0.0498	0.5000	0.0491

	$\alpha = 5,\ \beta = 8$		$\alpha = 6,\ \beta = 8$		$\alpha = 7,\ \beta = 8$		$\alpha = 8,\ \beta = 8$	
$F_\beta(\pi\|\alpha,\beta)$	π	L_0^π	π	L_0^π	π	L_0^π	π	L_0^π
0.51	0.3820	0.0514	0.4284	0.0517	0.4684	0.0514	0.5032	0.0507
0.52	0.3854	0.0531	0.4318	0.0535	0.4717	0.0531	0.5064	0.0523
0.53	0.3889	0.0550	0.4352	0.0553	0.4750	0.0548	0.5096	0.0540
0.54	0.3924	0.0568	0.4386	0.0571	0.4783	0.0566	0.5127	0.0557
0.55	0.3959	0.0587	0.4420	0.0589	0.4816	0.0584	0.5160	0.0575
0.56	0.3994	0.0607	0.4455	0.0608	0.4849	0.0603	0.5192	0.0593
0.57	0.4029	0.0627	0.4489	0.0628	0.4883	0.0622	0.5224	0.0611
0.58	0.4064	0.0647	0.4524	0.0648	0.4916	0.0641	0.5256	0.0629
0.59	0.4100	0.0668	0.4558	0.0668	0.4950	0.0660	0.5289	0.0648
0.60	0.4136	0.0689	0.4593	0.0689	0.4984	0.0681	0.5321	0.0668
0.61	0.4173	0.0712	0.4629	0.0710	0.5018	0.0701	0.5354	0.0688
0.62	0.4209	0.0734	0.4664	0.0732	0.5052	0.0722	0.5387	0.0708
0.63	0.4246	0.0757	0.4700	0.0755	0.5087	0.0744	0.5421	0.0729
0.64	0.4284	0.0781	0.4736	0.0778	0.5122	0.0766	0.5454	0.0750
0.65	0.4322	0.0805	0.4773	0.0801	0.5157	0.0789	0.5488	0.0772
0.66	0.4360	0.0830	0.4810	0.0826	0.5193	0.0812	0.5522	0.0794
0.67	0.4399	0.0856	0.4847	0.0850	0.5229	0.0836	0.5557	0.0817
0.68	0.4438	0.0883	0.4885	0.0876	0.5265	0.0861	0.5592	0.0841
0.69	0.4478	0.0910	0.4924	0.0902	0.5302	0.0886	0.5627	0.0865
0.70	0.4518	0.0938	0.4963	0.0929	0.5339	0.0912	0.5663	0.0890
0.71	0.4559	0.0967	0.5002	0.0957	0.5377	0.0939	0.5699	0.0916
0.72	0.4601	0.0997	0.5042	0.0986	0.5416	0.0966	0.5736	0.0942
0.73	0.4643	0.1028	0.5083	0.1015	0.5455	0.0994	0.5773	0.0969
0.74	0.4687	0.1060	0.5125	0.1046	0.5494	0.1024	0.5811	0.0997
0.75	0.4731	0.1092	0.5167	0.1078	0.5535	0.1054	0.5850	0.1026
0.76	0.4776	0.1127	0.5210	0.1110	0.5576	0.1085	0.5890	0.1056
0.77	0.4822	0.1162	0.5255	0.1144	0.5619	0.1117	0.5930	0.1086
0.78	0.4870	0.1199	0.5300	0.1179	0.5662	0.1151	0.5971	0.1118
0.79	0.4918	0.1237	0.5346	0.1216	0.5706	0.1186	0.6013	0.1151
0.80	0.4968	0.1277	0.5394	0.1254	0.5751	0.1222	0.6056	0.1186
0.81	0.5020	0.1318	0.5443	0.1293	0.5798	0.1259	0.6101	0.1222
0.82	0.5073	0.1362	0.5494	0.1334	0.5846	0.1299	0.6147	0.1259
0.83	0.5128	0.1407	0.5546	0.1377	0.5896	0.1340	0.6194	0.1298
0.84	0.5185	0.1455	0.5600	0.1423	0.5947	0.1382	0.6243	0.1339
0.85	0.5245	0.1505	0.5657	0.1470	0.6001	0.1428	0.6293	0.1381
0.86	0.5307	0.1558	0.5715	0.1521	0.6056	0.1475	0.6346	0.1427
0.87	0.5372	0.1614	0.5777	0.1574	0.6115	0.1526	0.6401	0.1474
0.88	0.5440	0.1674	0.5841	0.1630	0.6176	0.1579	0.6459	0.1525
0.89	0.5513	0.1738	0.5910	0.1691	0.6240	0.1636	0.6520	0.1579
0.90	0.5590	0.1807	0.5982	0.1756	0.6309	0.1697	0.6585	0.1637
0.91	0.5673	0.1882	0.6060	0.1826	0.6382	0.1764	0.6654	0.1699
0.92	0.5762	0.1964	0.6144	0.1903	0.6461	0.1836	0.6728	0.1768
0.93	0.5860	0.2054	0.6236	0.1988	0.6547	0.1916	0.6810	0.1843
0.94	0.5969	0.2156	0.6337	0.2083	0.6642	0.2005	0.6899	0.1926
0.95	0.6091	0.2272	0.6452	0.2191	0.6750	0.2106	0.7000	0.2022
0.96	0.6234	0.2409	0.6585	0.2318	0.6874	0.2225	0.7117	0.2133
0.97	0.6407	0.2576	0.6746	0.2473	0.7024	0.2370	0.7257	0.2269
0.98	0.6633	0.2796	0.6955	0.2677	0.7219	0.2559	0.7439	0.2446
0.99	0.6976	0.3134	0.7271	0.2989	0.7512	0.2849	0.7713	0.2716

	$\alpha=1,\ \beta=9$		$\alpha=2,\ \beta=9$		$\alpha=3,\ \beta=9$		$\alpha=4,\ \beta=9$	
$F_\beta(\pi\|\alpha,\beta)$	π	L_0^π	π	L_0^π	π	L_0^π	π	L_0^π
0.01	0.0011	0.0000	0.0155	0.0001	0.0428	0.0001	0.0759	0.0002
0.02	0.0022	0.0000	0.0224	0.0002	0.0554	0.0003	0.0929	0.0004
0.03	0.0034	0.0001	0.0278	0.0003	0.0646	0.0005	0.1049	0.0007
0.04	0.0045	0.0001	0.0325	0.0005	0.0722	0.0008	0.1146	0.0010
0.05	0.0057	0.0001	0.0368	0.0006	0.0788	0.0011	0.1229	0.0014
0.06	0.0069	0.0002	0.0407	0.0009	0.0848	0.0014	0.1302	0.0018
0.07	0.0080	0.0003	0.0444	0.0011	0.0903	0.0018	0.1369	0.0023
0.08	0.0092	0.0004	0.0479	0.0014	0.0954	0.0022	0.1430	0.0027
0.09	0.0104	0.0005	0.0513	0.0017	0.1002	0.0026	0.1488	0.0032
0.10	0.0116	0.0006	0.0545	0.0020	0.1048	0.0030	0.1542	0.0037
0.11	0.0129	0.0007	0.0577	0.0023	0.1091	0.0035	0.1593	0.0043
0.12	0.0141	0.0009	0.0607	0.0026	0.1133	0.0039	0.1642	0.0048
0.13	0.0154	0.0010	0.0637	0.0030	0.1174	0.0044	0.1689	0.0054
0.14	0.0166	0.0012	0.0666	0.0034	0.1213	0.0050	0.1734	0.0060
0.15	0.0179	0.0014	0.0695	0.0038	0.1251	0.0055	0.1778	0.0067
0.16	0.0192	0.0016	0.0723	0.0043	0.1288	0.0061	0.1820	0.0073
0.17	0.0205	0.0018	0.0751	0.0047	0.1325	0.0067	0.1862	0.0080
0.18	0.0218	0.0020	0.0779	0.0052	0.1360	0.0073	0.1902	0.0087
0.19	0.0231	0.0023	0.0806	0.0057	0.1395	0.0080	0.1941	0.0094
0.20	0.0245	0.0025	0.0833	0.0062	0.1429	0.0086	0.1979	0.0102
0.21	0.0259	0.0028	0.0859	0.0068	0.1463	0.0093	0.2017	0.0109
0.22	0.0272	0.0031	0.0886	0.0073	0.1496	0.0100	0.2054	0.0117
0.23	0.0286	0.0034	0.0912	0.0079	0.1529	0.0108	0.2091	0.0126
0.24	0.0300	0.0038	0.0938	0.0085	0.1561	0.0115	0.2126	0.0134
0.25	0.0315	0.0041	0.0964	0.0092	0.1593	0.0123	0.2162	0.0143
0.26	0.0329	0.0045	0.0990	0.0098	0.1625	0.0131	0.2196	0.0152
0.27	0.0344	0.0049	0.1016	0.0105	0.1657	0.0140	0.2231	0.0161
0.28	0.0358	0.0053	0.1041	0.0112	0.1688	0.0148	0.2265	0.0170
0.29	0.0373	0.0057	0.1067	0.0120	0.1719	0.0157	0.2299	0.0180
0.30	0.0389	0.0061	0.1093	0.0127	0.1750	0.0166	0.2332	0.0190
0.31	0.0404	0.0066	0.1119	0.0135	0.1780	0.0176	0.2365	0.0200
0.32	0.0419	0.0071	0.1144	0.0143	0.1811	0.0185	0.2398	0.0210
0.33	0.0435	0.0076	0.1170	0.0151	0.1841	0.0195	0.2431	0.0221
0.34	0.0451	0.0081	0.1196	0.0160	0.1872	0.0205	0.2464	0.0232
0.35	0.0467	0.0087	0.1221	0.0169	0.1902	0.0216	0.2496	0.0243
0.36	0.0484	0.0093	0.1247	0.0178	0.1932	0.0226	0.2528	0.0254
0.37	0.0500	0.0099	0.1273	0.0188	0.1962	0.0237	0.2560	0.0266
0.38	0.0517	0.0105	0.1299	0.0197	0.1992	0.0249	0.2592	0.0278
0.39	0.0534	0.0112	0.1325	0.0207	0.2022	0.0260	0.2624	0.0290
0.40	0.0552	0.0119	0.1351	0.0218	0.2052	0.0272	0.2656	0.0303
0.41	0.0569	0.0126	0.1378	0.0228	0.2083	0.0284	0.2688	0.0316
0.42	0.0587	0.0133	0.1404	0.0239	0.2113	0.0297	0.2720	0.0329
0.43	0.0605	0.0141	0.1431	0.0251	0.2143	0.0310	0.2752	0.0342
0.44	0.0624	0.0149	0.1458	0.0262	0.2173	0.0323	0.2784	0.0356
0.45	0.0643	0.0157	0.1485	0.0274	0.2204	0.0336	0.2815	0.0370
0.46	0.0662	0.0166	0.1512	0.0287	0.2234	0.0350	0.2847	0.0385
0.47	0.0681	0.0175	0.1539	0.0299	0.2265	0.0365	0.2879	0.0400
0.48	0.0701	0.0184	0.1567	0.0313	0.2296	0.0379	0.2911	0.0415
0.49	0.0721	0.0194	0.1594	0.0326	0.2327	0.0394	0.2943	0.0431
0.50	0.0741	0.0204	0.1623	0.0340	0.2358	0.0410	0.2976	0.0447

$F_\beta(\pi\|\alpha,\beta)$	$\alpha=1,\ \beta=9$		$\alpha=2,\ \beta=9$		$\alpha=3,\ \beta=9$		$\alpha=4,\ \beta=9$	
	π	L_0^π	π	L_0^π	π	L_0^π	π	L_0^π
0.51	0.0762	0.0215	0.1651	0.0354	0.2389	0.0426	0.3008	0.0463
0.52	0.0783	0.0226	0.1680	0.0369	0.2421	0.0442	0.3041	0.0480
0.53	0.0805	0.0237	0.1709	0.0384	0.2452	0.0458	0.3074	0.0497
0.54	0.0827	0.0249	0.1738	0.0400	0.2485	0.0476	0.3106	0.0515
0.55	0.0849	0.0261	0.1768	0.0416	0.2517	0.0493	0.3140	0.0533
0.56	0.0872	0.0273	0.1797	0.0433	0.2549	0.0511	0.3173	0.0551
0.57	0.0895	0.0287	0.1828	0.0450	0.2582	0.0530	0.3207	0.0570
0.58	0.0919	0.0300	0.1859	0.0468	0.2616	0.0549	0.3240	0.0590
0.59	0.0943	0.0315	0.1890	0.0486	0.2649	0.0569	0.3275	0.0610
0.60	0.0968	0.0329	0.1921	0.0505	0.2683	0.0589	0.3309	0.0630
0.61	0.0993	0.0345	0.1954	0.0524	0.2717	0.0610	0.3344	0.0651
0.62	0.1019	0.0361	0.1986	0.0544	0.2752	0.0631	0.3379	0.0673
0.63	0.1046	0.0377	0.2019	0.0565	0.2788	0.0653	0.3415	0.0695
0.64	0.1073	0.0394	0.2053	0.0586	0.2823	0.0676	0.3451	0.0718
0.65	0.1101	0.0412	0.2087	0.0608	0.2860	0.0699	0.3488	0.0742
0.66	0.1130	0.0431	0.2122	0.0631	0.2896	0.0723	0.3525	0.0766
0.67	0.1159	0.0451	0.2158	0.0655	0.2934	0.0748	0.3562	0.0791
0.68	0.1189	0.0471	0.2194	0.0680	0.2972	0.0774	0.3600	0.0817
0.69	0.1220	0.0492	0.2232	0.0705	0.3011	0.0800	0.3639	0.0843
0.70	0.1252	0.0515	0.2270	0.0731	0.3050	0.0828	0.3679	0.0871
0.71	0.1285	0.0538	0.2308	0.0759	0.3090	0.0856	0.3719	0.0899
0.72	0.1319	0.0562	0.2348	0.0787	0.3132	0.0886	0.3760	0.0928
0.73	0.1354	0.0587	0.2389	0.0817	0.3174	0.0916	0.3801	0.0959
0.74	0.1390	0.0614	0.2431	0.0848	0.3217	0.0948	0.3844	0.0990
0.75	0.1428	0.0642	0.2474	0.0880	0.3261	0.0981	0.3888	0.1022
0.76	0.1466	0.0671	0.2518	0.0913	0.3306	0.1015	0.3932	0.1056
0.77	0.1507	0.0702	0.2564	0.0948	0.3353	0.1050	0.3978	0.1091
0.78	0.1548	0.0734	0.2611	0.0984	0.3400	0.1088	0.4025	0.1128
0.79	0.1592	0.0769	0.2659	0.1023	0.3450	0.1126	0.4074	0.1166
0.80	0.1637	0.0805	0.2710	0.1063	0.3501	0.1167	0.4123	0.1205
0.81	0.1685	0.0843	0.2762	0.1105	0.3553	0.1209	0.4175	0.1247
0.82	0.1735	0.0884	0.2817	0.1149	0.3608	0.1254	0.4228	0.1290
0.83	0.1787	0.0927	0.2874	0.1196	0.3665	0.1301	0.4284	0.1336
0.84	0.1842	0.0973	0.2933	0.1246	0.3724	0.1350	0.4341	0.1384
0.85	0.1901	0.1022	0.2996	0.1299	0.3786	0.1402	0.4401	0.1434
0.86	0.1962	0.1075	0.3061	0.1355	0.3851	0.1458	0.4464	0.1488
0.87	0.2028	0.1132	0.3131	0.1415	0.3919	0.1517	0.4530	0.1545
0.88	0.2099	0.1194	0.3205	0.1480	0.3992	0.1581	0.4600	0.1606
0.89	0.2175	0.1261	0.3284	0.1550	0.4069	0.1649	0.4674	0.1672
0.90	0.2257	0.1335	0.3368	0.1626	0.4152	0.1723	0.4753	0.1743
0.91	0.2347	0.1416	0.3460	0.1709	0.4241	0.1803	0.4838	0.1820
0.92	0.2447	0.1507	0.3561	0.1801	0.4338	0.1892	0.4930	0.1904
0.93	0.2558	0.1610	0.3672	0.1904	0.4445	0.1991	0.5032	0.1998
0.94	0.2685	0.1728	0.3798	0.2021	0.4564	0.2103	0.5145	0.2104
0.95	0.2831	0.1867	0.3942	0.2157	0.4701	0.2232	0.5273	0.2225
0.96	0.3007	0.2035	0.4112	0.2319	0.4861	0.2385	0.5424	0.2369
0.97	0.3227	0.2247	0.4322	0.2522	0.5058	0.2575	0.5608	0.2546
0.98	0.3525	0.2538	0.4602	0.2796	0.5319	0.2829	0.5849	0.2782
0.99	0.4005	0.3011	0.5044	0.3231	0.5723	0.3228	0.6222	0.3149

$F_\beta(\pi\|\alpha,\beta)$	$\alpha=5,\ \beta=9$		$\alpha=6,\ \beta=9$		$\alpha=7,\ \beta=9$		$\alpha=8,\ \beta=9$	
	π	L_0^π	π	L_0^π	π	L_0^π	π	L_0^π
0.01	0.1108	0.0002	0.1457	0.0002	0.1795	0.0003	0.2117	0.0003
0.02	0.1311	0.0005	0.1683	0.0006	0.2039	0.0006	0.2373	0.0007
0.03	0.1451	0.0009	0.1838	0.0010	0.2203	0.0010	0.2544	0.0011
0.04	0.1562	0.0012	0.1959	0.0014	0.2330	0.0015	0.2676	0.0015
0.05	0.1657	0.0017	0.2061	0.0018	0.2437	0.0020	0.2786	0.0020
0.06	0.1739	0.0021	0.2150	0.0023	0.2530	0.0025	0.2881	0.0026
0.07	0.1814	0.0026	0.2229	0.0028	0.2613	0.0030	0.2966	0.0031
0.08	0.1882	0.0031	0.2302	0.0034	0.2688	0.0036	0.3042	0.0037
0.09	0.1946	0.0036	0.2369	0.0039	0.2757	0.0042	0.3113	0.0043
0.10	0.2005	0.0042	0.2432	0.0045	0.2822	0.0048	0.3178	0.0049
0.11	0.2061	0.0048	0.2490	0.0052	0.2882	0.0054	0.3240	0.0055
0.12	0.2114	0.0054	0.2546	0.0058	0.2940	0.0061	0.3297	0.0062
0.13	0.2165	0.0061	0.2599	0.0065	0.2994	0.0067	0.3352	0.0069
0.14	0.2214	0.0067	0.2650	0.0072	0.3046	0.0074	0.3405	0.0076
0.15	0.2261	0.0074	0.2699	0.0079	0.3096	0.0082	0.3455	0.0083
0.16	0.2306	0.0081	0.2746	0.0086	0.3144	0.0089	0.3503	0.0091
0.17	0.2351	0.0088	0.2792	0.0093	0.3190	0.0097	0.3549	0.0098
0.18	0.2393	0.0096	0.2836	0.0101	0.3235	0.0105	0.3594	0.0106
0.19	0.2435	0.0103	0.2879	0.0109	0.3278	0.0113	0.3638	0.0114
0.20	0.2476	0.0111	0.2921	0.0117	0.3321	0.0121	0.3680	0.0123
0.21	0.2516	0.0120	0.2962	0.0126	0.3362	0.0129	0.3721	0.0131
0.22	0.2555	0.0128	0.3002	0.0134	0.3402	0.0138	0.3762	0.0140
0.23	0.2593	0.0137	0.3041	0.0143	0.3442	0.0147	0.3801	0.0148
0.24	0.2631	0.0145	0.3080	0.0152	0.3480	0.0156	0.3839	0.0158
0.25	0.2668	0.0154	0.3117	0.0161	0.3518	0.0165	0.3877	0.0167
0.26	0.2704	0.0164	0.3155	0.0171	0.3556	0.0175	0.3914	0.0176
0.27	0.2740	0.0173	0.3191	0.0181	0.3592	0.0184	0.3950	0.0186
0.28	0.2775	0.0183	0.3227	0.0191	0.3628	0.0194	0.3986	0.0196
0.29	0.2811	0.0193	0.3263	0.0201	0.3664	0.0204	0.4021	0.0206
0.30	0.2845	0.0203	0.3298	0.0211	0.3699	0.0215	0.4056	0.0216
0.31	0.2880	0.0214	0.3333	0.0222	0.3734	0.0225	0.4090	0.0226
0.32	0.2914	0.0224	0.3367	0.0232	0.3768	0.0236	0.4124	0.0237
0.33	0.2947	0.0235	0.3401	0.0244	0.3802	0.0247	0.4158	0.0248
0.34	0.2981	0.0247	0.3435	0.0255	0.3835	0.0258	0.4191	0.0259
0.35	0.3014	0.0258	0.3468	0.0266	0.3869	0.0270	0.4224	0.0270
0.36	0.3047	0.0270	0.3502	0.0278	0.3902	0.0282	0.4256	0.0282
0.37	0.3080	0.0282	0.3535	0.0290	0.3934	0.0294	0.4289	0.0294
0.38	0.3113	0.0294	0.3568	0.0303	0.3967	0.0306	0.4321	0.0306
0.39	0.3146	0.0307	0.3600	0.0315	0.3999	0.0318	0.4352	0.0318
0.40	0.3178	0.0320	0.3633	0.0328	0.4032	0.0331	0.4384	0.0331
0.41	0.3211	0.0333	0.3665	0.0341	0.4064	0.0344	0.4416	0.0343
0.42	0.3243	0.0346	0.3698	0.0355	0.4096	0.0357	0.4447	0.0356
0.43	0.3275	0.0360	0.3730	0.0368	0.4127	0.0371	0.4478	0.0369
0.44	0.3308	0.0374	0.3762	0.0382	0.4159	0.0385	0.4509	0.0383
0.45	0.3340	0.0388	0.3794	0.0396	0.4191	0.0399	0.4540	0.0397
0.46	0.3372	0.0403	0.3826	0.0411	0.4222	0.0413	0.4571	0.0411
0.47	0.3404	0.0418	0.3858	0.0426	0.4254	0.0428	0.4602	0.0425
0.48	0.3437	0.0433	0.3890	0.0441	0.4285	0.0443	0.4632	0.0440
0.49	0.3469	0.0449	0.3922	0.0457	0.4317	0.0458	0.4663	0.0455
0.50	0.3502	0.0465	0.3954	0.0473	0.4348	0.0473	0.4694	0.0470

$F_\beta(\pi\|\alpha,\beta)$	$\alpha=5,\ \beta=9$		$\alpha=6,\ \beta=9$		$\alpha=7,\ \beta=9$		$\alpha=8,\ \beta=9$	
	π	L_0^*	π	L_0^*	π	L_0^*	π	L_0^*
0.51	0.3534	0.0482	0.3987	0.0489	0.4380	0.0489	0.4725	0.0486
0.52	0.3567	0.0498	0.4019	0.0506	0.4412	0.0506	0.4756	0.0501
0.53	0.3600	0.0516	0.4051	0.0523	0.4443	0.0522	0.4787	0.0518
0.54	0.3633	0.0533	0.4084	0.0540	0.4475	0.0539	0.4818	0.0534
0.55	0.3666	0.0551	0.4116	0.0558	0.4507	0.0557	0.4849	0.0551
0.56	0.3699	0.0570	0.4149	0.0576	0.4539	0.0574	0.4880	0.0568
0.57	0.3733	0.0589	0.4182	0.0595	0.4571	0.0593	0.4911	0.0586
0.58	0.3766	0.0608	0.4215	0.0614	0.4604	0.0611	0.4942	0.0604
0.59	0.3800	0.0628	0.4249	0.0633	0.4636	0.0630	0.4974	0.0623
0.60	0.3835	0.0648	0.4282	0.0653	0.4669	0.0650	0.5006	0.0642
0.61	0.3869	0.0669	0.4316	0.0674	0.4702	0.0670	0.5038	0.0661
0.62	0.3904	0.0691	0.4350	0.0695	0.4735	0.0690	0.5070	0.0681
0.63	0.3939	0.0713	0.4385	0.0716	0.4768	0.0711	0.5102	0.0701
0.64	0.3975	0.0735	0.4420	0.0738	0.4802	0.0733	0.5135	0.0722
0.65	0.4011	0.0759	0.4455	0.0761	0.4836	0.0755	0.5168	0.0743
0.66	0.4047	0.0783	0.4490	0.0784	0.4871	0.0777	0.5201	0.0765
0.67	0.4085	0.0807	0.4526	0.0808	0.4906	0.0800	0.5235	0.0787
0.68	0.4122	0.0833	0.4563	0.0833	0.4941	0.0824	0.5269	0.0810
0.69	0.4160	0.0859	0.4600	0.0858	0.4977	0.0849	0.5304	0.0834
0.70	0.4199	0.0886	0.4638	0.0884	0.5013	0.0874	0.5339	0.0858
0.71	0.4238	0.0913	0.4676	0.0911	0.5050	0.0900	0.5374	0.0883
0.72	0.4278	0.0942	0.4714	0.0939	0.5088	0.0927	0.5411	0.0909
0.73	0.4319	0.0971	0.4754	0.0968	0.5126	0.0954	0.5447	0.0936
0.74	0.4360	0.1002	0.4794	0.0997	0.5164	0.0983	0.5485	0.0963
0.75	0.4403	0.1034	0.4835	0.1028	0.5204	0.1012	0.5523	0.0991
0.76	0.4446	0.1066	0.4877	0.1059	0.5244	0.1043	0.5561	0.1021
0.77	0.4491	0.1100	0.4920	0.1092	0.5285	0.1074	0.5601	0.1051
0.78	0.4536	0.1136	0.4964	0.1126	0.5328	0.1107	0.5641	0.1082
0.79	0.4583	0.1173	0.5009	0.1162	0.5371	0.1141	0.5683	0.1115
0.80	0.4631	0.1211	0.5055	0.1199	0.5415	0.1176	0.5725	0.1149
0.81	0.4681	0.1251	0.5103	0.1237	0.5461	0.1213	0.5769	0.1184
0.82	0.4733	0.1293	0.5152	0.1277	0.5508	0.1252	0.5815	0.1221
0.83	0.4786	0.1337	0.5203	0.1319	0.5557	0.1292	0.5861	0.1260
0.84	0.4841	0.1383	0.5256	0.1363	0.5608	0.1334	0.5910	0.1300
0.85	0.4899	0.1431	0.5311	0.1410	0.5660	0.1379	0.5960	0.1342
0.86	0.4959	0.1483	0.5369	0.1459	0.5715	0.1426	0.6012	0.1387
0.87	0.5022	0.1538	0.5429	0.1511	0.5773	0.1475	0.6067	0.1434
0.88	0.5089	0.1596	0.5493	0.1567	0.5833	0.1528	0.6124	0.1485
0.89	0.5159	0.1658	0.5560	0.1626	0.5897	0.1585	0.6185	0.1538
0.90	0.5234	0.1726	0.5631	0.1690	0.5965	0.1645	0.6250	0.1596
0.91	0.5315	0.1799	0.5708	0.1759	0.6037	0.1711	0.6319	0.1659
0.92	0.5403	0.1879	0.5790	0.1835	0.6116	0.1783	0.6393	0.1727
0.93	0.5498	0.1967	0.5881	0.1919	0.6202	0.1862	0.6475	0.1802
0.94	0.5605	0.2067	0.5982	0.2013	0.6297	0.1951	0.6565	0.1886
0.95	0.5726	0.2182	0.6096	0.2121	0.6404	0.2053	0.6666	0.1982
0.96	0.5867	0.2316	0.6228	0.2248	0.6529	0.2172	0.6784	0.2095
0.97	0.6039	0.2482	0.6389	0.2403	0.6681	0.2318	0.6927	0.2233
0.98	0.6264	0.2702	0.6600	0.2608	0.6878	0.2510	0.7112	0.2413
0.99	0.6609	0.3042	0.6920	0.2924	0.7177	0.2805	0.7393	0.2690

$F_\beta(\pi\|\alpha,\beta)$	$\alpha=9,\ \beta=9$		$\alpha=1,\ \beta=10$		$\alpha=2,\ \beta=10$		$\alpha=3,\ \beta=10$	
	π	L_0^π	π	L_0^π	π	L_0^π	π	L_0^π
0.01	0.2422	0.0003	0.0010	0.0000	0.0141	0.0000	0.0390	0.0001
0.02	0.2687	0.0007	0.0020	0.0000	0.0203	0.0001	0.0504	0.0003
0.03	0.2862	0.0011	0.0030	0.0000	0.0252	0.0003	0.0588	0.0005
0.04	0.2997	0.0016	0.0041	0.0001	0.0295	0.0004	0.0658	0.0007
0.05	0.3108	0.0021	0.0051	0.0001	0.0333	0.0006	0.0719	0.0010
0.06	0.3205	0.0026	0.0062	0.0002	0.0369	0.0008	0.0773	0.0013
0.07	0.3290	0.0032	0.0072	0.0003	0.0402	0.0010	0.0824	0.0016
0.08	0.3367	0.0038	0.0083	0.0003	0.0434	0.0012	0.0870	0.0020
0.09	0.3438	0.0044	0.0094	0.0004	0.0465	0.0015	0.0915	0.0023
0.10	0.3504	0.0050	0.0105	0.0005	0.0494	0.0018	0.0956	0.0027
0.11	0.3565	0.0056	0.0116	0.0006	0.0523	0.0021	0.0997	0.0032
0.12	0.3623	0.0063	0.0127	0.0008	0.0551	0.0024	0.1035	0.0036
0.13	0.3678	0.0070	0.0138	0.0009	0.0578	0.0027	0.1072	0.0041
0.14	0.3730	0.0077	0.0150	0.0011	0.0605	0.0031	0.1108	0.0046
0.15	0.3780	0.0084	0.0161	0.0012	0.0631	0.0035	0.1143	0.0051
0.16	0.3828	0.0091	0.0173	0.0014	0.0657	0.0039	0.1177	0.0056
0.17	0.3875	0.0099	0.0185	0.0016	0.0682	0.0043	0.1211	0.0061
0.18	0.3919	0.0107	0.0196	0.0018	0.0707	0.0047	0.1244	0.0067
0.19	0.3962	0.0115	0.0209	0.0020	0.0732	0.0052	0.1276	0.0073
0.20	0.4004	0.0123	0.0221	0.0023	0.0756	0.0057	0.1307	0.0079
0.21	0.4045	0.0131	0.0233	0.0025	0.0780	0.0062	0.1338	0.0086
0.22	0.4085	0.0140	0.0245	0.0028	0.0805	0.0067	0.1369	0.0092
0.23	0.4124	0.0149	0.0258	0.0031	0.0828	0.0072	0.1399	0.0099
0.24	0.4162	0.0158	0.0271	0.0034	0.0852	0.0078	0.1429	0.0106
0.25	0.4199	0.0167	0.0284	0.0037	0.0876	0.0084	0.1459	0.0113
0.26	0.4236	0.0176	0.0297	0.0040	0.0900	0.0090	0.1488	0.0121
0.27	0.4272	0.0186	0.0310	0.0044	0.0923	0.0096	0.1517	0.0128
0.28	0.4307	0.0195	0.0323	0.0047	0.0947	0.0102	0.1546	0.0136
0.29	0.4342	0.0205	0.0337	0.0051	0.0970	0.0109	0.1574	0.0145
0.30	0.4376	0.0215	0.0350	0.0055	0.0994	0.0116	0.1603	0.0153
0.31	0.4410	0.0226	0.0364	0.0060	0.1017	0.0123	0.1631	0.0162
0.32	0.4443	0.0236	0.0378	0.0064	0.1041	0.0131	0.1659	0.0170
0.33	0.4476	0.0247	0.0393	0.0069	0.1064	0.0138	0.1688	0.0180
0.34	0.4508	0.0258	0.0407	0.0073	0.1088	0.0146	0.1716	0.0189
0.35	0.4540	0.0269	0.0422	0.0079	0.1111	0.0154	0.1744	0.0199
0.36	0.4572	0.0280	0.0436	0.0084	0.1135	0.0163	0.1771	0.0209
0.37	0.4604	0.0292	0.0452	0.0089	0.1159	0.0171	0.1799	0.0219
0.38	0.4635	0.0303	0.0467	0.0095	0.1183	0.0180	0.1827	0.0229
0.39	0.4667	0.0315	0.0482	0.0101	0.1206	0.0189	0.1855	0.0240
0.40	0.4697	0.0328	0.0498	0.0107	0.1231	0.0199	0.1883	0.0251
0.41	0.4728	0.0340	0.0514	0.0114	0.1255	0.0209	0.1911	0.0262
0.42	0.4759	0.0353	0.0530	0.0120	0.1279	0.0219	0.1939	0.0274
0.43	0.4789	0.0366	0.0547	0.0127	0.1303	0.0229	0.1967	0.0286
0.44	0.4820	0.0379	0.0563	0.0135	0.1328	0.0240	0.1995	0.0298
0.45	0.4850	0.0392	0.0580	0.0142	0.1353	0.0251	0.2024	0.0311
0.46	0.4880	0.0406	0.0598	0.0150	0.1378	0.0262	0.2052	0.0324
0.47	0.4910	0.0420	0.0615	0.0158	0.1403	0.0274	0.2080	0.0337
0.48	0.4940	0.0434	0.0633	0.0167	0.1428	0.0286	0.2109	0.0350
0.49	0.4970	0.0449	0.0651	0.0176	0.1454	0.0298	0.2138	0.0364
0.50	0.5000	0.0464	0.0670	0.0185	0.1480	0.0311	0.2167	0.0379

$F_\beta(\pi\|\alpha,\beta)$	$\alpha=9,\ \beta=9$		$\alpha=1,\ \beta=10$		$\alpha=2,\ \beta=10$		$\alpha=3,\ \beta=10$	
	π	L_0^π	π	L_0^π	π	L_0^π	π	L_0^π
0.51	0.5030	0.0479	0.0689	0.0194	0.1506	0.0324	0.2196	0.0394
0.52	0.5060	0.0494	0.0708	0.0204	0.1532	0.0338	0.2225	0.0409
0.53	0.5090	0.0510	0.0727	0.0214	0.1559	0.0352	0.2255	0.0424
0.54	0.5120	0.0526	0.0747	0.0225	0.1586	0.0366	0.2285	0.0440
0.55	0.5150	0.0543	0.0767	0.0236	0.1613	0.0381	0.2315	0.0457
0.56	0.5180	0.0559	0.0788	0.0248	0.1641	0.0397	0.2345	0.0473
0.57	0.5211	0.0576	0.0809	0.0260	0.1669	0.0412	0.2376	0.0491
0.58	0.5241	0.0594	0.0831	0.0272	0.1697	0.0429	0.2407	0.0509
0.59	0.5272	0.0612	0.0853	0.0285	0.1726	0.0445	0.2438	0.0527
0.60	0.5303	0.0630	0.0876	0.0298	0.1755	0.0463	0.2470	0.0546
0.61	0.5333	0.0649	0.0899	0.0312	0.1785	0.0481	0.2502	0.0565
0.62	0.5365	0.0668	0.0922	0.0327	0.1815	0.0499	0.2535	0.0585
0.63	0.5396	0.0688	0.0946	0.0342	0.1845	0.0518	0.2568	0.0606
0.64	0.5428	0.0708	0.0971	0.0358	0.1876	0.0538	0.2601	0.0627
0.65	0.5460	0.0728	0.0997	0.0374	0.1908	0.0559	0.2635	0.0649
0.66	0.5492	0.0749	0.1023	0.0391	0.1941	0.0580	0.2670	0.0672
0.67	0.5524	0.0771	0.1049	0.0409	0.1973	0.0602	0.2705	0.0695
0.68	0.5557	0.0793	0.1077	0.0427	0.2007	0.0625	0.2740	0.0719
0.69	0.5590	0.0816	0.1105	0.0447	0.2042	0.0648	0.2777	0.0744
0.70	0.5624	0.0840	0.1134	0.0467	0.2077	0.0673	0.2814	0.0770
0.71	0.5658	0.0864	0.1164	0.0488	0.2113	0.0698	0.2852	0.0796
0.72	0.5693	0.0888	0.1195	0.0510	0.2150	0.0724	0.2890	0.0824
0.73	0.5728	0.0914	0.1227	0.0533	0.2187	0.0752	0.2930	0.0853
0.74	0.5764	0.0940	0.1260	0.0558	0.2226	0.0780	0.2970	0.0882
0.75	0.5801	0.0968	0.1294	0.0583	0.2266	0.0810	0.3012	0.0913
0.76	0.5838	0.0996	0.1330	0.0610	0.2307	0.0841	0.3054	0.0945
0.77	0.5876	0.1025	0.1367	0.0638	0.2350	0.0874	0.3098	0.0979
0.78	0.5915	0.1055	0.1405	0.0668	0.2394	0.0908	0.3143	0.1014
0.79	0.5955	0.1086	0.1445	0.0699	0.2439	0.0943	0.3190	0.1050
0.80	0.5996	0.1119	0.1487	0.0732	0.2486	0.0981	0.3238	0.1089
0.81	0.6038	0.1152	0.1530	0.0767	0.2535	0.1020	0.3288	0.1129
0.82	0.6081	0.1188	0.1576	0.0805	0.2586	0.1061	0.3339	0.1171
0.83	0.6125	0.1225	0.1624	0.0844	0.2639	0.1105	0.3393	0.1215
0.84	0.6172	0.1263	0.1674	0.0886	0.2694	0.1151	0.3449	0.1262
0.85	0.6220	0.1304	0.1728	0.0932	0.2753	0.1201	0.3508	0.1312
0.86	0.6270	0.1346	0.1785	0.0980	0.2814	0.1253	0.3569	0.1364
0.87	0.6322	0.1392	0.1846	0.1033	0.2879	0.1310	0.3634	0.1420
0.88	0.6377	0.1440	0.1911	0.1090	0.2949	0.1370	0.3703	0.1481
0.89	0.6435	0.1491	0.1981	0.1152	0.3023	0.1436	0.3777	0.1546
0.90	0.6496	0.1546	0.2057	0.1220	0.3102	0.1507	0.3855	0.1616
0.91	0.6562	0.1605	0.2140	0.1295	0.3189	0.1586	0.3940	0.1693
0.92	0.6633	0.1670	0.2232	0.1379	0.3284	0.1672	0.4033	0.1778
0.93	0.6710	0.1742	0.2335	0.1475	0.3389	0.1770	0.4135	0.1872
0.94	0.6795	0.1821	0.2452	0.1584	0.3507	0.1880	0.4250	0.1980
0.95	0.6892	0.1913	0.2589	0.1713	0.3644	0.2009	0.4381	0.2104
0.96	0.7003	0.2019	0.2752	0.1869	0.3805	0.2163	0.4536	0.2251
0.97	0.7138	0.2149	0.2958	0.2068	0.4005	0.2357	0.4726	0.2435
0.98	0.7313	0.2320	0.3238	0.2341	0.4273	0.2618	0.4978	0.2681
0.99	0.7578	0.2581	0.3690	0.2787	0.4698	0.3037	0.5373	0.3071

$F_\beta(\pi\|\alpha,\beta)$	$\alpha=4,\ \beta=10$ π	L_0^π	$\alpha=5,\ \beta=10$ π	L_0^π	$\alpha=6,\ \beta=10$ π	L_0^π	$\alpha=7,\ \beta=10$ π	L_0^π
0.01	0.0695	0.0002	0.1019	0.0002	0.1346	0.0002	0.1665	0.0002
0.02	0.0850	0.0004	0.1207	0.0005	0.1557	0.0005	0.1893	0.0006
0.03	0.0961	0.0007	0.1336	0.0008	0.1700	0.0009	0.2047	0.0010
0.04	0.1050	0.0010	0.1440	0.0011	0.1813	0.0013	0.2167	0.0014
0.05	0.1127	0.0013	0.1527	0.0015	0.1909	0.0017	0.2267	0.0018
0.06	0.1195	0.0017	0.1604	0.0020	0.1992	0.0022	0.2354	0.0023
0.07	0.1256	0.0021	0.1674	0.0024	0.2066	0.0026	0.2432	0.0028
0.08	0.1313	0.0025	0.1737	0.0029	0.2134	0.0032	0.2503	0.0033
0.09	0.1366	0.0030	0.1796	0.0034	0.2197	0.0037	0.2568	0.0039
0.10	0.1416	0.0034	0.1851	0.0039	0.2256	0.0042	0.2629	0.0045
0.11	0.1464	0.0039	0.1904	0.0045	0.2311	0.0048	0.2686	0.0051
0.12	0.1509	0.0045	0.1953	0.0050	0.2364	0.0054	0.2740	0.0057
0.13	0.1552	0.0050	0.2001	0.0056	0.2414	0.0061	0.2792	0.0063
0.14	0.1594	0.0056	0.2046	0.0062	0.2461	0.0067	0.2841	0.0070
0.15	0.1635	0.0062	0.2090	0.0069	0.2507	0.0074	0.2888	0.0077
0.16	0.1674	0.0068	0.2133	0.0075	0.2552	0.0081	0.2933	0.0084
0.17	0.1712	0.0074	0.2174	0.0082	0.2595	0.0088	0.2977	0.0091
0.18	0.1750	0.0080	0.2214	0.0089	0.2636	0.0095	0.3020	0.0099
0.19	0.1786	0.0087	0.2253	0.0096	0.2677	0.0102	0.3061	0.0106
0.20	0.1822	0.0094	0.2291	0.0104	0.2716	0.0110	0.3101	0.0114
0.21	0.1857	0.0101	0.2329	0.0111	0.2755	0.0118	0.3140	0.0122
0.22	0.1891	0.0109	0.2365	0.0119	0.2793	0.0126	0.3179	0.0130
0.23	0.1925	0.0116	0.2401	0.0127	0.2830	0.0135	0.3216	0.0139
0.24	0.1958	0.0124	0.2436	0.0136	0.2866	0.0143	0.3253	0.0147
0.25	0.1991	0.0132	0.2471	0.0144	0.2902	0.0152	0.3289	0.0156
0.26	0.2024	0.0140	0.2505	0.0153	0.2937	0.0161	0.3324	0.0165
0.27	0.2056	0.0149	0.2539	0.0162	0.2971	0.0170	0.3359	0.0175
0.28	0.2088	0.0158	0.2572	0.0171	0.3005	0.0179	0.3393	0.0184
0.29	0.2119	0.0167	0.2605	0.0180	0.3039	0.0189	0.3427	0.0194
0.30	0.2150	0.0176	0.2638	0.0190	0.3072	0.0199	0.3461	0.0203
0.31	0.2181	0.0185	0.2670	0.0200	0.3105	0.0209	0.3494	0.0214
0.32	0.2212	0.0195	0.2702	0.0210	0.3138	0.0219	0.3527	0.0224
0.33	0.2243	0.0205	0.2734	0.0220	0.3170	0.0229	0.3559	0.0234
0.34	0.2273	0.0215	0.2766	0.0231	0.3202	0.0240	0.3591	0.0245
0.35	0.2303	0.0226	0.2797	0.0242	0.3234	0.0251	0.3623	0.0256
0.36	0.2333	0.0236	0.2828	0.0253	0.3266	0.0262	0.3654	0.0267
0.37	0.2363	0.0247	0.2859	0.0264	0.3297	0.0274	0.3686	0.0279
0.38	0.2393	0.0258	0.2890	0.0276	0.3328	0.0285	0.3717	0.0290
0.39	0.2423	0.0270	0.2921	0.0288	0.3359	0.0298	0.3748	0.0302
0.40	0.2453	0.0282	0.2952	0.0300	0.3390	0.0310	0.3779	0.0314
0.41	0.2483	0.0294	0.2982	0.0312	0.3421	0.0322	0.3809	0.0327
0.42	0.2513	0.0306	0.3013	0.0325	0.3452	0.0335	0.3840	0.0339
0.43	0.2542	0.0319	0.3043	0.0338	0.3482	0.0348	0.3870	0.0352
0.44	0.2572	0.0332	0.3074	0.0351	0.3513	0.0361	0.3901	0.0366
0.45	0.2602	0.0345	0.3104	0.0365	0.3544	0.0375	0.3931	0.0379
0.46	0.2632	0.0359	0.3135	0.0379	0.3574	0.0389	0.3961	0.0393
0.47	0.2662	0.0373	0.3166	0.0393	0.3605	0.0403	0.3991	0.0407
0.48	0.2692	0.0387	0.3196	0.0407	0.3635	0.0418	0.4022	0.0421
0.49	0.2722	0.0402	0.3227	0.0422	0.3666	0.0432	0.4052	0.0436
0.50	0.2753	0.0417	0.3258	0.0437	0.3697	0.0448	0.4082	0.0451

$F_\beta(\pi\|\alpha,\beta)$	$\alpha=4,\ \beta=10$		$\alpha=5,\ \beta=10$		$\alpha=6,\ \beta=10$		$\alpha=7,\ \beta=10$	
	π	L_0^π	π	L_0^π	π	L_0^π	π	L_0^π
0.51	0.2783	0.0432	0.3288	0.0453	0.3727	0.0463	0.4113	0.0466
0.52	0.2814	0.0448	0.3319	0.0469	0.3758	0.0479	0.4143	0.0482
0.53	0.2845	0.0464	0.3350	0.0485	0.3789	0.0495	0.4174	0.0498
0.54	0.2876	0.0481	0.3382	0.0502	0.3820	0.0512	0.4204	0.0514
0.55	0.2907	0.0498	0.3413	0.0519	0.3852	0.0529	0.4235	0.0531
0.56	0.2938	0.0515	0.3445	0.0537	0.3883	0.0546	0.4266	0.0548
0.57	0.2970	0.0533	0.3477	0.0555	0.3914	0.0564	0.4297	0.0566
0.58	0.3002	0.0551	0.3509	0.0573	0.3946	0.0582	0.4328	0.0584
0.59	0.3034	0.0570	0.3541	0.0592	0.3978	0.0601	0.4359	0.0602
0.60	0.3067	0.0590	0.3574	0.0611	0.4010	0.0620	0.4391	0.0621
0.61	0.3100	0.0609	0.3607	0.0631	0.4043	0.0640	0.4423	0.0640
0.62	0.3133	0.0630	0.3640	0.0652	0.4076	0.0660	0.4455	0.0660
0.63	0.3167	0.0651	0.3673	0.0673	0.4109	0.0681	0.4487	0.0680
0.64	0.3201	0.0673	0.3708	0.0694	0.4142	0.0702	0.4520	0.0701
0.65	0.3235	0.0695	0.3742	0.0717	0.4176	0.0724	0.4553	0.0722
0.66	0.3270	0.0718	0.3777	0.0739	0.4210	0.0746	0.4586	0.0744
0.67	0.3306	0.0742	0.3812	0.0763	0.4245	0.0769	0.4620	0.0766
0.68	0.3342	0.0766	0.3848	0.0787	0.4280	0.0793	0.4654	0.0790
0.69	0.3379	0.0791	0.3884	0.0812	0.4316	0.0817	0.4689	0.0813
0.70	0.3416	0.0817	0.3921	0.0838	0.4352	0.0843	0.4724	0.0838
0.71	0.3454	0.0844	0.3959	0.0864	0.4389	0.0868	0.4760	0.0863
0.72	0.3493	0.0872	0.3997	0.0892	0.4426	0.0895	0.4796	0.0889
0.73	0.3533	0.0901	0.4036	0.0920	0.4464	0.0923	0.4833	0.0916
0.74	0.3573	0.0930	0.4076	0.0949	0.4503	0.0951	0.4871	0.0944
0.75	0.3615	0.0961	0.4117	0.0980	0.4543	0.0981	0.4909	0.0972
0.76	0.3657	0.0993	0.4158	0.1011	0.4583	0.1012	0.4949	0.1002
0.77	0.3701	0.1027	0.4201	0.1044	0.4625	0.1043	0.4989	0.1033
0.78	0.3746	0.1061	0.4245	0.1078	0.4667	0.1076	0.5030	0.1064
0.79	0.3792	0.1098	0.4290	0.1113	0.4711	0.1111	0.5072	0.1098
0.80	0.3839	0.1135	0.4336	0.1150	0.4756	0.1146	0.5116	0.1132
0.81	0.3889	0.1175	0.4384	0.1188	0.4802	0.1184	0.5160	0.1168
0.82	0.3939	0.1216	0.4434	0.1229	0.4850	0.1223	0.5206	0.1206
0.83	0.3992	0.1260	0.4485	0.1271	0.4900	0.1264	0.5254	0.1245
0.84	0.4047	0.1306	0.4538	0.1316	0.4951	0.1307	0.5304	0.1286
0.85	0.4105	0.1355	0.4594	0.1363	0.5005	0.1352	0.5355	0.1330
0.86	0.4165	0.1406	0.4652	0.1413	0.5061	0.1400	0.5409	0.1376
0.87	0.4228	0.1461	0.4714	0.1466	0.5120	0.1451	0.5465	0.1425
0.88	0.4295	0.1519	0.4778	0.1522	0.5182	0.1505	0.5525	0.1477
0.89	0.4367	0.1582	0.4847	0.1583	0.5247	0.1563	0.5588	0.1532
0.90	0.4443	0.1651	0.4920	0.1648	0.5317	0.1625	0.5654	0.1592
0.91	0.4525	0.1725	0.4998	0.1719	0.5392	0.1693	0.5726	0.1657
0.92	0.4614	0.1806	0.5084	0.1797	0.5474	0.1768	0.5804	0.1728
0.93	0.4712	0.1897	0.5177	0.1884	0.5563	0.1850	0.5889	0.1807
0.94	0.4822	0.2000	0.5281	0.1981	0.5662	0.1943	0.5983	0.1895
0.95	0.4947	0.2118	0.5400	0.2093	0.5774	0.2050	0.6090	0.1996
0.96	0.5093	0.2258	0.5539	0.2226	0.5906	0.2175	0.6214	0.2115
0.97	0.5273	0.2431	0.5708	0.2389	0.6066	0.2329	0.6366	0.2261
0.98	0.5510	0.2662	0.5931	0.2606	0.6275	0.2534	0.6563	0.2453
0.99	0.5878	0.3025	0.6274	0.2945	0.6597	0.2851	0.6866	0.2752

$F_\beta(\pi\|\alpha,\beta)$	$\alpha=8,\ \beta=10$ π	L_0^π	$\alpha=9,\ \beta=10$ π	L_0^π	$\alpha=10,\ \beta=10$ π	L_0^π	$\alpha=1,\ \beta=11$ π	L_0^π
0.01	0.1971	0.0003	0.2263	0.0003	0.2540	0.0003	0.0009	0.0000
0.02	0.2212	0.0006	0.2513	0.0006	0.2796	0.0007	0.0018	0.0000
0.03	0.2373	0.0010	0.2678	0.0011	0.2964	0.0011	0.0028	0.0000
0.04	0.2497	0.0014	0.2806	0.0015	0.3094	0.0015	0.0037	0.0001
0.05	0.2601	0.0019	0.2912	0.0020	0.3201	0.0020	0.0047	0.0001
0.06	0.2691	0.0024	0.3004	0.0025	0.3293	0.0025	0.0056	0.0002
0.07	0.2771	0.0029	0.3085	0.0030	0.3375	0.0031	0.0066	0.0002
0.08	0.2844	0.0035	0.3158	0.0036	0.3449	0.0036	0.0076	0.0003
0.09	0.2911	0.0040	0.3226	0.0041	0.3517	0.0042	0.0085	0.0004
0.10	0.2973	0.0046	0.3288	0.0047	0.3579	0.0048	0.0095	0.0005
0.11	0.3031	0.0052	0.3347	0.0053	0.3638	0.0054	0.0105	0.0006
0.12	0.3086	0.0059	0.3402	0.0060	0.3693	0.0060	0.0116	0.0007
0.13	0.3138	0.0065	0.3455	0.0066	0.3745	0.0067	0.0126	0.0008
0.14	0.3187	0.0072	0.3505	0.0073	0.3795	0.0074	0.0136	0.0010
0.15	0.3235	0.0079	0.3552	0.0080	0.3843	0.0080	0.0147	0.0011
0.16	0.3281	0.0086	0.3598	0.0087	0.3888	0.0087	0.0157	0.0013
0.17	0.3325	0.0093	0.3643	0.0094	0.3932	0.0095	0.0168	0.0015
0.18	0.3368	0.0101	0.3685	0.0102	0.3975	0.0102	0.0179	0.0017
0.19	0.3410	0.0108	0.3727	0.0109	0.4016	0.0110	0.0190	0.0019
0.20	0.3450	0.0116	0.3767	0.0117	0.4056	0.0118	0.0201	0.0021
0.21	0.3489	0.0124	0.3806	0.0125	0.4095	0.0126	0.0212	0.0023
0.22	0.3528	0.0133	0.3844	0.0134	0.4132	0.0134	0.0223	0.0025
0.23	0.3565	0.0141	0.3882	0.0142	0.4169	0.0142	0.0235	0.0028
0.24	0.3602	0.0150	0.3918	0.0151	0.4206	0.0150	0.0246	0.0031
0.25	0.3638	0.0158	0.3954	0.0159	0.4241	0.0159	0.0258	0.0034
0.26	0.3673	0.0167	0.3989	0.0168	0.4276	0.0168	0.0270	0.0037
0.27	0.3708	0.0177	0.4024	0.0177	0.4310	0.0177	0.0282	0.0040
0.28	0.3742	0.0186	0.4057	0.0187	0.4343	0.0186	0.0294	0.0043
0.29	0.3776	0.0196	0.4091	0.0196	0.4376	0.0196	0.0307	0.0047
0.30	0.3809	0.0206	0.4124	0.0206	0.4408	0.0205	0.0319	0.0050
0.31	0.3842	0.0216	0.4156	0.0216	0.4440	0.0215	0.0332	0.0054
0.32	0.3875	0.0226	0.4188	0.0226	0.4472	0.0225	0.0345	0.0058
0.33	0.3907	0.0236	0.4220	0.0236	0.4503	0.0235	0.0358	0.0063
0.34	0.3939	0.0247	0.4251	0.0247	0.4534	0.0245	0.0371	0.0067
0.35	0.3970	0.0258	0.4283	0.0258	0.4565	0.0256	0.0384	0.0072
0.36	0.4002	0.0269	0.4313	0.0268	0.4595	0.0267	0.0398	0.0076
0.37	0.4033	0.0280	0.4344	0.0280	0.4625	0.0277	0.0411	0.0081
0.38	0.4063	0.0292	0.4374	0.0291	0.4655	0.0289	0.0425	0.0087
0.39	0.4094	0.0304	0.4404	0.0303	0.4684	0.0300	0.0439	0.0092
0.40	0.4124	0.0316	0.4434	0.0314	0.4713	0.0312	0.0454	0.0098
0.41	0.4155	0.0328	0.4464	0.0326	0.4743	0.0323	0.0468	0.0104
0.42	0.4185	0.0340	0.4494	0.0339	0.4771	0.0336	0.0483	0.0110
0.43	0.4215	0.0353	0.4523	0.0351	0.4800	0.0348	0.0498	0.0116
0.44	0.4245	0.0366	0.4553	0.0364	0.4829	0.0360	0.0513	0.0123
0.45	0.4275	0.0379	0.4582	0.0377	0.4858	0.0373	0.0529	0.0130
0.46	0.4304	0.0393	0.4611	0.0390	0.4886	0.0386	0.0545	0.0137
0.47	0.4334	0.0407	0.4640	0.0404	0.4915	0.0399	0.0561	0.0144
0.48	0.4364	0.0421	0.4669	0.0418	0.4943	0.0413	0.0577	0.0152
0.49	0.4394	0.0435	0.4698	0.0432	0.4972	0.0426	0.0594	0.0160
0.50	0.4423	0.0450	0.4727	0.0446	0.5000	0.0440	0.0611	0.0169

$F_\beta(\pi\|\alpha,\beta)$	$\alpha=8,\ \beta=10$		$\alpha=9,\ \beta=10$		$\alpha=10,\ \beta=10$		$\alpha=1,\ \beta=11$	
	π	L_0^π	π	L_0^π	π	L_0^π	π	L_0^π
0.51	0.4453	0.0465	0.4757	0.0461	0.5028	0.0455	0.0628	0.0177
0.52	0.4483	0.0481	0.4786	0.0476	0.5057	0.0469	0.0645	0.0186
0.53	0.4513	0.0496	0.4815	0.0491	0.5085	0.0484	0.0663	0.0196
0.54	0.4543	0.0512	0.4844	0.0507	0.5114	0.0500	0.0682	0.0205
0.55	0.4573	0.0529	0.4873	0.0523	0.5142	0.0515	0.0700	0.0216
0.56	0.4603	0.0545	0.4903	0.0539	0.5171	0.0531	0.0719	0.0226
0.57	0.4633	0.0562	0.4932	0.0556	0.5200	0.0547	0.0739	0.0237
0.58	0.4664	0.0580	0.4962	0.0573	0.5229	0.0564	0.0758	0.0248
0.59	0.4694	0.0598	0.4992	0.0590	0.5257	0.0581	0.0779	0.0260
0.60	0.4725	0.0616	0.5022	0.0608	0.5287	0.0598	0.0799	0.0273
0.61	0.4756	0.0635	0.5052	0.0627	0.5316	0.0616	0.0820	0.0285
0.62	0.4788	0.0654	0.5082	0.0645	0.5345	0.0634	0.0842	0.0299
0.63	0.4819	0.0674	0.5113	0.0664	0.5375	0.0653	0.0864	0.0313
0.64	0.4851	0.0694	0.5144	0.0684	0.5405	0.0672	0.0887	0.0327
0.65	0.4883	0.0715	0.5175	0.0704	0.5435	0.0691	0.0910	0.0342
0.66	0.4916	0.0736	0.5207	0.0725	0.5466	0.0711	0.0934	0.0358
0.67	0.4948	0.0758	0.5239	0.0746	0.5497	0.0732	0.0959	0.0374
0.68	0.4982	0.0780	0.5271	0.0768	0.5528	0.0753	0.0984	0.0391
0.69	0.5015	0.0803	0.5303	0.0790	0.5560	0.0774	0.1010	0.0409
0.70	0.5050	0.0827	0.5336	0.0813	0.5592	0.0797	0.1037	0.0427
0.71	0.5084	0.0852	0.5370	0.0837	0.5624	0.0820	0.1064	0.0447
0.72	0.5119	0.0877	0.5404	0.0861	0.5657	0.0843	0.1093	0.0467
0.73	0.5155	0.0903	0.5439	0.0886	0.5690	0.0867	0.1122	0.0489
0.74	0.5192	0.0930	0.5474	0.0912	0.5724	0.0892	0.1153	0.0511
0.75	0.5229	0.0957	0.5510	0.0939	0.5759	0.0918	0.1184	0.0534
0.76	0.5267	0.0986	0.5546	0.0966	0.5794	0.0945	0.1217	0.0559
0.77	0.5306	0.1016	0.5584	0.0995	0.5831	0.0973	0.1251	0.0585
0.78	0.5345	0.1046	0.5622	0.1025	0.5868	0.1001	0.1286	0.0612
0.79	0.5386	0.1078	0.5661	0.1056	0.5905	0.1031	0.1323	0.0641
0.80	0.5428	0.1112	0.5702	0.1088	0.5944	0.1062	0.1361	0.0672
0.81	0.5471	0.1146	0.5743	0.1121	0.5984	0.1094	0.1401	0.0704
0.82	0.5515	0.1183	0.5786	0.1156	0.6025	0.1127	0.1443	0.0738
0.83	0.5561	0.1220	0.5830	0.1192	0.6068	0.1162	0.1488	0.0775
0.84	0.5609	0.1260	0.5876	0.1230	0.6112	0.1199	0.1535	0.0814
0.85	0.5658	0.1302	0.5923	0.1271	0.6157	0.1238	0.1584	0.0856
0.86	0.5710	0.1346	0.5973	0.1313	0.6205	0.1278	0.1637	0.0901
0.87	0.5764	0.1393	0.6025	0.1358	0.6255	0.1321	0.1693	0.0950
0.88	0.5821	0.1443	0.6079	0.1406	0.6307	0.1367	0.1753	0.1002
0.89	0.5881	0.1496	0.6137	0.1456	0.6362	0.1416	0.1818	0.1060
0.90	0.5945	0.1553	0.6198	0.1511	0.6421	0.1468	0.1889	0.1123
0.91	0.6013	0.1615	0.6264	0.1571	0.6483	0.1525	0.1966	0.1193
0.92	0.6087	0.1683	0.6334	0.1635	0.6551	0.1587	0.2052	0.1271
0.93	0.6168	0.1758	0.6412	0.1707	0.6625	0.1655	0.2147	0.1360
0.94	0.6258	0.1842	0.6497	0.1787	0.6707	0.1732	0.2257	0.1462
0.95	0.6360	0.1938	0.6594	0.1878	0.6799	0.1819	0.2384	0.1582
0.96	0.6478	0.2051	0.6706	0.1986	0.6906	0.1922	0.2537	0.1729
0.97	0.6621	0.2189	0.6843	0.2117	0.7036	0.2047	0.2730	0.1914
0.98	0.6808	0.2371	0.7020	0.2290	0.7204	0.2211	0.2993	0.2171
0.99	0.7094	0.2653	0.7290	0.2556	0.7460	0.2463	0.3421	0.2593

	$\alpha = 2,\ \beta = 11$		$\alpha = 3,\ \beta = 11$		$\alpha = 4,\ \beta = 11$		$\alpha = 5,\ \beta = 11$	
$F_\beta(\pi\|\alpha,\beta)$	π	L_0^*	π	L_0^*	π	L_0^*	π	L_0^*
0.01	0.0128	0.0000	0.0358	0.0001	0.0640	0.0001	0.0944	0.0002
0.02	0.0185	0.0001	0.0463	0.0002	0.0785	0.0004	0.1118	0.0004
0.03	0.0230	0.0002	0.0540	0.0004	0.0887	0.0006	0.1239	0.0007
0.04	0.0269	0.0004	0.0604	0.0007	0.0969	0.0009	0.1335	0.0011
0.05	0.0305	0.0005	0.0660	0.0009	0.1040	0.0012	0.1417	0.0014
0.06	0.0337	0.0007	0.0711	0.0012	0.1103	0.0016	0.1489	0.0018
0.07	0.0368	0.0009	0.0757	0.0015	0.1161	0.0019	0.1553	0.0022
0.08	0.0397	0.0011	0.0801	0.0018	0.1214	0.0023	0.1613	0.0027
0.09	0.0425	0.0014	0.0841	0.0022	0.1263	0.0027	0.1668	0.0032
0.10	0.0452	0.0016	0.0880	0.0025	0.1309	0.0032	0.1720	0.0037
0.11	0.0479	0.0019	0.0917	0.0029	0.1354	0.0036	0.1769	0.0042
0.12	0.0504	0.0022	0.0953	0.0033	0.1396	0.0041	0.1815	0.0047
0.13	0.0529	0.0025	0.0987	0.0038	0.1436	0.0046	0.1860	0.0053
0.14	0.0554	0.0028	0.1020	0.0042	0.1475	0.0052	0.1902	0.0058
0.15	0.0577	0.0032	0.1053	0.0047	0.1513	0.0057	0.1944	0.0064
0.16	0.0601	0.0036	0.1084	0.0052	0.1550	0.0063	0.1983	0.0071
0.17	0.0624	0.0039	0.1115	0.0057	0.1585	0.0069	0.2022	0.0077
0.18	0.0647	0.0043	0.1145	0.0062	0.1620	0.0075	0.2060	0.0083
0.19	0.0670	0.0048	0.1175	0.0068	0.1654	0.0081	0.2096	0.0090
0.20	0.0693	0.0052	0.1204	0.0073	0.1688	0.0088	0.2132	0.0097
0.21	0.0715	0.0057	0.1233	0.0079	0.1720	0.0094	0.2167	0.0104
0.22	0.0737	0.0061	0.1262	0.0085	0.1752	0.0101	0.2202	0.0112
0.23	0.0759	0.0066	0.1290	0.0092	0.1784	0.0108	0.2236	0.0119
0.24	0.0781	0.0071	0.1317	0.0098	0.1815	0.0116	0.2269	0.0127
0.25	0.0803	0.0077	0.1345	0.0105	0.1846	0.0123	0.2302	0.0135
0.26	0.0825	0.0082	0.1372	0.0112	0.1876	0.0131	0.2334	0.0143
0.27	0.0846	0.0088	0.1399	0.0119	0.1906	0.0139	0.2365	0.0152
0.28	0.0868	0.0094	0.1426	0.0126	0.1936	0.0147	0.2397	0.0161
0.29	0.0890	0.0100	0.1452	0.0134	0.1966	0.0155	0.2428	0.0169
0.30	0.0911	0.0107	0.1479	0.0142	0.1995	0.0164	0.2459	0.0178
0.31	0.0933	0.0113	0.1505	0.0150	0.2024	0.0173	0.2489	0.0188
0.32	0.0955	0.0120	0.1531	0.0158	0.2053	0.0182	0.2520	0.0197
0.33	0.0976	0.0127	0.1558	0.0166	0.2081	0.0191	0.2550	0.0207
0.34	0.0998	0.0134	0.1584	0.0175	0.2110	0.0201	0.2579	0.0217
0.35	0.1020	0.0142	0.1610	0.0184	0.2138	0.0211	0.2609	0.0227
0.36	0.1041	0.0150	0.1636	0.0193	0.2166	0.0221	0.2638	0.0238
0.37	0.1063	0.0158	0.1662	0.0203	0.2195	0.0231	0.2668	0.0248
0.38	0.1085	0.0166	0.1688	0.0213	0.2223	0.0242	0.2697	0.0259
0.39	0.1107	0.0174	0.1714	0.0223	0.2251	0.0252	0.2726	0.0271
0.40	0.1130	0.0183	0.1740	0.0233	0.2279	0.0263	0.2755	0.0282
0.41	0.1152	0.0192	0.1766	0.0244	0.2307	0.0275	0.2784	0.0294
0.42	0.1174	0.0201	0.1792	0.0254	0.2335	0.0286	0.2813	0.0306
0.43	0.1197	0.0211	0.1818	0.0265	0.2363	0.0298	0.2842	0.0318
0.44	0.1220	0.0221	0.1844	0.0277	0.2391	0.0310	0.2871	0.0331
0.45	0.1242	0.0231	0.1871	0.0289	0.2419	0.0323	0.2900	0.0344
0.46	0.1265	0.0242	0.1897	0.0301	0.2447	0.0336	0.2929	0.0357
0.47	0.1289	0.0252	0.1924	0.0313	0.2476	0.0349	0.2958	0.0370
0.48	0.1312	0.0263	0.1950	0.0326	0.2504	0.0362	0.2987	0.0384
0.49	0.1336	0.0275	0.1977	0.0339	0.2532	0.0376	0.3016	0.0398
0.50	0.1360	0.0287	0.2004	0.0352	0.2561	0.0390	0.3045	0.0413

	$\alpha=2,\ \beta=11$		$\alpha=3,\ \beta=11$		$\alpha=4,\ \beta=11$		$\alpha=5,\ \beta=11$	
$F_\beta(\pi\|\alpha,\beta)$	π	L_0^π	π	L_0^π	π	L_0^π	π	L_0^π
0.51	0.1384	0.0299	0.2032	0.0366	0.2589	0.0405	0.3075	0.0427
0.52	0.1408	0.0312	0.2059	0.0380	0.2618	0.0420	0.3104	0.0443
0.53	0.1433	0.0325	0.2087	0.0395	0.2647	0.0435	0.3133	0.0458
0.54	0.1458	0.0338	0.2115	0.0410	0.2677	0.0451	0.3163	0.0474
0.55	0.1483	0.0352	0.2143	0.0425	0.2706	0.0467	0.3193	0.0490
0.56	0.1509	0.0366	0.2171	0.0441	0.2736	0.0483	0.3223	0.0507
0.57	0.1535	0.0381	0.2200	0.0457	0.2766	0.0500	0.3254	0.0524
0.58	0.1561	0.0396	0.2229	0.0474	0.2796	0.0517	0.3284	0.0542
0.59	0.1588	0.0411	0.2259	0.0491	0.2827	0.0535	0.3315	0.0560
0.60	0.1615	0.0427	0.2288	0.0509	0.2857	0.0554	0.3346	0.0578
0.61	0.1642	0.0444	0.2318	0.0527	0.2889	0.0572	0.3377	0.0597
0.62	0.1670	0.0461	0.2349	0.0546	0.2920	0.0592	0.3409	0.0617
0.63	0.1699	0.0479	0.2380	0.0565	0.2952	0.0612	0.3441	0.0637
0.64	0.1728	0.0497	0.2411	0.0585	0.2984	0.0632	0.3474	0.0657
0.65	0.1757	0.0516	0.2443	0.0605	0.3017	0.0653	0.3506	0.0679
0.66	0.1787	0.0536	0.2476	0.0627	0.3050	0.0675	0.3540	0.0700
0.67	0.1818	0.0557	0.2509	0.0649	0.3084	0.0698	0.3573	0.0723
0.68	0.1849	0.0578	0.2542	0.0671	0.3118	0.0721	0.3608	0.0746
0.69	0.1881	0.0600	0.2576	0.0695	0.3153	0.0745	0.3643	0.0770
0.70	0.1914	0.0622	0.2611	0.0719	0.3189	0.0769	0.3678	0.0794
0.71	0.1948	0.0646	0.2647	0.0744	0.3225	0.0795	0.3714	0.0820
0.72	0.1982	0.0671	0.2683	0.0770	0.3262	0.0821	0.3751	0.0846
0.73	0.2017	0.0696	0.2721	0.0797	0.3299	0.0849	0.3788	0.0873
0.74	0.2054	0.0723	0.2759	0.0825	0.3338	0.0877	0.3826	0.0901
0.75	0.2091	0.0751	0.2798	0.0854	0.3377	0.0906	0.3865	0.0930
0.76	0.2129	0.0780	0.2838	0.0885	0.3418	0.0937	0.3905	0.0960
0.77	0.2169	0.0810	0.2879	0.0916	0.3459	0.0969	0.3946	0.0992
0.78	0.2210	0.0842	0.2922	0.0949	0.3502	0.1002	0.3988	0.1024
0.79	0.2252	0.0875	0.2966	0.0984	0.3546	0.1036	0.4032	0.1058
0.80	0.2296	0.0910	0.3011	0.1020	0.3592	0.1072	0.4076	0.1094
0.81	0.2342	0.0947	0.3059	0.1058	0.3639	0.1110	0.4122	0.1131
0.82	0.2389	0.0985	0.3107	0.1098	0.3687	0.1150	0.4170	0.1170
0.83	0.2439	0.1026	0.3158	0.1140	0.3738	0.1192	0.4220	0.1211
0.84	0.2491	0.1070	0.3211	0.1184	0.3790	0.1236	0.4271	0.1254
0.85	0.2546	0.1116	0.3267	0.1231	0.3845	0.1282	0.4325	0.1299
0.86	0.2604	0.1166	0.3326	0.1281	0.3903	0.1331	0.4381	0.1347
0.87	0.2665	0.1219	0.3388	0.1335	0.3964	0.1384	0.4440	0.1398
0.88	0.2730	0.1276	0.3453	0.1392	0.4028	0.1440	0.4502	0.1453
0.89	0.2800	0.1337	0.3523	0.1454	0.4097	0.1501	0.4569	0.1512
0.90	0.2875	0.1404	0.3598	0.1521	0.4170	0.1566	0.4640	0.1575
0.91	0.2957	0.1478	0.3679	0.1594	0.4249	0.1638	0.4716	0.1644
0.92	0.3046	0.1560	0.3767	0.1675	0.4335	0.1716	0.4799	0.1720
0.93	0.3146	0.1652	0.3865	0.1766	0.4430	0.1804	0.4890	0.1804
0.94	0.3258	0.1757	0.3975	0.1869	0.4535	0.1903	0.4992	0.1899
0.95	0.3387	0.1879	0.4101	0.1987	0.4657	0.2018	0.5107	0.2009
0.96	0.3540	0.2026	0.4249	0.2129	0.4799	0.2154	0.5243	0.2138
0.97	0.3731	0.2210	0.4433	0.2306	0.4974	0.2322	0.5409	0.2299
0.98	0.3987	0.2460	0.4677	0.2545	0.5205	0.2548	0.5629	0.2513
0.99	0.4395	0.2862	0.5062	0.2924	0.5567	0.2904	0.5969	0.2848

$F_\beta(\pi\|\alpha,\beta)$	$\alpha=6,\ \beta=11$		$\alpha=7,\ \beta=11$		$\alpha=8,\ \beta=11$		$\alpha=9,\ \beta=11$	
	π	L_0^π	π	L_0^π	π	L_0^π	π	L_0^π
0.01	0.1251	0.0002	0.1552	0.0002	0.1844	0.0003	0.2123	0.0003
0.02	0.1448	0.0005	0.1767	0.0005	0.2071	0.0006	0.2360	0.0006
0.03	0.1582	0.0008	0.1911	0.0009	0.2223	0.0010	0.2517	0.0010
0.04	0.1688	0.0012	0.2024	0.0013	0.2341	0.0014	0.2639	0.0014
0.05	0.1778	0.0016	0.2119	0.0017	0.2440	0.0018	0.2739	0.0019
0.06	0.1856	0.0020	0.2201	0.0022	0.2525	0.0023	0.2827	0.0024
0.07	0.1926	0.0025	0.2275	0.0027	0.2601	0.0028	0.2904	0.0029
0.08	0.1990	0.0030	0.2342	0.0032	0.2670	0.0033	0.2974	0.0034
0.09	0.2049	0.0035	0.2404	0.0037	0.2733	0.0038	0.3039	0.0039
0.10	0.2104	0.0040	0.2461	0.0042	0.2792	0.0044	0.3098	0.0045
0.11	0.2156	0.0045	0.2515	0.0048	0.2848	0.0050	0.3154	0.0051
0.12	0.2206	0.0051	0.2567	0.0054	0.2900	0.0056	0.3207	0.0057
0.13	0.2253	0.0057	0.2615	0.0060	0.2949	0.0062	0.3257	0.0063
0.14	0.2298	0.0063	0.2662	0.0066	0.2997	0.0068	0.3305	0.0070
0.15	0.2341	0.0069	0.2707	0.0073	0.3042	0.0075	0.3351	0.0076
0.16	0.2383	0.0076	0.2750	0.0079	0.3086	0.0082	0.3395	0.0083
0.17	0.2424	0.0082	0.2791	0.0086	0.3128	0.0089	0.3437	0.0090
0.18	0.2463	0.0089	0.2832	0.0093	0.3169	0.0096	0.3478	0.0097
0.19	0.2501	0.0096	0.2871	0.0101	0.3209	0.0103	0.3518	0.0104
0.20	0.2539	0.0104	0.2909	0.0108	0.3247	0.0111	0.3556	0.0112
0.21	0.2575	0.0111	0.2946	0.0116	0.3285	0.0118	0.3594	0.0120
0.22	0.2611	0.0119	0.2983	0.0123	0.3322	0.0126	0.3631	0.0128
0.23	0.2646	0.0127	0.3019	0.0131	0.3357	0.0134	0.3666	0.0136
0.24	0.2680	0.0135	0.3054	0.0140	0.3393	0.0143	0.3702	0.0144
0.25	0.2714	0.0143	0.3088	0.0148	0.3427	0.0151	0.3736	0.0152
0.26	0.2747	0.0152	0.3122	0.0157	0.3461	0.0160	0.3770	0.0161
0.27	0.2780	0.0160	0.3155	0.0165	0.3494	0.0168	0.3803	0.0170
0.28	0.2812	0.0169	0.3187	0.0175	0.3527	0.0177	0.3836	0.0179
0.29	0.2844	0.0178	0.3220	0.0184	0.3559	0.0187	0.3868	0.0188
0.30	0.2876	0.0188	0.3252	0.0193	0.3591	0.0196	0.3899	0.0197
0.31	0.2907	0.0197	0.3283	0.0203	0.3623	0.0206	0.3931	0.0207
0.32	0.2938	0.0207	0.3315	0.0213	0.3654	0.0216	0.3962	0.0217
0.33	0.2969	0.0217	0.3345	0.0223	0.3685	0.0226	0.3992	0.0227
0.34	0.2999	0.0227	0.3376	0.0233	0.3716	0.0236	0.4023	0.0237
0.35	0.3030	0.0237	0.3406	0.0243	0.3746	0.0246	0.4053	0.0247
0.36	0.3060	0.0248	0.3437	0.0254	0.3776	0.0257	0.4082	0.0258
0.37	0.3089	0.0259	0.3467	0.0265	0.3806	0.0268	0.4112	0.0268
0.38	0.3119	0.0270	0.3496	0.0276	0.3835	0.0279	0.4141	0.0279
0.39	0.3149	0.0282	0.3526	0.0288	0.3865	0.0290	0.4170	0.0291
0.40	0.3178	0.0293	0.3556	0.0299	0.3894	0.0302	0.4199	0.0302
0.41	0.3207	0.0305	0.3585	0.0311	0.3923	0.0314	0.4228	0.0314
0.42	0.3237	0.0317	0.3614	0.0323	0.3952	0.0326	0.4257	0.0326
0.43	0.3266	0.0330	0.3643	0.0336	0.3981	0.0338	0.4285	0.0338
0.44	0.3295	0.0342	0.3672	0.0348	0.4010	0.0350	0.4313	0.0350
0.45	0.3324	0.0355	0.3702	0.0361	0.4039	0.0363	0.4342	0.0363
0.46	0.3354	0.0369	0.3731	0.0375	0.4067	0.0376	0.4370	0.0375
0.47	0.3383	0.0382	0.3760	0.0388	0.4096	0.0390	0.4398	0.0389
0.48	0.3412	0.0396	0.3789	0.0402	0.4125	0.0403	0.4427	0.0402
0.49	0.3441	0.0410	0.3818	0.0416	0.4154	0.0417	0.4455	0.0416
0.50	0.3471	0.0425	0.3847	0.0430	0.4182	0.0432	0.4483	0.0430

	$\alpha=6,\ \beta=11$		$\alpha=7,\ \beta=11$		$\alpha=8,\ \beta=11$		$\alpha=9,\ \beta=11$	
$F_\beta(\pi\|\alpha,\beta)$	π	L_0^*	π	L_0^*	π	L_0^*	π	L_0^*
0.51	0.3500	0.0440	0.3876	0.0445	0.4211	0.0446	0.4511	0.0444
0.52	0.3529	0.0455	0.3905	0.0460	0.4240	0.0461	0.4540	0.0458
0.53	0.3559	0.0470	0.3935	0.0476	0.4269	0.0476	0.4568	0.0473
0.54	0.3589	0.0486	0.3964	0.0491	0.4298	0.0491	0.4596	0.0488
0.55	0.3619	0.0503	0.3994	0.0507	0.4327	0.0507	0.4625	0.0504
0.56	0.3649	0.0519	0.4023	0.0524	0.4356	0.0524	0.4653	0.0520
0.57	0.3679	0.0536	0.4053	0.0541	0.4385	0.0540	0.4682	0.0536
0.58	0.3709	0.0554	0.4083	0.0558	0.4415	0.0557	0.4711	0.0553
0.59	0.3740	0.0572	0.4113	0.0576	0.4445	0.0574	0.4740	0.0570
0.60	0.3771	0.0590	0.4144	0.0594	0.4474	0.0592	0.4769	0.0587
0.61	0.3802	0.0609	0.4175	0.0612	0.4504	0.0610	0.4799	0.0605
0.62	0.3834	0.0628	0.4206	0.0631	0.4535	0.0629	0.4828	0.0623
0.63	0.3865	0.0648	0.4237	0.0651	0.4565	0.0648	0.4858	0.0642
0.64	0.3897	0.0669	0.4268	0.0671	0.4596	0.0668	0.4888	0.0661
0.65	0.3930	0.0690	0.4300	0.0692	0.4627	0.0688	0.4919	0.0681
0.66	0.3963	0.0711	0.4333	0.0713	0.4659	0.0709	0.4949	0.0701
0.67	0.3996	0.0733	0.4365	0.0735	0.4691	0.0730	0.4981	0.0721
0.68	0.4030	0.0756	0.4398	0.0757	0.4723	0.0752	0.5012	0.0743
0.69	0.4064	0.0780	0.4432	0.0780	0.4756	0.0774	0.5044	0.0765
0.70	0.4099	0.0804	0.4466	0.0804	0.4789	0.0797	0.5076	0.0787
0.71	0.4134	0.0829	0.4501	0.0828	0.4823	0.0821	0.5109	0.0810
0.72	0.4171	0.0854	0.4536	0.0853	0.4857	0.0846	0.5142	0.0834
0.73	0.4207	0.0881	0.4572	0.0879	0.4892	0.0871	0.5176	0.0859
0.74	0.4245	0.0909	0.4609	0.0906	0.4928	0.0897	0.5211	0.0884
0.75	0.4283	0.0937	0.4646	0.0934	0.4964	0.0924	0.5246	0.0910
0.76	0.4322	0.0967	0.4684	0.0963	0.5001	0.0952	0.5282	0.0937
0.77	0.4362	0.0998	0.4723	0.0993	0.5039	0.0981	0.5319	0.0965
0.78	0.4403	0.1029	0.4763	0.1024	0.5078	0.1011	0.5356	0.0995
0.79	0.4446	0.1063	0.4804	0.1056	0.5118	0.1042	0.5395	0.1025
0.80	0.4489	0.1097	0.4846	0.1090	0.5159	0.1075	0.5434	0.1056
0.81	0.4534	0.1133	0.4890	0.1125	0.5201	0.1109	0.5475	0.1089
0.82	0.4581	0.1171	0.4935	0.1161	0.5245	0.1144	0.5517	0.1124
0.83	0.4629	0.1211	0.4982	0.1200	0.5290	0.1182	0.5561	0.1159
0.84	0.4679	0.1253	0.5030	0.1240	0.5336	0.1221	0.5606	0.1197
0.85	0.4731	0.1297	0.5080	0.1283	0.5385	0.1262	0.5653	0.1237
0.86	0.4785	0.1343	0.5133	0.1328	0.5436	0.1305	0.5702	0.1278
0.87	0.4843	0.1393	0.5188	0.1375	0.5489	0.1351	0.5753	0.1323
0.88	0.4903	0.1446	0.5246	0.1426	0.5545	0.1400	0.5807	0.1370
0.89	0.4967	0.1502	0.5308	0.1481	0.5604	0.1453	0.5864	0.1420
0.90	0.5035	0.1563	0.5374	0.1540	0.5667	0.1509	0.5925	0.1475
0.91	0.5108	0.1630	0.5444	0.1603	0.5735	0.1570	0.5990	0.1534
0.92	0.5188	0.1702	0.5520	0.1673	0.5808	0.1637	0.6060	0.1598
0.93	0.5275	0.1783	0.5604	0.1751	0.5888	0.1712	0.6137	0.1669
0.94	0.5373	0.1874	0.5697	0.1838	0.5977	0.1795	0.6222	0.1749
0.95	0.5483	0.1979	0.5803	0.1938	0.6078	0.1890	0.6319	0.1840
0.96	0.5613	0.2103	0.5926	0.2055	0.6196	0.2003	0.6431	0.1948
0.97	0.5771	0.2255	0.6077	0.2201	0.6339	0.2141	0.6568	0.2079
0.98	0.5978	0.2458	0.6274	0.2393	0.6527	0.2324	0.6746	0.2253
0.99	0.6300	0.2774	0.6577	0.2692	0.6814	0.2607	0.7020	0.2523

$F_\beta(\pi\|\alpha,\beta)$	$\alpha=10,\ \beta=11$ π	L_0^π	$\alpha=11,\ \beta=11$ π	L_0^π	$\alpha=1,\ \beta=12$ π	L_0^π	$\alpha=2,\ \beta=12$ π	L_0^π
0.01	0.2390	0.0003	0.2642	0.0003	0.0008	0.0000	0.0118	0.0000
0.02	0.2633	0.0006	0.2890	0.0006	0.0017	0.0000	0.0170	0.0001
0.03	0.2794	0.0010	0.3053	0.0010	0.0025	0.0000	0.0212	0.0002
0.04	0.2917	0.0015	0.3178	0.0015	0.0034	0.0001	0.0248	0.0003
0.05	0.3019	0.0019	0.3281	0.0019	0.0043	0.0001	0.0281	0.0005
0.06	0.3108	0.0024	0.3370	0.0024	0.0051	0.0002	0.0311	0.0007
0.07	0.3186	0.0029	0.3448	0.0029	0.0060	0.0002	0.0339	0.0008
0.08	0.3257	0.0034	0.3519	0.0035	0.0069	0.0003	0.0366	0.0010
0.09	0.3322	0.0040	0.3584	0.0040	0.0078	0.0004	0.0392	0.0013
0.10	0.3382	0.0046	0.3644	0.0046	0.0087	0.0004	0.0417	0.0015
0.11	0.3438	0.0052	0.3700	0.0052	0.0097	0.0005	0.0441	0.0018
0.12	0.3491	0.0058	0.3753	0.0058	0.0106	0.0006	0.0465	0.0020
0.13	0.3541	0.0064	0.3803	0.0064	0.0115	0.0008	0.0488	0.0023
0.14	0.3589	0.0070	0.3851	0.0071	0.0125	0.0009	0.0510	0.0026
0.15	0.3635	0.0077	0.3896	0.0077	0.0135	0.0010	0.0532	0.0029
0.16	0.3679	0.0084	0.3940	0.0084	0.0144	0.0012	0.0554	0.0033
0.17	0.3721	0.0091	0.3982	0.0091	0.0154	0.0013	0.0576	0.0036
0.18	0.3762	0.0098	0.4023	0.0098	0.0164	0.0015	0.0597	0.0040
0.19	0.3801	0.0105	0.4062	0.0105	0.0174	0.0017	0.0618	0.0044
0.20	0.3840	0.0113	0.4100	0.0113	0.0184	0.0019	0.0639	0.0048
0.21	0.3877	0.0120	0.4137	0.0120	0.0195	0.0021	0.0660	0.0052
0.22	0.3913	0.0128	0.4173	0.0128	0.0205	0.0023	0.0680	0.0057
0.23	0.3949	0.0136	0.4208	0.0136	0.0215	0.0026	0.0700	0.0061
0.24	0.3984	0.0144	0.4243	0.0144	0.0226	0.0028	0.0721	0.0066
0.25	0.4018	0.0153	0.4277	0.0152	0.0237	0.0031	0.0741	0.0071
0.26	0.4052	0.0161	0.4310	0.0161	0.0248	0.0034	0.0761	0.0076
0.27	0.4085	0.0170	0.4342	0.0169	0.0259	0.0037	0.0781	0.0081
0.28	0.4117	0.0179	0.4374	0.0178	0.0270	0.0040	0.0801	0.0087
0.29	0.4149	0.0188	0.4405	0.0187	0.0281	0.0043	0.0821	0.0093
0.30	0.4180	0.0197	0.4436	0.0196	0.0293	0.0046	0.0841	0.0099
0.31	0.4211	0.0207	0.4467	0.0206	0.0304	0.0050	0.0861	0.0105
0.32	0.4242	0.0216	0.4497	0.0215	0.0316	0.0054	0.0881	0.0111
0.33	0.4272	0.0226	0.4527	0.0225	0.0328	0.0057	0.0902	0.0118
0.34	0.4302	0.0236	0.4556	0.0234	0.0340	0.0062	0.0922	0.0124
0.35	0.4331	0.0246	0.4585	0.0244	0.0353	0.0066	0.0942	0.0131
0.36	0.4361	0.0257	0.4614	0.0255	0.0365	0.0070	0.0962	0.0138
0.37	0.4390	0.0267	0.4643	0.0265	0.0378	0.0075	0.0982	0.0146
0.38	0.4418	0.0278	0.4671	0.0276	0.0391	0.0080	0.1003	0.0153
0.39	0.4447	0.0289	0.4699	0.0287	0.0404	0.0085	0.1023	0.0161
0.40	0.4475	0.0301	0.4727	0.0298	0.0417	0.0090	0.1044	0.0169
0.41	0.4504	0.0312	0.4755	0.0309	0.0430	0.0095	0.1065	0.0178
0.42	0.4532	0.0324	0.4782	0.0320	0.0444	0.0101	0.1085	0.0187
0.43	0.4560	0.0335	0.4810	0.0332	0.0458	0.0107	0.1106	0.0195
0.44	0.4588	0.0348	0.4837	0.0344	0.0472	0.0113	0.1127	0.0205
0.45	0.4616	0.0360	0.4865	0.0356	0.0486	0.0119	0.1149	0.0214
0.46	0.4643	0.0373	0.4892	0.0368	0.0501	0.0126	0.1170	0.0224
0.47	0.4671	0.0386	0.4919	0.0381	0.0515	0.0133	0.1192	0.0234
0.48	0.4699	0.0399	0.4946	0.0394	0.0530	0.0140	0.1214	0.0244
0.49	0.4727	0.0412	0.4973	0.0407	0.0546	0.0147	0.1236	0.0255
0.50	0.4754	0.0426	0.5000	0.0420	0.0561	0.0155	0.1258	0.0266

$F_\beta(\pi\|\alpha,\beta)$	$\alpha=10,\ \beta=11$ π	L_0^π	$\alpha=11,\ \beta=11$ π	L_0^π	$\alpha=1,\ \beta=12$ π	L_0^π	$\alpha=2,\ \beta=12$ π	L_0^π
0.51	0.4782	0.0440	0.5027	0.0434	0.0577	0.0163	0.1280	0.0277
0.52	0.4809	0.0454	0.5054	0.0448	0.0593	0.0171	0.1303	0.0289
0.53	0.4837	0.0469	0.5081	0.0462	0.0610	0.0180	0.1326	0.0301
0.54	0.4865	0.0483	0.5108	0.0477	0.0627	0.0189	0.1349	0.0314
0.55	0.4893	0.0498	0.5135	0.0492	0.0644	0.0198	0.1373	0.0326
0.56	0.4921	0.0514	0.5163	0.0507	0.0661	0.0208	0.1397	0.0340
0.57	0.4949	0.0530	0.5190	0.0522	0.0679	0.0218	0.1421	0.0353
0.58	0.4977	0.0546	0.5218	0.0538	0.0697	0.0229	0.1445	0.0367
0.59	0.5005	0.0563	0.5245	0.0554	0.0716	0.0240	0.1470	0.0382
0.60	0.5034	0.0580	0.5273	0.0571	0.0735	0.0251	0.1496	0.0397
0.61	0.5063	0.0597	0.5301	0.0588	0.0755	0.0263	0.1521	0.0412
0.62	0.5091	0.0615	0.5329	0.0605	0.0775	0.0275	0.1547	0.0429
0.63	0.5121	0.0633	0.5357	0.0623	0.0795	0.0288	0.1574	0.0445
0.64	0.5150	0.0652	0.5386	0.0641	0.0816	0.0301	0.1601	0.0462
0.65	0.5180	0.0671	0.5415	0.0659	0.0838	0.0315	0.1628	0.0480
0.66	0.5209	0.0690	0.5444	0.0678	0.0860	0.0330	0.1657	0.0498
0.67	0.5240	0.0710	0.5473	0.0698	0.0882	0.0345	0.1685	0.0518
0.68	0.5270	0.0731	0.5503	0.0718	0.0906	0.0360	0.1715	0.0537
0.69	0.5301	0.0752	0.5533	0.0739	0.0930	0.0377	0.1744	0.0558
0.70	0.5333	0.0774	0.5564	0.0760	0.0955	0.0394	0.1775	0.0579
0.71	0.5365	0.0797	0.5595	0.0782	0.0980	0.0412	0.1806	0.0601
0.72	0.5397	0.0820	0.5626	0.0804	0.1006	0.0431	0.1839	0.0624
0.73	0.5430	0.0844	0.5658	0.0827	0.1034	0.0451	0.1872	0.0648
0.74	0.5463	0.0868	0.5690	0.0851	0.1062	0.0471	0.1906	0.0673
0.75	0.5498	0.0894	0.5723	0.0876	0.1091	0.0493	0.1941	0.0699
0.76	0.5532	0.0920	0.5757	0.0901	0.1121	0.0516	0.1977	0.0726
0.77	0.5568	0.0947	0.5792	0.0928	0.1153	0.0540	0.2014	0.0755
0.78	0.5604	0.0975	0.5827	0.0955	0.1185	0.0565	0.2052	0.0784
0.79	0.5642	0.1005	0.5863	0.0983	0.1220	0.0592	0.2092	0.0816
0.80	0.5680	0.1035	0.5900	0.1013	0.1255	0.0620	0.2133	0.0849
0.81	0.5719	0.1067	0.5938	0.1043	0.1292	0.0650	0.2176	0.0883
0.82	0.5760	0.1100	0.5977	0.1075	0.1332	0.0682	0.2221	0.0920
0.83	0.5802	0.1135	0.6018	0.1109	0.1373	0.0716	0.2268	0.0958
0.84	0.5846	0.1171	0.6060	0.1144	0.1416	0.0753	0.2317	0.0999
0.85	0.5891	0.1209	0.6104	0.1181	0.1462	0.0792	0.2368	0.1043
0.86	0.5938	0.1250	0.6149	0.1220	0.1511	0.0833	0.2423	0.1089
0.87	0.5987	0.1292	0.6197	0.1261	0.1564	0.0879	0.2480	0.1139
0.88	0.6039	0.1338	0.6247	0.1305	0.1620	0.0928	0.2542	0.1193
0.89	0.6094	0.1386	0.6300	0.1351	0.1680	0.0981	0.2607	0.1251
0.90	0.6152	0.1439	0.6356	0.1402	0.1746	0.1040	0.2678	0.1314
0.91	0.6215	0.1495	0.6416	0.1456	0.1818	0.1106	0.2756	0.1384
0.92	0.6282	0.1557	0.6481	0.1515	0.1898	0.1179	0.2840	0.1462
0.93	0.6356	0.1625	0.6552	0.1581	0.1988	0.1262	0.2934	0.1549
0.94	0.6438	0.1702	0.6630	0.1654	0.2090	0.1357	0.3041	0.1648
0.95	0.6531	0.1789	0.6719	0.1738	0.2209	0.1470	0.3163	0.1764
0.96	0.6638	0.1892	0.6822	0.1837	0.2353	0.1607	0.3309	0.1904
0.97	0.6769	0.2018	0.6947	0.1957	0.2534	0.1782	0.3491	0.2079
0.98	0.6939	0.2184	0.7110	0.2116	0.2782	0.2024	0.3736	0.2318
0.99	0.7199	0.2440	0.7358	0.2361	0.3187	0.2423	0.4128	0.2705

	$\alpha=3,\ \beta=12$		$\alpha=4,\ \beta=12$		$\alpha=5,\ \beta=12$		$\alpha=6,\ \beta=12$	
$F_\beta(\pi\|\alpha,\beta)$	π	L_0^π	π	L_0^π	π	L_0^π	π	L_0^π
0.01	0.0331	0.0001	0.0594	0.0001	0.0878	0.0002	0.1168	0.0002
0.02	0.0428	0.0002	0.0728	0.0003	0.1041	0.0004	0.1353	0.0005
0.03	0.0500	0.0004	0.0823	0.0006	0.1154	0.0007	0.1480	0.0008
0.04	0.0559	0.0006	0.0900	0.0008	0.1245	0.0010	0.1580	0.0011
0.05	0.0611	0.0008	0.0967	0.0011	0.1321	0.0013	0.1664	0.0015
0.06	0.0658	0.0011	0.1025	0.0015	0.1388	0.0017	0.1737	0.0019
0.07	0.0701	0.0014	0.1079	0.0018	0.1449	0.0021	0.1803	0.0023
0.08	0.0741	0.0017	0.1128	0.0022	0.1505	0.0025	0.1864	0.0028
0.09	0.0779	0.0020	0.1174	0.0026	0.1557	0.0030	0.1919	0.0033
0.10	0.0815	0.0023	0.1218	0.0030	0.1606	0.0034	0.1972	0.0038
0.11	0.0849	0.0027	0.1259	0.0034	0.1652	0.0039	0.2021	0.0043
0.12	0.0882	0.0031	0.1298	0.0039	0.1695	0.0044	0.2067	0.0048
0.13	0.0914	0.0035	0.1336	0.0043	0.1737	0.0049	0.2112	0.0054
0.14	0.0945	0.0039	0.1373	0.0048	0.1777	0.0055	0.2155	0.0059
0.15	0.0975	0.0043	0.1408	0.0053	0.1816	0.0060	0.2196	0.0065
0.16	0.1005	0.0048	0.1442	0.0059	0.1854	0.0066	0.2235	0.0072
0.17	0.1034	0.0053	0.1476	0.0064	0.1890	0.0072	0.2274	0.0078
0.18	0.1062	0.0058	0.1509	0.0070	0.1926	0.0078	0.2311	0.0084
0.19	0.1089	0.0063	0.1540	0.0076	0.1960	0.0085	0.2347	0.0091
0.20	0.1117	0.0068	0.1572	0.0082	0.1994	0.0091	0.2383	0.0098
0.21	0.1143	0.0074	0.1602	0.0088	0.2027	0.0098	0.2418	0.0105
0.22	0.1170	0.0079	0.1632	0.0095	0.2060	0.0105	0.2451	0.0112
0.23	0.1196	0.0085	0.1662	0.0101	0.2092	0.0112	0.2485	0.0120
0.24	0.1222	0.0091	0.1692	0.0108	0.2123	0.0120	0.2517	0.0128
0.25	0.1247	0.0098	0.1720	0.0115	0.2154	0.0127	0.2549	0.0135
0.26	0.1273	0.0104	0.1749	0.0123	0.2184	0.0135	0.2581	0.0143
0.27	0.1298	0.0111	0.1777	0.0130	0.2214	0.0143	0.2612	0.0152
0.28	0.1323	0.0118	0.1805	0.0138	0.2244	0.0151	0.2643	0.0160
0.29	0.1348	0.0125	0.1833	0.0146	0.2273	0.0160	0.2673	0.0169
0.30	0.1373	0.0132	0.1860	0.0154	0.2303	0.0168	0.2703	0.0178
0.31	0.1397	0.0139	0.1887	0.0162	0.2331	0.0177	0.2733	0.0187
0.32	0.1422	0.0147	0.1915	0.0171	0.2360	0.0186	0.2763	0.0196
0.33	0.1446	0.0155	0.1942	0.0179	0.2389	0.0195	0.2792	0.0206
0.34	0.1471	0.0163	0.1968	0.0188	0.2417	0.0205	0.2821	0.0215
0.35	0.1495	0.0172	0.1995	0.0198	0.2445	0.0214	0.2850	0.0225
0.36	0.1519	0.0180	0.2022	0.0207	0.2473	0.0224	0.2878	0.0235
0.37	0.1544	0.0189	0.2048	0.0217	0.2501	0.0234	0.2906	0.0246
0.38	0.1568	0.0198	0.2075	0.0227	0.2528	0.0245	0.2935	0.0256
0.39	0.1592	0.0208	0.2101	0.0237	0.2556	0.0256	0.2963	0.0267
0.40	0.1617	0.0217	0.2128	0.0247	0.2583	0.0266	0.2991	0.0278
0.41	0.1641	0.0227	0.2154	0.0258	0.2611	0.0278	0.3019	0.0290
0.42	0.1665	0.0237	0.2181	0.0269	0.2638	0.0289	0.3047	0.0301
0.43	0.1690	0.0248	0.2207	0.0280	0.2666	0.0301	0.3075	0.0313
0.44	0.1715	0.0258	0.2234	0.0292	0.2693	0.0313	0.3103	0.0325
0.45	0.1739	0.0269	0.2260	0.0304	0.2721	0.0325	0.3131	0.0338
0.46	0.1764	0.0281	0.2287	0.0316	0.2748	0.0337	0.3158	0.0350
0.47	0.1789	0.0292	0.2313	0.0328	0.2776	0.0350	0.3186	0.0363
0.48	0.1814	0.0304	0.2340	0.0341	0.2803	0.0363	0.3214	0.0377
0.49	0.1839	0.0316	0.2367	0.0354	0.2831	0.0377	0.3242	0.0390
0.50	0.1865	0.0329	0.2394	0.0367	0.2859	0.0390	0.3270	0.0404

$F_\beta(\pi\|\alpha,\beta)$	$\alpha=3,\ \beta=12$		$\alpha=4,\ \beta=12$		$\alpha=5,\ \beta=12$		$\alpha=6,\ \beta=12$	
	π	L_0^π	π	L_0^π	π	L_0^π	π	L_0^π
0.51	0.1890	0.0342	0.2421	0.0381	0.2887	0.0404	0.3299	0.0418
0.52	0.1916	0.0355	0.2448	0.0395	0.2915	0.0419	0.3327	0.0433
0.53	0.1942	0.0369	0.2476	0.0409	0.2943	0.0434	0.3355	0.0448
0.54	0.1968	0.0383	0.2504	0.0424	0.2971	0.0449	0.3384	0.0463
0.55	0.1995	0.0397	0.2532	0.0439	0.3000	0.0464	0.3412	0.0478
0.56	0.2022	0.0412	0.2560	0.0455	0.3028	0.0480	0.3441	0.0494
0.57	0.2049	0.0427	0.2588	0.0471	0.3057	0.0497	0.3470	0.0511
0.58	0.2076	0.0443	0.2617	0.0487	0.3086	0.0513	0.3499	0.0528
0.59	0.2104	0.0459	0.2645	0.0504	0.3116	0.0531	0.3529	0.0545
0.60	0.2131	0.0476	0.2675	0.0522	0.3146	0.0548	0.3558	0.0562
0.61	0.2160	0.0493	0.2704	0.0540	0.3175	0.0566	0.3588	0.0580
0.62	0.2189	0.0511	0.2734	0.0558	0.3206	0.0585	0.3618	0.0599
0.63	0.2218	0.0529	0.2764	0.0577	0.3236	0.0604	0.3649	0.0618
0.64	0.2247	0.0548	0.2795	0.0596	0.3267	0.0624	0.3680	0.0638
0.65	0.2277	0.0567	0.2826	0.0616	0.3299	0.0644	0.3711	0.0658
0.66	0.2308	0.0587	0.2858	0.0637	0.3330	0.0665	0.3743	0.0679
0.67	0.2339	0.0608	0.2890	0.0658	0.3363	0.0686	0.3775	0.0700
0.68	0.2371	0.0629	0.2922	0.0680	0.3396	0.0708	0.3807	0.0722
0.69	0.2403	0.0651	0.2956	0.0703	0.3429	0.0731	0.3840	0.0745
0.70	0.2436	0.0674	0.2989	0.0727	0.3463	0.0755	0.3874	0.0768
0.71	0.2470	0.0698	0.3024	0.0751	0.3497	0.0779	0.3908	0.0792
0.72	0.2504	0.0723	0.3059	0.0776	0.3532	0.0804	0.3943	0.0817
0.73	0.2539	0.0748	0.3095	0.0802	0.3568	0.0830	0.3978	0.0842
0.74	0.2575	0.0775	0.3131	0.0829	0.3605	0.0857	0.4014	0.0869
0.75	0.2612	0.0802	0.3169	0.0857	0.3642	0.0885	0.4051	0.0897
0.76	0.2650	0.0831	0.3208	0.0886	0.3681	0.0914	0.4089	0.0925
0.77	0.2689	0.0861	0.3247	0.0917	0.3720	0.0944	0.4128	0.0955
0.78	0.2730	0.0892	0.3288	0.0948	0.3761	0.0976	0.4168	0.0986
0.79	0.2771	0.0925	0.3330	0.0981	0.3802	0.1008	0.4209	0.1018
0.80	0.2814	0.0959	0.3373	0.1016	0.3845	0.1042	0.4251	0.1051
0.81	0.2859	0.0995	0.3418	0.1052	0.3890	0.1078	0.4294	0.1086
0.82	0.2906	0.1033	0.3465	0.1090	0.3935	0.1116	0.4339	0.1123
0.83	0.2954	0.1073	0.3513	0.1130	0.3983	0.1155	0.4386	0.1161
0.84	0.3004	0.1115	0.3564	0.1172	0.4033	0.1196	0.4434	0.1202
0.85	0.3057	0.1160	0.3616	0.1216	0.4085	0.1240	0.4485	0.1245
0.86	0.3113	0.1207	0.3672	0.1264	0.4139	0.1286	0.4538	0.1290
0.87	0.3172	0.1258	0.3730	0.1314	0.4196	0.1336	0.4593	0.1338
0.88	0.3234	0.1313	0.3792	0.1368	0.4257	0.1389	0.4652	0.1389
0.89	0.3301	0.1372	0.3857	0.1426	0.4321	0.1446	0.4714	0.1444
0.90	0.3372	0.1436	0.3928	0.1489	0.4389	0.1507	0.4781	0.1504
0.91	0.3450	0.1506	0.4004	0.1558	0.4463	0.1574	0.4852	0.1569
0.92	0.3534	0.1583	0.4087	0.1634	0.4544	0.1647	0.4930	0.1640
0.93	0.3628	0.1670	0.4178	0.1718	0.4632	0.1729	0.5015	0.1719
0.94	0.3733	0.1768	0.4281	0.1814	0.4731	0.1822	0.5111	0.1808
0.95	0.3854	0.1882	0.4398	0.1925	0.4844	0.1929	0.5219	0.1910
0.96	0.3997	0.2019	0.4536	0.2057	0.4976	0.2055	0.5346	0.2032
0.97	0.4173	0.2189	0.4706	0.2221	0.5139	0.2212	0.5502	0.2182
0.98	0.4409	0.2419	0.4931	0.2441	0.5354	0.2422	0.5707	0.2382
0.99	0.4783	0.2787	0.5285	0.2789	0.5690	0.2753	0.6025	0.2696

$F_\beta(\pi\|\alpha,\beta)$	$\alpha=7,\ \beta=12$		$\alpha=8,\ \beta=12$		$\alpha=9,\ \beta=12$		$\alpha=10,\ \beta=12$	
	π	L_0^π	π	L_0^π	π	L_0^π	π	L_0^π
0.01	0.1454	0.0002	0.1733	0.0002	0.2001	0.0003	0.2257	0.0003
0.02	0.1657	0.0005	0.1948	0.0006	0.2225	0.0006	0.2489	0.0006
0.03	0.1793	0.0009	0.2092	0.0009	0.2375	0.0009	0.2642	0.0010
0.04	0.1900	0.0012	0.2204	0.0013	0.2490	0.0014	0.2760	0.0014
0.05	0.1990	0.0016	0.2297	0.0017	0.2586	0.0018	0.2858	0.0018
0.06	0.2067	0.0021	0.2378	0.0022	0.2670	0.0022	0.2942	0.0023
0.07	0.2137	0.0025	0.2450	0.0026	0.2744	0.0027	0.3018	0.0028
0.08	0.2201	0.0030	0.2516	0.0031	0.2811	0.0032	0.3085	0.0033
0.09	0.2259	0.0035	0.2577	0.0036	0.2872	0.0037	0.3148	0.0038
0.10	0.2314	0.0040	0.2633	0.0042	0.2929	0.0043	0.3205	0.0044
0.11	0.2365	0.0045	0.2685	0.0047	0.2983	0.0048	0.3259	0.0049
0.12	0.2414	0.0051	0.2735	0.0053	0.3033	0.0054	0.3310	0.0055
0.13	0.2460	0.0057	0.2783	0.0059	0.3081	0.0060	0.3358	0.0061
0.14	0.2504	0.0063	0.2828	0.0065	0.3127	0.0067	0.3404	0.0067
0.15	0.2547	0.0069	0.2871	0.0071	0.3171	0.0073	0.3448	0.0074
0.16	0.2588	0.0075	0.2913	0.0078	0.3213	0.0079	0.3490	0.0080
0.17	0.2627	0.0082	0.2953	0.0084	0.3254	0.0086	0.3531	0.0087
0.18	0.2666	0.0089	0.2992	0.0091	0.3293	0.0093	0.3570	0.0094
0.19	0.2703	0.0095	0.3030	0.0098	0.3331	0.0100	0.3609	0.0101
0.20	0.2740	0.0103	0.3067	0.0105	0.3368	0.0107	0.3646	0.0108
0.21	0.2775	0.0110	0.3103	0.0113	0.3404	0.0115	0.3682	0.0116
0.22	0.2810	0.0117	0.3138	0.0120	0.3440	0.0122	0.3717	0.0123
0.23	0.2844	0.0125	0.3173	0.0128	0.3474	0.0130	0.3751	0.0131
0.24	0.2877	0.0133	0.3206	0.0136	0.3508	0.0138	0.3785	0.0139
0.25	0.2910	0.0141	0.3240	0.0144	0.3541	0.0146	0.3818	0.0147
0.26	0.2942	0.0149	0.3272	0.0152	0.3574	0.0154	0.3850	0.0155
0.27	0.2974	0.0157	0.3304	0.0161	0.3606	0.0163	0.3882	0.0164
0.28	0.3005	0.0166	0.3335	0.0170	0.3637	0.0171	0.3913	0.0172
0.29	0.3036	0.0175	0.3366	0.0178	0.3668	0.0180	0.3944	0.0181
0.30	0.3067	0.0184	0.3397	0.0187	0.3699	0.0189	0.3974	0.0190
0.31	0.3097	0.0193	0.3427	0.0197	0.3729	0.0198	0.4004	0.0199
0.32	0.3127	0.0202	0.3457	0.0206	0.3758	0.0208	0.4034	0.0208
0.33	0.3156	0.0212	0.3487	0.0216	0.3788	0.0217	0.4063	0.0218
0.34	0.3186	0.0222	0.3516	0.0226	0.3817	0.0227	0.4092	0.0228
0.35	0.3215	0.0232	0.3545	0.0236	0.3846	0.0237	0.4121	0.0237
0.36	0.3243	0.0242	0.3574	0.0246	0.3875	0.0247	0.4149	0.0247
0.37	0.3272	0.0253	0.3603	0.0256	0.3903	0.0258	0.4177	0.0258
0.38	0.3301	0.0263	0.3632	0.0267	0.3932	0.0268	0.4205	0.0268
0.39	0.3329	0.0274	0.3660	0.0278	0.3960	0.0279	0.4233	0.0279
0.40	0.3357	0.0285	0.3688	0.0289	0.3988	0.0290	0.4261	0.0290
0.41	0.3386	0.0297	0.3716	0.0300	0.4016	0.0302	0.4288	0.0301
0.42	0.3414	0.0308	0.3744	0.0312	0.4043	0.0313	0.4315	0.0312
0.43	0.3442	0.0320	0.3772	0.0324	0.4071	0.0325	0.4343	0.0324
0.44	0.3470	0.0332	0.3800	0.0336	0.4098	0.0337	0.4370	0.0336
0.45	0.3498	0.0345	0.3827	0.0348	0.4126	0.0349	0.4397	0.0348
0.46	0.3525	0.0358	0.3855	0.0361	0.4153	0.0361	0.4424	0.0360
0.47	0.3553	0.0371	0.3883	0.0374	0.4181	0.0374	0.4451	0.0372
0.48	0.3581	0.0384	0.3911	0.0387	0.4208	0.0387	0.4478	0.0385
0.49	0.3609	0.0397	0.3938	0.0400	0.4235	0.0400	0.4504	0.0398
0.50	0.3637	0.0411	0.3966	0.0414	0.4263	0.0414	0.4531	0.0412

$F_\beta(\pi\|\alpha,\beta)$	$\alpha=7,\ \beta=12$		$\alpha=8,\ \beta=12$		$\alpha=9,\ \beta=12$		$\alpha=10,\ \beta=12$	
	π	L_0^π	π	L_0^π	π	L_0^π	π	L_0^π
0.51	0.3665	0.0425	0.3994	0.0428	0.4290	0.0428	0.4558	0.0425
0.52	0.3693	0.0440	0.4022	0.0442	0.4317	0.0442	0.4585	0.0439
0.53	0.3722	0.0455	0.4050	0.0457	0.4345	0.0456	0.4612	0.0453
0.54	0.3750	0.0470	0.4078	0.0472	0.4372	0.0471	0.4639	0.0468
0.55	0.3778	0.0485	0.4106	0.0487	0.4400	0.0486	0.4667	0.0483
0.56	0.3807	0.0501	0.4134	0.0503	0.4428	0.0502	0.4694	0.0498
0.57	0.3836	0.0518	0.4162	0.0519	0.4456	0.0517	0.4721	0.0513
0.58	0.3865	0.0534	0.4191	0.0536	0.4484	0.0533	0.4749	0.0529
0.59	0.3894	0.0551	0.4220	0.0552	0.4512	0.0550	0.4776	0.0545
0.60	0.3923	0.0569	0.4249	0.0570	0.4541	0.0567	0.4804	0.0562
0.61	0.3953	0.0587	0.4278	0.0587	0.4569	0.0584	0.4832	0.0579
0.62	0.3983	0.0605	0.4307	0.0605	0.4598	0.0602	0.4860	0.0596
0.63	0.4013	0.0624	0.4337	0.0624	0.4627	0.0620	0.4889	0.0614
0.64	0.4044	0.0643	0.4367	0.0643	0.4656	0.0639	0.4918	0.0632
0.65	0.4074	0.0663	0.4397	0.0662	0.4686	0.0658	0.4947	0.0651
0.66	0.4105	0.0684	0.4428	0.0683	0.4716	0.0678	0.4976	0.0670
0.67	0.4137	0.0705	0.4459	0.0703	0.4746	0.0698	0.5005	0.0690
0.68	0.4169	0.0726	0.4490	0.0724	0.4777	0.0718	0.5035	0.0710
0.69	0.4202	0.0748	0.4522	0.0746	0.4808	0.0740	0.5066	0.0731
0.70	0.4235	0.0771	0.4555	0.0769	0.4840	0.0762	0.5097	0.0752
0.71	0.4268	0.0795	0.4587	0.0792	0.4872	0.0784	0.5128	0.0774
0.72	0.4302	0.0820	0.4621	0.0816	0.4905	0.0808	0.5160	0.0797
0.73	0.4337	0.0845	0.4655	0.0840	0.4938	0.0832	0.5192	0.0820
0.74	0.4373	0.0871	0.4689	0.0866	0.4972	0.0857	0.5225	0.0844
0.75	0.4409	0.0898	0.4725	0.0892	0.5006	0.0882	0.5258	0.0869
0.76	0.4446	0.0926	0.4761	0.0920	0.5041	0.0909	0.5292	0.0895
0.77	0.4484	0.0955	0.4798	0.0948	0.5077	0.0936	0.5327	0.0922
0.78	0.4523	0.0985	0.4836	0.0977	0.5114	0.0965	0.5363	0.0950
0.79	0.4563	0.1016	0.4875	0.1008	0.5152	0.0995	0.5400	0.0978
0.80	0.4604	0.1049	0.4915	0.1040	0.5191	0.1025	0.5438	0.1008
0.81	0.4646	0.1083	0.4956	0.1073	0.5231	0.1058	0.5476	0.1040
0.82	0.4690	0.1119	0.4998	0.1107	0.5272	0.1091	0.5517	0.1072
0.83	0.4735	0.1156	0.5042	0.1144	0.5315	0.1127	0.5558	0.1107
0.84	0.4782	0.1196	0.5088	0.1182	0.5359	0.1164	0.5601	0.1142
0.85	0.4832	0.1237	0.5136	0.1222	0.5405	0.1203	0.5646	0.1180
0.86	0.4883	0.1281	0.5186	0.1265	0.5453	0.1244	0.5692	0.1220
0.87	0.4937	0.1328	0.5238	0.1310	0.5504	0.1288	0.5741	0.1262
0.88	0.4994	0.1377	0.5293	0.1358	0.5557	0.1334	0.5792	0.1307
0.89	0.5054	0.1431	0.5351	0.1410	0.5613	0.1384	0.5847	0.1355
0.90	0.5118	0.1488	0.5413	0.1465	0.5673	0.1437	0.5905	0.1407
0.91	0.5187	0.1551	0.5480	0.1526	0.5738	0.1496	0.5967	0.1463
0.92	0.5262	0.1619	0.5552	0.1592	0.5807	0.1559	0.6034	0.1525
0.93	0.5345	0.1696	0.5631	0.1665	0.5883	0.1630	0.6107	0.1593
0.94	0.5436	0.1781	0.5719	0.1747	0.5968	0.1709	0.6189	0.1669
0.95	0.5540	0.1880	0.5819	0.1842	0.6064	0.1800	0.6281	0.1756
0.96	0.5662	0.1996	0.5936	0.1953	0.6176	0.1907	0.6388	0.1859
0.97	0.5811	0.2140	0.6078	0.2091	0.6312	0.2038	0.6519	0.1985
0.98	0.6007	0.2330	0.6265	0.2273	0.6491	0.2213	0.6690	0.2152
0.99	0.6309	0.2628	0.6553	0.2557	0.6766	0.2483	0.6953	0.2410

$F_\beta(\pi\|\alpha,\beta)$	$\alpha=11,\ \beta=12$ π	L_0^π	$\alpha=12,\ \beta=12$ π	L_0^π	$\alpha=1,\ \beta=13$ π	L_0^π	$\alpha=2,\ \beta=13$ π	L_0^π
0.01	0.2501	0.0003	0.2733	0.0003	0.0008	0.0000	0.0109	0.0000
0.02	0.2738	0.0006	0.2974	0.0006	0.0016	0.0000	0.0158	0.0001
0.03	0.2894	0.0010	0.3131	0.0010	0.0023	0.0000	0.0196	0.0002
0.04	0.3014	0.0014	0.3252	0.0014	0.0031	0.0001	0.0230	0.0003
0.05	0.3113	0.0019	0.3352	0.0019	0.0039	0.0001	0.0260	0.0005
0.06	0.3198	0.0023	0.3437	0.0024	0.0047	0.0001	0.0288	0.0006
0.07	0.3273	0.0028	0.3513	0.0028	0.0056	0.0002	0.0314	0.0008
0.08	0.3342	0.0033	0.3581	0.0034	0.0064	0.0003	0.0339	0.0010
0.09	0.3404	0.0039	0.3643	0.0039	0.0072	0.0003	0.0363	0.0012
0.10	0.3462	0.0044	0.3701	0.0044	0.0081	0.0004	0.0387	0.0014
0.11	0.3516	0.0050	0.3755	0.0050	0.0089	0.0005	0.0409	0.0016
0.12	0.3567	0.0056	0.3806	0.0056	0.0098	0.0006	0.0431	0.0019
0.13	0.3615	0.0062	0.3854	0.0062	0.0107	0.0007	0.0452	0.0021
0.14	0.3661	0.0068	0.3900	0.0068	0.0115	0.0008	0.0473	0.0024
0.15	0.3705	0.0074	0.3943	0.0074	0.0124	0.0010	0.0494	0.0027
0.16	0.3747	0.0081	0.3985	0.0081	0.0133	0.0011	0.0514	0.0030
0.17	0.3788	0.0088	0.4025	0.0087	0.0142	0.0012	0.0534	0.0034
0.18	0.3827	0.0094	0.4064	0.0094	0.0151	0.0014	0.0554	0.0037
0.19	0.3865	0.0101	0.4102	0.0101	0.0161	0.0016	0.0574	0.0041
0.20	0.3902	0.0108	0.4139	0.0108	0.0170	0.0018	0.0593	0.0045
0.21	0.3938	0.0116	0.4174	0.0116	0.0180	0.0020	0.0612	0.0049
0.22	0.3973	0.0123	0.4209	0.0123	0.0189	0.0022	0.0631	0.0053
0.23	0.4007	0.0131	0.4242	0.0131	0.0199	0.0024	0.0650	0.0057
0.24	0.4040	0.0139	0.4275	0.0138	0.0209	0.0026	0.0669	0.0061
0.25	0.4073	0.0147	0.4308	0.0146	0.0219	0.0029	0.0688	0.0066
0.26	0.4105	0.0155	0.4339	0.0155	0.0229	0.0031	0.0707	0.0071
0.27	0.4136	0.0163	0.4370	0.0163	0.0239	0.0034	0.0725	0.0076
0.28	0.4167	0.0172	0.4401	0.0171	0.0250	0.0037	0.0744	0.0081
0.29	0.4198	0.0181	0.4431	0.0180	0.0260	0.0040	0.0763	0.0086
0.30	0.4228	0.0190	0.4461	0.0188	0.0271	0.0043	0.0781	0.0092
0.31	0.4257	0.0199	0.4490	0.0197	0.0281	0.0046	0.0800	0.0097
0.32	0.4286	0.0208	0.4519	0.0206	0.0292	0.0050	0.0819	0.0103
0.33	0.4315	0.0217	0.4547	0.0216	0.0303	0.0053	0.0837	0.0109
0.34	0.4344	0.0227	0.4575	0.0225	0.0315	0.0057	0.0856	0.0116
0.35	0.4372	0.0236	0.4603	0.0235	0.0326	0.0061	0.0875	0.0122
0.36	0.4400	0.0246	0.4631	0.0244	0.0337	0.0065	0.0894	0.0129
0.37	0.4428	0.0256	0.4658	0.0254	0.0349	0.0069	0.0913	0.0136
0.38	0.4455	0.0267	0.4685	0.0265	0.0361	0.0074	0.0932	0.0143
0.39	0.4483	0.0277	0.4712	0.0275	0.0373	0.0078	0.0951	0.0150
0.40	0.4510	0.0288	0.4739	0.0286	0.0385	0.0083	0.0970	0.0158
0.41	0.4537	0.0299	0.4765	0.0296	0.0398	0.0088	0.0990	0.0166
0.42	0.4564	0.0310	0.4792	0.0307	0.0410	0.0093	0.1009	0.0174
0.43	0.4591	0.0322	0.4818	0.0318	0.0423	0.0099	0.1029	0.0182
0.44	0.4617	0.0333	0.4844	0.0330	0.0436	0.0104	0.1048	0.0191
0.45	0.4644	0.0345	0.4870	0.0341	0.0449	0.0110	0.1068	0.0199
0.46	0.4670	0.0357	0.4896	0.0353	0.0463	0.0117	0.1088	0.0209
0.47	0.4697	0.0369	0.4922	0.0365	0.0477	0.0123	0.1108	0.0218
0.48	0.4723	0.0382	0.4948	0.0378	0.0491	0.0129	0.1129	0.0228
0.49	0.4750	0.0395	0.4974	0.0390	0.0505	0.0136	0.1149	0.0238
0.50	0.4776	0.0408	0.5000	0.0403	0.0519	0.0144	0.1170	0.0248

$F_\beta(\pi\|\alpha,\beta)$	$\alpha=11,\ \beta=12$ π	L_0^*	$\alpha=12,\ \beta=12$ π	L_0^*	$\alpha=1,\ \beta=13$ π	L_0^*	$\alpha=2,\ \beta=13$ π	L_0^*
0.51	0.4803	0.0421	0.5026	0.0416	0.0534	0.0151	0.1191	0.0259
0.52	0.4829	0.0435	0.5052	0.0429	0.0549	0.0159	0.1213	0.0270
0.53	0.4855	0.0449	0.5078	0.0443	0.0564	0.0167	0.1234	0.0281
0.54	0.4882	0.0463	0.5104	0.0457	0.0580	0.0175	0.1256	0.0292
0.55	0.4909	0.0477	0.5130	0.0471	0.0596	0.0184	0.1278	0.0304
0.56	0.4935	0.0492	0.5156	0.0485	0.0612	0.0193	0.1300	0.0317
0.57	0.4962	0.0507	0.5182	0.0500	0.0629	0.0202	0.1323	0.0330
0.58	0.4989	0.0523	0.5208	0.0515	0.0646	0.0212	0.1346	0.0343
0.59	0.5016	0.0539	0.5235	0.0531	0.0663	0.0222	0.1369	0.0356
0.60	0.5043	0.0555	0.5261	0.0547	0.0681	0.0233	0.1393	0.0371
0.61	0.5071	0.0571	0.5288	0.0563	0.0699	0.0244	0.1417	0.0385
0.62	0.5098	0.0588	0.5315	0.0579	0.0717	0.0255	0.1441	0.0400
0.63	0.5126	0.0606	0.5342	0.0596	0.0736	0.0267	0.1466	0.0416
0.64	0.5154	0.0623	0.5369	0.0614	0.0756	0.0279	0.1491	0.0432
0.65	0.5182	0.0642	0.5397	0.0631	0.0776	0.0292	0.1517	0.0448
0.66	0.5211	0.0660	0.5425	0.0650	0.0796	0.0306	0.1544	0.0466
0.67	0.5240	0.0680	0.5453	0.0668	0.0817	0.0320	0.1571	0.0484
0.68	0.5269	0.0699	0.5481	0.0688	0.0839	0.0334	0.1598	0.0502
0.69	0.5299	0.0720	0.5510	0.0707	0.0862	0.0350	0.1626	0.0521
0.70	0.5328	0.0740	0.5539	0.0728	0.0885	0.0366	0.1655	0.0541
0.71	0.5359	0.0762	0.5569	0.0748	0.0908	0.0382	0.1684	0.0562
0.72	0.5390	0.0784	0.5599	0.0770	0.0933	0.0400	0.1715	0.0584
0.73	0.5421	0.0807	0.5630	0.0792	0.0958	0.0418	0.1746	0.0606
0.74	0.5453	0.0830	0.5661	0.0815	0.0984	0.0437	0.1778	0.0630
0.75	0.5486	0.0855	0.5692	0.0839	0.1011	0.0458	0.1810	0.0654
0.76	0.5519	0.0880	0.5725	0.0863	0.1040	0.0479	0.1844	0.0680
0.77	0.5553	0.0906	0.5758	0.0888	0.1069	0.0501	0.1879	0.0707
0.78	0.5588	0.0933	0.5791	0.0914	0.1099	0.0525	0.1915	0.0735
0.79	0.5623	0.0961	0.5826	0.0942	0.1131	0.0550	0.1953	0.0764
0.80	0.5660	0.0990	0.5861	0.0970	0.1164	0.0576	0.1992	0.0795
0.81	0.5698	0.1020	0.5898	0.0999	0.1199	0.0604	0.2032	0.0827
0.82	0.5737	0.1052	0.5936	0.1030	0.1236	0.0634	0.2074	0.0862
0.83	0.5777	0.1085	0.5975	0.1062	0.1274	0.0666	0.2118	0.0898
0.84	0.5818	0.1119	0.6015	0.1096	0.1315	0.0700	0.2165	0.0937
0.85	0.5862	0.1156	0.6057	0.1131	0.1358	0.0736	0.2213	0.0978
0.86	0.5907	0.1195	0.6100	0.1168	0.1404	0.0775	0.2265	0.1022
0.87	0.5954	0.1236	0.6146	0.1208	0.1452	0.0818	0.2319	0.1069
0.88	0.6004	0.1279	0.6194	0.1250	0.1505	0.0863	0.2377	0.1120
0.89	0.6056	0.1325	0.6245	0.1295	0.1562	0.0914	0.2439	0.1175
0.90	0.6112	0.1375	0.6299	0.1343	0.1623	0.0969	0.2507	0.1235
0.91	0.6172	0.1430	0.6357	0.1395	0.1691	0.1030	0.2580	0.1301
0.92	0.6236	0.1489	0.6419	0.1453	0.1766	0.1099	0.2660	0.1375
0.93	0.6307	0.1554	0.6487	0.1516	0.1850	0.1176	0.2750	0.1457
0.94	0.6386	0.1628	0.6563	0.1586	0.1946	0.1266	0.2851	0.1552
0.95	0.6475	0.1712	0.6648	0.1667	0.2058	0.1372	0.2967	0.1662
0.96	0.6578	0.1810	0.6748	0.1762	0.2193	0.1501	0.3106	0.1795
0.97	0.6703	0.1931	0.6869	0.1879	0.2364	0.1666	0.3280	0.1963
0.98	0.6867	0.2091	0.7026	0.2032	0.2599	0.1895	0.3514	0.2191
0.99	0.7119	0.2339	0.7267	0.2270	0.2983	0.2274	0.3891	0.2562

$F_\beta(\pi\|\alpha,\beta)$	$\alpha=3,\ \beta=13$		$\alpha=4,\ \beta=13$		$\alpha=5,\ \beta=13$		$\alpha=6,\ \beta=13$	
	π	L_0^π	π	L_0^π	π	L_0^π	π	L_0^π
0.01	0.0307	0.0001	0.0554	0.0001	0.0822	0.0002	0.1096	0.0002
0.02	0.0398	0.0002	0.0679	0.0003	0.0975	0.0004	0.1270	0.0004
0.03	0.0465	0.0004	0.0768	0.0005	0.1081	0.0006	0.1390	0.0007
0.04	0.0520	0.0006	0.0841	0.0008	0.1166	0.0009	0.1484	0.0011
0.05	0.0568	0.0008	0.0902	0.0011	0.1238	0.0013	0.1563	0.0014
0.06	0.0612	0.0010	0.0958	0.0014	0.1301	0.0016	0.1633	0.0018
0.07	0.0652	0.0013	0.1008	0.0017	0.1358	0.0020	0.1695	0.0022
0.08	0.0690	0.0016	0.1054	0.0020	0.1411	0.0024	0.1753	0.0026
0.09	0.0725	0.0019	0.1097	0.0024	0.1460	0.0028	0.1805	0.0031
0.10	0.0759	0.0022	0.1138	0.0028	0.1506	0.0032	0.1855	0.0036
0.11	0.0791	0.0025	0.1177	0.0032	0.1549	0.0037	0.1901	0.0040
0.12	0.0822	0.0029	0.1214	0.0036	0.1590	0.0042	0.1946	0.0046
0.13	0.0852	0.0033	0.1249	0.0041	0.1630	0.0046	0.1988	0.0051
0.14	0.0881	0.0036	0.1284	0.0045	0.1668	0.0052	0.2029	0.0056
0.15	0.0909	0.0041	0.1317	0.0050	0.1705	0.0057	0.2067	0.0062
0.16	0.0936	0.0045	0.1349	0.0055	0.1740	0.0062	0.2105	0.0068
0.17	0.0963	0.0049	0.1381	0.0060	0.1775	0.0068	0.2142	0.0074
0.18	0.0989	0.0054	0.1411	0.0066	0.1808	0.0074	0.2177	0.0080
0.19	0.1015	0.0059	0.1441	0.0071	0.1841	0.0080	0.2212	0.0086
0.20	0.1041	0.0064	0.1471	0.0077	0.1873	0.0086	0.2245	0.0093
0.21	0.1066	0.0069	0.1500	0.0083	0.1904	0.0093	0.2278	0.0100
0.22	0.1091	0.0074	0.1528	0.0089	0.1935	0.0099	0.2310	0.0107
0.23	0.1115	0.0080	0.1556	0.0095	0.1965	0.0106	0.2342	0.0114
0.24	0.1139	0.0085	0.1584	0.0102	0.1995	0.0113	0.2373	0.0121
0.25	0.1163	0.0091	0.1611	0.0108	0.2024	0.0120	0.2403	0.0128
0.26	0.1187	0.0097	0.1638	0.0115	0.2053	0.0128	0.2434	0.0136
0.27	0.1211	0.0104	0.1664	0.0122	0.2081	0.0135	0.2463	0.0144
0.28	0.1234	0.0110	0.1691	0.0130	0.2110	0.0143	0.2493	0.0152
0.29	0.1258	0.0117	0.1717	0.0137	0.2137	0.0151	0.2522	0.0160
0.30	0.1281	0.0123	0.1743	0.0145	0.2165	0.0159	0.2550	0.0169
0.31	0.1304	0.0130	0.1768	0.0152	0.2192	0.0167	0.2579	0.0177
0.32	0.1327	0.0138	0.1794	0.0161	0.2220	0.0176	0.2607	0.0186
0.33	0.1350	0.0145	0.1820	0.0169	0.2247	0.0185	0.2635	0.0195
0.34	0.1373	0.0153	0.1845	0.0177	0.2273	0.0194	0.2662	0.0205
0.35	0.1395	0.0161	0.1870	0.0186	0.2300	0.0203	0.2690	0.0214
0.36	0.1418	0.0169	0.1895	0.0195	0.2327	0.0212	0.2717	0.0224
0.37	0.1441	0.0177	0.1920	0.0204	0.2353	0.0222	0.2744	0.0234
0.38	0.1464	0.0186	0.1945	0.0214	0.2379	0.0232	0.2771	0.0244
0.39	0.1487	0.0195	0.1970	0.0223	0.2405	0.0242	0.2798	0.0254
0.40	0.1510	0.0204	0.1995	0.0233	0.2432	0.0252	0.2825	0.0265
0.41	0.1533	0.0213	0.2020	0.0243	0.2458	0.0263	0.2852	0.0276
0.42	0.1556	0.0222	0.2045	0.0253	0.2484	0.0274	0.2878	0.0287
0.43	0.1579	0.0232	0.2070	0.0264	0.2510	0.0285	0.2905	0.0298
0.44	0.1602	0.0242	0.2095	0.0275	0.2536	0.0296	0.2932	0.0310
0.45	0.1625	0.0253	0.2121	0.0286	0.2562	0.0308	0.2958	0.0322
0.46	0.1648	0.0263	0.2146	0.0298	0.2589	0.0320	0.2985	0.0334
0.47	0.1672	0.0274	0.2171	0.0309	0.2615	0.0332	0.3012	0.0346
0.48	0.1695	0.0285	0.2196	0.0321	0.2641	0.0344	0.3038	0.0359
0.49	0.1719	0.0297	0.2222	0.0334	0.2667	0.0357	0.3065	0.0372
0.50	0.1743	0.0309	0.2247	0.0347	0.2694	0.0370	0.3092	0.0385

	$\alpha = 3,\ \beta = 13$		$\alpha = 4,\ \beta = 13$		$\alpha = 5,\ \beta = 13$		$\alpha = 6,\ \beta = 13$	
$F_\beta(\pi\|\alpha,\beta)$	π	L_0^π	π	L_0^π	π	L_0^π	π	L_0^π
0.51	0.1767	0.0321	0.2273	0.0359	0.2721	0.0384	0.3119	0.0399
0.52	0.1792	0.0333	0.2299	0.0373	0.2747	0.0397	0.3146	0.0413
0.53	0.1816	0.0346	0.2325	0.0386	0.2774	0.0412	0.3173	0.0427
0.54	0.1841	0.0359	0.2351	0.0401	0.2801	0.0426	0.3201	0.0441
0.55	0.1866	0.0373	0.2378	0.0415	0.2828	0.0441	0.3228	0.0456
0.56	0.1891	0.0387	0.2405	0.0430	0.2856	0.0456	0.3256	0.0472
0.57	0.1916	0.0402	0.2432	0.0445	0.2883	0.0472	0.3283	0.0487
0.58	0.1942	0.0416	0.2459	0.0461	0.2911	0.0488	0.3311	0.0504
0.59	0.1968	0.0432	0.2486	0.0477	0.2939	0.0504	0.3340	0.0520
0.60	0.1995	0.0447	0.2514	0.0493	0.2968	0.0521	0.3368	0.0537
0.61	0.2022	0.0463	0.2542	0.0510	0.2996	0.0538	0.3397	0.0554
0.62	0.2049	0.0480	0.2570	0.0528	0.3025	0.0556	0.3426	0.0572
0.63	0.2076	0.0497	0.2599	0.0546	0.3054	0.0574	0.3455	0.0591
0.64	0.2104	0.0515	0.2628	0.0564	0.3084	0.0593	0.3485	0.0609
0.65	0.2132	0.0533	0.2658	0.0583	0.3114	0.0613	0.3515	0.0629
0.66	0.2161	0.0552	0.2688	0.0603	0.3145	0.0632	0.3545	0.0649
0.67	0.2191	0.0572	0.2718	0.0623	0.3176	0.0653	0.3576	0.0669
0.68	0.2221	0.0592	0.2750	0.0644	0.3207	0.0674	0.3608	0.0690
0.69	0.2251	0.0613	0.2781	0.0666	0.3239	0.0696	0.3639	0.0712
0.70	0.2282	0.0635	0.2813	0.0688	0.3271	0.0719	0.3672	0.0735
0.71	0.2314	0.0657	0.2846	0.0711	0.3304	0.0742	0.3705	0.0758
0.72	0.2347	0.0680	0.2880	0.0735	0.3338	0.0766	0.3738	0.0782
0.73	0.2380	0.0705	0.2914	0.0760	0.3373	0.0791	0.3773	0.0807
0.74	0.2414	0.0730	0.2949	0.0786	0.3408	0.0817	0.3807	0.0832
0.75	0.2450	0.0756	0.2985	0.0813	0.3444	0.0844	0.3843	0.0859
0.76	0.2486	0.0783	0.3022	0.0840	0.3481	0.0872	0.3880	0.0886
0.77	0.2523	0.0812	0.3060	0.0869	0.3518	0.0901	0.3917	0.0915
0.78	0.2561	0.0841	0.3099	0.0900	0.3557	0.0931	0.3955	0.0945
0.79	0.2601	0.0872	0.3139	0.0931	0.3597	0.0962	0.3995	0.0976
0.80	0.2642	0.0905	0.3180	0.0964	0.3639	0.0995	0.4036	0.1008
0.81	0.2684	0.0939	0.3223	0.0999	0.3681	0.1029	0.4078	0.1042
0.82	0.2728	0.0975	0.3268	0.1035	0.3726	0.1065	0.4121	0.1078
0.83	0.2774	0.1013	0.3314	0.1073	0.3772	0.1103	0.4166	0.1115
0.84	0.2822	0.1053	0.3362	0.1114	0.3820	0.1143	0.4213	0.1154
0.85	0.2872	0.1096	0.3413	0.1156	0.3869	0.1186	0.4263	0.1196
0.86	0.2925	0.1141	0.3466	0.1202	0.3922	0.1230	0.4314	0.1240
0.87	0.2981	0.1189	0.3522	0.1250	0.3977	0.1278	0.4368	0.1286
0.88	0.3041	0.1241	0.3581	0.1302	0.4035	0.1329	0.4425	0.1336
0.89	0.3105	0.1298	0.3644	0.1358	0.4098	0.1384	0.4486	0.1390
0.90	0.3173	0.1359	0.3712	0.1419	0.4164	0.1444	0.4550	0.1448
0.91	0.3247	0.1426	0.3785	0.1485	0.4236	0.1508	0.4620	0.1511
0.92	0.3328	0.1500	0.3865	0.1558	0.4314	0.1580	0.4696	0.1580
0.93	0.3418	0.1583	0.3953	0.1640	0.4399	0.1659	0.4779	0.1657
0.94	0.3518	0.1677	0.4053	0.1732	0.4496	0.1749	0.4872	0.1744
0.95	0.3634	0.1787	0.4166	0.1839	0.4605	0.1853	0.4978	0.1845
0.96	0.3772	0.1918	0.4299	0.1967	0.4735	0.1976	0.5103	0.1964
0.97	0.3942	0.2082	0.4464	0.2126	0.4893	0.2130	0.5256	0.2111
0.98	0.4170	0.2305	0.4684	0.2340	0.5104	0.2335	0.5457	0.2308
0.99	0.4532	0.2661	0.5029	0.2681	0.5434	0.2660	0.5772	0.2618

$F_\beta(\pi\|\alpha,\beta)$	$\alpha=7,\ \beta=13$		$\alpha=8,\ \beta=13$		$\alpha=9,\ \beta=13$		$\alpha=10,\ \beta=13$	
	π	L_0^*	π	L_0^*	π	L_0^*	π	L_0^*
0.01	0.1368	0.0002	0.1634	0.0002	0.1891	0.0002	0.2138	0.0003
0.02	0.1560	0.0005	0.1838	0.0005	0.2105	0.0006	0.2360	0.0006
0.03	0.1689	0.0008	0.1975	0.0009	0.2248	0.0009	0.2506	0.0009
0.04	0.1790	0.0012	0.2082	0.0012	0.2358	0.0013	0.2619	0.0013
0.05	0.1875	0.0015	0.2171	0.0016	0.2450	0.0017	0.2713	0.0018
0.06	0.1949	0.0019	0.2248	0.0021	0.2529	0.0021	0.2794	0.0022
0.07	0.2015	0.0024	0.2317	0.0025	0.2600	0.0026	0.2866	0.0027
0.08	0.2076	0.0028	0.2379	0.0030	0.2664	0.0031	0.2931	0.0032
0.09	0.2131	0.0033	0.2437	0.0035	0.2723	0.0036	0.2991	0.0037
0.10	0.2183	0.0038	0.2491	0.0040	0.2778	0.0041	0.3046	0.0042
0.11	0.2232	0.0043	0.2541	0.0045	0.2829	0.0046	0.3098	0.0047
0.12	0.2278	0.0048	0.2589	0.0050	0.2878	0.0052	0.3147	0.0053
0.13	0.2322	0.0054	0.2634	0.0056	0.2924	0.0058	0.3194	0.0059
0.14	0.2365	0.0060	0.2677	0.0062	0.2968	0.0064	0.3238	0.0065
0.15	0.2405	0.0065	0.2719	0.0068	0.3010	0.0070	0.3280	0.0071
0.16	0.2444	0.0071	0.2759	0.0074	0.3050	0.0076	0.3321	0.0077
0.17	0.2482	0.0078	0.2797	0.0081	0.3089	0.0082	0.3360	0.0084
0.18	0.2519	0.0084	0.2835	0.0087	0.3127	0.0089	0.3398	0.0090
0.19	0.2554	0.0091	0.2871	0.0094	0.3164	0.0096	0.3435	0.0097
0.20	0.2589	0.0098	0.2906	0.0101	0.3199	0.0103	0.3471	0.0104
0.21	0.2623	0.0104	0.2941	0.0108	0.3234	0.0110	0.3505	0.0111
0.22	0.2656	0.0112	0.2974	0.0115	0.3268	0.0117	0.3539	0.0118
0.23	0.2689	0.0119	0.3007	0.0122	0.3301	0.0125	0.3572	0.0126
0.24	0.2720	0.0126	0.3040	0.0130	0.3334	0.0132	0.3605	0.0134
0.25	0.2752	0.0134	0.3072	0.0138	0.3366	0.0140	0.3637	0.0141
0.26	0.2783	0.0142	0.3103	0.0146	0.3397	0.0148	0.3668	0.0149
0.27	0.2813	0.0150	0.3133	0.0154	0.3428	0.0156	0.3699	0.0157
0.28	0.2843	0.0158	0.3164	0.0162	0.3458	0.0165	0.3729	0.0166
0.29	0.2872	0.0167	0.3193	0.0171	0.3488	0.0173	0.3759	0.0174
0.30	0.2902	0.0175	0.3223	0.0179	0.3517	0.0182	0.3788	0.0183
0.31	0.2930	0.0184	0.3252	0.0188	0.3547	0.0191	0.3817	0.0192
0.32	0.2959	0.0193	0.3281	0.0197	0.3575	0.0200	0.3846	0.0201
0.33	0.2987	0.0202	0.3309	0.0207	0.3604	0.0209	0.3874	0.0210
0.34	0.3015	0.0212	0.3337	0.0216	0.3632	0.0218	0.3902	0.0219
0.35	0.3043	0.0221	0.3366	0.0226	0.3660	0.0228	0.3930	0.0229
0.36	0.3071	0.0231	0.3393	0.0236	0.3688	0.0238	0.3957	0.0239
0.37	0.3099	0.0241	0.3421	0.0246	0.3715	0.0248	0.3985	0.0249
0.38	0.3126	0.0251	0.3448	0.0256	0.3742	0.0258	0.4012	0.0259
0.39	0.3153	0.0262	0.3476	0.0266	0.3770	0.0269	0.4039	0.0269
0.40	0.3180	0.0273	0.3503	0.0277	0.3797	0.0279	0.4065	0.0280
0.41	0.3207	0.0283	0.3530	0.0288	0.3824	0.0290	0.4092	0.0291
0.42	0.3234	0.0295	0.3557	0.0299	0.3850	0.0301	0.4119	0.0302
0.43	0.3261	0.0306	0.3584	0.0311	0.3877	0.0313	0.4145	0.0313
0.44	0.3288	0.0318	0.3610	0.0322	0.3904	0.0324	0.4171	0.0324
0.45	0.3315	0.0330	0.3637	0.0334	0.3930	0.0336	0.4198	0.0336
0.46	0.3342	0.0342	0.3664	0.0346	0.3957	0.0348	0.4224	0.0348
0.47	0.3368	0.0354	0.3691	0.0359	0.3983	0.0360	0.4250	0.0360
0.48	0.3395	0.0367	0.3717	0.0372	0.4010	0.0373	0.4276	0.0372
0.49	0.3422	0.0380	0.3744	0.0385	0.4036	0.0386	0.4302	0.0385
0.50	0.3449	0.0394	0.3771	0.0398	0.4063	0.0399	0.4329	0.0398

$F_\beta(\pi\|\alpha,\beta)$	$\alpha=7,\ \beta=13$ π	L_0^π	$\alpha=8,\ \beta=13$ π	L_0^π	$\alpha=9,\ \beta=13$ π	L_0^π	$\alpha=10,\ \beta=13$ π	L_0^π
0.51	0.3476	0.0407	0.3798	0.0411	0.4089	0.0413	0.4355	0.0411
0.52	0.3503	0.0421	0.3825	0.0425	0.4116	0.0426	0.4381	0.0425
0.53	0.3530	0.0435	0.3852	0.0439	0.4143	0.0440	0.4407	0.0439
0.54	0.3558	0.0450	0.3879	0.0454	0.4170	0.0455	0.4434	0.0453
0.55	0.3585	0.0465	0.3906	0.0469	0.4196	0.0469	0.4460	0.0467
0.56	0.3613	0.0480	0.3933	0.0484	0.4223	0.0484	0.4487	0.0482
0.57	0.3640	0.0496	0.3961	0.0499	0.4250	0.0500	0.4513	0.0497
0.58	0.3668	0.0512	0.3989	0.0515	0.4278	0.0515	0.4540	0.0512
0.59	0.3696	0.0529	0.4016	0.0532	0.4305	0.0531	0.4567	0.0528
0.60	0.3725	0.0545	0.4044	0.0548	0.4333	0.0548	0.4594	0.0544
0.61	0.3753	0.0563	0.4073	0.0565	0.4361	0.0565	0.4622	0.0561
0.62	0.3782	0.0580	0.4101	0.0583	0.4389	0.0582	0.4649	0.0578
0.63	0.3811	0.0599	0.4130	0.0601	0.4417	0.0599	0.4677	0.0595
0.64	0.3841	0.0617	0.4159	0.0619	0.4446	0.0618	0.4705	0.0613
0.65	0.3871	0.0637	0.4188	0.0638	0.4475	0.0636	0.4733	0.0631
0.66	0.3901	0.0656	0.4218	0.0658	0.4504	0.0655	0.4762	0.0650
0.67	0.3931	0.0677	0.4248	0.0678	0.4533	0.0675	0.4791	0.0669
0.68	0.3962	0.0698	0.4279	0.0698	0.4563	0.0695	0.4820	0.0689
0.69	0.3994	0.0719	0.4310	0.0720	0.4594	0.0716	0.4850	0.0709
0.70	0.4026	0.0741	0.4341	0.0742	0.4624	0.0737	0.4880	0.0730
0.71	0.4058	0.0764	0.4373	0.0764	0.4656	0.0760	0.4911	0.0752
0.72	0.4091	0.0788	0.4406	0.0787	0.4688	0.0782	0.4942	0.0774
0.73	0.4125	0.0812	0.4439	0.0811	0.4720	0.0806	0.4973	0.0797
0.74	0.4159	0.0838	0.4473	0.0836	0.4753	0.0830	0.5006	0.0821
0.75	0.4195	0.0864	0.4507	0.0862	0.4787	0.0855	0.5039	0.0845
0.76	0.4231	0.0891	0.4542	0.0888	0.4821	0.0881	0.5072	0.0871
0.77	0.4267	0.0919	0.4578	0.0916	0.4856	0.0908	0.5106	0.0897
0.78	0.4305	0.0948	0.4615	0.0945	0.4892	0.0936	0.5142	0.0924
0.79	0.4344	0.0979	0.4653	0.0974	0.4929	0.0965	0.5178	0.0952
0.80	0.4384	0.1011	0.4692	0.1005	0.4967	0.0995	0.5215	0.0982
0.81	0.4425	0.1044	0.4732	0.1038	0.5007	0.1027	0.5253	0.1013
0.82	0.4468	0.1078	0.4774	0.1072	0.5047	0.1060	0.5292	0.1045
0.83	0.4512	0.1115	0.4817	0.1107	0.5089	0.1094	0.5333	0.1078
0.84	0.4558	0.1153	0.4862	0.1145	0.5133	0.1131	0.5375	0.1114
0.85	0.4606	0.1194	0.4908	0.1184	0.5178	0.1169	0.5419	0.1151
0.86	0.4656	0.1237	0.4957	0.1226	0.5225	0.1210	0.5465	0.1190
0.87	0.4708	0.1282	0.5008	0.1270	0.5275	0.1253	0.5514	0.1232
0.88	0.4764	0.1331	0.5062	0.1317	0.5327	0.1298	0.5564	0.1276
0.89	0.4823	0.1383	0.5119	0.1368	0.5383	0.1347	0.5618	0.1324
0.90	0.4886	0.1439	0.5180	0.1422	0.5442	0.1400	0.5675	0.1375
0.91	0.4953	0.1500	0.5246	0.1481	0.5505	0.1458	0.5736	0.1431
0.92	0.5027	0.1567	0.5317	0.1546	0.5574	0.1520	0.5803	0.1491
0.93	0.5107	0.1642	0.5395	0.1619	0.5649	0.1590	0.5876	0.1559
0.94	0.5197	0.1726	0.5482	0.1700	0.5733	0.1668	0.5957	0.1634
0.95	0.5300	0.1823	0.5580	0.1793	0.5828	0.1758	0.6049	0.1721
0.96	0.5420	0.1937	0.5696	0.1903	0.5939	0.1865	0.6155	0.1823
0.97	0.5566	0.2079	0.5837	0.2039	0.6075	0.1995	0.6286	0.1949
0.98	0.5760	0.2268	0.6022	0.2220	0.6253	0.2169	0.6457	0.2116
0.99	0.6060	0.2564	0.6309	0.2503	0.6528	0.2440	0.6721	0.2376

	$\alpha = 11,\ \beta = 13$		$\alpha = 12,\ \beta = 13$		$\alpha = 13,\ \beta = 13$		$\alpha = 1,\ \beta = 14$	
$F_\beta(\pi\|\alpha,\beta)$	π	L_0^π	π	L_0^π	π	L_0^π	π	L_0^π
0.01	0.2374	0.0003	0.2599	0.0003	0.2814	0.0003	0.0007	0.0000
0.02	0.2601	0.0006	0.2831	0.0006	0.3048	0.0006	0.0014	0.0000
0.03	0.2751	0.0010	0.2982	0.0010	0.3201	0.0010	0.0022	0.0000
0.04	0.2866	0.0014	0.3098	0.0014	0.3318	0.0014	0.0029	0.0001
0.05	0.2961	0.0018	0.3194	0.0018	0.3414	0.0018	0.0037	0.0001
0.06	0.3043	0.0022	0.3277	0.0023	0.3497	0.0023	0.0044	0.0001
0.07	0.3116	0.0027	0.3350	0.0027	0.3570	0.0028	0.0052	0.0002
0.08	0.3181	0.0032	0.3416	0.0032	0.3635	0.0032	0.0059	0.0002
0.09	0.3241	0.0037	0.3476	0.0037	0.3696	0.0038	0.0067	0.0003
0.10	0.3297	0.0042	0.3532	0.0043	0.3751	0.0043	0.0075	0.0004
0.11	0.3349	0.0048	0.3584	0.0048	0.3803	0.0048	0.0083	0.0005
0.12	0.3398	0.0054	0.3633	0.0054	0.3852	0.0054	0.0091	0.0006
0.13	0.3445	0.0059	0.3679	0.0060	0.3899	0.0060	0.0099	0.0007
0.14	0.3489	0.0065	0.3724	0.0066	0.3943	0.0066	0.0107	0.0008
0.15	0.3532	0.0071	0.3766	0.0072	0.3985	0.0072	0.0115	0.0009
0.16	0.3572	0.0078	0.3807	0.0078	0.4025	0.0078	0.0124	0.0010
0.17	0.3612	0.0084	0.3846	0.0085	0.4064	0.0084	0.0132	0.0012
0.18	0.3650	0.0091	0.3883	0.0091	0.4101	0.0091	0.0141	0.0013
0.19	0.3686	0.0098	0.3920	0.0098	0.4137	0.0098	0.0149	0.0015
0.20	0.3722	0.0105	0.3955	0.0105	0.4173	0.0104	0.0158	0.0016
0.21	0.3757	0.0112	0.3990	0.0112	0.4207	0.0112	0.0167	0.0018
0.22	0.3790	0.0119	0.4023	0.0119	0.4240	0.0119	0.0176	0.0020
0.23	0.3823	0.0126	0.4056	0.0126	0.4272	0.0126	0.0185	0.0022
0.24	0.3856	0.0134	0.4088	0.0134	0.4304	0.0133	0.0194	0.0024
0.25	0.3887	0.0142	0.4120	0.0142	0.4335	0.0141	0.0203	0.0027
0.26	0.3919	0.0150	0.4150	0.0150	0.4366	0.0149	0.0213	0.0029
0.27	0.3949	0.0158	0.4181	0.0157	0.4396	0.0157	0.0222	0.0031
0.28	0.3979	0.0166	0.4210	0.0166	0.4425	0.0165	0.0232	0.0034
0.29	0.4009	0.0174	0.4240	0.0174	0.4454	0.0173	0.0242	0.0037
0.30	0.4038	0.0183	0.4268	0.0182	0.4482	0.0181	0.0252	0.0040
0.31	0.4066	0.0192	0.4297	0.0191	0.4510	0.0190	0.0262	0.0043
0.32	0.4095	0.0201	0.4325	0.0200	0.4538	0.0199	0.0272	0.0046
0.33	0.4123	0.0210	0.4353	0.0209	0.4565	0.0208	0.0282	0.0049
0.34	0.4151	0.0219	0.4380	0.0218	0.4592	0.0217	0.0292	0.0053
0.35	0.4178	0.0229	0.4407	0.0228	0.4619	0.0226	0.0303	0.0057
0.36	0.4205	0.0238	0.4434	0.0237	0.4646	0.0235	0.0314	0.0060
0.37	0.4232	0.0248	0.4461	0.0247	0.4672	0.0245	0.0325	0.0064
0.38	0.4259	0.0258	0.4487	0.0257	0.4698	0.0255	0.0336	0.0068
0.39	0.4286	0.0268	0.4513	0.0267	0.4724	0.0264	0.0347	0.0073
0.40	0.4312	0.0279	0.4539	0.0277	0.4749	0.0275	0.0358	0.0077
0.41	0.4339	0.0290	0.4565	0.0288	0.4775	0.0285	0.0370	0.0082
0.42	0.4365	0.0300	0.4591	0.0298	0.4800	0.0296	0.0382	0.0087
0.43	0.4391	0.0312	0.4617	0.0309	0.4825	0.0306	0.0394	0.0092
0.44	0.4417	0.0323	0.4642	0.0320	0.4851	0.0317	0.0406	0.0097
0.45	0.4443	0.0334	0.4668	0.0332	0.4876	0.0328	0.0418	0.0103
0.46	0.4468	0.0346	0.4693	0.0343	0.4901	0.0340	0.0431	0.0108
0.47	0.4494	0.0358	0.4719	0.0355	0.4925	0.0351	0.0443	0.0114
0.48	0.4520	0.0370	0.4744	0.0367	0.4950	0.0363	0.0456	0.0121
0.49	0.4546	0.0383	0.4769	0.0380	0.4975	0.0375	0.0470	0.0127
0.50	0.4572	0.0396	0.4795	0.0392	0.5000	0.0388	0.0483	0.0134

$F_\beta(\pi\|\alpha,\beta)$	$\alpha=11,\ \beta=13$ π	L_0^*	$\alpha=12,\ \beta=13$ π	L_0^*	$\alpha=13,\ \beta=13$ π	L_0^*	$\alpha=1,\ \beta=14$ π	L_0^*
0.51	0.4597	0.0409	0.4820	0.0405	0.5025	0.0400	0.0497	0.0141
0.52	0.4623	0.0422	0.4845	0.0418	0.5050	0.0413	0.0511	0.0148
0.53	0.4649	0.0435	0.4871	0.0431	0.5075	0.0426	0.0525	0.0155
0.54	0.4675	0.0449	0.4896	0.0445	0.5099	0.0439	0.0540	0.0163
0.55	0.4701	0.0463	0.4921	0.0459	0.5124	0.0453	0.0554	0.0171
0.56	0.4727	0.0478	0.4947	0.0473	0.5149	0.0467	0.0570	0.0180
0.57	0.4753	0.0493	0.4973	0.0487	0.5175	0.0481	0.0585	0.0188
0.58	0.4779	0.0508	0.4999	0.0502	0.5200	0.0495	0.0601	0.0197
0.59	0.4806	0.0523	0.5024	0.0517	0.5225	0.0510	0.0617	0.0207
0.60	0.4833	0.0539	0.5050	0.0533	0.5251	0.0525	0.0634	0.0217
0.61	0.4859	0.0555	0.5077	0.0549	0.5276	0.0541	0.0650	0.0227
0.62	0.4886	0.0572	0.5103	0.0565	0.5302	0.0557	0.0668	0.0238
0.63	0.4914	0.0589	0.5130	0.0581	0.5328	0.0573	0.0686	0.0249
0.64	0.4941	0.0607	0.5157	0.0598	0.5354	0.0590	0.0704	0.0260
0.65	0.4969	0.0624	0.5184	0.0616	0.5381	0.0607	0.0722	0.0272
0.66	0.4997	0.0643	0.5211	0.0634	0.5408	0.0624	0.0742	0.0285
0.67	0.5025	0.0662	0.5239	0.0652	0.5435	0.0642	0.0761	0.0298
0.68	0.5054	0.0681	0.5267	0.0671	0.5462	0.0661	0.0782	0.0312
0.69	0.5083	0.0701	0.5295	0.0691	0.5490	0.0680	0.0803	0.0326
0.70	0.5112	0.0721	0.5324	0.0711	0.5518	0.0699	0.0824	0.0341
0.71	0.5142	0.0742	0.5353	0.0731	0.5546	0.0719	0.0846	0.0357
0.72	0.5172	0.0764	0.5383	0.0752	0.5575	0.0740	0.0869	0.0373
0.73	0.5203	0.0786	0.5413	0.0774	0.5604	0.0761	0.0893	0.0390
0.74	0.5235	0.0809	0.5443	0.0797	0.5634	0.0783	0.0917	0.0408
0.75	0.5267	0.0833	0.5475	0.0820	0.5665	0.0806	0.0943	0.0427
0.76	0.5299	0.0858	0.5507	0.0844	0.5696	0.0829	0.0969	0.0447
0.77	0.5333	0.0884	0.5539	0.0869	0.5728	0.0854	0.0997	0.0468
0.78	0.5367	0.0910	0.5572	0.0895	0.5760	0.0879	0.1025	0.0490
0.79	0.5402	0.0938	0.5607	0.0922	0.5793	0.0905	0.1055	0.0513
0.80	0.5438	0.0966	0.5642	0.0950	0.5827	0.0932	0.1086	0.0538
0.81	0.5476	0.0996	0.5678	0.0979	0.5863	0.0960	0.1119	0.0564
0.82	0.5514	0.1028	0.5715	0.1009	0.5899	0.0990	0.1153	0.0592
0.83	0.5554	0.1060	0.5754	0.1041	0.5936	0.1021	0.1189	0.0622
0.84	0.5595	0.1095	0.5794	0.1074	0.5975	0.1053	0.1227	0.0654
0.85	0.5637	0.1131	0.5835	0.1109	0.6015	0.1087	0.1267	0.0688
0.86	0.5682	0.1169	0.5878	0.1146	0.6057	0.1123	0.1310	0.0725
0.87	0.5729	0.1209	0.5924	0.1186	0.6101	0.1161	0.1356	0.0764
0.88	0.5778	0.1252	0.5971	0.1227	0.6148	0.1202	0.1405	0.0807
0.89	0.5830	0.1298	0.6022	0.1272	0.6197	0.1245	0.1459	0.0855
0.90	0.5885	0.1348	0.6076	0.1320	0.6249	0.1291	0.1517	0.0906
0.91	0.5945	0.1402	0.6133	0.1372	0.6304	0.1342	0.1580	0.0964
0.92	0.6009	0.1461	0.6195	0.1429	0.6365	0.1397	0.1651	0.1029
0.93	0.6079	0.1526	0.6263	0.1492	0.6430	0.1458	0.1730	0.1102
0.94	0.6157	0.1599	0.6339	0.1562	0.6503	0.1526	0.1821	0.1187
0.95	0.6246	0.1682	0.6424	0.1643	0.6586	0.1604	0.1926	0.1287
0.96	0.6349	0.1781	0.6524	0.1738	0.6682	0.1696	0.2054	0.1409
0.97	0.6475	0.1902	0.6645	0.1855	0.6799	0.1809	0.2216	0.1565
0.98	0.6639	0.2063	0.6803	0.2010	0.6952	0.1958	0.2438	0.1781
0.99	0.6892	0.2312	0.7047	0.2249	0.7186	0.2189	0.2803	0.2141

$F_\beta(\pi\|\alpha,\beta)$	$\alpha=2,\ \beta=14$		$\alpha=3,\ \beta=14$		$\alpha=4,\ \beta=14$		$\alpha=5,\ \beta=14$	
	π	L_0^π	π	L_0^π	π	L_0^π	π	L_0^π
0.01	0.0102	0.0000	0.0287	0.0001	0.0519	0.0001	0.0772	0.0001
0.02	0.0147	0.0001	0.0372	0.0002	0.0637	0.0003	0.0916	0.0004
0.03	0.0183	0.0002	0.0434	0.0004	0.0720	0.0005	0.1016	0.0006
0.04	0.0214	0.0003	0.0486	0.0005	0.0788	0.0007	0.1096	0.0009
0.05	0.0242	0.0004	0.0531	0.0007	0.0846	0.0010	0.1164	0.0012
0.06	0.0268	0.0006	0.0572	0.0010	0.0898	0.0013	0.1224	0.0015
0.07	0.0293	0.0007	0.0610	0.0012	0.0945	0.0016	0.1278	0.0019
0.08	0.0316	0.0009	0.0645	0.0015	0.0989	0.0019	0.1328	0.0022
0.09	0.0339	0.0011	0.0678	0.0018	0.1030	0.0023	0.1374	0.0026
0.10	0.0360	0.0013	0.0710	0.0021	0.1068	0.0026	0.1418	0.0030
0.11	0.0381	0.0015	0.0740	0.0024	0.1105	0.0030	0.1459	0.0035
0.12	0.0402	0.0018	0.0769	0.0027	0.1140	0.0034	0.1498	0.0039
0.13	0.0422	0.0020	0.0797	0.0031	0.1173	0.0038	0.1535	0.0044
0.14	0.0441	0.0023	0.0824	0.0034	0.1206	0.0043	0.1571	0.0049
0.15	0.0461	0.0025	0.0850	0.0038	0.1237	0.0047	0.1606	0.0054
0.16	0.0480	0.0028	0.0876	0.0042	0.1267	0.0052	0.1640	0.0059
0.17	0.0498	0.0031	0.0902	0.0046	0.1297	0.0057	0.1672	0.0064
0.18	0.0517	0.0035	0.0926	0.0051	0.1326	0.0062	0.1704	0.0070
0.19	0.0535	0.0038	0.0951	0.0055	0.1354	0.0067	0.1735	0.0076
0.20	0.0553	0.0042	0.0975	0.0060	0.1382	0.0073	0.1766	0.0082
0.21	0.0571	0.0045	0.0998	0.0065	0.1409	0.0078	0.1795	0.0088
0.22	0.0589	0.0049	0.1021	0.0070	0.1436	0.0084	0.1824	0.0094
0.23	0.0607	0.0053	0.1045	0.0075	0.1463	0.0090	0.1853	0.0100
0.24	0.0624	0.0057	0.1067	0.0080	0.1489	0.0096	0.1881	0.0107
0.25	0.0642	0.0062	0.1090	0.0086	0.1514	0.0102	0.1909	0.0114
0.26	0.0660	0.0066	0.1112	0.0091	0.1540	0.0109	0.1936	0.0121
0.27	0.0677	0.0071	0.1134	0.0097	0.1565	0.0115	0.1964	0.0128
0.28	0.0695	0.0076	0.1157	0.0103	0.1590	0.0122	0.1990	0.0135
0.29	0.0712	0.0081	0.1179	0.0110	0.1615	0.0129	0.2017	0.0143
0.30	0.0729	0.0086	0.1200	0.0116	0.1639	0.0137	0.2043	0.0151
0.31	0.0747	0.0091	0.1222	0.0123	0.1664	0.0144	0.2069	0.0159
0.32	0.0764	0.0097	0.1244	0.0129	0.1688	0.0152	0.2095	0.0167
0.33	0.0782	0.0102	0.1265	0.0136	0.1712	0.0159	0.2121	0.0175
0.34	0.0799	0.0108	0.1287	0.0144	0.1736	0.0167	0.2146	0.0184
0.35	0.0817	0.0114	0.1308	0.0151	0.1760	0.0176	0.2171	0.0193
0.36	0.0835	0.0120	0.1330	0.0159	0.1784	0.0184	0.2197	0.0201
0.37	0.0853	0.0127	0.1351	0.0167	0.1807	0.0193	0.2222	0.0211
0.38	0.0870	0.0134	0.1373	0.0175	0.1831	0.0202	0.2247	0.0220
0.39	0.0888	0.0141	0.1394	0.0183	0.1855	0.0211	0.2272	0.0230
0.40	0.0906	0.0148	0.1416	0.0191	0.1879	0.0220	0.2297	0.0239
0.41	0.0924	0.0155	0.1438	0.0200	0.1902	0.0230	0.2322	0.0250
0.42	0.0943	0.0163	0.1459	0.0209	0.1926	0.0240	0.2347	0.0260
0.43	0.0961	0.0170	0.1481	0.0218	0.1950	0.0250	0.2372	0.0270
0.44	0.0980	0.0178	0.1503	0.0228	0.1973	0.0260	0.2397	0.0281
0.45	0.0998	0.0187	0.1525	0.0238	0.1997	0.0271	0.2421	0.0292
0.46	0.1017	0.0195	0.1547	0.0248	0.2021	0.0282	0.2447	0.0304
0.47	0.1036	0.0204	0.1569	0.0258	0.2045	0.0293	0.2472	0.0315
0.48	0.1055	0.0213	0.1591	0.0269	0.2069	0.0304	0.2497	0.0327
0.49	0.1074	0.0223	0.1614	0.0280	0.2094	0.0316	0.2522	0.0340
0.50	0.1094	0.0232	0.1637	0.0291	0.2118	0.0328	0.2547	0.0352

$F_\beta(\pi\|\alpha,\beta)$	$\alpha=2,\ \beta=14$ π	L_0^π	$\alpha=3,\ \beta=14$ π	L_0^π	$\alpha=4,\ \beta=14$ π	L_0^π	$\alpha=5,\ \beta=14$ π	L_0^π
0.51	0.1114	0.0242	0.1659	0.0302	0.2142	0.0340	0.2573	0.0365
0.52	0.1134	0.0252	0.1682	0.0314	0.2167	0.0353	0.2598	0.0378
0.53	0.1154	0.0263	0.1705	0.0326	0.2192	0.0366	0.2624	0.0392
0.54	0.1174	0.0274	0.1729	0.0339	0.2217	0.0379	0.2649	0.0405
0.55	0.1195	0.0285	0.1752	0.0352	0.2242	0.0393	0.2676	0.0420
0.56	0.1216	0.0297	0.1776	0.0365	0.2267	0.0407	0.2702	0.0434
0.57	0.1237	0.0309	0.1800	0.0378	0.2293	0.0422	0.2728	0.0449
0.58	0.1259	0.0321	0.1825	0.0393	0.2319	0.0437	0.2755	0.0464
0.59	0.1281	0.0334	0.1849	0.0407	0.2345	0.0452	0.2782	0.0480
0.60	0.1303	0.0347	0.1874	0.0422	0.2371	0.0468	0.2809	0.0496
0.61	0.1326	0.0361	0.1900	0.0437	0.2398	0.0484	0.2836	0.0513
0.62	0.1349	0.0375	0.1925	0.0453	0.2425	0.0500	0.2864	0.0530
0.63	0.1372	0.0390	0.1952	0.0469	0.2452	0.0518	0.2892	0.0547
0.64	0.1396	0.0405	0.1978	0.0486	0.2480	0.0535	0.2920	0.0565
0.65	0.1420	0.0421	0.2005	0.0503	0.2509	0.0553	0.2949	0.0584
0.66	0.1445	0.0437	0.2032	0.0521	0.2537	0.0572	0.2978	0.0603
0.67	0.1470	0.0454	0.2060	0.0540	0.2566	0.0592	0.3008	0.0623
0.68	0.1496	0.0471	0.2089	0.0559	0.2596	0.0612	0.3038	0.0643
0.69	0.1523	0.0489	0.2118	0.0579	0.2626	0.0632	0.3069	0.0664
0.70	0.1550	0.0508	0.2147	0.0600	0.2657	0.0654	0.3100	0.0686
0.71	0.1578	0.0528	0.2178	0.0621	0.2688	0.0676	0.3131	0.0708
0.72	0.1606	0.0548	0.2208	0.0643	0.2720	0.0698	0.3164	0.0731
0.73	0.1635	0.0569	0.2240	0.0666	0.2753	0.0722	0.3197	0.0755
0.74	0.1666	0.0592	0.2273	0.0690	0.2786	0.0747	0.3231	0.0780
0.75	0.1697	0.0615	0.2306	0.0715	0.2821	0.0772	0.3265	0.0806
0.76	0.1728	0.0639	0.2340	0.0741	0.2856	0.0799	0.3301	0.0833
0.77	0.1762	0.0664	0.2375	0.0768	0.2892	0.0827	0.3337	0.0860
0.78	0.1796	0.0691	0.2412	0.0796	0.2929	0.0856	0.3375	0.0889
0.79	0.1831	0.0718	0.2450	0.0825	0.2968	0.0886	0.3413	0.0920
0.80	0.1868	0.0748	0.2488	0.0856	0.3008	0.0917	0.3453	0.0951
0.81	0.1906	0.0778	0.2529	0.0889	0.3049	0.0951	0.3494	0.0985
0.82	0.1946	0.0811	0.2571	0.0923	0.3092	0.0985	0.3537	0.1019
0.83	0.1988	0.0845	0.2615	0.0959	0.3136	0.1022	0.3581	0.1056
0.84	0.2031	0.0882	0.2661	0.0997	0.3182	0.1061	0.3627	0.1094
0.85	0.2078	0.0921	0.2709	0.1038	0.3231	0.1102	0.3676	0.1135
0.86	0.2126	0.0962	0.2759	0.1081	0.3282	0.1145	0.3726	0.1178
0.87	0.2178	0.1007	0.2813	0.1128	0.3336	0.1192	0.3780	0.1225
0.88	0.2233	0.1055	0.2870	0.1177	0.3393	0.1242	0.3836	0.1274
0.89	0.2292	0.1108	0.2930	0.1231	0.3453	0.1296	0.3896	0.1327
0.90	0.2356	0.1165	0.2996	0.1290	0.3519	0.1354	0.3960	0.1385
0.91	0.2425	0.1227	0.3066	0.1354	0.3589	0.1418	0.4030	0.1447
0.92	0.2501	0.1297	0.3144	0.1425	0.3666	0.1488	0.4105	0.1517
0.93	0.2586	0.1376	0.3230	0.1504	0.3751	0.1567	0.4189	0.1594
0.94	0.2683	0.1466	0.3327	0.1595	0.3847	0.1656	0.4282	0.1681
0.95	0.2794	0.1571	0.3438	0.1700	0.3956	0.1760	0.4389	0.1782
0.96	0.2927	0.1698	0.3570	0.1826	0.4086	0.1883	0.4515	0.1902
0.97	0.3093	0.1858	0.3734	0.1984	0.4246	0.2038	0.4669	0.2052
0.98	0.3317	0.2077	0.3954	0.2199	0.4459	0.2246	0.4875	0.2252
0.99	0.3679	0.2434	0.4305	0.2545	0.4796	0.2578	0.5199	0.2571

$F_\beta(\pi\|\alpha,\beta)$	$\alpha=6,\ \beta=14$ π	L_0^π	$\alpha=7,\ \beta=14$ π	L_0^π	$\alpha=8,\ \beta=14$ π	L_0^π	$\alpha=9,\ \beta=14$ π	L_0^π
0.01	0.1032	0.0002	0.1292	0.0002	0.1546	0.0002	0.1793	0.0002
0.02	0.1197	0.0004	0.1473	0.0005	0.1741	0.0005	0.1998	0.0005
0.03	0.1310	0.0007	0.1596	0.0008	0.1871	0.0008	0.2134	0.0009
0.04	0.1399	0.0010	0.1692	0.0011	0.1973	0.0012	0.2239	0.0012
0.05	0.1475	0.0013	0.1773	0.0015	0.2058	0.0016	0.2327	0.0016
0.06	0.1541	0.0017	0.1843	0.0018	0.2131	0.0020	0.2403	0.0020
0.07	0.1600	0.0021	0.1907	0.0023	0.2197	0.0024	0.2471	0.0025
0.08	0.1654	0.0025	0.1964	0.0027	0.2257	0.0028	0.2533	0.0029
0.09	0.1704	0.0029	0.2017	0.0031	0.2312	0.0033	0.2589	0.0034
0.10	0.1751	0.0034	0.2067	0.0036	0.2363	0.0038	0.2642	0.0039
0.11	0.1796	0.0038	0.2113	0.0041	0.2411	0.0043	0.2691	0.0044
0.12	0.1838	0.0043	0.2157	0.0046	0.2457	0.0048	0.2737	0.0050
0.13	0.1878	0.0048	0.2199	0.0051	0.2500	0.0054	0.2782	0.0055
0.14	0.1916	0.0053	0.2240	0.0057	0.2542	0.0059	0.2824	0.0061
0.15	0.1953	0.0059	0.2278	0.0062	0.2582	0.0065	0.2864	0.0067
0.16	0.1989	0.0064	0.2316	0.0068	0.2620	0.0071	0.2903	0.0073
0.17	0.2024	0.0070	0.2352	0.0074	0.2657	0.0077	0.2941	0.0079
0.18	0.2058	0.0076	0.2387	0.0080	0.2693	0.0083	0.2977	0.0085
0.19	0.2091	0.0082	0.2421	0.0087	0.2728	0.0090	0.3012	0.0092
0.20	0.2123	0.0088	0.2454	0.0093	0.2761	0.0096	0.3047	0.0099
0.21	0.2154	0.0095	0.2486	0.0100	0.2795	0.0103	0.3080	0.0105
0.22	0.2185	0.0101	0.2518	0.0106	0.2827	0.0110	0.3113	0.0112
0.23	0.2215	0.0108	0.2549	0.0113	0.2859	0.0117	0.3145	0.0120
0.24	0.2244	0.0115	0.2580	0.0121	0.2890	0.0124	0.3176	0.0127
0.25	0.2274	0.0122	0.2610	0.0128	0.2920	0.0132	0.3207	0.0135
0.26	0.2302	0.0129	0.2639	0.0135	0.2950	0.0140	0.3237	0.0142
0.27	0.2331	0.0137	0.2668	0.0143	0.2980	0.0147	0.3267	0.0150
0.28	0.2359	0.0145	0.2697	0.0151	0.3009	0.0155	0.3296	0.0158
0.29	0.2386	0.0153	0.2725	0.0159	0.3037	0.0164	0.3325	0.0166
0.30	0.2414	0.0161	0.2753	0.0167	0.3066	0.0172	0.3353	0.0175
0.31	0.2441	0.0169	0.2781	0.0176	0.3094	0.0180	0.3381	0.0183
0.32	0.2467	0.0177	0.2808	0.0185	0.3121	0.0189	0.3409	0.0192
0.33	0.2494	0.0186	0.2836	0.0193	0.3149	0.0198	0.3437	0.0201
0.34	0.2521	0.0195	0.2863	0.0202	0.3176	0.0207	0.3464	0.0210
0.35	0.2547	0.0204	0.2889	0.0212	0.3203	0.0216	0.3491	0.0220
0.36	0.2573	0.0213	0.2916	0.0221	0.3230	0.0226	0.3518	0.0229
0.37	0.2599	0.0223	0.2942	0.0231	0.3256	0.0236	0.3544	0.0239
0.38	0.2625	0.0232	0.2969	0.0240	0.3283	0.0246	0.3571	0.0249
0.39	0.2650	0.0242	0.2995	0.0251	0.3309	0.0256	0.3597	0.0259
0.40	0.2676	0.0252	0.3021	0.0261	0.3335	0.0266	0.3623	0.0269
0.41	0.2702	0.0263	0.3047	0.0271	0.3361	0.0277	0.3649	0.0280
0.42	0.2727	0.0273	0.3073	0.0282	0.3387	0.0288	0.3675	0.0290
0.43	0.2753	0.0284	0.3099	0.0293	0.3413	0.0299	0.3701	0.0301
0.44	0.2778	0.0295	0.3124	0.0304	0.3439	0.0310	0.3727	0.0313
0.45	0.2804	0.0307	0.3150	0.0316	0.3465	0.0321	0.3753	0.0324
0.46	0.2830	0.0318	0.3176	0.0328	0.3491	0.0333	0.3778	0.0336
0.47	0.2855	0.0330	0.3202	0.0340	0.3517	0.0345	0.3804	0.0348
0.48	0.2881	0.0342	0.3228	0.0352	0.3543	0.0357	0.3830	0.0360
0.49	0.2906	0.0355	0.3254	0.0364	0.3568	0.0370	0.3855	0.0372
0.50	0.2932	0.0368	0.3279	0.0377	0.3594	0.0383	0.3881	0.0385

$F_\beta(\pi\|\alpha,\beta)$	$\alpha=6,\ \beta=14$		$\alpha=7,\ \beta=14$		$\alpha=8,\ \beta=14$		$\alpha=9,\ \beta=14$	
	π	L_0^π	π	L_0^π	π	L_0^π	π	L_0^π
0.51	0.2958	0.0381	0.3306	0.0390	0.3620	0.0396	0.3907	0.0398
0.52	0.2984	0.0394	0.3332	0.0404	0.3646	0.0409	0.3933	0.0411
0.53	0.3010	0.0408	0.3358	0.0418	0.3672	0.0423	0.3959	0.0425
0.54	0.3036	0.0422	0.3384	0.0432	0.3699	0.0437	0.3984	0.0439
0.55	0.3063	0.0436	0.3411	0.0446	0.3725	0.0451	0.4011	0.0453
0.56	0.3089	0.0451	0.3437	0.0461	0.3751	0.0466	0.4037	0.0468
0.57	0.3116	0.0466	0.3464	0.0476	0.3778	0.0481	0.4063	0.0482
0.58	0.3143	0.0482	0.3491	0.0491	0.3805	0.0496	0.4090	0.0498
0.59	0.3170	0.0497	0.3518	0.0507	0.3832	0.0512	0.4116	0.0513
0.60	0.3197	0.0514	0.3545	0.0524	0.3859	0.0528	0.4143	0.0529
0.61	0.3225	0.0530	0.3573	0.0540	0.3886	0.0545	0.4170	0.0546
0.62	0.3253	0.0548	0.3601	0.0557	0.3914	0.0562	0.4197	0.0563
0.63	0.3281	0.0565	0.3629	0.0575	0.3942	0.0579	0.4225	0.0580
0.64	0.3310	0.0583	0.3657	0.0593	0.3970	0.0597	0.4253	0.0597
0.65	0.3339	0.0602	0.3686	0.0612	0.3999	0.0616	0.4281	0.0616
0.66	0.3368	0.0621	0.3716	0.0631	0.4027	0.0635	0.4309	0.0634
0.67	0.3398	0.0641	0.3745	0.0651	0.4057	0.0654	0.4338	0.0653
0.68	0.3428	0.0661	0.3775	0.0671	0.4086	0.0674	0.4367	0.0673
0.69	0.3459	0.0682	0.3805	0.0692	0.4116	0.0695	0.4397	0.0693
0.70	0.3490	0.0704	0.3836	0.0713	0.4147	0.0716	0.4427	0.0714
0.71	0.3521	0.0726	0.3868	0.0735	0.4178	0.0738	0.4458	0.0736
0.72	0.3554	0.0750	0.3900	0.0758	0.4210	0.0760	0.4489	0.0758
0.73	0.3587	0.0773	0.3933	0.0782	0.4242	0.0784	0.4520	0.0781
0.74	0.3621	0.0798	0.3966	0.0806	0.4275	0.0808	0.4552	0.0805
0.75	0.3655	0.0824	0.4000	0.0832	0.4308	0.0833	0.4585	0.0829
0.76	0.3690	0.0851	0.4035	0.0858	0.4342	0.0859	0.4619	0.0854
0.77	0.3726	0.0878	0.4071	0.0885	0.4378	0.0886	0.4653	0.0881
0.78	0.3764	0.0907	0.4107	0.0914	0.4414	0.0913	0.4689	0.0908
0.79	0.3802	0.0937	0.4145	0.0943	0.4451	0.0942	0.4725	0.0936
0.80	0.3841	0.0968	0.4184	0.0974	0.4489	0.0973	0.4762	0.0966
0.81	0.3882	0.1001	0.4224	0.1007	0.4528	0.1004	0.4800	0.0997
0.82	0.3924	0.1036	0.4265	0.1040	0.4569	0.1037	0.4840	0.1029
0.83	0.3968	0.1072	0.4308	0.1076	0.4611	0.1072	0.4881	0.1063
0.84	0.4013	0.1110	0.4353	0.1113	0.4654	0.1109	0.4924	0.1099
0.85	0.4061	0.1150	0.4400	0.1152	0.4700	0.1147	0.4968	0.1136
0.86	0.4111	0.1192	0.4448	0.1194	0.4748	0.1188	0.5015	0.1176
0.87	0.4163	0.1238	0.4500	0.1239	0.4798	0.1231	0.5064	0.1218
0.88	0.4219	0.1286	0.4554	0.1286	0.4850	0.1277	0.5115	0.1263
0.89	0.4278	0.1338	0.4611	0.1337	0.4906	0.1327	0.5169	0.1311
0.90	0.4340	0.1395	0.4673	0.1392	0.4966	0.1380	0.5227	0.1363
0.91	0.4408	0.1456	0.4739	0.1452	0.5030	0.1439	0.5290	0.1420
0.92	0.4482	0.1524	0.4811	0.1517	0.5100	0.1502	0.5358	0.1482
0.93	0.4563	0.1599	0.4890	0.1590	0.5177	0.1573	0.5432	0.1551
0.94	0.4654	0.1684	0.4978	0.1673	0.5262	0.1653	0.5515	0.1628
0.95	0.4758	0.1782	0.5078	0.1768	0.5359	0.1745	0.5609	0.1717
0.96	0.4880	0.1898	0.5196	0.1880	0.5473	0.1854	0.5719	0.1822
0.97	0.5029	0.2043	0.5340	0.2020	0.5612	0.1988	0.5853	0.1952
0.98	0.5228	0.2236	0.5531	0.2206	0.5796	0.2167	0.6030	0.2124
0.99	0.5538	0.2542	0.5829	0.2499	0.6082	0.2449	0.6304	0.2394

	$\alpha=10,\ \beta=14$		$\alpha=11,\ \beta=14$		$\alpha=12,\ \beta=14$		$\alpha=13,\ \beta=14$	
$F_\beta(\pi\|\alpha,\beta)$	π	L_0^π	π	L_0^π	π	L_0^π	π	L_0^π
0.01	0.2031	0.0002	0.2260	0.0002	0.2479	0.0003	0.2688	0.0003
0.02	0.2244	0.0005	0.2478	0.0006	0.2701	0.0006	0.2913	0.0006
0.03	0.2384	0.0009	0.2622	0.0009	0.2847	0.0009	0.3061	0.0010
0.04	0.2492	0.0013	0.2732	0.0013	0.2959	0.0013	0.3173	0.0013
0.05	0.2582	0.0017	0.2824	0.0017	0.3051	0.0017	0.3266	0.0018
0.06	0.2660	0.0021	0.2902	0.0022	0.3131	0.0022	0.3346	0.0022
0.07	0.2729	0.0025	0.2972	0.0026	0.3201	0.0026	0.3417	0.0027
0.08	0.2792	0.0030	0.3036	0.0031	0.3265	0.0031	0.3481	0.0031
0.09	0.2849	0.0035	0.3094	0.0036	0.3323	0.0036	0.3539	0.0036
0.10	0.2903	0.0040	0.3148	0.0041	0.3377	0.0041	0.3593	0.0041
0.11	0.2953	0.0045	0.3198	0.0046	0.3428	0.0047	0.3644	0.0047
0.12	0.3000	0.0051	0.3245	0.0052	0.3475	0.0052	0.3691	0.0052
0.13	0.3045	0.0056	0.3290	0.0057	0.3520	0.0058	0.3736	0.0058
0.14	0.3087	0.0062	0.3333	0.0063	0.3563	0.0063	0.3779	0.0064
0.15	0.3128	0.0068	0.3374	0.0069	0.3604	0.0069	0.3820	0.0070
0.16	0.3167	0.0074	0.3413	0.0075	0.3643	0.0075	0.3859	0.0076
0.17	0.3205	0.0080	0.3451	0.0081	0.3681	0.0082	0.3896	0.0082
0.18	0.3242	0.0087	0.3488	0.0088	0.3718	0.0088	0.3933	0.0088
0.19	0.3277	0.0093	0.3524	0.0094	0.3753	0.0095	0.3968	0.0095
0.20	0.3312	0.0100	0.3558	0.0101	0.3788	0.0101	0.4002	0.0101
0.21	0.3345	0.0107	0.3592	0.0108	0.3821	0.0108	0.4035	0.0108
0.22	0.3378	0.0114	0.3624	0.0115	0.3854	0.0115	0.4068	0.0115
0.23	0.3410	0.0121	0.3656	0.0122	0.3886	0.0122	0.4099	0.0122
0.24	0.3442	0.0129	0.3688	0.0129	0.3917	0.0130	0.4130	0.0129
0.25	0.3472	0.0136	0.3718	0.0137	0.3947	0.0137	0.4161	0.0137
0.26	0.3502	0.0144	0.3749	0.0145	0.3977	0.0145	0.4190	0.0144
0.27	0.3532	0.0152	0.3778	0.0153	0.4007	0.0153	0.4219	0.0152
0.28	0.3561	0.0160	0.3807	0.0161	0.4036	0.0161	0.4248	0.0160
0.29	0.3590	0.0168	0.3836	0.0169	0.4064	0.0169	0.4276	0.0168
0.30	0.3619	0.0176	0.3864	0.0177	0.4092	0.0177	0.4304	0.0176
0.31	0.3647	0.0185	0.3892	0.0186	0.4120	0.0185	0.4331	0.0185
0.32	0.3674	0.0194	0.3920	0.0194	0.4147	0.0194	0.4358	0.0193
0.33	0.3702	0.0203	0.3947	0.0203	0.4174	0.0203	0.4385	0.0202
0.34	0.3729	0.0212	0.3974	0.0212	0.4201	0.0212	0.4411	0.0211
0.35	0.3756	0.0221	0.4001	0.0221	0.4227	0.0221	0.4437	0.0220
0.36	0.3783	0.0230	0.4027	0.0231	0.4253	0.0230	0.4463	0.0229
0.37	0.3809	0.0240	0.4053	0.0240	0.4279	0.0240	0.4489	0.0238
0.38	0.3835	0.0250	0.4079	0.0250	0.4305	0.0249	0.4514	0.0248
0.39	0.3861	0.0260	0.4105	0.0260	0.4331	0.0259	0.4540	0.0257
0.40	0.3888	0.0270	0.4131	0.0270	0.4356	0.0269	0.4565	0.0267
0.41	0.3913	0.0281	0.4157	0.0281	0.4381	0.0279	0.4590	0.0277
0.42	0.3939	0.0291	0.4182	0.0291	0.4407	0.0290	0.4614	0.0288
0.43	0.3965	0.0302	0.4208	0.0302	0.4432	0.0300	0.4639	0.0298
0.44	0.3990	0.0313	0.4233	0.0313	0.4457	0.0311	0.4664	0.0309
0.45	0.4016	0.0325	0.4258	0.0324	0.4482	0.0322	0.4688	0.0320
0.46	0.4041	0.0336	0.4283	0.0336	0.4506	0.0334	0.4713	0.0331
0.47	0.4067	0.0348	0.4308	0.0347	0.4531	0.0345	0.4737	0.0342
0.48	0.4092	0.0360	0.4334	0.0359	0.4556	0.0357	0.4762	0.0354
0.49	0.4118	0.0373	0.4359	0.0371	0.4581	0.0369	0.4786	0.0366
0.50	0.4143	0.0385	0.4384	0.0384	0.4605	0.0381	0.4810	0.0378

	$\alpha = 10,\ \beta = 14$		$\alpha = 11,\ \beta = 14$		$\alpha = 12,\ \beta = 14$		$\alpha = 13,\ \beta = 14$	
$F_\beta(\pi\|\alpha,\beta)$	π	L_0^*	π	L_0^*	π	L_0^*	π	L_0^*
0.51	0.4169	0.0398	0.4409	0.0396	0.4630	0.0394	0.4835	0.0390
0.52	0.4194	0.0411	0.4434	0.0409	0.4655	0.0406	0.4859	0.0402
0.53	0.4220	0.0425	0.4459	0.0423	0.4680	0.0420	0.4883	0.0415
0.54	0.4245	0.0439	0.4485	0.0436	0.4705	0.0433	0.4908	0.0428
0.55	0.4271	0.0453	0.4510	0.0450	0.4730	0.0446	0.4932	0.0442
0.56	0.4297	0.0467	0.4535	0.0464	0.4755	0.0460	0.4957	0.0455
0.57	0.4323	0.0482	0.4561	0.0479	0.4780	0.0475	0.4981	0.0469
0.58	0.4349	0.0497	0.4587	0.0493	0.4805	0.0489	0.5006	0.0484
0.59	0.4375	0.0512	0.4613	0.0509	0.4830	0.0504	0.5031	0.0498
0.60	0.4402	0.0528	0.4639	0.0524	0.4856	0.0519	0.5056	0.0513
0.61	0.4429	0.0544	0.4665	0.0540	0.4882	0.0535	0.5081	0.0528
0.62	0.4455	0.0560	0.4691	0.0556	0.4908	0.0551	0.5107	0.0544
0.63	0.4482	0.0577	0.4718	0.0573	0.4934	0.0567	0.5132	0.0560
0.64	0.4510	0.0595	0.4745	0.0590	0.4960	0.0584	0.5158	0.0576
0.65	0.4538	0.0613	0.4772	0.0607	0.4987	0.0601	0.5184	0.0593
0.66	0.4566	0.0631	0.4799	0.0625	0.5014	0.0618	0.5211	0.0610
0.67	0.4594	0.0650	0.4827	0.0644	0.5041	0.0637	0.5237	0.0628
0.68	0.4623	0.0669	0.4855	0.0663	0.5068	0.0655	0.5264	0.0646
0.69	0.4652	0.0689	0.4884	0.0682	0.5096	0.0674	0.5292	0.0665
0.70	0.4681	0.0709	0.4912	0.0702	0.5124	0.0694	0.5319	0.0684
0.71	0.4711	0.0731	0.4942	0.0723	0.5153	0.0714	0.5347	0.0704
0.72	0.4741	0.0752	0.4972	0.0744	0.5182	0.0735	0.5376	0.0724
0.73	0.4772	0.0775	0.5002	0.0766	0.5212	0.0756	0.5405	0.0745
0.74	0.4804	0.0798	0.5033	0.0789	0.5242	0.0779	0.5434	0.0767
0.75	0.4836	0.0822	0.5064	0.0812	0.5273	0.0802	0.5464	0.0789
0.76	0.4869	0.0847	0.5097	0.0837	0.5304	0.0825	0.5495	0.0813
0.77	0.4903	0.0872	0.5129	0.0862	0.5336	0.0850	0.5526	0.0837
0.78	0.4937	0.0899	0.5163	0.0888	0.5369	0.0875	0.5558	0.0861
0.79	0.4973	0.0927	0.5198	0.0915	0.5403	0.0902	0.5591	0.0887
0.80	0.5009	0.0956	0.5233	0.0943	0.5438	0.0929	0.5625	0.0914
0.81	0.5046	0.0986	0.5270	0.0973	0.5473	0.0958	0.5660	0.0942
0.82	0.5085	0.1018	0.5307	0.1004	0.5510	0.0988	0.5696	0.0971
0.83	0.5125	0.1051	0.5346	0.1036	0.5548	0.1019	0.5733	0.1002
0.84	0.5167	0.1085	0.5387	0.1070	0.5588	0.1052	0.5771	0.1034
0.85	0.5210	0.1122	0.5429	0.1105	0.5629	0.1087	0.5811	0.1068
0.86	0.5255	0.1161	0.5473	0.1143	0.5671	0.1124	0.5853	0.1103
0.87	0.5303	0.1202	0.5519	0.1183	0.5716	0.1162	0.5896	0.1141
0.88	0.5353	0.1246	0.5568	0.1225	0.5764	0.1204	0.5942	0.1181
0.89	0.5406	0.1292	0.5619	0.1271	0.5814	0.1248	0.5991	0.1224
0.90	0.5462	0.1343	0.5674	0.1320	0.5867	0.1296	0.6043	0.1271
0.91	0.5523	0.1398	0.5733	0.1373	0.5924	0.1347	0.6098	0.1321
0.92	0.5588	0.1458	0.5797	0.1432	0.5986	0.1404	0.6158	0.1376
0.93	0.5660	0.1524	0.5866	0.1496	0.6053	0.1467	0.6224	0.1436
0.94	0.5741	0.1599	0.5944	0.1569	0.6128	0.1537	0.6296	0.1505
0.95	0.5832	0.1685	0.6032	0.1652	0.6214	0.1617	0.6379	0.1583
0.96	0.5938	0.1787	0.6135	0.1750	0.6313	0.1712	0.6475	0.1675
0.97	0.6067	0.1912	0.6260	0.1871	0.6434	0.1829	0.6592	0.1788
0.98	0.6238	0.2078	0.6424	0.2031	0.6593	0.1984	0.6746	0.1937
0.99	0.6502	0.2338	0.6678	0.2281	0.6837	0.2225	0.6982	0.2170

	$\alpha = 14,\ \beta = 14$		$\alpha = 1,\ \beta = 15$		$\alpha = 2,\ \beta = 15$		$\alpha = 3,\ \beta = 15$	
$F_\beta(\pi\|\alpha,\beta)$	π	L_0^π	π	L_0^π	π	L_0^π	π	L_0^π
0.01	0.2887	0.0003	0.0007	0.0000	0.0095	0.0000	0.0269	0.0001
0.02	0.3115	0.0006	0.0013	0.0000	0.0138	0.0001	0.0349	0.0002
0.03	0.3263	0.0010	0.0020	0.0000	0.0171	0.0002	0.0408	0.0003
0.04	0.3377	0.0014	0.0027	0.0001	0.0200	0.0003	0.0456	0.0005
0.05	0.3470	0.0018	0.0034	0.0001	0.0227	0.0004	0.0499	0.0007
0.06	0.3550	0.0022	0.0041	0.0001	0.0251	0.0005	0.0537	0.0009
0.07	0.3621	0.0027	0.0048	0.0002	0.0274	0.0007	0.0573	0.0011
0.08	0.3684	0.0032	0.0055	0.0002	0.0296	0.0008	0.0606	0.0014
0.09	0.3742	0.0036	0.0063	0.0003	0.0317	0.0010	0.0637	0.0016
0.10	0.3796	0.0042	0.0070	0.0004	0.0337	0.0012	0.0667	0.0019
0.11	0.3847	0.0047	0.0077	0.0004	0.0357	0.0014	0.0695	0.0022
0.12	0.3894	0.0052	0.0085	0.0005	0.0376	0.0016	0.0722	0.0025
0.13	0.3938	0.0058	0.0092	0.0006	0.0395	0.0019	0.0749	0.0029
0.14	0.3981	0.0064	0.0100	0.0007	0.0413	0.0021	0.0774	0.0032
0.15	0.4022	0.0069	0.0108	0.0008	0.0431	0.0024	0.0799	0.0036
0.16	0.4060	0.0075	0.0116	0.0009	0.0449	0.0027	0.0824	0.0040
0.17	0.4098	0.0082	0.0123	0.0011	0.0467	0.0030	0.0848	0.0043
0.18	0.4134	0.0088	0.0131	0.0012	0.0484	0.0033	0.0871	0.0048
0.19	0.4169	0.0094	0.0139	0.0014	0.0501	0.0036	0.0894	0.0052
0.20	0.4203	0.0101	0.0148	0.0015	0.0518	0.0039	0.0916	0.0056
0.21	0.4236	0.0108	0.0156	0.0017	0.0535	0.0043	0.0939	0.0061
0.22	0.4268	0.0115	0.0164	0.0019	0.0552	0.0046	0.0961	0.0066
0.23	0.4299	0.0122	0.0173	0.0021	0.0569	0.0050	0.0982	0.0070
0.24	0.4330	0.0129	0.0181	0.0023	0.0585	0.0054	0.1004	0.0075
0.25	0.4360	0.0136	0.0190	0.0025	0.0602	0.0058	0.1025	0.0081
0.26	0.4389	0.0144	0.0199	0.0027	0.0618	0.0062	0.1046	0.0086
0.27	0.4418	0.0151	0.0208	0.0029	0.0635	0.0066	0.1067	0.0092
0.28	0.4446	0.0159	0.0217	0.0032	0.0651	0.0071	0.1088	0.0097
0.29	0.4474	0.0167	0.0226	0.0034	0.0667	0.0076	0.1109	0.0103
0.30	0.4501	0.0175	0.0235	0.0037	0.0684	0.0080	0.1129	0.0109
0.31	0.4528	0.0184	0.0244	0.0040	0.0700	0.0085	0.1150	0.0116
0.32	0.4555	0.0192	0.0254	0.0043	0.0717	0.0091	0.1170	0.0122
0.33	0.4581	0.0200	0.0263	0.0046	0.0733	0.0096	0.1191	0.0129
0.34	0.4607	0.0209	0.0273	0.0049	0.0750	0.0102	0.1211	0.0136
0.35	0.4633	0.0218	0.0283	0.0053	0.0766	0.0107	0.1232	0.0143
0.36	0.4659	0.0227	0.0293	0.0056	0.0783	0.0113	0.1252	0.0150
0.37	0.4684	0.0236	0.0303	0.0060	0.0800	0.0119	0.1272	0.0157
0.38	0.4709	0.0246	0.0314	0.0064	0.0817	0.0126	0.1293	0.0165
0.39	0.4734	0.0255	0.0324	0.0068	0.0833	0.0132	0.1313	0.0173
0.40	0.4759	0.0265	0.0335	0.0072	0.0850	0.0139	0.1333	0.0181
0.41	0.4783	0.0275	0.0346	0.0077	0.0867	0.0146	0.1354	0.0189
0.42	0.4808	0.0285	0.0357	0.0081	0.0885	0.0153	0.1374	0.0198
0.43	0.4832	0.0295	0.0368	0.0086	0.0902	0.0160	0.1395	0.0206
0.44	0.4856	0.0306	0.0379	0.0091	0.0919	0.0168	0.1416	0.0215
0.45	0.4880	0.0317	0.0391	0.0096	0.0937	0.0175	0.1437	0.0225
0.46	0.4904	0.0328	0.0402	0.0101	0.0955	0.0184	0.1457	0.0234
0.47	0.4928	0.0339	0.0414	0.0107	0.0972	0.0192	0.1478	0.0244
0.48	0.4952	0.0350	0.0427	0.0113	0.0990	0.0200	0.1500	0.0254
0.49	0.4976	0.0362	0.0439	0.0119	0.1009	0.0209	0.1521	0.0264
0.50	0.5000	0.0374	0.0452	0.0125	0.1027	0.0218	0.1542	0.0275

$F_\beta(\pi\|\alpha,\beta)$	$\alpha=14,\ \beta=14$		$\alpha=1,\ \beta=15$		$\alpha=2,\ \beta=15$		$\alpha=3,\ \beta=15$	
	π	L_0^π	π	L_0^π	π	L_0^π	π	L_0^π
0.51	0.5024	0.0386	0.0464	0.0131	0.1046	0.0228	0.1564	0.0286
0.52	0.5048	0.0398	0.0478	0.0138	0.1064	0.0237	0.1585	0.0297
0.53	0.5072	0.0411	0.0491	0.0145	0.1083	0.0247	0.1607	0.0308
0.54	0.5096	0.0423	0.0505	0.0153	0.1103	0.0258	0.1630	0.0320
0.55	0.5120	0.0436	0.0518	0.0160	0.1122	0.0268	0.1652	0.0332
0.56	0.5144	0.0450	0.0533	0.0168	0.1142	0.0279	0.1675	0.0345
0.57	0.5168	0.0464	0.0547	0.0176	0.1162	0.0291	0.1697	0.0358
0.58	0.5192	0.0478	0.0562	0.0185	0.1182	0.0302	0.1721	0.0371
0.59	0.5217	0.0492	0.0577	0.0194	0.1203	0.0315	0.1744	0.0385
0.60	0.5241	0.0506	0.0593	0.0203	0.1224	0.0327	0.1768	0.0399
0.61	0.5266	0.0522	0.0608	0.0212	0.1245	0.0340	0.1792	0.0414
0.62	0.5291	0.0537	0.0625	0.0222	0.1267	0.0353	0.1816	0.0429
0.63	0.5316	0.0552	0.0641	0.0233	0.1289	0.0367	0.1841	0.0444
0.64	0.5341	0.0568	0.0658	0.0244	0.1312	0.0381	0.1866	0.0460
0.65	0.5367	0.0585	0.0676	0.0255	0.1335	0.0396	0.1892	0.0477
0.66	0.5393	0.0602	0.0694	0.0267	0.1358	0.0412	0.1918	0.0494
0.67	0.5419	0.0619	0.0712	0.0279	0.1382	0.0428	0.1944	0.0511
0.68	0.5445	0.0637	0.0731	0.0292	0.1407	0.0444	0.1971	0.0530
0.69	0.5472	0.0655	0.0751	0.0305	0.1432	0.0461	0.1999	0.0548
0.70	0.5499	0.0674	0.0771	0.0319	0.1457	0.0479	0.2027	0.0568
0.71	0.5526	0.0693	0.0792	0.0334	0.1484	0.0498	0.2056	0.0588
0.72	0.5554	0.0713	0.0814	0.0349	0.1511	0.0517	0.2085	0.0609
0.73	0.5582	0.0734	0.0836	0.0366	0.1538	0.0537	0.2115	0.0631
0.74	0.5611	0.0755	0.0859	0.0382	0.1567	0.0558	0.2146	0.0654
0.75	0.5640	0.0777	0.0883	0.0400	0.1596	0.0580	0.2178	0.0678
0.76	0.5670	0.0799	0.0908	0.0419	0.1626	0.0602	0.2211	0.0702
0.77	0.5701	0.0823	0.0933	0.0439	0.1658	0.0626	0.2244	0.0728
0.78	0.5732	0.0847	0.0960	0.0459	0.1690	0.0651	0.2279	0.0755
0.79	0.5764	0.0872	0.0988	0.0481	0.1724	0.0678	0.2315	0.0783
0.80	0.5797	0.0898	0.1017	0.0505	0.1758	0.0705	0.2352	0.0813
0.81	0.5831	0.0926	0.1048	0.0529	0.1795	0.0735	0.2391	0.0844
0.82	0.5866	0.0954	0.1080	0.0556	0.1832	0.0765	0.2431	0.0876
0.83	0.5902	0.0984	0.1114	0.0584	0.1872	0.0798	0.2473	0.0911
0.84	0.5940	0.1015	0.1150	0.0614	0.1914	0.0833	0.2516	0.0947
0.85	0.5978	0.1048	0.1188	0.0646	0.1957	0.0870	0.2562	0.0986
0.86	0.6019	0.1083	0.1228	0.0680	0.2004	0.0909	0.2611	0.1027
0.87	0.6062	0.1119	0.1272	0.0718	0.2053	0.0952	0.2662	0.1072
0.88	0.6106	0.1159	0.1318	0.0758	0.2105	0.0998	0.2716	0.1119
0.89	0.6153	0.1200	0.1368	0.0803	0.2161	0.1047	0.2774	0.1171
0.90	0.6204	0.1245	0.1423	0.0852	0.2222	0.1102	0.2837	0.1227
0.91	0.6258	0.1294	0.1483	0.0906	0.2288	0.1161	0.2905	0.1288
0.92	0.6316	0.1347	0.1550	0.0967	0.2360	0.1228	0.2979	0.1356
0.93	0.6379	0.1406	0.1625	0.1036	0.2441	0.1303	0.3062	0.1433
0.94	0.6450	0.1472	0.1710	0.1116	0.2533	0.1389	0.3155	0.1520
0.95	0.6530	0.1548	0.1810	0.1211	0.2640	0.1489	0.3262	0.1621
0.96	0.6623	0.1637	0.1931	0.1326	0.2766	0.1610	0.3389	0.1742
0.97	0.6737	0.1746	0.2085	0.1474	0.2925	0.1764	0.3547	0.1895
0.98	0.6885	0.1891	0.2296	0.1680	0.3140	0.1974	0.3760	0.2102
0.99	0.7113	0.2115	0.2644	0.2023	0.3488	0.2316	0.4099	0.2437

$F_\beta(\pi\|\alpha,\beta)$	$\alpha=4,\ \beta=15$		$\alpha=5,\ \beta=15$		$\alpha=6,\ \beta=15$		$\alpha=7,\ \beta=15$	
	π	L_0^π	π	L_0^π	π	L_0^π	π	L_0^π
0.01	0.0488	0.0001	0.0728	0.0001	0.0975	0.0002	0.1224	0.0002
0.02	0.0599	0.0003	0.0864	0.0003	0.1132	0.0004	0.1396	0.0004
0.03	0.0678	0.0005	0.0959	0.0006	0.1239	0.0007	0.1513	0.0007
0.04	0.0742	0.0007	0.1035	0.0008	0.1324	0.0010	0.1605	0.0010
0.05	0.0797	0.0009	0.1099	0.0011	0.1395	0.0013	0.1682	0.0014
0.06	0.0846	0.0012	0.1156	0.0014	0.1458	0.0016	0.1749	0.0018
0.07	0.0890	0.0015	0.1207	0.0018	0.1515	0.0020	0.1809	0.0022
0.08	0.0932	0.0018	0.1254	0.0021	0.1566	0.0024	0.1864	0.0026
0.09	0.0970	0.0021	0.1298	0.0025	0.1614	0.0028	0.1915	0.0030
0.10	0.1006	0.0025	0.1339	0.0029	0.1659	0.0032	0.1962	0.0034
0.11	0.1041	0.0028	0.1378	0.0033	0.1701	0.0036	0.2006	0.0039
0.12	0.1074	0.0032	0.1415	0.0037	0.1741	0.0041	0.2049	0.0044
0.13	0.1106	0.0036	0.1451	0.0042	0.1779	0.0046	0.2089	0.0049
0.14	0.1136	0.0040	0.1485	0.0046	0.1816	0.0051	0.2127	0.0054
0.15	0.1166	0.0045	0.1518	0.0051	0.1851	0.0056	0.2164	0.0060
0.16	0.1195	0.0049	0.1550	0.0056	0.1885	0.0061	0.2200	0.0065
0.17	0.1223	0.0054	0.1581	0.0061	0.1919	0.0067	0.2235	0.0071
0.18	0.1250	0.0058	0.1611	0.0066	0.1951	0.0072	0.2268	0.0077
0.19	0.1277	0.0063	0.1641	0.0072	0.1982	0.0078	0.2301	0.0083
0.20	0.1303	0.0069	0.1670	0.0078	0.2013	0.0084	0.2333	0.0089
0.21	0.1329	0.0074	0.1698	0.0083	0.2043	0.0090	0.2364	0.0095
0.22	0.1355	0.0079	0.1726	0.0089	0.2072	0.0097	0.2394	0.0102
0.23	0.1380	0.0085	0.1753	0.0095	0.2101	0.0103	0.2424	0.0108
0.24	0.1404	0.0091	0.1780	0.0102	0.2129	0.0110	0.2453	0.0115
0.25	0.1429	0.0097	0.1806	0.0108	0.2157	0.0116	0.2482	0.0122
0.26	0.1453	0.0103	0.1833	0.0115	0.2184	0.0124	0.2510	0.0130
0.27	0.1477	0.0109	0.1858	0.0122	0.2212	0.0131	0.2538	0.0137
0.28	0.1501	0.0116	0.1884	0.0129	0.2238	0.0138	0.2566	0.0145
0.29	0.1524	0.0122	0.1909	0.0136	0.2265	0.0146	0.2593	0.0152
0.30	0.1547	0.0129	0.1934	0.0143	0.2291	0.0153	0.2620	0.0160
0.31	0.1570	0.0136	0.1959	0.0151	0.2317	0.0161	0.2646	0.0168
0.32	0.1593	0.0144	0.1984	0.0159	0.2342	0.0169	0.2673	0.0177
0.33	0.1616	0.0151	0.2008	0.0167	0.2368	0.0177	0.2699	0.0185
0.34	0.1639	0.0159	0.2032	0.0175	0.2393	0.0186	0.2725	0.0194
0.35	0.1662	0.0166	0.2057	0.0183	0.2418	0.0195	0.2750	0.0203
0.36	0.1684	0.0174	0.2081	0.0192	0.2443	0.0204	0.2776	0.0212
0.37	0.1707	0.0183	0.2105	0.0200	0.2468	0.0213	0.2801	0.0221
0.38	0.1730	0.0191	0.2129	0.0209	0.2493	0.0222	0.2826	0.0231
0.39	0.1752	0.0200	0.2152	0.0219	0.2518	0.0231	0.2852	0.0240
0.40	0.1775	0.0209	0.2176	0.0228	0.2542	0.0241	0.2877	0.0250
0.41	0.1797	0.0218	0.2200	0.0238	0.2567	0.0251	0.2902	0.0260
0.42	0.1820	0.0227	0.2224	0.0247	0.2591	0.0261	0.2927	0.0271
0.43	0.1842	0.0237	0.2248	0.0258	0.2616	0.0272	0.2952	0.0281
0.44	0.1865	0.0247	0.2271	0.0268	0.2640	0.0282	0.2976	0.0292
0.45	0.1888	0.0257	0.2295	0.0279	0.2665	0.0293	0.3001	0.0303
0.46	0.1910	0.0267	0.2319	0.0289	0.2689	0.0304	0.3026	0.0314
0.47	0.1933	0.0278	0.2343	0.0301	0.2714	0.0316	0.3051	0.0326
0.48	0.1956	0.0289	0.2367	0.0312	0.2739	0.0328	0.3076	0.0338
0.49	0.1979	0.0300	0.2391	0.0324	0.2763	0.0339	0.3101	0.0350
0.50	0.2002	0.0311	0.2415	0.0336	0.2788	0.0352	0.3126	0.0362

$F_\beta(\pi\|\alpha,\beta)$	$\alpha=4,\ \beta=15$		$\alpha=5,\ \beta=15$		$\alpha=6,\ \beta=15$		$\alpha=7,\ \beta=15$	
	π	L_0^π	π	L_0^π	π	L_0^π	π	L_0^π
0.51	0.2026	0.0323	0.2440	0.0348	0.2813	0.0364	0.3151	0.0375
0.52	0.2049	0.0335	0.2464	0.0360	0.2838	0.0377	0.3176	0.0388
0.53	0.2073	0.0348	0.2489	0.0373	0.2863	0.0390	0.3201	0.0401
0.54	0.2097	0.0360	0.2514	0.0387	0.2888	0.0404	0.3227	0.0415
0.55	0.2121	0.0373	0.2538	0.0400	0.2913	0.0418	0.3252	0.0429
0.56	0.2145	0.0387	0.2563	0.0414	0.2939	0.0432	0.3278	0.0443
0.57	0.2169	0.0401	0.2589	0.0428	0.2965	0.0446	0.3304	0.0457
0.58	0.2194	0.0415	0.2614	0.0443	0.2990	0.0461	0.3330	0.0472
0.59	0.2219	0.0429	0.2640	0.0458	0.3017	0.0476	0.3356	0.0488
0.60	0.2244	0.0444	0.2666	0.0474	0.3043	0.0492	0.3382	0.0503
0.61	0.2270	0.0460	0.2692	0.0489	0.3070	0.0508	0.3409	0.0520
0.62	0.2295	0.0476	0.2719	0.0506	0.3097	0.0525	0.3436	0.0536
0.63	0.2322	0.0492	0.2746	0.0523	0.3124	0.0542	0.3463	0.0553
0.64	0.2348	0.0509	0.2773	0.0540	0.3151	0.0559	0.3491	0.0571
0.65	0.2375	0.0526	0.2801	0.0558	0.3179	0.0577	0.3519	0.0589
0.66	0.2402	0.0544	0.2829	0.0576	0.3207	0.0596	0.3547	0.0607
0.67	0.2430	0.0563	0.2857	0.0595	0.3236	0.0615	0.3576	0.0626
0.68	0.2459	0.0582	0.2886	0.0615	0.3265	0.0634	0.3605	0.0646
0.69	0.2487	0.0602	0.2915	0.0635	0.3295	0.0655	0.3634	0.0666
0.70	0.2517	0.0622	0.2945	0.0656	0.3325	0.0676	0.3664	0.0687
0.71	0.2547	0.0643	0.2976	0.0677	0.3355	0.0697	0.3695	0.0708
0.72	0.2577	0.0665	0.3007	0.0699	0.3387	0.0720	0.3726	0.0730
0.73	0.2609	0.0688	0.3039	0.0722	0.3419	0.0743	0.3757	0.0753
0.74	0.2641	0.0711	0.3071	0.0746	0.3451	0.0767	0.3790	0.0777
0.75	0.2674	0.0736	0.3105	0.0771	0.3484	0.0791	0.3823	0.0802
0.76	0.2707	0.0761	0.3139	0.0797	0.3518	0.0817	0.3856	0.0827
0.77	0.2742	0.0788	0.3174	0.0824	0.3554	0.0844	0.3891	0.0854
0.78	0.2778	0.0816	0.3210	0.0852	0.3589	0.0872	0.3927	0.0881
0.79	0.2815	0.0845	0.3247	0.0881	0.3626	0.0901	0.3963	0.0910
0.80	0.2853	0.0875	0.3285	0.0911	0.3665	0.0931	0.4001	0.0940
0.81	0.2892	0.0907	0.3325	0.0943	0.3704	0.0963	0.4040	0.0971
0.82	0.2933	0.0940	0.3366	0.0977	0.3745	0.0996	0.4080	0.1004
0.83	0.2976	0.0975	0.3409	0.1012	0.3787	0.1031	0.4122	0.1039
0.84	0.3021	0.1012	0.3453	0.1049	0.3831	0.1068	0.4165	0.1075
0.85	0.3067	0.1052	0.3500	0.1088	0.3877	0.1107	0.4211	0.1113
0.86	0.3116	0.1094	0.3549	0.1130	0.3926	0.1148	0.4258	0.1154
0.87	0.3168	0.1139	0.3600	0.1175	0.3977	0.1192	0.4308	0.1197
0.88	0.3223	0.1187	0.3655	0.1223	0.4031	0.1239	0.4361	0.1244
0.89	0.3281	0.1238	0.3713	0.1274	0.4088	0.1290	0.4417	0.1293
0.90	0.3344	0.1295	0.3775	0.1330	0.4149	0.1345	0.4477	0.1347
0.91	0.3412	0.1356	0.3843	0.1391	0.4215	0.1404	0.4542	0.1405
0.92	0.3486	0.1424	0.3916	0.1458	0.4287	0.1470	0.4612	0.1469
0.93	0.3568	0.1500	0.3997	0.1532	0.4366	0.1544	0.4689	0.1541
0.94	0.3661	0.1586	0.4087	0.1617	0.4455	0.1626	0.4775	0.1622
0.95	0.3767	0.1687	0.4191	0.1715	0.4556	0.1722	0.4874	0.1715
0.96	0.3892	0.1806	0.4314	0.1832	0.4675	0.1836	0.4990	0.1825
0.97	0.4047	0.1956	0.4464	0.1978	0.4821	0.1977	0.5131	0.1962
0.98	0.4254	0.2158	0.4666	0.2174	0.5016	0.2167	0.5319	0.2145
0.99	0.4583	0.2482	0.4983	0.2486	0.5321	0.2468	0.5613	0.2435

$F_\beta(\pi\|\alpha,\beta)$	$\alpha=8,\ \beta=15$		$\alpha=9,\ \beta=15$		$\alpha=10,\ \beta=15$		$\alpha=11,\ \beta=15$	
	π	L_0^π	π	L_0^π	π	L_0^π	π	L_0^π
0.01	0.1468	0.0002	0.1705	0.0002	0.1935	0.0002	0.2156	0.0002
0.02	0.1653	0.0005	0.1901	0.0005	0.2138	0.0005	0.2366	0.0005
0.03	0.1777	0.0008	0.2031	0.0008	0.2273	0.0009	0.2504	0.0009
0.04	0.1874	0.0011	0.2132	0.0012	0.2377	0.0012	0.2610	0.0013
0.05	0.1956	0.0015	0.2216	0.0016	0.2464	0.0016	0.2699	0.0016
0.06	0.2026	0.0019	0.2289	0.0020	0.2539	0.0020	0.2775	0.0021
0.07	0.2089	0.0023	0.2354	0.0024	0.2605	0.0025	0.2842	0.0025
0.08	0.2146	0.0027	0.2413	0.0028	0.2665	0.0029	0.2903	0.0030
0.09	0.2199	0.0032	0.2468	0.0033	0.2721	0.0034	0.2959	0.0034
0.10	0.2248	0.0036	0.2518	0.0038	0.2772	0.0039	0.3011	0.0039
0.11	0.2295	0.0041	0.2566	0.0043	0.2820	0.0044	0.3060	0.0044
0.12	0.2338	0.0046	0.2610	0.0048	0.2866	0.0049	0.3106	0.0050
0.13	0.2380	0.0051	0.2653	0.0053	0.2909	0.0054	0.3149	0.0055
0.14	0.2420	0.0057	0.2693	0.0058	0.2950	0.0060	0.3190	0.0061
0.15	0.2458	0.0062	0.2732	0.0064	0.2989	0.0066	0.3230	0.0066
0.16	0.2494	0.0068	0.2770	0.0070	0.3027	0.0071	0.3268	0.0072
0.17	0.2530	0.0074	0.2806	0.0076	0.3064	0.0077	0.3305	0.0078
0.18	0.2564	0.0080	0.2841	0.0082	0.3099	0.0084	0.3340	0.0085
0.19	0.2598	0.0086	0.2875	0.0088	0.3133	0.0090	0.3375	0.0091
0.20	0.2631	0.0092	0.2908	0.0095	0.3167	0.0096	0.3408	0.0097
0.21	0.2662	0.0099	0.2940	0.0101	0.3199	0.0103	0.3441	0.0104
0.22	0.2693	0.0106	0.2972	0.0108	0.3231	0.0110	0.3473	0.0111
0.23	0.2724	0.0112	0.3003	0.0115	0.3262	0.0117	0.3503	0.0118
0.24	0.2754	0.0119	0.3033	0.0122	0.3292	0.0124	0.3534	0.0125
0.25	0.2783	0.0127	0.3063	0.0129	0.3322	0.0131	0.3564	0.0132
0.26	0.2812	0.0134	0.3092	0.0137	0.3351	0.0139	0.3593	0.0140
0.27	0.2840	0.0141	0.3120	0.0145	0.3380	0.0146	0.3622	0.0148
0.28	0.2868	0.0149	0.3148	0.0152	0.3408	0.0154	0.3650	0.0155
0.29	0.2896	0.0157	0.3176	0.0160	0.3436	0.0162	0.3678	0.0163
0.30	0.2923	0.0165	0.3204	0.0168	0.3464	0.0170	0.3705	0.0171
0.31	0.2950	0.0173	0.3231	0.0177	0.3491	0.0179	0.3732	0.0180
0.32	0.2977	0.0182	0.3258	0.0185	0.3518	0.0187	0.3759	0.0188
0.33	0.3003	0.0190	0.3284	0.0194	0.3544	0.0196	0.3785	0.0197
0.34	0.3030	0.0199	0.3311	0.0202	0.3571	0.0204	0.3812	0.0205
0.35	0.3055	0.0208	0.3337	0.0211	0.3597	0.0213	0.3838	0.0214
0.36	0.3081	0.0217	0.3363	0.0221	0.3623	0.0223	0.3863	0.0223
0.37	0.3107	0.0227	0.3388	0.0230	0.3648	0.0232	0.3889	0.0233
0.38	0.3133	0.0236	0.3414	0.0240	0.3674	0.0242	0.3914	0.0242
0.39	0.3158	0.0246	0.3440	0.0249	0.3699	0.0251	0.3940	0.0252
0.40	0.3183	0.0256	0.3465	0.0259	0.3724	0.0261	0.3965	0.0262
0.41	0.3208	0.0266	0.3490	0.0270	0.3750	0.0271	0.3989	0.0272
0.42	0.3233	0.0277	0.3515	0.0280	0.3775	0.0282	0.4014	0.0282
0.43	0.3259	0.0287	0.3540	0.0291	0.3800	0.0293	0.4039	0.0293
0.44	0.3283	0.0298	0.3565	0.0302	0.3824	0.0303	0.4064	0.0304
0.45	0.3308	0.0309	0.3590	0.0313	0.3849	0.0314	0.4088	0.0315
0.46	0.3334	0.0320	0.3615	0.0324	0.3874	0.0326	0.4113	0.0326
0.47	0.3358	0.0332	0.3640	0.0336	0.3899	0.0337	0.4137	0.0337
0.48	0.3383	0.0344	0.3665	0.0347	0.3923	0.0349	0.4162	0.0349
0.49	0.3408	0.0356	0.3690	0.0360	0.3948	0.0361	0.4186	0.0360
0.50	0.3433	0.0369	0.3715	0.0372	0.3973	0.0373	0.4211	0.0373

$F_\beta(\pi\|\alpha,\beta)$	$\alpha=8,\ \beta=15$		$\alpha=9,\ \beta=15$		$\alpha=10,\ \beta=15$		$\alpha=11,\ \beta=15$	
	π	L_0^π	π	L_0^π	π	L_0^π	π	L_0^π
0.51	0.3458	0.0381	0.3740	0.0385	0.3998	0.0386	0.4235	0.0385
0.52	0.3484	0.0394	0.3765	0.0398	0.4023	0.0398	0.4260	0.0398
0.53	0.3509	0.0407	0.3790	0.0411	0.4047	0.0411	0.4284	0.0411
0.54	0.3534	0.0421	0.3815	0.0424	0.4072	0.0425	0.4309	0.0424
0.55	0.3560	0.0435	0.3841	0.0438	0.4098	0.0439	0.4334	0.0437
0.56	0.3585	0.0449	0.3866	0.0452	0.4123	0.0453	0.4359	0.0451
0.57	0.3611	0.0464	0.3892	0.0467	0.4148	0.0467	0.4384	0.0465
0.58	0.3637	0.0479	0.3917	0.0481	0.4174	0.0481	0.4409	0.0480
0.59	0.3663	0.0494	0.3943	0.0496	0.4199	0.0496	0.4434	0.0494
0.60	0.3690	0.0510	0.3969	0.0512	0.4225	0.0512	0.4460	0.0510
0.61	0.3716	0.0526	0.3996	0.0528	0.4251	0.0527	0.4485	0.0525
0.62	0.3743	0.0542	0.4022	0.0544	0.4277	0.0544	0.4511	0.0541
0.63	0.3770	0.0559	0.4049	0.0561	0.4304	0.0560	0.4537	0.0557
0.64	0.3798	0.0576	0.4076	0.0578	0.4330	0.0577	0.4563	0.0574
0.65	0.3825	0.0594	0.4103	0.0596	0.4357	0.0595	0.4590	0.0591
0.66	0.3853	0.0613	0.4131	0.0614	0.4385	0.0612	0.4617	0.0609
0.67	0.3882	0.0632	0.4159	0.0633	0.4412	0.0631	0.4644	0.0627
0.68	0.3910	0.0651	0.4188	0.0652	0.4440	0.0650	0.4672	0.0645
0.69	0.3940	0.0671	0.4217	0.0672	0.4469	0.0669	0.4699	0.0664
0.70	0.3969	0.0692	0.4246	0.0692	0.4497	0.0689	0.4728	0.0684
0.71	0.3999	0.0713	0.4275	0.0713	0.4527	0.0710	0.4756	0.0704
0.72	0.4030	0.0735	0.4306	0.0735	0.4557	0.0731	0.4786	0.0725
0.73	0.4062	0.0758	0.4337	0.0757	0.4587	0.0753	0.4815	0.0747
0.74	0.4093	0.0781	0.4368	0.0780	0.4618	0.0776	0.4846	0.0769
0.75	0.4126	0.0805	0.4400	0.0804	0.4649	0.0799	0.4877	0.0792
0.76	0.4159	0.0831	0.4433	0.0829	0.4681	0.0824	0.4908	0.0816
0.77	0.4194	0.0857	0.4467	0.0854	0.4714	0.0849	0.4940	0.0841
0.78	0.4229	0.0884	0.4501	0.0881	0.4748	0.0875	0.4974	0.0866
0.79	0.4265	0.0912	0.4537	0.0909	0.4783	0.0902	0.5007	0.0893
0.80	0.4302	0.0942	0.4573	0.0938	0.4818	0.0931	0.5042	0.0921
0.81	0.4340	0.0972	0.4610	0.0968	0.4855	0.0960	0.5078	0.0950
0.82	0.4380	0.1005	0.4649	0.1000	0.4893	0.0991	0.5116	0.0980
0.83	0.4421	0.1039	0.4689	0.1033	0.4933	0.1024	0.5154	0.1012
0.84	0.4463	0.1074	0.4731	0.1068	0.4974	0.1058	0.5194	0.1045
0.85	0.4508	0.1112	0.4775	0.1105	0.5016	0.1094	0.5235	0.1080
0.86	0.4555	0.1152	0.4820	0.1144	0.5061	0.1132	0.5279	0.1117
0.87	0.4604	0.1194	0.4868	0.1185	0.5107	0.1172	0.5324	0.1157
0.88	0.4655	0.1239	0.4919	0.1229	0.5156	0.1215	0.5372	0.1198
0.89	0.4710	0.1288	0.4972	0.1276	0.5209	0.1261	0.5423	0.1243
0.90	0.4768	0.1340	0.5029	0.1328	0.5264	0.1311	0.5477	0.1292
0.91	0.4831	0.1397	0.5091	0.1383	0.5324	0.1365	0.5535	0.1345
0.92	0.4900	0.1460	0.5157	0.1444	0.5389	0.1424	0.5598	0.1402
0.93	0.4975	0.1529	0.5230	0.1512	0.5460	0.1490	0.5667	0.1466
0.94	0.5059	0.1608	0.5312	0.1588	0.5539	0.1564	0.5744	0.1538
0.95	0.5154	0.1698	0.5405	0.1676	0.5629	0.1649	0.5832	0.1621
0.96	0.5267	0.1805	0.5513	0.1779	0.5734	0.1750	0.5934	0.1718
0.97	0.5404	0.1938	0.5646	0.1908	0.5863	0.1874	0.6058	0.1838
0.98	0.5586	0.2115	0.5821	0.2079	0.6032	0.2039	0.6222	0.1998
0.99	0.5868	0.2394	0.6094	0.2347	0.6295	0.2298	0.6476	0.2248

$F_\beta(\pi\|\alpha,\beta)$	$\alpha=12,\ \beta=15$		$\alpha=13,\ \beta=15$		$\alpha=14,\ \beta=15$		$\alpha=15,\ \beta=15$	
	π	L_0^π	π	L_0^π	π	L_0^π	π	L_0^π
0.01	0.2369	0.0002	0.2572	0.0003	0.2767	0.0003	0.2953	0.0003
0.02	0.2583	0.0006	0.2790	0.0006	0.2987	0.0006	0.3175	0.0006
0.03	0.2723	0.0009	0.2932	0.0009	0.3131	0.0009	0.3319	0.0009
0.04	0.2831	0.0013	0.3041	0.0013	0.3241	0.0013	0.3429	0.0013
0.05	0.2921	0.0017	0.3131	0.0017	0.3331	0.0017	0.3520	0.0017
0.06	0.2998	0.0021	0.3209	0.0021	0.3409	0.0021	0.3598	0.0022
0.07	0.3066	0.0025	0.3277	0.0026	0.3477	0.0026	0.3666	0.0026
0.08	0.3128	0.0030	0.3339	0.0030	0.3539	0.0031	0.3728	0.0031
0.09	0.3184	0.0035	0.3396	0.0035	0.3596	0.0035	0.3784	0.0035
0.10	0.3236	0.0040	0.3448	0.0040	0.3648	0.0040	0.3837	0.0040
0.11	0.3285	0.0045	0.3497	0.0045	0.3697	0.0045	0.3885	0.0045
0.12	0.3331	0.0050	0.3543	0.0051	0.3743	0.0051	0.3931	0.0051
0.13	0.3375	0.0056	0.3587	0.0056	0.3786	0.0056	0.3974	0.0056
0.14	0.3416	0.0061	0.3628	0.0062	0.3828	0.0062	0.4015	0.0062
0.15	0.3456	0.0067	0.3668	0.0067	0.3867	0.0067	0.4055	0.0067
0.16	0.3494	0.0073	0.3706	0.0073	0.3905	0.0073	0.4092	0.0073
0.17	0.3531	0.0079	0.3742	0.0079	0.3941	0.0079	0.4128	0.0079
0.18	0.3566	0.0085	0.3778	0.0086	0.3977	0.0086	0.4163	0.0085
0.19	0.3601	0.0092	0.3812	0.0092	0.4011	0.0092	0.4197	0.0092
0.20	0.3634	0.0098	0.3845	0.0098	0.4044	0.0098	0.4230	0.0098
0.21	0.3666	0.0105	0.3878	0.0105	0.4076	0.0105	0.4262	0.0105
0.22	0.3698	0.0112	0.3909	0.0112	0.4107	0.0112	0.4293	0.0111
0.23	0.3729	0.0119	0.3940	0.0119	0.4138	0.0118	0.4323	0.0118
0.24	0.3759	0.0126	0.3970	0.0126	0.4167	0.0126	0.4353	0.0125
0.25	0.3789	0.0133	0.4000	0.0133	0.4197	0.0133	0.4381	0.0132
0.26	0.3818	0.0140	0.4029	0.0140	0.4225	0.0140	0.4410	0.0139
0.27	0.3847	0.0148	0.4057	0.0148	0.4253	0.0147	0.4438	0.0147
0.28	0.3875	0.0156	0.4085	0.0155	0.4281	0.0155	0.4465	0.0154
0.29	0.3903	0.0164	0.4112	0.0163	0.4308	0.0163	0.4492	0.0162
0.30	0.3930	0.0172	0.4139	0.0171	0.4335	0.0171	0.4518	0.0170
0.31	0.3957	0.0180	0.4166	0.0179	0.4361	0.0179	0.4544	0.0178
0.32	0.3983	0.0188	0.4192	0.0188	0.4388	0.0187	0.4570	0.0186
0.33	0.4010	0.0197	0.4218	0.0196	0.4413	0.0195	0.4596	0.0194
0.34	0.4036	0.0205	0.4244	0.0205	0.4439	0.0204	0.4621	0.0202
0.35	0.4061	0.0214	0.4270	0.0214	0.4464	0.0212	0.4646	0.0211
0.36	0.4087	0.0223	0.4295	0.0223	0.4489	0.0221	0.4670	0.0220
0.37	0.4112	0.0233	0.4320	0.0232	0.4514	0.0230	0.4695	0.0229
0.38	0.4137	0.0242	0.4345	0.0241	0.4538	0.0239	0.4719	0.0238
0.39	0.4162	0.0252	0.4370	0.0251	0.4563	0.0249	0.4743	0.0247
0.40	0.4187	0.0262	0.4394	0.0260	0.4587	0.0259	0.4767	0.0256
0.41	0.4212	0.0271	0.4418	0.0270	0.4611	0.0268	0.4791	0.0266
0.42	0.4236	0.0282	0.4443	0.0280	0.4635	0.0278	0.4814	0.0276
0.43	0.4261	0.0292	0.4467	0.0290	0.4659	0.0288	0.4838	0.0286
0.44	0.4285	0.0303	0.4491	0.0301	0.4682	0.0299	0.4861	0.0296
0.45	0.4309	0.0314	0.4515	0.0312	0.4706	0.0309	0.4884	0.0306
0.46	0.4334	0.0325	0.4539	0.0323	0.4730	0.0320	0.4908	0.0317
0.47	0.4358	0.0336	0.4563	0.0334	0.4753	0.0331	0.4931	0.0328
0.48	0.4382	0.0347	0.4587	0.0345	0.4777	0.0342	0.4954	0.0339
0.49	0.4406	0.0359	0.4610	0.0357	0.4800	0.0353	0.4977	0.0350
0.50	0.4430	0.0371	0.4634	0.0368	0.4824	0.0365	0.5000	0.0361

$F_\beta(\pi\|\alpha,\beta)$	$\alpha=12,\ \beta=15$		$\alpha=13,\ \beta=15$		$\alpha=14,\ \beta=15$		$\alpha=15,\ \beta=15$	
	π	L_0^π	π	L_0^π	π	L_0^π	π	L_0^π
0.51	0.4455	0.0383	0.4658	0.0380	0.4847	0.0377	0.5023	0.0373
0.52	0.4479	0.0396	0.4682	0.0393	0.4871	0.0389	0.5046	0.0385
0.53	0.4503	0.0408	0.4706	0.0405	0.4894	0.0401	0.5069	0.0397
0.54	0.4528	0.0421	0.4730	0.0418	0.4918	0.0414	0.5092	0.0409
0.55	0.4552	0.0435	0.4754	0.0431	0.4941	0.0427	0.5116	0.0422
0.56	0.4576	0.0448	0.4778	0.0445	0.4965	0.0440	0.5139	0.0435
0.57	0.4601	0.0462	0.4802	0.0458	0.4989	0.0453	0.5162	0.0448
0.58	0.4626	0.0476	0.4826	0.0472	0.5013	0.0467	0.5186	0.0462
0.59	0.4651	0.0491	0.4851	0.0486	0.5037	0.0481	0.5209	0.0475
0.60	0.4676	0.0506	0.4876	0.0501	0.5061	0.0496	0.5233	0.0489
0.61	0.4701	0.0521	0.4900	0.0516	0.5085	0.0510	0.5257	0.0504
0.62	0.4726	0.0537	0.4925	0.0531	0.5110	0.0525	0.5281	0.0519
0.63	0.4752	0.0553	0.4950	0.0547	0.5134	0.0541	0.5305	0.0534
0.64	0.4778	0.0569	0.4976	0.0563	0.5159	0.0557	0.5330	0.0549
0.65	0.4804	0.0586	0.5001	0.0580	0.5184	0.0573	0.5354	0.0565
0.66	0.4830	0.0603	0.5027	0.0597	0.5210	0.0589	0.5379	0.0581
0.67	0.4857	0.0621	0.5053	0.0614	0.5235	0.0607	0.5404	0.0598
0.68	0.4884	0.0639	0.5080	0.0632	0.5261	0.0624	0.5430	0.0615
0.69	0.4911	0.0658	0.5107	0.0650	0.5288	0.0642	0.5456	0.0633
0.70	0.4939	0.0677	0.5134	0.0669	0.5314	0.0661	0.5482	0.0651
0.71	0.4967	0.0697	0.5162	0.0689	0.5341	0.0680	0.5508	0.0670
0.72	0.4996	0.0718	0.5190	0.0709	0.5369	0.0699	0.5535	0.0689
0.73	0.5025	0.0739	0.5218	0.0730	0.5397	0.0719	0.5562	0.0709
0.74	0.5055	0.0761	0.5247	0.0751	0.5425	0.0740	0.5590	0.0729
0.75	0.5085	0.0783	0.5277	0.0773	0.5454	0.0762	0.5619	0.0750
0.76	0.5116	0.0807	0.5307	0.0796	0.5484	0.0784	0.5647	0.0772
0.77	0.5147	0.0831	0.5338	0.0820	0.5514	0.0807	0.5677	0.0795
0.78	0.5180	0.0856	0.5370	0.0844	0.5545	0.0831	0.5707	0.0818
0.79	0.5213	0.0882	0.5402	0.0869	0.5577	0.0856	0.5738	0.0843
0.80	0.5247	0.0909	0.5436	0.0896	0.5609	0.0882	0.5770	0.0868
0.81	0.5282	0.0937	0.5470	0.0924	0.5643	0.0909	0.5803	0.0894
0.82	0.5319	0.0967	0.5505	0.0953	0.5677	0.0938	0.5837	0.0922
0.83	0.5356	0.0998	0.5542	0.0983	0.5713	0.0967	0.5872	0.0951
0.84	0.5395	0.1030	0.5580	0.1015	0.5750	0.0998	0.5908	0.0981
0.85	0.5436	0.1065	0.5620	0.1048	0.5789	0.1031	0.5945	0.1013
0.86	0.5478	0.1101	0.5661	0.1083	0.5829	0.1065	0.5985	0.1046
0.87	0.5523	0.1139	0.5704	0.1121	0.5871	0.1101	0.6026	0.1082
0.88	0.5569	0.1180	0.5750	0.1161	0.5916	0.1140	0.6069	0.1120
0.89	0.5619	0.1224	0.5798	0.1203	0.5963	0.1182	0.6115	0.1160
0.90	0.5671	0.1271	0.5849	0.1249	0.6013	0.1227	0.6163	0.1204
0.91	0.5728	0.1322	0.5904	0.1299	0.6066	0.1275	0.6216	0.1251
0.92	0.5789	0.1378	0.5964	0.1353	0.6124	0.1328	0.6272	0.1303
0.93	0.5856	0.1440	0.6029	0.1414	0.6188	0.1387	0.6334	0.1360
0.94	0.5931	0.1510	0.6102	0.1482	0.6258	0.1453	0.6402	0.1424
0.95	0.6016	0.1590	0.6184	0.1559	0.6338	0.1528	0.6480	0.1497
0.96	0.6115	0.1685	0.6280	0.1651	0.6431	0.1617	0.6571	0.1584
0.97	0.6235	0.1801	0.6397	0.1764	0.6545	0.1727	0.6681	0.1690
0.98	0.6394	0.1956	0.6550	0.1914	0.6693	0.1872	0.6825	0.1831
0.99	0.6639	0.2197	0.6787	0.2147	0.6923	0.2098	0.7047	0.2049

2 Gammaverteilung

Die folgenden Tabellen enthalten die Perzentile λ_p, $p = 0.01, \ldots, 0.99$, und die unteren linearen Schadensintegrale $L_0^{\lambda_p}(x)$ der Gammaverteilung für die Parameter $x = 1, \ldots, 32$ (standardisierte Gammaverteilung).

$$f_\gamma(\gamma|x,t) = \frac{1}{\Gamma(x)} \cdot (\gamma \cdot t)^{x-1} \cdot t \cdot \exp(-\gamma \cdot t)$$

ist die Dichtefunktion der Gammaverteilung für beliebige Parameter x und t. Durch die Transformation

$$\lambda = \gamma \cdot t$$

kann man die Perzentile und Schadenintegrale jeder Gammaverteilung aus den standardisierten Gammaverteilungen ablesen, da

$$\begin{aligned} F_\gamma(\gamma|x,t) &= F_{\gamma s}(\lambda|x), \\ L_0^\gamma(x,t) &= \frac{1}{t} \cdot L_0^\lambda(x). \end{aligned}$$

Zur Berechnung nicht angeführter Werte kann folgende Formel herangezogen werden:

$$L_\lambda^\infty(x) = L_0^\lambda(x) + x - \lambda$$

Zur näherungsweisen Berechnung der Verteilungsfunktion kann man die Normalverteilung heranziehen:

$$\begin{aligned} F_\gamma(\gamma|x,t) &\approx F_Z(z) \\ z &= \sqrt{4 \cdot \gamma \cdot t} - \sqrt{4 \cdot x - 1} \end{aligned}$$

$F_{\gamma_s}(\lambda\|x)$	$x=1$		$x=2$		$x=3$		$x=4$	
	λ	L_0^λ	λ	L_0^λ	λ	L_0^λ	λ	L_0^λ
0.01	0.0101	0.0001	0.1486	0.0005	0.4360	0.0012	0.8232	0.0018
0.02	0.0202	0.0002	0.2147	0.0015	0.5672	0.0031	1.0162	0.0047
0.03	0.0305	0.0005	0.2675	0.0028	0.6648	0.0055	1.1550	0.0081
0.04	0.0408	0.0008	0.3136	0.0044	0.7462	0.0083	1.2683	0.0121
0.05	0.0513	0.0013	0.3554	0.0063	0.8177	0.0116	1.3663	0.0165
0.06	0.0619	0.0019	0.3942	0.0084	0.8825	0.0151	1.4540	0.0213
0.07	0.0726	0.0026	0.4308	0.0108	0.9423	0.0190	1.5341	0.0265
0.08	0.0834	0.0034	0.4657	0.0134	0.9984	0.0232	1.6086	0.0321
0.09	0.0943	0.0043	0.4993	0.0163	1.0514	0.0277	1.6785	0.0380
0.10	0.1054	0.0054	0.5318	0.0194	1.1021	0.0325	1.7448	0.0443
0.11	0.1165	0.0065	0.5634	0.0227	1.1507	0.0376	1.8080	0.0509
0.12	0.1278	0.0078	0.5942	0.0262	1.1976	0.0430	1.8687	0.0579
0.13	0.1393	0.0093	0.6244	0.0300	1.2431	0.0487	1.9273	0.0652
0.14	0.1508	0.0108	0.6540	0.0340	1.2874	0.0547	1.9840	0.0729
0.15	0.1625	0.0125	0.6832	0.0382	1.3306	0.0610	2.0391	0.0809
0.16	0.1744	0.0144	0.7120	0.0427	1.3729	0.0675	2.0928	0.0892
0.17	0.1863	0.0163	0.7405	0.0474	1.4144	0.0744	2.1453	0.0978
0.18	0.1985	0.0185	0.7687	0.0523	1.4552	0.0815	2.1967	0.1068
0.19	0.2107	0.0207	0.7966	0.0575	1.4954	0.0889	2.2472	0.1162
0.20	0.2231	0.0231	0.8244	0.0629	1.5350	0.0967	2.2968	0.1259
0.21	0.2357	0.0257	0.8520	0.0685	1.5742	0.1047	2.3457	0.1359
0.22	0.2485	0.0285	0.8794	0.0744	1.6130	0.1130	2.3939	0.1462
0.23	0.2614	0.0314	0.9068	0.0806	1.6514	0.1217	2.4415	0.1570
0.24	0.2744	0.0344	0.9341	0.0870	1.6895	0.1306	2.4886	0.1680
0.25	0.2877	0.0377	0.9613	0.0937	1.7273	0.1399	2.5353	0.1795
0.26	0.3011	0.0411	0.9885	0.1006	1.7649	0.1495	2.5816	0.1913
0.27	0.3147	0.0447	1.0157	0.1078	1.8023	0.1594	2.6275	0.2034
0.28	0.3285	0.0485	1.0428	0.1153	1.8396	0.1696	2.6732	0.2160
0.29	0.3425	0.0525	1.0701	0.1231	1.8767	0.1802	2.7185	0.2289
0.30	0.3567	0.0567	1.0973	0.1311	1.9138	0.1911	2.7637	0.2422
0.31	0.3711	0.0611	1.1247	0.1394	1.9508	0.2024	2.8087	0.2560
0.32	0.3857	0.0657	1.1521	0.1481	1.9877	0.2141	2.8536	0.2701
0.33	0.4005	0.0705	1.1796	0.1570	2.0247	0.2261	2.8983	0.2846
0.34	0.4155	0.0755	1.2073	0.1663	2.0616	0.2385	2.9430	0.2996
0.35	0.4308	0.0808	1.2350	0.1759	2.0986	0.2512	2.9876	0.3150
0.36	0.4463	0.0863	1.2630	0.1858	2.1357	0.2644	3.0323	0.3309
0.37	0.4620	0.0920	1.2910	0.1960	2.1729	0.2779	3.0769	0.3472
0.38	0.4780	0.0980	1.3193	0.2066	2.2101	0.2919	3.1216	0.3639
0.39	0.4943	0.1043	1.3478	0.2176	2.2475	0.3063	3.1664	0.3812
0.40	0.5108	0.1108	1.3764	0.2289	2.2851	0.3212	3.2113	0.3989
0.41	0.5276	0.1176	1.4053	0.2406	2.3228	0.3364	3.2563	0.4171
0.42	0.5447	0.1247	1.4344	0.2527	2.3607	0.3522	3.3015	0.4359
0.43	0.5621	0.1321	1.4638	0.2652	2.3989	0.3684	3.3469	0.4552
0.44	0.5798	0.1398	1.4935	0.2781	2.4373	0.3851	3.3925	0.4750
0.45	0.5978	0.1478	1.5235	0.2914	2.4759	0.4023	3.4383	0.4954
0.46	0.6162	0.1562	1.5537	0.3052	2.5149	0.4200	3.4844	0.5164
0.47	0.6349	0.1649	1.5844	0.3194	2.5541	0.4383	3.5308	0.5379
0.48	0.6539	0.1739	1.6153	0.3341	2.5937	0.4571	3.5775	0.5601
0.49	0.6733	0.1833	1.6466	0.3493	2.6337	0.4765	3.6246	0.5830
0.50	0.6931	0.1931	1.6783	0.3650	2.6741	0.4964	3.6721	0.6065

$F_{\gamma_s}(\lambda\|x)$	$x=1$ λ	$x=1$ L_0^λ	$x=2$ λ	$x=2$ L_0^λ	$x=3$ λ	$x=3$ L_0^λ	$x=4$ λ	$x=4$ L_0^λ
0.51	0.7133	0.2033	1.7105	0.3813	2.7148	0.5170	3.7199	0.6306
0.52	0.7340	0.2140	1.7430	0.3980	2.7560	0.5382	3.7683	0.6555
0.53	0.7550	0.2250	1.7761	0.4154	2.7977	0.5601	3.8171	0.6811
0.54	0.7765	0.2365	1.8096	0.4333	2.8399	0.5827	3.8664	0.7075
0.55	0.7985	0.2485	1.8436	0.4518	2.8826	0.6060	3.9163	0.7347
0.56	0.8210	0.2610	1.8781	0.4710	2.9259	0.6300	3.9667	0.7627
0.57	0.8440	0.2740	1.9132	0.4908	2.9698	0.6548	4.0178	0.7916
0.58	0.8675	0.2875	1.9489	0.5114	3.0143	0.6804	4.0696	0.8213
0.59	0.8916	0.3016	1.9853	0.5326	3.0595	0.7068	4.1220	0.8520
0.60	0.9163	0.3163	2.0223	0.5547	3.1054	0.7341	4.1753	0.8837
0.61	0.9416	0.3316	2.0600	0.5775	3.1521	0.7624	4.2293	0.9164
0.62	0.9676	0.3476	2.0985	0.6011	3.1995	0.7916	4.2842	0.9502
0.63	0.9943	0.3643	2.1378	0.6257	3.2479	0.8218	4.3400	0.9851
0.64	1.0217	0.3817	2.1779	0.6511	3.2971	0.8531	4.3968	1.0211
0.65	1.0498	0.3998	2.2188	0.6776	3.3474	0.8855	4.4547	1.0584
0.66	1.0788	0.4188	2.2608	0.7050	3.3987	0.9191	4.5136	1.0971
0.67	1.1087	0.4387	2.3037	0.7336	3.4510	0.9539	4.5738	1.1371
0.68	1.1394	0.4594	2.3477	0.7633	3.5046	0.9900	4.6352	1.1785
0.69	1.1712	0.4812	2.3929	0.7942	3.5594	1.0276	4.6980	1.2215
0.70	1.2040	0.5040	2.4392	0.8264	3.6156	1.0666	4.7622	1.2662
0.71	1.2379	0.5279	2.4869	0.8601	3.6732	1.1073	4.8280	1.3126
0.72	1.2730	0.5530	2.5359	0.8951	3.7323	1.1496	4.8955	1.3608
0.73	1.3093	0.5793	2.5865	0.9318	3.7932	1.1937	4.9648	1.4111
0.74	1.3471	0.6071	2.6387	0.9702	3.8558	1.2397	5.0361	1.4634
0.75	1.3863	0.6363	2.6926	1.0103	3.9204	1.2878	5.1094	1.5181
0.76	1.4271	0.6671	2.7485	1.0525	3.9871	1.3382	5.1851	1.5752
0.77	1.4697	0.6997	2.8063	1.0968	4.0561	1.3910	5.2632	1.6350
0.78	1.5141	0.7341	2.8665	1.1434	4.1276	1.4464	5.3441	1.6977
0.79	1.5606	0.7706	2.9290	1.1925	4.2018	1.5046	5.4279	1.7635
0.80	1.6094	0.8094	2.9943	1.2444	4.2790	1.5660	5.5150	1.8327
0.81	1.6607	0.8507	3.0625	1.2993	4.3596	1.6309	5.6058	1.9058
0.82	1.7148	0.8948	3.1341	1.3576	4.4438	1.6995	5.7005	1.9830
0.83	1.7720	0.9420	3.2092	1.4196	4.5321	1.7724	5.7996	2.0648
0.84	1.8326	0.9926	3.2885	1.4858	4.6250	1.8499	5.9038	2.1517
0.85	1.8971	1.0471	3.3724	1.5567	4.7231	1.9328	6.0135	2.2445
0.86	1.9661	1.1061	3.4616	1.6330	4.8270	2.0217	6.1297	2.3438
0.87	2.0402	1.1702	3.5569	1.7154	4.9377	2.1174	6.2532	2.4507
0.88	2.1203	1.2403	3.6591	1.8048	5.0562	2.2211	6.3852	2.5661
0.89	2.2073	1.3173	3.7695	1.9026	5.1838	2.3341	6.5271	2.6917
0.90	2.3026	1.4026	3.8897	2.0102	5.3223	2.4581	6.6808	2.8293
0.91	2.4079	1.4979	4.0217	2.1296	5.4740	2.5953	6.8487	2.9813
0.92	2.5257	1.6057	4.1683	2.2637	5.6417	2.7489	7.0342	3.1510
0.93	2.6593	1.7293	4.3332	2.4163	5.8300	2.9230	7.2418	3.3431
0.94	2.8134	1.8734	4.5222	2.5930	6.0448	3.1239	7.4782	3.5641
0.95	2.9957	2.0457	4.7439	2.8026	6.2958	3.3611	7.7537	3.8245
0.96	3.2189	2.2589	5.0128	3.0594	6.5989	3.6506	8.0854	4.1414
0.97	3.5066	2.5366	5.3559	3.3907	6.9838	4.0221	8.5052	4.5466
0.98	3.9120	2.9320	5.8339	3.8568	7.5166	4.5418	9.0841	5.1112
0.99	4.6052	3.6152	6.6384	4.6497	8.4059	5.4183	10.0451	6.0583

$F_{\gamma s}(\lambda\|x)$	$x=5$		$x=6$		$x=7$		$x=8$	
	λ	L_0^λ	λ	L_0^λ	λ	L_0^λ	λ	L_0^λ
0.01	1.2791	0.0025	1.7853	0.0031	2.3302	0.0037	2.9061	0.0043
0.02	1.5295	0.0062	2.0891	0.0076	2.6841	0.0089	3.3071	0.0101
0.03	1.7060	0.0105	2.3005	0.0128	2.9278	0.0149	3.5813	0.0169
0.04	1.8483	0.0155	2.4693	0.0187	3.1213	0.0216	3.7979	0.0244
0.05	1.9701	0.0210	2.6130	0.0251	3.2853	0.0290	3.9808	0.0327
0.06	2.0784	0.0269	2.7400	0.0321	3.4296	0.0369	4.1414	0.0415
0.07	2.1767	0.0333	2.8549	0.0396	3.5598	0.0454	4.2858	0.0509
0.08	2.2675	0.0401	2.9606	0.0475	3.6793	0.0543	4.4182	0.0608
0.09	2.3524	0.0473	3.0592	0.0558	3.7904	0.0638	4.5410	0.0712
0.10	2.4326	0.0549	3.1519	0.0647	3.8948	0.0737	4.6561	0.0821
0.11	2.5088	0.0629	3.2398	0.0739	3.9935	0.0840	4.7649	0.0936
0.12	2.5817	0.0713	3.3238	0.0835	4.0876	0.0949	4.8685	0.1055
0.13	2.6518	0.0801	3.4043	0.0936	4.1777	0.1061	4.9675	0.1178
0.14	2.7194	0.0892	3.4819	0.1041	4.2644	0.1178	5.0627	0.1307
0.15	2.7850	0.0987	3.5569	0.1149	4.3481	0.1300	5.1545	0.1440
0.16	2.8488	0.1086	3.6297	0.1262	4.4293	0.1425	5.2434	0.1578
0.17	2.9109	0.1188	3.7006	0.1379	4.5082	0.1556	5.3297	0.1720
0.18	2.9717	0.1295	3.7698	0.1500	4.5851	0.1690	5.4138	0.1867
0.19	3.0312	0.1405	3.8374	0.1625	4.6602	0.1829	5.4958	0.2019
0.20	3.0895	0.1518	3.9037	0.1755	4.7337	0.1972	5.5761	0.2175
0.21	3.1469	0.1636	3.9687	0.1888	4.8058	0.2120	5.6547	0.2336
0.22	3.2034	0.1758	4.0327	0.2025	4.8766	0.2272	5.7319	0.2502
0.23	3.2592	0.1883	4.0957	0.2167	4.9463	0.2429	5.8077	0.2673
0.24	3.3142	0.2012	4.1578	0.2313	5.0149	0.2590	5.8824	0.2849
0.25	3.3686	0.2146	4.2192	0.2464	5.0827	0.2756	5.9561	0.3029
0.26	3.4225	0.2283	4.2799	0.2618	5.1496	0.2927	6.0288	0.3215
0.27	3.4758	0.2424	4.3400	0.2777	5.2158	0.3102	6.1007	0.3405
0.28	3.5288	0.2570	4.3995	0.2941	5.2813	0.3283	6.1719	0.3601
0.29	3.5814	0.2720	4.4585	0.3109	5.3463	0.3468	6.2423	0.3802
0.30	3.6336	0.2874	4.5171	0.3282	5.4107	0.3658	6.3122	0.4008
0.31	3.6856	0.3032	4.5754	0.3460	5.4747	0.3853	6.3815	0.4219
0.32	3.7373	0.3195	4.6333	0.3643	5.5384	0.4054	6.4504	0.4436
0.33	3.7889	0.3363	4.6910	0.3830	5.6016	0.4259	6.5188	0.4659
0.34	3.8403	0.3535	4.7485	0.4022	5.6646	0.4470	6.5870	0.4887
0.35	3.8916	0.3712	4.8058	0.4220	5.7274	0.4687	6.6548	0.5121
0.36	3.9429	0.3894	4.8629	0.4423	5.7899	0.4909	6.7224	0.5361
0.37	3.9940	0.4081	4.9200	0.4631	5.8524	0.5137	6.7898	0.5607
0.38	4.0452	0.4273	4.9770	0.4845	5.9147	0.5370	6.8571	0.5859
0.39	4.0965	0.4470	5.0340	0.5064	5.9770	0.5610	6.9242	0.6118
0.40	4.1477	0.4673	5.0910	0.5290	6.0392	0.5856	6.9914	0.6383
0.41	4.1991	0.4881	5.1481	0.5521	6.1015	0.6108	7.0585	0.6655
0.42	4.2506	0.5094	5.2052	0.5758	6.1639	0.6367	7.1256	0.6933
0.43	4.3023	0.5314	5.2625	0.6002	6.2263	0.6633	7.1929	0.7219
0.44	4.3541	0.5540	5.3200	0.6251	6.2889	0.6905	7.2602	0.7512
0.45	4.4062	0.5771	5.3776	0.6508	6.3517	0.7184	7.3278	0.7812
0.46	4.4585	0.6009	5.4355	0.6771	6.4147	0.7471	7.3955	0.8121
0.47	4.5111	0.6254	5.4937	0.7042	6.4779	0.7765	7.4634	0.8437
0.48	4.5640	0.6505	5.5522	0.7320	6.5415	0.8067	7.5317	0.8761
0.49	4.6173	0.6764	5.6110	0.7605	6.6054	0.8377	7.6003	0.9094
0.50	4.6709	0.7029	5.6702	0.7898	6.6696	0.8695	7.6693	0.9435

$F_{\gamma_s}(\lambda\|x)$	$x=5$		$x=6$		$x=7$		$x=8$	
	λ	L_0^λ	λ	L_0^λ	λ	L_0^λ	λ	L_0^λ
0.51	4.7250	0.7302	5.7298	0.8199	6.7343	0.9021	7.7386	0.9785
0.52	4.7795	0.7583	5.7898	0.8508	6.7995	0.9357	7.8085	1.0145
0.53	4.8345	0.7872	5.8504	0.8826	6.8651	0.9701	7.8788	1.0514
0.54	4.8900	0.8169	5.9115	0.9153	6.9313	1.0056	7.9497	1.0894
0.55	4.9461	0.8474	5.9732	0.9489	6.9981	1.0420	8.0212	1.1283
0.56	5.0028	0.8789	6.0355	0.9835	7.0655	1.0794	8.0934	1.1684
0.57	5.0602	0.9113	6.0984	1.0191	7.1336	1.1179	8.1663	1.2096
0.58	5.1182	0.9447	6.1621	1.0557	7.2025	1.1575	8.2399	1.2519
0.59	5.1770	0.9791	6.2266	1.0934	7.2721	1.1982	8.3144	1.2955
0.60	5.2366	1.0146	6.2919	1.1323	7.3426	1.2402	8.3898	1.3403
0.61	5.2971	1.0511	6.3581	1.1723	7.4141	1.2834	8.4661	1.3865
0.62	5.3584	1.0889	6.4252	1.2136	7.4865	1.3279	8.5434	1.4341
0.63	5.4207	1.1278	6.4934	1.2562	7.5600	1.3739	8.6218	1.4831
0.64	5.4841	1.1681	6.5626	1.3002	7.6346	1.4213	8.7014	1.5336
0.65	5.5486	1.2096	6.6330	1.3456	7.7105	1.4702	8.7823	1.5858
0.66	5.6142	1.2526	6.7047	1.3925	7.7876	1.5207	8.8645	1.6396
0.67	5.6811	1.2971	6.7777	1.4411	7.8661	1.5729	8.9482	1.6953
0.68	5.7494	1.3432	6.8521	1.4913	7.9461	1.6269	9.0334	1.7528
0.69	5.8191	1.3910	6.9280	1.5433	8.0277	1.6828	9.1203	1.8123
0.70	5.8904	1.4405	7.0055	1.5972	8.1110	1.7407	9.2089	1.8739
0.71	5.9633	1.4919	7.0849	1.6531	8.1962	1.8008	9.2995	1.9378
0.72	6.0380	1.5453	7.1661	1.7112	8.2834	1.8631	9.3922	2.0041
0.73	6.1147	1.6009	7.2494	1.7716	8.3727	1.9279	9.4871	2.0729
0.74	6.1934	1.6588	7.3348	1.8344	8.4643	1.9952	9.5845	2.1444
0.75	6.2744	1.7191	7.4227	1.8998	8.5585	2.0653	9.6844	2.2189
0.76	6.3579	1.7822	7.5132	1.9681	8.6553	2.1385	9.7872	2.2965
0.77	6.4440	1.8480	7.6064	2.0395	8.7552	2.2149	9.8932	2.3776
0.78	6.5330	1.9171	7.7028	2.1142	8.8582	2.2947	10.0024	2.4623
0.79	6.6253	1.9894	7.8025	2.1925	8.9649	2.3784	10.1155	2.5510
0.80	6.7210	2.0655	7.9060	2.2747	9.0754	2.4663	10.2325	2.6441
0.81	6.8206	2.1457	8.0135	2.3613	9.1902	2.5587	10.3541	2.7419
0.82	6.9244	2.2303	8.1256	2.4526	9.3098	2.6562	10.4807	2.8451
0.83	7.0330	2.3200	8.2427	2.5493	9.4347	2.7593	10.6128	2.9541
0.84	7.1470	2.4151	8.3655	2.6518	9.5656	2.8685	10.7512	3.0696
0.85	7.2670	2.5165	8.4947	2.7609	9.7031	2.9848	10.8965	3.1925
0.86	7.3938	2.6250	8.6311	2.8776	9.8483	3.1089	11.0499	3.3236
0.87	7.5285	2.7415	8.7758	3.0028	10.0022	3.2421	11.2124	3.4641
0.88	7.6722	2.8672	8.9301	3.1378	10.1663	3.3856	11.3854	3.6156
0.89	7.8266	3.0039	9.0957	3.2844	10.3422	3.5413	11.5708	3.7797
0.90	7.9936	3.1534	9.2747	3.4446	10.5321	3.7113	11.7709	3.9588
0.91	8.1758	3.3183	9.4697	3.6211	10.7389	3.8985	11.9887	4.1559
0.92	8.3767	3.5021	9.6846	3.8177	10.9665	4.1068	12.2282	4.3750
0.93	8.6013	3.7099	9.9244	4.0396	11.2204	4.3416	12.4951	4.6219
0.94	8.8566	3.9486	10.1967	4.2942	11.5083	4.6108	12.7975	4.9047
0.95	9.1535	4.2292	10.5130	4.5932	11.8424	4.9266	13.1481	5.2361
0.96	9.5104	4.5701	10.8926	4.9557	12.2427	5.3090	13.5678	5.6370
0.97	9.9610	5.0050	11.3709	5.4174	12.7466	5.7953	14.0954	6.1462
0.98	10.5804	5.6092	12.0270	6.0573	13.4364	6.4681	14.8166	6.8496
0.99	11.6046	6.6186	13.1085	7.1231	14.5706	7.5859	16.0000	8.0159

$F_{\gamma_s}(\lambda\|x)$	$x=9$		$x=10$		$x=11$		$x=12$	
	λ	L_0^λ	λ	L_0^λ	λ	L_0^λ	λ	L_0^λ
0.01	3.5075	0.0048	4.1302	0.0053	4.7712	0.0058	5.4282	0.0063
0.02	3.9531	0.0113	4.6183	0.0124	5.3000	0.0135	5.9959	0.0145
0.03	4.2560	0.0188	4.9485	0.0206	5.6563	0.0223	6.3771	0.0240
0.04	4.4944	0.0271	5.2077	0.0296	5.9352	0.0320	6.6749	0.0343
0.05	4.6952	0.0361	5.4254	0.0394	6.1690	0.0425	6.9242	0.0455
0.06	4.8710	0.0458	5.6157	0.0498	6.3731	0.0537	7.1415	0.0575
0.07	5.0290	0.0560	5.7863	0.0609	6.5558	0.0656	7.3358	0.0701
0.08	5.1734	0.0668	5.9422	0.0726	6.7225	0.0781	7.5129	0.0833
0.09	5.3072	0.0782	6.0864	0.0848	6.8767	0.0912	7.6766	0.0972
0.10	5.4325	0.0901	6.2213	0.0977	7.0207	0.1049	7.8293	0.1118
0.11	5.5507	0.1025	6.3485	0.1110	7.1565	0.1191	7.9732	0.1269
0.12	5.6632	0.1154	6.4693	0.1249	7.2853	0.1339	8.1096	0.1425
0.13	5.7706	0.1289	6.5847	0.1393	7.4082	0.1493	8.2397	0.1588
0.14	5.8737	0.1428	6.6953	0.1542	7.5260	0.1652	8.3643	0.1756
0.15	5.9731	0.1572	6.8019	0.1697	7.6394	0.1816	8.4843	0.1930
0.16	6.0693	0.1721	6.9050	0.1857	7.7489	0.1986	8.6001	0.2109
0.17	6.1626	0.1875	7.0049	0.2021	7.8551	0.2161	8.7123	0.2295
0.18	6.2534	0.2034	7.1020	0.2191	7.9583	0.2342	8.8212	0.2485
0.19	6.3419	0.2198	7.1967	0.2367	8.0589	0.2528	8.9273	0.2681
0.20	6.4285	0.2366	7.2892	0.2547	8.1570	0.2719	9.0309	0.2883
0.21	6.5132	0.2540	7.3797	0.2733	8.2530	0.2916	9.1322	0.3091
0.22	6.5964	0.2719	7.4685	0.2923	8.3472	0.3118	9.2314	0.3304
0.23	6.6780	0.2902	7.5557	0.3120	8.4395	0.3326	9.3287	0.3523
0.24	6.7584	0.3091	7.6414	0.3321	8.5304	0.3539	9.4244	0.3748
0.25	6.8376	0.3285	7.7259	0.3528	8.6198	0.3759	9.5186	0.3979
0.26	6.9158	0.3485	7.8092	0.3740	8.7080	0.3983	9.6115	0.4216
0.27	6.9930	0.3689	7.8914	0.3958	8.7950	0.4214	9.7030	0.4458
0.28	7.0694	0.3899	7.9727	0.4182	8.8810	0.4451	9.7935	0.4707
0.29	7.1450	0.4115	8.0532	0.4411	8.9661	0.4693	9.8830	0.4962
0.30	7.2199	0.4336	8.1329	0.4646	9.0504	0.4942	9.9716	0.5224
0.31	7.2943	0.4563	8.2120	0.4887	9.1339	0.5196	10.0594	0.5491
0.32	7.3681	0.4795	8.2904	0.5135	9.2167	0.5457	10.1465	0.5766
0.33	7.4414	0.5033	8.3683	0.5388	9.2990	0.5725	10.2329	0.6047
0.34	7.5143	0.5278	8.4458	0.5647	9.3808	0.5999	10.3188	0.6334
0.35	7.5869	0.5528	8.5229	0.5913	9.4621	0.6279	10.4042	0.6629
0.36	7.6592	0.5785	8.5996	0.6186	9.5431	0.6567	10.4892	0.6931
0.37	7.7313	0.6048	8.6761	0.6465	9.6237	0.6861	10.5738	0.7239
0.38	7.8032	0.6317	8.7524	0.6751	9.7041	0.7162	10.6582	0.7556
0.39	7.8749	0.6594	8.8284	0.7044	9.7843	0.7471	10.7423	0.7880
0.40	7.9466	0.6877	8.9044	0.7344	9.8644	0.7787	10.8262	0.8211
0.41	8.0182	0.7167	8.9803	0.7651	9.9444	0.8111	10.9101	0.8551
0.42	8.0899	0.7464	9.0562	0.7966	10.0243	0.8443	10.9939	0.8898
0.43	8.1616	0.7769	9.1322	0.8289	10.1042	0.8783	11.0776	0.9254
0.44	8.2334	0.8082	9.2082	0.8620	10.1843	0.9131	11.1615	0.9619
0.45	8.3054	0.8402	9.2843	0.8958	10.2644	0.9487	11.2454	0.9993
0.46	8.3775	0.8730	9.3607	0.9306	10.3447	0.9853	11.3295	1.0375
0.47	8.4499	0.9067	9.4372	0.9662	10.4252	1.0227	11.4137	1.0767
0.48	8.5226	0.9412	9.5141	1.0027	10.5060	1.0611	11.4983	1.1169
0.49	8.5956	0.9766	9.5912	1.0401	10.5871	1.1004	11.5831	1.1580
0.50	8.6690	1.0129	9.6687	1.0785	10.6685	1.1407	11.6684	1.2002

$F_{\gamma_s}(\lambda\|x)$	$x=9$		$x=10$		$x=11$		$x=12$	
	λ	L_0^λ	λ	L_0^λ	λ	L_0^λ	λ	L_0^λ
0.51	8.7427	1.0502	9.7466	1.1178	10.7504	1.1821	11.7540	1.2434
0.52	8.8170	1.0884	9.8251	1.1582	10.8327	1.2245	11.8401	1.2878
0.53	8.8917	1.1276	9.9040	1.1996	10.9156	1.2680	11.9267	1.3333
0.54	8.9671	1.1679	9.9835	1.2422	10.9991	1.3127	12.0140	1.3800
0.55	9.0430	1.2093	10.0636	1.2858	11.0832	1.3585	12.1018	1.4278
0.56	9.1196	1.2519	10.1444	1.3307	11.1679	1.4055	12.1904	1.4770
0.57	9.1970	1.2956	10.2259	1.3767	11.2535	1.4539	12.2798	1.5275
0.58	9.2751	1.3405	10.3083	1.4241	11.3399	1.5035	12.3700	1.5794
0.59	9.3541	1.3867	10.3915	1.4728	11.4271	1.5546	12.4611	1.6327
0.60	9.4340	1.4342	10.4757	1.5229	11.5153	1.6071	12.5532	1.6874
0.61	9.5148	1.4831	10.5609	1.5744	11.6046	1.6611	12.6463	1.7438
0.62	9.5967	1.5335	10.6471	1.6274	11.6950	1.7167	12.7406	1.8018
0.63	9.6798	1.5854	10.7345	1.6821	11.7865	1.7739	12.8361	1.8615
0.64	9.7641	1.6390	10.8232	1.7384	11.8794	1.8329	12.9330	1.9230
0.65	9.8497	1.6942	10.9132	1.7965	11.9736	1.8936	13.0313	1.9864
0.66	9.9366	1.7511	11.0047	1.8564	12.0694	1.9563	13.1311	2.0518
0.67	10.0251	1.8100	11.0977	1.9182	12.1667	2.0211	13.2325	2.1192
0.68	10.1152	1.8708	11.1924	1.9821	12.2657	2.0879	13.3357	2.1889
0.69	10.2070	1.9337	11.2889	2.0482	12.3666	2.1570	13.4408	2.2609
0.70	10.3007	1.9988	11.3873	2.1166	12.4695	2.2285	13.5480	2.3354
0.71	10.3964	2.0662	11.4877	2.1874	12.5745	2.3026	13.6573	2.4125
0.72	10.4942	2.1362	11.5904	2.2609	12.6819	2.3793	13.7691	2.4924
0.73	10.5943	2.2088	11.6956	2.3371	12.7917	2.4589	13.8834	2.5752
0.74	10.6970	2.2843	11.8033	2.4163	12.9042	2.5416	14.0005	2.6613
0.75	10.8024	2.3628	11.9138	2.4986	13.0196	2.6277	14.1206	2.7508
0.76	10.9108	2.4446	12.0275	2.5844	13.1382	2.7172	14.2440	2.8439
0.77	11.0224	2.5300	12.1445	2.6739	13.2603	2.8106	14.3709	2.9410
0.78	11.1376	2.6192	12.2651	2.7674	13.3862	2.9081	14.5017	3.0424
0.79	11.2565	2.7126	12.3897	2.8653	13.5162	3.0102	14.6368	3.1485
0.80	11.3798	2.8106	12.5188	2.9678	13.6507	3.1172	14.7767	3.2597
0.81	11.5077	2.9136	12.6526	3.0756	13.7903	3.2295	14.9216	3.3764
0.82	11.6408	3.0221	12.7919	3.1892	13.9354	3.3478	15.0724	3.4992
0.83	11.7797	3.1367	12.9372	3.3090	14.0868	3.4727	15.2295	3.6289
0.84	11.9251	3.2581	13.0892	3.4359	14.2451	3.6049	15.3938	3.7661
0.85	12.0777	3.3871	13.2488	3.5708	14.4112	3.7453	15.5662	3.9118
0.86	12.2387	3.5247	13.4170	3.7146	14.5863	3.8949	15.7478	4.0670
0.87	12.4092	3.6722	13.5950	3.8686	14.7715	4.0552	15.9399	4.2332
0.88	12.5907	3.8310	13.7845	4.0344	14.9686	4.2276	16.1442	4.4120
0.89	12.7851	4.0031	13.9873	4.2140	15.1794	4.4142	16.3627	4.6054
0.90	12.9947	4.1907	14.2060	4.4097	15.4066	4.6176	16.5981	4.8161
0.91	13.2227	4.3971	14.4437	4.6248	15.6536	4.8411	16.8538	5.0475
0.92	13.4734	4.6264	14.7048	4.8638	15.9247	5.0892	17.1345	5.3044
0.93	13.7525	4.8846	14.9955	5.1326	16.2263	5.3682	17.4466	5.5931
0.94	14.0685	5.1802	15.3244	5.4402	16.5675	5.6873	17.7995	5.9230
0.95	14.4346	5.5262	15.7052	5.8001	16.9622	6.0603	18.2075	6.3087
0.96	14.8725	5.9444	16.1603	6.2348	17.4336	6.5106	18.6945	6.7739
0.97	15.4224	6.4752	16.7312	6.7858	18.0246	7.0810	19.3046	7.3628
0.98	16.1731	7.2073	17.5098	7.5452	18.8297	7.8663	20.1352	8.1728
0.99	17.4027	8.4191	18.7831	8.8001	20.1447	9.1622	21.4899	9.5079

	$x = 13$		$x = 14$		$x = 15$		$x = 16$	
$F_{\gamma_s}(\lambda\|x)$	λ	L_0^λ	λ	L_0^λ	λ	L_0^λ	λ	L_0^λ
0.01	6.0991	0.0067	6.7824	0.0072	7.4767	0.0076	8.1811	0.0080
0.02	6.7043	0.0155	7.4237	0.0165	8.1531	0.0174	8.8914	0.0183
0.03	7.1095	0.0256	7.8521	0.0271	8.6038	0.0286	9.3637	0.0300
0.04	7.4255	0.0366	8.1855	0.0387	8.9541	0.0408	9.7304	0.0428
0.05	7.6896	0.0484	8.4639	0.0512	9.2463	0.0539	10.0360	0.0565
0.06	7.9195	0.0610	8.7060	0.0645	9.5002	0.0678	10.3012	0.0711
0.07	8.1250	0.0744	8.9222	0.0785	9.7267	0.0825	10.5377	0.0864
0.08	8.3121	0.0884	9.1189	0.0933	9.9327	0.0980	10.7527	0.1025
0.09	8.4848	0.1031	9.3004	0.1087	10.1226	0.1141	10.9508	0.1194
0.10	8.6459	0.1184	9.4696	0.1248	10.2996	0.1309	11.1353	0.1369
0.11	8.7976	0.1343	9.6288	0.1415	10.4660	0.1484	11.3087	0.1551
0.12	8.9413	0.1508	9.7796	0.1588	10.6236	0.1665	11.4728	0.1739
0.13	9.0783	0.1679	9.9232	0.1767	10.7736	0.1852	11.6291	0.1935
0.14	9.2095	0.1856	10.0607	0.1953	10.9172	0.2046	11.7785	0.2136
0.15	9.3357	0.2039	10.1929	0.2145	11.0552	0.2246	11.9221	0.2345
0.16	9.4575	0.2228	10.3204	0.2342	11.1883	0.2452	12.0605	0.2559
0.17	9.5754	0.2423	10.4438	0.2546	11.3170	0.2665	12.1945	0.2780
0.18	9.6899	0.2623	10.5637	0.2756	11.4420	0.2884	12.3244	0.3007
0.19	9.8014	0.2829	10.6803	0.2971	11.5635	0.3108	12.4507	0.3241
0.20	9.9101	0.3041	10.7940	0.3193	11.6821	0.3339	12.5739	0.3481
0.21	10.0164	0.3259	10.9051	0.3421	11.7979	0.3577	12.6942	0.3728
0.22	10.1205	0.3483	11.0139	0.3655	11.9112	0.3821	12.8119	0.3981
0.23	10.2226	0.3713	11.1206	0.3895	12.0223	0.4071	12.9273	0.4241
0.24	10.3230	0.3948	11.2255	0.4141	12.1315	0.4327	13.0406	0.4507
0.25	10.4217	0.4190	11.3286	0.4394	12.2388	0.4590	13.1521	0.4780
0.26	10.5190	0.4438	11.4301	0.4653	12.3445	0.4859	13.2617	0.5059
0.27	10.6150	0.4693	11.5303	0.4918	12.4487	0.5136	13.3699	0.5346
0.28	10.7097	0.4953	11.6292	0.5190	12.5516	0.5419	13.4766	0.5640
0.29	10.8035	0.5220	11.7270	0.5469	12.6533	0.5708	13.5821	0.5940
0.30	10.8962	0.5494	11.8237	0.5754	12.7539	0.6005	13.6864	0.6248
0.31	10.9881	0.5774	11.9195	0.6046	12.8535	0.6309	13.7897	0.6563
0.32	11.0792	0.6061	12.0145	0.6346	12.9522	0.6620	13.8920	0.6885
0.33	11.1696	0.6355	12.1088	0.6652	13.0502	0.6938	13.9935	0.7215
0.34	11.2594	0.6656	12.2024	0.6965	13.1474	0.7264	14.0943	0.7553
0.35	11.3487	0.6964	12.2954	0.7286	13.2441	0.7597	14.1944	0.7898
0.36	11.4376	0.7279	12.3880	0.7615	13.3402	0.7939	14.2940	0.8252
0.37	11.5260	0.7602	12.4801	0.7951	13.4359	0.8288	14.3931	0.8613
0.38	11.6142	0.7933	12.5719	0.8295	13.5311	0.8645	14.4918	0.8983
0.39	11.7020	0.8271	12.6634	0.8648	13.6261	0.9011	14.5901	0,9362
0.40	11.7897	0.8617	12.7546	0.9008	13.7208	0.9385	14.6881	0.9749
0.41	11.8773	0.8972	12.8457	0.9377	13.8153	0.9768	14.7860	1.0145
0.42	11.9647	0.9335	12.9367	0.9755	13.9098	1.0160	14.8837	1.0551
0.43	12.0522	0.9707	13.0277	1.0141	14.0041	1.0561	14.9813	1.0966
0.44	12.1396	1.0087	13.1187	1.0537	14.0985	1.0971	15.0790	1.1391
0.45	12.2272	1.0477	13.2097	1.0942	14.1929	1.1391	15.1767	1.1825
0.46	12.3149	1.0876	13.3009	1.1357	14.2874	1.1821	15.2744	1.2270
0.47	12.4028	1.1284	13.3923	1.1782	14.3822	1.2262	15.3724	1.2726
0.48	12.4910	1.1703	13.4839	1.2217	14.4771	1.2713	15.4706	1.3192
0.49	12.5794	1.2132	13.5758	1.2663	14.5724	1.3175	15.5691	1.3670
0.50	12.6682	1.2572	13.6681	1.3120	14.6680	1.3648	15.6679	1.4159

$F_{\gamma s}(\lambda \mid x)$	$x = 13$ λ	$x = 13$ L_0^λ	$x = 14$ λ	$x = 14$ L_0^λ	$x = 15$ λ	$x = 15$ L_0^λ	$x = 16$ λ	$x = 16$ L_0^λ
0.51	12.7575	1.3023	13.7608	1.3588	14.7641	1.4133	15.7672	1.4660
0.52	12.8472	1.3485	13.8540	1.4068	14.8606	1.4630	15.8669	1.5174
0.53	12.9374	1.3958	13.9477	1.4560	14.9576	1.5140	15.9672	1.5701
0.54	13.0283	1.4444	14.0420	1.5064	15.0553	1.5662	16.0681	1.6240
0.55	13.1198	1.4943	14.1370	1.5582	15.1536	1.6198	16.1697	1.6794
0.56	13.2120	1.5455	14.2327	1.6113	15.2527	1.6748	16.2721	1.7362
0.57	13.3050	1.5980	14.3292	1.6659	15.3526	1.7313	16.3752	1.7945
0.58	13.3989	1.6520	14.4266	1.7219	15.4534	1.7892	16.4793	1.8543
0.59	13.4936	1.7075	14.5250	1.7794	15.5551	1.8487	16.5843	1.9158
0.60	13.5894	1.7645	14.6243	1.8385	15.6579	1.9099	16.6904	1.9789
0.61	13.6863	1.8231	14.7248	1.8993	15.7619	1.9728	16.7977	2.0438
0.62	13.7844	1.8834	14.8264	1.9618	15.8670	2.0374	16.9062	2.1105
0.63	13.8837	1.9454	14.9294	2.0262	15.9735	2.1040	17.0161	2.1792
0.64	13.9844	2.0094	15.0337	2.0924	16.0813	2.1725	17.1274	2.2499
0.65	14.0865	2.0752	15.1396	2.1607	16.1908	2.2431	17.2402	2.3227
0.66	14.1902	2.1432	15.2470	2.2311	16.3018	2.3158	17.3548	2.3977
0.67	14.2956	2.2133	15.3562	2.3037	16.4146	2.3908	17.4711	2.4751
0.68	14.4028	2.2856	15.4672	2.3786	16.5294	2.4683	17.5894	2.5549
0.69	14.5119	2.3604	15.5802	2.4560	16.6461	2.5483	17.7098	2.6374
0.70	14.6232	2.4377	15.6954	2.5361	16.7651	2.6310	17.8325	2.7227
0.71	14.7367	2.5177	15.8130	2.6189	16.8865	2.7165	17.9576	2.8108
0.72	14.8526	2.6007	15.9330	2.7048	17.0104	2.8051	18.0853	2.9022
0.73	14.9713	2.6866	16.0557	2.7938	17.1371	2.8970	18.2158	2.9968
0.74	15.0927	2.7759	16.1814	2.8861	17.2669	2.9924	18.3495	3.0951
0.75	15.2173	2.8687	16.3102	2.9821	17.3999	3.0915	18.4865	3.1971
0.76	15.3452	2.9653	16.4426	3.0820	17.5364	3.1946	18.6271	3.3033
0.77	15.4768	3.0660	16.5787	3.1861	17.6768	3.3020	18.7717	3.4139
0.78	15.6124	3.1711	16.7189	3.2948	17.8215	3.4141	18.9206	3.5293
0.79	15.7525	3.2810	16.8636	3.4084	17.9707	3.5313	19.0743	3.6500
0.80	15.8973	3.3962	17.0133	3.5274	18.1251	3.6540	19.2332	3.7763
0.81	16.0475	3.5171	17.1685	3.6524	18.2851	3.7828	19.3978	3.9088
0.82	16.2036	3.6443	17.3297	3.7838	18.4513	3.9182	19.5688	4.0482
0.83	16.3663	3.7785	17.4977	3.9224	18.6245	4.0611	19.7469	4.1952
0.84	16.5363	3.9205	17.6733	4.0690	18.8054	4.2122	19.9331	4.3506
0.85	16.7147	4.0713	17.8575	4.2247	18.9951	4.3725	20.1281	4.5154
0.86	16.9026	4.2319	18.0514	4.3904	19.1948	4.5433	20.3335	4.6910
0.87	17.1013	4.4038	18.2564	4.5678	19.4059	4.7259	20.5505	4.8787
0.88	17.3125	4.5886	18.4743	4.7584	19.6302	4.9222	20.7810	5.0804
0.89	17.5384	4.7885	18.7072	4.9646	19.8700	5.1344	21.0273	5.2984
0.90	17.7816	5.0062	18.9580	5.1890	20.1280	5.3653	21.2924	5.5357
0.91	18.0457	5.2453	19.2302	5.4355	20.4081	5.6188	21.5800	5.7960
0.92	18.3356	5.5105	19.5288	5.7087	20.7152	5.8998	21.8953	6.0845
0.93	18.6577	5.8085	19.8606	6.0157	21.0563	6.2154	22.2454	6.4084
0.94	19.0218	6.1490	20.2355	6.3662	21.4416	6.5756	22.6408	6.7781
0.95	19.4426	6.5467	20.6686	6.7755	21.8865	6.9962	23.0971	7.2094
0.96	19.9446	7.0262	21.1850	7.2688	22.4168	7.5027	23.6409	7.7288
0.97	20.5730	7.6328	21.8311	7.8924	23.0800	8.1428	24.3205	8.3848
0.98	21.4279	8.4666	22.7094	8.7490	23.9809	9.0215	25.2434	9.2848
0.99	22.8208	9.8393	24.1391	10.1580	25.4461	10.4655	26.7429	10.7627

$F_{\gamma_s}(\lambda\|x)$	$x = 17$		$x = 18$		$x = 19$		$x = 20$	
	λ	L_0^λ	λ	L_0^λ	λ	L_0^λ	λ	L_0^λ
0.01	8.8946	0.0084	9.6163	0.0088	10.3457	0.0092	11.0821	0.0096
0.02	9.6377	0.0192	10.3915	0.0201	11.1520	0.0209	11.9188	0.0217
0.03	10.1311	0.0314	10.9053	0.0328	11.6857	0.0341	12.4718	0.0354
0.04	10.5137	0.0448	11.3032	0.0467	12.0987	0.0485	12.8994	0.0503
0.05	10.8321	0.0590	11.6343	0.0615	12.4420	0.0639	13.2547	0.0662
0.06	11.1084	0.0742	11.9213	0.0773	12.7394	0.0802	13.5623	0.0831
0.07	11.3547	0.0902	12.1770	0.0939	13.0042	0.0974	13.8360	0.1009
0.08	11.5783	0.1070	12.4090	0.1112	13.2445	0.1154	14.0843	0.1195
0.09	11.7843	0.1244	12.6227	0.1294	13.4657	0.1342	14.3127	0.1389
0.10	11.9761	0.1427	12.8216	0.1483	13.6715	0.1537	14.5253	0.1591
0.11	12.1563	0.1616	13.0084	0.1679	13.8647	0.1740	14.7247	0.1800
0.12	12.3268	0.1812	13.1851	0.1882	14.0473	0.1950	14.9132	0.2017
0.13	12.4890	0.2014	13.3532	0.2092	14.2211	0.2167	15.0925	0.2241
0.14	12.6442	0.2224	13.5138	0.2309	14.3871	0.2391	15.2638	0.2472
0.15	12.7932	0.2440	13.6681	0.2532	14.5465	0.2623	15.4282	0.2710
0.16	12.9368	0.2662	13.8168	0.2763	14.7001	0.2861	15.5865	0.2956
0.17	13.0758	0.2892	13.9606	0.3000	14.8486	0.3105	15.7396	0.3208
0.18	13.2105	0.3127	14.1000	0.3244	14.9925	0.3357	15.8879	0.3468
0.19	13.3415	0.3370	14.2355	0.3495	15.1324	0.3616	16.0321	0.3734
0.20	13.4691	0.3619	14.3675	0.3752	15.2687	0.3882	16.1725	0.4008
0.21	13.5938	0.3874	14.4964	0.4016	15.4017	0.4154	16.3095	0.4289
0.22	13.7158	0.4136	14.6225	0.4287	15.5318	0.4434	16.4435	0.4577
0.23	13.8353	0.4405	14.7460	0.4565	15.6593	0.4721	16.5748	0.4873
0.24	13.9527	0.4681	14.8673	0.4850	15.7844	0.5015	16.7036	0.5175
0.25	14.0680	0.4964	14.9865	0.5142	15.9073	0.5316	16.8301	0.5485
0.26	14.1816	0.5253	15.1038	0.5441	16.0283	0.5624	16.9547	0.5803
0.27	14.2935	0.5550	15.2195	0.5748	16.1474	0.5940	17.0773	0.6128
0.28	14.4040	0.5854	15.3335	0.6062	16.2650	0.6264	17.1984	0.6461
0.29	14.5131	0.6165	15.4462	0.6383	16.3812	0.6595	17.3178	0.6801
0.30	14.6210	0.6483	15.5576	0.6711	16.4960	0.6933	17.4360	0.7150
0.31	14.7279	0.6809	15.6679	0.7048	16.6096	0.7280	17.5529	0.7506
0.32	14.8337	0.7142	15.7771	0.7392	16.7221	0.7634	17.6686	0.7871
0.33	14.9387	0.7483	15.8855	0.7744	16.8337	0.7997	17.7834	0.8244
0.34	15.0429	0.7832	15.9930	0.8104	16.9445	0.8368	17.8973	0.8625
0.35	15.1464	0.8190	16.0998	0.8472	17.0544	0.8747	18.0103	0.9015
0.36	15.2493	0.8555	16.2059	0.8849	17.1637	0.9135	18.1227	0.9414
0.37	15.3517	0.8929	16.3115	0.9235	17.2725	0.9532	18.2345	0.9822
0.38	15.4536	0.9311	16.4167	0.9629	17.3807	0.9938	18.3457	1.0239
0.39	15.5552	0.9702	16.5214	1.0032	17.4885	1.0353	18.4565	1.0666
0.40	15.6565	1.0102	16.6258	1.0445	17.5960	1.0778	18.5670	1.1102
0.41	15.7576	1.0511	16.7300	1.0867	17.7032	1.1212	18.6771	1.1548
0.42	15.8585	1.0930	16.8340	1.1298	17.8102	1.1656	18.7871	1.2005
0.43	15.9593	1.1359	16.9379	1.1740	17.9171	1.2110	18.8969	1.2471
0.44	16.0601	1.1797	17.0418	1.2192	18.0240	1.2575	19.0067	1.2949
0.45	16.1609	1.2246	17.1457	1.2654	18.1308	1.3051	19.1164	1.3437
0.46	16.2619	1.2705	17.2497	1.3127	18.2378	1.3537	19.2262	1.3937
0.47	16.3630	1.3175	17.3538	1.3611	18.3449	1.4035	19.3362	1.4448
0.48	16.4643	1.3656	17.4581	1.4107	18.4522	1.4545	19.4464	1.4972
0.49	16.5659	1.4149	17.5628	1.4614	18.5598	1.5067	19.5569	1.5507
0.50	16.6679	1.4654	17.6678	1.5134	18.6677	1.5601	19.6677	1.6056

$F_{\gamma s}(\lambda\|x)$	$x = 17$		$x = 18$		$x = 19$		$x = 20$	
	λ	L_0^λ	λ	L_0^λ	λ	L_0^λ	λ	L_0^λ
0.51	16.7702	1.5171	17.7732	1.5667	18.7761	1.6148	19.7789	1.6618
0.52	16.8731	1.5701	17.8791	1.6212	18.8849	1.6709	19.8906	1.7193
0.53	16.9765	1.6244	17.9856	1.6771	18.9943	1.7283	20.0029	1.7782
0.54	17.0806	1.6800	18.0926	1.7344	19.1044	1.7872	20.1158	1.8387
0.55	17.1853	1.7371	18.2004	1.7931	19.2151	1.8476	20.2294	1.9006
0.56	17.2908	1.7957	18.3090	1.8534	19.3266	1.9095	20.3439	1.9641
0.57	17.3971	1.8557	18.4184	1.9152	19.4390	1.9730	20.4591	2.0292
0.58	17.5044	1.9174	18.5287	1.9786	19.5523	2.0381	20.5754	2.0961
0.59	17.6126	1.9807	18.6400	2.0437	19.6667	2.1050	20.6927	2.1647
0.60	17.7219	2.0458	18.7525	2.1106	19.7822	2.1737	20.8111	2.2351
0.61	17.8324	2.1126	18.8661	2.1794	19.8989	2.2443	20.9308	2.3075
0.62	17.9442	2.1814	18.9810	2.2501	20.0169	2.3169	21.0517	2.3819
0.63	18.0573	2.2521	19.0974	2.3228	20.1363	2.3915	21.1742	2.4585
0.64	18.1719	2.3248	19.2152	2.3976	20.2572	2.4683	21.2982	2.5372
0.65	18.2881	2.3998	19.3346	2.4747	20.3798	2.5474	21.4239	2.6183
0.66	18.4061	2.4770	19.4558	2.5540	20.5042	2.6289	21.5513	2.7018
0.67	18.5258	2.5567	19.5789	2.6359	20.6305	2.7129	21.6808	2.7879
0.68	18.6476	2.6389	19.7040	2.7203	20.7589	2.7995	21.8123	2.8767
0.69	18.7715	2.7238	19.8313	2.8076	20.8895	2.8890	21.9462	2.9683
0.70	18.8977	2.8115	19.9610	2.8977	21.0225	2.9815	22.0824	3.0630
0.71	19.0264	2.9022	20.0932	2.9909	21.1581	3.0771	22.2213	3.1610
0.72	19.1578	2.9961	20.2281	3.0874	21.2965	3.1760	22.3631	3.2623
0.73	19.2921	3.0935	20.3660	3.1873	21.4380	3.2786	22.5080	3.3674
0.74	19.4295	3.1945	20.5072	3.2911	21.5827	3.3849	22.6562	3.4763
0.75	19.5704	3.2995	20.6518	3.3988	21.7310	3.4954	22.8080	3.5894
0.76	19.7150	3.4087	20.8002	3.5109	21.8831	3.6103	22.9638	3.7070
0.77	19.8636	3.5224	20.9528	3.6276	22.0395	3.7299	23.1239	3.8295
0.78	20.0167	3.6410	21.1099	3.7493	22.2005	3.8547	23.2887	3.9572
0.79	20.1746	3.7650	21.2719	3.8765	22.3665	3.9850	23.4586	4.0907
0.80	20.3378	3.8947	21.4394	4.0097	22.5381	4.1215	23.6343	4.2303
0.81	20.5070	4.0309	21.6129	4.1494	22.7159	4.2646	23.8162	4.3767
0.82	20.6826	4.1741	21.7931	4.2962	22.9005	4.4150	24.0050	4.5306
0.83	20.8656	4.3250	21.9807	4.4510	23.0926	4.5736	24.2016	4.6928
0.84	21.0567	4.4846	22.1767	4.6147	23.2933	4.7411	24.4069	4.8642
0.85	21.2570	4.6539	22.3820	4.7882	23.5036	4.9188	24.6219	5.0460
0.86	21.4677	4.8341	22.5981	4.9729	23.7247	5.1079	24.8481	5.2393
0.87	21.6905	5.0267	22.8263	5.1704	23.9584	5.3100	25.0870	5.4460
0.88	21.9270	5.2337	23.0687	5.3825	24.2065	5.5271	25.3406	5.6679
0.89	22.1797	5.4574	23.3276	5.6116	24.4714	5.7616	25.6114	5.9076
0.90	22.4516	5.7007	23.6061	5.8609	24.7563	6.0166	25.9025	6.1682
0.91	22.7465	5.9677	23.9081	6.1343	25.0652	6.2962	26.2182	6.4539
0.92	23.0698	6.2635	24.2391	6.4371	25.4037	6.6059	26.5640	6.7703
0.93	23.4286	6.5954	24.6065	6.7769	25.7793	6.9534	26.9476	7.1252
0.94	23.8337	6.9742	25.0210	7.1646	26.2030	7.3496	27.3803	7.5298
0.95	24.3012	7.4161	25.4992	7.6166	26.6918	7.8115	27.8792	8.0014
0.96	24.8579	7.9478	26.0686	8.1605	27.2735	8.3672	28.4729	8.5684
0.97	25.5536	8.6193	26.7798	8.8469	27.9998	9.0682	29.2139	9.2836
0.98	26.4976	9.5400	27.7444	9.7877	28.9844	10.0285	30.2181	10.2630
0.99	28.0305	11.0507	29.3096	11.3302	30.5810	11.6020	31.8454	11.8667

	$x = 21$		$x = 22$		$x = 23$		$x = 24$	
$F_{\gamma s}(\lambda\|x)$	λ	L_0^λ	λ	L_0^λ	λ	L_0^λ	λ	L_0^λ
0.01	11.8250	0.0099	12.5740	0.0103	13.3286	0.0106	14.0885	0.0110
0.02	12.6914	0.0225	13.4693	0.0233	14.2523	0.0241	15.0399	0.0248
0.03	13.2633	0.0367	14.0597	0.0379	14.8608	0.0391	15.6661	0.0403
0.04	13.7052	0.0521	14.5155	0.0538	15.3302	0.0555	16.1489	0.0571
0.05	14.0720	0.0685	14.8937	0.0707	15.7195	0.0729	16.5490	0.0751
0.06	14.3896	0.0859	15.2209	0.0887	16.0562	0.0914	16.8950	0.0940
0.07	14.6720	0.1043	15.5119	0.1076	16.3554	0.1108	17.2024	0.1140
0.08	14.9281	0.1235	15.7756	0.1274	16.6266	0.1311	17.4808	0.1349
0.09	15.1636	0.1435	16.0181	0.1479	16.8759	0.1523	17.7367	0.1566
0.10	15.3827	0.1643	16.2436	0.1694	17.1076	0.1743	17.9746	0.1792
0.11	15.5882	0.1858	16.4550	0.1915	17.3249	0.1971	18.1975	0.2026
0.12	15.7825	0.2082	16.6548	0.2145	17.5301	0.2207	18.4081	0.2268
0.13	15.9671	0.2312	16.8447	0.2382	17.7251	0.2451	18.6082	0.2518
0.14	16.1435	0.2551	17.0261	0.2627	17.9114	0.2702	18.7992	0.2776
0.15	16.3128	0.2796	17.2001	0.2880	18.0900	0.2961	18.9824	0.3041
0.16	16.4758	0.3049	17.3677	0.3139	18.2621	0.3228	19.1587	0.3315
0.17	16.6333	0.3308	17.5296	0.3406	18.4282	0.3502	19.3291	0.3596
0.18	16.7860	0.3575	17.6864	0.3681	18.5892	0.3784	19.4941	0.3884
0.19	16.9343	0.3850	17.8388	0.3963	18.7455	0.4073	19.6543	0.4181
0.20	17.0787	0.4131	17.9872	0.4252	18.8977	0.4370	19.8103	0.4485
0.21	17.2197	0.4420	18.1319	0.4549	19.0462	0.4674	19.9624	0.4797
0.22	17.3575	0.4717	18.2735	0.4853	19.1914	0.4986	20.1111	0.5116
0.23	17.4924	0.5020	18.4121	0.5165	19.3335	0.5306	20.2567	0.5444
0.24	17.6249	0.5331	18.5480	0.5484	19.4729	0.5633	20.3995	0.5779
0.25	17.7550	0.5650	18.6816	0.5811	19.6099	0.5969	20.5397	0.6123
0.26	17.8829	0.5977	18.8129	0.6146	19.7445	0.6312	20.6776	0.6475
0.27	18.0090	0.6311	18.9423	0.6489	19.8772	0.6664	20.8134	0.6834
0.28	18.1334	0.6653	19.0699	0.6840	20.0079	0.7023	20.9473	0.7203
0.29	18.2561	0.7002	19.1959	0.7199	20.1370	0.7391	21.0795	0.7579
0.30	18.3775	0.7360	19.3204	0.7566	20.2646	0.7768	21.2101	0.7964
0.31	18.4975	0.7727	19.4436	0.7942	20.3908	0.8152	21.3392	0.8358
0.32	18.6164	0.8101	19.5655	0.8326	20.5158	0.8546	21.4671	0.8761
0.33	18.7343	0.8484	19.6864	0.8719	20.6396	0.8948	21.5938	0.9173
0.34	18.8512	0.8876	19.8063	0.9121	20.7624	0.9360	21.7195	0.9594
0.35	18.9673	0.9276	19.9254	0.9531	20.8844	0.9781	21.8443	1.0024
0.36	19.0827	0.9686	20.0437	0.9951	21.0055	1.0211	21.9682	1.0464
0.37	19.1974	1.0105	20.1613	1.0381	21.1260	1.0650	22.0914	1.0914
0.38	19.3116	1.0533	20.2783	1.0820	21.2458	1.1100	22.2140	1.1374
0.39	19.4253	1.0971	20.3949	1.1268	21.3652	1.1559	22.3361	1.1844
0.40	19.5387	1.1418	20.5111	1.1727	21.4841	1.2029	22.4577	1.2324
0.41	19.6517	1.1876	20.6269	1.2196	21.6027	1.2509	22.5790	1.2815
0.42	19.7645	1.2344	20.7425	1.2676	21.7210	1.3000	22.7000	1.3318
0.43	19.8772	1.2823	20.8580	1.3167	21.8392	1.3503	22.8208	1.3831
0.44	19.9898	1.3313	20.9733	1.3669	21.9572	1.4016	22.9415	1.4356
0.45	20.1024	1.3814	21.0886	1.4182	22.0752	1.4541	23.0621	1.4893
0.46	20.2150	1.4326	21.2040	1.4707	22.1933	1.5078	23.1828	1.5442
0.47	20.3278	1.4851	21.3195	1.5244	22.3115	1.5628	23.3036	1.6004
0.48	20.4408	1.5388	21.4353	1.5794	22.4299	1.6190	23.4246	1.6579
0.49	20.5540	1.5937	21.5512	1.6356	22.5485	1.6766	23.5459	1.7167
0.50	20.6676	1.6499	21.6676	1.6932	22.6675	1.7355	23.6675	1.7769

$F_{\gamma_s}(\lambda\|x)$	$x = 21$		$x = 22$		$x = 23$		$x = 24$	
	λ	L_0^λ	λ	L_0^λ	λ	L_0^λ	λ	L_0^λ
0.51	20.7816	1.7075	21.7843	1.7522	22.7870	1.7958	23.7895	1.8385
0.52	20.8962	1.7665	21.9016	1.8125	22.9069	1.8576	23.9120	1.9016
0.53	21.0112	1.8269	22.0194	1.8744	23.0274	1.9208	24.0351	1.9662
0.54	21.1270	1.8888	22.1378	1.9378	23.1485	1.9856	24.1589	2.0324
0.55	21.2434	1.9523	22.2570	2.0027	23.2704	2.0520	24.2834	2.1003
0.56	21.3606	2.0173	22.3770	2.0693	23.3930	2.1201	24.4087	2.1698
0.57	21.4788	2.0841	22.4979	2.1376	23.5166	2.1899	24.5349	2.2411
0.58	21.5978	2.1525	22.6198	2.2077	23.6412	2.2616	24.6622	2.3143
0.59	21.7180	2.2228	22.7427	2.2796	23.7669	2.3351	24.7905	2.3894
0.60	21.8393	2.2950	22.8668	2.3535	23.8937	2.4106	24.9200	2.4664
0.61	21.9618	2.3692	22.9922	2.4293	24.0219	2.4881	25.0509	2.5456
0.62	22.0858	2.4454	23.1190	2.5073	24.1514	2.5678	25.1831	2.6269
0.63	22.2111	2.5237	23.2472	2.5874	24.2824	2.6497	25.3169	2.7106
0.64	22.3381	2.6043	23.3771	2.6699	24.4151	2.7339	25.4524	2.7966
0.65	22.4668	2.6873	23.5086	2.7548	24.5496	2.8207	25.5896	2.8851
0.66	22.5973	2.7728	23.6421	2.8422	24.6859	2.9100	25.7288	2.9763
0.67	22.7298	2.8609	23.7776	2.9323	24.8243	3.0020	25.8700	3.0702
0.68	22.8644	2.9518	23.9153	3.0252	24.9650	3.0969	26.0136	3.1671
0.69	23.0014	3.0457	24.0553	3.1211	25.1080	3.1949	26.1595	3.2670
0.70	23.1408	3.1426	24.1978	3.2202	25.2536	3.2961	26.3080	3.3703
0.71	23.2830	3.2428	24.3431	3.3226	25.4019	3.4007	26.4594	3.4770
0.72	23.4280	3.3465	24.4914	3.4286	25.5533	3.5089	26.6139	3.5874
0.73	23.5762	3.4539	24.6428	3.5384	25.7079	3.6210	26.7716	3.7018
0.74	23.7278	3.5654	24.7978	3.6523	25.8661	3.7373	26.9330	3.8204
0.75	23.8831	3.6811	24.9564	3.7705	26.0281	3.8580	27.0982	3.9435
0.76	24.0425	3.8014	25.1192	3.8934	26.1943	3.9834	27.2676	4.0714
0.77	24.2062	3.9266	25.2865	4.0214	26.3650	4.1140	27.4417	4.2046
0.78	24.3747	4.0572	25.4586	4.1548	26.5406	4.2502	27.6209	4.3435
0.79	24.5484	4.1936	25.6361	4.2941	26.7217	4.3924	27.8055	4.4884
0.80	24.7280	4.3364	25.8195	4.4399	26.9089	4.5411	27.9963	4.6401
0.81	24.9139	4.4860	26.0093	4.5928	27.1026	4.6971	28.1938	4.7991
0.82	25.1069	4.6434	26.2064	4.7534	27.3036	4.8609	28.3987	4.9661
0.83	25.3078	4.8091	26.4115	4.9226	27.5129	5.0335	28.6120	5.1420
0.84	25.5176	4.9843	26.6256	5.1014	27.7312	5.2159	28.8345	5.3279
0.85	25.7373	5.1699	26.8499	5.2909	27.9600	5.4092	29.0676	5.5248
0.86	25.9683	5.3675	27.0857	5.4925	28.2004	5.6148	29.3126	5.7343
0.87	26.2123	5.5785	27.3347	5.7079	28.4543	5.8344	29.5712	5.9581
0.88	26.4713	5.8052	27.5990	5.9392	28.7237	6.0701	29.8457	6.1982
0.89	26.7478	6.0499	27.8810	6.1888	29.0112	6.3246	30.1386	6.4574
0.90	27.0451	6.3160	28.1843	6.4602	29.3203	6.6012	30.4533	6.7391
0.91	27.3674	6.6076	28.5129	6.7577	29.6552	6.9044	30.7943	7.0478
0.92	27.7203	6.9306	28.8728	7.0870	30.0218	7.2399	31.1677	7.3894
0.93	28.1117	7.2927	29.2719	7.4562	30.4284	7.6160	31.5815	7.7723
0.94	28.5531	7.7055	29.7218	7.8769	30.8867	8.0445	32.0480	8.2085
0.95	29.0620	8.1864	30.2404	8.3671	31.4148	8.5437	32.5854	8.7164
0.96	29.6674	8.7647	30.8572	8.9562	32.0427	9.1434	33.2242	9.3266
0.97	30.4227	9.4937	31.6266	9.6988	32.8258	9.8992	34.0207	10.0953
0.98	31.4459	10.4916	32.6683	10.7148	33.8857	10.9330	35.0984	11.1464
0.99	33.1031	12.1249	34.3548	12.3769	35.6007	12.6231	36.8413	12.8641

	$x = 25$		$x = 26$		$x = 27$		$x = 28$	
$F_{\gamma_s}(\lambda\|x)$	λ	L_0^λ	λ	L_0^λ	λ	L_0^λ	λ	L_0^λ
0.01	14.8533	0.0113	15.6228	0.0116	16.3967	0.0119	17.1748	0.0123
0.02	15.8319	0.0255	16.6281	0.0262	17.4282	0.0269	18.2319	0.0276
0.03	16.4755	0.0415	17.2886	0.0426	18.1054	0.0437	18.9255	0.0448
0.04	16.9713	0.0587	17.7973	0.0603	18.6266	0.0619	19.4591	0.0634
0.05	17.3821	0.0771	18.2185	0.0792	19.0581	0.0812	19.9006	0.0832
0.06	17.7371	0.0966	18.5825	0.0992	19.4308	0.1017	20.2819	0.1041
0.07	18.0525	0.1171	18.9056	0.1202	19.7616	0.1231	20.6202	0.1261
0.08	18.3381	0.1385	19.1982	0.1421	20.0611	0.1456	20.9264	0.1490
0.09	18.6005	0.1608	19.4670	0.1649	20.3361	0.1689	21.2076	0.1729
0.10	18.8443	0.1839	19.7167	0.1886	20.5915	0.1932	21.4687	0.1977
0.11	19.0729	0.2079	19.9507	0.2132	20.8309	0.2183	21.7133	0.2234
0.12	19.2887	0.2327	20.1716	0.2386	21.0568	0.2443	21.9441	0.2499
0.13	19.4936	0.2583	20.3814	0.2648	21.2713	0.2711	22.1633	0.2773
0.14	19.6893	0.2848	20.5817	0.2918	21.4761	0.2987	22.3725	0.3055
0.15	19.8770	0.3120	20.7737	0.3196	21.6724	0.3272	22.5729	0.3346
0.16	20.0576	0.3399	20.9584	0.3483	21.8612	0.3564	22.7658	0.3645
0.17	20.2320	0.3687	21.1369	0.3777	22.0436	0.3865	22.9520	0.3952
0.18	20.4009	0.3983	21.3096	0.4079	22.2201	0.4174	23.1323	0.4267
0.19	20.5649	0.4286	21.4774	0.4390	22.3916	0.4491	23.3073	0.4591
0.20	20.7246	0.4597	21.6407	0.4708	22.5584	0.4817	23.4776	0.4923
0.21	20.8803	0.4917	21.7999	0.5034	22.7210	0.5150	23.6436	0.5263
0.22	21.0325	0.5244	21.9555	0.5369	22.8800	0.5492	23.8058	0.5612
0.23	21.1815	0.5579	22.1078	0.5712	23.0355	0.5842	23.9646	0.5969
0.24	21.3276	0.5922	22.2571	0.6062	23.1880	0.6200	24.1202	0.6335
0.25	21.4710	0.6274	22.4038	0.6422	23.3378	0.6567	24.2730	0.6709
0.26	21.6121	0.6634	22.5479	0.6789	23.4850	0.6942	24.4232	0.7092
0.27	21.7510	0.7002	22.6899	0.7165	23.6299	0.7326	24.5711	0.7484
0.28	21.8880	0.7378	22.8298	0.7550	23.7728	0.7719	24.7168	0.7885
0.29	22.0231	0.7763	22.9679	0.7944	23.9137	0.8121	24.8606	0.8295
0.30	22.1567	0.8157	23.1043	0.8346	24.0530	0.8532	25.0026	0.8714
0.31	22.2887	0.8560	23.2392	0.8758	24.1907	0.8952	25.1431	0.9142
0.32	22.4195	0.8972	23.3728	0.9178	24.3270	0.9381	25.2821	0.9580
0.33	22.5490	0.9393	23.5051	0.9608	24.4620	0.9820	25.4198	1.0027
0.34	22.6775	0.9823	23.6363	1.0048	24.5959	1.0268	25.5563	1.0485
0.35	22.8050	1.0263	23.7665	1.0497	24.7288	1.0727	25.6918	1.0952
0.36	22.9317	1.0713	23.8959	1.0956	24.8608	1.1195	25.8263	1.1430
0.37	23.0576	1.1173	24.0245	1.1426	24.9920	1.1674	25.9601	1.1918
0.38	23.1829	1.1642	24.1524	1.1905	25.1225	1.2163	26.0931	1.2417
0.39	23.3076	1.2123	24.2797	1.2396	25.2524	1.2664	26.2255	1.2926
0.40	23.4319	1.2613	24.4066	1.2897	25.3818	1.3175	26.3574	1.3447
0.41	23.5558	1.3115	24.5331	1.3409	25.5108	1.3697	26.4889	1.3980
0.42	23.6794	1.3628	24.6592	1.3933	25.6394	1.4231	26.6200	1.4524
0.43	23.8028	1.4153	24.7852	1.4468	25.7679	1.4777	26.7509	1.5080
0.44	23.9261	1.4689	24.9110	1.5015	25.8962	1.5335	26.8817	1.5649
0.45	24.0493	1.5237	25.0367	1.5575	26.0244	1.5906	27.0123	1.6231
0.46	24.1726	1.5798	25.1625	1.6147	26.1527	1.6489	27.1430	1.6825
0.47	24.2959	1.6372	25.2884	1.6732	26.2810	1.7086	27.2737	1.7433
0.48	24.4195	1.6959	25.4145	1.7331	26.4095	1.7696	27.4047	1.8055
0.49	24.5433	1.7559	25.5408	1.7944	26.5383	1.8321	27.5359	1.8691
0.50	24.6675	1.8174	25.6674	1.8571	26.6674	1.8960	27.6674	1.9342

$F_{\gamma_s}(\lambda\|x)$	$x = 25$ λ	L_0^λ	$x = 26$ λ	L_0^λ	$x = 27$ λ	L_0^λ	$x = 28$ λ	L_0^λ
0.51	24.7920	1.8803	25.7945	1.9213	26.7969	1.9614	27.7993	2.0009
0.52	24.9171	1.9447	25.9221	1.9870	26.9270	2.0284	27.9318	2.0691
0.53	25.0428	2.0107	26.0503	2.0542	27.0576	2.0970	28.0648	2.1389
0.54	25.1691	2.0782	26.1791	2.1232	27.1889	2.1672	28.1985	2.2104
0.55	25.2961	2.1475	26.3087	2.1938	27.3209	2.2392	28.3330	2.2837
0.56	25.4240	2.2185	26.4391	2.2662	27.4538	2.3129	28.4683	2.3588
0.57	25.5529	2.2913	26.5704	2.3404	27.5876	2.3886	28.6046	2.4358
0.58	25.6827	2.3659	26.7028	2.4165	27.7225	2.4661	28.7419	2.5148
0.59	25.8136	2.4425	26.8363	2.4946	27.8585	2.5457	28.8804	2.5958
0.60	25.9458	2.5212	26.9710	2.5748	27.9958	2.6273	29.0201	2.6789
0.61	26.0793	2.6019	27.1071	2.6571	28.1344	2.7112	29.1612	2.7643
0.62	26.2142	2.6849	27.2446	2.7417	28.2745	2.7974	29.3038	2.8520
0.63	26.3507	2.7702	27.3838	2.8286	28.4162	2.8859	29.4480	2.9422
0.64	26.4888	2.8579	27.5246	2.9180	28.5596	2.9770	29.5940	3.0349
0.65	26.6288	2.9482	27.6672	3.0101	28.7049	3.0707	29.7419	3.1302
0.66	26.7707	3.0412	27.8119	3.1048	28.8522	3.1672	29.8918	3.2284
0.67	26.9148	3.1370	27.9587	3.2024	29.0017	3.2666	30.0439	3.3296
0.68	27.0611	3.2358	28.1078	3.3031	29.1535	3.3691	30.1984	3.4339
0.69	27.2099	3.3377	28.2594	3.4069	29.3079	3.4748	30.3554	3.5414
0.70	27.3614	3.4430	28.4137	3.5142	29.4650	3.5840	30.5153	3.6525
0.71	27.5157	3.5518	28.5709	3.6250	29.6250	3.6968	30.6781	3.7673
0.72	27.6732	3.6643	28.7313	3.7397	29.7883	3.8136	30.8442	3.8861
0.73	27.8340	3.7809	28.8951	3.8584	29.9550	3.9344	31.0138	4.0090
0.74	27.9984	3.9018	29.0625	3.9815	30.1254	4.0597	31.1872	4.1365
0.75	28.1668	4.0272	29.2340	4.1093	30.3000	4.1898	31.3647	4.2688
0.76	28.3395	4.1576	29.4099	4.2421	30.4790	4.3249	31.5467	4.4062
0.77	28.5169	4.2933	29.5905	4.3803	30.6628	4.4655	31.7337	4.5492
0.78	28.6994	4.4348	29.7764	4.5243	30.8519	4.6121	31.9260	4.6982
0.79	28.8876	4.5825	29.9680	4.6747	31.0468	4.7651	32.1242	4.8538
0.80	29.0819	4.7370	30.1658	4.8320	31.2481	4.9251	32.3288	5.0165
0.81	29.2831	4.8989	30.3706	4.9968	31.4564	5.0928	32.5406	5.1870
0.82	29.4918	5.0691	30.5830	5.1700	31.6725	5.2690	32.7603	5.3661
0.83	29.7090	5.2483	30.8041	5.3524	31.8974	5.4545	32.9889	5.5547
0.84	29.9357	5.4375	31.0348	5.5450	32.1320	5.6504	33.2274	5.7538
0.85	30.1730	5.6381	31.2763	5.7491	32.3776	5.8579	33.4770	5.9647
0.86	30.4224	5.8514	31.5301	5.9661	32.6357	6.0786	33.7393	6.1890
0.87	30.6858	6.0792	31.7980	6.1979	32.9081	6.3142	34.0161	6.4285
0.88	30.9651	6.3236	32.0822	6.4465	33.1970	6.5671	34.3097	6.6854
0.89	31.2632	6.5875	32.3854	6.7149	33.5052	6.8399	34.6229	6.9626
0.90	31.5836	6.8742	32.7112	7.0065	33.8364	7.1363	34.9593	7.2637
0.91	31.9306	7.1883	33.0641	7.3259	34.1951	7.4609	35.3236	7.5934
0.92	32.3104	7.5358	33.4503	7.6793	34.5875	7.8201	35.7222	7.9582
0.93	32.7314	7.9253	33.8784	8.0753	35.0225	8.2224	36.1639	8.3668
0.94	33.2059	8.3690	34.3606	8.5263	35.5124	8.6806	36.6614	8.8320
0.95	33.7524	8.8855	34.9161	9.0512	36.0766	9.2138	37.2342	9.3733
0.96	34.4019	9.5059	35.5761	9.6817	36.7469	9.8540	37.9145	10.0232
0.97	35.2115	10.2873	36.3985	10.4755	37.5819	10.6600	38.7620	10.8411
0.98	36.3066	11.3554	37.5107	11.5602	38.7109	11.7611	39.9074	11.9582
0.99	38.0769	13.1001	39.3079	13.3313	40.5344	13.5582	41.7567	13.7808

$F_{\gamma s}(\lambda\|x)$	$x=29$		$x=30$		$x=31$		$x=32$	
	λ	L_0^λ	λ	L_0^λ	λ	L_0^λ	λ	L_0^λ
0.01	17.9567	0.0126	18.7424	0.0129	19.5317	0.0132	20.3243	0.0135
0.02	19.0392	0.0283	19.8497	0.0290	20.6634	0.0296	21.4801	0.0303
0.03	19.7488	0.0459	20.5752	0.0469	21.4044	0.0480	22.2364	0.0490
0.04	20.2945	0.0649	21.1328	0.0663	21.9738	0.0678	22.8173	0.0692
0.05	20.7460	0.0851	21.5940	0.0870	22.4445	0.0889	23.2975	0.0908
0.06	21.1356	0.1065	21.9919	0.1089	22.8506	0.1112	23.7115	0.1135
0.07	21.4814	0.1290	22.3449	0.1318	23.2107	0.1346	24.0787	0.1373
0.08	21.7942	0.1524	22.6642	0.1557	23.5365	0.1590	24.4107	0.1622
0.09	22.0814	0.1768	22.9574	0.1806	23.8354	0.1844	24.7154	0.1881
0.10	22.3480	0.2021	23.2294	0.2064	24.1129	0.2107	24.9981	0.2149
0.11	22.5978	0.2283	23.4843	0.2332	24.3727	0.2380	25.2629	0.2427
0.12	22.8335	0.2554	23.7247	0.2608	24.6178	0.2662	25.5126	0.2714
0.13	23.0572	0.2834	23.9529	0.2893	24.8504	0.2952	25.7496	0.3010
0.14	23.2707	0.3122	24.1707	0.3187	25.0723	0.3252	25.9756	0.3315
0.15	23.4753	0.3418	24.3793	0.3490	25.2850	0.3560	26.1922	0.3629
0.16	23.6721	0.3723	24.5800	0.3801	25.4895	0.3877	26.4004	0.3952
0.17	23.8621	0.4037	24.7738	0.4120	25.6869	0.4203	26.6014	0.4284
0.18	24.0460	0.4359	24.9613	0.4449	25.8779	0.4537	26.7959	0.4624
0.19	24.2246	0.4689	25.1433	0.4785	26.0633	0.4880	26.9847	0.4973
0.20	24.3983	0.5028	25.3203	0.5130	26.2437	0.5231	27.1682	0.5331
0.21	24.5676	0.5375	25.4929	0.5484	26.4195	0.5592	27.3472	0.5698
0.22	24.7330	0.5730	25.6615	0.5847	26.5912	0.5961	27.5220	0.6073
0.23	24.8949	0.6095	25.8265	0.6218	26.7592	0.6339	27.6930	0.6458
0.24	25.0536	0.6467	25.9882	0.6598	26.9238	0.6726	27.8605	0.6852
0.25	25.2094	0.6849	26.1469	0.6987	27.0855	0.7122	28.0250	0.7255
0.26	25.3625	0.7240	26.3029	0.7384	27.2443	0.7527	28.1866	0.7667
0.27	25.5133	0.7639	26.4565	0.7791	27.4007	0.7941	28.3457	0.8089
0.28	25.6618	0.8048	26.6078	0.8207	27.5547	0.8365	28.5025	0.8520
0.29	25.8084	0.8465	26.7571	0.8633	27.7067	0.8798	28.6571	0.8960
0.30	25.9532	0.8892	26.9046	0.9068	27.8568	0.9241	28.8098	0.9411
0.31	26.0963	0.9329	27.0503	0.9513	28.0051	0.9693	28.9607	0.9871
0.32	26.2380	0.9775	27.1946	0.9967	28.1520	1.0156	29.1100	1.0341
0.33	26.3783	1.0231	27.3375	1.0431	28.2974	1.0628	29.2579	1.0822
0.34	26.5174	1.0697	27.4791	1.0906	28.4415	1.1111	29.4046	1.1313
0.35	26.6554	1.1173	27.6197	1.1391	28.5846	1.1605	29.5500	1.1815
0.36	26.7925	1.1660	27.7593	1.1886	28.7266	1.2109	29.6945	1.2328
0.37	26.9288	1.2157	27.8980	1.2393	28.8677	1.2624	29.8380	1.2852
0.38	27.0643	1.2665	28.0359	1.2910	29.0081	1.3150	29.9807	1.3387
0.39	27.1992	1.3185	28.1732	1.3438	29.1478	1.3688	30.1227	1.3934
0.40	27.3335	1.3715	28.3100	1.3979	29.2869	1.4238	30.2642	1.4492
0.41	27.4674	1.4258	28.4463	1.4531	29.4255	1.4799	30.4051	1.5063
0.42	27.6010	1.4812	28.5822	1.5095	29.5638	1.5373	30.5457	1.5647
0.43	27.7343	1.5378	28.7179	1.5671	29.7018	1.5959	30.6860	1.6243
0.44	27.8674	1.5958	28.8534	1.6261	29.8396	1.6559	30.8261	1.6852
0.45	28.0004	1.6550	28.9888	1.6863	29.9773	1.7172	30.9660	1.7475
0.46	28.1335	1.7155	29.1242	1.7479	30.1150	1.7798	31.1060	1.8112
0.47	28.2666	1.7774	29.2596	1.8109	30.2527	1.8439	31.2460	1.8763
0.48	28.3999	1.8407	29.3953	1.8753	30.3907	1.9094	31.3861	1.9429
0.49	28.5335	1.9055	29.5311	1.9412	30.5288	1.9764	31.5266	2.0110
0.50	28.6674	1.9718	29.6673	2.0087	30.6673	2.0449	31.6673	2.0806

$F_{\gamma_s}(\lambda\|x)$	$x = 29$		$x = 30$		$x = 31$		$x = 32$	
	λ	L_0^λ	λ	L_0^λ	λ	L_0^λ	λ	L_0^λ
0.51	28.8017	2.0396	29.8040	2.0777	30.8062	2.1151	31.8084	2.1519
0.52	28.9365	2.1090	29.9411	2.1483	30.9456	2.1869	31.9501	2.2249
0.53	29.0719	2.1801	30.0788	2.2206	31.0857	2.2604	32.0924	2.2995
0.54	29.2079	2.2529	30.2172	2.2946	31.2264	2.3357	32.2353	2.3760
0.55	29.3448	2.3275	30.3564	2.3705	31.3678	2.4128	32.3791	2.4544
0.56	29.4825	2.4039	30.4965	2.4482	31.5102	2.4918	32.5237	2.5346
0.57	29.6212	2.4823	30.6375	2.5279	31.6535	2.5728	32.6693	2.6169
0.58	29.7609	2.5626	30.7796	2.6096	31.7980	2.6558	32.8160	2.7013
0.59	29.9018	2.6450	30.9229	2.6934	31.9436	2.7410	32.9639	2.7878
0.60	30.0440	2.7296	31.0674	2.7794	32.0905	2.8284	33.1132	2.8766
0.61	30.1875	2.8165	31.2134	2.8677	32.2388	2.9182	33.2638	2.9677
0.62	30.3326	2.9057	31.3609	2.9585	32.3887	3.0103	33.4161	3.0614
0.63	30.4793	2.9974	31.5100	3.0517	32.5402	3.1051	33.5700	3.1576
0.64	30.6278	3.0917	31.6610	3.1475	32.6936	3.2024	33.7257	3.2565
0.65	30.7782	3.1887	31.8139	3.2461	32.8489	3.3026	33.8835	3.3582
0.66	30.9306	3.2886	31.9688	3.3477	33.0064	3.4058	34.0433	3.4629
0.67	31.0853	3.3914	32.1261	3.4522	33.1661	3.5120	34.2055	3.5708
0.68	31.2424	3.4975	32.2858	3.5600	33.3283	3.6215	34.3702	3.6820
0.69	31.4022	3.6069	32.4481	3.6712	33.4932	3.7344	34.5377	3.7967
0.70	31.5647	3.7198	32.6133	3.7860	33.6610	3.8510	34.7080	3.9150
0.71	31.7303	3.8366	32.7815	3.9046	33.8319	3.9715	34.8815	4.0373
0.72	31.8991	3.9573	32.9531	4.0273	34.0062	4.0961	35.0584	4.1638
0.73	32.0715	4.0823	33.1283	4.1543	34.1841	4.2251	35.2390	4.2948
0.74	32.2478	4.2119	33.3074	4.2860	34.3660	4.3588	35.4236	4.4305
0.75	32.4283	4.3463	33.4907	4.4226	34.5521	4.4975	35.6126	4.5713
0.76	32.6133	4.4860	33.6787	4.5645	34.7430	4.6416	35.8063	4.7175
0.77	32.8033	4.6314	33.8717	4.7121	34.9390	4.7916	36.0052	4.8697
0.78	32.9987	4.7829	34.0702	4.8660	35.1405	4.9478	36.2097	5.0282
0.79	33.2001	4.9410	34.2748	5.0266	35.3482	5.1108	36.4205	5.1936
0.80	33.4081	5.1063	34.4860	5.1945	35.5627	5.2813	36.6380	5.3666
0.81	33.6233	5.2796	34.7046	5.3705	35.7845	5.4599	36.8632	5.5479
0.82	33.8466	5.4615	34.9313	5.5553	36.0147	5.6475	37.0966	5.7381
0.83	34.0788	5.6531	35.1671	5.7498	36.2540	5.8449	37.3394	5.9385
0.84	34.3210	5.8554	35.4131	5.9552	36.5036	6.0534	37.5927	6.1499
0.85	34.5746	6.0697	35.6705	6.1728	36.7649	6.2741	37.8577	6.3739
0.86	34.8410	6.2975	35.9410	6.4040	37.0394	6.5088	38.1361	6.6119
0.87	35.1222	6.5407	36.2264	6.6509	37.3289	6.7593	38.4298	6.8660
0.88	35.4203	6.8016	36.5291	6.9157	37.6360	7.0280	38.7412	7.1385
0.89	35.7383	7.0830	36.8518	7.2014	37.9635	7.3178	39.0733	7.4324
0.90	36.0799	7.3888	37.1985	7.5117	38.3151	7.6326	39.4298	7.7515
0.91	36.4498	7.7236	37.5739	7.8514	38.6958	7.9772	39.8158	8.1009
0.92	36.8545	8.0938	37.9845	8.2271	39.1123	8.3582	40.2380	8.4872
0.93	37.3028	8.5086	38.4393	8.6479	39.5735	8.7849	40.7056	8.9197
0.94	37.8077	8.9807	38.9514	9.1268	40.0928	9.2705	41.2319	9.4119
0.95	38.3889	9.5300	39.5410	9.6840	40.6905	9.8354	41.8376	9.9844
0.96	39.0792	10.1893	40.2410	10.3526	41.4001	10.5132	42.5566	10.6712
0.97	39.9388	11.0190	41.1125	11.1939	42.2834	11.3658	43.4515	11.5349
0.98	41.1003	12.1519	42.2900	12.3422	43.4765	12.5294	44.6600	12.7135
0.99	42.9751	13.9995	44.1897	14.2144	45.4008	14.4258	46.6084	14.6338

3 Studentverteilung

Die folgenden Tabellen enthalten die Perzentile t_p, $p = 0.50, \ldots, 0.99$, und die unteren linearen Schadensintegrale $L_0^{t_p}(\nu)$ der Studentverteilung für die Freiheitsgrade $\nu = 1, \ldots, 33$, und Parameter $\mu = 0$ und $s^2 = 1$ (Standardstudentverteilung).

$$fs(x|\mu, s^2, \nu) = \frac{1}{B(0.5, \nu/2)} \cdot \nu^{\nu/2} \cdot \left(\nu + \left(\frac{x-\mu}{s}\right)^2\right)^{-(\nu+1)/2} \cdot \frac{1}{s}$$

ist die Dichtefunktion der Studentverteilung für beliebige Parameter μ, s^2 und ν. Durch die Transformation

$$t = \frac{x - \mu}{s}$$

kann man die Perzentile und Schadenintegrale jeder Studentverteilung aus der Standardstudentverteilung ablesen, da

$$F_S(x|\mu, s^2, \nu) = F_T(t|\nu),$$
$$L_{-\infty}^x(\mu, s^2, \nu) = L_{-\infty}^t(t|\nu) \cdot s.$$

Zur Berechnung nicht angeführter Werte können folgende Formeln herangezogen werden:

$$F_T(-t|\nu) = 1 - F_T(t|\nu)$$
$$L_t^{\infty}(t|\nu) = L_{-\infty}^t(t|\nu) - t$$

Zur näherungsweisen Berechnung der Verteilungsfunktion kann man die Normalverteilung heranziehen:

$$F_S(x|\mu, s^2, \nu) \approx F_Z(z)$$
$$z = \frac{x - \mu}{s}$$

$F_T(t\|\nu)$	$\nu = 2$ t	$\nu = 2$ $L^t_{-\infty}$	$\nu = 3$ t	$\nu = 3$ $L^t_{-\infty}$	$\nu = 4$ t	$\nu = 4$ $L^t_{-\infty}$	$\nu = 5$ t	$\nu = 5$ $L^t_{-\infty}$
0.50	0.0000	0.7071	0.0000	0.5513	0.0000	0.5000	0.0000	0.4745
0.51	0.0283	0.7214	0.0272	0.5651	0.0267	0.5135	0.0263	0.4878
0.52	0.0566	0.7360	0.0544	0.5791	0.0534	0.5272	0.0527	0.5014
0.53	0.0850	0.7509	0.0817	0.5934	0.0801	0.5413	0.0791	0.5153
0.54	0.1135	0.7661	0.1091	0.6081	0.1069	0.5556	0.1056	0.5294
0.55	0.1421	0.7817	0.1366	0.6230	0.1338	0.5703	0.1322	0.5439
0.56	0.1709	0.7977	0.1642	0.6384	0.1609	0.5853	0.1589	0.5587
0.57	0.2000	0.8141	0.1920	0.6541	0.1880	0.6006	0.1857	0.5739
0.58	0.2292	0.8309	0.2200	0.6702	0.2154	0.6164	0.2126	0.5894
0.59	0.2588	0.8482	0.2482	0.6867	0.2429	0.6325	0.2398	0.6053
0.60	0.2887	0.8660	0.2767	0.7036	0.2707	0.6490	0.2672	0.6216
0.61	0.3189	0.8843	0.3054	0.7210	0.2988	0.6660	0.2948	0.6383
0.62	0.3496	0.9032	0.3345	0.7389	0.3271	0.6834	0.3227	0.6554
0.63	0.3808	0.9227	0.3640	0.7573	0.3557	0.7013	0.3508	0.6730
0.64	0.4125	0.9428	0.3939	0.7763	0.3848	0.7197	0.3794	0.6911
0.65	0.4447	0.9636	0.4242	0.7959	0.4142	0.7387	0.4082	0.7097
0.66	0.4777	0.9852	0.4550	0.8161	0.4440	0.7582	0.4375	0.7289
0.67	0.5113	1.0075	0.4864	0.8369	0.4743	0.7784	0.4672	0.7487
0.68	0.5457	1.0308	0.5184	0.8585	0.5052	0.7992	0.4974	0.7691
0.69	0.5810	1.0549	0.5510	0.8809	0.5366	0.8207	0.5281	0.7901
0.70	0.6172	1.0801	0.5844	0.9041	0.5686	0.8430	0.5594	0.8119
0.71	0.6545	1.1064	0.6186	0.9281	0.6014	0.8661	0.5914	0.8344
0.72	0.6929	1.1339	0.6536	0.9532	0.6349	0.8901	0.6240	0.8577
0.73	0.7327	1.1627	0.6896	0.9793	0.6692	0.9149	0.6574	0.8819
0.74	0.7738	1.1929	0.7267	1.0065	0.7045	0.9408	0.6916	0.9070
0.75	0.8165	1.2247	0.7649	1.0350	0.7407	0.9678	0.7267	0.9332
0.76	0.8609	1.2583	0.8044	1.0649	0.7780	0.9960	0.7628	0.9605
0.77	0.9073	1.2938	0.8454	1.0962	0.8166	1.0255	0.8000	0.9889
0.78	0.9559	1.3314	0.8879	1.1292	0.8565	1.0565	0.8385	1.0187
0.79	1.0069	1.3715	0.9322	1.1639	0.8979	1.0890	0.8783	1.0500
0.80	1.0607	1.4142	0.9785	1.2007	0.9410	1.1232	0.9195	1.0828
0.81	1.1175	1.4600	1.0270	1.2398	0.9859	1.1594	0.9625	1.1174
0.82	1.1779	1.5092	1.0780	1.2813	1.0329	1.1977	1.0074	1.1539
0.83	1.2424	1.5624	1.1318	1.3258	1.0823	1.2385	1.0543	1.1927
0.84	1.3116	1.6202	1.1889	1.3735	1.1344	1.2819	1.1037	1.2339
0.85	1.3862	1.6833	1.2498	1.4249	1.1896	1.3286	1.1558	1.2779
0.86	1.4673	1.7525	1.3150	1.4806	1.2483	1.3788	1.2110	1.3252
0.87	1.5559	1.8292	1.3853	1.5414	1.3112	1.4332	1.2699	1.3761
0.88	1.6537	1.9149	1.4616	1.6082	1.3789	1.4925	1.3331	1.4314
0.89	1.7627	2.0113	1.5452	1.6823	1.4525	1.5576	1.4014	1.4919
0.90	1.8856	2.1213	1.6377	1.7651	1.5332	1.6298	1.4759	1.5585
0.91	2.0261	2.2485	1.7413	1.8588	1.6226	1.7107	1.5579	1.6327
0.92	2.1894	2.3979	1.8589	1.9664	1.7229	1.8025	1.6493	1.7164
0.93	2.3834	2.5774	1.9950	2.0923	1.8375	1.9086	1.7529	1.8122
0.94	2.6202	2.7988	2.1563	2.2431	1.9712	2.0336	1.8727	1.9242
0.95	2.9200	3.0822	2.3534	2.4294	2.1318	2.1854	2.0150	2.0588
0.96	3.3198	3.4641	2.6054	2.6702	2.3329	2.3774	2.1910	2.2268
0.97	3.8964	4.0208	2.9505	3.0033	2.6008	2.6360	2.4216	2.4494
0.98	4.8487	4.9497	3.4819	3.5216	2.9986	3.0240	2.7565	2.7761
0.99	6.9646	7.0356	4.5407	4.5653	3.7470	3.7617	3.3649	3.3758

$F_T(t\|\nu)$	$\nu=6$ t	$L^t_{-\infty}$	$\nu=7$ t	$L^t_{-\infty}$	$\nu=8$ t	$L^t_{-\infty}$	$\nu=9$ t	$L^t_{-\infty}$
0.50	0.0000	0.4593	0.0000	0.4492	0.0000	0.4419	0.0000	0.4365
0.51	0.0261	0.4725	0.0260	0.4623	0.0259	0.4550	0.0258	0.4496
0.52	0.0523	0.4859	0.0520	0.4757	0.0517	0.4683	0.0516	0.4628
0.53	0.0785	0.4997	0.0780	0.4893	0.0777	0.4819	0.0774	0.4764
0.54	0.1047	0.5137	0.1041	0.5033	0.1036	0.4958	0.1033	0.4903
0.55	0.1311	0.5281	0.1303	0.5176	0.1297	0.5100	0.1293	0.5044
0.56	0.1575	0.5428	0.1566	0.5322	0.1559	0.5246	0.1553	0.5189
0.57	0.1841	0.5578	0.1830	0.5471	0.1821	0.5394	0.1815	0.5337
0.58	0.2108	0.5732	0.2095	0.5623	0.2086	0.5546	0.2078	0.5488
0.59	0.2377	0.5889	0.2363	0.5780	0.2351	0.5702	0.2343	0.5643
0.60	0.2648	0.6050	0.2632	0.5940	0.2619	0.5861	0.2610	0.5801
0.61	0.2922	0.6216	0.2903	0.6104	0.2889	0.6024	0.2878	0.5964
0.62	0.3197	0.6385	0.3177	0.6272	0.3161	0.6191	0.3149	0.6131
0.63	0.3476	0.6559	0.3453	0.6445	0.3436	0.6363	0.3423	0.6302
0.64	0.3758	0.6738	0.3733	0.6623	0.3714	0.6540	0.3699	0.6477
0.65	0.4043	0.6922	0.4015	0.6805	0.3995	0.6721	0.3979	0.6657
0.66	0.4332	0.7112	0.4302	0.6993	0.4279	0.6907	0.4262	0.6843
0.67	0.4625	0.7307	0.4592	0.7186	0.4567	0.7099	0.4548	0.7033
0.68	0.4923	0.7508	0.4887	0.7385	0.4860	0.7296	0.4839	0.7230
0.69	0.5226	0.7715	0.5186	0.7590	0.5157	0.7500	0.5135	0.7432
0.70	0.5534	0.7929	0.5491	0.7802	0.5459	0.7710	0.5435	0.7641
0.71	0.5848	0.8150	0.5802	0.8020	0.5767	0.7927	0.5740	0.7856
0.72	0.6168	0.8380	0.6118	0.8247	0.6081	0.8151	0.6052	0.8079
0.73	0.6496	0.8617	0.6442	0.8481	0.6401	0.8383	0.6370	0.8309
0.74	0.6832	0.8864	0.6772	0.8724	0.6729	0.8624	0.6695	0.8548
0.75	0.7176	0.9120	0.7111	0.8977	0.7064	0.8874	0.7027	0.8796
0.76	0.7529	0.9387	0.7459	0.9240	0.7408	0.9134	0.7368	0.9053
0.77	0.7893	0.9665	0.7817	0.9513	0.7761	0.9404	0.7718	0.9321
0.78	0.8268	0.9956	0.8186	0.9799	0.8125	0.9686	0.8079	0.9601
0.79	0.8655	1.0260	0.8566	1.0098	0.8501	0.9981	0.8450	0.9892
0.80	0.9057	1.0579	0.8960	1.0411	0.8889	1.0289	0.8834	1.0197
0.81	0.9474	1.0915	0.9369	1.0740	0.9291	1.0613	0.9232	1.0518
0.82	0.9909	1.1270	0.9794	1.1087	0.9710	1.0954	0.9645	1.0854
0.83	1.0363	1.1644	1.0238	1.1453	1.0146	1.1314	1.0075	1.1209
0.84	1.0840	1.2042	1.0703	1.1841	1.0602	1.1695	1.0525	1.1585
0.85	1.1342	1.2466	1.1192	1.2254	1.1081	1.2100	1.0997	1.1984
0.86	1.1872	1.2920	1.1708	1.2695	1.1587	1.2532	1.1494	1.2409
0.87	1.2437	1.3409	1.2255	1.3169	1.2123	1.2996	1.2021	1.2865
0.88	1.3041	1.3937	1.2840	1.3681	1.2693	1.3495	1.2581	1.3355
0.89	1.3691	1.4513	1.3469	1.4237	1.3306	1.4037	1.3182	1.3886
0.90	1.4398	1.5145	1.4149	1.4846	1.3968	1.4630	1.3830	1.4467
0.91	1.5172	1.5846	1.4894	1.5520	1.4691	1.5284	1.4537	1.5106
0.92	1.6033	1.6633	1.5718	1.6274	1.5489	1.6015	1.5315	1.5819
0.93	1.7002	1.7530	1.6643	1.7130	1.6383	1.6841	1.6185	1.6624
0.94	1.8117	1.8572	1.7702	1.8120	1.7402	1.7795	1.7176	1.7550
0.95	1.9432	1.9816	1.8946	1.9296	1.8595	1.8923	1.8331	1.8642
0.96	2.1043	2.1355	2.0460	2.0742	2.0042	2.0304	1.9727	1.9975
0.97	2.3133	2.3372	2.2409	2.2623	2.1892	2.2090	2.1504	2.1690
0.98	2.6122	2.6288	2.5168	2.5314	2.4490	2.4624	2.3984	2.4109
0.99	3.1427	3.1516	2.9980	3.0057	2.8965	2.9034	2.8214	2.8278

$F_T(t\|\nu)$	$\nu = 10$ t	$L^t_{-\infty}$	$\nu = 11$ t	$L^t_{-\infty}$	$\nu = 12$ t	$L^t_{-\infty}$	$\nu = 13$ t	$L^t_{-\infty}$
0.50	0.0000	0.4323	0.0000	0.4290	0.0000	0.4262	0.0000	0.4240
0.51	0.0257	0.4453	0.0256	0.4419	0.0256	0.4392	0.0256	0.4369
0.52	0.0514	0.4586	0.0513	0.4552	0.0512	0.4524	0.0511	0.4500
0.53	0.0772	0.4721	0.0770	0.4686	0.0769	0.4658	0.0767	0.4635
0.54	0.1030	0.4859	0.1028	0.4824	0.1026	0.4796	0.1024	0.4772
0.55	0.1289	0.5000	0.1286	0.4965	0.1283	0.4936	0.1281	0.4912
0.56	0.1549	0.5144	0.1545	0.5109	0.1542	0.5080	0.1540	0.5056
0.57	0.1810	0.5292	0.1806	0.5256	0.1802	0.5227	0.1799	0.5202
0.58	0.2072	0.5443	0.2067	0.5407	0.2063	0.5377	0.2060	0.5352
0.59	0.2336	0.5597	0.2331	0.5561	0.2326	0.5531	0.2322	0.5506
0.60	0.2602	0.5755	0.2596	0.5718	0.2590	0.5688	0.2586	0.5663
0.61	0.2870	0.5917	0.2863	0.5880	0.2857	0.5849	0.2852	0.5824
0.62	0.3140	0.6083	0.3132	0.6045	0.3125	0.6014	0.3120	0.5988
0.63	0.3412	0.6254	0.3404	0.6215	0.3396	0.6184	0.3390	0.6157
0.64	0.3688	0.6428	0.3678	0.6389	0.3670	0.6358	0.3663	0.6331
0.65	0.3966	0.6608	0.3956	0.6568	0.3947	0.6536	0.3940	0.6509
0.66	0.4248	0.6793	0.4236	0.6752	0.4227	0.6719	0.4219	0.6692
0.67	0.4533	0.6982	0.4521	0.6942	0.4510	0.6908	0.4502	0.6880
0.68	0.4823	0.7178	0.4809	0.7136	0.4798	0.7102	0.4788	0.7074
0.69	0.5117	0.7379	0.5102	0.7337	0.5090	0.7302	0.5079	0.7273
0.70	0.5415	0.7587	0.5399	0.7544	0.5386	0.7508	0.5375	0.7478
0.71	0.5719	0.7801	0.5702	0.7757	0.5688	0.7721	0.5676	0.7690
0.72	0.6029	0.8023	0.6010	0.7977	0.5995	0.7940	0.5982	0.7909
0.73	0.6345	0.8252	0.6325	0.8205	0.6308	0.8167	0.6294	0.8135
0.74	0.6668	0.8489	0.6646	0.8441	0.6628	0.8402	0.6613	0.8370
0.75	0.6998	0.8735	0.6974	0.8686	0.6955	0.8646	0.6938	0.8612
0.76	0.7337	0.8991	0.7311	0.8940	0.7290	0.8899	0.7272	0.8864
0.77	0.7684	0.9257	0.7656	0.9205	0.7633	0.9162	0.7614	0.9126
0.78	0.8042	0.9534	0.8012	0.9480	0.7987	0.9436	0.7966	0.9399
0.79	0.8410	0.9823	0.8378	0.9767	0.8351	0.9721	0.8328	0.9683
0.80	0.8791	1.0125	0.8755	1.0067	0.8726	1.0020	0.8702	0.9980
0.81	0.9185	1.0442	0.9146	1.0382	0.9115	1.0332	0.9088	1.0291
0.82	0.9594	1.0776	0.9552	1.0713	0.9518	1.0661	0.9489	1.0617
0.83	1.0019	1.1127	0.9974	1.1061	0.9937	1.1007	0.9905	1.0961
0.84	1.0464	1.1499	1.0415	1.1429	1.0374	1.1372	1.0340	1.1324
0.85	1.0931	1.1893	1.0877	1.1819	1.0832	1.1759	1.0795	1.1709
0.86	1.1422	1.2312	1.1363	1.2235	1.1314	1.2171	1.1273	1.2117
0.87	1.1941	1.2762	1.1876	1.2679	1.1823	1.2611	1.1778	1.2554
0.88	1.2493	1.3245	1.2422	1.3157	1.2363	1.3084	1.2314	1.3023
0.89	1.3084	1.3768	1.3005	1.3673	1.2940	1.3595	1.2886	1.3530
0.90	1.3722	1.4339	1.3634	1.4236	1.3562	1.4151	1.3502	1.4081
0.91	1.4416	1.4967	1.4318	1.4855	1.4237	1.4763	1.4170	1.4686
0.92	1.5179	1.5665	1.5069	1.5542	1.4979	1.5441	1.4903	1.5357
0.93	1.6031	1.6453	1.5906	1.6317	1.5804	1.6204	1.5718	1.6111
0.94	1.6998	1.7358	1.6856	1.7204	1.6739	1.7078	1.6641	1.6973
0.95	1.8125	1.8423	1.7959	1.8247	1.7823	1.8103	1.7709	1.7983
0.96	1.9481	1.9718	1.9284	1.9513	1.9123	1.9345	1.8989	1.9205
0.97	2.1202	2.1380	2.0961	2.1132	2.0764	2.0929	2.0600	2.0761
0.98	2.3593	2.3711	2.3281	2.3395	2.3027	2.3136	2.2816	2.2922
0.99	2.7638	2.7698	2.7181	2.7238	2.6810	2.6864	2.6503	2.6556

$F_T(t\|\nu)$	$\nu = 14$ t	$L^t_{-\infty}$	$\nu = 15$ t	$L^t_{-\infty}$	$\nu = 16$ t	$L^t_{-\infty}$	$\nu = 17$ t	$L^t_{-\infty}$
0.50	0.0000	0.4220	0.0000	0.4204	0.0000	0.4189	0.0000	0.4177
0.51	0.0255	0.4349	0.0255	0.4333	0.0255	0.4318	0.0254	0.4305
0.52	0.0511	0.4481	0.0510	0.4464	0.0509	0.4449	0.0509	0.4436
0.53	0.0766	0.4615	0.0765	0.4598	0.0765	0.4583	0.0764	0.4570
0.54	0.1023	0.4752	0.1021	0.4735	0.1020	0.4720	0.1019	0.4707
0.55	0.1280	0.4892	0.1278	0.4875	0.1277	0.4860	0.1276	0.4847
0.56	0.1538	0.5035	0.1536	0.5018	0.1534	0.5003	0.1533	0.4989
0.57	0.1797	0.5182	0.1794	0.5164	0.1792	0.5149	0.1791	0.5135
0.58	0.2057	0.5331	0.2054	0.5313	0.2052	0.5298	0.2050	0.5284
0.59	0.2319	0.5484	0.2316	0.5466	0.2313	0.5451	0.2311	0.5437
0.60	0.2582	0.5641	0.2579	0.5623	0.2576	0.5607	0.2573	0.5593
0.61	0.2848	0.5802	0.2844	0.5783	0.2841	0.5767	0.2838	0.5753
0.62	0.3115	0.5966	0.3111	0.5948	0.3108	0.5931	0.3104	0.5917
0.63	0.3385	0.6135	0.3381	0.6116	0.3377	0.6100	0.3373	0.6085
0.64	0.3658	0.6308	0.3653	0.6289	0.3649	0.6272	0.3645	0.6257
0.65	0.3933	0.6486	0.3928	0.6466	0.3923	0.6449	0.3919	0.6434
0.66	0.4212	0.6669	0.4206	0.6649	0.4201	0.6631	0.4196	0.6616
0.67	0.4494	0.6856	0.4488	0.6836	0.4482	0.6818	0.4477	0.6803
0.68	0.4780	0.7049	0.4773	0.7029	0.4767	0.7011	0.4762	0.6995
0.69	0.5071	0.7248	0.5063	0.7227	0.5056	0.7209	0.5051	0.7193
0.70	0.5366	0.7453	0.5357	0.7432	0.5350	0.7413	0.5344	0.7396
0.71	0.5665	0.7665	0.5656	0.7642	0.5649	0.7623	0.5642	0.7607
0.72	0.5971	0.7883	0.5961	0.7860	0.5953	0.7841	0.5945	0.7823
0.73	0.6282	0.8108	0.6271	0.8085	0.6262	0.8065	0.6254	0.8048
0.74	0.6599	0.8342	0.6588	0.8318	0.6578	0.8297	0.6570	0.8279
0.75	0.6924	0.8584	0.6912	0.8559	0.6901	0.8538	0.6892	0.8519
0.76	0.7257	0.8835	0.7243	0.8810	0.7232	0.8788	0.7222	0.8769
0.77	0.7598	0.9096	0.7583	0.9070	0.7571	0.9047	0.7560	0.9027
0.78	0.7948	0.9367	0.7933	0.9340	0.7919	0.9317	0.7907	0.9296
0.79	0.8309	0.9650	0.8292	0.9622	0.8277	0.9598	0.8264	0.9577
0.80	0.8681	0.9946	0.8662	0.9917	0.8647	0.9892	0.8633	0.9870
0.81	0.9065	1.0256	0.9046	1.0225	0.9028	1.0199	0.9013	1.0176
0.82	0.9464	1.0581	0.9443	1.0549	0.9424	1.0522	0.9408	1.0497
0.83	0.9878	1.0923	0.9855	1.0889	0.9835	1.0861	0.9817	1.0835
0.84	1.0311	1.1283	1.0285	1.1249	1.0263	1.1218	1.0244	1.1192
0.85	1.0763	1.1666	1.0735	1.1629	1.0711	1.1597	1.0690	1.1569
0.86	1.1238	1.2072	1.1208	1.2033	1.1182	1.1999	1.1159	1.1969
0.87	1.1739	1.2506	1.1707	1.2464	1.1678	1.2428	1.1653	1.2397
0.88	1.2272	1.2971	1.2235	1.2927	1.2204	1.2889	1.2176	1.2855
0.89	1.2840	1.3474	1.2800	1.3426	1.2765	1.3385	1.2734	1.3349
0.90	1.3450	1.4021	1.3406	1.3969	1.3368	1.3924	1.3334	1.3885
0.91	1.4113	1.4620	1.4063	1.4564	1.4021	1.4516	1.3983	1.4473
0.92	1.4839	1.5285	1.4784	1.5223	1.4736	1.5170	1.4694	1.5123
0.93	1.5646	1.6031	1.5583	1.5963	1.5529	1.5904	1.5482	1.5852
0.94	1.6558	1.6884	1.6487	1.6808	1.6425	1.6741	1.6370	1.6683
0.95	1.7613	1.7881	1.7531	1.7794	1.7459	1.7719	1.7396	1.7653
0.96	1.8875	1.9087	1.8777	1.8985	1.8693	1.8897	1.8619	1.8820
0.97	2.0462	2.0618	2.0343	2.0496	2.0240	2.0391	2.0150	2.0298
0.98	2.2638	2.2741	2.2485	2.2586	2.2354	2.2452	2.2238	2.2335
0.99	2.6245	2.6296	2.6025	2.6074	2.5835	2.5883	2.5669	2.5717

$F_T(t\|\nu)$	$\nu = 18$ t	$\nu = 18$ $L^t_{-\infty}$	$\nu = 19$ t	$\nu = 19$ $L^t_{-\infty}$	$\nu = 20$ t	$\nu = 20$ $L^t_{-\infty}$	$\nu = 21$ t	$\nu = 21$ $L^t_{-\infty}$
0.50	0.0000	0.4166	0.0000	0.4156	0.0000	0.4147	0.0000	0.4139
0.51	0.0254	0.4294	0.0254	0.4284	0.0254	0.4275	0.0254	0.4267
0.52	0.0509	0.4425	0.0508	0.4415	0.0508	0.4406	0.0508	0.4398
0.53	0.0763	0.4559	0.0763	0.4549	0.0762	0.4540	0.0762	0.4532
0.54	0.1019	0.4696	0.1018	0.4685	0.1017	0.4676	0.1016	0.4668
0.55	0.1274	0.4835	0.1274	0.4825	0.1273	0.4815	0.1272	0.4807
0.56	0.1531	0.4978	0.1530	0.4967	0.1529	0.4958	0.1528	0.4949
0.57	0.1789	0.5123	0.1788	0.5113	0.1787	0.5103	0.1786	0.5095
0.58	0.2048	0.5272	0.2047	0.5262	0.2045	0.5252	0.2044	0.5243
0.59	0.2309	0.5425	0.2307	0.5414	0.2306	0.5404	0.2304	0.5396
0.60	0.2571	0.5581	0.2569	0.5570	0.2567	0.5560	0.2566	0.5551
0.61	0.2835	0.5741	0.2833	0.5730	0.2831	0.5720	0.2829	0.5711
0.62	0.3102	0.5904	0.3099	0.5893	0.3097	0.5883	0.3095	0.5874
0.63	0.3370	0.6072	0.3367	0.6061	0.3365	0.6051	0.3363	0.6041
0.64	0.3641	0.6244	0.3638	0.6233	0.3636	0.6222	0.3633	0.6213
0.65	0.3915	0.6421	0.3912	0.6409	0.3909	0.6399	0.3906	0.6389
0.66	0.4192	0.6603	0.4189	0.6591	0.4186	0.6580	0.4183	0.6570
0.67	0.4473	0.6789	0.4469	0.6777	0.4465	0.6766	0.4462	0.6756
0.68	0.4757	0.6981	0.4753	0.6969	0.4749	0.6958	0.4746	0.6948
0.69	0.5045	0.7178	0.5041	0.7166	0.5037	0.7155	0.5033	0.7144
0.70	0.5338	0.7382	0.5333	0.7369	0.5329	0.7357	0.5325	0.7347
0.71	0.5636	0.7592	0.5630	0.7579	0.5625	0.7567	0.5621	0.7556
0.72	0.5939	0.7808	0.5933	0.7795	0.5927	0.7783	0.5923	0.7772
0.73	0.6247	0.8032	0.6241	0.8018	0.6235	0.8006	0.6230	0.7994
0.74	0.6562	0.8263	0.6555	0.8249	0.6549	0.8236	0.6543	0.8225
0.75	0.6884	0.8503	0.6876	0.8488	0.6870	0.8475	0.6864	0.8463
0.76	0.7213	0.8752	0.7205	0.8736	0.7198	0.8723	0.7191	0.8711
0.77	0.7550	0.9010	0.7542	0.8994	0.7534	0.8980	0.7527	0.8968
0.78	0.7897	0.9278	0.7887	0.9262	0.7879	0.9248	0.7871	0.9235
0.79	0.8253	0.9558	0.8243	0.9541	0.8234	0.9526	0.8226	0.9513
0.80	0.8620	0.9850	0.8610	0.9833	0.8600	0.9817	0.8591	0.9803
0.81	0.9000	1.0156	0.8988	1.0137	0.8977	1.0121	0.8968	1.0107
0.82	0.9393	1.0476	0.9380	1.0457	0.9369	1.0440	0.9358	1.0425
0.83	0.9802	1.0813	0.9788	1.0793	0.9775	1.0775	0.9764	1.0759
0.84	1.0227	1.1168	1.0212	1.1147	1.0198	1.1129	1.0186	1.1112
0.85	1.0672	1.1544	1.0655	1.1522	1.0640	1.1502	1.0627	1.1484
0.86	1.1138	1.1943	1.1120	1.1920	1.1104	1.1899	1.1089	1.1880
0.87	1.1630	1.2369	1.1611	1.2344	1.1593	1.2322	1.1577	1.2301
0.88	1.2152	1.2825	1.2130	1.2798	1.2110	1.2774	1.2093	1.2753
0.89	1.2707	1.3317	1.2683	1.3288	1.2662	1.3262	1.2642	1.3239
0.90	1.3304	1.3851	1.3277	1.3820	1.3253	1.3792	1.3232	1.3767
0.91	1.3950	1.4435	1.3920	1.4402	1.3894	1.4371	1.3870	1.4344
0.92	1.4656	1.5082	1.4623	1.5045	1.4593	1.5012	1.4567	1.4982
0.93	1.5439	1.5806	1.5402	1.5765	1.5369	1.5729	1.5338	1.5696
0.94	1.6322	1.6632	1.6280	1.6586	1.6242	1.6545	1.6207	1.6508
0.95	1.7341	1.7594	1.7291	1.7542	1.7247	1.7496	1.7207	1.7454
0.96	1.8553	1.8753	1.8495	1.8692	1.8443	1.8638	1.8397	1.8590
0.97	2.0071	2.0217	2.0000	2.0145	1.9937	2.0080	1.9880	2.0022
0.98	2.2137	2.2232	2.2047	2.2141	2.1967	2.2059	2.1894	2.1986
0.99	2.5524	2.5570	2.5395	2.5440	2.5280	2.5325	2.5176	2.5221

$F_T(t\|\nu)$	$\nu = 22$		$\nu = 23$		$\nu = 24$		$\nu = 25$	
	t	$L^t_{-\infty}$	t	$L^t_{-\infty}$	t	$L^t_{-\infty}$	t	$L^t_{-\infty}$
0.50	0.0000	0.4132	0.0000	0.4126	0.0000	0.4120	0.0000	0.4114
0.51	0.0254	0.4260	0.0253	0.4254	0.0253	0.4248	0.0253	0.4242
0.52	0.0507	0.4391	0.0507	0.4384	0.0507	0.4378	0.0507	0.4373
0.53	0.0761	0.4524	0.0761	0.4518	0.0761	0.4511	0.0760	0.4506
0.54	0.1016	0.4660	0.1015	0.4654	0.1015	0.4648	0.1015	0.4642
0.55	0.1271	0.4800	0.1271	0.4793	0.1270	0.4787	0.1269	0.4781
0.56	0.1527	0.4942	0.1527	0.4935	0.1526	0.4929	0.1525	0.4923
0.57	0.1785	0.5087	0.1784	0.5080	0.1783	0.5074	0.1782	0.5068
0.58	0.2043	0.5236	0.2042	0.5229	0.2041	0.5222	0.2040	0.5216
0.59	0.2303	0.5388	0.2302	0.5381	0.2301	0.5374	0.2300	0.5368
0.60	0.2564	0.5543	0.2563	0.5536	0.2562	0.5529	0.2561	0.5523
0.61	0.2828	0.5703	0.2826	0.5695	0.2825	0.5689	0.2823	0.5682
0.62	0.3093	0.5866	0.3091	0.5858	0.3090	0.5852	0.3088	0.5845
0.63	0.3361	0.6033	0.3359	0.6026	0.3357	0.6019	0.3356	0.6012
0.64	0.3631	0.6205	0.3629	0.6197	0.3627	0.6190	0.3625	0.6184
0.65	0.3904	0.6381	0.3902	0.6373	0.3900	0.6366	0.3898	0.6359
0.66	0.4180	0.6562	0.4178	0.6554	0.4175	0.6546	0.4173	0.6540
0.67	0.4459	0.6747	0.4457	0.6739	0.4454	0.6732	0.4452	0.6725
0.68	0.4742	0.6938	0.4740	0.6930	0.4737	0.6923	0.4735	0.6916
0.69	0.5029	0.7135	0.5026	0.7127	0.5023	0.7119	0.5021	0.7112
0.70	0.5321	0.7338	0.5317	0.7329	0.5314	0.7321	0.5312	0.7314
0.71	0.5617	0.7546	0.5613	0.7538	0.5610	0.7530	0.5607	0.7522
0.72	0.5918	0.7762	0.5914	0.7753	0.5911	0.7745	0.5907	0.7737
0.73	0.6225	0.7984	0.6221	0.7975	0.6217	0.7967	0.6213	0.7959
0.74	0.6538	0.8214	0.6534	0.8205	0.6529	0.8196	0.6526	0.8188
0.75	0.6858	0.8453	0.6853	0.8443	0.6848	0.8434	0.6844	0.8426
0.76	0.7185	0.8700	0.7180	0.8690	0.7175	0.8680	0.7170	0.8672
0.77	0.7520	0.8956	0.7515	0.8946	0.7509	0.8936	0.7504	0.8928
0.78	0.7864	0.9223	0.7858	0.9212	0.7852	0.9202	0.7847	0.9193
0.79	0.8218	0.9500	0.8211	0.9489	0.8205	0.9479	0.8199	0.9470
0.80	0.8583	0.9790	0.8575	0.9779	0.8569	0.9768	0.8562	0.9758
0.81	0.8959	1.0093	0.8951	1.0081	0.8944	1.0070	0.8937	1.0060
0.82	0.9349	1.0411	0.9340	1.0398	0.9332	1.0387	0.9325	1.0376
0.83	0.9753	1.0745	0.9744	1.0731	0.9735	1.0719	0.9727	1.0708
0.84	1.0174	1.1096	1.0164	1.1082	1.0155	1.1070	1.0146	1.1058
0.85	1.0614	1.1468	1.0603	1.1453	1.0593	1.1440	1.0584	1.1428
0.86	1.1076	1.1863	1.1064	1.1847	1.1053	1.1833	1.1043	1.1820
0.87	1.1562	1.2283	1.1549	1.2267	1.1537	1.2252	1.1525	1.2238
0.88	1.2077	1.2734	1.2062	1.2716	1.2049	1.2700	1.2036	1.2685
0.89	1.2625	1.3219	1.2609	1.3200	1.2594	1.3182	1.2580	1.3166
0.90	1.3212	1.3745	1.3195	1.3724	1.3178	1.3705	1.3163	1.3688
0.91	1.3848	1.4320	1.3828	1.4297	1.3810	1.4277	1.3794	1.4258
0.92	1.4542	1.4955	1.4520	1.4931	1.4500	1.4908	1.4482	1.4888
0.93	1.5311	1.5666	1.5286	1.5639	1.5263	1.5614	1.5242	1.5592
0.94	1.6176	1.6475	1.6148	1.6445	1.6122	1.6417	1.6098	1.6392
0.95	1.7171	1.7416	1.7139	1.7382	1.7109	1.7350	1.7081	1.7321
0.96	1.8354	1.8546	1.8316	1.8506	1.8281	1.8469	1.8248	1.8436
0.97	1.9829	1.9969	1.9782	1.9922	1.9740	1.9878	1.9701	1.9838
0.98	2.1829	2.1920	2.1770	2.1860	2.1715	2.1805	2.1666	2.1754
0.99	2.5083	2.5127	2.4999	2.5042	2.4922	2.4964	2.4851	2.4893

$F_T(t\|\nu)$	$\nu = 26$ t	$L^t_{-\infty}$	$\nu = 27$ t	$L^t_{-\infty}$	$\nu = 28$ t	$L^t_{-\infty}$	$\nu = 29$ t	$L^t_{-\infty}$
0.50	0.0000	0.4109	0.0000	0.4105	0.0000	0.4100	0.0000	0.4096
0.51	0.0253	0.4237	0.0253	0.4232	0.0253	0.4228	0.0253	0.4224
0.52	0.0506	0.4368	0.0506	0.4363	0.0506	0.4358	0.0506	0.4354
0.53	0.0760	0.4501	0.0760	0.4496	0.0759	0.4492	0.0759	0.4487
0.54	0.1014	0.4637	0.1014	0.4632	0.1013	0.4627	0.1013	0.4623
0.55	0.1269	0.4776	0.1268	0.4771	0.1268	0.4766	0.1268	0.4762
0.56	0.1525	0.4917	0.1524	0.4913	0.1524	0.4908	0.1523	0.4904
0.57	0.1781	0.5062	0.1781	0.5058	0.1780	0.5053	0.1779	0.5049
0.58	0.2039	0.5211	0.2038	0.5206	0.2038	0.5201	0.2037	0.5197
0.59	0.2299	0.5363	0.2298	0.5357	0.2297	0.5353	0.2296	0.5348
0.60	0.2560	0.5518	0.2559	0.5513	0.2558	0.5508	0.2557	0.5503
0.61	0.2822	0.5677	0.2821	0.5672	0.2820	0.5667	0.2819	0.5662
0.62	0.3087	0.5840	0.3086	0.5834	0.3085	0.5829	0.3084	0.5825
0.63	0.3354	0.6007	0.3353	0.6001	0.3352	0.5996	0.3350	0.5992
0.64	0.3624	0.6178	0.3622	0.6172	0.3621	0.6167	0.3620	0.6163
0.65	0.3896	0.6353	0.3894	0.6348	0.3893	0.6343	0.3892	0.6338
0.66	0.4171	0.6534	0.4170	0.6528	0.4168	0.6523	0.4167	0.6518
0.67	0.4450	0.6719	0.4448	0.6713	0.4446	0.6708	0.4445	0.6703
0.68	0.4732	0.6910	0.4730	0.6904	0.4728	0.6898	0.4727	0.6893
0.69	0.5018	0.7106	0.5016	0.7100	0.5014	0.7094	0.5012	0.7089
0.70	0.5309	0.7307	0.5306	0.7301	0.5304	0.7296	0.5302	0.7290
0.71	0.5604	0.7516	0.5601	0.7509	0.5599	0.7503	0.5597	0.7498
0.72	0.5904	0.7730	0.5901	0.7724	0.5899	0.7718	0.5896	0.7712
0.73	0.6210	0.7952	0.6207	0.7945	0.6204	0.7939	0.6202	0.7934
0.74	0.6522	0.8181	0.6519	0.8174	0.6516	0.8168	0.6513	0.8162
0.75	0.6840	0.8418	0.6837	0.8411	0.6834	0.8405	0.6830	0.8399
0.76	0.7166	0.8664	0.7162	0.8657	0.7159	0.8651	0.7155	0.8644
0.77	0.7500	0.8920	0.7496	0.8912	0.7492	0.8905	0.7488	0.8899
0.78	0.7842	0.9185	0.7838	0.9177	0.7833	0.9170	0.7830	0.9164
0.79	0.8194	0.9461	0.8189	0.9453	0.8185	0.9446	0.8180	0.9439
0.80	0.8557	0.9749	0.8551	0.9741	0.8546	0.9733	0.8542	0.9726
0.81	0.8931	1.0051	0.8925	1.0042	0.8920	1.0034	0.8915	1.0027
0.82	0.9318	1.0366	0.9312	1.0357	0.9306	1.0349	0.9301	1.0341
0.83	0.9720	1.0698	0.9713	1.0689	0.9707	1.0680	0.9701	1.0672
0.84	1.0138	1.1047	1.0131	1.1037	1.0124	1.1028	1.0118	1.1020
0.85	1.0575	1.1416	1.0567	1.1406	1.0560	1.1396	1.0553	1.1387
0.86	1.1033	1.1808	1.1024	1.1797	1.1016	1.1786	1.1009	1.1777
0.87	1.1515	1.2225	1.1506	1.2213	1.1497	1.2202	1.1489	1.2192
0.88	1.2025	1.2671	1.2015	1.2659	1.2005	1.2647	1.1996	1.2636
0.89	1.2568	1.3152	1.2557	1.3138	1.2546	1.3125	1.2536	1.3114
0.90	1.3150	1.3672	1.3137	1.3658	1.3125	1.3644	1.3114	1.3631
0.91	1.3778	1.4241	1.3764	1.4225	1.3751	1.4211	1.3739	1.4197
0.92	1.4464	1.4869	1.4449	1.4852	1.4434	1.4836	1.4421	1.4821
0.93	1.5223	1.5571	1.5205	1.5552	1.5189	1.5534	1.5174	1.5517
0.94	1.6076	1.6368	1.6056	1.6347	1.6037	1.6327	1.6020	1.6308
0.95	1.7056	1.7295	1.7033	1.7270	1.7011	1.7248	1.6991	1.7227
0.96	1.8219	1.8405	1.8191	1.8377	1.8166	1.8350	1.8142	1.8326
0.97	1.9665	1.9801	1.9632	1.9767	1.9601	1.9736	1.9573	1.9707
0.98	2.1620	2.1708	2.1578	2.1666	2.1539	2.1626	2.1503	2.1589
0.99	2.4786	2.4828	2.4727	2.4768	2.4671	2.4713	2.4620	2.4661

	$\nu = 30$		$\nu = 31$		$\nu = 32$		$\nu = 33$	
$F_T(t\|\nu)$	t	$L_{-\infty}^t$	t	$L_{-\infty}^t$	t	$L_{-\infty}^t$	t	$L_{-\infty}^t$
0.50	0.0000	0.4093	0.0000	0.4089	0.0000	0.4086	0.0000	0.4083
0.51	0.0253	0.4220	0.0253	0.4217	0.0253	0.4214	0.0253	0.4211
0.52	0.0506	0.4351	0.0506	0.4347	0.0505	0.4344	0.0505	0.4341
0.53	0.0759	0.4484	0.0759	0.4480	0.0759	0.4477	0.0758	0.4474
0.54	0.1013	0.4619	0.1013	0.4616	0.1012	0.4612	0.1012	0.4609
0.55	0.1267	0.4758	0.1267	0.4754	0.1267	0.4751	0.1266	0.4748
0.56	0.1523	0.4900	0.1522	0.4896	0.1522	0.4893	0.1521	0.4889
0.57	0.1779	0.5045	0.1778	0.5041	0.1778	0.5037	0.1778	0.5034
0.58	0.2037	0.5193	0.2036	0.5189	0.2035	0.5185	0.2035	0.5182
0.59	0.2295	0.5344	0.2295	0.5340	0.2294	0.5337	0.2294	0.5334
0.60	0.2556	0.5499	0.2555	0.5495	0.2555	0.5492	0.2554	0.5488
0.61	0.2818	0.5658	0.2818	0.5654	0.2817	0.5650	0.2816	0.5647
0.62	0.3083	0.5821	0.3082	0.5817	0.3081	0.5813	0.3080	0.5809
0.63	0.3349	0.5987	0.3348	0.5983	0.3347	0.5979	0.3347	0.5976
0.64	0.3619	0.6158	0.3617	0.6154	0.3616	0.6150	0.3615	0.6147
0.65	0.3890	0.6333	0.3889	0.6329	0.3888	0.6325	0.3887	0.6322
0.66	0.4165	0.6513	0.4164	0.6509	0.4163	0.6505	0.4161	0.6502
0.67	0.4443	0.6698	0.4442	0.6694	0.4440	0.6690	0.4439	0.6686
0.68	0.4725	0.6888	0.4723	0.6884	0.4722	0.6880	0.4720	0.6876
0.69	0.5010	0.7084	0.5009	0.7080	0.5007	0.7075	0.5006	0.7072
0.70	0.5300	0.7286	0.5298	0.7281	0.5297	0.7277	0.5295	0.7273
0.71	0.5595	0.7493	0.5593	0.7488	0.5591	0.7484	0.5589	0.7480
0.72	0.5894	0.7707	0.5892	0.7702	0.5890	0.7698	0.5888	0.7694
0.73	0.6199	0.7928	0.6197	0.7923	0.6195	0.7919	0.6193	0.7914
0.74	0.6510	0.8157	0.6508	0.8152	0.6505	0.8147	0.6503	0.8143
0.75	0.6828	0.8393	0.6825	0.8388	0.6822	0.8383	0.6820	0.8379
0.76	0.7152	0.8639	0.7149	0.8633	0.7147	0.8628	0.7144	0.8624
0.77	0.7485	0.8893	0.7482	0.8887	0.7479	0.8882	0.7476	0.8877
0.78	0.7826	0.9157	0.7823	0.9152	0.7819	0.9146	0.7816	0.9141
0.79	0.8177	0.9433	0.8173	0.9427	0.8169	0.9421	0.8166	0.9416
0.80	0.8538	0.9720	0.8534	0.9714	0.8530	0.9708	0.8526	0.9702
0.81	0.8910	1.0020	0.8906	1.0013	0.8902	1.0007	0.8898	1.0002
0.82	0.9296	1.0334	0.9291	1.0327	0.9287	1.0321	0.9283	1.0315
0.83	0.9696	1.0664	0.9691	1.0657	0.9686	1.0650	0.9682	1.0644
0.84	1.0112	1.1012	1.0107	1.1004	1.0102	1.0997	1.0097	1.0991
0.85	1.0547	1.1379	1.0541	1.1371	1.0535	1.1364	1.0530	1.1357
0.86	1.1002	1.1768	1.0995	1.1760	1.0989	1.1752	1.0984	1.1745
0.87	1.1481	1.2182	1.1474	1.2174	1.1467	1.2165	1.1461	1.2158
0.88	1.1988	1.2626	1.1980	1.2616	1.1973	1.2608	1.1966	1.2599
0.89	1.2527	1.3103	1.2518	1.3093	1.2510	1.3083	1.2503	1.3074
0.90	1.3104	1.3620	1.3095	1.3609	1.3086	1.3599	1.3077	1.3589
0.91	1.3728	1.4184	1.3717	1.4172	1.3707	1.4161	1.3698	1.4151
0.92	1.4408	1.4807	1.4396	1.4794	1.4385	1.4781	1.4375	1.4770
0.93	1.5159	1.5502	1.5146	1.5487	1.5134	1.5474	1.5122	1.5461
0.94	1.6004	1.6291	1.5988	1.6275	1.5974	1.6260	1.5961	1.6246
0.95	1.6973	1.7207	1.6955	1.7189	1.6939	1.7172	1.6924	1.7156
0.96	1.8120	1.8303	1.8100	1.8282	1.8081	1.8262	1.8063	1.8244
0.97	1.9546	1.9680	1.9522	1.9654	1.9499	1.9631	1.9477	1.9609
0.98	2.1470	2.1555	2.1438	2.1524	2.1409	2.1494	2.1382	2.1466
0.99	2.4573	2.4613	2.4528	2.4569	2.4487	2.4527	2.4448	2.4488

4 Normalverteilung

Die folgenden Tabellen enthalten die Quantile z_p, $p = 0.500, \ldots, 0.999$, und die unteren linearen Schadensintegrale $L_0^{z_p}$ der Normalverteilung mit den Parametern $\mu = 0$, $\sigma^2 = 1$ (Standardnormalverteilung).

$$f_N(x|\mu, \sigma^2) = \frac{1}{\sqrt{2 \cdot \pi \cdot \sigma^2}} \cdot \exp\left(-\frac{(x-\mu)^2}{2 \cdot \sigma^2}\right)$$

ist die Dichtefunktion der Normalverteilung für beliebige Paramter μ und σ^2. Durch die Transformation

$$z = \frac{x - \mu}{\sigma}$$

kann man die Quantile und Schadenintegrale jeder Normalverteilung aus der Standardnormalverteilung ablesen, da

$$\begin{aligned} F_N(x|\mu, \sigma^2) &= F_Z(z), \\ L_{-\infty}^{x}(\mu, \sigma^2) &= L_{-\infty}^{z}(0,1) \cdot \sigma. \end{aligned}$$

Zur Berechnung nicht angeführter Werte können folgende Formeln herangezogen werden.

$$\begin{aligned} F_Z(-z) &= 1 - F_Z(z), \\ L_z^{\infty}(0,1) &= L_{-\infty}^{z}(0,1) - z. \end{aligned}$$

$F_Z(z)$	z	$L^z_{-\infty}$	$F_Z(z)$	z	$L^z_{-\infty}$	$F_Z(z)$	z	$L^z_{-\infty}$
0.500	0.0000	0.3989	0.550	0.1257	0.4649	0.600	0.2533	0.5384
0.501	0.0025	0.4002	0.551	0.1282	0.4663	0.601	0.2559	0.5399
0.502	0.0050	0.4015	0.552	0.1307	0.4677	0.602	0.2585	0.5415
0.503	0.0075	0.4027	0.553	0.1332	0.4691	0.603	0.2611	0.5430
0.504	0.0100	0.4040	0.554	0.1358	0.4705	0.604	0.2637	0.5446
0.505	0.0125	0.4052	0.555	0.1383	0.4719	0.605	0.2663	0.5462
0.506	0.0150	0.4065	0.556	0.1408	0.4733	0.606	0.2689	0.5477
0.507	0.0175	0.4078	0.557	0.1434	0.4747	0.607	0.2715	0.5493
0.508	0.0201	0.4090	0.558	0.1459	0.4761	0.608	0.2741	0.5509
0.509	0.0226	0.4103	0.559	0.1484	0.4775	0.609	0.2767	0.5525
0.510	0.0251	0.4116	0.560	0.1510	0.4790	0.610	0.2793	0.5541
0.511	0.0276	0.4129	0.561	0.1535	0.4804	0.611	0.2819	0.5557
0.512	0.0301	0.4142	0.562	0.1560	0.4818	0.612	0.2845	0.5573
0.513	0.0326	0.4155	0.563	0.1586	0.4832	0.613	0.2871	0.5589
0.514	0.0351	0.4167	0.564	0.1611	0.4847	0.614	0.2898	0.5605
0.515	0.0376	0.4180	0.565	0.1637	0.4861	0.615	0.2924	0.5621
0.516	0.0401	0.4193	0.566	0.1662	0.4875	0.616	0.2950	0.5637
0.517	0.0426	0.4206	0.567	0.1687	0.4890	0.617	0.2976	0.5653
0.518	0.0451	0.4219	0.568	0.1713	0.4904	0.618	0.3002	0.5669
0.519	0.0476	0.4232	0.569	0.1738	0.4919	0.619	0.3029	0.5685
0.520	0.0502	0.4245	0.570	0.1764	0.4933	0.620	0.3055	0.5702
0.521	0.0527	0.4258	0.571	0.1789	0.4948	0.621	0.3081	0.5718
0.522	0.0552	0.4271	0.572	0.1815	0.4962	0.622	0.3107	0.5734
0.523	0.0577	0.4284	0.573	0.1840	0.4977	0.623	0.3134	0.5751
0.524	0.0602	0.4298	0.574	0.1866	0.4991	0.624	0.3160	0.5767
0.525	0.0627	0.4311	0.575	0.1891	0.5006	0.625	0.3186	0.5783
0.526	0.0652	0.4324	0.576	0.1917	0.5021	0.626	0.3213	0.5800
0.527	0.0677	0.4337	0.577	0.1942	0.5036	0.627	0.3239	0.5816
0.528	0.0702	0.4350	0.578	0.1968	0.5050	0.628	0.3266	0.5833
0.529	0.0728	0.4364	0.579	0.1993	0.5065	0.629	0.3292	0.5850
0.530	0.0753	0.4377	0.580	0.2019	0.5080	0.630	0.3319	0.5866
0.531	0.0778	0.4390	0.581	0.2045	0.5095	0.631	0.3345	0.5883
0.532	0.0803	0.4404	0.582	0.2070	0.5110	0.632	0.3372	0.5900
0.533	0.0828	0.4417	0.583	0.2096	0.5125	0.633	0.3398	0.5917
0.534	0.0853	0.4431	0.584	0.2121	0.5140	0.634	0.3425	0.5933
0.535	0.0878	0.4444	0.585	0.2147	0.5155	0.635	0.3451	0.5950
0.536	0.0904	0.4458	0.586	0.2173	0.5170	0.636	0.3478	0.5967
0.537	0.0929	0.4471	0.587	0.2198	0.5185	0.637	0.3505	0.5984
0.538	0.0954	0.4485	0.588	0.2224	0.5200	0.638	0.3531	0.6001
0.539	0.0979	0.4498	0.589	0.2250	0.5215	0.639	0.3558	0.6018
0.540	0.1004	0.4512	0.590	0.2275	0.5230	0.640	0.3585	0.6035
0.541	0.1030	0.4525	0.591	0.2301	0.5245	0.641	0.3611	0.6052
0.542	0.1055	0.4539	0.592	0.2327	0.5260	0.642	0.3638	0.6070
0.543	0.1080	0.4553	0.593	0.2353	0.5276	0.643	0.3665	0.6087
0.544	0.1105	0.4566	0.594	0.2378	0.5291	0.644	0.3692	0.6104
0.545	0.1130	0.4580	0.595	0.2404	0.5306	0.645	0.3719	0.6121
0.546	0.1156	0.4594	0.596	0.2430	0.5322	0.646	0.3745	0.6139
0.547	0.1181	0.4608	0.597	0.2456	0.5337	0.647	0.3772	0.6156
0.548	0.1206	0.4621	0.598	0.2482	0.5353	0.648	0.3799	0.6174
0.549	0.1231	0.4635	0.599	0.2508	0.5368	0.649	0.3826	0.6191

$F_Z(z)$	z	$L^z_{-\infty}$	$F_Z(z)$	z	$L^z_{-\infty}$	$F_Z(z)$	z	$L^z_{-\infty}$
0.650	0.3853	0.6209	0.700	0.5244	0.7148	0.750	0.6745	0.8236
0.651	0.3880	0.6226	0.701	0.5273	0.7168	0.751	0.6776	0.8260
0.652	0.3907	0.6244	0.702	0.5302	0.7188	0.752	0.6808	0.8284
0.653	0.3934	0.6261	0.703	0.5330	0.7208	0.753	0.6840	0.8308
0.654	0.3961	0.6279	0.704	0.5359	0.7229	0.754	0.6871	0.8332
0.655	0.3989	0.6297	0.705	0.5388	0.7249	0.755	0.6903	0.8355
0.656	0.4016	0.6315	0.706	0.5417	0.7270	0.756	0.6935	0.8380
0.657	0.4043	0.6333	0.707	0.5446	0.7290	0.757	0.6967	0.8404
0.658	0.4070	0.6350	0.708	0.5476	0.7311	0.758	0.6999	0.8428
0.659	0.4097	0.6368	0.709	0.5505	0.7331	0.759	0.7031	0.8452
0.660	0.4125	0.6386	0.710	0.5534	0.7352	0.760	0.7063	0.8477
0.661	0.4152	0.6404	0.711	0.5563	0.7373	0.761	0.7095	0.8501
0.662	0.4179	0.6422	0.712	0.5592	0.7394	0.762	0.7128	0.8526
0.663	0.4207	0.6441	0.713	0.5622	0.7415	0.763	0.7160	0.8550
0.664	0.4234	0.6459	0.714	0.5651	0.7436	0.764	0.7192	0.8575
0.665	0.4261	0.6477	0.715	0.5681	0.7457	0.765	0.7225	0.8600
0.666	0.4289	0.6495	0.716	0.5710	0.7478	0.766	0.7257	0.8625
0.667	0.4316	0.6514	0.717	0.5740	0.7499	0.767	0.7290	0.8650
0.668	0.4344	0.6532	0.718	0.5769	0.7520	0.768	0.7323	0.8675
0.669	0.4372	0.6550	0.719	0.5799	0.7541	0.769	0.7356	0.8700
0.670	0.4399	0.6569	0.720	0.5828	0.7563	0.770	0.7388	0.8726
0.671	0.4427	0.6587	0.721	0.5858	0.7584	0.771	0.7421	0.8751
0.672	0.4454	0.6606	0.722	0.5888	0.7606	0.772	0.7454	0.8777
0.673	0.4482	0.6625	0.723	0.5918	0.7627	0.773	0.7488	0.8802
0.674	0.4510	0.6643	0.724	0.5948	0.7649	0.774	0.7521	0.8828
0.675	0.4538	0.6662	0.725	0.5978	0.7670	0.775	0.7554	0.8854
0.676	0.4565	0.6681	0.726	0.6008	0.7692	0.776	0.7588	0.8879
0.677	0.4593	0.6700	0.727	0.6038	0.7714	0.777	0.7621	0.8905
0.678	0.4621	0.6719	0.728	0.6068	0.7736	0.778	0.7655	0.8932
0.679	0.4649	0.6737	0.729	0.6098	0.7758	0.779	0.7688	0.8958
0.680	0.4677	0.6756	0.730	0.6128	0.7780	0.780	0.7722	0.8984
0.681	0.4705	0.6776	0.731	0.6158	0.7802	0.781	0.7756	0.9010
0.682	0.4733	0.6795	0.732	0.6189	0.7824	0.782	0.7790	0.9037
0.683	0.4761	0.6814	0.733	0.6219	0.7847	0.783	0.7824	0.9064
0.684	0.4789	0.6833	0.734	0.6250	0.7869	0.784	0.7858	0.9090
0.685	0.4817	0.6852	0.735	0.6280	0.7891	0.785	0.7892	0.9117
0.686	0.4845	0.6872	0.736	0.6311	0.7914	0.786	0.7926	0.9144
0.687	0.4874	0.6891	0.737	0.6341	0.7936	0.787	0.7961	0.9171
0.688	0.4902	0.6910	0.738	0.6372	0.7959	0.788	0.7995	0.9198
0.689	0.4930	0.6930	0.739	0.6403	0.7982	0.789	0.8030	0.9225
0.690	0.4959	0.6949	0.740	0.6433	0.8004	0.790	0.8064	0.9253
0.691	0.4987	0.6969	0.741	0.6464	0.8027	0.791	0.8099	0.9280
0.692	0.5015	0.6989	0.742	0.6495	0.8050	0.792	0.8134	0.9308
0.693	0.5044	0.7008	0.743	0.6526	0.8073	0.793	0.8169	0.9335
0.694	0.5072	0.7028	0.744	0.6557	0.8096	0.794	0.8204	0.9363
0.695	0.5101	0.7048	0.745	0.6588	0.8119	0.795	0.8239	0.9391
0.696	0.5129	0.7068	0.746	0.6620	0.8143	0.796	0.8274	0.9419
0.697	0.5158	0.7088	0.747	0.6651	0.8166	0.797	0.8310	0.9447
0.698	0.5187	0.7108	0.748	0.6682	0.8189	0.798	0.8345	0.9476
0.699	0.5215	0.7128	0.749	0.6713	0.8213	0.799	0.8381	0.9504

$F_Z(z)$	z	$L^z_{-\infty}$	$F_Z(z)$	z	$L^z_{-\infty}$	$F_Z(z)$	z	$L^z_{-\infty}$
0.800	0.8416	0.9533	0.850	1.0364	1.1141	0.900	1.2816	1.3289
0.801	0.8452	0.9561	0.851	1.0407	1.1178	0.901	1.2873	1.3340
0.802	0.8488	0.9590	0.852	1.0451	1.1215	0.902	1.2930	1.3392
0.803	0.8524	0.9619	0.853	1.0494	1.1252	0.903	1.2988	1.3445
0.804	0.8560	0.9648	0.854	1.0537	1.1289	0.904	1.3047	1.3498
0.805	0.8596	0.9677	0.855	1.0581	1.1326	0.905	1.3106	1.3551
0.806	0.8633	0.9706	0.856	1.0625	1.1364	0.906	1.3165	1.3605
0.807	0.8669	0.9736	0.857	1.0669	1.1402	0.907	1.3225	1.3659
0.808	0.8706	0.9765	0.858	1.0714	1.1440	0.908	1.3285	1.3714
0.809	0.8742	0.9795	0.859	1.0758	1.1478	0.909	1.3346	1.3769
0.810	0.8779	0.9825	0.860	1.0803	1.1517	0.910	1.3408	1.3825
0.811	0.8816	0.9855	0.861	1.0848	1.1555	0.911	1.3469	1.3881
0.812	0.8853	0.9885	0.862	1.0893	1.1594	0.912	1.3532	1.3938
0.813	0.8890	0.9915	0.863	1.0939	1.1633	0.913	1.3595	1.3995
0.814	0.8927	0.9945	0.864	1.0985	1.1673	0.914	1.3658	1.4053
0.815	0.8965	0.9976	0.865	1.1031	1.1713	0.915	1.3722	1.4112
0.816	0.9002	1.0006	0.866	1.1077	1.1753	0.916	1.3787	1.4171
0.817	0.9040	1.0037	0.867	1.1123	1.1793	0.917	1.3852	1.4231
0.818	0.9078	1.0068	0.868	1.1170	1.1833	0.918	1.3917	1.4291
0.819	0.9116	1.0099	0.869	1.1217	1.1874	0.919	1.3984	1.4352
0.820	0.9154	1.0130	0.870	1.1264	1.1915	0.920	1.4051	1.4413
0.821	0.9192	1.0161	0.871	1.1311	1.1956	0.921	1.4118	1.4476
0.822	0.9230	1.0193	0.872	1.1359	1.1998	0.922	1.4187	1.4538
0.823	0.9269	1.0224	0.873	1.1407	1.2040	0.923	1.4255	1.4602
0.824	0.9307	1.0256	0.874	1.1455	1.2082	0.924	1.4325	1.4666
0.825	0.9346	1.0288	0.875	1.1503	1.2124	0.925	1.4395	1.4731
0.826	0.9385	1.0320	0.876	1.1552	1.2167	0.926	1.4466	1.4797
0.827	0.9424	1.0352	0.877	1.1601	1.2210	0.927	1.4538	1.4863
0.828	0.9463	1.0385	0.878	1.1650	1.2253	0.928	1.4611	1.4931
0.829	0.9502	1.0417	0.879	1.1700	1.2296	0.929	1.4684	1.4999
0.830	0.9542	1.0450	0.880	1.1750	1.2340	0.930	1.4758	1.5068
0.831	0.9581	1.0483	0.881	1.1800	1.2384	0.931	1.4833	1.5137
0.832	0.9621	1.0516	0.882	1.1850	1.2429	0.932	1.4909	1.5208
0.833	0.9661	1.0549	0.883	1.1901	1.2474	0.933	1.4985	1.5279
0.834	0.9701	1.0583	0.884	1.1952	1.2519	0.934	1.5063	1.5352
0.835	0.9741	1.0616	0.885	1.2004	1.2564	0.935	1.5141	1.5425
0.836	0.9782	1.0650	0.886	1.2055	1.2610	0.936	1.5220	1.5499
0.837	0.9822	1.0684	0.887	1.2107	1.2656	0.937	1.5301	1.5574
0.838	0.9863	1.0718	0.888	1.2160	1.2703	0.938	1.5382	1.5650
0.839	0.9904	1.0752	0.889	1.2212	1.2749	0.939	1.5464	1.5728
0.840	0.9945	1.0787	0.890	1.2265	1.2796	0.940	1.5548	1.5806
0.841	0.9986	1.0821	0.891	1.2319	1.2844	0.941	1.5632	1.5886
0.842	1.0027	1.0856	0.892	1.2372	1.2892	0.942	1.5718	1.5966
0.843	1.0069	1.0891	0.893	1.2426	1.2940	0.943	1.5805	1.6048
0.844	1.0110	1.0926	0.894	1.2481	1.2989	0.944	1.5893	1.6131
0.845	1.0152	1.0962	0.895	1.2536	1.3038	0.945	1.5982	1.6215
0.846	1.0194	1.0997	0.896	1.2591	1.3087	0.946	1.6072	1.6301
0.847	1.0237	1.1033	0.897	1.2646	1.3137	0.947	1.6164	1.6388
0.848	1.0279	1.1069	0.898	1.2702	1.3187	0.948	1.6258	1.6476
0.849	1.0322	1.1105	0.899	1.2759	1.3238	0.949	1.6352	1.6566

$F_Z(z)$	z	$L_{-\infty}^{z}$
0.950	1.6449	1.6657
0.951	1.6546	1.6750
0.952	1.6646	1.6845
0.953	1.6747	1.6941
0.954	1.6849	1.7039
0.955	1.6954	1.7139
0.956	1.7060	1.7241
0.957	1.7169	1.7344
0.958	1.7279	1.7450
0.959	1.7392	1.7558
0.960	1.7507	1.7668
0.961	1.7624	1.7781
0.962	1.7744	1.7896
0.963	1.7866	1.8014
0.964	1.7991	1.8134
0.965	1.8119	1.8258
0.966	1.8250	1.8384
0.967	1.8384	1.8514
0.968	1.8522	1.8647
0.969	1.8663	1.8784
0.970	1.8808	1.8924
0.971	1.8957	1.9069
0.972	1.9110	1.9218
0.973	1.9268	1.9371
0.974	1.9431	1.9530
0.975	1.9600	1.9694
0.976	1.9774	1.9864
0.977	1.9954	2.0040
0.978	2.0141	2.0223
0.979	2.0335	2.0413
0.980	2.0537	2.0611
0.981	2.0749	2.0818
0.982	2.0969	2.1035
0.983	2.1201	2.1262
0.984	2.1444	2.1501
0.985	2.1701	2.1754
0.986	2.1973	2.2022
0.987	2.2262	2.2307
0.988	2.2571	2.2613
0.989	2.2904	2.2941
0.990	2.3263	2.3297
0.991	2.3656	2.3686
0.992	2.4089	2.4116
0.993	2.4573	2.4596
0.994	2.5121	2.5141
0.995	2.5758	2.5774
0.996	2.6521	2.6533
0.997	2.7478	2.7487
0.998	2.8782	2.8787
0.999	3.0902	3.0905

Formelsammlung

1 Verteilungen des Bernoulli Prozesses.

Priori- und Posterioriverteilung von π: Betaverteilung (stetig) mit den Parametern

$x = x'$ und $n - x = n' - x'$ für die Prioriverteilung,
$x = x''$ und $n - x = n'' - x''$ für die Posterioriverteilung.

$$f_\beta(\pi|x, n-x) = \frac{(n-1)!}{(x-1)! \cdot (n-x-1)!} \cdot \pi^{x-1} \cdot (1-\pi)^{n-x-1},$$

$$F_\beta(\pi|x, n-x) = G_B(x|\pi, n-1) \approx F_Z(z)$$

$$\text{mit } z = 2 \cdot \left[\sqrt{\pi \cdot (n - x - \frac{1}{3})} - \sqrt{(1-\pi) \cdot (x - \frac{1}{3})}\right],$$

$$E(\pi) = \frac{x}{n}, \quad V(\pi) = \frac{x \cdot (n-x)}{n^2 \cdot (n+1)}, \quad M(\pi) = \frac{x-1}{n-2},$$

$$E_0^a(\pi) = E(\pi) \cdot F_\beta(a|x+1, n-x),$$

$$E_a^1(\pi) = E(\pi) \cdot G_\beta(a|x+1, n-x),$$

$$L_0^a(\pi) = a \cdot F_\beta(a|x, n-x) - E(\pi) \cdot F_\beta(a|x+1, n-x),$$

$$L_a^1(\pi) = E(\pi) \cdot G_\beta(a|x+1, n-x) - a \cdot G_\beta(a|x, n-x).$$

Stichprobenverteilung von X: Binomialverteilung (diskret) mit den Parametern π und n.

$$f_B(x|\pi, n) = \frac{n!}{x! \cdot (n-x)!} \cdot \pi^x \cdot (1-\pi)^{n-x},$$

$$F_B(x|\pi, n) = G_\beta(\pi|x+1, n-x+1),$$

$$E(X) = n \cdot \pi, \quad V(X) = n \cdot \pi \cdot (1-\pi).$$

Prädiktivverteilung von X: Betabinomialverteilung (diskret) mit den Parametern x', n', n.

$$f_{\beta B}(x|x', n', n) = \frac{n!}{x! \cdot (n-x)!} \cdot \frac{(n'-1)!}{(x'-1)! \cdot (n'-x'-1)!} \cdot \frac{(x+x'-1)! \cdot (n+n'-x-x'-1)!}{(n+n'-1)!},$$

$$G_{\beta B}(x\,|x',n',n) \approx G_B\left(x\left|\frac{n}{n+n'-1},x+x'-1\right.\right) \approx F_\beta\left(\frac{n}{n+n'-1}\,|x,x'\right),$$
$$E(X) = n\cdot\frac{x'}{n'},\;\; V(X) = n\cdot(n+n')\cdot\frac{x'\cdot(n'-x')}{n'^2\cdot(n'+1)}.$$

2 Verteilungen des Poisson Prozesses

Priori- und Posterioriverteilung von λ: Gammaverteilung (stetig) mit den Parametern

$x = x'$ und $t = t'$ für die Prioriverteilung,

$x = x''$ und $t = t''$ für die Posterioriverteilung.

$$\begin{aligned}
f_\gamma(\lambda|x,t) &= \frac{\exp(-\lambda t)\cdot(\lambda t)^{x-1}\cdot t}{(x-1)!},\\
F_\gamma(\lambda|x,t) &= F_{\gamma s}(\lambda t|x) = G_P(x|\lambda t)\\
&\approx F_Z(z) \text{ mit } z = \sqrt{4\lambda t} - \sqrt{4x-1},\\
E(\lambda) &= \frac{x}{t},\;\; V(\lambda) = \frac{x}{t^2},\;\; M(\lambda) = \frac{x-1}{t},\\
E_0^a(\lambda) &= E(\lambda)\cdot F_\gamma(a|x+1,t), E_a^\infty(\lambda) = \;\; E(\lambda)\cdot G_\gamma(a|x+1,t),\\
L_0^a(\lambda) &= a\cdot F_\gamma(a|x,t) - E(\lambda)\cdot F_\gamma(a|x+1,t),\\
L_a^\infty(\lambda) &= E(\lambda)\cdot G_\gamma(a|x+1,t) - a\cdot G_\gamma(a|x,t).
\end{aligned}$$

Stichprobenverteilung von X: Poissonverteilung (diskret) mit dem Parameter λt.

$$\begin{aligned}
f_P(x|\lambda t) &= \frac{\exp(-\lambda t)\cdot(\lambda t)^x}{x!},\\
F_P(x|\lambda t) &= G_\gamma(\lambda|x+1,t),\\
E(X) &= \lambda t,\;\; V(X) = \lambda t.
\end{aligned}$$

Prädiktivverteilung von X: Negativbinomialverteilung (diskret) mit den Parametern p, x'.

$$\begin{aligned}
f_{nB}(x|p,x') &= \frac{(x+x'-1)!}{(x'-1)!\cdot x!}\cdot p^x\cdot(1-p)^{x'},\;\; p = \frac{t}{t'+t},\\
G_{nB}(x|p,x') &= G_B(x|p,x+x'-1) = F_\beta(p|x,x'),\\
E(X) &= x'\cdot\frac{p}{1-p},\;\; V(X) = x'\cdot\frac{p}{(1-p)^2}\\
F_{nB}(x|p,x') &\sim F_\gamma(\lambda|x^*,t^*)\\
&\text{mit } x^* = \frac{x'}{p}, t^* = \frac{t'}{p}, \lambda = \frac{x+x'}{t+t'}
\end{aligned}$$

3 Verteilungen des Gauß Prozesses, σ^2 bekannt

Priori- und Posterioriverteilung von μ: Normalverteilung (stetig) mit den Parametern

$$m = \mu' \text{ und } \sigma^2 = \sigma'^2 \text{ für die Prioriverteilung,}$$
$$m = \mu'' \text{ und } \sigma^2 = \sigma''^2 \text{ für die Posterioriverteilung.}$$

$$f_N(\mu|m,\sigma^2) = \frac{1}{\sqrt{2\cdot\pi\cdot\sigma^2}}\cdot\exp\left(-\frac{(\mu-m)^2}{2\cdot\sigma^2}\right),$$
$$F_N(\mu|m,\sigma^2) = F_Z(z) \text{ mit } z = \frac{\mu-m}{\sigma},$$
$$E(\mu) = m,\quad V(\mu) = \frac{\sigma^2}{n},\quad M(\mu) = m,$$
$$E_{-\infty}^{a}(\mu) = E(\mu)\cdot F_Z(z_a) - f_Z(z_a)\cdot\sigma$$
$$E_{a}^{\infty}(\mu) = E(\mu)\cdot G_Z(z_a) + f_Z(z_a)\cdot\sigma,$$
$$L_{-\infty}^{a}(\mu) = [z_a\cdot F_Z(z_a) + f_Z(z_a)]\cdot\sigma,$$
$$L_{a}^{\infty}(\mu) = [f_Z(z_a) - z_a\cdot G_Z(z_a)]\cdot\sigma,$$
$$f_Z(z_a) = \frac{1}{\sqrt{2\cdot\pi}}\cdot\exp\left(-\frac{z_a^2}{2}\right),\quad z_a = \frac{a-m}{\sigma}.$$

Stichprobenverteilung von $\overline{X}$: Normalverteilung (stetig) mit den Parametern μ und σ^2/n.

$$f_N(\overline{x}|\mu,\sigma^2/n) = \frac{1}{\sqrt{2\cdot\pi\cdot\sigma^2/n}}\cdot\exp\left(-\frac{n\cdot(\overline{x}-\mu)^2}{2\cdot\sigma^2}\right)$$
$$F_N(\overline{x}|\mu,\sigma^2/n) = F_Z(z) \text{ mit } z = \frac{(\overline{x}-\mu)\cdot\sqrt{n}}{\sigma},$$
$$E(\overline{X}) = \mu,\quad V(\overline{X}) = \frac{\sigma^2}{n}.$$

Prädiktivverteilung von $\overline{X}$: Normalverteilung (stetig) mit den Parametern μ', $\sigma^2\cdot\left(\frac{1}{n}+\frac{1}{n'}\right)$.

$$f_N\left(\overline{x}\middle|\mu',\sigma^2\cdot\left(\frac{1}{n}+\frac{1}{n'}\right)\right) = \frac{1}{\sqrt{2\cdot\pi\cdot\sigma^2\cdot\left(\frac{1}{n}+\frac{1}{n'}\right)}}\cdot\exp\left(-\frac{(\overline{x}-\mu)^2}{2\cdot\sigma^2\cdot\left(\frac{1}{n}+\frac{1}{n'}\right)}\right),$$
$$F_N\left(\overline{x}\middle|\mu',\sigma^2\cdot\left(\frac{1}{n}+\frac{1}{n'}\right)\right) = F_Z(z) \text{ mit } z = \frac{\overline{x}-\mu}{\sqrt{\sigma^2\cdot\left(\frac{1}{n}+\frac{1}{n'}\right)}},$$
$$E(\overline{X}) = \mu',\quad V(\overline{X}) = \sigma^2\cdot\left(\frac{1}{n}+\frac{1}{n'}\right).$$

4 Verteilungen des Gauß Prozesses, σ^2 unbekannt

Priori- und Posterioriverteilung von μ: Studentverteilung (stetig) mit den Parametern

$$m = \mu', \quad s^2 = \frac{s'^2}{n'}, \quad \nu = \nu' \text{ für die Prioriverteilung}$$
$$m = \mu'', \quad s^2 = \frac{s''^2}{n''}, \quad \nu = \nu'' \text{ für die Posterioriverteilung.}$$

$$f_S(\mu|m, s^2, \nu) = f_T(t|\nu)/s \text{ mit } t = \frac{\mu - m}{s},$$
$$f_T(t|\nu) = \frac{\nu^{\nu/2} \cdot (\nu + t^2)^{-(\nu+1)/2}}{B(1/2, \nu/2)} \text{ mit } B(1/2, \nu/2) = \frac{\Gamma(1/2) \cdot \Gamma(\nu/2)}{\Gamma(1/2 + \nu/2)}$$
$$F_S(\mu|m, s^2, \nu) = F_T(t|\nu) \text{ mit } t = \frac{\mu - m}{s},$$
$$E(\mu) = m, \quad V(\mu) = s^2 \cdot \frac{\nu}{\nu - 2}, \quad M(\mu) = m,$$
$$E_{-\infty}^{a}(\mu) = E(\mu) \cdot F_T(t_a|\nu) - \frac{\nu + t_a^2}{\nu - 1} \cdot f_T(t_a|\nu) \cdot s,$$
$$E_a^{\infty}(\mu) = E(\mu) - E_{-\infty}^{a}(\mu),$$
$$L_{-\infty}^{a}(\mu) = \left[t_a \cdot F_T(t_a|\nu) + \frac{\nu + t_a^2}{\nu - 1} \cdot f_T(t_a|\nu)\right] \cdot s,$$
$$L_a^{\infty}(\mu) = \left[\frac{\nu + t_a^2}{\nu - 1} \cdot f_T(t_a|\nu) - t_a \cdot G_T(t_a|\nu)\right] \cdot s,$$
$$t_a = \frac{a - m}{s}.$$

Stichprobenverteilung von $\overline{X}$: Studentverteilung (stetig) mit den Parametern μ, $\hat{s}^2/n$, $\nu = n - 1$.

$$f_S\left(\overline{x}\,\middle|\,\mu, \frac{\hat{s}^2}{n}, \nu\right) = f_T(t|\nu) \cdot \frac{\sqrt{n}}{\hat{s}} \text{ mit } t = \frac{(\overline{x} - \mu) \cdot \sqrt{n}}{\hat{s}},$$
$$F_S\left(\overline{x}\,\middle|\,\mu, \frac{\hat{s}^2}{n}, \nu\right) = F_T(t|\nu),$$
$$E(\overline{X}) = \mu, \quad V(\overline{X}) = \sigma'^2 \cdot \frac{n'}{n}$$

Prädiktivverteilung von $\overline{X}$: Studentverteilung (stetig) mit den Parametern $\mu', s'^2 \cdot \left(\frac{1}{n} + \frac{1}{n'}\right), \nu'$.

$$f_S\left(\overline{x}\middle|\mu', s'^2 \cdot \left(\frac{1}{n} + \frac{1}{n'}\right), \nu'\right), = f_T(t|\nu) \cdot \left(\frac{s'^2}{n} + \frac{s'^2}{n'}\right)^{-1}$$

$$\text{mit } t = \frac{\overline{x} - \mu}{\sqrt{\frac{s'^2}{n} + \frac{s'^2}{n'}}}$$

$$F_S\left(\overline{x}\middle|\mu', s'^2 \cdot \left(\frac{1}{n} + \frac{1}{n'}\right), \nu'\right) = F_T(t|\nu),$$

$$E(\overline{X}) = \mu', \quad V(\overline{X}) = s'^2 \cdot \left(\frac{1}{n} + \frac{1}{n'}\right) \cdot \frac{\nu'}{\nu' - 2}.$$

5 Parameter der Normalverteilung für die Differenz $\delta = \vartheta_1 - \vartheta_2$

$\delta = \pi_1 - \pi_2$:

	Mit Prioriinformation	Ohne Prioriinformation
$E(\delta_\pi)$	$\pi_1'' - \pi_2''$	$\frac{x_1}{n_1} - \frac{x_2}{n_2}$
$V(\delta_\pi)$	$\frac{\pi_1'' \cdot (1 - \pi_1'')}{n_1'' + 1} + \frac{\pi_2'' \cdot (1 - \pi_2'')}{n_2'' + 1}$	$\frac{(x_1/n_1) \cdot (1 - (x_1/n_1))}{n_1 + 1} + \frac{(x_2/n_2) \cdot (1 - (x_2/n_2))}{n_2 + 1}$

$\delta = \lambda_1 - \lambda_2$:

	Mit Prioriinformation	Ohne Prioriinformation
$E(\delta_\lambda)$	$\lambda_1'' - \lambda_2''$	$\frac{x_1}{t_1} - \frac{x_2}{t_2}$
$V(\delta_\lambda)$	$\frac{\lambda_1''}{t_1''^2} + \frac{\lambda_2''}{t_2''^2}$	$\frac{x_1}{t_1^2} + \frac{x_2}{t_2^2}$

$\delta_\mu = \mu_1 - \mu_2$, σ^2 und σ_2^2 bekannt:

	Mit Prioriinformation	Ohne Prioriinformation
$E(\delta_\mu)$	$\mu_1'' - \mu_2''$	$\overline{x}_1 - \overline{x}_2$
$V(\delta_\mu)$	$\dfrac{\sigma_1^2}{n_1''} + \dfrac{\sigma_2^2}{n_2''}$	$\dfrac{\sigma_1^2}{n_1} + \dfrac{\sigma_2^2}{n_2}$

6 Parameter der Studentverteilung für die Differenz $\delta_\mu = \mu_1 - \mu_2$

σ_1^2 und σ_2^2 unbekannt aber gleich:

	Mit Prioriinformation	Ohne Prioriinformation
$E(\delta_\mu)$	$\mu_1'' - \mu_2''$	$\overline{x}_1 - \overline{x}_2$
$\hat{V}(\delta_\mu)$	$\dfrac{s''^2}{n_1''} + \dfrac{s''^2}{n_2''}$ mit	$\dfrac{s^2}{n_1} + \dfrac{s^2}{n_2}$ mit
	$s''^2 = \dfrac{n_1'' \cdot s_1'' + n_2'' \cdot s_2''}{n_1'' + n_2'' - 2}$	$s^2 = \dfrac{n_1 \cdot s_1^2 + n_2 \cdot s_2^2}{n_1 + n_2 - 2}$
ν	$n_1'' + n_2'' - 2$	$n_1 + n_2 - 2$

σ_1^2 und σ_2^2 unbekannt und ungleich:

	Mit Prioriinformation	Ohne Prioriinformation
$E(\delta_\mu)$	$\mu_1'' - \mu_2''$	$\overline{x}_1 - \overline{x}_2$
$\hat{V}(\delta_\mu)$	$a \cdot \left(\dfrac{s_1''^2}{n_1''} + \dfrac{s_2''^2}{n_2''}\right)$	$a \cdot \left(\dfrac{s_1^2}{n_1} + \dfrac{s_2^2}{n_2}\right)$
ν	b	b
a	$f_1 \cdot \dfrac{b-2}{b}$	$f_1 \cdot \dfrac{b-2}{b}$

	Mit Prioriinformation	Ohne Prioriinformation
b	$4+\frac{f_1^2}{f_2}$	$4+\frac{f_1^2}{f_2}$
f_1	$\frac{n_1''-1}{n_1''-3}\cdot u+\frac{n_2''-1}{n_2''-3}\cdot v$	$\frac{n_1-1}{n_1-3}\cdot u+\frac{n_2-1}{n_2-3}\cdot v$
f_2	$\frac{(n_1''-1)^2}{(n_1''-3)^2\cdot(n_1''-5)}\cdot u^2$	$\frac{(n_1-1)^2}{(n_1-3)^2\cdot(n_1-5)}\cdot u^2$
	$+\frac{n_2''-1}{(n_2''-3)^2\cdot(n_2''-5)}\cdot v^2$	$+\frac{(n_2-1)^2}{(n_2-3)^2\cdot(n_2-5)}\cdot v^2$
u	$\frac{s_1''^2/n_1''}{s_1''^2/n_1''+s_2''^2/n_2''}$	$\frac{s_1^2/n_1}{s_1^2/n_1+s_2^2/n_2}$
v	$1-u$	$1-u$

7 Parameter der Normalverteilung für den Korrelationskoeffizienten ϱ

	Mit Prioriinformation	Ohne Prioriinformation
$E(\zeta\|x)$	$\frac{(n'-3)\cdot E(\zeta)+(n-3)\cdot z_r}{(n'-3)+(n-3)}$	$z_r-\frac{5\cdot r}{2\cdot(n-1)}$
$V(\zeta\|x)$	$\frac{1}{(n'-3)+(n-3)}$	$\frac{1}{n-1}$

$$r = \frac{s_{xy}^2}{s_x\cdot s_y}=\frac{\sum(x_i-\overline{x})\cdot(y_i-\overline{y})/n}{\sqrt{[\sum(x_1-\overline{x})^2/n]\cdot[\sum(y_i-\overline{y})^2/n]}}$$

$$= \frac{n\cdot\sum x_iy_i-\sum x_i\cdot\sum y_i}{\sqrt{[n\cdot\sum x_i^2-(\sum x_i)^2]\cdot[n\cdot\sum y_i^2-(\sum y_i)^2]}}$$

$$z_r = \frac{1}{2}\cdot\ln\left(\frac{1+r}{1-r}\right),\quad \zeta=\frac{1}{2}\cdot\ln\left(\frac{1+\varrho}{1-\varrho}\right),$$

$$V(Z_r) = \frac{1}{n-3},\quad V(\zeta)=\frac{1}{n'-3},$$

$$\varrho = \frac{\exp(2\zeta)-1}{\exp(2\zeta)+1}, \quad n' = \frac{1}{V(\zeta)} + 3.$$

8 Parameter der Normalverteilung für die Regressionskoeffizienten β_0 und β_1

Für β_0 :

	Mit Prioriinformation	Ohne Prioriinformation
$E(\beta_0'')$	$\dfrac{E(\beta_0)/V(\beta_0) + b_0/V(b_0)}{1/V(\beta_0) + 1/V(b_0)}$	b_0
$V(\beta_0'')$	$\dfrac{1}{1/V(\beta_0) + 1/V(b_0)}$	$V(b_0)$

$$b_0 = \overline{y} - b_1 \cdot \overline{x}, \quad \overline{y} = \frac{\sum y_i}{n}, \quad \overline{x} = \frac{\sum x_i}{n},$$

$$V(b_0) = \sigma_u^2 \cdot \frac{\sum x_i^2}{n \cdot \sum (x_i - \overline{x})^2} = \sigma_u^2 \cdot \frac{\sum x_i^2}{n \cdot \sum x_i^2 - (\sum x_i)^2},$$

$$V(\beta_o) = \sigma_u^2 \cdot \frac{\sum x_i^2}{n'_{\beta_0} \cdot n \cdot s_x^2}$$

Für β_1 :

	Mit Prioriinformation	Ohne Prioriinformation
$E(\beta_1'')$	$\dfrac{E(\beta_1)/V(\beta_1) + b_1/V(b_1)}{1/V[\beta_1) + 1/V(b_1)}$	b_1
$V(\beta_1'')$	$\dfrac{1}{1/V(\beta_1) + 1/V(b_1)}$	$V(b_1)$

$$b_1 = \frac{s_{xy}^2}{s_x^2} = \frac{\sum (x_i - \overline{x}) \cdot (y_i - \overline{y})/n}{\sum (x_i - \overline{x})^2/n} = \frac{n \cdot \sum x_i \cdot y_i - \sum x_i \cdot \sum y_i}{n \cdot \sum x_i^2 - (\sum x_i)^2},$$

$$V(b_1) = \frac{\sigma_u^2}{\sum (x_i - \overline{x})^2} = \frac{n \cdot \sigma_u^2}{n \cdot \sum x_i^2 - (\sum x_i)^2},$$

$$V(\beta_1) = \frac{\sigma_u^2}{n'_{\beta_1} \cdot s_x^2}$$

$$\hat{s}_u^2 = \frac{\sum y_i^2 - b_0 \cdot \sum y_i - b_1 \cdot \sum x_i \cdot y_i}{n-2}.$$

9 EWSI für den Bernoulli Prozeß

Testverfahren, lineare Schadenfunktion, $s_1 = s_2 = s$:

$$\text{EWSI}(n) = \begin{cases} s \cdot L^1_{\pi_0}(\pi'') & \text{für } \pi' \le \pi_0, \\ s \cdot L_0^{\pi_0}(\pi'') & \text{für } \pi' \ge \pi_0, \end{cases}$$

mit

$$L_0^{\pi_0}(\pi'') = \pi_0 \cdot F_{\beta B}(x|x', n', n) - \frac{x'}{n'} \cdot F_{\beta B}(x|x'+1, n'+1, n)$$

$$L^1_{\pi_0}(\pi'') = \frac{x'}{n'} \cdot G_{\beta B}(x|x'+1, n'+1, n) - \pi_0 \cdot G_{\beta B}(x|x', n', n)$$

und

$$x = \begin{cases} \text{kleinste ganze Zahl } \ge (n+n') \cdot \pi_0 - x' & \text{für } \pi' \le \pi_0, \\ \text{größte ganze Zahl } \le (n+n') \cdot \pi_0 - x' & \text{für } \pi' \ge \pi_0, \end{cases}$$

oder näherungsweise mit

$$L_0^{\pi_0}(\pi'') \cong \pi_0 \cdot F_\beta(\pi_0|x^*, n^* - x^*) - \frac{x^*}{n^*} \cdot F_\beta(\pi_0|x^*+1, n^* - x^*)$$

$$L^1_{\pi_0}(\pi'') \cong \frac{x^*}{n^*} \cdot G_\beta(\pi_0|x^*+1, n^* - x^*) - \pi_0 \cdot G_\beta(\pi_0|x^*, n^* - x^*)$$

und

$$n^* = \frac{(n+n') \cdot (n'-1)}{n} - 1, \quad x^* = \frac{x'}{n'} \cdot n^*.$$

Punktschätzverfahren, quadratische Schadenfunktion, $s_u = s_0 = s$:

$$\begin{aligned} \text{EWSI}(n) &= s \cdot \frac{n}{n+n'} \cdot V(\pi) = s \cdot \frac{n}{n+n'} \cdot \frac{x' \cdot (n'-x')}{n'^2 \cdot (n'+1)} \\ n_{opt} &= \left[\frac{s \cdot n' \cdot V(\pi)}{v}\right]^{1/2} - n'. \end{aligned}$$

10 EWSI für den Poisson Prozeß

Testverfahren, lineare Schadenfunktion, $s_1 = s_2 = s$:

$$\text{EWSI}(t) = \begin{cases} s \cdot L^\infty_{\lambda_0}(\lambda'') & \text{für } \lambda' \le \lambda_0, \\ s \cdot L_0^{\lambda_0}(\lambda'') & \text{für } \lambda' \ge \lambda_0, \end{cases}$$

mit

$$L_0^{\lambda_0}(\lambda'') = \lambda_0 \cdot G_\beta(p|x^-, x') - \frac{x'}{t'} \cdot G_\beta(p|x^-, x'+1)$$
$$L_{\lambda_0}^{\infty}(\lambda'') = \frac{x'}{t'} \cdot F_\beta(p|x^+, x'+1) - \lambda_0 \cdot F_\beta(p|x^+, x')$$

und

$$x^- \equiv \text{größte ganze Zahl } \leq (t+t') \cdot \lambda_0 - x'$$
$$x^+ \equiv \text{kleinste ganze Zahl } \geq (t+t') \cdot \lambda_0 - x'$$

oder näherungsweise

$$L_0^{\lambda_0}(\lambda'') \cong \lambda_0 \cdot F_\gamma(\lambda_0|x^*, t^*) - \frac{x^*}{t^*} \cdot F_\gamma(\lambda_0|x^*+1, t^*)$$
$$L_{\lambda_0}^{\infty}(\lambda'') \cong \frac{x^*}{t^*} \cdot G_\gamma(\lambda_0|x^*+1, t^*) - \lambda_0 \cdot G_\gamma(\lambda_0|x^*, t^*)$$

und

$$x^* = \frac{x' \cdot (t+t')}{t}, \quad t^* = \frac{t' \cdot (t+t')}{t}, \quad p = \frac{t}{t+t'}.$$

Punktschätzverfahren, quadratische Schadenfunktion, $s_u = s_o = s$:

$$\mathrm{EWSI}(t) = s \cdot \frac{t}{t+t'} \cdot V(\lambda) = s \cdot \frac{t}{t+t'} \cdot \frac{x'}{t'^2}$$
$$t_{opt} = \left[\frac{s \cdot t' \cdot V(\lambda)}{v}\right]^{1/2} - t'.$$

11 EWSI für den Gauß Prozeß

Testverfahren, lineare Schadenfunktion, $s_1 = s_2 = s$:

$$\mathrm{EWSI}(n) = \begin{cases} s \cdot L_{\mu_0}^{\infty}(\mu'') & \text{für } \mu' \leq \mu_0, \\ s \cdot L_{-\infty}^{\mu_0}(\mu'') & \text{für } \mu' \geq \mu_0, \end{cases}$$

mit

$$L_{-\infty}^{\mu_0}(\mu'') = \sigma_{\mu''} \cdot [z \cdot F_Z(z) + f_Z(z)]$$
$$L_{\mu_0}^{\infty}(\mu'') = \sigma_{\mu''} \cdot [f_Z(z) - z \cdot G_Z(z)]$$

und

$$z = \frac{\mu_0 - \mu'}{\sigma_{\mu''}}, \quad \sigma_{\mu''}^2 = \sigma^2 \cdot \left(\frac{1}{n'} - \frac{1}{n'+n}\right),$$

wenn σ^2 bekannt ist und mit

$$L^{\mu_0}(\mu'') = s_{\mu''} \cdot \left[t \cdot F_S(t|\nu) + \frac{\nu + t^2}{\nu + 1} \cdot f_S(t|\nu) \right]$$

$$L^{\infty}_{\mu_0}(\mu'') = s_{\mu''} \cdot \left[\frac{\nu + t^2}{\nu + 1} \cdot f_S(t|\nu) - t \cdot G_S(t|\nu) \right]$$

und

$$t = \frac{\mu_0 - \mu'}{s_{\mu''}}, \quad s^2_{\mu''} = s^2 \cdot \left(\frac{1}{n'} - \frac{1}{n' + n} \right), \quad \nu = \nu'.$$

wenn σ^2 unbekannt ist.

Punktschätzverfahren, lineare Schadenfunktion:

$$\text{EWSI}(n) = (s_o + s_u) \cdot F_Z(z_{opt}) \cdot \sigma \cdot \left(\frac{1}{\sqrt{n'}} - \frac{1}{\sqrt{n' + n}} \right)$$

mit z_{opt} aus

$$F_Z(z_{opt}) = \frac{s_o}{s_o + s_u}.$$

$$n_{opt} = \left[\frac{(s_o + s_u) \cdot \sigma \cdot f_Z(z_{opt})}{2 \cdot v} \right]^{2/3} - n'.$$

Punktschätzverfahren, quadratische Schadenfunktion:

$$\text{EWSI}(n) = [s_u \cdot F_Z(z_{opt}) + s_o \cdot G_Z(z_{opt})] \cdot \sigma^2_{\mu''}$$

$$n_{opt} = \sigma \cdot \left[\frac{s_u \cdot F_Z(z_{opt}) + s_o \cdot G_Z(z_{opt})}{v} \right]^{1/2} - n'$$

mit z_{opt} aus

$$F_Z(z) + \frac{1}{z} \cdot f_Z(z) = \frac{s_o}{s_o - s_u}.$$

Für $s_u = s_o = s$:

$$\text{EWSI}(n) = s \cdot \sigma^2_{\mu''}$$

$$n_{opt} = \sigma \cdot \sqrt{\frac{s}{v}} - n'.$$

Intervallschätzverfahren, lineare Schadenfunktion, Intervallänge fix, $s_u = s_o = s$:

$$\mathrm{EWSI}(n) = \mathrm{EWPI} - s \cdot [2 \cdot \sigma'' \cdot f_Z(z'') - c \cdot F_Z(z'')]$$

mit

$$z'' = -\frac{c \cdot \sqrt{n' + n}}{2 \cdot \sigma}$$

und fixer Intervallänge

$$c = T_0 - T_u.$$

Intervallschätzverfahren, lineare Schadenfunktion, Intervallänge variabel:

$$\mathrm{EWSI}(n) = \left[s_l \cdot (z_o - z_u) + s_u \cdot L_{-\infty}^{z_u}(z) + s_o \cdot L_{z_o}^{\infty}(z)\right] \cdot (\sigma' - \sigma'')$$

mit z_u und z_o aus

$$F_Z(z_u) = \frac{s_l}{s_u}, \quad G_Z(z_o) = \frac{s_l}{s_o}$$

und

$$\begin{aligned}
L_{-\infty}^{z_u}(z) &= z_u \cdot F_Z(z_u) + f_Z(z_u) \\
L_{z_o}^{\infty}(z) &= f_Z(z_o) - z_o \cdot G_Z(z_o) \\
n_{opt} &= \left[\frac{[s_l \cdot (z_o - z_u) + s_u \cdot L_{-\infty}^{z_u}(z) + s_o \cdot L_{z_o}^{\infty}(z)] \cdot \sigma}{2 \cdot v}\right]^{2/3} - n'
\end{aligned}$$

Literaturverzeichnis

Barnett, V. (1982). *Comparative Statistical Inference. Second Edition.* Chichester: Wiley.

Berger, J.O. (1985). *Statistical Decision Theory. Second Edition.* New York: Springer.

Bernardo, J.M. (1980). A Bayesian Analysis of Classical Hypothesis Testing. *Bayesian Statistics. Proceedings of the First International Meeting, Valencia 1979.* (Bernardo, J.M., DeGroot, M., Lindley, D.V., Smith, A.F.M. (eds.). Valnecia: Valencia University Press.

Box, G.E.P., Tiao, G.C. (1973). *Bayesian Inference in Statistical Analysis.* Sydney: Addison-Wesley.

Broemeling, L.D. (1985). *Bayesian Analysis of Linear Models.* New York: Marcel Dekker.

DeGroot, M.H. (1970). *Optimal Statistical Decisions.* New York: McGraw-Hill.

Guttman, R., Wilks, S.S., Hunter, J.S. (1982). *Introductory Engineering Statistics. Third Edition.* New York: Wiley.

Iversen, G.R. (1984). *Bayesian Statistical Inference.* New York: Sage Publications.

Jeffreys, H. (1961). *Theory of Probability. Third Edition.* London: Oxford University Press.

LaValle, I.H. (1970). *An Introduction to Probability, Decision and Inference.* New York: Holt, Rinehart and Winston.

Lindley, D.V. (1965). *Introduction to Probability and Statistics from a Bayesian Viewpoint.* London: Cambridge University Press.

Marinell, G. (1987). *Statistik. Eine entscheidungsorientierte Einführung. Zweite Auflage.* München: Oldenbourg.

Marinell, G., Seeber, G. (1988). e-*STAT*. *Ein PC-Programm zur entscheidungsorientierten Statistik.* München: Oldenbourg.

Marinell, G., Seeber, G. (1992). Präposteriorianalyse bei Testverfahren. *Österr. Zeitschrift für Statistik und Informatik* **22**, 27–36.

Melsa, J.L., Cohn, D.L. (1978). *Decision and Estimation Theory.* New York: McGraw-Hill.

O'Hagan, A. (1988). *Probability. Methods and Measurement*. London: Chapman and Hall.

Pratt, J.W., Raiffa, H., Schlaifer, R. (1965). *Introduction to Statistical Decision Theory.* New York: McGraw-Hill.

Raiffa, H., Schlaifer, R. (1972). *Applied Statistical Decision Theory. Second Edition*. Boston: M.I.T.

Viertl,R. (1990). *Einführung in die Stochastik. Mit Elementen der Bayes-Statistik und Ansätzen für die Analyse unscharfer Daten.* Wien: Springer.

Villegas, C. (1975). On the representations of ignorance. *Journal of the American Statistical Association* **72**, 651–654.

Winkler, R.L. (1972). *Introduction to Bayesian Inference and Decision*. New York: Holt, Rinehart and Winston.

Stichwortverzeichnis

Errata

Seite 171, 11. Zeile: statt Schadenmomente lies Momente

Seite 216, 8.–13. Zeile: ersetze durch

$$\begin{aligned} \mathrm{SE}(a_1) &= 0.2 \cdot L_{-\infty}^{4.5}(\beta_1 | 4.7470, 0.0024) \\ &= 0.0000. \end{aligned}$$

Seite 216, 15.–18. Zeile: zu ersetzen durch

$$\begin{aligned} \mathrm{SE}(a_0) &= 0.2 \cdot L_{4.5}^{\infty}(\beta_1 | 4.7470, 0.0024) \\ &= 0.0494. \end{aligned}$$

Seite 216, 22. Zeile: statt 0.0028 lies 0.0000

Seite 247, 25. Zeile: statt über- lies Über-

Seite 261, 8. Zeile: ergänze: sollen, wobei man eine quadratische Schadenfunktion mit $s_u = s_o = s = 160$ unterstellt.

Seite 261, 16. Zeile: statt vergelagert lies vorgelagert

Seite 262, 6. Zeile: ersetze durch

$$n_{opt} = \sqrt{2^2 + 2^2} \cdot \sqrt{\frac{160}{0.1}} - 20 \hat{=} 94.$$

Seite 262, 8. Zeile: statt 60 lies 94, statt 30 lies 47

Seite 262, 10 Zeile: statt $n = 40$ lies $n = 94$

Seite 262, 12. Zeile: statt 96 lies 105.54

Seite 262, 14. Zeile: statt 6 lies 9.4

Seite 262, 16. Zeile: statt 90 lies 96.14

Seite 262, 2. Zeile von unten: ergänze: Überschätzung des wahren ρ

Seite 263, 14. Zeile: statt Prädiktivverteilung lies Verteilung

Seite 263, 2. Zeile von unten: statt 0.2 lies 0.05

Seite 264, 2. Zeile: statt 0.8416 lies 1.645

Seite 264, 9. Zeile: statt 0.8416 lies 1.645

www.ingramcontent.com/pod-product-compliance
Lightning Source LLC
LaVergne TN
LVHW091041021026
849161LV00002BA/272
* 9 7 8 3 4 8 6 2 3 5 9 8 2 *